山东省水文站网发展与研究

宗瑞英　刘玉玉　刘继军　桑国庆　主编

黄河水利出版社
·郑州·

内 容 提 要

本书全面介绍了山东省水文站网发展历程,梳理了水文站网构成(建设成就),明确了当前山东省水文站网布局,同时进行了科学深入的评价与分析,研究提出了山东省水文站网优化、调整、运行及管理的各项建议。

本书适用于从事水文监测、水资源管理、防汛抗旱、水生态保护等专业技术人员使用,也可供水利行业相关技术人员参考。

图书在版编目(CIP)数据

山东省水文站网发展与研究/宗瑞英等主编. —郑州:黄河水利出版社,2021.12

ISBN 978-7-5509-3194-7

Ⅰ.①山… Ⅱ.①宗… Ⅲ.①水文站-研究-山东 Ⅳ.①P336.252

中国版本图书馆 CIP 数据核字(2021)第 267461 号

策划编辑:王建平　电话:0371-66024993　E-mail:1360300540@qq.com

出 版 社:黄河水利出版社　　网址:www.yrcp.com

地址:河南省郑州市顺河路黄委会综合楼 14 层　　邮政编码:450003

发行单位:黄河水利出版社

发行部电话:0371-66026940、66020550、66028024、66022620(传真)

E-mail:hhslcbs@126.com

承印单位:广东虎彩云印刷有限公司

开本:787 mm×1 092 mm　1/16

印张:32.75

字数:757 千字

版次:2021 年 12 月第 1 版　　印次:2021 年 12 月第 1 次印刷

定价:160.00 元

《山东省水文站网发展与研究》

编委会

主　　编　宗瑞英　刘玉玉　刘继军　桑国庆

参　　编　周垂志　耿福萍　付　强　矫桂丽

郭　成　刘　强　邹连文　丁　凯

肖建武　王立萍　刘　薇　刘　群

林长清　季　妤　刘祖辉　李　丹

付永斐　刘齐栋

前　言

水文是水利和国民经济建设与发展的重要基础，在历年的防汛抗旱减灾、水资源开发利用管理、生态环境保护、水工程建设管理等经济社会发展中发挥了不可替代的作用。水文信息是生态文明建设的基础性信息，生态文明建设离不开水文的支撑和保障。党的十八大把生态文明建设纳入全面建成小康社会“五位一体”总布局，水利部专门出台了《关于加快推进水生态文明建设工作的意见》，山东省水利厅党组提出“建设生态山东，水利必须先行”，都对新时期水文工作提出了新的要求。

水文站网是指在给定的一个地域，以一定的规范原则，采用适当的水文测站，按一定的方式构成的水文信息资源采集系统，是水文工作的基础，是收集水情信息的基础来源。因此，针对水文站网进行合理规划，最大程度地保障人民的生命财产安全和社会经济的发展，是当今社会发展亟须解决的问题。2019 年全国水利工作会议已经明确要求，要将工作重心转到“水利工程补短板、水利行业强监管”的水利改革发展总基调上来，要求调整优化水文站网体系建设，全面提升水文监测、预测预报和服务支撑能力，使水文成为水利行业监管的“尖兵”和“耳目”。

近年来，随着中小河流、工程带水文、大江大河、全省重点水利工程等建设项目的实施，山东省水文站网发展迅速。山东省水文监测站的数量增加数倍，密度加大，布局范围广，监测项目比较齐全，基本上能满足中小河流防洪、水资源开发利用、水环境监测、水工程规划设计和水土保持等国民经济建设的需要，但是，对照新时代新要求，当前水文站网的布局结构与功能存在较多不适应的地方，需要进行站网优化调整。因此，为推进山东省水文站网优化布局调整，逐步实现水文站网现代化发展，紧紧围绕水利中心工作和经济社会发展大局，全面贯彻落实国家、省委和省政府的部署要求，认真分析当前水文工作面临的形势和问题，开展了广泛的调查研究，明确了当前山东省水文站网布局，同时进行了科学深入的评价与分析，研究提出了山东省水文站网优化、调整、运行、管理的各项建议，形成了《山东省水文站网发展与研究》。

编　者

2021 年 10 月

目　录

第 1 章　山东省概况

1.1　自然地理

1.1.1　地理位置

山东省地处黄河流域下游，地理坐标为东经 114°45′~122°45′，北纬 34°20′~38°30′。东部突出于黄海、渤海之间，形成山东半岛，东与朝鲜半岛、日本列岛隔海相望；北与辽东半岛相对，庙岛群岛纵列其间，拱卫天津和北京；西北以卫运河、漳卫新河与河北省为界；西南接河南、安徽；南临江苏。东西长 700 km，南北宽 420 km。全省总面积 15.67 万 km^2。

截至 2020 年 6 月，山东省共辖 16 个地级市（其中 2 个副省级市），分别是济南市、青岛市、淄博市、枣庄市、东营市、烟台市、潍坊市、济宁市、泰安市、威海市、日照市、滨州市、德州市、聊城市、临沂市、菏泽市。山东省县级行政区划见表 1-1。

表 1-1　山东省县级行政区划

市	数量	县、区名称
济南	12	历下区、市中区、槐荫区、天桥区、历城区、长清区、章丘区、济阳区、莱芜区、钢城区、平阴县、商河县
青岛	10	市南区、市北区、李沧区、城阳区、崂山区、黄岛区、即墨区、胶州市、平度市、莱西市
淄博	8	张店区、淄川区、周村区、博山区、临淄区、桓台县、高青县、沂源县
枣庄	6	薛城区、市中区、峄城区、山亭区、台儿庄区、滕州市
东营	5	东营区、河口区、垦利区、广饶县、利津县
烟台	11	莱山区、芝罘区、福山区、牟平区、蓬莱区、龙口市、莱阳市、莱州市、招远市、栖霞市、海阳市
潍坊	12	奎文区、潍城区、寒亭区、坊子区、诸城市、青州市、寿光市、安丘市、昌邑市、高密市、临朐县、昌乐县
济宁	11	任城区、兖州区、邹城市、曲阜市、嘉祥县、汶上县、梁山县、微山县、鱼台县、金乡县、泗水县
泰安	6	泰山区、岱岳区、新泰市、肥城市、宁阳县、东平县
威海	4	环翠区、文登区、荣成市、乳山市

续表 1-1

市	数量	县、区名称
日照	4	东港区、岚山区、五莲县、莒县
滨州	7	滨城区、沾化区、邹平市、惠民县、博兴县、阳信县、无棣县
德州	11	德城区、陵城区、乐陵市、禹城市、临邑县、平原县、夏津县、武城县、庆云县、宁津县、齐河县
聊城	8	东昌府区、茌平区、临清市、东阿县、高唐县、阳谷县、冠县、莘县
临沂	12	兰山区、河东区、罗庄区、兰陵县、郯城县、莒南县、沂水县、蒙阴县、平邑县、沂南县、临沭县、费县
菏泽	9	牡丹区、定陶区、曹县、单县、巨野县、成武县、郓城县、鄄城县、东明县
全省	136	

1.1.2 地形地貌

山东省境内中部山地突起，西南、西北低洼平坦，东部缓丘起伏，形成以山地丘陵为骨架、平原盆地交错环列其间的地形大势。山地面积占总面积的15.5%，丘陵占13.2%，山间谷地和山前倾斜地占18.6%，平原占52.7%。全省海岸线总长3 791 km(其中大陆岸线长3 121 km、岛屿岸线长670 km)。

山东省地形复杂，地貌类型多样。鲁中南为全省地势最高、切割强烈的中低山丘区，有泰山、沂山、蒙山、鲁山等中山地貌，构成鲁中南山地丘陵区的脊背，其中以泰山为最高，岱顶海拔1 524 m，沂山顶峰海拔1 032 m，鲁山海拔1 108 m，蒙山海拔1 156 m。由中山向外逐渐过渡到低山、丘陵和山麓冲积平原。各山脉之间分布着许多小形山间盆地和河谷平原。

山东省位于华北陆台和胶辽地盾。就其地貌成因而论，鲁中南山地丘陵区和胶东低山丘陵区主要是构造地貌，而且以断裂为主。鲁西北地区主要是流水地貌，为多年来黄河泛滥沉积形成的黄泛平原。根据地貌成因、形态特征及地面组成物质，全省大致可分为中山、低山、丘陵、台地、盆地、平原和海岸7种地貌类型。

胶东半岛为低山丘陵区，大部是起伏和缓的波状丘陵，中部自西向东由大泽山、艾山、昆嵛山、伟德山等构成东西向的断续低山区，各山峰海拔一般在500~900 m。南部青岛附近的崂山，顶峰海拔1 133 m，为胶东半岛的最高点。四周为海拔200~300 m的低山，逐渐过渡到丘陵和滨海平原。

鲁西、鲁北为广阔的黄河冲积平原，自南四湖西到胶莱河谷呈弧形环绕鲁中南山的西、北两侧，地面高程大都在50 m以下。

境内主要山脉集中分布在鲁中南山区和胶东丘陵区。属鲁中南山区者，主要由片麻岩、花岗片麻岩组成；属胶东丘陵区者，主要由花岗岩组成。绝对高度在700 m以上、面积在150 km^2 以上的有泰山、蒙山、崂山、鲁山、沂山、徂徕山、昆嵛山、九顶山、大泽山等。

1.1.3 气候条件

山东省位于暖温带季风气候区。除胶东半岛东部沿海外,大陆性气候显著。全省冬季完全在蒙古高压控制之下,每当西伯利亚冷气团南侵,便长驱直入本省,空气寒冷而干燥,雨雪稀少。夏季亚热带太平洋暖气团势力增强,冷暖气团在本省交绥机会较多,故雨量集中。春季干燥多风,秋季天高气爽。由于气旋活动随季节变化明显,故气压、气温、湿度、风向、风力、降水、蒸发等的季节变化很大。

全省年平均日照时数为 2 400~2 800 h,年总辐射量 115~130 kcal/cm^2。太阳总辐射量与日照时数的地区分布趋势基本一致,北部大于南部,内陆大于沿海。全省年平均气温在 11.7~14.5 ℃,地区分布规律是由西南向东北递减。月平均最低气温在 1 月、2 月,平均在-10~-4 ℃。月平均最高气温出现在 7 月、8 月,平均在 24~27 ℃。气温的年、月、日变化,一般是内陆大于沿海。内陆地区日温差比沿海大。

山东省属于华北季风区,季风盛行。春季多东风和东南风,秋季多西风和西南风,冬季多北风和西北风。多年平均风速沿海大于内陆。内陆地区大风日数多出现在春季,半岛地区大风日数则多出现在冬季。5 月、6 月干热风较多,以鲁西北地区最为严重。半岛东部及东南沿海地区,因受海洋调节,干热风很少出现。

山东省降水主要受大气环流、季风和地形条件影响,降水量的年际变化较大,年内分配很不均匀。蒸发旺盛,且年内变化较大。蒸发量在地区上的总体变化趋势是由西北向东南递减。

1.1.4 土壤

山东省土壤类型可分为山丘沙岭地、山麓冲积/洪积黄土地、黄泛平原潮土地、涝洼黑土地和盐碱地五大类(水田除外)。

(1)山丘沙岭地。主要分布在鲁中南及胶东半岛山地丘陵的中上部,总面积 3 100 万亩(1 亩=1/15 hm^2,全书同),占农用地总面积的 22.3%。土壤多为粗屑质褐土和棕性壤土,由各种岩石风化残积、盐积物发育而成。土层浅薄,一般仅 10~50 cm。因水土流失严重,细粒部分大部流失,质地粗糙,多夹砾石,蓄水保肥能力很差。目前多为荒地、林地或种植地瓜、花生等。

(2)山麓冲积/洪积黄土地。主要分布在胶济铁路沿线、湖东山前倾斜平原、山麓阶地、山间盆地和河谷平原地带。总面积约 4 500 万亩,占农用地总面积的 32.3%。土壤以棕壤褐土为主。土层深厚,耕垦历史悠久,保水保肥能力较好。

(3)黄泛平原潮土地。主要分布在鲁西北地区,面积约 3 400 万亩,占农用地总面积的 24.4%。土壤主要是在潜水控制和作用下形成的潮土。潮土地分布区内地势平坦,土层深厚,地下水资源比较丰富。但土地瘠薄,旱、涝、碱威胁较大。

(4)涝洼黑土地。主要分布在胶莱河谷区及临郯苍平原。总面积约 900 万亩,占农用地总面积的 6.5%。土壤主要为砂浆黑土。土质黏重,通透性不良。

(5)盐碱地。主要分布在鲁西北黄泛平原。除滨海有成片的大面积分布外,内陆地区多呈斑块状零星分布在其他类型土地之中。盐碱地总面积 2 020 万亩(其中盐碱耕地

1 150 万亩、盐碱荒地 870 万亩),占农用地总面积的 14.5%。盐碱地除表层多粉砂土壤外,其他主要为潮盐土、盐化潮土和碱化潮土。

1.1.5 水文地质

山东省的水文地质条件与区域地质构造和地形地貌条件具有明显的一致性。地层发育比较齐全,从老到新有:太古界的泰山群;太古界—元古界的胶东群和胶南群;元古界的粉子山群和蓬莱群;古生界的寒武系、奥陶系、石碳系和二叠系;中生界的侏罗系和白垩系;新生界的第三系、第四系。此外,还有不同时期发生的地质构造运动形成的各种类型的侵入岩和喷出岩。

从区域地质构成看,山东省隶属中朝准地台。根据基底、地层、构造等特征,将山东省划分为 3 个构造单元,即鲁中南台隆、鲁东叠台隆及华北台坳。

区域水文地质条件的形成和分布受气候、地形、地貌、岩性、构造等多种因素的制约,地质构造是决定因素。从上述的地质构造概况可以看出,山东省水文地质条件非常复杂,大致可划分为鲁东、鲁中南和鲁西北三大水文地质分区。

鲁东水文地质区是沂沭大断裂带以东地区,在大地构造上属鲁东叠台隆。区内基岩大面积出露,主要为各类变质岩、岩浆岩、碎屑岩和少量石灰岩等;第四系仅分布在山间盆地、沿河两岸及滨海地带,地下水类型主要为基岩裂隙水和第四系孔隙水。

鲁中南水文地质区在大地构造上属鲁中南台隆。该区水文地质条件比较复杂,受地质构造控制,形成一系列断块凸起和断块凹陷,因而该区以单斜蓄水构造为主要特征,形成若干个完整的水文地质单元。在各水文地质单元的中游及下游,以古生界寒武系、奥陶系为主的石灰岩广泛分布,形成碳酸盐岩类含水层组,地下水赋存于岩溶裂隙中。各地块的富水程度,主要取决于奥陶系、寒武系灰岩出露面积及间接补给区(碎屑岩及泰山群变质岩)范围的大小。该区山地丘陵四周的山前平原大都为第四系冲洪积层。

鲁西北水文地质区在大地构造上属华北台坳的一部分,自第三纪以来,一直处于沉降状态,区内广泛分布着第三系、第四系松散岩类孔隙含水层。自山前冲洪积平原至黄泛平原的水文地质条件各具特点,其富水性强弱取决于各区的组成物质颗粒粗细及厚度。

1.1.6 河流湖泊

山东省除黄河横穿东西、大运河纵贯南北外,其他中小河流密布全省,大致可分为山溪性河流和平原坡水性河流两大类。

山溪性河流大都为源短流急,主要分为鲁中南山区和胶东半岛两大部分。在鲁中南山区以泰沂山为中心形成一个辐射状水系,向南流的主要河流为沂河、沭河,都经江苏入海;向北流的主要河流有潍河、弥河、白浪河及小清河,均注入莱州湾;向西流的主要河流是大汶河,经东平湖再入黄河。其他还有泗河、洸府河等均注入南四湖;向东南流的主要河流有傅疃河、吉利河等直接入黄海。在胶东半岛地区,由大泽山、艾山、昆嵛山、伟德山等构成一个东西向分水岭,形成了一个南北分流的不对称水系,南流入黄海的主要河流有大沽河、五龙河、乳山河、母猪河等,向北流入黄海和渤海的主要河流有大沽夹河、黄水河等。在胶东半岛低山丘陵区和泰沂山区之间由南北胶莱河所隔,北胶莱河向北注入渤海,南胶莱河向南流入黄海。

全省坡水性河流也主要分两大部分。在黄河以北主要有漳卫河、马颊河、徒骇河、德惠新河,由西南向东北几乎平行入渤海;在南四湖以西的平原区主要有洙赵新河、万福河、红卫河,均自西向东流入南四湖。

全省河流分属海河、黄河和淮河三大流域。黄河以北各河属海河流域;黄河以南的大汶河及玉符河、南北沙河等属黄河流域;沂沭河、南四湖水系及中运河水系属淮河流域;胶东半岛沿海诸河均独流入海,属淮河片。

全省最大的湖泊为南四湖,它由微山湖、昭阳湖、独山湖、南阳湖 4 个湖连接而成。湖中间修建的二级坝枢纽工程,将其分为上级湖和下级湖。南四湖湖区面积为 1 268 km^2,允许最高水位的相应库容为 50 亿 m^3,调节兴利库容 13 亿 m^3,为山东西部的经济发展发挥了巨大作用。山东省第二大湖泊是东平湖,它上承大汶河来水,南与运河相接,北与黄河相通,新、老湖区面积 630 多 km^2,最大容积达 40 亿 m^3,对黄河洪水和凌汛都可起到重大的调节作用。

在小清河干流上有白云湖、麻大湖、青沙湖。白云湖经改建后,高程 20.5 m 以上最大容积为 4 000 万 m^3 以上,其他两湖因多年淤积,未予治理,已基本淤废。

1.2　水文气象特征

1.2.1　降水量

山东省多年平均年降水总量约为 1 054 亿 m^3,相当于面平均年降水量 673.0 mm。由于受地理位置、地形等因素的影响,山东省年降水量在地区分布上很不均匀。年降水量总的分布趋势是自鲁东南沿海向鲁西北内陆递减。600 mm 等值线自鲁西南菏泽市的鄄城、郓城,经济宁市的梁山,泰安市的东平,德州市的齐河,济南市的济阳,滨州市的邹平,淄博市的临淄,潍坊市的青州、昌邑,青岛市的平度,烟台市的莱州、龙口至蓬莱的西北部。该等值线西北部大部分是平原地区,多年平均年降水量均小于 600 mm;该线的东南部,多年平均年降水量均大于 600 mm,其中崂山和昆嵛山由于地形等因素影响,多年平均年降水量达 1 000 mm 以上。

根据山东省各地年降水量的分布,按照全国年降水量五大类型地带划分标准,大部分地区属于过渡带,少部分地区属于湿润带。除日照市中南部,临沂市中南部,枣庄市东南部,以及泰山、崂山、昆嵛山附近的局部地区多年平均年降水量在 800 mm 以上,为湿润带外,其他地区均为过渡带。

山东省各地降水量的年内分配很不均匀。各雨量站多年平均年降水量为 501.0~1 083.5 mm,年降水量主要集中在汛期 6~9 月,多年平均连续最大 4 个月降水量为 375.3~760.2 mm,占年降水量的 65%~80%。全省年降水量约有 3/4 集中在汛期 6~9 月,有一半左右集中在 7~8 月,最大月降水量多发生在 7 月。这说明山东省的雨季较短、雨量集中,降水量的年内分配很不均匀。

1.2.2　蒸发量

山东省多年平均年蒸发量为 900~1 200 mm,总体变化趋势是由鲁西北向鲁东南递减。泰沂山北的章丘、历城一带是全省蒸发量的高值区，年蒸发量在 1 200 mm 以上。鲁北平原区的临邑、禹城、商河一带，以及泰沂山南的宁阳、兖州、曲阜一带是蒸发量低值区，年蒸发量分别低于 1 100 mm 和 1 000 mm。山东省各地水面蒸发量的年内分配很不均匀。各蒸发站多年平均年蒸发量为 871~1 290 mm，年蒸发量主要集中在 3~10 月。年内各月蒸发量变化较大，一年中以 6 月蒸发量最多，为 96~201 mm，占全年蒸发量的 10%~16%；5 月蒸发量次之，为 109~190 mm，占全年蒸发量的 12%~15%；最小月蒸发量多发生在 1 月，为 22~44 mm，仅占全年蒸发量的 2%~4%。

1.3　水资源量

1.3.1　地表水资源量

受地形、下垫面及水文地质条件影响，全省多年平均年径流深 126.5 mm（1956~2016 年系列），折合地表水资源量 198.15 亿 m^3。全省年径流深等值线走向与降水量相应，但受下垫面等影响，其变化更加剧烈、更加复杂。全省年径流深一般在 25~350 mm。具体来讲，泰沂山脉及其南部、胶东大部年径流深超过 100 mm，大汶河上游、泗河及其南部入南四湖河流上游、沂沭河和日赣区河流、崂山地区和胶东东部年径流深超过 200 mm，会宝岭水库上游、陡山水库上游及崂山局部年径流深超过 300 mm；济宁西部、菏泽大部、鲁北平原、泰沂山脉北部平原及胶东半岛西部小范围年径流深小于 100 mm，菏泽西北部、鲁北平原和潍坊西北部小范围年径流深小于 50 mm，鲁北平原西北部小区域年径流深小于 25 mm。

地表水资源量年际变化大。受下垫面条件影响，地表水资源量（年径流深）变差系数远大于年降水量变差系数，全省平均地表水资源量变差系数为 0.54，极值比为 20.8，极差为 647.24 亿 m^3。各地地表水资源量变差系数一般为 0.40~1.40，极值比大者达数千以上。地表水资源量年内变化亦大于降水量，约八成年径流量发生在汛期 6~9 月，其中六成发生在 7~8 月。

山东省多年平均入海水量为 357.34 亿 m^3，多年平均入境水量为 340.71 亿 m^3，多年平均出境水量为 61.16 亿 m^3。

1.3.2　地下水资源量

山东省多年平均浅层淡水（$M \leq 2$ g/L）地下水资源量为 171.66 亿 m^3/a，其中平原区地下水资源量为 101.81 亿 m^3/a，山丘区地下水资源量为 76.11 亿 m^3/a，平原区与山丘区之间的地下水重复量为 6.26 亿 m^3/a。全省多年平均地下水可开采量为 126.59 亿 m^3/a，其中平原区地下水可开采量为 82.61 亿 m^3/a，山丘区地下水可开采量为 48.58 亿 m^3/a。

受地形、地貌、水文地质及人类活动等多因素影响，各地地下水资源模数差异很大。总体趋势是平原区大于山丘区，山前及山间平原区大于黄泛平原区，岩溶山区大于一般山区。泰沂山脉及胶东丘陵一般山丘区大范围地下水资源模数为 5 万~10 万 m^3/km^2，小范围地下水资源模数为 10 万~15 万 m^3/km^2；岩溶山丘区地下水资源模数大于 20 万

m^3/km^2,小范围地下水资源模数大于 30 万 m^3/km^2,局部地下水资源模数超过 50万 m^3/km^2;胶莱河谷平原和泰沂山北平原地下水资源模数一般为 10 万~15 万 m^3/km^2,小范围地下水资源模数为 5 万~10 万 m^3/km^2 或 15 万~20 万 m^3/km^2;胶东半岛山前平原地下水资源模数一般为 20 万~30 万 m^3/km^2,小范围地下水资源模数为 30 万~50 万 m^3/km^2;沂沭河山间山前平原、湖东平原、大汶河山间平原地下水资源模数一般为 15 万~30 万 m^3/km^2;湖西平原地下水资源模数为 15 万~20 万 m^3/km^2;大汶河下游平原地下水资源模数为 10 万~15 万 m^3/km^2;鲁北平原地下水资源模数为 10 万~20 万 m^3/km^2。

1.3.3　水资源总量

山东省多年平均水资源总量为 302.79 亿 m^3(1956~2016 年系列),水资源总量模数为 19.3 万 m^3/km^2。全省各地水资源总量模数一般为 5.0 万~45.0 万 m^3/km^2。泰沂山脉及其南部、崂山地区和胶东半岛大部水资源总量模数超过 20.0 万 m^3/km^2,其中尼山、蒙山、五莲山以南及昆嵛山东南水资源总量模数超过 30.0 万 m^3/km^2,全省最东南郯城水资源总量模数超过 40.0 万 m^3/km^2;滨州北部及东营市咸水区范围水资源总量模数不足 10.0 万 m^3/km^2;其他在 10.0 万~20.0 万 m^3/km^2。

水资源总量年际变化小于地表水资源量年际变化。全省平均水资源总量变差系数为 0.41,极值比为 8.7,极差为 766.23 亿 m^3。各地水资源总量变差系数一般为 0.18~1.45,极值比大者达数千以上。

1.4　水环境

1.4.1　河湖水库水质状况

2016 年山东省水资源评价中,全省全年期评价河流总河长 9 260.56 km,其中Ⅰ类标准水质的河流长度为 80.70 km,占总河长的 0.9%;Ⅱ类河长 1 480.60 km,占总河长的 16.0%;Ⅲ类河长2 569.86 km,占总河长的 27.7%;Ⅳ类河长 2 174.80 km,占总河长的 23.4%;Ⅴ类河长 1 016.30 km,占总河长的 11.1%;劣Ⅴ类河长 1 938.30 km,占总河长的 20.9%。主要污染物是化学需氧量(COD)、五日生化需氧量(BOD_5)和高锰酸盐指数。

山东省主要湖泊全年期水质评价结果为:南四湖、白云湖、东昌湖、东平湖均为Ⅲ类;大明湖为Ⅳ类,主要超标项目为总磷;麻大湖为Ⅳ类,主要超标项目为氟化物和化学需氧量;芽庄湖为劣Ⅴ类,主要超标项目为总磷、COD 和 BOD_5。全省 7 个湖泊进行营养状态评价,轻度富营养 5 个,占 71.4%;中度富营养 2 个,占 28.6%。其中,南四湖、白云湖,麻大湖、东平湖和东昌湖均为轻度富营养,大明湖和芽庄湖均为中度富营养。可以看出,山东省大部分湖泊水质评价为Ⅲ类和Ⅳ类,非汛期水质好于汛期。

全省主要的 60 座水库,全年期水质类别均为Ⅱ类和Ⅲ类,其中Ⅱ类水质水库 20 座,占评价水库总数的 33.3%;Ⅲ类水质水库 40 座,占评价水库总数的 66.7%。

1.4.2　水源地水质状况

2016 年山东省水资源评价中,山东省全年期评价地表水饮用水水源地 151 个,其中

Ⅰ~Ⅲ类水源地122个,占80.8%;Ⅳ~Ⅴ类水源地27个,占17.9%;劣Ⅴ类水源地2个,占1.3%。汛期评价地表水饮用水水源地117个,其中Ⅰ~Ⅲ类水源地89个,占76.1%;Ⅳ~Ⅴ类水源地27个,占23.0%;劣Ⅴ类水源地1个,占0.9%。非汛期评价地表水饮用水水源地151个,其中Ⅰ~Ⅲ类水源地132个,占87.4%;Ⅳ~Ⅴ类水源地17个,占11.3%;劣Ⅴ类水源地2个,占1.3%。

山东省地表水饮用水水源地主要超标污染物质有总磷、COD、BOD_5、高锰酸盐指数、氟化物。

1.4.3 水功能区水质状况

2016年山东省水资源评价中,山东省254个水功能区中有142个水功能区达标,达标率为55.9%。评价河长9 058.8 km,达标河长4 969.0 km,占总河长的54.9%;评价水面面积1 473.84 km^2,达标面积1 451.72 km^2,占总面积的98.5%。

水功能区中,保护区27个,达标20个,达标率74.1%;保留区16个,达标10个,达标率62.5%;缓冲区16个,达标5个,达标率31.3%;饮用水源区62个,达标44个,达标率71.0%;工业用水区27个,达标15个,达标率55.6%;农业用水区71个,达标34个,达标率47.9%;渔业用水区7个,达标3个,达标率42.9%;景观娱乐用水区11个,达标5个,达标率45.5%;过渡区7个,达标2个,达标率28.6%;排污控制区10个,达标4个,达标率40.0%。

1.4.4 污染物排放量

根据2016年山东省水资源评价报告,山东省规模以上点污染源共调查568个,年入河污废水量31.40亿t,主要污染物年入河量COD11.68万t、氨氮0.85万t、总氮5.25万t、总磷0.24万t。从点污染源数量分布情况来看,淮河区415个,占到点污染源总数的73.1%,海河区和黄河区分别有94个和59个。

根据规模以上及规模以下点污染源调查评价情况,山东省点源入河污废水总量45.37亿t,主要污染物年入河量COD15.58万t、氨氮1.13万t、总氮7.01万t、总磷0.32万t。

1.5 人口经济

截至2019年末,山东省常住人口10 070.21万人,地区生产总值(GDP)71 067.5亿元,人均生产总值70 653元。山东省是中国经济最发达的省份之一,中国经济实力最强的省份之一,也是经济发展较快的省份之一,2007年以来经济总量居第三位。

山东省常住人口保持平稳。2019年,山东省出生人口118.39万人,出生率11.77‰;死亡人口75.44万人,死亡率7.50‰;自然增长率4.27‰。截至2019年末,山东省常住人口10 070.21万人。其中,0~14岁人口占总人口的18.06%,15~64岁人口占总人口的66.17%,65岁及以上人口占总人口的15.77%。常住人口城镇化率为61.51%,比2018

年末提高 0.33%。

山东省近年来经济运行稳中有进。经国家统计局统一核算,2019 年,山东省 GDP 初步核算数为 71 067.5 亿元,按可比价格计算,比 2018 年增长 5.5%。其中,第一产业增加值 5 116.4 亿元,增长 1.1%;第二产业增加值 28 310.9 亿元,增长 2.6%;第三产业增加值 37 640.2 亿元,增长 8.7%。三次产业结构由上年的 7.4:41.3:51.3 调整为 7.2:39.8:53.0。人均生产总值 70 653 元,增长 5.2%,按年均汇率折算为 10 242 美元。

农业综合生产能力提升,2019 年山东省农林牧渔业增加值 5 476.5 亿元,按可比价格计算,比 2018 年增长 1.7%;粮食总产量 1 071.4 亿斤,增加 7.5 亿斤,连续 6 年过千亿斤;林地面积 355.0 万 hm^2,活立木总蓄积量 13 040.5 万 m^3,森林覆盖率 17.95%;农作物耕种收综合机械化率超过 87%,畜禽粪污综合利用率 87%。工业生产平稳增长。2019 年山东省全部工业增加值 22 985.1 亿元,比 2018 年增长 2.1%。规模以上工业增加值增长 1.2%。其中,装备制造业增长 1.4%,高技术产业增长 1.7%。服务业主引擎作用凸显。2019 年山东省服务业实现增加值 37 640.2 亿元,占全省 GDP 比重为 53.0%,比 2018 年提高 1.7%;对经济增长的贡献率为 78.2%。规模以上服务业营业收入比 2018 年增长 8.0%。其中,战略性新兴服务业、科技服务业和高技术服务业分别增长 10.8%、10.1%和 10.8%,互联网和相关服务、软件和信息技术服务业、商务服务业分别增长 51.4%、19.7%和 16.9%。

1.6　水资源开发利用

2019 年全省平均年降水量为 558.9 mm,比 2018 年 789.5 mm 偏少 29.2%,比多年平均年降水量 679.5 mm 偏少 17.7%,属偏枯年份。2019 年全省水资源总量为 195.20 亿 m^3,其中地表水资源量为 119.66 亿 m^3、地下水资源与地表水资源不重复量为 75.54 亿 m^3。当地降水形成的入海、出境水量为 102.07 亿 m^3。2019 年末,山东省大中型水库蓄水总量 38.15 亿 m^3,比年初蓄水总量 44.47 亿 m^3 减少了 6.32 亿 m^3。2019 年末与年初相比,全省平原区浅层地下水位总体上有所下降,平均下降幅度为 0.70 m,地下水蓄水量减少 16.81 亿 m^3。2019 年末,全省平原区浅层地下水位漏斗区面积为 14 203 km^2,比年初增加 1 033 km^2。

1.6.1　供水量

2019 年,全省总供水量为 225.26 亿 m^3。其中,地表水源供水量 137.05 亿 m^3,地下水源供水量 78.67 亿 m^3,其他水源供水量 9.54 亿 m^3。全省海水直接利用量 79.61 亿 m^3。2019 年,全省跨流域调水 87.08 亿 m^3,占地表水供水量的 63.54%,其中黄河水 80.72 亿 m^3、南水北调水 6.36 亿 m^3。黄河水仍为山东省沿黄各市的主要供水水源,南水北调水逐渐成为山东省胶东地区重要供水水源之一。2019 年山东省供水总量分水源百分比见图 1-1。2019 年山东省各水源二级区分水源供水量见表 1-2。

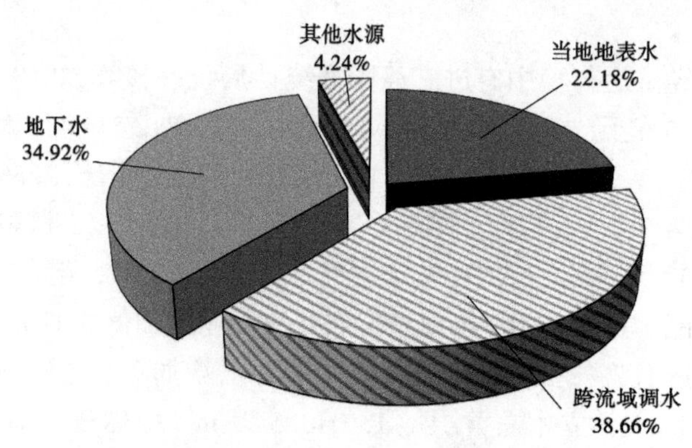

图 1-1 2019 年山东省供水总量分水源百分比

表 1-2 2019 年山东省各水源二级区分水源供水量 (单位:亿 m^3)

水资源二级区名称	地表水水源供水量		地下水源供水量	其他水源供水量	总供水量
	当地地表水	跨流域调水			
徒骇马颊河	1.65	46.64	14.86	1.19	64.34
花园口以下	5.94	0	7.53	1.85	15.32
沂沭泗河	27.10	11.17	31.29	3.72	73.28
山东半岛沿海诸河	15.28	29.27	24.99	2.78	72.32
合计	49.97	87.08	78.67	9.54	225.26

1.6.2 用水量

2019 年,山东省总用水量 225.26 亿 m^3。其中,农田灌溉用水量 119.75 亿 m^3,林牧渔畜用水量 18.48 亿 m^3,工业用水量 31.87 亿 m^3,城镇公共用水量 7.99 亿 m^3,居民生活用水量 29.30 亿 m^3,生态环境用水量 17.87 亿 m^3。2019 年山东省不同行业用水百分比见图 1-2。2019 年山东省各水源二级区分行业用水量见表 1-3。

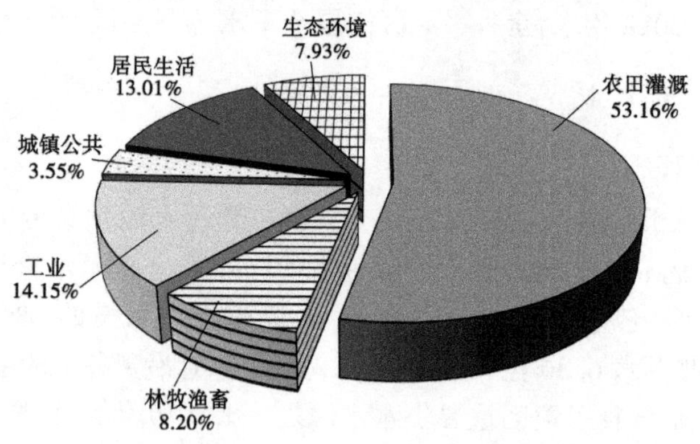

图 1-2 2019 年山东省不同行业用水百分比

表 1-3　2019 年山东省各水源二级区分行业用水量　（单位：亿 m^3）

水资源二级区名称	农田灌溉	林牧渔畜	工业	城镇公共	居民生活	生态环境	总用水量
徒骇马颊河	43.76	4.46	6.34	0.93	4.08	4.77	64.34
花园口以下	7.34	1.68	2.28	0.69	2.20	1.13	15.32
沂沭泗河	42.93	6.52	8.72	2.10	9.52	3.49	73.28
山东半岛沿海诸河	25.72	5.82	14.53	4.27	13.50	8.48	72.32
合计	119.75	18.48	31.87	7.99	29.30	17.87	225.26

1.6.3　耗水量

2019 年，山东省总耗水量 140.94 亿 m^3，综合耗水率为 62.56%。其中，农田灌溉耗水量 86.02 亿 m^3，林牧渔畜耗水量 13.25 亿 m^3，工业耗水量 13.74 亿 m^3，城镇公共耗水量 3.83 亿 m^3，居民生活耗水量 13.72 亿 m^3，生态环境耗水量 10.38 亿 m^3。2019 年山东省不同行业耗水率见图 1-3。

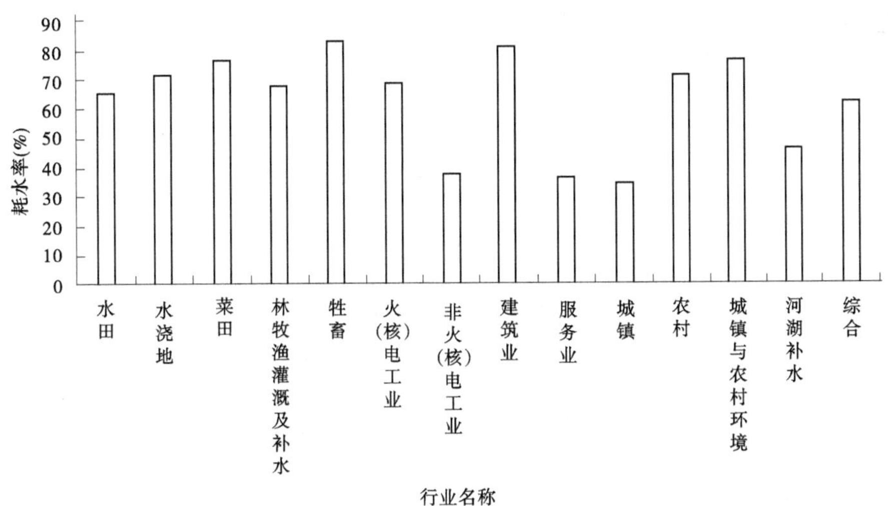

图 1-3　2019 年山东省不同行业耗水率

第2章　水文站网发展历程

水文站网是在一定地区或流域内,按一定的原则,由一定数量的各类水文测站构成的水文资料收集系统。收集某一项目水文资料的水文测站组合在一起,构成该项目的站网,按测验项目可分为流量站网、水位站网、泥沙站网、降水量站网、水面蒸发站网、地下水站网、水质站网、墒情站网、实验站网等。水文站网的规划建设,是水文工作掌握和传递雨水情信息,研究其变化规律的战略布局。

山东省水文站网的发展是随着社会和国民经济的发展而发展,经历了从无到有的过程,经过几十年的建设,基本形成了较稳定的国家基本水文站网。

2.1　水文站网不同时期建设概况

山东省水文站网自1955年由水利部统一部署第一次水文站网规划后,经过1965年、1974年、1983年几次调整,到1986年形成规模。1986~2020年山东省水文站网没有大幅度调整,这期间可分为两个阶段:1986~1991年为全省水文站网调整阶段,主要对水文站网、雨量站网进行调整;1992~2020年为全省水文站网巩固阶段。

2.1.1　清代和民国时期的水文站网

山东省水文站网自1840年后,随着西方资本主义国家的军事入侵,西方的政治、经济和文化也渗入中国,而且很早便传入山东半岛。清光绪六年(1880年),由于军事、航海和渔业的需要,清政府根据当时在海关任职的英人赫德(S. R. Hort)的建议,从清光绪十二年(1886年)开始首先在今胶东半岛设立了第一批水文气象观测站,进行雨量和气象观测。1886年5月在长岛县猴矶岛观测降水量,同年6月又在烟台市的葡萄山,次年1月分别在荣城市的成山头、镆铘岛的灯塔附设测候所观测雨量。清光绪二十三年(1898年)德军侵占青岛后,于1898年8月在今崂山县李村设立测候所,进行雨量和蒸发量观测。

1915年督办运河工程管理局在大清河南城子设立南城子水文站,观测水位、流量,是山东省第一个水文站。1915~1923年,督办、顺治委员会、江淮水利局先后设立33处水文(位)站,在黄河上设立了2处水文站;1931年,山东省建设厅小清河工程局在小清河设立12处水文站;1933~1936年,江淮运河工程局在运河上设立了黄林庄水位站;1933年,黄河水利委员会在山东设立了5处水文站、11处水位站,1935年,在大汶河设立戴村坝水文站。

自1912~1933年,督办、顺治委员会、江淮水利局、黄河水利委员会、江淮水利测量局、山东省建设厅等单位,在山东省先后设立9处雨量站,连同清代末年观测雨量的5处站点,在这一时期共设84处雨量站。

1937年抗日战争爆发后,日伪建设总督接管临清水文站、德州水文站、四女寺水文站、馆陶水文站、睦里庄水文站、黄台桥水文站、高村水文站、泺口水文站和北店子水文站、济阳水位站,其余水文(位)站、雨量站停止了观测。1945 年日寇投降后,中华民国政府成立了山东省水利局水文总站,从日寇手里接受了泺口、德州、临清、睦里庄、黄台桥等少数水文站和雨量站,其他大部分测站未恢复。1949 年中华人民共和国成立前,山东省各解放区民主政府和水利部门接管了日伪和民国政府的少数水文站,并恢复和增设了部分水文站和水位站,1947~1949 年 10 月恢复和增设了 15 处水文站、30 处水位站。

2.1.2 中华人民共和国早期的水文站网

中华人民共和国成立后,党和人民政府十分重视水文工作。1949 年 10 月至 1955 年,山东省水利局为了防汛抗旱、兴修水利工程的迫切需要和国民经济的建设发展,不断恢复增设水文站和雨量站。这一时期的水文站网建设虽然得到迅速发展,但没有整体规划,主要根据河道防洪需要,设立了一些大河中下游水文站,但还未形成完整的水文站网,故该时期称站网恢复重建阶段。至 1955 年底,全省已建成水文站 68 处、水位站 80 处、雨量站 301 处、蒸发站 206 处、泥沙站 50 处、地下水站 63 处。在此期间黄河水利委员会恢复和重建水文站 7 处。山东省水文站网 1949 年和 1955 年对比见图 2-1。

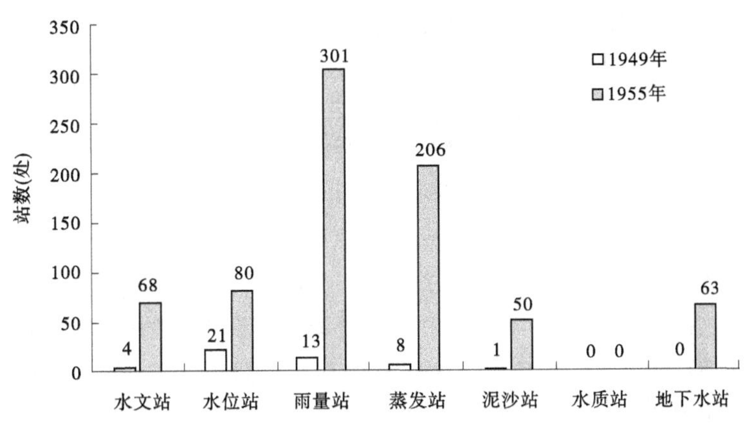

图 2-1 山东省水文站网 1949 年和 1955 年对比

2.1.3 改革开放前后水文站网建设

2.1.3.1 1955~1965 年

1955 年以后,随着国民经济建设发展的需要,为了研究区域水文规律和解决无资料地区水文特征值的计算问题,结合学习苏联的经验,提出了一套水文站网规划原则,即大河的直线原则、中等河流的区域原则、小河的站群原则。在水利部水文局的领导下,进行面上的水文站网规划,所以 1956~1958 年又称为健全与发展阶段。到 1958 年底,山东省共建成水文站 84 处、水位站 61 处、雨量站 380 处、泥沙站 72 处、地下水站 96 处,蒸发站调整为 39 处,初步形成了比较完整的基本水文站网。在该时期,黄河水利委员会对黄河上的水文站也进行了调整,恢复和新建了安乐庄等 8 处水位站和位山实验站。1958 年底,黄河干流山东段共有水文站 6 处、水位站 22 处、河床站 4 处、专用站 2 处。

1958 年以后，掀起了大规模的水利建设高潮，在全省兴建了大批的水库工程。为适应工程运用需要，在大型水库和中型水库设立了水库水文站。同时，将部分靠近水库的河道站迁移到水库上，改为水库水文站。1959 年开始布设水质站网，1960 年又增设了一部分小河站。这一时期的水文站网发展最快，可以称为站网的高速发展阶段。到 1965 年底，全省共建成水文站 145 处、水位站 27 处、雨量站 504 处、蒸发站 43 处、泥沙站 81 处、地下水站 114 处、水质站 66 处。其中，增加水库站 46 处、水质站 64 处、地下水站 107 处。在该时期，黄河水利委员会对黄河干流站也进行了调整，黄河干流山东段共有水文站 8 处、水位站 18 处、河床站 7 处、专用站 5 处。山东省水文站网 1955 年和 1965 年对比见图 2-2。

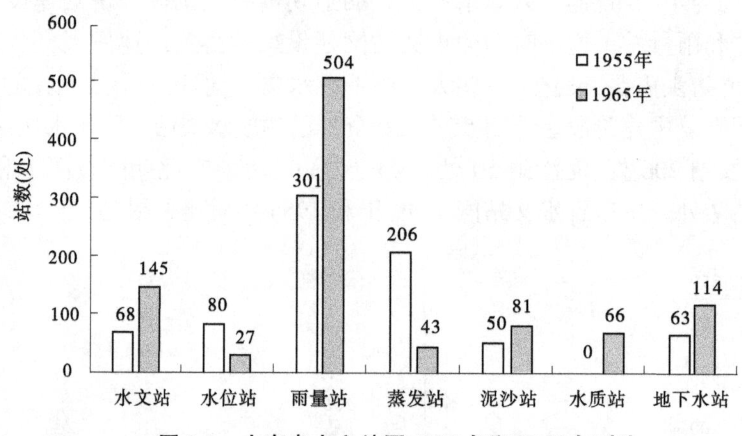

图 2-2　山东省水文站网 1955 年和 1965 年对比

2.1.3.2　1966~1985 年

1966 年后，"十年动乱"时期，撤销了少数水文站和停测了部分测验项目，但水文站网未有大的变动。从 20 世纪 70 年代开始，人们逐渐注意地下水的开发利用，并进行地下水动态观测。到 1975 年底，全省共有各类水文站 147 处、水位站 22 处、雨量站 693 处、蒸发站 30 处、泥沙站 76 处、地下水站 4 915 处、水质站 63 处。在该时期，黄河水利委员会对黄河上的水文站调整较少，黄河干流山东段共有水文站 6 处、水位站 19 处、河床站 7 处、浅海测验队 1 处。

"十年动乱"以后，1976~1980 年由于国民经济的恢复、发展和水利建设对水文工作的要求，以及水资源的开发利用和水资源保护的需要，水文站网也根据新形式需要进行充实调整，这一阶段又称充实、配套、优化阶段。到 1980 年底，山东省共有各种水文站 148 处、水位站 29 处、雨量站 815 处、蒸发站 34 处、泥沙站 79 处、水质站 98 处、地下水站 4 482 处。山东黄河上共有水文站 6 处、水位站 18 处、河床站 6 处、浅海测验队 1 处。山东省水文站网 1965 年和 1985 年对比见图 2-3。

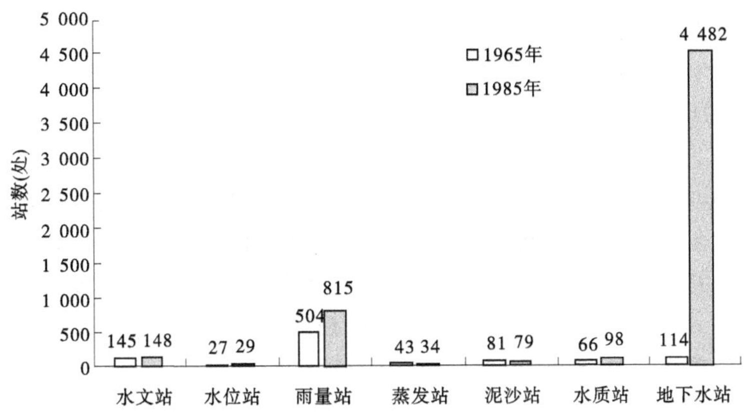

图 2-3　山东省水文站网 1965 年和 1985 年对比

2.1.3.3　1986~1991 年

1986~1991 年这一阶段主要是对现有各类站网进行调查了解和鉴定,逐个核实各个测站是否完成设站目的,发挥应有的作用,在摸清基本情况和测站特性的基础上,对效益不明显的测站加以调整。所以,这一时期又称站网调整阶段,主要包括以下各个方面。

1. 地表水站网

1986 年,对中小型水库水文站、堰闸站和水位站做了部分调整,撤销了毕屯(改为辅助站)、郭楼闸、丁长闸、上口水库、涝泉水库 5 处水文站,将昌里水库水文站移交给水库管理部门;撤销了东风港、山角底、栲栳岛 3 处潮水位站和大周、南阳(独)、大鹏、后陈、西姚、刘楼 6 处水位站,另外,撤销了 19 处雨量站。1986 年底共有水文站 141 处、水位站 19 处、雨量站 815 处、水质站 115 处。

1987 年,将三里庄、王屋、高陵、龙湾套、华村、金斗、周村、萌山 8 处水库水文站移交给水库管理部门;将谷里水文站迁移至楼德;撤销石楼水位站和 20 处雨量站。1987 年底共有水文站 133 处、水位站 18 处、雨量站 795 处。

1988~1990 年,水文站网无变动。

1991 年鲁南地区遭遇大洪水后,暴露出骨干河道上报汛水文站网不足,山东省水利厅以〔91〕鲁水文字 6 号文和〔91〕鲁水人字 70 号文向山东省财政厅和山东省机构编制委员会报告要求增设 15 处报汛专用水文站。山东省机构编制委员会以鲁编〔1992〕79 号文批复同意增设葛家埠、辉村、寒桥、位桥、石村、张博桥、白兔丘、斜午、码头、付旺庄、姜庄湖、石拉渊、窑上、波罗树、武成等 15 个报汛专用水文站。

1986~1991 年,泥沙站网无变动。

2. 地下水站网

山东省地下水监测井网,由山东省水文部门根据水利部的要求提出规划布设或调整意见,经山东省水利厅批准后由各市、县水利部门组织实施。山东省自 1974 年开展大规模地下水动态监测工作,监测井网发展迅速,到 20 世纪 70 年代末达到 5 800 余眼,居全国之最。1981 年,根据水利部的要求并结合山东省的实际情况,将监测井网调整为 2 674 眼,并经山东省水利厅批准实施(这次调整后的监测井仍然是全部选用民用井,监测项目有水位、水温、水化学、开采量、泉水流量等)。到 1986 年地下水监测井网调整为 2 670 眼。1988 年,水利部又组织了一次井网调整工作。山东省由水文部门提出的井网调整方案,水利部组织的专家评审组给予了充分肯定,但由于种种原因(主要是经费原因)未能实施。1986~1991 年,地下水站网无变动。

3. 水质站网

山东省水质监测站网于 1985 年根据水电部水文局的统一布署和《水质监测规范》(SD 127—1984)对水质监测站网的布设要求,经过优化调整,全省共规划布设 123 处水质监测站,其中水质基本站 118 处、辅助站 4 处、专用站 1 处。东平湖、大周、独山、西姚、马口、大娟、山角底、沙沟水库暂不取样监测,其他 115 处水质监测站自 1985 年 7 月 1 日起开始实施监测。山东省水文站网 1985 年和 1990 年对比见图 2-4。

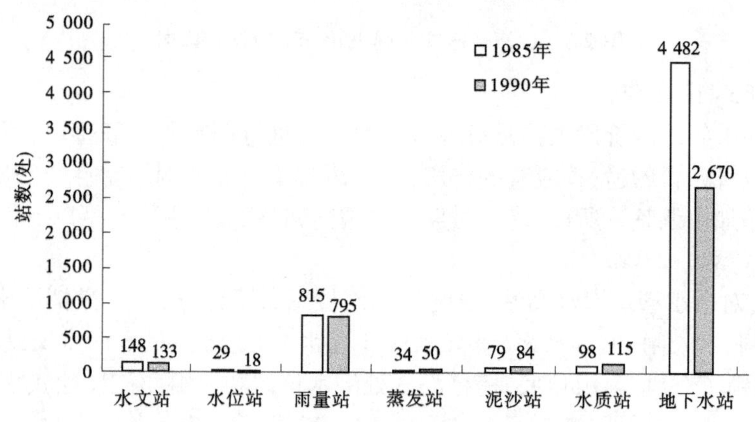

图 2-4　山东省水文站网 1985 年和 1990 年对比

2.1.3.4　1992~2000 年

1992~2000 年,仅对部分站网进行了局部调整,故称为站网巩固阶段,主要包括以下各个方面。

1. 地表水站网

1992 年撤销雨量站 12 处,撤销泥沙站 15 处。

1993 年调减雨量站 78 处。撤销独山、大卜湾 2 处水位站,撤销泥沙站 9 处。

1994~1998 年仅做微调,其中水文站、水位站无变动,1994 年调减 5 处雨量站,1995 年增设泥沙站 1 处,1998 年撤销泥沙站 3 处,1998 年调减雨量站 31 处。

1999 年站网无变动。

2000 年与 1999 年相同。截至 2000 年底全省共有各类水位站 17 处,其中潮位站 3 处,河道水位站 9 处,湖泊水位站 5 处;各类水文站 148 处,其中河道站 74 处,水库站 36 处,堰闸站 23 处,专用报汛站 15 处;有泥沙站 48 处,泥沙颗粒分析站 3 处。观测降水量的站(包括水文站、水位站和专用站)共 807 处,其中委托雨量站 669 处。

2. 地下水站网

1995 年,山东省组织了一次地下水监测井网优化调整,其方案仅在个别市得到了实施,而绝大多数市仍未能实施。这期间,全省地下水测井总数一直保持在 2 670 眼。目前，地下水监测工作中存在许多问题，尤其是经费问题一直未解决，造成了自行停测或缺测、漏测的现象时有发生，使实际运行的地下水监测井每年都有不同程度的减少。

3. 水质站网

1992~2000 年水质站网无变动。

山东省水文站网 1990 年和 2000 年对比见图 2-5。

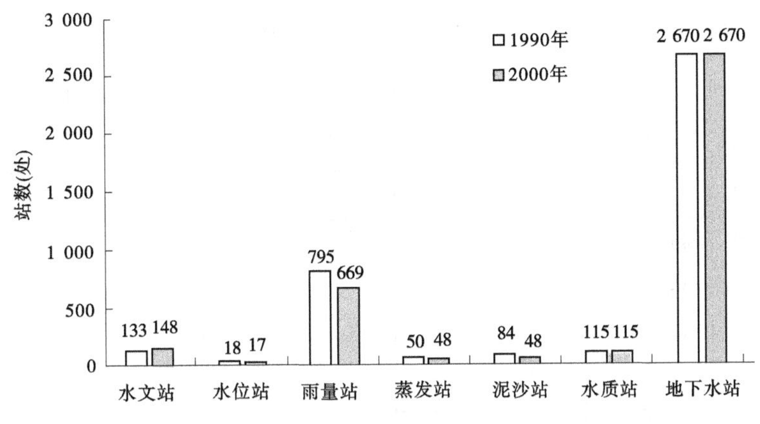

图 2-5　山东省水文站网 1990 年和 2000 年对比

2.1.4　2000 年至今水文站网建设

2000~2005 年底，经过局部调整，山东省共有各类水位站 17 处，其中潮位站 3 处，河道水位站 9 处，湖泊水位站 5 处；各类水文站 148 处，其中河道站 74 处，水库站 36 处，堰闸站 23 处，专用报汛站 15 处；有泥沙站 48 处，泥沙颗粒分析站 3 处。观测降水量的站(包括水文站、水位站专用站)共 812 处，其中委托雨量站 669 处。因此，山东省水文站网布局比较合理，监测项目比较齐全，基本上能满足防洪、水资源开发利用、水环境监测、水工程规划设计和水土保持等国民经济建设的需要。

随着中小河流水文监测系统工程、国家地下水监测工程、大江大河水文监测系统工程、水资源监测能力建设工程、水利工程带水文等项目实施，山东省部分站点基础设施和监测装备得到了更新改造，监测能力得到了提升。截至 2019 年，全省设有国家基本水文站 150 处、中小河流水文站 335 处、中型水库水文专用站 68 处、辅助站 181 处、水位站 210 处、雨量站 1 887 处、墒情站 155 处、蒸发站 50 处、泥沙站 41 处、水功能区水质监测断面 451 处、主要城市水源地 58 处、地下水观测井 2 274 眼、国家地下水监测井 802 眼、水土保持监测站 30 处，再加上市级监测网络，各类监测站点 1 万多处，基本形成了布局较为合理、功能较为完备的监测网络体系。当前，全省雨量和水位已基本实现自动化测报，先进的流量、水质、泥沙监测仪器得到应用和推广。

1949~2019 年山东省水文站网建设情况和发展历程见表 2-1 和图 2-6、图 2-7。

表 2-1　1949~2019 年水文站网(不含黄河站)

年份	水文站						水位站				雨量站	蒸发站	泥沙站	水质监测站	地下水观测站
	小计	河道站	水库站	闸坝站	实验站	专用报汛站	小计	河道站	湖泊站	潮汐站					
1949	4	4					21				13	8	1		
1950	19	19					25				41	21	2		
1955	68	66		2			80				301	206	50		63
1958	84	82		2			61				380	39	72		96
1965	145	95	45	5			27				504	43	81	66	114
1970	155	110	39	6			26				722	39	73	56	85
1975	147	86	44	17			22				693	30	76	63	4 915
1980	148	75	47	26			29				815	34	79	98	4 482
1985	148	75	47	26			29				815	34	79	98	4 482
1986	141	74	44	23			19	10	6	3	815	46	84	113	2 670
1990	133	74	36	23			18	9	6	3	795	50	84	115	2 670
1995	148	74	36	23		15	17	9	5	3	700	49	61	115	2 670
2000	148	74	36	23		15	17	9	5	3	669	48	48	115	2 670
2005	148	74	36	23		15	17	9	5	3	812	48	48	115	2 670
2012	135						17	9	5	3	663	48	48	450	2 670
2019	150						210				1 887	50	41	451	2 274

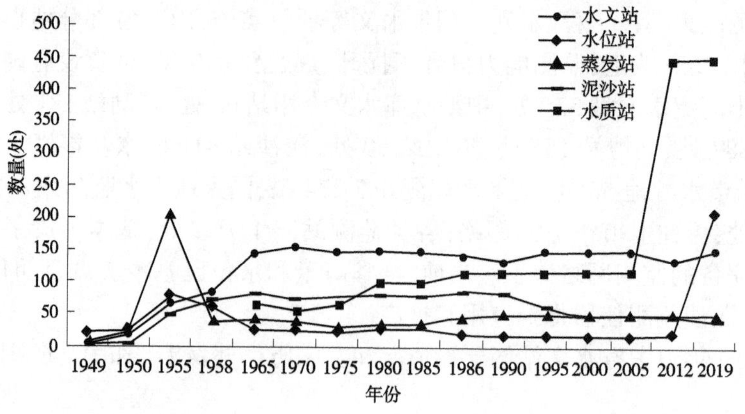

图 2-6　1949~2019 年山东省水文站、水位站、蒸发站、泥沙站、水质站发展历程

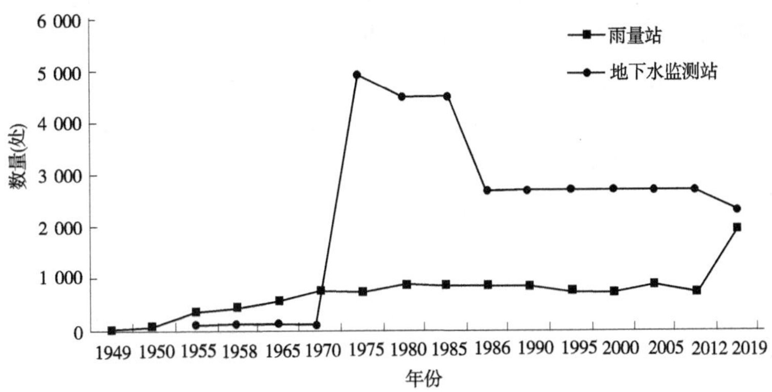

图 2-7　1949~2019 年山东省雨量站、地下水监测站发展历程

2.2　水文站网建设历程

2.2.1　水文(流量)站网

山东省水文站网经历了从无到有的过程,山东省第一个水文站建于 1915 年,督办运河工程管理局在大清河南城子设立南城子水文站,用于观测水位和流量。以此为开端,1915~1923 年,督办、顺治委员会、江淮水利局先后设立了 33 处水文站,并在黄河上设立了 2 处水文站,用于专门观测黄河的流量变化。随后各地开始了在山东省主要河流和运河上建立水文(流量)站,用于专门观测某一河流的流量和水位变化。1931 年,山东省建设厅小清河工程局在小清河设立 12 处水文站。1933 年,黄河水利委员会在山东省黄河流域设立了 5 处水文站。1935 年,在大汶河设立戴村坝水文站。1937 年抗日战争爆发后,大部分水文站都停止了观测。1945 年日寇投降后,中华民国政府成立了山东省水利局水文总站,由日寇手里接受了少数水文站,其他大部分测站未恢复。1949 年中华人民共和国成立前,山东省各解放区民主政府和水利部门接管了日伪和民国政府的少数水文站,并恢复和增设了部分水文站,1947~1949 年 10 月恢复和增设了 15 处水文站。

中华人民共和国成立后,山东省水利局为了防汛抗旱的迫切需要和国民经济的建设,不断恢复增设水文站。这一时期的水文站网建设虽然得到迅速发展,但没有整体规划,主要根据河道防洪需要,设立了一些大河中下游水文站,但还未形成完整的水文站网。至 1955 年底,全省已建成水文站 68 处。经过 1956~1958 年的健全与发展阶段。到 1958 年底全省共建成水文站 84 处,初步形成了比较完整的基本水文站网。经过 1958 年以后的大规模水利建设高潮,山东省在大型水库和中型水库均设立了水库水文站。随后,山东省迎来水文站网的高速发展阶段,到 1965 年底全省共建成水文站 145 处。

“十年动乱”时期,少数水文站被撤销,部分测验项目停测,但水文站网未有大的变动。到 1975 年底,全省共有各类水文站 147 处。经过 1976~1980 年国民经济的恢复和发展,水文站网经历了充实、配套、优化阶段。到 1980 年底,全省共有各种水文站 148 处,基本形成了现在水文站网的布局构造。1986~1995 年,水文站网经过局部调整和裁撤后又恢复至 148 处,随后直至 2005 年,水文站网数量基本趋于平稳,均保持在 148 处,其中河道站 74 处、水库站 36 处、堰闸站 23 处、专用站 15 处。按平原区和山丘区划分,平原区水文站 29 处,山丘区水文站 119 处。2012 年,水文站裁撤至 135 处,至 2019 年期间,因中小河流水文监测系统建设等项目增加了部分测站,水文站数量有所上升,调整至 150 处。山东省水文(流量)站数量发展历程见图 2-8。

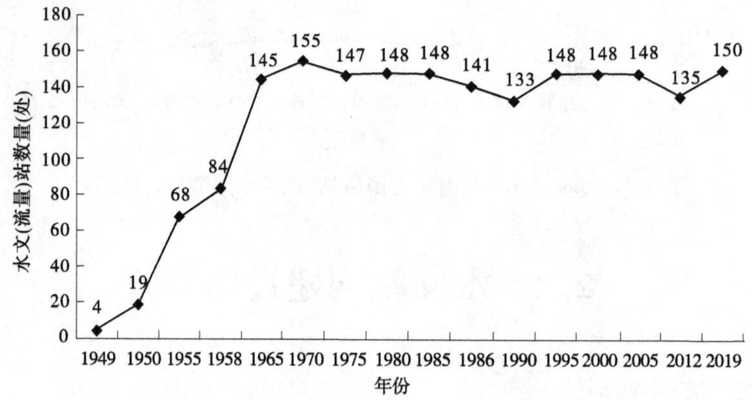

图 2-8　山东省水文(流量)站数量发展历程

2.2.2　水位站网

1915 年,山东省第一个水文站设立就兼有观测水位的作用。随后,1915~1923 年,督办、顺治委员会、江淮水利局先后设立的 33 处水文站也有部分水文站兼有水位站的功能。各工程局在河流上建设水文站的同时,1933~1936 年江淮运河工程局在运河上设立了黄林庄水位站,用于观测运河的水位变化。1933 年,黄河水利委员会在山东省黄河流域设立了 11 处水位站,用于专门观测黄河及各支流的水位变化。1937 年抗日战争期间,部分水位站停止观测,直至 1949 年中华人民共和国成立前,山东省各解放区民主政府和水利部门才开始接管各水位站管理,并增设了部分水位站,1947~1949 年 10 月共恢复和增设了 30 处水位站。

中华人民共和国成立后,党和人民政府重视水文工作,水位站网建设得到迅速发展,至 1955 年底,全省已建成水位站 80 处。经过 1956~1958 年的健全与发展阶段,到 1958 年底,全省共建成水位站 61 处,其中黄河干流山东段共有水位站 22 处。1958 年以后,在站网高速发展阶段,由于部分水位站已达到测站目的或受水利工程影响失去代表性,均被撤销,到 1965 年底全省共有水位站 27 处。黄河作为山东省主要大河,在该时期,黄河水利委员会对黄河干流站也进行了调整,黄河干流山东段共有水位站 18 处。

“十年动乱”时期,山东省撤销了少数水位站,到 1975 年底,全省共有水位站 22 处,同时在该时期,黄河水利委员会对黄河干流水位站的调整也较少,黄河干流山东段共有水位站 19 处。“十年动乱”以后国民经济恢复发展,到 1980 年底,山东省共有水位站 29 处。

在站网调整阶段,1986 年对水位站做了部分调整,撤销了东风港、山角底、榜栳岛 3

处潮水位站和大周、南阳(独)、大鹏、后陈、西姚、刘楼6处水位站,1986年底共有水位站19处,1987年撤销石楼水位站。1993年撤销独山、大卜湾2处水位站,截至2000年底全省共有各类水位站17处,其中潮位站3处、河道水位站9处、湖泊水位站5处。

2000~2005年底,经过局部调整,全省共有各类水位站17处,其中潮位站3处、河道水位站9处、湖泊水位站5处。直至2012年,水位站数量一直趋于稳定,随后由于山东省各项水利工程和河流治理工程的建设,原有的水位站已不能满足社会发展的需要,所以加快建设了一批新的水位站,水位站数量迅速增加至2019年的210处。山东省水位站数量发展历程见图2-9。

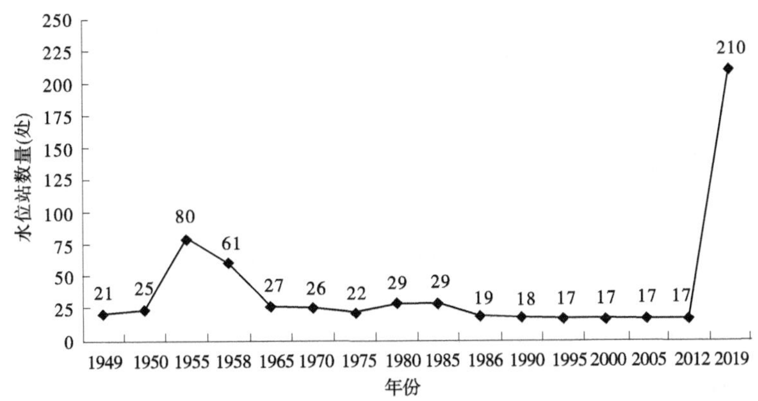

图2-9　山东省水位站数量发展历程

2.2.3　雨量站网

清政府由于军事、航海和渔业的需要,于清光绪十二年(1886年)首先在今胶东半岛设立了第一批水文气象观测站,进行雨量和气象观测,是山东省最早的雨量站。1886年5月在长岛县猴矶岛观测降水量,同年6月又在烟台市的葡萄山,次年1月分别在荣城市成山头、镆铘岛的灯塔附设测候所观测雨量。1898年8月,在今崂山县李村设立测候所,进行雨量和蒸发量的观测。1912~1933年,督办、顺治委员会、江淮水利局、黄河水利委员会、江淮水利测量局、山东省建设厅等单位,在山东省先后设立9处雨量站,连同清代末年观测雨量的5处站点,山东省共有84处雨量站。

抗日战争期间各雨量站停止观测,1945年日寇投降后,中华民国政府成立了山东省水利局水文总站,由日寇手里接受了少数雨量站。中华人民共和国成立后,各类站网恢复重建,至1955年底,全省已建成雨量站301处。1955年以后,随着国民经济建设发展的需要,根据水文站网规划原则,1958年底山东省雨量站调整至380处。随后,站网高速发展,到1965年底全省共建成雨量站504处。“十年动乱”后,到1975年底,全省共有雨量站693处,1976~1980年雨量站网不断充实优化,到1980年底,全省共有雨量站815处。

在随后的站网调整时期内,1986年撤销了19处雨量站,1987年撤销了20处雨量站,1992年撤销雨量站12处,1993年调减雨量站78处,1994年调减5处雨量站,1998年调减雨量站31处,截至2000年底山东省共有雨量站669处。至2005年雨量站增加至812

处,其中平原区共有雨量站188处,山丘区共有624处。由于山东省汛期局部降雨较多,现有雨量站不能全部掌握所有降雨情况,不能满足防洪抗旱要求,所以雨量站数量一直在逐年递增,至2019年,山东省共有雨量站1 887处。山东省雨量站数量发展历程见图2-10。

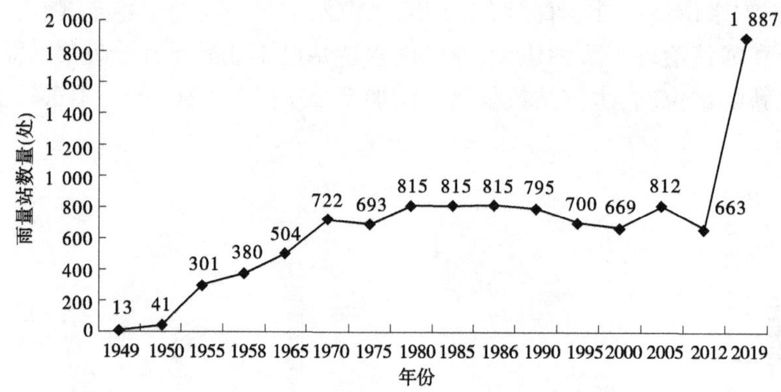

图2-10 山东省雨量站数量发展历程

2.2.4 蒸发站网

1898年8月,测候所在今崂山县李村设立,可进行蒸发量的观测。部分雨量站、水文站、水位站也会设立蒸发观测项目,在中华人民共和国成立之前,山东省共有蒸发站8处。

中华人民共和国成立后,随着经济社会和水利事业的发展,水文工作作为防汛、抗旱的耳目受到重视,蒸发站网发展迅速,至1955年底,山东省已建成蒸发站206处。随后,水文站网规划原则被提出,蒸发站网也经历了健全与发展,人们发现之前建立的大部分蒸发站或蒸发项目不合理,随即进行调整规划,到1958年底,山东省蒸发站调整为39处,随后山东省掀起了大规模水利建设高潮,到1965年底,蒸发站增长至43处。

经过"十年动乱"后,由于受"极左"路线影响,山东省裁撤了部分蒸发站,到1975年底,山东省共有蒸发站30处,"十年动乱"后,蒸发站网得到充实优化,发展至34处。

在1986~1990年的站网调整阶段期间,山东省蒸发站数量增加至1990年的50处,随后经过局部调整,至2000年底,山东省共有蒸发站48处,直至2012年,山东省蒸发站数量一直趋于稳定,保持在48处未变。其中,平原区共有蒸发站14处,山丘区共有蒸发站34处,蒸发站多集中在鲁北平原和胶东半岛,地区分布不均匀。至2019年,山东省共有蒸发站50处,其中包含各降水量站蒸发观测项目、各水文站与水位站蒸发场等。山东省蒸发站数量发展历程见图2-11。

2.2.5 泥沙站网

山东省泥沙站网自中华人民共和国成立时才逐渐发展,1949年山东省只有1处泥沙站,随后,经历了中华人民共和国成立后的水利水文建设,至1955年底,泥沙站激增至50处,发展迅速。1955年以后,经过水文站网发展规划,到1958年底全省共建成泥沙站72处,随后,站网高速发展,到1965年底全省共建成泥沙站81处。"十年动乱"过后,到

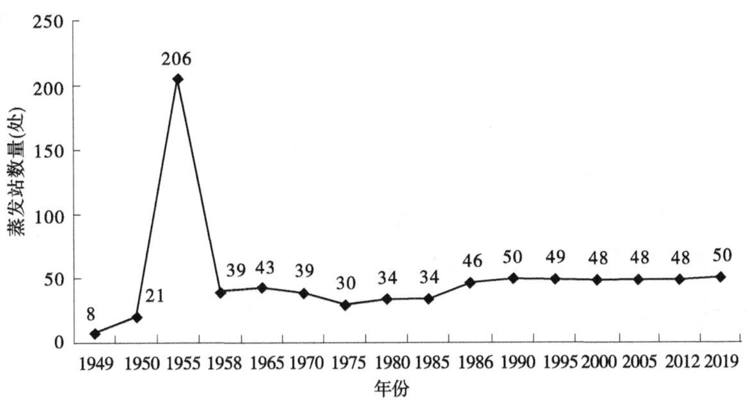

图2-11　山东省蒸发站数量发展历程

1975年底,全省共有泥沙站76处,随后经过优化调整,到1980年底,全省泥沙站调整至79处。1986~2000年对部分泥沙站进行了局部调整,1992年撤销泥沙站15处,1993年撤销泥沙站9处,1995年增设泥沙站1处,1998年撤销泥沙站3处,截至2000年底全省共有泥沙站48处,泥沙颗粒分析站3处。经过局部调整,至2005年,全省共有泥沙站48处,直到2012年。2019年,山东省泥沙站调整至41处。山东省泥沙站数量发展历程见图2-12。

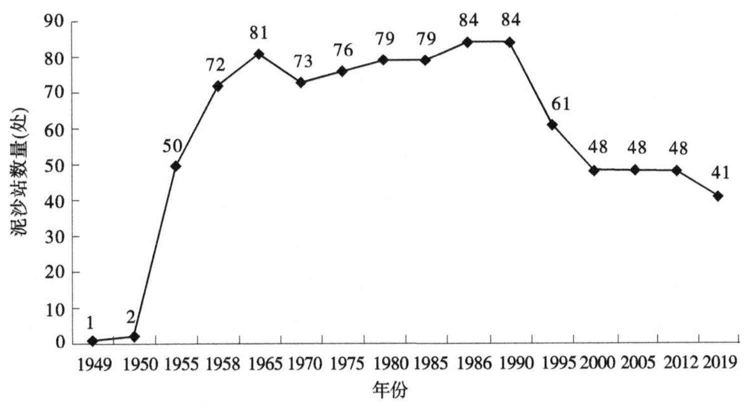

图2-12　山东省泥沙站数量发展历程

2.2.6　水质站网

山东省水质站网建设从1959年开始,1960年又增设了一部分小河站。经过站网的高速发展阶段,到1965年底全省共建成水质站66处,其中增加水质站64处。“十年动乱”期间,山东省水质站调整至63处,随后经过恢复和发展,到1980年底,全省共有水质监测站98处。

在站网调整阶段,1985年,根据水电部水文局的统一布署和《水质监测规范》(SL 127—1984)对水质监测站网的布设要求,经过优化调整,全省共规划布设123处水质监测站,其中水质基本站118处、辅助站4处、专用站1处。东平湖、大周、独山、西姚、马口、大娟、山角底、沙沟水库暂不取样监测，其他 115 处水质监测站自 1985 年 7 月 1 日起开始实施监测。1992～2000 年水质站网无变动。

至 2005 年底，山东省共有水质站 115 处，其中基本站 108 处、辅助站 5 处、专用站 2 处，主要分布在平原地区。山东省按水功能区划分共有 295 个水功能区，其中一级水功能区 160 个，二级水功能区 226 个，全省 160 个一级功能区内无水质监测站的 146 个，226 个二级功能区内无水质监测站的 75 个。现有的水质监测站不能满足山东省经济发展的需要，故开始水质监测站网的建设，至 2012 年，山东省水质站增长至 450 处，2019 年，山东省共有水质站 451 处。山东省水质站数量发展历程见图 2-13。

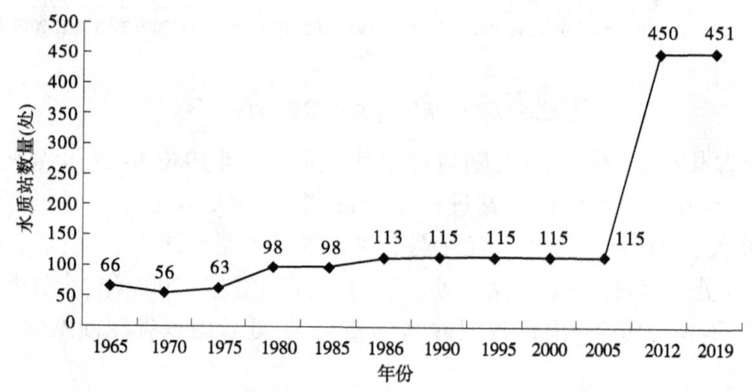

图 2-13 山东省水质站数量发展历程

2.2.7 地下水站网

中华人民共和国成立时，山东省地下水站网基本上处于空白状态。中华人民共和国成立后，经过一系列规划建设，至 1955 年底，全省已建成地下水站 63 处。经过随后的水文站网规划，地下水站网发展至 1958 年的 96 处。随后，水文站网高速发展，到 1965 年底全省共建成地下水站 114 处。从 20 世纪 70 年代起，人们开始重视地下水的开发利用，并进行地下水动态观测。到 1975 年底，山东省地下水站网发展迅速，地下水站数量激增至 4 915 处，到 1980 年底，全省地下水站调整至 4 482 处。山东省自 1974 年开展大规模地下水动态监测工作，监测井网发展迅速，到 70 年代末达到 5 800 余眼，居全国之最。

在站网调整阶段，山东省水文部门根据水利部的要求提出规划布设或调整意见，经山东省水利厅批准后由各市、县水利部门组织实施。1981 年，根据水利部的要求并结合山东省的实际情况，将监测井网调整为 2 674 眼，并经山东省水利厅批准实施。到 1986 年地下水监测井网调整为 2 670 眼。1986～1991 年地下水站网无变动。随后全省地下水测井总数一直保持在 2 670 眼直至 2012 年，虽然地下水监测站总数一直保持不变，但各类别监测井数量在发生变化，见表 2-2。2019 年山东省地下水监测站网经过局部调整后为 2 274 处。山东省地下水站网数量发展历程见图 2-14。

表 2-2　山东省地下水监测站网统计

年份	总数(眼)	实际运行(眼)				
		总数	重点井	一般井	统测井	专用井
1986	2 670	2 232	318	1 914		
1990	2 670	2 382	277	2 017	88	780
1996	2 670	2 308	340	1 853	115	845
2000	2 670	2 064	277	1 695	92	791

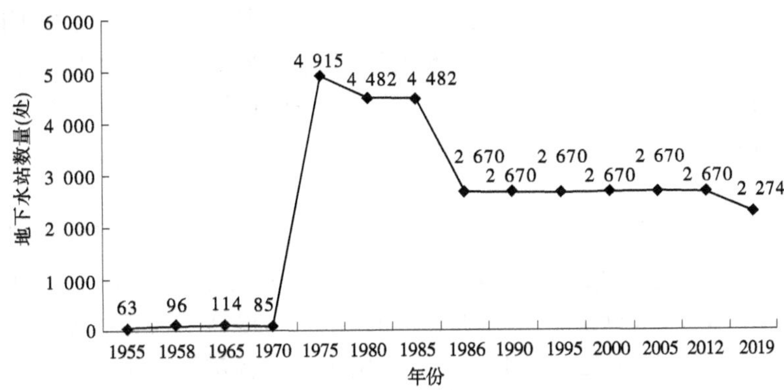

图 2-14　山东省地下水站网数量发展历程

2.3　水文测验方法与设备发展历程

水文测验是在人类与自然的斗争中,特别是在防御洪涝、干旱灾害、兴修水利的过程中逐步发展起来的。中华人民共和国成立后,从 1953 年开始,水利部就着手编写规范,于 1956 年制定了《水文测站暂行规范》指导测验工作,使水文测站的工作逐步走向规范化,水文测验工作经历了由简到精、由粗到细、由少到多的发展历程,得到了较快发展。

2.3.1　水位

水位观测设备主要为直立式搪瓷水尺,部分堰闸、水库的溢洪道、放水洞的水尺固定在闸墙上,或直接用漆喷绘在水工建筑物墙壁上。部分有条件的站建有自记水位台,到 1986 年全省共建成自记水位台 93 处,均安装浮子式自记型水位计,自记水位仪器多为日记水位计,部分站安装了日记电传水位计,均为国产仪器。自记水位台有岛式、岸式和岛岸结合式,岸式自记水位台进水管的形式主要有卧式和虹吸式 2 种。由于河道淤积等原因,部分自记水位台停用或报废,到 2000 年能正常运用的自记水位台有 39 处。1993 年引进压力式水位计 7 台(当年未正式投入运行);1996 年引进固态存储水位计 2 台(分别在黄台桥、峄城水文站安装使用,运转正常);1999 年共引进固态存储水位计 6 台,2000 年引进远传遥测水位计 20 台,配套以压力式水位计或浮子式细井水位计,有利于实现水位远传和计算机整编,经过近几年使用,效果较好。

2.3.2 流量

流量测验主要设备有过河缆、测船、水文缆道、测流车、测桥、浮标投放器、流速仪、电波流速仪等。流量测验方法主要采用流速仪法、水面浮标法、比降—面积法、水工建筑物法等。水库溢洪道和部分堰闸站采用水工建筑物率定水力学公式推流;郝峪水文站建有测流槽,用率定曲线推流。到2000年底,已实现间(校)测流量38项。

2.3.2.1 流速仪法测流

1958年起,水利电力部对《水文测站暂行规范》进行了补充,修订了《水文测验暂行规范》,对流速仪测流提出了精确法、常测法和简测法3种测流办法,规定在不同的时期不同要求的情况下,可分别采用繁简程度不同的流速仪测流方法。多数山区测站在中高水时期由于缺乏过河设备而无法用流速仪法测流,只能采用水面浮标法。为了提高流速仪测流的幅度,开始逐渐配备了载人测流缆车,修建了流速仪缆道等测流设施。

2.3.2.2 浮标法测流

浮标法测流的精度低于流速仪法。虽然精度较低,鉴于山区洪水暴涨暴跌、持续时间短、流速接近和超过流速仪使用范围的情况,对于山区来说,浮标法是一种简捷有效的测流方法。20世纪60年代以后,大力发展了缆车和缆道,提高了流速仪的测流幅度,但浮标法仍然是测洪的主要方法之一。山区测站利用中泓浮标法测流亦很普遍,由于水位涨落急剧,或投入的浮标大多数被水流卷到中泓,特别是在50年代初缺乏浮标投放设备的情况下,用中泓浮标法测流比均匀浮标法更为简捷,从50年代中期开始,有不少测站创造了多种多样的浮标投放设备,以尽量采用均匀浮标法测流。

2.3.2.3 比降—面积法测流

山东省在中华人民共和国成立前后设立的测站,在设站时一般都设有比降水尺。在用流速仪法或浮标法测流的同时观测比降水位,以推求河床糙率。在洪水期如果无法用流速仪或浮标测流时,就观测比降水位,用以估算流量延长高水位时的水位—流量关系曲线。

2.3.2.4 水工建筑物法测流

利用已建的泄水建筑物(泄水闸、堰、水电站、扬水站)测流。20世纪50年代末到60年代,随着众多大、中、小型水库和各种泄水建筑物的修建,很多本来位于天然河道上的水文站变成水库水文站或堰闸水文站。这类大部分测站都对泄水建筑物进行了流量系数现场率定,并有部分测站取得了较稳定的流量系数关系,建立了以闸门开启孔数、开度为参数的关系曲线,可十分简便地查算出流量。经各省(自治区、直辖市)水文主管部门核准,可用于报汛和资料整编时推算流量。但是,较多的泄洪建筑物(如水库溢洪道、大型溢流堰泄洪闸等),由于泄洪机遇稀少或泄洪流量幅度较小,都尚未取得完整的率定资料。有的堰闸泄洪规模很大,其上下游不具备布设流速仪测流断面,又不能进行现场率定,对于这类建筑物,80年代专门做了满足水文测验精度要求的模型试验,用模型率定流量系数,以供水文测验运用。

2.3.2.5 流量测验新设备、新仪器的应用

进入21世纪,流量测验根据不同时段、不同量级和不同特性洪水,因地制宜选用不同

的测验方法和仪器。部分站使用自动化缆道测流系统测流，实现流量测验自动化；部分站使用变频调速技术控制的水文吊箱缆道（车）测流系统，利用流量测算软件自动计算流量；在大洪水和异常情况下则用电波流速仪施测水面流速；声学多普勒流速剖面仪（ADCP）已开始应用在跨流域调水和水文巡测方面。

2.3.2.6　测验仪器

1986 年，山东省共有流速仪 1 210 架、经纬仪 79 架、水准仪 250 架、测船 107 只、吊船过河缆 44 处、水文缆道 87 处、浮标投放器 23 处、测桥 78 处（包括公路桥、专用测桥、水库放水洞上简易测流桥等）。1990 年，全省共有流速仪 1 331 架、水准仪 251 架、经纬仪 80 架、测船 95 只、吊船过河缆 44 处、水文缆道 86 处、浮标投放器 23 处、测桥 78 处。1995 年，全省共有流速仪 1 070 架、水准仪 220 架、经纬仪 80 架、测船 69 只（非机动船）、吊船过河缆 44 处、水文缆道 72 处、浮标投放器 19 处、测桥 78 处。2000 年，全省共有流速仪 966 架、水准仪 219 架、经纬仪 68 架、测船 42 只（非机动船）、吊船过河缆 19 处、水文缆道 66 处、浮标投放器 12 处、电波流速仪 6 架、测流车 18 辆（其中依维柯 2 辆）、专用测流桥 22 处。

2.3.3　泥沙

山东省悬移质泥沙采用横式采样器、瓶式采样器、皮囊积时式采样器，测验方法采用多点法和积深法取样，一般水深许可时用采样器提取水样，水深不足时用水样桶直接舀取。水样处理采用过滤法，通过量积、沉淀、过滤、烘干、称重等几道工序计算出含沙量。使用的仪器有量杯、滤纸、烘箱、天平等。至 2000 年底全省共有 1/1 000 和 1/100 天平 48 台、烘箱 48 个。2000 年底输沙率实行间测的项目为 20 项。

2.3.4　降水

山东省降水量观测，多采用口径为 20 cm 的普通雨量器（全年或非汛期）和日记型虹吸式自记雨量计（全年站 5~10 月、汛期站 6~9 月）。1993 年，全省有自记雨量计 533 台。1996 年引进 4 台雨量固态存储器。1997 年引进 6 台雨量固态存储器。1998 年引进 15 台雨量固态存储器。到 2000 年底，全省共配发 138 台固态存储器（配套翻斗雨量计），运转基本正常。

2.3.5　蒸发

山东省陆上水面蒸发站的蒸发量观测设备为 E-601 型或 E-601B 型蒸发器和 20 cm 口径蒸发皿。每年 3~10 月采用 E-601B 型蒸发器观测，11 月至次年 2 月采用 20 cm 口径蒸发皿观测。到 2000 年底，全省现有 E-601 型蒸发器 48 套、20 cm 口径蒸发皿 48 台。

2.3.6　地下水

山东省地下水监测工作，一直是监测方法单一、手段落后，自 1974 年开展地下水监测工作以来，一直是委托当地农民做观测员，采用测绳、皮尺等简单测具，每日早 8 时定时量测地下水位，并在具有代表性的观测井上定期监测水温和提取水样进行水质分析。在地下水位监测方面，曾经在个别监测井进行过月记监测试验，终因经费不足以及仪器质量等问题而未坚持下来,目前仍沿用测绳、皮尺等简单测具每日早8时定时量测。

2.3.7 水质

依据山东省水质分析室的监测能力、经费、交通等实际情况,1986~1992年,基本站、辅助站和专用站每年监测6次,水面大于100 km^2 的湖泊、水库站每年监测3次。因水质监测经费等因素,1993~2000年监测频次由每年6次改为每年监测3次,即每年5月、8月、11月进行监测。

2.3.7.1 水环境监测(水质化验分析的项目等)

1986~1987年,山东省水质监测执行中华人民共和国水利电力部部颁标准《水质监测规范》(SD 127—1984),监测项目有:

(1)基本站必测项目有:水温、pH、电导率、溶解氧、耗氧量、五日生化需氧量、氨氮、亚硝酸盐氮、硝酸盐氮、总铁、总磷、总碱度、碳酸根、重碳酸根、氯根、硫酸根、总硬度、钙离子、镁离子、钾离子、钠离子、离子总量(八大离子之和)、酚、氰化物、砷化物、六价铬、汞、氟、悬浮物,共29项。

(2)辅助站及专用站必测项目有:水温、悬浮物、pH、溶解氧、总硬度、氨氮、亚硝酸盐氮、硝酸盐氮、耗氧量、五日生化需氧量、酚、氰、砷、铬、汞,共15项。

1986年8月,水利电力部颁发了《水质分析方法必测项目(试行)》,山东省于1988年开始执行,分析项目有:水温、悬浮物、pH、电导率、氧化还原电位、游离二氧化碳、侵蚀性二氧化碳、溶解氧、化学耗氧量、五日生化需氧量、氨氮、亚硝酸盐氮、硝酸盐氮、总铁、总磷、总碱度、碳酸根、重碳酸根、氯离子、硫酸盐、总硬度、钙离子、镁离子、钾离子、钠离子、离子总量、挥发酚、氰化物、砷化物、六价铬、总汞、镉、铅、铜、大肠菌群数,共35项。

1998年7月,中华人民共和国水利部发布了国家行业标准《水环境监测规范》(SL 219—1998),山东省于2000年1月起开始执行,河道站正常监测项目有:水温、pH、硫酸盐、氯化物、溶解性铁、总锰、铜、总锌、硝酸盐氮、亚硝酸盐氮、非离子氨、总磷、高锰酸盐指数、溶解氧、化学需氧量、五日生化需氧量、氟化物、总砷、总汞、镉、六价铬、铅、氰化物、挥发酚、阴离子表面活性剂、氨氮、硫化物、电导率、悬浮物、总硬度、钙、镁、碳酸盐、重碳酸盐,共34项。湖泊水库站监测项目除以上项目外还有总氮、叶绿素2项。

2000年,山东省及各市地水环境监测中心均已配备了部分较先进的水质分析仪器,如原子吸收分光光度计、气相色谱仪、冷原子荧光测汞仪、754分光光度计、722分光光度计等。监测项目由原来的水化学简分析发展到地表水、地下水、饮用水、工业用水、农灌水监测等60余个监测项目。

2.3.7.2 生态环境监测

1.海水内侵监测

青岛:1991~1992年,青岛市区进行了海水内侵监测,共监测站点120个,主要分析项目为氟化物、溶解性总固体,其中重点井分析项目还有钙、镁、钾、钠、碳酸根、重碳酸根、硫酸根、氯离子,涉及监测范围107.1 km^2。

烟台:1991~1992年,烟台市区进行了海水内侵监测,共监测站点近300个,主要分析项目为钙、镁、钾、钠、碳酸根、重碳酸根、硫酸根、氯离子,涉及监测范围495.21 km^2。

威海：2000 年 8 月威海市区进行了海水内侵监测，共监测站点 70 个，主要分析项目为钙、镁、钾加钠、碳酸根、重碳酸根、硫酸根、氯离子，涉及监测范围 14.12 km^2。

2. 酸雨监测

1992 年 7 月至 1993 年 6 月，山东省参加国家"八五"科技攻关项目"山东省酸沉降时空分布规律研究"（85-912-01-06-05）。该课题对全省各市的酸雨沉降进行了监测分析，按其监测项目将监测点分为一、二、三类。一类监测点 2 处，二类监测点 5 处，三类监测点 10 处。

1）一类监测点

测试项目：降水（湿沉降），包括 pH、电导率、阳离子（NH_4^+、Ca^{2+}、K^+、Na^+、Mg^{2+}）、阴离子（SO_4^{2-}、F^-、Cl^-、NO^{3-}）；大气污染物（干沉降），包括 SO_2、NO_2、TSP（测其重量及化学组成：pH、NO^{3-}、SO_4^{2-}、NH_4^+、Ca^{2+}）；气象要素，包括降水量、风向、风速、气压、湿度、降雨类型。

测试时间：降水，逢雨现场必测每场雨的 pH 和电导率，每场雨进行阴阳离子全分析（场雨指每场雨时间间隔为 4 h，对连续阴雨天，可以每天早 8 时到次日早 8 时算作一个样品）；大气污染物（干沉降），每季观测一次，SO_2 和 NO_2 挂片在 1992 年 10 月、1993 年 1 月、4 月（或 5 月）、7 月每隔 3 天各挂一片，连续挂 5 片，共 15 d；气象要素与降水采样和大气污染物采样时同步进行观测。

2）二类监测点

测试项目：降水，包括 pH、NO^{3-}、SO_4^{2-}、Ca^{2+}、NH_4^+；大气污染物，同一类监测点；气象要素，除气压、湿度不测外，其他同一类监测点。

测试时间：降水，逢雨现场必测每场雨的 pH，每场雨进行 NO^{3-}、SO_4^{2-}、Ca^{2+}、NH_4^+ 分析；大气污染物，同一类监测点；气象要素，除气压、湿度不测外，其他同一类监测点。

3）三类监测点

测试项目：降水，包括 pH、SO_4^{2-}；大气污染物，同一类监测点；气象要素，同二类监测点。

测试时间：降水，逢雨现场必测每场雨的 pH，每场雨进行 SO_4^{2-} 分析；大气污染物，同一类监测点；气象要素，同二类监测点。

如果雨样不足以做全分析，则分析项目顺序为 pH、SO_4^{2-}、NO^{3-}、NH_4^+、Ca^{2+}、Mg^{2+}、K^+、Na^+、Cl^-、F^-。

2.3.8　洪水测验纪实

山东省 1986～2000 年共发生 8 次洪水，分别发生在 1987 年、1990 年、1992 年、1993 年、1995 年、1996 年、1999 年和 2000 年。

2.3.8.1　1987 年 8 月小清河上游暴雨洪水测验

1987 年 8 月 26～27 日，小清河上游济南市区降特大暴雨，暴雨中心在市内解放桥最大降水量 340 mm。300 mm 以上降水量的笼罩面积为 149 km^2，为自 1919 年有实测资料以来的最大次暴雨。小清河黄台桥水文站自 8 月 26 日 12 时涨水，23 时出现洪峰流量 123 m^3/s，27 日 13 时出现最高水位 26.75 m，超防洪高水位 0.75 m，断面实测洪水总量

3 400 万 m^3。济南市区洼地积水达 3 900 万 m^3，部分居民区和工厂被淹。黄台桥站的全体职工团结一致，奋力测洪，在办公室、机房进水的情况下，坚持抢测洪峰，取得了完整的洪水资料。

2.3.8.2　1990 年大洪水测验

1990 年为全省连续十几年干旱后的第一丰水年，汛期降水量 655 mm。6 月 17 日至 8 月 3 日，大汶河接连发生较大洪水 5 次。7 月 21 日，临汶水文站实测最大洪峰流量 3 820 m^3/s，支流瑞谷庄水文站在洪水漫堤测流困难的情况下，冒着狂风暴雨用测船和浮标测得了洪水过程，实测到建站以来最大洪水流量 878 m^3/s。8 月 16 日，沂河临沂站实测洪峰流量 5 480 m^3/s，沭河大官庄站实测洪峰流量 2 790 m^3/s，由于全体水文职工的积极努力，均测得了完整的洪水过程，受到山东省防指的表彰。7 月鲁北地区连降暴雨，月平均降水量 443.9 mm，暴雨中心惠民县麻店站月降水量 571.5 mm，徒骇河堡集闸站 23 日出现历年最高水位，实测洪峰流量 726 m^3/s，7 月、8 月两月洪水总量 14.8 亿 m^3；德惠新河白鹤观闸站实测洪峰流量 275 m^3/s；马颊河大道王闸水文站实测洪峰流量 710 m^3/s，均测到完整的洪水资料。

2.3.8.3　1992 年大洪水测验

1992 年 7 月 9~16 日，南四湖西地区降特大暴雨，洙赵新河流域平均降水量 288 mm，梁山闸水文站出现了自 1974 年建站以来最高洪水位 37.48 m（闸上），洪峰流量 440 m^3/s，本次洪水总量达 3 亿 m^3，两岸积水成灾。水文站观测室进水，全站职工团结一心，坚守岗位，奋力拼搏，测下了完整的洪水过程。8 月 4~6 日，沂沭河及南四湖流域发生大暴雨至特大暴雨，临沂出现了 8 100 m^3/s 洪峰。临沂站水文职工在抢测洪水时，吊船索滑轮被卡住，测船无法前进，在河中随风颠簸 2 h 之久，全站职工冒着翻船危险，跳入水中推船，排除故障。通信设备遭暴风雨毁坏中断后，职工涉水十几里到邮局发洪水情报，为抗洪抢险提供雨水情信息。

2.3.8.4　1993 年大洪水测验

1993 年 6 月 29 日，大汶河北支上游发生特大暴雨，下港水文站发生 30 年一遇特大洪水，由于洪水来势凶猛，自记水位计房被洪水包围，房基周围被淘成大坑，断面标志索被顺流而下的大树扯断，河中各种漂浮物布满河槽。该站是汛期站，按任务要求 7 月开始测报，但是突然发生暴雨洪水，全站职工立即投入工作，克服重重困难和危险，抢测了整个洪水过程，实测最大洪峰流量 850 m^3/s。在报汛线路不通的情况下，冒雨到 5 km 以外发报，为防洪减灾提供了及时、准确的信息。7 月初，徒海河中、下游地区连降大暴雨，其中齐河境内平均降水量 410 mm，堡集闸水文站出现 1951 年建站以来的最大洪水，全站职工通过两昼夜奋力拼搏，用流速仪实测 1 020 m^3/s 最大洪峰流量。8 月中旬，15 号台风在胶东半岛登陆，下营潮位站的职工认真负责，克服困难，于 8 月 14~16 日观测到中华人民共和国成立以来的第三次大潮，最高潮位达 2.73 m，超出警戒水位 0.43 m，为各级领导指挥防御风暴潮灾害提供了依据，也保护了全港近 600 只渔船的安全。

2.3.8.5　1995 年大洪水测验

1995 年，山东省大汶河、沂河、沭河、泗河及沿海诸河均发生较大洪水，实测到大于 10 年一遇的洪峰的站有城东河招远站、沁水河牟平站、墨水河即墨站、东村河海阳站。8 月

14~16 日,济宁市普降大雨,暴雨中心曲阜市最大暴雨量达 461 mm,书院水文站实测洪峰流量 1 980 m^3/s,及时向济宁市防办拍报水情,为泗河下游洪水调度提供了决策依据。8 月 18 日 1 时,蒙阴水文站在抢测洪峰时,因水流急测船发生倾斜,在危急关头,水文站职工团结一致,采取措施调整航向,避免了测船倾覆,测下了 1 420 m^3/s 洪峰流量。水明崖站职工测下 1 330 m^3/s 洪峰流量。8 月 15~16 日,枣庄市北部地区降大到暴雨,暴雨中心洼斗站最大暴雨达 313 mm,岩马、马河两水库发生建站以来最大洪水。岩马水库水文站职工克服重重困难,连续工作一昼夜测得完整洪水过程,实测入库水量 5 531 万 m^3。

2.3.8.6　1996 年大洪水测验

1996 年 7 月,大汶河流域连续降 2 次大暴雨,由于暴雨强度大、雨量集中,大汶河发生 1970 年以来最大洪水,泰安各站职工连续奋战几昼夜,测下完整洪水过程。7 月 25 日,各站实测洪峰流量分别为莱芜站 2 140 m^3/s(最大流速 5.01 m/s)、北望站 3 480 m^3/s、楼德站 1 330 m^3/s、临汶站 3 730 m^3/s、戴村坝站 2 610 m^3/s。北望水文站职工在 7 月 25 日洪水测验中,过河缆被上游冲下的挖泥船挂住,船测法无法进行,该站立即改用其他方法测流报汛,并于次日排除了险情,保证了第二次洪水测验正常进行。

7 月 29 日至 8 月 12 日,小清河流域及徒骇河流域发生自 1964 年以来最大洪水,7 月 31 日洪水,各站洪峰流量为黄台桥站 130 m^3/s、岔河站 230 m^3/s、石村站 261 m^3/s,8 月 12 日洪水,各站洪峰流量为小清河岔河站 265 m^3/s、石村站 264 m^3/s、徒骇河堡集闸站 1 130 m^3/s。小清河各站职工克服困难,完整地测下了历次洪水过程。7 月 31 日,金家闸上游洪水位超出分洪水位 0.12 m,岔河站职工在测流设施被洪水冲毁的困难条件下,立即改在断面上游桥上测流,连续几昼夜,认真测报,关键时刻每 20 分钟上报一次水情,为抗洪决策提供了可靠数据,省、市领导做出了暂不分洪的决定,避免了分洪造成的重大损失。8 月 11 日,小清河流域又降暴雨,预报岔河站洪峰流量为 270 m^3/s,该河再次面临分洪威胁,沿河各站准确及时的水文测报,又一次避免了分洪造成的重大损失,为防洪减灾做出了重大贡献。

8 月初,卫运河上游漳河、卫河流域降大到暴雨,河北省岳城水库最大泄洪流量达 1 500 m^3/s,卫河洪峰流量 900 m^3/s,致使山东段发生了自 1963 年以来的最大洪水,各站洪峰流量为:南陶站 1 950 m^3/s、临清站 1 840 m^3/s、四女寺闸站 1 520 m^3/s、漳卫新河庆云闸站 1 380 m^3/s。8 月 5 日晚,南陶站洪水猛涨,在测流时,漂浮物把水文缆道循环索拉断,铅鱼和流速仪沉入河底,改用测船测流后,由于大量漂浮物压向测船,过河缆支柱被拉倒,测船漂向下游后靠岸,造成一人落水冲下 4 km 后游上岸,当时因无法用船测流,该站及时改用桥测,测得整个洪水过程。8 月 7 日,洪水到达四女寺枢纽,该站 13 名职工进行洪水测报。12 日,减河下泄流量增加到 489 m^3/s,大量漂浮物将减河低架过河缆拉断,该站立即组织架设,在第三次架设中,被拉断的钢丝绳将正在作业的 2 名职工打伤,一人受重伤,测船被冲向下游,船上 4 人落水后均游上岸。就这样,水文职工冒着生命危险与洪水拼搏,抢测一次又一次洪水过程,积累了宝贵的洪水资料。

2.3.8.7　1999 年大洪水测验

1999 年汛期降水量偏少,山东省平均 6~9 月降水量为 351 mm,较 1998 年偏少 32%,有两次较大降水过程,分别为 6 月 14~16 日、8 月 11~13 日。枣庄、潍坊局部地区分别发生了大到特大暴雨，潍坊诸城市三里庄水库最大次降水量达 711.4 mm。十字河、小清河、支脉河、渠河、大汶河等发生了较大洪水。实测最大洪峰流量：十字河柴胡店站 1 750 m^3/s、小清河石村站 196 m^3/s、支脉河王营站 236 m^3/s、风河胶南站 689 m^3/s、渠河石埠子站 621 m^3/s、大汶河临汶站 920 m^3/s。

2.3.8.8 2000 年大洪水测验

2000 年 8 月 9～10 日，大汶河上游降突发性暴雨，最大 24 小时降水量（勤村站）425.1 mm，由于受降水影响，下港水文站上游山洪骤发（发生泥石流），山体滑坡，公路、良田、房屋被毁，桥梁塌陷，电力通信中断，人员伤亡惨重，灾情严重。据统计，本次受灾达 18 个乡（镇），作物受灾面积 18 万亩，倒塌房屋 800 余间，受灾人口 2.1 万人（死亡 21 人），死亡大牲畜 600 余头，冲毁道路 198 km，损坏小型水库 16 座、水电站 1 座，直接经济损失 1.7 亿元。下港站实测洪峰流量 463 m^3/s（为 10 年一遇）；黄前水库实测入库洪峰流量 1 530 m^3/s（为 20 年一遇）。

2.3.9 水文调查

水文调查工作由山东省水文局下达各市水文局负责完成辖区内的水文调查任务。各水文站负责完成本站以上流域内的调查工作。该项工作一般每年只进行水文站定位观测的补充调查工作，遇有特大暴雨洪水或特殊需要时，再增加洪水、枯水、暴雨和历史洪水调查。调查资料以水文站为单位进行整理和水量计算，并作为水文站当年的附录资料汇编保存。

2.3.9.1 地表水

1. 1987 年 8 月小清河上游暴雨洪水调查

1987 年 8 月 26 日 12 时至 27 日 4 时，由于受北方冷空气和西南暖湿气流及局部地区中小尺度天气综合影响，小清河上游济南市区降特大暴雨，暴雨中心在市内解放桥最大降水量 340 mm。300 mm 以上的笼罩面积为 149 km^2，为自 1919 年有实测资料以来的最大次暴雨。小清河黄台桥水文站出现最高水位 26.75 m，超防洪水位 0.75 m，断面实测洪水总量 3 400 万 m^3。济南市区洼地积水达 3 900 万 m^3，部分居民区和工厂被淹。山东省水文总站水文勘测队组织人员对济南市区主要排洪河道进行了洪水调查，共调查了 9 个河段的洪水资料，取得城市短历时暴雨洪水资料。

2. 1999 年潍河“99 · 8”特大暴雨洪水调查

1999 年 8 月 9～13 日，受强冷峰和副热带高压及东南暖湿气流的共同影响，潍河流域发生了罕见的特大暴雨，最大 24 小时点雨量 599.6 mm，最大 3 日点雨量 681.3 mm。暴雨过后，山东省水文局及潍坊水文水资源勘测局非常重视，雨后立即组织技术人员，成立了“99 · 8”暴雨洪水调查组，对暴雨笼罩范围内的自然地理概况、灾情等进行了全面调查，收集了 86 个雨量站资料。在三里庄水库上游的三条河入库河流上布设了 6 个横断面、3 个纵断面，确定了 12 处洪痕，进行了测量。经分析计算，该暴雨最大 24 小时暴雨重现期为 1 000 年一遇，与河南“75 · 8”暴雨在量级上比较接近。

2.3.9.2 水质

（1）1998 年，参加了“六五”国家重点科技攻关项目课题的研究工作，完成了“鲁北平原地区水资源评价与合理利用的研究”中的水质报告部分，该报告获山东省水利厅科技进步二等奖。

(2)1990 年,参加了“七五”国家科委第 57 项科技攻关课题的研究工作,完成了“胶东地区水质评价与污染源调查”报告,该报告获山东省水利厅科技进步二等奖。

(3)1997～2000 年,完成了每年一次的淮河流域入河排污口水质调查与监测,涉及山东省临沂、济宁、枣庄、菏泽、泰安、淄博、日照 7 个市,并按照淮河水利委员会要求提交报告。

(4)1991～1992 年,完成了“济南市城市水质监测与评价”课题的研究工作,该课题调查了济南市废污水来源与废污水排放系统,设置了水质监测站网,定期进行了水质监测,对监测资料进行了现状评价,对济南市城市水质进行了趋势性分析。

2.4　水文资料整编发展历程

2.4.1　地表水资料整编

2.4.1.1　水文资料整编项目及数量

水文资料整编包括水位、流量、泥沙、降水量、蒸发量等项目。部分年份各监测项目及数量见表 2-3。

表 2-3　山东省 1986～2000 年各监测项目及数量　(单位:项)

年份	水位	流量	泥沙	降水量	蒸发量	辅助站
1986	178	170	84	955	46	
1987	177	169	84	936	52	
1988	178	148	84	937	52	182
1989	177	137	83	937	52	203
1990	177	137	83	937	52	194
1991	139	136	67	944	51	300
1992	139	129	67	919	49	295
1993	140	128	67	843	49	280
1994	136	127	61	839	49	291
1995	139	128	60	839	49	295
1996	140	129	63	839	49	289
1997	139	127	63	839	49	282
1998	137	126	52	827	49	272
1999	132	118	51	807	49	272
2000	132	119	52	808	47	268

2.4.1.2 水文资料整编储存内容与方法

1. 水文资料整编储存内容

考证图表、水位、流量、泥沙、降水量、蒸发量、水量调查资料的整编成果。

山东省负责三册《水文年鉴》的汇编工作。分别为：淮河流域第5卷第5册和第6册，包括江苏省部分水文资料；黄河流域第4卷第9册，包括河南省部分水文资料。另外，山东省黄河流域第4卷第5册部分水文资料由黄河水利委员会水文局负责汇编，山东省南运河部分资料由河北省负责汇编。1986~1991年据此要求完成汇编工作。

1992~2000年，江苏省淮河流域《水文年鉴》第5卷第5册和第6册及河南省黄河流域第4卷第9册部分资料，均不再参加山东省的汇编，山东省亦不参加河北省水文总站和黄河水利委员会水文局的汇编工作。山东省汇编淮河流域《水文年鉴》第5卷第5册、第6册和黄河流域第4卷第5册、第9册，将南运河部分水文资料合并到黄河流域第4卷第9册一起汇编。

2. 执行规范情况

1986~1987年，执行1975年水利电力部颁发的《水文测验试行规范》及《水文测验手册》（第一、二、三册）。

1988年，水利电力部颁布并实施《水文年鉴编印规范》（SD 244—87），因该规范出版较晚，本年资料除表格式样、编排次序按其执行外，其他仍执行1975年的《水文测验试行规范》。

1989~2000年，执行1988年水利电力部颁发的《水文年鉴编印规范》（SD 244—87），根据资料来源、成果质量及使用价值的不同，分为“正文资料”和“附录资料”两部分进行整编。正文资料是正规观测资料的加工成果；附录资料主要是简易观测和调查资料的推算成果。该规范将“含沙量月年统计表”改为“逐日平均含沙量表”，汇编于正文资料中，将原整编的“水文调查成果表”改为“水量调查成果表”，增加了“反推入库洪水流量”，汇编于“附录资料”中。

自1991年起，“正文资料”中的各月年统计表，均改为相应逐日表；“附录资料”中的“反推入库洪水流量”停止整编。

3. 计算机整编情况

1986年底，山东省水文总站引进美国VAX-11/730电子计算机。1986年，部分水文站水文资料及淮河流域第5卷第5册、第6册全部降水量资料（特小面积水文站配套雨量站的“降水量摘录表”及“各时段最大降水量表1”除外）均用VAX-11/730电子计算机进行上述报表的电算整编。

1989年，山东省河道水文站及部分堰闸水文站的水文资料和全部降水量资料，全部应用VAX-11/730电子计算机整编。

1990年起，全部河道、堰闸、潮位站的水文资料和全部降水量、水面蒸发量资料，均采用VAX-11/730电子计算机进行电算整编。

1991年，山东省地表水水文资料全部采用计算机整编，其中，实测成果采用山东省研制的“微机水文资料综合制表全省通用程序”，其他资料使用VAX-11/730电子计算机进行电算整编。

1992 年,山东省完成了“微机整编降水量资料全省通用程序”和“微机整编水面蒸发量资料全省通用程序”的研制工作,并投入使用。

1993 年,山东省完成了“微机整编水流沙资料全省通用程序”和“微机整编潮水位资料全省通用程序”,自该年起,山东省的地表水水文资料全部使用微机进行电算整编。

自 1995 年起,山东省与河海大学合作研制了“水文信息微机图文处理系统”,该系统可进行计算机定线,代替人工定线整编,可提高水文资料精度,节省人力、物力。

4. 储存方法

1986~2000 年地表水资料,均按要求存入国家水文数据库,并拷贝到磁盘上长期保存。另外,有人工书写或计算机打印纸介质资料 2 份,异地保存。

2.4.2 地下水资料整编

2.4.2.1 水文资料整编储存内容

地下水整编的内容包括:地下水测井一览表、水位、水温、水化学、开采量、泉水流量、地下水测井分图。历年地下水资料经过审查、验收后,按市整编成册送厂刊印。

2.4.2.2 水文资料整编储存内容与方法

(1)2000 年,对地下水资料整编程序进行了优化升级,每个地市建一个数据库,每个数据库主要存放在 7 个数据表中,数据表互相联系,具有存放、读取、查询,力求保持各种原始资料数据状态的功能。

(2)新的地下水资料整编软件,实现了由 DOS 到 Windows 的升级,数据的存放格式由文本格式提高到数据库格式。资料录入界面直观,操作简单,整编实现了所见即所得,是个真正的 Windows 风格下实用软件。

2.4.3 水质资料整编

2.4.3.1 水文资料整编储存

山东省隶属淮河、黄河、海河 3 个流域,自 1985 年以来三大流域根据中华人民共和国水利电力部标准《水质监测规范》(SD 121—1984)中资料整编、汇编、刊印的要求,分别制订了三大流域的水质资料整编规定。山东省依据各委资料整编的要求,每年分流域认真进行水质资料整编工作。1985 年开始汇编和刊印各流域水质年鉴,山东省的徒骇河、马颊河、德惠新河、南运河水系各监测站属海河流域水质资料由海河水利委员会刊印;大汶河、玉符河、小清河、潍河、弥河以及胶东各水系的监测站属黄河流域水质资料,由黄河水利委员会刊印;沂河、沭河及南四湖各水系的监测站属淮河流域水质资料,由淮河水利委员会刊印。

1990 后,各流域水质年鉴停刊,山东省水质资料每年整编后交山东省水文局资料室保存。

1996 年,为使山东省整编工作更加规范化、标准化和科学化。根据水电部颁发的《水质监测规范》(SD 121—84)、水电部水文局于 1986 年 6 月印发的《水质监测资料整编规定》和各流域水质监测资料整编规定,结合山东省的实际情况和近年来的实践经验,编制了《山东省水质监测资料整编规定》,该规定使用至今。

1995年,山东省开始采用微机资料整编,整编程序采用黄河水利委员会编制的软件。微机整编,节省了时间,节约了人力、物力,提高了资料整编的质量。

1997年后,淮河、黄河流域恢复了流域水质资料的整、汇编工作,对所属流域的重点水质资料进行每年一次的汇编。

2.4.3.2　水文资料整编存储内容与方法

1. 水文资料整编存储内容

(1)编制水质站监测情况说明表及位置图。

(2)编制监测成果表。

(3)编制监测成果特征值年统计表。

2. 水文资料整编存储方法

(1)原始资料整编。

(2)原始资料的初步整编工作以各市(地)水环境监测中心为单位进行。

(3)原始资料自采样记录、送样单至最终检测报告及有关说明等原始记录经检查审核后装订成册,以便保存被查。

(4)资料按省、市(地)进行分类整编,填制或绘制有关整、汇编用表,编制有关说明材料及检查初步整编成果。

第 3 章　水文站网构成

3.1　水文站网建设现状

3.1.1　水文测站现状

水文测站是在流域或区域内设立的,按一定技术标准收集和提供水文要素的各种水文观测现场的总称。按监测目的和作用分为基本站、实验站、专用站和辅助站。水文测站按水文观测场所统计称为按独立站统计。一个独立站可以收集多个水文要素,或称包含多个观测项目。水文测站按观测项目分为流量站、水位站、泥沙站、雨量站、蒸发站、水质站、地下水站、墒情站等。流量站(通常称作水文站)均应观测水位,有的还兼测泥沙、降水量、水面蒸发量与水质等;水位站也可兼测降水量、水面蒸发量。这些兼测的项目,在站网规划和计算布站密度时,可按独立的水文测站参加统计;在站网管理和刊布年鉴时,则按观测项目对待。

随着中小河流水文监测系统工程、国家地下水监测工程、水资源监测能力建设工程、水利工程带水文等项目实施,山东省水文监测站网不断完善与发展,逐渐弥补监测空白。目前,山东省范围内的水文站、水位站、雨量站、蒸发站、水质站、地下水站、土壤墒情站等 7 类水文测站统计如表 3-1 所示,基本形成了布局较为合理、功能较为完备的监测网络体系。当前,全省雨量和水位已基本实现自动化测报,先进的流量、水质、泥沙监测仪器得到应用和推广。

表 3-1　山东省各水文测站分类统计汇总　(单位:处)

序号	测站分类	数量(水文部门)	数量(非水文部门)	小计
1	水文站(流量站)	902	59	961
2	水位站	241	60	301
3	雨量站	2 365		2 365
4	蒸发站	115		115
5	水质站	311		311
6	地下水站	2 336		2 336
7	土壤墒情站	155		155
合计		6 425	119	6 544

3.1.2　水文站网监测能力现状

水文站网是在一定地区、按一定原则,用适当数量的各类水文测站构成的水文资料收集系统。由基本站组成的水文站网是基本水文站网。把收集某一项水文资料的水文测站组合在一起,则构成该项目的站网,如流量站网、泥沙站网、水位站网、雨量站网、蒸发站网、水质站网、地下水站网等。

随着水文基础设施建设的不断完善,山东省水文站网的监测和信息服务能力显著增强。目前,山东省 16 市(地)均设有水文局、水情中心、水环境监测(分)中心,雨情测报、汛情传递、水情预报能力显著增强,区域用水总量及水功能区监测质量与水平进一步提高。2018 年接发雨水情报 5 200 余万份,制作雨情图、水情快报 148 期,发送雨水情短信 18 万多条,为各级防台减灾提供第一手数据,发挥了不可替代的作用。2018 年完成 118 处国控水功能区和 299 处省级水功能区每月一次的监测与评价,取得监测数据 20 多万个,完成全省主要城市 56 个重点供水水源地水质监测和 562 处入河排污口核查及水量水质同步监测。通过水文业务系统和各类公报,及时向政府部门和社会公众提供大量水文信息,为防汛抗旱、水资源管理等提供了重要的技术支撑。

3.1.3　水文站网管理服务现状

改革水文管理体制是水文发展的基础。2011 年经山东省机构编制委员会办公室批准,山东省省级水文管理机构正式确定为副厅级公益一类事业单位,济南市水文局、青岛市水文局明确为正处级事业单位,其他市局明确为副处级事业单位,明确规定了水文职能,理顺了水文管理体制。2012 年,全省所有市级水文机构全部实行双重管理,对今后山东省水文事业的发展产生重要、深远的影响。2015 年,山东省水利厅批复了《山东省基层水文管理服务体系建设规划》,支撑基层水文服务体系的基本构架进一步清晰明确,为水利和经济社会可持续发展提供更加有力的支撑。《山东省水文管理办法》的颁布实施,以及相关配套规章制度和地方水文法规建设,为山东省水文事业发展提供了法律保障。2016 年"政府购买服务"项目获山东省机构编制委员会办公室批复,有效地破解了水文站网运行管理的难题,为山东省推进水文站网管理和服务效能提升,努力构建实现水文科学发展的运行机制和规划体系提供了有力保障。

3.2　水文(流量)站网

水文(流量)站可根据目的和作用、控制面积大小和重要性等进行分类,见表 3-2。

表 3-2　水文(流量)站分类

分类标准	类别划分			
目的和作用	基本站	辅助站	专用站	实验站
控制面积大小和作用	大河站	区域代表站	小河站	平原区站
重要性	国家重要站	省级重要站	一般站	

山东省目前实际共有水文(流量)站 902 处。国家基本水文站 150 处,其中大河控制站 40 处、区域代表站 79 处、小河站 31 处;辅助站 181 处;专用站 335 处,其中中型水库水文专用站 68 处。济南市共有水文站 54 处,其中基本水文站 6 处、中小河流水文站 48 处。

3.2.1　基本站、辅助站、专用站、实验站

以各测站的目的和作用为标准,水文站可分为基本站、辅助站、专用站和实验站 4 类站。

基本站是长期系统收集积累水文资料,传递水文信息,研究区域水文规律,为满足国民经济建设各方面需要和公用目的服务,经统一规划而设立的水文测站。基本站应在动态发展中保持相对稳定,在规定的时期内连续进行观测,收集的资料应刊入水文年鉴。

辅助站是为帮助某些基本站正确控制水文情势变化而设立的一个或一组站点/断面。辅助站的情况有两类:一类设置的目的主要是探寻水文要素的地理分布特性,设立相对简单、灵活,设立的年限可以相对较短,时间以与基本站建立起相对关系为准,是基本站的重要补充,可以弥补基本站观测资料的不足;另一类主要设置在水利工程影响地区或平原水网地区,目的是进行水量平衡,算清水账。

需要指出的是,根据《水文站网规划技术导则》(SL 34—2013),计算站网密度时辅助站一般不参加统计。本次统计根据流域水文测站的实际情况,进一步把辅助站划分为枢纽性辅助站和一般性辅助站。枢纽性辅助站主要指由于水利工程导致主河道流量分散,需要通过一组辅助断面,协助合成流量,即一站多断面情况,其本身并不具有独立的水文资料收集功能;一般性辅助站主要指为了弥补基本站在空间分布的不足而设立的一些短期观测站,目的是建立与基本站的关系,推求水文情势的时空分布,或推求水网地区水量平衡。

专用站是为特定目的而设立的水文测站,不具备或不完全具备基本站的特点。山东省实验站建设基本处于空白状态。

基本水文站是现行站网中的主体,也是水文工作者致力于规划和设计的主要对象。但从经济的角度看,由于运行经费的限制,在基本站相对稳定的情况下,可以通过设立相对短期的辅助站,与长期站建立关系,来达到扩大资料收集面的目的,我国目前尚未有目的地开展这方面工作的尝试,其辅助站(断面)大多是为了解决水利工程影响和平衡水账而设立的。另外,专用站是水文资料为特定服务对象而设立的,在水文为社会开展服务的工作中承担着不可忽视的作用。

根据以上三类站网的特点,以及当前水资源管理、水环境保护和社会各部门对水文资料提出的新的需求,水文部门应在稳定发展基本站的基础上,积极扩大专用站和辅助站。为此,拟对当前三类站网的构成情况进行分析、评价。

中华人民共和国成立以来,山东省各时期的基本站、枢纽性辅助站(断面)、一般性辅助站(断面)和专用站年度累计站数见表 3-3。

表 3-3　山东省基本站、辅助站和专用站年度累计站数　（单位：处）

年份	基本站数	辅助站数		专用站数
		枢纽性辅助站数	一般性辅助站数	
1950	6	0	1	1
1955	19	0	3	6
1960	65	83	6	6
1965	73	99	10	6
1970	84	109	17	6
1975	104	116	30	8
1980	124	125	60	11
1985	129	125	90	11
1990	131	125	150	11
1995	131	126	161	11
2000	133	127	172	13
2005	133	127	182	15
2010	135			16
2015	135			15
2020	149			648

目前，山东省现有水文（流量）站共 902 处，其中基本站 149 处、辅助站 105 处、专用站 648 处。山东省水文（流量）站按目的和作用分类组成见图 3-1。

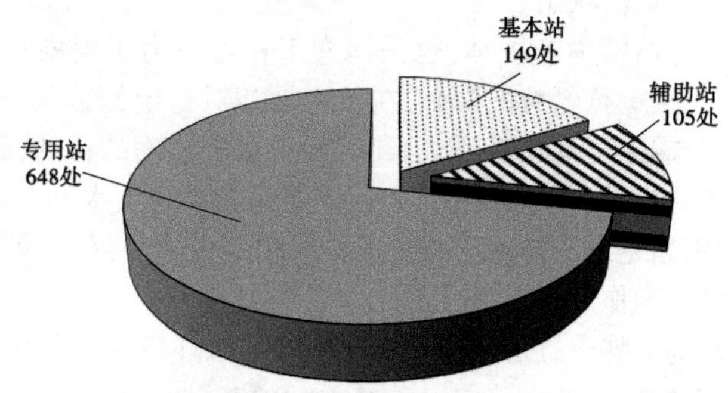

图 3-1　山东省水文（流量）站按目的和作用分类组成

3.2.1.1　基本站

基本站是现行站网中的主体。从经济的角度看，由于运行经费的限制，在基本站相对稳定的情况下，可以通过设立相对短期的一般辅助站，与长期站建立关系，来达到扩大资料收集面的目的。山东省基本站主要布设在山东省主要河道、水库的入库河流、平原的闸坝枢纽以及重要行洪河道，主要用于收集河流水文信息，为流域规划和水利工程设计提供依据,进行径流预报,为防汛减灾决策提供依据。

山东省基本站是从无到有,由小到大,逐步发展起来的,主要是中华人民共和国成立后发展起来的,至今已形成一套较为完整、相对合理的以收集基本水文资料和为防汛抗旱、水资源管理利用服务的水文监测体系。中华人民共和国成立前,受帝国主义侵略影响,全省基本站所剩无几。中华人民共和国成立以后,人民政府大力兴修水利和进行经济建设,迫切需要水文资料,水文站网得到了迅速发展。由水利部统一部署,分别在 1955 年、1965 年、1974 年和 1983 年对全省基本站网进行了规划建设,使水文站网逐步得到充实和完善,基本形成了配套齐全、布局合理的水文站网。其间,20 世纪 60~70 年代,由于受"文化大革命"的影响,基本站发展较慢,甚至有部分基本站降级乃至停测。随着我国改革开放事业与经济发展的需要,至 1985 年,水文站网再次得到发展,基本站增至 129 处。1985 年后,站网规模一直在稳定中调整发展,至 2015 年,基本站达到 135 处。从表 3-3 和图 3-1 可以看出,基本站在 1955~1985 年这段时期增长较快,这一时期从 1950 年的 6 处基本站发展到了 129 处,可以说该时期是水文站网迅速发展时期;1985~2015 年没有大的变化,基本实现目前的格局。山东省 2020 年实际共有国家基本站 149 处。山东省基本站数量变化历程见图 3-2。

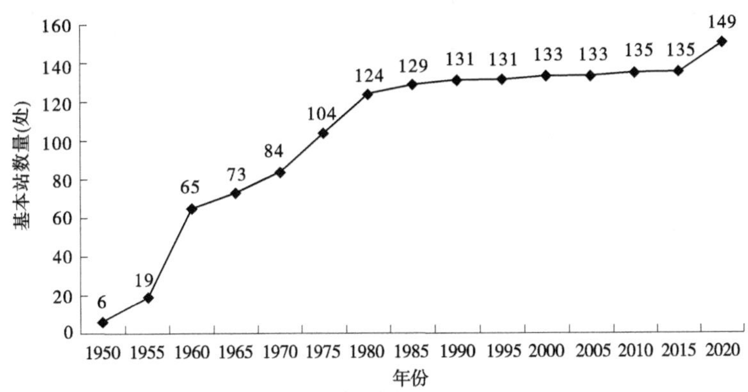

图 3-2　山东省基本站数量变化历程

3.2.1.2　辅助站

辅助站分为枢纽性辅助站和一般性辅助站,枢纽性辅助站(断面)依赖于基本站而存在,有的站与基本站断面同时建立,有的站在水文测站受水利工程影响后补充设立。枢纽性辅助站是随着基本站的建设而调整变化的。一般性辅助站(断面)目前主要是为了分析计算区域水资源量而设立的辅助观测断面,一般采用巡测的方式,并不完全具备世界气象组织(WMO)和《水文站网规划技术导则》(SL 34—2013)所要求的辅助站的特点。

1. 枢纽性辅助站

枢纽性辅助站(断面)依赖于基本站而存在,有的与主断面同时建立,有的在水文测站受水利工程影响后补充设立。辅助站的发展概况与基本站的发展相似,中华人民共和国成立前经济建设和水利建设均较缓慢,基本站和枢纽性辅助站受社会发展制约,建设速度较缓慢。20 世纪 60 年代左右,全国掀起了声势浩大的水利工程建设高潮,水文站网的建设也相应加快,枢纽性辅助站(断面)也增长较快,1955~1965 年这一时期一是受山东省基本水文站网发展的影响；二是受 1958 年大搞水利工程建设影响，枢纽性辅助站迅速发展。这一时期可称为水文站网调整和适应下垫面水利化的时期。1980 年以后基本站网变化较小，大中水利工程没再建设，所以 1980 年以后枢纽性辅助站（断面）几乎没有增加，基本形成现状格局。

2. 一般性辅助站

一般性辅助站（断面）目前主要是为了分析计算区域水资源量而设立的辅助观测断面，一般采用巡测的方式，并不完全具备 WMO 和《水文站网规划技术导则》（SL 34—2013）所要求的辅助站的特点。山东省一般性辅助站主要分布在平原区，特别是自 1975 年以来受引黄影响，在资金不足而不能增设基本水文站的情况下，为了分析计算区域水资源量，解决河流水网分界不清、算清水账等问题，而增设了一般性辅助站（断面）。山东的一般性辅助站增长曲线自 1965 年以来一直不断增长，特别是 1975 年以后随着引黄量的增加，增长线越来越高，充分说明山东省的站网结构还是在不断的完善之中的。一般性辅助站主要分布在洼淀的入口、排沥河道的入海口处等，其建设是随着水利工程的兴建、平原区排沥河道的开挖等而设立的。山东省辅助站数量变化历程见图 3-3。

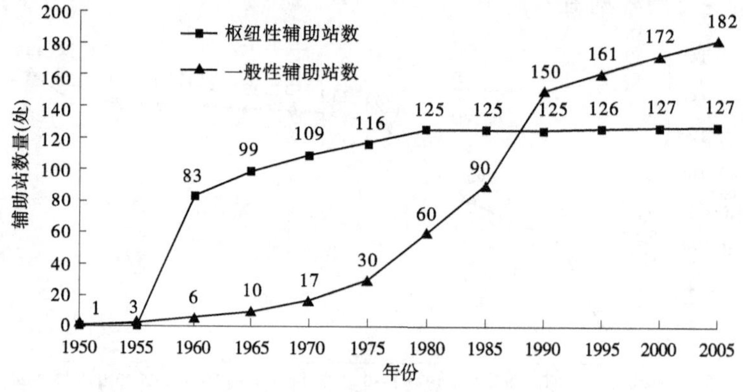

图 3-3 山东省辅助站数量变化历程

3.2.1.3 专用站

专用站基本是由水利部门结合水利工程、地区防汛抗旱要求而设立的。专用站从中华人民共和国成立后开始设立，发展比较缓慢，远远不能满足实际需求。直至 2015 年专用站的数量都保持较少数量并且无大幅度增长，说明山东省水文部门在为水利工程服务方面表现不容乐观，还存在着很大的欠缺。但是随着经济的快速发展，人类活动的加剧，对水文服务的需求也变得更加广泛，对专用站的需求也日益显现，为了满足当前水资源管理、水环境保护和社会各部门对水文资料提出的新的需求，2015 年以来，山东省在各大中型灌区、引调水工程大力建设各类专用站，专用站数量增长显著，从 2015 年的 15 处增长至 2019 年的 335 处，说明山东省站网建设工作有了很大提升。山东省专用站数量变化历程见图 3-4。

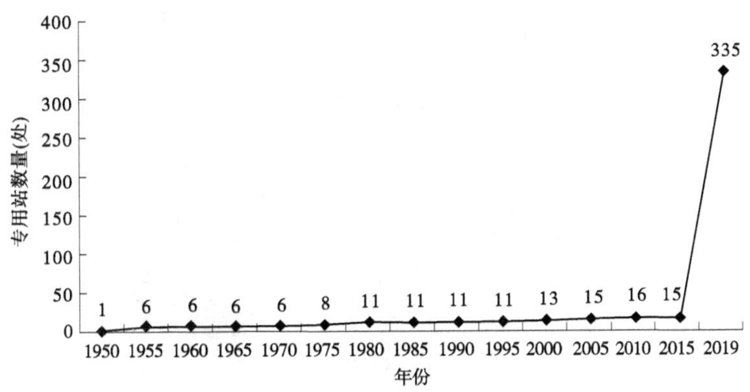

图 3-4　山东省专用站数量变化历程

3.2.1.4　实验站

实验站是为深入研究某些专门问题而设立的一个或一组水文测站,实验站也可兼作基本站。山东省实验站建设几乎处于空白状态,目前无实验站。

总之,山东省基本站增长线,因水利工程建设,在 1985 年前增长较快,说明水文为工程服务做得到位,1985 年后虽没有大的水利工程建设,但城市发展较快,改变了自然环境,对水文服务的需求也变得更加广泛,水文为城市服务即城市水文工作始终没有跟上。枢纽性辅助站是依赖于基本水文站网的,基本站的稳定就决定了枢纽性辅助站的稳定。一般性辅助站增长曲线长期以来走势越来越高,说明山东省的一般性辅助站站网结构还是在不断的完善之中的。2015 年之前,专用站的增长曲线长期以来走势低而平缓,说明山东省水文部门在为水利工程服务方面还存在着很大的欠缺,有待改善。但近几年增长迅速,说明山东省水文站网建设工作提升较大。

3.2.2　大河控制站、区域代表站、小河站

天然河道的水文(流量)站可根据集水面积大小及作用,可分为大河控制站、区域代表站、小河站。

干旱区集水面积在 5 000 km^2 以上,湿润区集水面积在 3 000 km^2 以上,在大河干流上的流量站,大江大河三角洲地区主要出海水道上的潮流量站,称为大河控制站。大河控制站采用直线原则布设,以满足沿河长任何地点各种径流特征值的内插。干旱区集水面积在 500 km^2 以下,湿润区集水面积在 200 km^2 以下的河流上设立的水文(流量)站,称为小河站。其余的天然河道上的水文(流量)站,称为区域代表站。

经统计,山东省辖区内有 149 个基本站。在基本站中,大河控制站有 35 处,占基本站的 23.5%;区域代表站 88 处,占基本站的 59.1%;小河站 26 处,占基本站的 17.4%。由此可以看出,山东省辖区内区域代表站相对较多,小河站数量相对偏少。山东省水文(流量)站按控制面积分类组成见图 3-5。

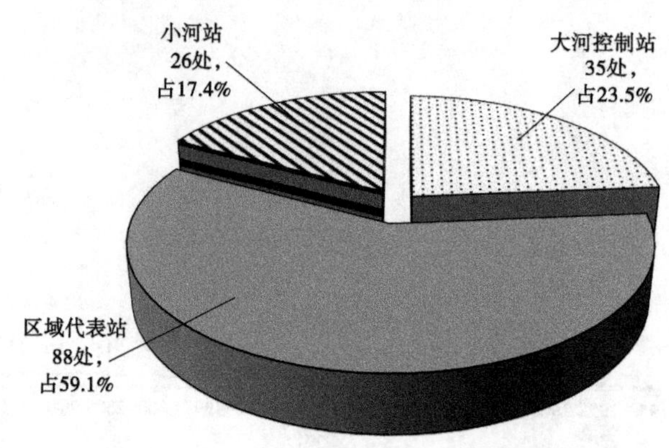

图 3-5 山东省水文(流量)站按控制面积分类组成

3.2.2.1 大河控制站

山东省现有大河控制站 35 处,占基本站网总数的 23.5%。山东省流域面积大于 3 000 km^2 的河流有 17 条,各河上均设有水文站,这些站一般设立年份较长,经历次调整,测站布设基本合理。大河控制站主要布设在各河的干流、重要支流以及水库、洼淀的入口、出口处及河流入海处,基本能够监测全省重要流域的大河干流水文要素,能够满足河流治理、防汛抗旱、水资源管理和重大水利工程等国民经济的需求。

依据《水文站网规划技术导则》(SL 34—2013)中"任何两相邻测站之间,正常年径流或相当于防汛标准的洪峰流量递变率(在无径流量或者洪峰流量资料时,可用流域面积递变率代替),应以不小于 10%~15%估算布站数目的上限"的要求。从大汶河各站控制年径流情况看均在 10%~15%以上,符合《水文站网规划技术导则》(SL 34—2013)中的规定。平原区徒骇河、马颊河区间年径流量较大,由于平原地区引黄水量已超过天然径流量,原来的直线布站原则已不适用,自 1980 年以来采用了站队结合的办法增设了部分辅助站和若干水文调查点弥补了站点不足。南运河:南陶、临清和四女寺三站流域面积不变,区间年径流量没有增加,所以该河站点按《水文站网规划技术导则》(SL 34—2013)要求有些过密,但作为省界、地市界的水资源监测站点布设是合理的。山丘区控制站一般每条河均有 1~2 个控制站,区间面积和年径流量一般都大于上游站的 15%,符合《水文站网规划技术导则》(SL 34—2013)中"任何两相邻测站之间,正常年径流或相当于防汛标准的洪峰流量递变率,以不小于 10%~15%估算布站数目的上限"的规定。山东省各河控制站控制情况见表 3-4。

3.2.2.2 区域代表站

区域代表站是为收集区域水文资料而设立的,采用区域原则布设,其目的在于控制流量特征值的空间分布,通过径流资料的移用技术,提供分区内其他河流流量特征值或流量过程。应用这些站的资料,可进行区域水文规律分析,解决无资料地区水文特征值内插需要,区域代表站的分析就是验证水文分区的合理性、测站的代表性、各级测站布设数量是否合理,能否满足分析区域水文规律和内插无资料地区各项水文特征值的需要。

表3-4　山东省各河控制站控制情况

河名	站名	流域面积(km²)	区间面积(km²)	$F_{区}/F_{上}$(%)	年径流量(亿 m³)	区间径流量(亿 m³)	$W_{区}/W_{上}$(%)	设站年份
大汶河	北望	3 499			9.01			1952
	大汶口	5 876	1 281	27.9	14.5	3	26.1	1954
	戴村坝	8 264	2 388	40.6	16.4	1.9	13.1	1935
沂河	葛沟	5 565			14.2			1951
	高里	552			1.21			1953
	临沂	10 315	832	8.8	30	3.99	15.3	1950
枋河	角沂	3 366			10.6			1954
沭河	沙沟	164			0.35			1960
	青峰岭	769	605		1.81			1960
	莒县	1 676	907	118.0	2.72			1951
	大观庄	4 529	2 853	170.0	6.02	3.3	30.3	1952
徒骇河	聊城	2 212			0.73			1976
	刘桥	4 444			2.24			1971
	刘连屯	846	1 430	27.0	0.479	1.071	39.4	1978
	宫家	6 720			3.79			1970
	堡集	10 250	3 530	52.5	4.97	1.18	16.4	1971
马颊河	王铺	3 088			0.414			1971
	李家桥	5 393	2 305	74.6	1.78	1.37	331	1972
	大道王	8 657	3 264	60.5	2.93	1.15	64.6	1970
卫河	南陶	37 200			19.6			1952
南运河	临清	37 200	0	0	18.7	-0.9	-4.6	1917
	四女寺	37 200	0	0	14.4	-4.3	-23.0	1957

根据《水文站网规划技术导则》(SL 34—2013)要求,规划区域代表站前,应进行流域或地区的水文分区,或对已有水文分区进行检验,检验的合格率不小于70%。布设的区域代表站应能控制流量特征值的空间分布。同时,应满足防汛抗旱、水资源管理等服务功能需求。

区域代表站的布设应综合考虑以下因素:重要城镇防汛、供水和水工程规划、设计、管理运用等需要;湿润地区集水面积在200~3 000 km²,干旱地区集水面积在500~5 000 km²,且易发生洪水灾害和有防汛需要的山区河流;集水面积大于或等于1 000 km²的跨省(自治区、直辖市)界河流,且省(自治区、直辖市)界以上集水面积超过该河流面积的15%,有水资源管理、保护的需要;跨市、县界河流及小于1 000 km²的河流宜根据有水资源管理的需要;西部空白区抗旱、水资源保护及开发利用的需要;中小流域水环境、水资源保护的需要;农业灌区、工矿企业、大型居民区等的用水需求。

山东省现有区域代表站 88 处,占基本站网总数的 59.1%。从现有站网看,在控制年径流量方面基本能满足区域代表性分析的需要,可以为工程规划、建设等方面提供基本资料,发挥区域代表站的作用,但也存在一些问题:一是测站分布不均匀,从全省多年平均径流深等值线图可以看出,山丘区河流上游站点多,下游平原坡水区站点少,泰沂山南、北坡水区、鲁北沿海等地区缺少站点。二是平原地区测站计算年径流量困难。平原地区受水利工程影响严重,流域之间互通,近年来大量引黄,主客水分不清。目前没有足够的站点控制,全靠水文资料调查取得,资料精度不能完全满足计算要求。

3.2.2.3 小河站

根据《水文站网规划技术导则》(SL 34—2013),小河站采用分区、分类、分级规则布站。由于小河站流域面积小,地形单一,分区代表性不强,所以小河站分类布设代表站,推求各种地理类型的水文规律。小河站的布设应能收集小面积暴雨洪水资料,探索产汇流参数在地区上和随下垫面变化的规律,满足防汛抗旱、水资源管理等需求。少数位置适中,地表、地下分水岭重叠较好的小河站可发挥区域代表站的作用。小河站规划宜用分区、分类的方法,下垫面特征单一性突出的小流域,可用分区、分类、分级布设站点。

小河站的布设应综合考虑以下服务功能:暴雨山洪灾害易发区,下游有中小城镇等防洪目标的河流,应在出山口或中小城镇上游布设测站;水资源供需问题突出的河流可根据需要在县级以上行政区界处布设测站;在小流域的上中游,宜根据水资源、水生态保护、水土保持的需要布设测站。

小河站由于面积较小,尤其在山东省,一般枯季均为河干,不观测年径流资料,多数为汛期站,因此对小河站的分析以产流和汇流为主。小河站的产汇流分析,主要是解决小河的分区、分类和验证小河站的代表性。

山东省目前共有小河站 31 处,占基本站网总数的 17.4%。按流域植被和水土保持及地质情况将全省小河站分为 2 类:一类是水土保持较差的山丘区;另一类为水土保持较好的山丘区和一般丘陵区。按分区将山东省小河站分为泰沂山区和胶东半岛区。通过产汇流分析验证,有少数站代表性不好,有待进一步分析。在过去,小河站主要用于探索暴雨洪水规律,随着经济社会的发展和对民生的日益关注,防洪需求也正由中大河流重点区域越来越转向更加全面、更加均衡的区域服务。小河站大多位于山区,在突发性山地灾害预警预报中可以起到独特的作用,因此现阶段小河站更多地被赋予山洪预警的任务,应当加快发展,在担当实时水情任务的同时,也为更多收集暴雨洪水规律积累资料。

3.2.2.4 平原区站

山东省目前无平原区站,今后应按水量平衡和区域代表相结合的原则进行平原区站的规划布设。

3.2.3 国家重要水文站、省级重要水文站、一般水文站

根据水利部《关于重新发布〈国家重要水文站、省级重要水文站划分标准〉和公布第二批国家重要水文站名单的通知》(水文〔1996〕495 号)规定,将基本水文站按照重要性

可划分为国家重要水文站、省级重要水文站、一般水文站三类。

3.2.3.1　国家重要水文站

对于符合下列条件之一者，为国家重要水文站：

(1)向国家防汛抗旱总指挥部(简称国家防总)报汛的大河站。

(2)国家报汛站；承担国际水文水资源资料交换的站；流域面积大于 1 000 km^2 的出入境河流的把口站。

(3)集水面积大于 10 000 km^2，且正常年径流量大于 3 亿 m^3 的站；或集水面积大于 5 000 km^2，且正常年径流量大于 5 亿 m^3 的站；或正常年径流量大于 25 亿 m^3 的站。

(4)库容大于 5 亿 m^3 的水库水文站；库容大于 1 亿 m^3，且下游有重要的城市、大型厂矿、铁路干线等对防汛有重要作用的水库水文站；库容大于 1 亿 m^3，水库为国家主要病险水库的水库水文站。

(5)对防汛、水资源勘测评价、水质监测等有重大影响和位于重点产沙区的个别特殊基本水文站。

3.2.3.2　省级重要水文站

对于符合下列条件之一者，且又未选入国家基本水文站的，可列为省级重要水文站：

(1)大河控制站。

(2)向国家防总、流域、省(自治区、直辖市)报汛部门报汛的区域代表站。

(3)国界河流、出入国境或省境河流上最靠近边界的基本水文站。

(4)对防汛、水资源勘测评价、水质监测等有较大影响的基本水文站。

3.2.3.3　一般水文站

未选入国家重要水文站和省级重要水文站的其他基本水文站为一般水文站。

按以上划分要求，山东省现有 149 处水文站中，有国家重要水文站 39 处，占现有水文站的 26.2%；省级重要水文站 48 处，占现有水文站的 32.2%；一般水文站 62 处，占现有水文站的 41.6%。由此可以看出，山东省国家级、省级重要水文站数量占所有水文站的 58.4%，重要站的构成是比较合理的。山东省水文(流量)站按重要性分类组成见图 3-6。

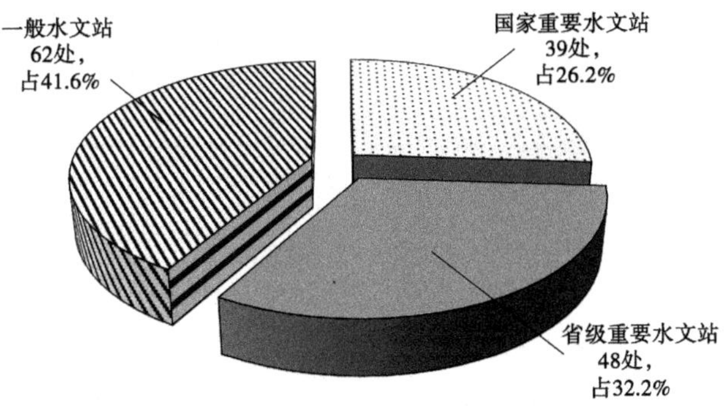

图 3-6　山东省水文(流量)站按重要性分类组成

3.3　水位站网

水位站根据其独立性可分为水文站的水位观测项目和独立水位站 2 类。河道水位站网规划应考虑防汛抗旱、水资源管理、河道航运、河势演变、河床演变、水工程或交通运输工程的管理运用等方面的需要，对于重要河段应能基本控制河道水面线的变化。水位站设站数量及位置，可在现有流量站网中水位观测项目的基础上确定。水库、湖泊等水位站宜独立布设。河口、沿海等潮位站宜独立布设。对水资源配置有较大影响的闸坝工程应布设闸坝水位站。

为了完善山东省水文站网，统筹考虑防汛、救灾、工程运行管理的需要，掌握省内的河流、湖泊、渠道、泵(闸)站、水库等的水位变化，以及易积水路段、易积水立交桥、洼地等的积水深度变化情况，满足城市对于防洪排涝、水环境保护、水资源管理和水利工程运行管理等的需要，山东省水位站网的建设一直在逐渐推进，水位站网建设主要是对河流、湖泊、城市低洼路段及立交桥处设置水位站。山东省水位站网建设初期至 1955 年，水位站数量逐步增多，达到 80 处。之后进行了逐步的裁撤和调整，至 1990 年，有水位站 18 处。而后至 2012 年一直保持水位站 17 处，随后山东省进行了大规模的水文站网建设，水位站数量逐渐增多。

目前，山东省现有水位站 241 处，其中基本水位站 20 处、专用水文站 221 处。山东省主要河流可分为海河流域、淮河流域、黄河流域这三大流域，其中海河流域共有水位站 25 处，占水位站总数的 10.4%；淮河流域共有水位站 199 处，占水位站总数的 82.6%；黄河流域共有水位站 17 处，占水位站总数的 7.0%。可见，山东省水位站多分布在淮河流域，尤其是基本水位站。山东省各流域水位站数量见表 3-5。山东省各流域水位站所占比例见图 3-7。

表 3-5　山东省各流域水位站数量　　(单位：处)

流域		水位站		合计
		基本水位站	专用水位站	
海河流域	徒骇马颊河	0	25	25
淮河流域	沂沭泗河	19	59	78
	山东半岛沿海诸河	1	120	121
黄河流域	花园口以下	0	17	17
合计		20	221	241

从目前山东省水位站网的建设情况来看，现状水位站网在满足大河洪涝灾害监测、信息间传递和洪水测报等方面有相对完善的水文服务体系，而在城区防汛、城区洪涝灾害预测预报、信息发布和分析研究等水位站网服务方面还有待加强和拓展。特别是受到投入和站网的制约，在城区水文变化规律理论的研究、新技术的应用和水文服务方式等方面仍存在差距。因此，迫切需要建设一批满足水情信息收集、发布、分析和研究的水位站，组成

覆盖全面的水位站监测网，为防汛应急、城市交通、市民安全出行和市政建设防护等提供信息保障。

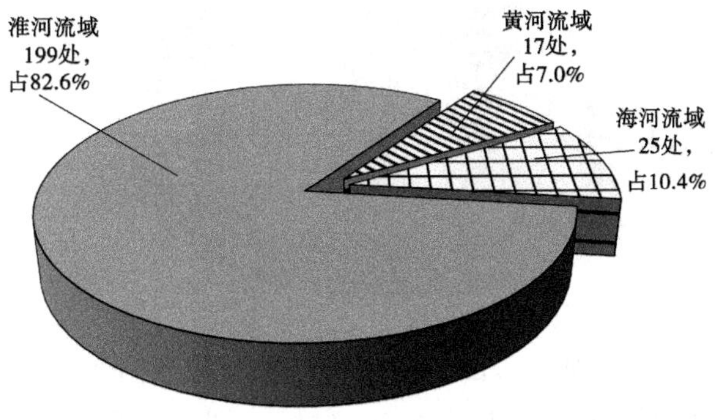

图 3-7　山东省各流域水位站所占比例

3.4　雨量站网

中华人民共和国成立以来，山东省水文情报预报工作和雨量监测预报工作都有了较大发展，雨量站网不断充实完善，水文报汛通信手段逐渐提高。1958 年以前，由于报汛条件限制，全省仅有报汛雨量站 100 余处。此后，报汛雨量站逐年增加。至 1960 年，全省报汛雨量站达 500 余处，基本上控制了全省降雨的时空分布。同时，在河道、水库、闸坝、湖泊上建立了配套齐全的雨量站网，基本上控制了全省主要河道、水库、闸坝、湖泊水位、流量的变化过程。20 世纪 60 年代以后，报汛雨量站网只进行了局部增减，没有进行大规模的调整。

目前，山东省现有雨量站 2 365 处，其中基本雨量站 709 处、专用雨量站 1 656 处。基本雨量站中，向中央报汛的雨量站 131 处（与常年雨量站重复数量 99 处），常年雨量站 356 处。其中，海河流域共有雨量站 405 处，占雨量站总数的 17.1%；淮河流域共有雨量站 1 643 处，占水位站总数的 69.5%；黄河流域共有雨量站 317 处，占水位站总数的 13.4%。可见，山东省雨量站多分布在淮河流域，尤其是基本雨量站。山东省各流域雨量站数量见表 3-6。山东省各流域雨量站所占比例见图 3-8。

表 3-6　山东省各流域雨量站数量　（单位：处）

流域		雨量站		合计
		基本雨量站	专用雨量站	
海河流域	徒骇马颊河	96	309	405
淮河流域	沂沭泗河	196	413	609
	山东半岛沿海诸河	337	697	1 034
黄河流域	花园口以下	80	237	317
合计		709	1 656	2 365

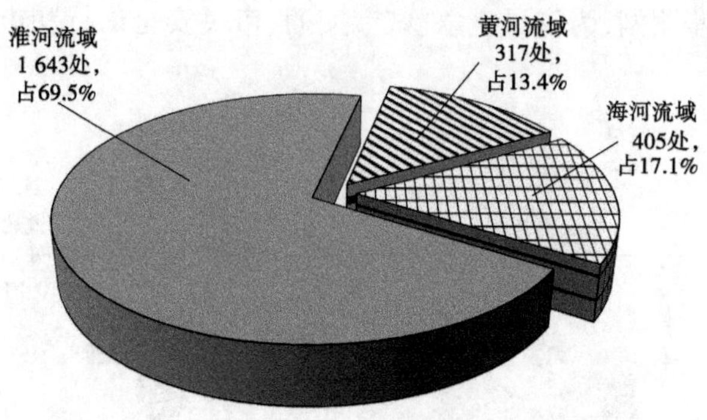

图 3-8　山东省各流域雨量站所占比例

山东省各市雨量站分布不均匀，济南市、潍坊市、烟台市雨量站数量位居前三，其中济南市现有雨量站 337 处，占全省雨量站总数的 14. 2%；潍坊市现有雨量站 253 处，占全省雨量站总数的 10. 7%；烟台市现有雨量站 205 处，占全省雨量站总数的 8. 7%。东营市雨量站数量最少，仅 54 处，占全省雨量站总数的 2. 3%。山东省各市雨量站数量见表 3-7 和图 3-9。

表 3-7　山东省各市雨量站数量　（单位：处）

市	雨量站		合计
	基本雨量站	专用雨量站	
济南市	63	274	337
青岛市	47	97	144
淄博市	32	91	123
枣庄市	24	42	66
东营市	11	43	54
烟台市	73	132	205
潍坊市	89	164	253
济宁市	42	47	89
泰安市	48	135	183
威海市	44	40	84
日照市	26	44	70
滨州市	22	57	79
德州市	41	101	142
聊城市	38	124	162
临沂市	76	123	199
菏泽市	33	142	175
全省	709	1 656	2 365

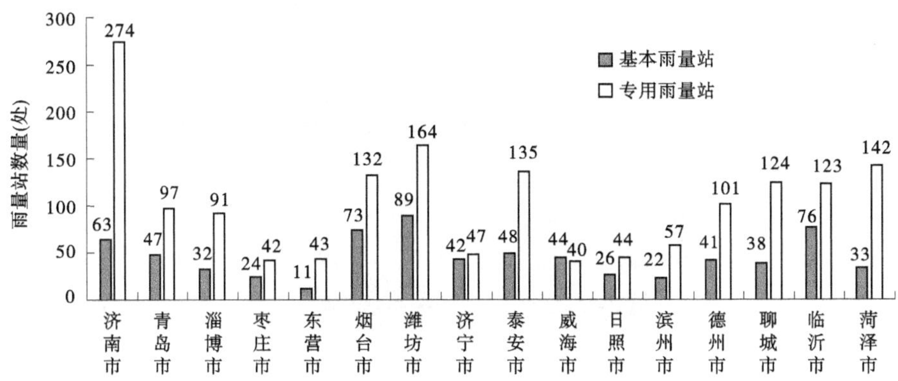

图 3-9 山东省各市雨量站数量

3.5 蒸发站网

水面蒸发观测不仅是水文观测要素的重要组成部分,也是探索水体的水面蒸发以及蒸发能力方面在不同时间及地区上的变化规律,通过这些方面来满足在水文气象预报、水资源评价、涉水工程规划、水文模型确定、防灾减灾等方面的使用要求。布设水面蒸发站网是满足面上流域蒸发计算的需要和研究水面蒸发的地区规律。

山东省蒸发站网从建设初期1949年的8处至1955年迅速增长至206处,但经历了1956~1958年健全与发展阶段的一系列裁撤和调整,蒸发站裁撤至39处,初步形成了比较完整的基本蒸发站网,之后有小幅度增减变化。直至1986年后,山东省水文站网建设进入站网调整阶段,蒸发站数量确定在46处。2000年之后则一直保持在48处,至2019年调整至50处。目前,山东省有蒸发项目115处,其中与水文站相结合的蒸发站(水文站有蒸发测验项目)102处、独立蒸发站13处。在独立蒸发站中,基本站1处、专用站12处;在与水文站结合的蒸发站中,基本站53处、专用站49处。海河流域共有蒸发站12处,占总数的10.4%;淮河流域共有蒸发站88处,占总数的76.5%;黄河流域共有蒸发站15处,占总数的13.1%。山东省各流域蒸发站数量及所占比例见表3-8和图3-10。

表 3-8 山东省各流域蒸发站数量 (单位:处)

流域		独立蒸发站		水文站蒸发观测项目		合计
		基本站	专用站	基本站	专用站	
海河流域	徒骇马颊河	0	5	5	2	12
淮河流域	沂沭泗河	0	2	19	21	42
	山东半岛沿海诸河	1	3	23	19	46
黄河流域	花园口以下	0	2	6	7	15
合计		1	12	53	49	115

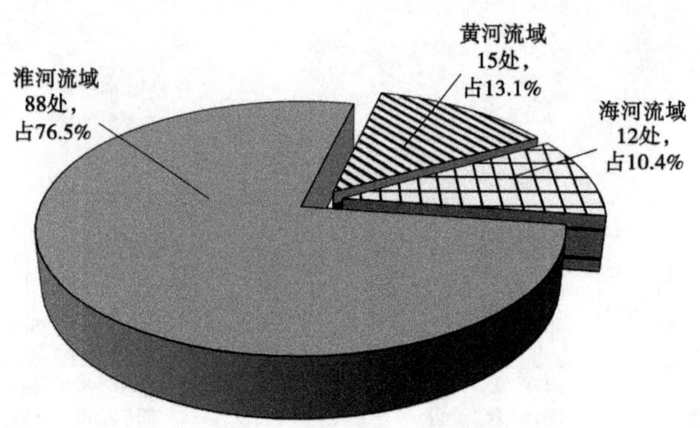

图 3-10　山东省各流域蒸发站所占比例

3.6　泥沙站网

河流泥沙状况对水资源的开发利用、防洪减灾、保护河流生态、维持河流健康都有重大影响，越来越受到社会关注。

泥沙测验项目根据泥沙的运动特性可以分为悬移质、沙质推移质、卵石推移质和床沙等 4 类，每一类别根据其测验和分析内容又可分为输沙率测验和颗分测验，一般来说，悬移质泥沙是主要的泥沙测验项目，颗分项目一般依附于输沙率项目。泥沙站分类情况见表 3-9。

表 3-9　泥沙站分类情况

分类标准	类别划分			
泥沙运动特性	悬移质	沙质推移质	卵石推移质	床沙
测验和分析内容	输沙率		颗分	

山东省泥沙站网至中华人民共和国成立以来从无到有逐渐发展，至 1955 年激增至 50 处，随后在站网调整阶段又增长至 79 处，2000 年之后裁撤至 48 处，2019 年调整为 41 处。山东省悬移质泥沙采用横式采样器、瓶式采样器、皮囊积时式采样器，测验方法采用多点法和积深法取样。

3.7　水质站网

水质监测是开展水源保护和进行环境水利科学研究的基础，是了解和掌握水质污染现状、污染规律和发展趋势的必要手段，也是防止污染，改善环境，制定各项标准和进行科学管理的重要依据，为了系统地反映河流水质污染现状、变化规律、水质全貌，按照需要设置水质监测站点、形成网络，并定时、定点进行统一监测，是十分必要且有意义的。

山东省水利部门自 1958 年开展水质监测工作，至 1960 年水质监测站点发展到 96 处，水质分析项目主要有水化学分析及生物原生质、溶解性气体等，地下水水质分析项目仅进行物理性质、pH 及主要离子的分析。1968 年由于"文化大革命"停测,1971 年在鲁北地区少数测站恢复监测工作,1975 年恢复到 20 处。

1975 年以后,通过站网分析,为了落实全国水文工作和水源保护会议中提出的"今后不仅要研究水的数量,还要研究水的质量"的会议精神,对"十年动乱"期间停测的项目恢复监测,全面掌握主要河流、湖泊、水库污染状况,加强水资源保护工作。1978 年开始进行水质污染监测工作,除原水化学分析外,增加了五日生化需氧量、氨氮、亚硝酸盐氮、挥发酚、氰化物、砷化物、六价铬、总汞、镉、铅、铜、大肠菌群、细菌总数、氟化物、滴滴涕、六六六等分析项目。到 1990 年经过全省水质站网优化调整,共有水质监测站 115 处,分析项目由简单的水化分析发展到较复杂的全分析。

2004 年,根据淮河水利委员会、海河水利委员会、黄河水利委员会水功能区监测的初步规划,山东省共规划水质站 146 处(山东省水功能区划于 2006 年 5 月批复),其中保护区水质站 40 处、保留区水质站 5 处、缓冲区水质站 3 处、饮用水源区水质站 3 处、其他开发区水质站 95 处。2006 年,山东省水质站共有 108 处,其中保护区水质站 25 处、保留区水质站 4 处、缓冲区水质站 2 处、饮用水源区水质站 1 处、其他开发区水质站 76 处。目标满足率分别为 74%、63%、80%、67%、33%、80%。2012 年,山东省水质站数量增长至 450 处,水质监测分析项目也越来越全面。

2019 年之前,山东省水文部门原有水质监测站网是以为水功能管理服务为目的的,全省共 451 处水功能区控制断面,覆盖全省 299 处水功能区及其跨行政区界断面,水利部机构改革职能转变之后,所有水功能区监测评价工作移交生态环境厅,根据《水利部关于印发地表水国家重点水质站名录的通知》(〔2019〕289 号)和《关于做好地表水国家重点水质站水质监测工作的通知》(水文质函〔2019〕37 号)的要求,山东省水文部门结合全省实际情况,编制了《地表水山东省重点水质站名录》,确定地表水山东省重点水质站 311 处(含国家重点水质站 89 处),于 2020 年起每月监测 1 次,并编制《山东省地表水水资源质量报告》一期。

山东省 58 处饮用水水源地列入《全国重要饮用水水源地名录(2016 年)》管理,其中包括 48 处地表水水源地和 10 处地下水水源地。由于淄博市东风水源地和东营市耿井水库水源地于 2018 年先后退出国家重要饮用水水源地名录,因此全省国家重要饮用水水源地数量为 56 处。

目前,山东省现有 47 处地表水国家重要饮用水水源地已通过国家水资源监控能力建设项目建设了水质在线监测站,资产归属山东省水利勘测设计院;7 处省级水库(分别是淄博田庄水库和马踏湖水库、日照青峰岭水库、临沂沙沟水库和跋山水库、潍坊墙夼水库、济宁贺庄水库)已通过河湖长制建设了水质在线监测站,"十四五"期间不再规划新建水质在线监测站。

山东省全省地表水重点水质站名录共 311 处,包括:

(1)省级骨干河流、湖库(设省级河湖长的河流、湖泊、水库)断面 136 处。

(2)国家基本水文站 135 处。

(3)国家重要水源地 47 处。

(4)省、市界断面 73 处。

(5)跨流域调水保护区,主要选取南水北调干线主要控制断面及胶东调水主要蓄水水库,共计28处。

山东省现有的311处水质站中,海河流域的水质站共46处,占全省总数的14.8%;淮河流域的水质站共230处,占全省总数的74.0%;黄河流域的水质站共35处,占全省总数的11.2%。

按水域情况可以将水质站分为河流水质站、湖泊水质站、水库水质站,其中,山东省现有河流水质站220处,占全省总数的70.7%;湖泊水质站16处,占全省总数的5.2%;水库水质站75处,占全省总数的24.1%。山东省各流域水质站数量及所占比例见表3-10和图3-11。山东省水质站按水域类型分类组成见图3-12。

表3-10　山东省各流域水质站数量　(单位:处)

流域		水质站			合计
		河流水质站	湖泊水质站	水库水质站	
海河流域	徒骇马颊河	33	1	12	46
淮河流域	沂沭泗河	97	11	21	129
	山东半岛沿海诸河	66	3	32	101
黄河流域	花园口以下	24	1	10	35
合计		220	16	75	311

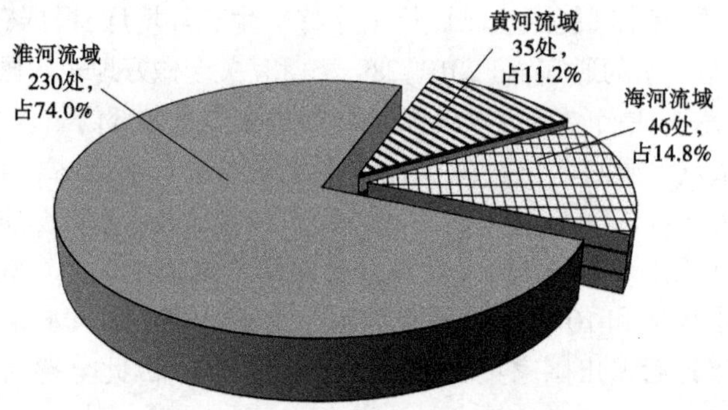

图3-11　山东省各流域水质站所占比例

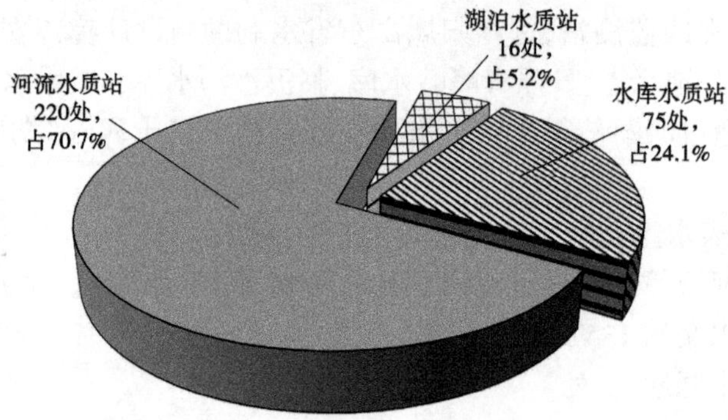

图3-12　山东省水质站按水域类型分类组成

在山东省 16 市中，临沂市、济宁市、济南市、青岛市水质站数量较多。其中，临沂市水质站共 45 处，占全省水质站总数的 14.5%；济宁市水质站共 37 处，占全省水质站总数的 11.9%；济南市和青岛市水质站均为 26 处，分别占全省水质站总数的 8.4%。山东省各市水质站数量见表 3-11。在 311 处水质站中，共有 107 处跨界水质站，其中跨省界水质站 28 处，跨市界水质站 48 处，跨县界水质站 31 处。

表 3-11　山东省各市水质站数量　（单位：处）

市	水质站			合计
	河流水质站	湖泊水质站	水库水质站	
济南市	16	1	9	26
青岛市	18	0	8	26
淄博市	13	1	2	16
枣庄市	10	0	3	13
东营市	4	0	1	5
烟台市	7	0	4	11
潍坊市	12	0	10	22
济宁市	21	11	5	37
泰安市	10	1	4	15
威海市	3	0	4	7
日照市	5	0	3	8
临沂市	38	0	7	45
德州市	17	0	5	22
聊城市	18	1	0	19
滨州市	14	1	8	23
菏泽市	14	0	2	16
全省	220	16	75	311

3.8　地下水站网

地下水是许多城市的主要供水水源，对经济社会的可持续发展起着十分重要的作用，地下水监测信息是合理开发利用地下水、优化配置水资源、加强生态环境保护和做好抗旱工作的重要依据。

20 世纪初期，随着计算机、通信、传感技术的发展，特别是物联网技术问世以来，山东省率先开展了地下水自动化监测系统的建设工作。山东省地下水监测工作是在山东省水利厅的统一领导下，由山东省水文局负责业务技术管理；市级由各市水利局主管，市水文局负责业务技术指导、地下水监测资料的审查整编;各县(市、区)水利局负责包括监测井网的建设、维护、资料的收集和委托观测员管理等具体工作。

山东省地下水监测工作近30年多来取得一定成绩,在抗旱、除涝、水利建设和水资源开发利用、管理保护诸方面发挥了重要作用。但由于多年来地下水管理体制与经费不足等原因,地下水监测专用井建设缓慢、监测手段简陋、信息传递滞后,远远不能适应新形势下对地下水监测工作的需要。山东省地下水监测站网在有观测资料以来(包括地下水位、地下水水质、地下水水温、泉流量、地下水开采量等资料),已积累1 000多万个数据,并且每年以30多万个数据增加,用自编程序进行整编刊印,缺少统一、实时的地下水监测与管理信息系统。

此外,根据水利部、国土资源部《关于国家地下水监测工程初步设计报告的批复》(水总〔2015〕250号)实施的国家地下水监测工程已建成,包括:1个省级监测中心,17个市级分中心;802个国家级地下水监测站(803个监测点),其中地下水位监测站点797个(含新建站691个、改建站106个)、泉流量监测站5个,全部实现自动采集与传输,其中351个站点同步开展常规水质监测,8个站点开展水质自动监测,钻探总进尺35 918 m。目前,山东省国家地下水监测工程已完成了全部工作任务的验收,仪器设备正常运行。但各市监测中心仅配置1台服务器,无专用办公场地和配套设施,且配套软件仅能接收处理国家地下水监测工程站信息,无法对省级站点信息进行接收和处理。省级地下水监测站为20世纪70年代中后期布设地下水监测井5 800眼,根据水利部统一部署,1981年调整到2 670眼(其中重点井430眼、基本井2 240眼),主要分布在全省平原区,监测浅层地下水,测井采用机灌井或大口井等非专用井,人工委托观测,后期个别加装了水位自动观测设施。

山东省目前有地下水监测站共计2 336处,其中国家地下水自动井监测站802处,主要布设在平原区,浅层地下水监测井居多,在具有供水意义的大型水源地、大中城市、深层地下水开采区以及部分地下水超采区缺少地下水监测站点。在山东省范围内,海河流域现有地下水监测站816处,占全省总数的34.9%;淮河流域现有地下水监测站1 362处,占全省总数的58.3%;黄河流域现有地下水监测站158处,占全省总数的6.8%。按监测层位划分,地下水监测站可分为监测承压水和监测潜水两类站点,其中监测承压水的地下水监测站共244处,占全省总数的10.4%;监测潜水的地下水监测站共2 092处,占全省总数的89.6%。山东省各流域地下水监测站数量及所占比例见表3-12和图3-13。

表3-12　山东省各流域地下水监测站数量　(单位:处)

流域	地下水监测站		合计
	监测承压水	监测潜水	
海河流域	9	807	816
淮河流域	159	1 203	1 362
黄河流域	76	82	158
合计	244	2 092	2 336

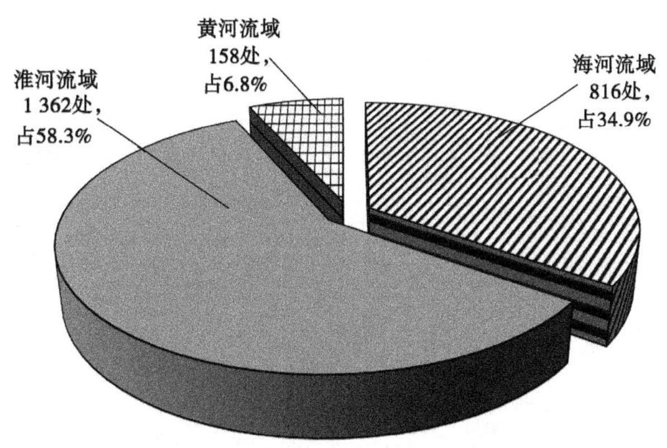

图 3-13　山东省各流域地下水监测站所占比例

在山东省 16 市中，聊城市、济宁市、德州市地下水监测站数量较多，其中聊城市地下水监测站共 338 处，占全省地下水监测站总数的 14.5%；济宁市地下水监测站共 247 处，占全省地下水监测站总数的 10.6%；德州市地下水监测站共 224 处，占全省地下水监测站总数的 9.6%。日照市地下水监测站数量最少，仅有 38 处。山东省各市地下水监测站数量见表 3-13。

表 3-13　山东省各市地下水监测站数量　（单位：处）

市	地下水监测站数量	市	地下水监测站数量
济南市	156	泰安市	118
青岛市	137	威海市	90
淄博市	110	日照市	38
枣庄市	130	临沂市	69
东营市	42	德州市	224
烟台市	161	聊城市	338
潍坊市	132	滨州市	145
济宁市	247	菏泽市	199

3.9　墒情站网

为了探求墒情变化规律和为各级抗旱部门指导抗旱减灾提供科学依据，山东省水文系统自 1962 年起，即在全省范围内开始布设墒情站网，开展墒情监测工作。设站原则是每一个农业县（区、市）设 1 处墒情监测站，以国家水文站、雨量站为基础，山东省从开始布设的几十处墒情监测站发展到目前的 155 处，达到每一个县（区、市）有至少一个墒情站的标准，形成了覆盖山东省全省范围内较为完整的墒情监测站网，全省人工墒情监测站分布见图 3-14。

图 3-14　山东省人工墒情监测站分布

在山东省 16 市中,潍坊市、临沂市、聊城市墒情监测站数量较多,其中,潍坊市墒情监测站共 19 处,占全省墒情监测站总数的 12.3%;临沂市墒情站共 18 处,占全省墒情站总数的 11.6%;聊城市墒情站共 14 处,占全省墒情站总数的 9.0%;威海市墒情站数量最少,仅有 3 处。山东省各市墒情监测站数量见表 3-14。

表 3-14　山东省各市墒情监测站数量　（单位:处）

市	墒情监测站数量	市	墒情监测站数量
济南市	9	泰安市	9
青岛市	11	威海市	3
淄博市	7	日照市	4
枣庄市	4	临沂市	18
东营市	5	德州市	12
烟台市	10	聊城市	14
潍坊市	19	滨州市	8
济宁市	12	菏泽市	10

测站使用报汛数传仪用人工置数方式将墒情监测站的信息,通过无线 GPRS 传到市水情分中心,再通过水利骨干网传到山东省水情中心,由山东省水情中心利用水利骨干网传至有关流域和水利部水情信息中心。目前传输到山东省水情中心的墒情数据为 155 处人工墒情监测站监测的数据。

目前,山东省墒情监测站网还存在一些问题:监测站点不足,监测仪器、手段落后,土壤墒情测验目前仍采用取土烘干法,测验仪器还是沿用取土钻、铝盒、烘箱、天平等工具。山东省范围内的 155 个固定墒情监测站点,墒情监测站网覆盖面积小,部分易旱地区尚未在覆盖范围。此外,覆盖区域内的站网建设密度与国家要求仍有距离。

为进一步加强土壤墒情自动监测方面的能力建设，提升墒情监测技术水平和信息服务水平，2018 年，水利部水文司在全国范围内实施墒情监测建设工程试点工作。山东省是 4 个试点省份之一。建设内容包括 391 处自动墒情固定监测站、1 处省级墒情信息中心、16 处市级墒情信息分中心以及 1 处墒情综合实验站。目前正在进行墒情站点的建设。

墒情监测建设工程项目建成后，将以墒情固定监测站为重点，兼顾墒情综合实验站建设，建立全省范围内的墒情站网监测体系，基本覆盖省内各个县（市、区），满足抗旱工作需求。山东省在建自动墒情监测站点分布见图 3-15。

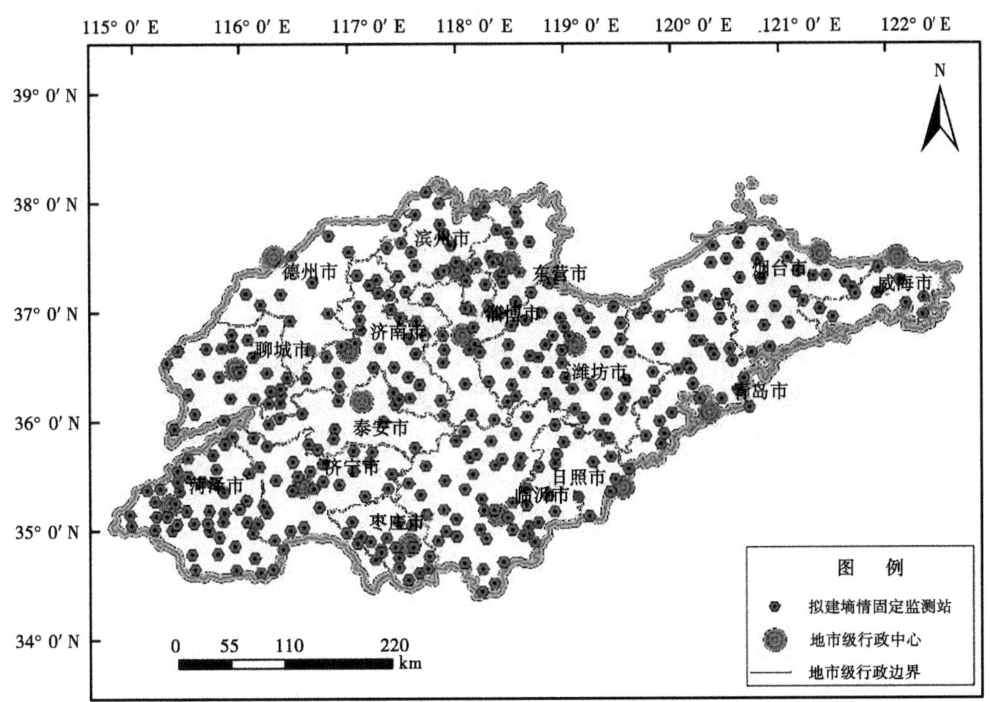

图 3-15　山东省在建自动墒情监测站点分布

墒情监测站点的布设遵循以下原则：

（1）耕地面积与行政单元相结合的总体布设原则。

（2）按耕地地形（山区、丘陵区、平原区）分别确定单站控制的耕地面积。

（3）按市级行政单元均匀布设，每个有耕地的县（市、区）至少布设 1 个基本监测站。

（4）根据土壤质地、农作物种植结构和地形地貌等条件，并考虑站点的区域代表性，综合确定墒情站点的布设。

（5）交通便利，便于管理，公网通信条件好，易于维护。

按照水利部的要求，结合以上原则，设计每个农业县（区）布设不多于 4 个土壤固定墒情监测站。按照充分利用现有资源的原则，为避免重复建设和便于管理维护，该次规划的墒情站点中，一部分是由国家防指二期工程中的移动墒情站改建为固定墒情站，另一部分为新建固定墒情站。

3.10 专用水文站网

专用水文站指为特定目的而设立,不具备或不完全具备基本水文站功能的水文测站。山东省有中型水库水文专用站68处、中小河流专用站335处、大江大河专用站14处、水功能区水质监测断面451处、主要城市水源地58处、辅助站181处、水土保持监测站30处、其他专用水文站86处。

3.11 水文站网裁撤调整情况

随着经济社会的不断发展和各种水利工程的不断建设,已设立的水文测站往往会因为多种原因而失去了原本的设站作用,或该水文测站已发挥其应有的作用,已达到设站目的,因此就要及时监测各水文测站动态,对已失去作用的水文测站进行相应的调整或裁撤,避免浪费人力、物力。

山东省历史裁撤的水文站共有186处,已达设站目的和站网调整(含迁站撤销、测站降级)的32处(其中已达设站目的的站2处,受水利工程影响失去代表性撤销的站6处,环境变化不符合施测条件或失去代表性撤销的站7处,迁站撤销的站7处,调整站网撤销的站10处),占总裁撤水文站数的17.2%;测站降级撤销的站11处,占总裁撤水文站数的5.9%;撤销调整原因不明的143处,占总裁撤水文站数的76.9%(见表3-15)。在这些裁撤站中,基本水文站58处,占总裁撤水文站数的31%;辅助水文站117处,占总裁撤水文站数的63%;专用水文站4处,占总裁撤水文站数的2%;实验水文站7处,占总裁撤水文站数的4%。这些撤销的水文站中,其水文资料仍可使用的站有25处,占13.4%。

表3-15 山东省水文站网裁撤调整情况统计

流域	已达设站目的/站网调整(处)	水利工程影响失去代表性(处)	环境变化不符合施测条件或失去代表性(处)	不明(处)	小计(处)	其中:水文资料仍可使用的站数(处)
黄河	19	5	1	65	90	20
海河	1	0	0	16	17	
淮河	13	1	6	62	79	5
合计	30	6	7	143	186	25
比例(%)	16.1	3.2	3.8	76.9	100	13.4

从以上统计结果可以看出,在历史裁撤的水文站中,主动和正常调整的水文站,占所有撤销水文站总数的比例还是比较小的(仅占23.1%)。而撤销原因不明的测站比例却达到了76.9%,暴露出站网受正常调整发展之外的因素的干扰,反映了山东省站网正常更新和调整能力的欠缺和不足。

第 4 章　水文站网评价

4.1　水文站网密度及布局评价

水文站网密度可以用现实密度和可用密度这两种指标来衡量。前者是指单位面积上正在运行的站数;后者则包括虽停止观测,但已取得有代表性的资料或可以延长资料系列的站数。本次站网评价的站网密度是指现实密度。

为了满足防汛抗旱、水资源评价和开发利用的最低要求,由起码数量水文测站组成的站网称为容许最稀站网。基本水文测站主要由水文(流量)站、水位站、雨量站、蒸发站、泥沙站、水质站、地下水监测站组成。本次评价按此分类进行评价。

4.1.1　水文站网密度评价标准

本次水文站网密度评价标准主要依据 WMO 推荐的容许最稀站网密度。WMO 推荐的容许最稀站网密度也是我国水文站网规范性技术文件——《水文站网规划技术导则》(SL 34—2013)所推荐的,在水文站网建设初期或在布设密度十分不足的地区也可参照。《水文站网规划技术导则》(SL 34—2013)针对 WMO 部分类别的站网密度标准,结合我国实际情况做了部分调整。2005 年水利部颁布了《地下水监测规范》(SL 183—2005)。本次评价将综合考虑上述标准,统筹进行站网评价。需要指出的是,尽管时隔多年,各国水文站网有了一定发展,但是作为“最稀”这一标准,不会因时间的推移而有太大变化,仍然是适用的。

4.1.1.1　**雨量站、水文站、蒸发站**

WMO 推荐的雨量站、水文站、蒸发站容许最稀站网密度见表 4-1。

表 4-1　WMO 推荐的雨量站、水文站、蒸发站容许最稀站网密度

地区类型	最稀站网密度(km^2/站)				
	雨量站		水文站		蒸发站
	一般情况	困难条件下	一般情况	困难情况下	
温带、内陆和热带的平原区	600~900	900~3 000	1 000~2 500	3 000~10 000	1 500
温带、内陆和热带的山区	100~250	250~1 000	300~1 000	1 000~5 000	2 000~5 000
干旱和极地地区(不含大沙漠)	1 500~10 000		5 000~20 000		3 000(旱区)和10 000(寒区)

理论上，在天然情况下，山区地形起伏大，降水量、河流流量的时空变化较平原区剧烈，因此站网密度应较平原地区要求更高，如表 4-1 所示。实际中的情况往往是，由于平原区经济发达、人口密集、水资源开发程度高，站网密度往往较高；而在山区，经济欠发达、人口稀少、交通闭塞、开发需求和设站条件都限制了站网密度的提高。因此，实际中平原区站网密度通常参照了表 4-1 中的一般情况密度，而山区站网密度往往对应于困难条件下的密度。

《水文站网规划技术导则》(SL 34—2013) 中，水文站最稀站网密度同 WMO 推荐标准一致。对雨量站进一步划分为面雨量站和配套雨量站。面雨量站应在大范围内均匀分布，对应于表 4-1 中的雨量站，《水文站网规划技术导则》(SL 34—2013) 要求平均单站面积不宜大于 200 km^2(荒僻地区可放宽)。平原河网地区的大区、小区的面雨量站单站控制面积不宜大于 150 km^2。配套雨量站应在配套区域内均匀分布，并能控制与配套面积相应的时段降水量等值线的转折变化，不宜遗漏降水量等值线图经常出现的极大值或极小值。与面雨量站相比，应有较高的布设密度。

《水文站网规划技术导则》(SL 34—2013) 提出蒸发站一般按 2 000～5 000 km^2 设一站，平原水网区可采用 1 500 km^2 设一站。

4.1.1.2 泥沙站

WMO 推荐的泥沙站容许最稀站网密度见表 4-2。《水文站网规划技术导则》(SL 34—2013) 针对我国河流泥沙问题居全球之首的特点，在表 4-2 基础上，调整提出了我国泥沙站在容许最稀水文站网中的比例，见表 4-3。

表 4-2 WMO 推荐的泥沙站容许最稀站网密度 (%)

地区类型	泥沙站在容许最稀水文(流量)站网中所占比例
干旱地区	30
内陆地区	30
温和湿润地区	15

表 4-3 《水文站网规划技术导则》(SL 34—2013) 关于泥沙站容许最稀站网密度 (%)

地区类型	泥沙站在容许最稀水文(流量)站网中所占比例
剧烈、极强度和强侵蚀地区	≥60
中度侵蚀地区	30～60
轻度和微度侵蚀地区	15～30

4.1.1.3 水质站

完整的水质站网应包括地表水水质站网和地下水水质站网两部分。山东省地下水水质监测起步较晚，据不完全统计，仅有少部分的地下水井站观测水质项目，尚不构成网络，难以评价。因此，本次评价将仅对地表水水质站进行。

对地表水水质站而言，最稀站网是指观测天然河流的水化学性质的基本站网，与目前河流受人为污染而改变化学性质的概念完全不同。WMO 推荐的水化学站网在容许最稀水文站网中所占比例为：干旱地区 25%，湿润地区 5%。

由于污染是人为造成的，污染源的出现和分布带有很大的不确定性，难以预测。此外，水质站是以断面水样采集点的形式出现的，成本低，设置简单灵活，根据需要，短时间可增加较多站点。因此，针对水体污染进行观测的水质站密度很难提出。WMO 深知这一困难，在提出上述水化学站网密度标准的同时指出：在高度工业化地区，这些比率可能太低。

《水文站网规划技术导则》(SL 34—2013)未提出关于水质站的具体密度标准。为了弥补这一不足，本次评价根据山东省水功能区划规划，提出：假设每个水功能区设一站，则为最稀水质站网。

4.1.1.4　地下水监测站

WMO 推荐的地下水井网密度分以下几种情况：在未开发地区，在非常广阔的区域内，国家基本井网的观测井间的最大距离应不超过 40 km，换言之，平均 1 600 km^2 设一站，即每 1 000 km^2 布设 0.6 处站；在地下水埋深较小的潜水区，一般为 5~20 km 布设一站，即每 1 000 km^2 布设 40~2.5 处站。

在对含水层进行大量开采或超量开采的地区，在有密集的灌溉和排水系统的区域内，应大大高于以上密度，必要时，每 1 km^2 布设一站。

在 1995 年水利部颁布的《地下水监测规范》(SL 183—95) 中，部分指标尚与 WMO 标准接近，限于实际情况，2005 年修订的《地下水监测规范》(SL 183—2005)，已经大幅度降低了有关密度指标。与 WMO 标准比较，未开发地区，《地下水监测规范》(SL 183—2005)的密度标准高于 WMO 标准"非常广阔区域"每 1 000 km^2 布设 0.6 处站的要求，但冲洪积平原区的密度低于 WMO 标准中地下水埋深较小的潜水区每 1 000 km^2 布设 40~2.5 处站的上限要求，更低于 WMO 标准中需要加密井网地区的密度要求。

结合《地下水监测规范》(SL 183—2005)，本次地下水监测站网根据《水文站网规划技术导则》(SL 34—2013)进行评价，见表 4-4。

表 4-4　地下水位基本监测站布设密度　　(单位：站/10^3 km^2)

基本类型区名称		开采强度分区			
一级区	二级区	超采区	高开采区	中等开采区	低开采区
平原区	冲洪积平原区	8	6	4	2
	内陆盆地平原区	10	8	6	4
	山间平原区	12	10	8	6
	黄土台塬区	可选择典型代表区布设，参照洪积平原区开发利用程度低的密度布设			
	荒漠区				
山丘区	一般基岩山丘区				
	岩溶山区				
	黄土丘陵区				

4.1.2　水文站网密度及布局评价

4.1.2.1　水文(流量)站网密度及布局评价

山东省共有水文(流量)站902处,构成了覆盖各个河流干流、重要支流的骨干站网,为分析河流水文情势、水资源分析计算、防洪抗旱、流域规划、水利工程设计和调度决策、水环境水生态保护等提供长系列的科学依据。

山东省土地面积为15.67万km^2,共有水文站902处,平均水文站网密度为174 km^2/站,其中,国家基本水文站149处,平均站网密度为1 052 km^2/站;辅助站105处,平均站网密度为1 492 km^2/站;专用站648处,平均站网密度为242 km^2/站。根据WMO对各国平均情况推荐的容许最稀站网密度对水文站的标准:温带内陆的平原区为1 000~2 500 km^2/站,山区为3 000~10 000 km^2/站。与此标准相比较,山东省现有水文站网密度已达到并高于世界气象组织推荐的容许最稀站网密度水平。从全国站网普查成果来看,全国基本水文站网密度为3 202 km^2/站,其中东部密度为1 163 km^2/站,与此标准相比较,山东省现有水文站网密度高于全国站网密度水平,具体情况如下:

中型水库专用站119处,站网密度为1 317 km^2/站,达到世界气象组织推荐的容许最稀站网密度水平;

中小河流专用站335处,站网密度为468 km^2/站,达到世界气象组织推荐的容许最稀站网密度水平;

大江大河专用站14处,站网密度为11 193 km^2/站,未达到世界气象组织推荐的容许最稀站网密度水平;

水资源监测专用站96处,站网密度为1 632 km^2/站,达到世界气象组织推荐的容许最稀站网密度水平;

辅助站103处,站网密度为1 521 km^2/站,达到世界气象组织推荐的容许最稀站网密度水平;

其他专用水文站86处,站网密度为1 822 km^2/站,达到世界气象组织推荐的容许最稀站网密度水平。

山东省海河流域共有水文(流量)站183处,站网密度为169 km^2/站,达到世界气象组织推荐的容许最稀站网密度水平;淮河流域沂沭泗河区共有水文(流量)站318处,站网密度为160 km^2/站,达到世界气象组织推荐的容许最稀站网密度水平;淮河流域山东半岛沿海诸河区共有水文(流量)站324处,站网密度为190 km^2/站,达到世界气象组织推荐的容许最稀站网密度水平;黄河流域共有水文(流量)站77处,站网密度为175 km^2/站,达到世界气象组织推荐的容许最稀站网密度水平。山东省各流域水文(流量)站密度见表4-5。可以看出,各水文(流量)站在各流域分布较为均匀,布局较为合理,各流域现有的水文(流量)站网密度总体上已达到WMO推荐的站网容许最稀密度要求。

表 4-5　山东省各流域水文(流量)站密度

流域		站数	计算面积(km²)	密度(km²/站)
海河流域	徒骇马颊河	183	30 942	169
淮河流域	沂沭泗河	318	50 855	160
	山东半岛沿海诸河	324	61 420	190
黄河流域	花园口以下	77	13 458	175

4.1.2.2　雨量站密度及布局评价

山东省现有雨量站 2 365 处,其中基本雨量站 709 处,专用雨量站 1 656 处,构成了广泛覆盖全省的雨量观测系统,为山东省经济社会提供洪水预警预报、土壤墒情预测、水资源分析计算、生态环境保护、水科学研究等公益性基础数据。对现行雨量站网及时开展评价,为站网建设提供指导性意见是非常必要的。

根据 WMO 推荐最稀雨量站网密度标准,平原区为 600~900 km²/站(困难情况下 900~3 000 km²/站),山区为 100 ~250 km²/站(困难情况下 250~1 000 km²/站),干旱区为 100~1 500 km²/站。《水文站网规划技术导则》(SL 34—2013)综合了上述平原区和山区的密度指标,提出面平均雨量站网密度标准按 200 km²/站。

山东省土地面积为 15.67 万 km²,共有国家基本雨量站 2 365 处,平均雨量站网密度为 66 km²/站。其中,基本雨量站 709 处,平均站网密度为 221 km²/站,专用雨量站 1 656 处,平均站网密度为 95 km²/站。山东省现有国家基本雨量站网密度已达到并高于 WMO 推荐的容许最稀站网密度标准,也高于《水文站网规划技术导则》(SL 34—2013)要求的 200 km²/站的要求。

从流域分布来看,山东省海河流域共有雨量站 405 处,站网密度为 76 km²/站,达到 WMO 推荐的容许最稀站网密度水平,且单站控制面积小于 200 km²;淮河流域沂沭泗河区共有雨量站 609 处,站网密度为 84 km²/站,达到 WMO 推荐的容许最稀站网密度,且单站控制面积小于 200 km²;淮河流域山东半岛沿海诸河区共有雨量站 1 034 处,站网密度为 59 km²/站,达到 WMO 推荐的容许最稀站网密度,且单站控制面积小于 200 km²;黄河流域共有水文(流量)站 317 处,站网密度为 42 km²/站,达到 WMO 推荐的容许最稀站网密度,且单站控制面积小于 200 km²。山东省各流域雨量站密度见表 4-6。可以看出,黄河流域雨量站密度较小,雨量站较密集。但总体上来看,各流域现有的雨量站网密度均已达到 WMO 推荐的站网容许最稀密度要求,并且单站控制面积都小于 200 km²。

表 4-6　山东省各流域雨量站密度

流域		站数(处)	计算面积(km²)	密度(km²/站)
海河流域	徒骇马颊河	405	30 942	76
淮河流域	沂沭泗河	609	50 855	84
	山东半岛沿海诸河	1 034	61 420	59
黄河流域	花园口以下	317	13 458	42

从山东省雨量站的分布来看，各流域分布总体上比较均匀，基本上能控制住暴雨中心，能满足暴雨等值线图的勾绘。但是在局部地区，也存在站点偏稀情况，不能很好地控制降水的时空变化。高山区暴雨高发地区，站点明显不足，不能完全控制降水量的沿高程的垂直变化。由于山东省地理位置特殊，尤其汛期局部降水情况较多，地形复杂，局部暴雨频繁，特别是山洪灾害易发地区，还需要增加雨量站点，提高站网密度，增强监测能力，以满足防汛抗旱和流域经济社会快速发展需要。

4.1.2.3　蒸发站密度及布局评价

蒸发是自然界水量平衡三大要素之一，水面蒸发量是反映当地蒸发能力的指标。它主要受气压、气温、湿度、风、辐射等气象因素的影响。

山东省各地的多年平均蒸发量一般为 900～1 200 mm，大部分地区在 1 000～1 100 mm。其总趋势是自鲁西北向鲁东南递减。鲁北平原区的武城、临清和庆云、无棣以及泰沂山北的济南、章丘、淄博一带是全省的高值区，年蒸发量在 1 200 mm 以上；鲁东南的青岛、日照郯城一带是全省蒸发量的底值区，年蒸发量在 900 mm 左右。

山东省共有蒸发站 115 处，平均蒸发站网密度为 1 363 km^2/站。世界气象组织推荐的容许最稀站网密度为：温热带和内陆区为 5 000 km^2/站；与此标准比较，山东省现有蒸发站网密度从整体来讲已达到 WMO 推荐的容许最稀站网密度水平。

从流域分布看，山东省海河流域共有蒸发站 12 处，站网密度为 2 579 km^2/站，达到 WMO 推荐的容许最稀站网密度水平；淮河流域沂沭泗河区共有蒸发站 42 处，站网密度为 1 211 km^2/站，达到 WMO 推荐的容许最稀站网密度水平；淮河流域山东半岛沿海诸河区共有蒸发站 46 处，站网密度为 1 335 km^2/站，达到 WMO 推荐的容许最稀站网密度水平；黄河流域共有蒸发站 15 处，站网密度为 897 km^2/站，达到 WMO 推荐的容许最稀站网密度水平。山东省各流域蒸发站密度见表 4-7。可以看出，黄河流域蒸发站分布最为密集，海河流域蒸发站较为稀疏，需要进一步加强建设。

表 4-7　山东省各流域蒸发站密度

流域		站数(处)	计算面积(km^2)	密度(km^2/站)
海河流域	徒骇马颊河	12	30 942	2 579
淮河流域	沂沭泗河	42	50 855	1 211
	山东半岛沿海诸河	46	61 420	1 335
黄河流域	花园口以下	15	13 458	897

4.1.2.4　泥沙站密度及布局评价

河流的含沙量和输沙量是反映一个地区水土流失的重要指标，泥沙对地表水资源的开发利用、航运、湖泊、水库等的寿命，都有很大的影响。

山东省泥沙站网的布设原则如下：

(1)在干流沿线的任何地点，以内插年输沙量的误差不超过±(10%～15%)的原则。

(2)在集水面积大于 3 000 km^2 一级支流布设泥沙站。

(3)根据侵蚀模数变化，对水土流失严重地区的主要河流及站点稀少地区布设泥沙站。

（4）根据不同地质、地貌、集水面积和来沙情况，布设泥沙站。

山东省现有泥沙站 41 处，泥沙站网密度为 3 822 km^2/站，根据水利部水文局评价细则“泥沙站应在容许最稀站网密度的中所占比例为 15%”的要求，山东省应设泥沙站点数不少于 26 处，因此现有泥沙站网能满足细则要求，能监测各河流泥沙的输沙变化。

4.1.2.5　水质站密度及布局评价

江河水质是河流雨量特征之一，分析江河水质特征及其时空变化，是评价水质优劣及其变化的主要内容。江河天然水质的地区分布，主要受气候、自然地理条件和环境的制约。山东省按水功能区划共分 295 个水功能区，其中一级功能区 160 个，二级功能区 226 处。山东省现有水质监测站 311 个，平均站网密度为 504 km^2/站。现有水质站主要分布在平原地区。

根据评价细则规定“辖区内每个水功能区至少布设一个水质站点”的要求，从整体来看，目前山东省现有水质站网还不能完全掌握水资源质量的时空变化和动态变化，还不能完全满足水资源保护与管理部门实时掌握水质信息的要求。

现有水质站网布局存在以下缺陷：一是自动监测站和动态监测站较少；二是基本站监测频次偏少；三是河道水质的动态监测能力较差，尚未形成机动性较强的水质监测队伍。因此，必须调整优化水质站网，增配先进的水质监测设备，建立完善与国家级和省级地表水监测站网，使三级监测站网有机地结合，同时要进一步完善供水水源地和入河排污口水质站，并使其投入正常运行，以满足新时期对水资源保护、开发、利用的需求。

4.1.2.6　地下水站密度及布局评价

地下水是水资源的重要组成部分，在国民经济和社会发展中起着举足轻重的作用。山东省地下水开采量约 112.3 亿 m^3，占总用水量的 50%。山东省是资源性缺水的省份，水资源短缺已严重影响了人民的生活及国民经济的发展。随着国民经济和社会的发展，地下水已成为重要的、不可或缺的宝贵资源。但目前有些地区仍然不断地过量开采地下水，造成了部分地区地下水位下降，甚至引发地面沉降、塌陷、海水入侵等。由于大面积的超采形成地下水漏斗区，如淄博—潍坊仍然是山东省中心埋深最大的超采区，达 43.81 m。

山东省地下水监测站点共 2 336 眼，主要布设在平原区，平原区面积为 73 719 km^2，平均站网密度为 32 km^2/站。WMO 推荐水文站网布设下限指标为 250 km^2/站，《水文站网规划技术导则》（SL 34—2013）推荐可选择典型代表区布设 100 km^2/站，因此，目前地下水监测站网密度符合基本要求。

山东省自开展地下水动态监测以来，积累了大量的地下水监测资料，在水资源管理、配置、城市供水、农业抗旱除涝和水科学研究等方面发挥了重要作用，并在控制地下水超采、涵养地下水源、改善生态环境等方面起到了积极作用。

地下水井站网的布设标准主要依据地下水运动特性以及各地利用地下水程度综合确定。在平原区（包括冲积平原、内陆平原、山间平原），地下水埋深小，大量地下水以潜水形式存在，与地表水交换关系密切，开采条件相对简单，人口密集，超采和引发的地质灾害问题多，因此站网布设标准相对较高。在山区地下水埋深大，荒漠区人烟稀少，因此站网布设标准相对较低。

山东省现有的地下水监测站网布局存在以下缺陷：一是现有地下水站点主要布设在平原区，且为浅层地下水监测井，少部分为深层地下水监测井；二是在具有供水意义的大型水源地、大中城市、深层地下水开采区以及部分地下水超采区缺少地下水监测站点；三是现有监测井中绝大多数为民用生产井。

4.1.3　综合评价与建议

山东省水文(流量)站网平均密度已高于 WMO 标准最稀站网密度，为 174 km^2/站。各流域分布较为均匀，布局较为合理，总体上均已达到 WMO 推荐的站网容许最稀密度要求。山东省已建成布局比较合理的水文(流量)站网，但重点区域需增大站网密度，以满足经济社会对水文信息的需要。

山东省雨量站平均密度为 66 km^2/站，已达到并高于 WMO 推荐的容许最稀站网密度标准，也高于《水文站网规划技术导则》(SL 34—2013)要求的 200 km^2 的要求。分布较均匀，基本能控制暴雨中心，局部地区，还存在站点偏稀情况，尤其高山区的雨量站点密度偏低，难以掌握降水量沿高程垂直变化的规律，同时低了山地灾害预警预报能力。今后站网建设中还需要增加部分地区雨量站点，提高站网密度。

山东省蒸发站网平均密度为 1 363 km^2/站，从整体来讲已达到 WMO 推荐的容许最稀站网密度水平。黄河流域蒸发站分布最为密集，海河流域蒸发站较为稀疏，需要进一步加强建设。

山东省现有泥沙站 41 处，泥沙站网能满足细则要求，基本能够控制各河泥沙的输沙变化。为开展河流泥沙分析计算、水土保持、河道演变分析和河道治理提供大量基础数据。

山东省现有水质监测站 311 处，根据评价细则，从整体来看，目前山东省现有水质站网还不能完全掌握水资源质量的时空变化和动态变化，还不能完全满足水资源保护与管理部门实时掌握水质信息的要求。

山东省地下水监测站点共 2 336 眼，平均站网密度为 32 km^2/站。目前，地下水监测站网密度符合基本要求。

综上所述，山东省各类水文测站的平均密度基本达到容许最稀密度标准的要求，已建成布局比较合理、项目比较齐全的水文站网，在历年的防汛抗旱、水利工程设计与运行调度、城乡工业、生活供水调度，以及水资源管理工作中都发挥了巨大的作用。但总体来讲，仍然与山东省经济社会的快速发展不相适应，还应根据山东省经济发展特点完善各类站网建设。

4.2　河流水文控制分析评价

总体要求：按照大江大河及主要支流应达到水文监测全覆盖；流域面积 200 km^2 以上中小河流，设站应满足防汛抗旱、水资源管理与水生态保护的实际需求，综合考虑区域内与各项功能需求和经济建设相适应的最佳站网密度，以满足水资源监测管理等目标。

山东省的主要河流有黄河，主要流经黄河下游区和大汶河水系，有南大沙河、北大沙河、玉符河、石汶河、漕浊河、汇河、瀛汶河等 34 条河流，共布设了 74 处水文站，其中大河控制站 4 处、区域代表站 12 处、小河站 58 处；有南大沙河、瀛汶河、芝田河等 10 条河流布设了水位站，山东省的黄河流域布设雨量站 281 处、蒸发项目 14 处，山东省的河流测站布设如表 4-8 所示。另外，山东省 200~3 000 km^2 的中小河流为 256 条，其中 219 条有防洪任务的中小河流均设有专用水文站，其余河流均设有水位站及雨量站。经过多年建设，水文站、水位站在干流区间的布设与河段水文情势的复杂程度相适应，基本能够满足防汛抗旱、水文控制分析和水资源管理相关任务。

表 4-8　山东省的河流测站布设

测站类别	布设水文站、水位站的河流	测站分类
水文站	金堤河、南大沙河、北大沙河、玉符河、公家汶河、胜利渠、牧汶河、漕浊河、引汶渠、海子河、石汶河、芝田河、大汶河南支、干河、平阳河、光明河、羊流河、淘河、赵庄河、石固河、海子河、小汇河、康王河、汇河、东金线河、牛泉河、槐树河、辛庄河、孝义河、方下河、瀛汶河、通天河、盘龙河、运粮河	大河控制站 4 处、区域代表站 12 处、小河站 58 处
水位站	南大沙河、瀛汶河、芝田河、奈河、梳洗河、明堂河、大汶河南支、平阳河、光明河、康王河	

4.3　行政区界控制分析

总体要求：行政区界断面（区界断面控制面积 200 km^2 以上）监测全覆盖，市、县行政区界断面（区界断面控制面积 50~200 km^2）可根据实际需求实现断面监测或推流计算。

目前，山东省省际河流 43 条，区界断面数量 59 处，已监测断面数量 55 处，占比 93.22%；跨市河流中，区界断面数量 186 处，已监测断面数量 161 处，占比 86.56%；跨县河流 426 条，区界断面数量 232 处，已监测断面数量 184 处，占比 79.31%，如表 4-9 所示。

表 4-9　行政区界断面水文测站布设

河流分类	河流数量（条）	区界断面数量（处）	已监测断面数量（处）	占比（%）
省际河流	43	59	55	93.22
跨地（市）河流		186	161	86.56
跨县河流	426	232	184	79.31

目前，山东省相应设置了部分跨市界水文测站和监测断面，然而，水文监测覆盖率较低，部分跨市界水文监测仍呈现大部空白的情况。因此，根据水资源管理、水量监测目标、监测站网服务能力等方面的实际需求，增设跨市界水文测站和监测断面是十分必要的。

4.4 地下水监测站网评价

地下水是水资源的重要组成部分,在国民经济和社会发展中起着举足轻重的作用。山东省是资源型缺水的省份,水资源短缺已严重影响了人民的生活及国民经济的发展,地下水已成为山东省重要的、不可或缺的宝贵资源。

山东省地下水年均可开采量125亿 m^3,地下水开采量约占全省供水量的40%。山东省目前地下水监测站共计2 336处,平均站网密度为67 km^2/站,WMO推荐水文站网布设下限指标为250 km^2/站,《水文站网规划技术导则》(SL 34—2013)推荐可选择典型代表区布设100 km^2/站,因此,目前地下水监测站网密度符合基本要求。

通过对山东省地下水监测站网进行分析评价,发现其地下水监测但还存在以下问题:

(1)经费严重不足影响正常工作。

由于经费不足,委托观测员委托费从20世纪70年代至今每月只有5~15元。由于缺少经费,诸多急需开展的工作如专用监测井建设、地下水自动化监测、深层地下水监测、地下水水源地监测、水质监测等不能进行,监测井年久失修、监测设备落后等问题也较为突出。

(2)监测及信息传递手段落后。

由于经费困难,迄今全省绝大多数监测井仍然使用测绳、测盅等原始工具手工观测,信息传递用电话报送,收齐全省地下水信息需10天左右,远不能适应信息时代的需要。目前,部分市水利局相继建成各自的地下水自动监测站网,但只向山东省水利厅报送信息,不向山东省水文局报送信息。

(3)监测井网布局不尽合理,工作重点不突出。

目前的监测井网总体上是从20世纪70年代的井网延续下来的,当时的指导思想是为农业生产服务,观测井均布设在平原区,而在有供水意义的重点城镇、大中型水源地、深层地下水开采区布设不足,从而使我们在为城市、工业、全社会服务方面力不从心。

(4)全省地下水信息数据库尚未建立,信息平台建设没有起步,地下水试验研究基本处于停止状态。

全省数千眼监测井几十年的水位、水质、水温等资料已积累2 000多万个数据,并且每年以40多万个数据增加。因此,急需建立地下水数据库,开发地下水信息系统。山东省20世纪70年代末建立起来的6处研究水文地质参数三水转化关系的水均衡试验场、5处人工回灌补源试验区和海咸水入侵试验区由于经费困难相继停止运行。

4.5 河流水质控制分析评价

水质站在水文(流量)站网中所占比例,干旱地区不低于25%,湿润地区不低于5%,高度工业化地区所占比例应高于以上标准。在重要或较大河流的水功能一级区和二级区、供20万人口以上的集中式饮用水水源地应设水质站,并控制排污总量的80%以上。各类分区的测站数量、密度和排污总量控制率不应低于《水文站网规划技术导则》(SL

34—2013)中水质控制监测的相关要求。

山东省共 451 处水功能区控制断面,覆盖全省 299 处水功能区及其跨行政区界断面,共有重点水质站 311 处,平均站网密度为 504 km^2/站。其中,国家重点水质站 89 处,平均站网密度为 1 761 km^2/站。现有水质站主要分布在平原地区。

根据评价细则规定"辖区内每个水功能区至少布设一个水质站点"的要求,山东省 299 处水功能区有 311 处水质站,基本满足规定的要求,山东省现有的水质站网能基本掌握水资源质量的时空变化和动态变化,基本满足水资源保护与管理部门实时掌握水质信息的要求,基本能够全面反映全省地表水主要河流湖库基本水资源质量状况,其长期、历史监测信息应能够系统反映全省地表水资源质量受自然环境演变、人为活动影响而发生的动态变化,涵盖了全省省级河长湖长负责河湖的重要控制断面、跨行政区界断面(省界、市界重要控制断面)、重要饮用水水源地、重要水利工程控制断面、背景值源头水域监测断面等。省级地表水重点水质站的设置与国家基本水文站相结合,可以做到量质同步监测。

目前,省级地表水重点水质站未获得山东省水行政主管部门的批复,为掌握全省地表水水资源质量状况,保护水资源、修复水生态,进一步推进河长制湖长制,建议山东省水行政主管部门尽快批复《地表水山东省重点水质站名录》。

而关于水质自动监测站网建设方面,由于山东省河流属季节性河流,行政区界河流断面每年大部分时间处于断流状态,造成河流断面水质在线监测站无法正常运行,因此行政区界河流不再规划水质在线监测站。山东省规划远期(2035 年)改建 7 处省级河湖水质在线监测站,新建 31 处水质在线监测站,其中黄河流域 2 处、淮河流域 26 处、海河流域 3 处,主要分布在国家基本水文站、国家重要饮用水水源地的上游干流、南水北调输水干线等所有规划断面都增加了断面标识建设。山东省"十四五"规划各市水质监测站网见表 4-10。

表 4-10　山东省"十四五"规划各市水质监测站网　(单位:处)

市	地表水	水源地	地下水	合计
济南	24	17	43	84
青岛	26	8	38	72
淄博	15	7	39	61
枣庄	13	2	27	42
东营	5	0	22	27
烟台	11	3	52	66
潍坊	22	7	52	81
济宁	37	1	51	89
泰安	15	2	41	58
威海	7	2	23	32
日照	10	1	25	36

续表 4-10

市	地表水	水源地	地下水	合计
临沂	43	1	32	76
德州	22	4	63	89
聊城	19	1	60	80
滨州	26	8	39	73
菏泽	16	1	62	79
合计	311	65	669	1 045

4.6 生态流量(水生态)控制分析评价

生态流量(水生态)控制分析评价主要指对河流的水生态状况进行评价,评价河湖水系及其主要控制节点和断面的生态需水目标是否达标、基本生态环境需水量满足程度等。山东省主要河湖生态流量评价有关断面见表 4-11。

表 4-11 山东省主要河湖生态流量评价有关断面

站点	所在河流	站点	所在河流
堡集闸	徒骇河	书院	泗河
白鹤观闸	德惠新河	后营	梁济运河
大道王闸	马颊河	梁山闸	洙赵新河
莱芜、戴村坝	大汶河	鱼台	东鱼河
岔河	小清河	台儿庄闸	韩庄运河
峡山水库	潍河	南阳、微山	南四湖
南村	大沽河	会宝岭水库	西泇河
东里店、临沂	沂河	日照水库	傅疃河
莒县、大官庄	沭河		

(1)在生态基流(水位)方面:

大汶河莱芜站、南四湖南阳与微山站、沭河大官庄站、小清河岔河站、沂河东里店、洙赵新河梁山闸站的满足程度在 90%以上;

沂河临沂站、泗河书院站的满足程度在 80%左右;

大汶河戴村坝站、沭河莒县站的满足程度在 70%~80%;

大沽河南村站满足程度较低,仅为 21%。

德惠新河白鹤观闸站、马颊河大道王闸站、徒骇河堡集闸站、东鱼河鱼台站、梁济运河后营站、中运河台儿庄闸站与潍河峡山水库站、傅疃河日照水库站、西泇河会宝岭水库站 9 站因河流受闸坝拦蓄影响较大、断流严重等原因,暂不考虑其生态基流情况。

(2)在基本生态需水方面:

小清河岔河站、沭河大官庄站、沂河东里店站、大汶河莱芜站、马颊河大道王闸站、徒骇河堡集闸站、洙赵新河梁山闸站、傅疃河日照水库站、西泇河会宝岭水库站的全年生态水量满足程度较高,均达到 100%;

大汶河戴村坝站、沂河临沂站、沭河莒县站、泗河书院站、东鱼河鱼台站全年生态水量的满足程度在 80%以上;

大沽河南村站、德惠新河白鹤观闸站、中运河台儿庄站、潍河峡山水库站全年生态水量的满足程度在 60%~70%;

梁济运河后营站生态水量的满足程度相对较低,仅为 50%左右。

近期,山东省根据水利部办公厅《关于做好 2020 年重点河湖生态流量保障目标确定工作的通知》要求对大汶河、大沽河、小清河流域分别做了生态流量保障目标确定及管控措施的制定,按照“1+n”的思路,在大汶河流域结合水文站点、拦河闸坝等设置了 4 个主要控制断面,其中 1 个考核断面戴村坝断面,3 个管理断面大汶口断面、陈北断面、角峪断面;大沽河结合水文站点、拦河闸坝等设置了 2 个主要控制断面,其中 1 个考核断面南村断面、1 个管理断面隋家村断面;小清河结合水文站点、拦河闸坝等设置了 3 个主要控制断面,其中 1 个考核断面岔河断面,2 个管理断面黄台桥断面、魏桥断面。

总体而言,山东省生态流量监测断面不断补充与完善,但目前山东省布设和拟布设的生态流量监测断面难以满足日益增长的水生态、水环境监测需求,需要在现有的水文测站不断完善与发展。

4.7　水环境及水生态监测分析评价

山东省水环境监测中心包括 1 个省中心实验室和 16 个市分中心实验室,均为国家资质认定合格单位,目前各单位在人才队伍建设、技术水平、仪器设备、监测范围各方面都在不断发展壮大,但与社会发展对水环境监测工作的需要相比仍较落后,现状存在问题如下。

4.7.1　现有实验室面积不能满足工作需要

(1)部分实验室面积达不到要求。目前,实验室面积不足 800 m^2 的实验室有 9 处,其中济宁分中心实验室面积仅 280 m^2,日照分中心面积仅 427 m^2 且是借用水文站的办公用房,青岛分中心实验室面积 441 m^2,滨州分中心面积 460 m^2,临沂分中心面积不 520 m^2,聊城分中心、德州分中心面积 600 m^2 左右,淄博和威海分中心面积 750 m^2,枣庄分中心、东营分中心、烟台分中心、泰安分中心、菏泽分中心实验室面积 800~900 m^2,远远不能满足水利部《水环境监测实验室分类定级标准》(SL 684—2014)省中心一级实验室面积不得低于 2 000 m^2,分中心一级实验室面积不得低于 1 000 m^2 的规定。

(2)实验室现有功能室已经过于饱和,功能室布置存在下列问题:不同类型分析项目的大型仪器无法单独存放,只能几台混放在一间实验室中或者放置在分析室中;缺少单独的废液储存间;试剂仓库面积过小,无易制爆储存设施;缺少单独的气瓶室等。

4.7.2　实验室配套设施陈旧

(1)部分实验室由于建设时间久远,配套设施陈旧,实验室消防设施匮乏,上下水及通风等辅助设施老化严重,存在极大的安全隐患。

(2)分中心实验室多由办公室改建而成,原设计功能为普通办公室,在设计时没有充分考虑实验室的特殊要求,实验室上下水设施、通风设施不能满足实验室标准要求,影响试验人员的身体健康。

4.7.3　仪器设备配备不足

(1)仪器设备配备数量和种类不足,缺乏有毒有机物、藻类、放射性等监测仪器,不能满足《地表水环境质量标准》(GB 3838—2002)、《地下水质量标准》(GB/T 14848—2017)和《生活饮用水卫生标准》(GB 5749—2006)规定项目的仪器需求。

(2)各实验室仪器设备普遍落后,缺乏自动化、批量化的仪器设备。

(3)缺乏便携式仪器设备,应该现场监测的项目无法在取样现场完成。

(4)缺乏应急监测仪器设备,无机动快速反应能力,无法应对突发性水污染事件。

4.7.4　监测站网不健全

目前,山东省原有451处地表水水功能区监测站网已归生态环境部门管理,因此需要重新规划地表水水质监测站网,地下水水质监测站网尚属空白,亟须在全省布设有代表性的地下水质监测站网。

4.7.5　实验室信息化管理相对滞后

水环境监测实验室管理仍以传统方式开展,水质监测成果编报体系和水质监测数据库系统尚不完善,难以确保信息发布的时效性,制约了水环境监测对水资源管理提供支撑的能力和水平,与《国家信息化发展战略(2006—2020年)》(中办发〔2006〕11号)的要求尚存很大差距。

山东省目前尚无水生态监测站。考虑到水生生物检测对人员、设备、环境等的要求,山东省拟在市水环境监测分中心建设水生生物检测室,承担辖区水生态监测站点的检测任务。

"十四五"期间规划建设9处水生态监测站点,分别是卧虎山水库、东平湖、黄前水库、黄河入海口、南四湖上级湖、南四湖下级湖、峡山水库、福山、太河水库,涉及7个市,分别是济南、淄博、东营、泰安、济宁、潍坊、烟台,其中济南、淄博、东营、潍坊、烟台各1处,泰安、济宁各2处。"十四五"期间建设7处水生生物检测室,济南、淄博、东营、泰安、济宁、潍坊、烟台各1处,配备实验台柜、显微镜、解剖镜、超声波探鱼器、采样器等水生生物监测设备。新建21处水生态监测断面,其中济南15处、淄博1处、日照5处。远期(2035年)对济南、淄博、东营、泰安、济宁、潍坊、烟台共7处水生生物检测室进行设备更新和升级改造，日照新建 1 处水生生物检测室。

规划对省中心、16 处市级分中心及部分监测站进行改造提升，建设实验室及附属设施，对已达报废条件的仪器设备进行更换，对技术落后的设备进行升级，配备现场调查和便携式监测设备、采样车船和样品运输设备、实验室检测分析仪器、样品预处理设备、实验室安全防护设备等。

根据《水环境监测实验室分类定级标准》（SL 684—2014），结合山东省水环境监测工作的实际需要，省中心实验室建筑面积定为 2 000m^2 左右，分中心实验室建筑面积全部达到 1 000 m^2 以上。

省中心、济南分中心、青岛分中心、烟台分中心、淄博分中心、潍坊分中心、济宁分中心、泰安分中心、威海分中心、日照分中心和菏泽分中心全力提升地表水 109 项和地下水 93 项水质监测全指标分析能力，“十四五”期间实现能用仪器自动化监测的项目达到 90% 以上，按《水环境监测规范》（SL 219—2013）要求现场检测的项目全部实现现场检测。

“十四五”期间在山东省各个实验室全部建立水质实验室信息管理系统和水质数据分析评价系统，实现实验室样品管理、样品流转、仪器管理、质控管理、站网管理程序化和水质数据分析评价自动化。

4.8　水情报汛及旱情墒情监测站网评价

目前，山东省报汛站网主要以国家基本水文站、水位站、雨量站为主，部分工程站作为补充。截至 2016 年，山东省省级及以上总报汛站 560 处，其中水文站 122 处（河道站 59 处、闸坝站 24 处、水库站 39 处）、水位站 11 处、雨量站 247 处（常年站 76 处、汛期站 171 处）、工程站 180 处（闸坝站 30 处、水库站 150 处）。在 560 处报汛站中，有 67 处洪水预报站、155 处墒情站。

目前，山东省水情报汛和旱情墒情监测站网存在以下问题：

（1）各类测站功能存在重复问题，报汛站网需进一步完善。

（2）水情业务系统未有机统一，需进一步整合。

（3）现有预报方案缺少近几年洪水数据，部分重点河道站、水库站没有预报方案，需对预报方案进行修订或编制。

（4）省级洪水预报作业平台建设时间早，产汇流方法单一，需进一步完善。

（5）水情预警工作未有效开展，需建立试点逐步加强该项工作。

（6）气象预报成果未有效应用于水文情报预报，需进一步加强两者衔接。

（7）中长期水文气象预报方法与发达国家相比还有差距，需进一步加强研究。

在今后水情报汛及旱情墒情监测站网的进一步建设中，应在充分调查并分析当前及今后抗旱管理部门对土壤墒情信息的需求基础上，继承原有土壤墒情站有关布站建设原则和经验成果，充分利用现有墒情站点资源，按照科学性、先进性、实用性，分轻重缓急、重点建设，充分考虑已有站点、避免重复建设等要求进行规划新建。

4.9　水文站网功能评价

4.9.1　水文站网功能

水文站网功能是指通过在某一区域内布设一定数量的各类水文测站,按《水文站网规划技术导则》(SL 34—2013)要求收集水文资料,向社会提供具有足够使用精度的各类水文信息,为国民经济建设提供技术支撑。

单个水文测站的设站目的一般为:报汛,为灌溉、调水、水电工程服务;水量平衡计算,为拟建和在建水利工程开展前期工作服务;试验研究等。测站功能一般体现在8个方面:一是分析水文特性规律,如研究水沙变化,分析区域水文特性和水文长期变化;二是防汛测报,包括水文情报和水文预报,为国民经济相关部门提供水文信息服务,为防汛决策部门提供技术依据;三是水资源管理,如进行区域水资源评价,省级行政区界、市界和国界水量监测,城市供水、灌区供水、调水或输水工程以及干流重要引退水口水量监测等,为水行政管理部门提供水量变化监测过程,更好地进行水资源优化配置;四是水资源保护,如进行水功能区、源头背景、供水水源地和其他水质监测,为水资源保护提供依据;五是生态保护,如开展生态环境监测和水土保持监测;六是规划设计,如前期工程规划设计和工程管理等;七是完成某些法定义务,如执行专项协议、依法监测行政区界水事纠纷以及执行国际双边或多边协议等;八是开展水文试验研究等。

测站功能评价是从测站设站目的的角度分析现有站网在为社会服务方面主要承担何种功能以及各个功能所占的比例。水文站网的整体功能主要体现在有限的观测点收集到样本容量有限的系列资料后,能向各方面提供任何地点、任何时间的具有足够适用精度的资料和信息,即所收集到的资料能够移用到无资料地区并符合精度要求,使其以最少投资、最小代价获得最高的效率、最佳的站网整体功能。

通过一定原则布设的这些单个水文测站组成的水文站网将具有区域或流域性的整体功能,譬如通过某一区域内的雨量站网可以掌握整个面上的降水分布情况,或内插出局部无站点地区的降水情况;通过上下游水位测站可以内插出站点间任一河段的水位(水面比降一致)。鉴于水平衡原理,水文循环具有特定的规律,各类水文信息之间有着密切联系,各类水文测站之间可以互为补充、互为加强,水文站网是一个有机的整体,通过科学布设的水文站网具有强大的整体功能,从而可以依托有限的水文测站,以最小投入,获得能够满足社会需求的水文站网整体功能。

水文站设站功能评价的目的是通过对各个水文站设站功能进行调查,经统计汇总,形成现行水文站网的功能比重,用以分析站网的主要服务对象,以及在功能方面需要强化或需要调整的方面,为今后水文站网建设、调整提供依据,使水文站网最大限度地满足社会发展需要。

现行水文测站功能一般为:分析水文特性规律(水沙变化、区域水文、水文气候长期变化)、水文情报、水文预报(洪水、来水)、水资源管理(水资源评价、省级行政区界、市界、国界、城市供水、灌区供水、调水或输水工程、干流重要引退水口)、水质监测(水功能区界站、源头背景站、供水水源地)、生态环境保护、水土保持、前期规划设计、工程管理、法定义务(执行专项协议、依法监测行政区界水事纠纷、执行国际双边或多边协议)、试验研究。

4.9.2 山东省水文站网功能发展历程

山东省水文站网功能的变化与发展可分为以下五个阶段。

4.9.2.1 清代和民国时期的水文站网功能

山东省水文站建设历史悠久,清光绪十二年(1886 年),在胶东半岛设立了第一批水文气象观测站,进行雨量和气象观测。次年 1 月,分别在荣成市的成山头、镆铘岛的灯塔附设测候所观测雨量。1915 年,在大清河设立南城子水文站,观测水位、流量,是山东省第一个水文站。至 1937 年,山东省共设立水文站和水位站 98 处、雨量站 84 处。这个时期的水文站功能单一、简单,主要是为了防洪除涝、河道治理的需要,没有站网的概念。

4.9.2.2 中华人民共和国早期的水文站网功能

1949 年底,山东省从国民政府接收和恢复水文站 4 处、水位站 21 处,此后开始在全省一些主要河流上增设了一批水文站和雨量站。当时水文学科在我国刚起步,水文站网规划技术处于空白,建站主要是考虑防洪以及对河流的常规水文资料的收集,所有这些测站均按当时需要而设立,未形成过水文站网。1956 年,全国开展了第一次水文站网规划,该规划在山东省也得到了实施。1958 年后,全国掀起了大规模水利建设高潮,山东省兴建了大批水库工程。为了工程管理运用的需要,开始在大型水库和部分中型水库上设立水库水文站,并将一部分靠近水库的河道水文站迁到水库上,改为水库水文站。1959 年,开始布设水质站网,开展水质监测工作。1960 年,为了中小型水利工程规划设计的需要,增设了部分小河站。这一阶段水文站网建设虽然得到迅速发展,但主要是考虑防洪和兴建大型水利工程的需要,测站只是按当时当地的局部需要而设立的。总之,这一时期站网概念已经比较明显,站网功能也有了一定拓展,但功能仍然比较单一和简单。

4.9.2.3 20 世纪 60~70 年代水文站网功能

在"十年动乱"中,由于政治运动的影响,撤销了少数水文站和停测了部分测验项目,但山东省水文站网结构未发生大的变动。全省水文站网功能有了一定扩展,从 20 世纪 70 年代开始,已经注意地下水的开发利用,增加了地下水动态观测任务,同时在位山灌区进行了灌区水盐动态研究,并进行了大规模的海湾、河口、水库淤积测量和淤积规律分析研究工作。但此时的站网功能仍然保持前一阶段的功能,比较单一和简单。

4.9.2.4 改革开放以来水文站网功能

1978 年,中共十一届三中全会以后,由于国民经济的发展和水利建设新形势下对水文工作的要求,山东省的水文站网进入了一个新的发展时期。在全省水文系统,逐步恢复、建立、健全了规章制度,加强了测站建设,推行目标管理。同时,按一定要求充实培训了水文技术人员。开始对现有水文站网进行调查和鉴定,逐个核实每个测站是否能达到设站目的,发挥应有作用。在摸清基本情况和测站特性的基础上,对效益不明显的测站加以调整。这一时期水文站网的功能也不断地得到扩展和延伸,与国民经济的发展相联动。该时期的站网功能主要为水资源评价和水资源开发利用以及系统收集水文资料、研究水文规律、为抗旱防汛工程管理服务。

4.9.2.5　1990 年至今的水文站网功能

目前,山东省已建有一套功能比较齐全的水文站网,基本上能满足防洪、水资源开发利用、水环境监测、水工程规划设计和水土保持等国民经济建设和社会发展的需要。站网的整体功能主要体现在有限的观测点上收集到样本容量有限的系列资料后,能向各方面提供任何地点、任何时间的具有足够适用精度的资料和信息,即所收集到的资料能够移用到无资料地区并符合精度要求。

4.9.3　山东省水文站网功能评价

目前,全省共设有国家基本水文站 149 处、中小河流水文站 335 处、中型水库水文专用站 68 处、辅助站 181 处、水位站 241 处、雨量站 2 365 处、墒情站 155 处、蒸发站 115 处、泥沙站 41 处、水功能区水质监测断面 451 处、主要城市水源地 58 处、地下水观测井 2 336 眼、国家地下水监测井 802 眼、水土保持监测站 30 处。

各类水文站承担着水沙变化、区域水文、水文气候长期变化、水文情报、水文预报、水资源评价、省级行政区界、市界、城市供水、灌区供水、调水或输水工程、干流重要引退水口、水功能区界水质、源头背景水质、供水水源地水质、其他水质监测、生态环境保护、水土保持、前期规划设计、工程管理、执行专项协议、行政区界法定监测、试验研究等共 23 项监测任务。本次评价选取了 469 处具有代表性且比较重要的水文站或断面作为测验断面,来进行功能评价,通过统计分析,各项功能中以水文情报、水资源评价、灌区供水所占比重较大,其他功能比重较小。功能较多的前三项为,水文情报(94%)、水资源评价(70%)、灌区供水(36%);其次为区域水文(23%)、水沙变化(18%)、工程管理(17%)、水文预报(13%);其他各项,尤其是调水或输水工程,各功能区水质、行政区界、生态环境保护,水土保持、执行专项协议、城市水文监测等方面,功能较弱。山东省水文站(断面)功能见图 4-1 和表 4-12。

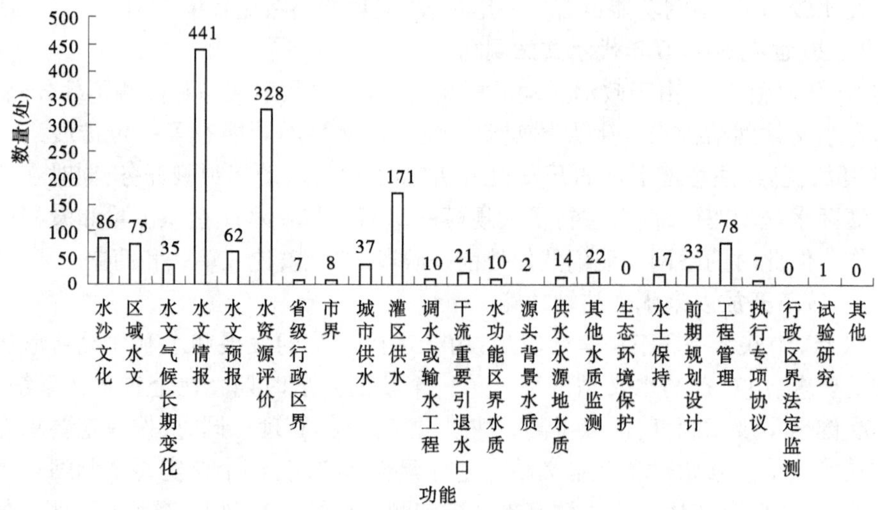

图 4-1　山东省水文站(断面)功能

表 4-12 山东省水文站(断面)功能

项目	全部断面	测站功能																							
		水沙变化	区域水文	水文气候长期变化	水文情报	水文预报	水资源评价	省级行政区界	市界	城市供水	灌区供水	调水或输水工程	干流重要引退水口	水功能区界水质	源头背景水质	供水水源地水质	其他水质监测	生态环境保护	水土保持	前期规划设计	工程管理	执行专项协议	行政区界法定监测	试验研究	其他
1	2	3	4	5	6	7	8	9	10	11	12	13	14	15	16	17	18	19	20	21	22	23	24	25	26
测验断面数(处)	469	86	75	35	441	62	328	7	8	37	171	10	21	10	2	14	22	0	17	33	78	7	0	1	0
各功能所占比例(%)		18	23	7	94	13	70	1	2	8	36	2	4	2	0	3	5	0	4	7	17	1	0	0	0

注:1. 各功能百分数为第(3)~(26)项与第(2)项“全部断面”数的比值。由于一站多功能,因此各百分数之和不为100%。

2. 区域水文功能应按测站统计,其他可按断面统计。百分比的分母分别为测站总数和断面总数。

从功能分布情况可以看出,收集常规水文资料,为水资源分析评价、防汛抗旱、反映水沙变化及为水工程规划设计和运行管理提高基础性、公益性信息,是山东省水文站网的主要功能。

在跨流域调水工程,省级行政区界、市行政区界水资源监测,区域引水调配工程口门水资源计量中,水文站网必然担当起重要角色,但现行水文站网在水资源管理方面的功能还较为薄弱,应在今后的站网建设中重点关注。全力做好水资源和生态环境保护是目前社会发展的必然要求,是落实科学发展观的具体表现。目前,水文站网在生态环境保护和源头背景水质等方面的功能较为薄弱,需重点加强这方面的站网建设。

其他专项功能所占比例小,如水功能区界水质、供水水源地水质、行政区界法定监测、试验研究等,带有特定和专项目的,取决于服务对象的存在形式及其对测站的委托,基本水文站网无法全部实现特定要求,应通过设立专用站、实验站或辅助站解决。

4.9.4　评价结论

总的来说,山东省现行水文站网功能较为齐全,基本满足防洪、水工程规划运行、水资源管理、水生态环境保护的需求。水文站网的宏观布局和功能与山东省经济发展、人口分布的宏观格局基本匹配,水文站网的结构、布局与局部功能的强弱,客观地反映了山东省水问题的基本特征和对水文信息服务的需求。具体来说,站网功能中水资源评价、水文情报预报、灌区供水、工程管理、区域水文、水沙变化等功能较强;水文气候长期变化、水文预报、城市供水、前期规划设计等有待加强;而对于对水文行业的一些近年来新增的测站功能,如生态环境保护、行政区界法定监测等方面功能则所占比例较小,远不能满足目前形势和任务的需要,需要在今后的站网布局和功能调整中予以统筹规划建设。

经分析,山东省水文站网功能虽然比较齐全,但还存在不少的问题和不足。现有水文站网在紧密结合社会实时性服务需求方面以及解决社会突出水问题等方面尚显不足;与供水安全、防洪安全和水资源的科学利用、合理开发、优化配置和有效保护的新要求,存在较大差距,特别是城市防洪站网、水环境监测站网和墒情监测站网严重不足,存在的问题主要有以下几个方面。

(1)城市水文站不足,功能不够完善。随着城市化进程的加快,城市防洪、供水、环境的要求越来越高,现有监测站网难以满足城市发展的要求。

(2)地下水和旱情监测功能亟待提高。现有墒情监测站点偏少,设备落后;地下水取水水源地和城市地下水监测站网严重不足,不能满足旱情监测、需水预测的需要。

(3)现有站网功能对以行政区界为单元的控制不足,对行政区界、取(引)退(排)水口水量水质监测控制不足,对行政区域水量水质的平衡分析,节水、水资源保护、水资源优化配置等有关的行政管理措施落实的支撑力度不足。

4.10　水文站网受水利工程影响评价

4.10.1　水利工程建设情况

中华人民共和国成立以后,在党和人民政府的领导下,山东省进行了大规模水利建设,首先对主要河道进行了疏浚和水系调整。1958 年之后在山区陆续兴建了大量蓄水工程。到目前全省共有大中小型蓄水工程 6 424 座,总库容 219.18 亿 m^3,兴利库容 113.48 亿 m^3,其中大型蓄水工程 37 座,中型蓄水工程 207 座,小型蓄水工程 6 180 座。引水工程(引水闸)4 923 处,其中河湖引水闸 4 435 座,水库引水闸 488 座。提水泵站 8 496 处,其中河湖取水泵站 6 709 处,水库取水泵站 1 787 处。全省共有规模以上水井(井口井管内径大于 200 mm 的灌溉机电井和日取水量大于 20 m^3 的供水机电井)82.59 万眼,其中配套完善的机电井有 81.09 万眼,基准年供水能力为 79.47 亿 m^3,单井年开采量为 0.96 万 m^3。规模以下水井 837.01 万眼,其中配套机电井为 395.92 万眼,基准年供水能力为 9.80 亿 m^3,单井年开采量为 0.01 万 m^3。全省共有海水淡化工程近 30 处,日海水淡化能力 17 万 t 左右。二、三级污水处理厂 223 处,污水处理能力 1 224 万 m^3/d,基准年污水总处理量 36.33 亿 m^3,污水处理回用量 6.93 亿 m^3。窖池等雨水利用工程 7.9 万座,年雨水收集能力 0.4 亿 m^3 左右。

目前,山东省已基本构建起以 5 000 多条河道、5 978 座山丘区水库(大型 734 座、中型 162 座、小型 5 782 座)和蓄滞洪区为骨干的防洪减灾工程体系,先后实施了 278 条 200 km^2 以上河道重点河段治理,修建加固堤防 3.01 万 km,维修加固 156 座大中型病险水库、3 769 座小型病险水库和 34 座大中型病险水闸,建成海堤 1 368 km,为保障人民群众生命财产安全、促进经济社会发展发挥了重要作用。

4.10.2　水利工程对水文站网的影响

这些水利设施建成,进一步扩大了水文的工作范围,也增加了水文工作量和工作难度。近年来,山东省随着经济快速发展,城市建设步伐越来越快,导致城市和农村需水量不断增加,而山东的水资源量是一定的,再加上近年山东境内降水量较常年偏少,新形式下,促使大量水利工程不断上马,全省各地修筑大量拦蓄工程(水库、拦河坝),新增引水口;在城市及附近,随着人们经济生活水平不断提高,生活质量随之上升,为满足人们对生活质量提高的要求,城区景观用水和河道生态用水的需求也在不断增加,拦河闸、橡胶坝的建设大大增加;这些工程的建设改变了水力条件,导致水文设施和测验断面的变化和破坏。水文资料系列的连续性和代表性发生了变化,影响严重者,失去设站目的,迫使水文站迁移和停测。山东省水文站网受到了不同程度的影响。

4.10.2.1　水利工程调节影响

水文站水文测验断面位于水利工程附近时,受水利工程调节的影响,河道水位、流量变化频繁,常出现陡涨陡落现象,使得原有的水位流量关系破坏,严重影响水文资料的一致性、代表性和可靠性。另外,频繁变化的水位使流量测验时机难以把握,增加水文站测流次数,甚至无法控制完整的流量变化过程。例如枣庄峄城水文站所在的峄城大沙河在20世纪80年代时期有稳定的水位流量关系,后期受上游橡胶坝和下游贾庄闸的影响,水位流量关系混乱,难以掌握变化规律,严重影响水文测验工作。

4.10.2.2 水利工程回水影响

水利工程位于水文站测验断面的下游,使水文站测验断面处于水利工程回水影响范围内,水文测验断面原有的稳定的河流流态受到破坏,不稳定的流态使得水位与流量没有稳定的关系,所收集到的资料失去代表性。薛城水文站因下游新建橡胶坝,测验断面位于回水范围内,严重影响水文测验,使原有断面无法使用,测验断面于2000年向上游迁建,目前仍受下游橡胶坝调节的影响。

4.10.2.3 水利工程引水、提水、调水影响

引水、提水、调水工程位于水文站上游,由于天然河水被工程引走,水文测验断面处于无水或减水河段中,致使水文站失去设站目的,有的水文站不得不增设测验断面或者迁建;工程位于水文站上游,由于客水被引入水文测验断面,经过水文断面的水量增多、水位增高,原有的测洪手段、测洪标准不能适应新的要求。2015年4月21日,南水北调东线工程调水,台儿庄闸水文站受到台儿庄调水泵站影响,水位波动频繁,同时,水文站为保证水文资料符合规范要求,监测调水水量,增设辅助断面。

4.10.3 影响水文站网的水利工程分类

水文站网主要受蓄水工程、引(输)水工程、提水工程、发电和航运工程等涉水工程影响。各种工程中对水文站影响较大的水工建筑物及工程主要是水库、堰闸、水电站(发电、蓄能)、小型水坝(低坝、橡胶坝)、泵站、水渠(引、排)、蓄滞洪区和河道整治(河道治理、疏浚、平砂、挖砂)工程等。

4.10.3.1 水利工程

水库具有存蓄、调节径流的作用。水库的修建,不但改变了河流水文特性,也改变了水文测站测报环境。水文站位于水库大坝上游时,易受工程回水、顶托影响,流速减小,过水断面加宽,泥沙沉降,实测的泥沙较天然情况下明显偏小。受水库高水位运行影响,水位流量关系发生较大变化。水文站位于水库大坝下游时,受上游水库蓄水影响及工程运行影响,测站设站目的变化,控制断面发生断流的情况增多,水位变化急剧,断面冲刷严重,流速增大,严重影响测验水沙条件,单次流量的精度难以保证,同时其流量过程也很难控制。

4.10.3.2 堰闸(含船闸)工程

堰闸(含船闸)等枢纽工程的修建将改变所在河段的行洪能力和水文特性,上下游水、沙情势也发生了变化,冲淤变化加剧,影响原有水文站测验条件,破坏了水文站收集水文资料的连续性,具体表现为闸上水位壅高,流速变缓,流态不稳,受变动回水影响;闸下受到无规律的放水影响,基本断面水位有时一天之内发生数次涨落,水位变幅增大,人为形成水沙峰且十分频繁,水文控制断面水位流量关系变得散乱且无规律。

4.10.3.3 水电站(发电、蓄能)工程

水电站及配套工程建设淹没水文测验河段,破坏水文测站控制条件,尤其是水库水电

站一般担负电力系统的调峰任务，一天仅在几个小时内大量用水，造成下游河道水位变化较大。具体表现为上游水位壅高，流速变缓，流态不稳；下游水位陡涨陡落，流速增大，断面冲刷加剧，水位流量关系变得散乱且无规律。

4.10.3.4　小型水坝（低坝、橡胶坝）工程

小型水坝的修建使上游水位抬高，断面面积增加，流速变缓，下游水位降低，低水断面易出现水流窜沟、分岔，使水位流量关系曲线不稳定，水文站改变了原有的测验条件，影响流量测验的精度和资料的连续性。

4.10.3.5　泵站工程

泵站工程是取水、供水、排水等水利工程中的重要组成部分。但泵站的取水能力直接影响河流渠道的输水能力，泵站运行中无规律的取水、排水等影响，使水文站断面水位有时一天之内发生数次涨落，水位变幅较大，人为形成了水、沙峰谷。对水文测验工作有非常大的影响。

4.10.3.6　水渠（引、排）工程

水文测验断面上下游修建的水渠（引、排）工程，引起控制断面的水位、流量等各项水文要素的变化，改变了水文原有的测验条件，改变了测站原有的水位流量关系，对流量测验的精度和资料的连续性均造成影响。

4.10.3.7　蓄滞洪区

蓄滞洪区的重要作用是拦蓄洪水，减轻灾害。但蓄滞洪区的运用又改变了自然的行水体系，削减洪峰，改变了水位流量关系，直接影响了正常的水文测验。

4.10.3.8　河道整治（河道治理、疏浚、平砂、挖砂）工程

河道治理，江河疏凌等水利工程建设以及平砂、挖砂等人类活动，造成水文站测验断面遭受破坏、水位记录失真等现象，改变了水文站原有的测验条件，影响了水文资料的精度和水位流量关系的稳定。

4.10.4　水利工程对水文测验项目的影响分类

4.10.4.1　对水位站的影响

当水位站在水电站（水库）大坝上游时，水位站位于库区，相同流量下水位高于天然水位，尤其是当水位站距离大坝太近时，水位与坝前水位相差不大，水位站没有存在的必要。

当水位站在水电站（水库）大坝下游时，若水位站距离大坝较远，工程对水位站的影响并不明显；若水位站距离大坝太近或水位站位于引水式电站的脱水段（引水口和发电尾水之间的河段），由于观测的水位值失去了代表性，水位站同样没有存在的必要。

受水利水电工程影响的水位站，在工程建设之前已经率定了水位流量关系且用于预报的，工程建设后必须重新率定水位流量关系。

4.10.4.2　对流量站的影响

水文站在设立时，测验断面的控制条件是首要考虑的因素之一，水文站往往布设在控制条件较好的地方，而水利工程的建设则严重破坏了原有的控制条件，天然情况下比较稳定的水位流量关系受到破坏。位于工程上游的测站受回水顶托影响，流速较天然情况下

减小，无法开展正常的测验工作，距离大坝太近的测站只能撤销或搬迁；位于工程下游的测站受工程调度的影响，水位涨落频繁，水情变化极其复杂，给水文测验带来了极大困难，特别是在水文测验时机把握、方法选择和测验手段上带来了新的问题，尤其是部分水文站距离大坝位置不远，无法进行水文要素测验，尤其是位于调节能力较强的水利水电工程下游的测站，实测洪水过程与天然洪水过程相差甚远，只能撤销或迁移；位于引水式电站脱水段的水文测验河段，水文站已失去存在的意义。

水利工程对流量站的影响又分为对大河控制站、区域代表站和小河站的影响等。

4.10.4.3 对泥沙站的影响

水文站在长期的水文测验中，已取得了比较稳定的水位流量关系和单断沙关系，并严格按有关技术标准进行资料整编。涉水工程的建设及运行，在破坏水文站原有控制条件的同时，破坏了水文站已有的水、流、沙关系。原有的水文测验方法不能满足现行规范对测验精度的要求，给水文资料整理及整编带来困难。

位于水电（水库）工程上游的泥沙站（受顶托影响的情况），由于流速减小，泥沙沉降，泥沙含量减小，实测的泥沙较天然情况下明显偏小，而位于水电（水库）工程下游的泥沙站，由于泥沙被拦蓄在水库和水利工程的河道上游，大坝下泄的基本上是清水，水利工程对泥沙站资料的影响是明显的，一是改变泥沙自然输送过程，二是会在湖、库内形成一定量的淤积，导致下游水文站的泥沙观测项目作用不大。

4.10.4.4 对雨量、蒸发等气象因子的影响

由于水库蓄水后加大了自由水面，库区的小气候较天然情况下发生了较大的变化，局部地区的降水和水面蒸发量可能增加。一般情况下，水电（水库）工程对雨量、蒸发等气象因子观测值的影响要通过若干年的对比观测才能看出。

4.10.5 水文站网受水利工程影响程度划分标准

根据《水文站网规划技术导则》（SL 34—2013）以及水文站网受水利工程影响的实际情况，设定水文站受水利工程影响程度分 3 个等级：轻微影响、中等影响、严重影响。其影响程度主要由水文资料的一致性受到破坏和水文测验断面受到破坏两方面决定。

测站月、年径流量、输沙量在涉水工程建设、运行前后改变小于 10%，为轻微影响；改变在 10%～50%，为中等影响；改变大于 50%，为严重影响。

水文站测验断面受涉水工程影响导致测验难度增加，严重时由于无法施测有关水文要素而不得不被迫搬迁水文站。其难度影响也分 3 个等级，轻微、中度、严重，水文站测验断面受涉水工程影响导致水位涨落率、水位流量关系等水文特性发生改变小于 10%，为轻微影响；改变在 10%～50%，为中度影响；改变大于 50%，为严重影响。

当水文资料的一致性破坏程度高于水文测验断面破坏程度时，取前者作为水文站受水利工程影响程度评价指标，这种情况一般发生于中小河流水文站，部分干旱地区大河站也会出现。当水文资料的一致性破坏程度低于水文测验断面受破坏程度时，取后者作为水文站受水利工程影响程度评价指标，这种情况一般发生于大河站。

4.10.6 水利工程对水文站网的影响现状评价

4.10.6.1 测站分类

水文站设在河流上,收集流域面上的自然信息,根据《水文站网规划技术导则》(SL 34—2013)按断面以上集水面积的大小划分,分为大河站、区域代表站和小河站。

大河站跨越多个气候带、地理带和水文分区,断面流量仅反映河道水量的沿程变化,并不反映流量特征值在水文分区内的空间分布规律。这类测站受水利工程影响后,资料的一致性破坏程度往往小于水文测验断面的破坏程度。

区域代表站设置的目的在于掌握流量特征值在水文分区内的空间分布,断面水文特征值与河流所在流域的参数可以建立相关关系,从而将此关系移用一水文分区内其他相似的无资料流域,这是水文站网设计中的最重要的一部分工作。要反映这种相关关系,必须保持一定长度和相对一致的水文资料,因此对承担区域代表站职能的水文站,必须重点考虑水利工程的影响问题。这一类测站,资料的一致性也往往较易被破坏。

小河站的主要目的在于收集小面积暴雨洪水资料,探索产汇流参数在地区上和随下垫面变化的规律。由于集水面积小,在反映区域水文特性方面作用小于区域代表站,观测年限也相对较短,因此在遭受水利工程影响后,若给观测工作带来较大负担,可考虑撤销。

对大河站、区域代表站和小河站进行水利工程对水文站网影响的分类评价是水文站网功能评价与调整的重要内容。

4.10.6.2 水利工程对水文站网的影响

经统计,山东省受工程影响的水文站共 56 处,其中大河站 12 处、区域代表站 39 处、小河站 5 处。按轻微、中等、显著或严重来分,受工程轻微影响的水文站有 25 处,其中大河站 7 处、区域代表水文站 14 处、小河站 4 处;受工程中等影响的水文站有 17 处,其中大河站 3 处、区域代表水文站 14 处;受工程显著或严重影响的水文站有 14 处,其中大河站 2 处、区域代表水文站 11 处、小河站 1 处。在受工程影响的 56 处水文站中,已增设的辅助站 4 处,已撤销的水文站 3 处。山东省受水利工程影响的大河站、小河站、区域代表站见表 4-13、表 4-14 和表 4-15。

表 4-13 山东省受水利工程影响的大河站

流域	水系	河流	测站名称	设站年份	集水面积(km^2)	大河站(处)				
						轻微	中等	显著或严重	增设辅助站	撤销
海河	南运河	南运河	四女寺闸	1930	37 200	1				
海河	南运河	漳卫新河	庆云闸	1977		1				
海河	马颊河	马颊河	李家桥闸	1972	5 393	1				

续表 4-13

流域	水系	河流	测站名称	设站年份	集水面积(km²)	大河站(处)				
						轻微	中等	显著或严重	增设辅助站	撤销
海河	马颊河	马颊河	大道王闸	1970	8 657	1				
海河	徒骇河	徒骇河	宫家闸	1970	6 720	1				
淮河	沂河	沂河	葛沟	1951	5 565	1				
淮河	沂河	沂河	临沂	1950	10 315	1				
黄河	潍河	潍河	峡山水库	1960	4 210		1			
黄河	小清河	小清河	岔河	1967	5 114		1			
黄河	大沽河	大沽河	南村	1951	3 724		1			
海河	徒骇河	徒骇河	刘桥闸	1971	4 444			1		
淮河	运河	东鱼河	张庄闸	1972	3 934			1		
合计						7	3	2	0	0

表 4-14　山东省受水利工程影响的小河站

流域	水系	河流	测站名称	设站年份	集水面积(km²)	小河站(处)					当为显著或严重影响时,受影响前资料保持一致性年数
						轻微	中等	显著或严重	增设辅助站	撤销	
海河	南运河	六六河	武城	1978	105	1					
黄河	大沽河	胶河	红旗	1958	154	1					
黄河	沿海诸小河	墨水河	即墨	1970	85.4	1					
黄河	沿海诸小河	白沙河	崂山水库	1959	99.6	1					
黄河	沿海诸小河	沁水河	牟平	1981	168			1			19
合计						4	0	1	0	0	5

表 4-15　山东省受水利工程影响的区域代表站

流域	水系	河流	测站名称	设站年份	集水面积（km^2）	区域代表站(处)					显著或严重时，受影响前资料保持一致性年数
						轻微	中等	显著或严重	增设辅助站	撤销	
海河	德惠新河	德惠新河	郑店闸	1972	2 327	1					
海河	徒骇河	赵牛河	刘连屯闸	1978	846	1					
黄河	黄河	北大沙河	崮山(二)	1979	392		1				
淮河	弥河	弥河	黄山	1988	375	1					
淮河	胶莱运河	北胶莱河	流河	1959	2 510	1					
淮河	北胶莱河	泽河	郑家(二)	1966	532	1					
淮河	大沽河	大沽河	张家院	1974	598	1					
淮河	大沽河	大沽河	产芝水库	1959	876	1			1		
淮河	大沽河	五沽河	岚西头	1976	428	1					
淮河	大沽河	南胶莱河	闸子	1971	1 277	1					
淮河	沿海诸小河	风河	胶南	1976	242	1					
淮河	小清河	小清河	黄台桥	1931	321	1					
淮河	沂河	东汶河	蒙阴(二)	1958	442	1					
淮河	运河	沙河	薛城	1965	260	1					
淮河	滨海诸小河	傅疃河	日照水库	1959	544	1			1		
淮河	弥河	弥河	冶源水库	1959	785		1		1		
淮河	弥河	弥河	谭家坊	1976	2 153		1				
淮河	潍河	潍河	墙夼水库	1960	656		1		1		
淮河	潍河	渠河	石埠子	1958	554		1				
淮河	潍河	汶河	高崖水库	1960	355		1		1		
淮河	潍河	汶河	牟山水库	1960	1 262		1		1		
淮河	小清河	淄河	镇后	1958	518		1				
淮河	小清河	瓜漏河	北凤	1977	378		1				
黄河	黄河	玉符河	卧虎山水库	1960	554		1		1		
淮河	沭河	沭河	青峰岭水库	1960	769		1		1		
淮河	沭河	袁公河	小仕阳水库	1959	282		1		1		

续表 4-15

流域	水系	河流	测站名称	设站年份	集水面积(km^2)	区域代表站(处)					显著或严重时,受影响前资料保持一致性年数
						轻微	中等	显著或严重	增设辅助站	撤销	
淮河	运河	城河	滕县	1982	605		1				
淮河	运河	沙河	峄城	1959	400		1				
淮河	白浪河	白浪河	白浪河水库	1960	353			1	1		
淮河	小清河	孝妇河	马尚	1961	1 052			1			
淮河	运河	鄄郓河	刘庄闸	1973	520			1			
淮河	运河	洙赵新河	魏楼闸	1971	796			1			
淮河	运河	东鱼河北支	马庄闸	1972	755			1			
淮河	运河	东鱼河	路菜园闸	1977	646			1			
淮河	运河	东鱼河南支	李庙闸	1971	938			1			
淮河	沭河	沭河	莒县	1951	1 676			1			
淮河	沿海诸小河	淄阳河	陈家	1956	275			1		1	10
淮河	沿海诸小河	洋河	大村	1958	236			1		1	8
淮河	沿海诸小河	吉利河	胜水	1957	230			1		1	18
	合计					14	14	11	10	3	

4.10.7　水利工程的影响分析和站网的调整思路

4.10.7.1　水利工程影响的实质

水利工程对水文站施加影响后,在保持水文资料的长期性、连续性和一致性方面,是水文工作者研究和应该重点关注的。根据资料的时效性需求对水文站的分类,凡为了满足当前应用需求的水文站,不需要考虑水利工程对水文资料连续性和一致性的影响问题,因为这类站收集水文资料的目的,本身就是反映在现况水利工程运行条件下河道水流沙的变化情况,工情发生变化,资料系列也自然随之变化。凡为了满足将来应用需求的测站,即在设站初期,遵循流域代表性原则和均匀布设原则设立的水文站,应考虑水文资料的连续性和一致性,尽可能避免或减少水利工程的影响。

根据测站集水面积大小的分类,大河站跨越多个气候、地理带和水文分区,断面流量并不反映流量特征值的空间分布,因此对这类测站,受水利工程影响后,不需考虑进行资料还原和保持一致性的问题。区域代表站设置的目的在于控制流量特征值的空间分布,断面水文特征值与河流所在流域的参数可以建立相关关系,从而将此关系移用于同一水文分区内其他相似的无资料流域,这是水文站网设计中的最重要的一部分工作。要反映这种相关关系,必须保持一定长度和相对一致的水文资料,因此对承担区域代表站的职能,必须重点考虑水利工程的影响问题。小河站虽也应考虑资料的一致性问题,但因集水面积小,在反映区域水文特性方面不起重要作用,因此在受水利工程影响后,若给观测工作带来较大负担,可考虑撤销。

综上,在受水利工程影响后,需要从继续保持水文资料一致性角度出发进行站网调整或开展还原计算的,主要是区域代表站,其次是小河站。对其他承担当前应用需求的水文站、大河站,在受水利工程影响后,不需要考虑维护资料一致性的问题,仅需采取措施避开或减少工程对测验断面正常工作造成干扰或破坏即可。平原水网区的水文站网,由于所在区域渠系互通,无闭合流域,水流往复大多处于人工调节中,其性质与满足当前需求的水文站网是一样的,也不作为分析的对象。

4.10.7.2　水文站网受影响后的调整思路

一是改变受影响水文站测验方式、加强测验,将工程影响降低到最低。对部分测验断面受工程影响的水文站,为保证资料的连续性和可用性,对有条件的站改为桥测或水工建筑物推流;对无条件的站设临时断面采用巡测方式,加密测次,以保证资料连续性,二是顾全大局、迁移测站、为地方建设服务。针对实际情况,对受工程影响较大又不能通过改变测验方式消除影响的测站,搬迁测站,按《水文站网规划技术导则》(SL 34—2013)要求进行选址,重新布设测验断面,使新测验断面在保持原测站功能基础上,测验质量,职工工作、生活条件有较大改善,为地方经济建设打下更好的基础,发挥更大作用。

1. 大河站

受水利工程影响的大河站,一般不考虑保持资料一致性的问题,将测站搬迁到能保证测验工作正常开展的位置即可。对工程建设前的水文资料应妥为保存,以便与新的资料系列进行工程建设前后的对比分析。

受工程建设影响的水文站,由于原有稳定的水、流、沙关系被破坏,原测验方案布置测次不能很好地控制水、流、沙变化过程,必须通过增加测次加大测验力度来解决。使用常规测验手段不仅耗时,且往往不能把握好测验的时机,因此大力引进新仪器、新设备,如ADCP、电波流速仪、雷达式测速仪、OBS 现场测沙仪等。

对于整条河流呈梯级开发,在水文站上下游无地方可迁的,要考虑水文站与水利工程结合。应争取水利水电工程管理单位向水文部门提供诸如闸门的开启变化及泄流关系曲线等资料。工程自动测报系统收集的信息与水文部门联网,双方实现资料共享,互惠互利。在测站搬迁时,要适当考虑调整测站功能,尽量实现与水利工程结合和为工程提供服务的目标。

2. 区域代表站和小河站

如前所述,由于区域代表站和小河站在描述区域水文特性方面担负的重任,以及对资料的特定性要求,因此它们是受水利工程影响分析和站网调整的主要对象。首先,开展水文分区工作,为了实现内插径流特征值,应在每一个水文分区内不同面积级的河流上设 1~2 个水文站,作为区域代表站,成为向同一水文分区内其他相似级别河流上进行径流移用的基础。其次,分析设站年限,对工程影响区内的水文站,根据相关统计检验方法分析设站年限,确定该站是否已取得可靠的平均年径流资料。一般而言,在湿润地区,需要观测 30~40 年以上,而在山东省降水量变化极大的地区则有可能需要观测的更长。然后,分析水利工程的影响程度,根据《水文站网规划技术导则》(SL 34—2013),对中小河流代表站受水利工程影响的程度,分为轻微影响、中等影响、显著影响和严重影响四级。当为轻微影响时,测站保留,一般情况下不做辅助观测及调查;当为中等影响时,测站保留,一定要做辅助观测及调查,扩大面上资料收集,为需要时配合开展还原计算奠定基础;当为显著影响时,若经辅助观测及调查后表明,测站已失去代表性或补充观测费用太大,则测站可以撤销,否则保留;当为严重影响时,一般可以撤销,但应在同一水文分区内补设具有相同代表作用的新站。最后,确定调整方案。

第 5 章　水文站网优化与调整

5.1　水文站网存在问题

山东省范围内的水文站网经过中华人民共和国成立后历次的规划和优化调整，山东省水文站网得到了优化和充实，逐步形成相对稳定的国家基本水文站网，站网布局比较合理，测验项目较为齐全，但仍然存在一些不足之处，需要加以解决。

5.1.1　服务水资源监管需求能力不足

山东省水文监测站网布设整体来看雨量站密度符合《水文站网规划技术导则》（SL 34—2013）要求，基本覆盖全省监测区域，但存在县市区分布不均、山区平原分布不均的问题，水文站网不够完善，部分市缺少水文站、雨量站、水位站，存在少许监测盲区，无法满足服务水资源监测的需要，有些站点水文站网位置布设不合理，不能控制河道水量变化，受河流特性发生变化以及水利工程影响，已经不再适合开展原来的水文观测项目，行政区界水文监测水文站网布设有遗漏，一些市界、省界站的进出口水量监测不能很好地满足区域用水总量监测的要求，仍需建站进行水量监测，对站网进行优化调整。

5.1.2　水生态监测工作基础薄弱

例如在山东省黄河流域，由于水生态监测工作起步较晚，监测能力相对较为薄弱，仅配置了显微镜等仪器设备，远远不能满足水生态监测的需求；同时，缺乏适应于黄河多泥沙特性的水生态监测实验室，制约了流域水生态监测工作的顺利拓展；水生态监测人才匮乏，远远满足不了流域水生态监测工作的需求。

5.1.3　水文测站建设现代化水平不高

山东省现有监测站网体系仍需要进一步优化和补充，与现代化水文还有一定差距。水文监测自动化程度低，手段落后单一；地下水监测工作薄弱，地下水超采区、城市和地下水水源地、深层承压水等监测站点相对不足，不能全面、精准地反映地下水动态变化规律；土壤墒情监测站点少、自动化程度低、代表性差，难以满足抗旱工作需要；部分县级河流出入境水量控制断面存在监测盲区；水生态监测存在短板，无法满足水生态相关功能管理要求等。

部分水文基础设施尚未建设达标，监测设备更新慢且老化严重，不能满足防洪和安全生产的要求；水文测报技术手段总体落后，先进仪器设备和新技术在水文测报中的推广应用有待加强，仍有大量水文测站以人工观测为主，水文监测自动化、现代化水平不高；新一代信息技术在采集、传输、数据处理等水文监测体系中应用较少，水文监测手段和技术水平前瞻性不够;应急机动监测能力不强,对紧急水情事件的应急处置存在隐患;地下水监测能力明显弱于地表水,抗旱服务能力弱于防洪服务能力,水质的监测能力弱于水量监测能力,短板比较明显;水生态监测亟待加强,土壤墒情等的信息采集、传输、处理手段落后,时效性差;省监测中心和市监测中心设备配置不完善,信息应用服务水平低。

5.1.4　水文站网易受人类活动影响

目前,山东省基本形成了相对完善的水文站网布局,部分市的基本站配备流量在线监测系统,技术装备水平不断提高,监测能力大大增强,但有些地区诸如黄河流域范围内多数站点不具备自动或半自动测量条件,影响了数据采集、传输与应用;随着水利、防洪工程等建设,极大地改变了黄河河道过水断面原水文站网的控制条件。上游水库、橡胶坝等水利工程的大量兴建,改变了河道原有的水文演变规律,影响了水文站网的观测资料延续性与代表性,改变了河道的行洪能力,水沙情势也发生了变化,由此带来的水文站网的各种问题都需要认真调研和分析。

5.1.5　水文服务能力有待提升

水文信息系统整合不足、服务效能不高、数据资源开发利用水平低;信息资源碎片化、业务应用条块化、水文服务分割化;大数据和人工智能等新技术尚未广泛应用,对经济社会发展、生态环境治理和社会公众服务等方面支撑能力不足;业务协同和服务水平有待提升等。水文业务应用系统缺乏顶层设计和统一规划,系统架构和建设标准不统一,功能单一,难以进行全面的系统整合;水文预测预报精度与预见期有待进一步提高;水文图集、水文计算手册等工程水文计算工具滞后,水文数据深加工不够,信息产品单一,服务范围、内容和质量有待提高。

5.1.6　水文发展保障能力有待提升

山东省水文相关政策法规体系尚不完善,法制保障有待增强。为适应水文现代化发展,水文管理机制仍需完善;水文相关标准与先进性、及时性的要求还有距离,部分标准已经不能适应水文事业的发展;标准化管理有待加强,机构建制不规范;人员编制不能满足日益增加的工作任务的需要;站网运行管理模式和水文服务体系建设需要进一步深化;人才队伍建设不适应新形势、新任务、新要求。

5.2　水文站网调整指导思想与原则

5.2.1　水文站网调整指导思想

全面贯彻落实党的十九大精神,以习近平新时代中国特色社会主义思想为指导,紧紧围绕统筹推进"五位一体"总体布局和协调推进"四个全面"战略布局,贯彻新发展理念,深入落实"节水优先、空间均衡、系统治理、两手发力"的治水思路,牢牢把握"水利工程补短板、水利行业强监管"的水利改革发展总基调,按照新时代山东水文"三步走"战略目标,坚持补短板、强监管和规范提高工作总基调,加快工作重心、运行管理、服务方式"三个转变",努力实现水文基础设施、装备水平、信息化、人才队伍和服务能力"五个提升",以更加优质的服务为水利和经济社会发展提供可靠支撑。

5.2.2 水文站网调整原则

5.2.2.1 基本原则

1. 全面规划,统筹兼顾

水文要根据与人民切身利益密切相关的问题开展工作,用准确、及时的水文信息为社会服务,加强资料共享,规划中要做好干支流、上下游、城市与乡村、流域与区域、水量与水质、社会有关部门的协调关系以及各类站点协调发展。

2. 合理布局,适度超前

从水资源可持续利用的角度出发,充分预测并考虑规划期内社会、经济发展对水文的要求,结合各流域和区域的不同特点,在充分利用和发挥现有站网功能的基础上,进一步补充完善,合理布局、提前谋划、适度超前、科技驱动、拒绝重复开展水文相关建设。

3. 注重协调,避免重复

做好建设内容的衔接,统筹协调各类建设项目,避免重复建设。注重与其他部门协调,整合资源,信息共享,充分发挥建设项目的整体功能。

4. 突出重点,急用先建

结合国民经济与社会发展的需要,广泛调研,充分论证,使之符合山东省实际发展情况,按照轻重缓急,以"十四五"期间为重点,兼顾中期和长远发展,合理布局,分阶段实施。

5. 实事求是,因地制宜

要符合水利工作和经济社会发展对水文工作的需要,服务社会,服务民生,要以科学发展观为指导,制定切实可行的任务目标。

6. 以人为本,实用高效

把保障人民群众根本利益作为水文工作的出发点和落脚点,着力解决好与人民群众密切相关的民生问题,充分利用先进的技术手段,提高水文信息采集、传输、处理和服务水平,在更大程度、更广范围普惠水文改革发展成果。

7. 与时俱进,改革创新

紧紧围绕经济社会与水文事业发展要求,坚持解放思想,开拓创新,大力推进水文重点领域和关键环节改革攻坚,努力破除制约水文发展的体制机制障碍,促进水文事业科学发展、和谐发展、率先发展。

5.2.2.2 各水文测站调整原则

1. 基本水文站

以长期系统收集水文资料,传递水文信息,满足国民经济建设各方面需要为原则。大河控制站,按直线原则布站;区域代表站,按河流面积同时考虑干流坡度等分级布站;小河站,根据流域地形、地貌、土壤、地质、植被等按流域面积和干流坡度分级布站;受水利工程影响地区在流域出口处设控制站,平原区水系紊乱时,按水量平衡原则在平衡区边界布站;大型水库站均设水文站,对具有代表性的中型水库且有设站条件的设水文站。

2. 水位站

水位站的站址应能满足建站目的和观测精度及布设密度的要求,宜选择在观测方便且靠近城镇居民生活点的地方,兼顾交通和通信条件,并应符合下列规定:

(1)在河流、渠道的重要节点处应当布设河道水位站。河道水位站适宜布设在河道顺直、水流集中且河床稳定的河段;河口潮水位站适合布设在河床平坦、河岸稳定且不易受到风浪的直接冲击又不易冲淤的地方。

(2)在小型泵(闸)站适当布设,在大中型泵(闸)站应适当布设。

(3)在重要的湖泊、重要的水景观区范围内宜布设。湖泊出口水流平稳处应布设水位站,湖泊、水库内的水位站及堰闸水位站适合选在岸坡稳定且水位具有代表性的地方。

(4)暴雨时的城市道路、洼地积水深度大于或等于 30 cm 的地方适合布设。

(5)平原水网地区可以适当加密布设。

3. 雨量站

雨量站点的布设要以能测得有一定精度的面平均降水量,又能控制住暴雨中心降水量为原则,除在面上均匀分布外,同时考虑高程分布和地形的影响。具体遵循以下原则:

(1)能够控制暴雨空间变化。

城市降水分布极不均匀,要想控制暴雨的空间变化,首先,资料系列应尽可能长,以控制减少抽样误差;其次,雨量站点应尽可能多,以控制暴雨空间变化。雨量站应当能够控制该地区范围内的年、月降水量和暴雨特征值的分布,站点要求长期稳定,以满足水资源的评估调度和涉水方面的工程规划、洪水和旱情监测预报、降水径流之间关系的确定等要求。

(2)能满足不同区域内计算地面径流量时的需要。

为更好地服务于防汛抗旱、水资源管理等,雨量站点的布设应尽量满足不同的区域计算地面径流量时的需求。

(3)不同下垫面特征的区域均应布设雨量站。

雨量站点的布设是根据各流域的气候、水文特征和自然地理条件等因素所划分成的不同的水文分区,在水文分区内布设雨量站点。

(4)选择合适的布设地点。

雨量站点的布设应主要在地势相对开阔以及风力相对较弱的地方,且雨量站不适合在相邻高大建筑物间的风场区进行布设。降水量的观测误差容易受到风的影响。因此,观测场地应当避开有强风的地区,其场地周围应当空旷、平坦,不会受到突变地形、树木和建筑物以及烟尘的影响。

(5)特殊地区根据实际情况可适当调整布设密度。

对于城市热岛效应较明显的区域应当加密布设,尤其是在代表性区域(建筑物的高度、密度等较明显区域)进行均匀布设。

(6)雨量站点的布设密度应当满足以下要求:

在暴雨多发、降水年内明显不均匀、易涝的城市适宜取上限布设;一般的平原城市,宜取下限布设。按山东省内各市不同城市类型的雨量站点布设密度确定布设站点数量,密度规定见表 5-1。

表 5-1　不同城市类型雨量站布设密度　　（单位：站/100 km^2）

城市类型	特大城市	大城市	中等城市	小城市
站数	10~20	8~15	4~10	2~6

4. 泥沙站

经分析，汛期输沙量占全年输沙量 90%以上的站，由长年站改为汛期站；对受水利工程影响已失去设站目的的站，撤销泥沙测验项目。基本泥沙站在流域上宜均匀布设，泥沙量大的地区可以加密，在已建或拟建水库或灌区引水的上游都要考虑布设泥沙站，基本泥沙站也要结合流量站网布设。

5. 地下水站

（1）地下水观测站网的布设不仅要满足地下水动态监测与分析和合理开发利用，还要能满足地下水资源的科学评价以及生态与地质环境保护方面的需要。

（2）合理、有效地布设地下水监测站，还要做到在平面上的点、线、面之间的结合，垂向上的层次分明，将规划布设浅层地下水监测站作为重点，要尽可能地做到一站多用；已有的符合需要监测条件的井孔要优先选用；在监测方面要尽可能做到与水文监测站网的统一和配套；在一站多用的基础上，尽量避免目的相同或者功能相近的监测站间的重复布设。

（3）布设密度按照《地下水监测规范》（SL 183—2005）中有关规定执行。

（4）除集中抽水的水源地区域需要布设外，地下水水源地还应当结合地下水补给源流场和水文地质条件等确定补给范围，并在此范围内适当地布设。

6. 水质站

在干流控制站较大支流汇入干流河口处、湖泊（水库）等水体纳污口、入海河口以及水质污染严重靠近大城市工矿区的河流上，结合流量站布设水质站，主要遵循以下几方面原则：

（1）城市地区和工业区上下游范围内的河段，应当布设对照断面、消减断面和控制断面。

（2）河段内有较大支流的汇入时，应当在支流汇合点上游处，以及充分混合以后的干流下游处进行断面布设。

（3）城市主要供水水源地上游处 1 000 m、主要的风景旅游区、水上娱乐区和水资源相对集中的水域应当布设水质监测断面。

（4）湖泊的主要出入口应设置。

7. 蒸发站

（1）需考虑气候类型、下垫面类型、地貌特征以及热岛效应等因素对蒸发的影响。

首先应考虑蒸发观测场地的选取按照区域代表性的原则。场地的选取除考虑气象和下垫面的特点外，还应当能够代表并接近该区域的一般情况，能够反映出区域气象特点，避免局部地形的影响。

（2）宜布设在区域代表性好且空间开阔的地方。

蒸发观测场地应当避免布设在洼地、陡坡和有泉水溢出的地方。蒸发观测场地周围应当空阔平坦,能保证气流的畅通。观测场地附近的岗丘、树木、建筑物等障碍物的遮挡率应当小于10%,如果受到条件限制,遮挡率应当不大于25%。

(3)山东省蒸发站网的布设密度应当根据各市城市类型采用表5-2的规定。

表5-2 不同城市类型雨量站布设密度 (单位:站/100 km^2)

城市类型	特大城市	大城市	中等城市
站数	1~4	1~3	1~2

5.3 水文站网调整方案

虽然目前山东省水文站网基本能够满足省内区域防汛抗旱、水资源管理和水生态保护需求,但是对水文监测站网进行进一步建设势在必行。要围绕山东水文"三步走"战略目标,坚持问题导向,广泛采用自动化、信息化、智能化水文测报新技术、新方法,补强补足制约水文现代化的站网、测报和信息服务短板,建立完善布局合理、功能完善的水文站网体系,技术先进、准确及时的水文监测体系,自动智能、手段多样的水文信息服务体系,管理科学、精兵高效的水文管理体系,实现水文监测手段自动化、信息采集立体化、数据处理智能化、服务产品多样化,为流域经济社会发展和强监管提供高效支撑。

按照"掌握来水、管住用水"的要求,根据《水文站网规划技术导则》(SL 34—2013)要求,结合山东省实际和站网规划情况,提出如下山东省水文监测站网优化调整方案。

5.3.1 依托重点水利工程,适当补充水文监测站点

根据山东省水文站网现状布局和功能,水资源水量控制评价分析结果,以及水环境、水生态控制评价分析结果,结合水资源管理、水量监测目标、监测站网服务能力等方面的实际需求,适当增加水文站点,及时填补水文监测空白区。实现有防洪任务的中小河流、大中小型水库、沿海地区流域面积1 000 km^2及以上入海河流潮位等主要对象水文监测全覆盖,建立重点防洪排涝城市的水文监测站网体系,建成基本覆盖市界和重要县界水资源监测断面、地下水综合治理区等站网体系,满足水资源有效管理的迫切需要。建成国家基本水质站网与专用水质站网相结合、常规监测站网与动态监测站网相结合、符合水资源水环境水生态实际需求的水质水生态监测站网体系。建成覆盖省级和市级城市的水质监测机构。结合山东省正在进行的重点水利工程水文设施工程、小清河综合防洪治理工程等,2020年、2021年山东省新建水文站71处、水位站75处、雨量站81处,对252处水文站、14处水位站、149处雨量站进行提档升级改造。

5.3.2 完善功能,优化水文监测站网布局

补齐水文测报手段落后、现代化水平低等短板,全面加快国家基本水文站提档升级建设,国家基本站全部实现自动监测、全要素、视频监控。水位雨量等重要要素全部实现自动化监测,提高流量要素自动化监测效率,将雷达技术、卫星遥感影像数据广泛应用到降

水、土壤墒情等要素的水文监测分析工作中。建成实验室数据监测、移动监测与全自动在线监测相结合,基础信息监测与实时预警监控相结合的水质监测体系。巡测基地覆盖主要行政区,提高巡测比例。

充分利用物联网、雷达遥测、视频监控、3S(遥感、地理信息系统、全球定位系统)等新技术和手段,提升水文装备水平,完善测站功能,实现水文要素自动在线和可视化监测;加大断面整治和测流堰槽建设,解放中低水流量测验劳动生产力;以增强水利行业强监管的水文基础服务能力为目标,坚持流域和区域相结合,补全空白区域和领域,补强现有测站短板,构建布局合理、结构完备、功能齐全、透彻感知的现代化水文站网体系。

5.3.3　提档升级,提升各级中心综合水平

全盘谋划优化水文站网布局,推进现代化技术手段在水文站网监测中的应用,补齐水文站网监测自动化、现代化水平不足的短板,提高水文测报与服务水平,补充建设和提档升级市级及县级水文监测中心,增配先进巡测和应急监测装备,充分利用卫星遥感、无人机、地面巡测等手段,打造空、天、地立体监测体系和展示平台,扩大水文站网资料收集和服务范围。力求实现山东省水文站网数字化,加大信息技术、数字化技术等现代技术的应用,提高水文站网自动化、信息化水平,充分应用远程监控、物联网等先进手段,艇测量技术、无人立尺测量技术、GPS 水道测绘技术、超声波测深技术等先进技术,提高水文站网管理水平和测报自动化水平,实现水文站网智能化管理。重点建设高起点、现代化的各级水情中心、地下水监测中心、水环境监测中心。充分利用现代技术和管理方法,改革驻站、巡测等站网运行管理模式,由劳动密集型向技术集成型运管模式转变。计划"十四五"期间,全省新建水文站 16 处、水位站 13 处,对 276 处水文站、9 处水位站、665 处雨量站、1 637 处地下水监测站进行提档升级改造。

5.3.4　分类管理,提升测站现代化管理水平

实行分类管理,提升站网现代化建设管理水平。站网实行分类管理,国家基本站、中小河流站、水资源站的测站任务书由山东省水文局与市水文局根据实际情况进行下达,测验方式、考核标准不断优化调整。大江大河支流水文测站补充完善,中小河流、中小型水库水文监测预警设施补充建设,国家基本水文站提档升级改造,行政区界水资源监测水文站网、雨量监测站网补充建设等。认真分析山东水文站网特点,根据水文现代化发展,对水文站网进行动态管理。

5.3.5　增强能力,深化水文数据信息服务

完善水文站网数据服务,深化水文站网数据加工,将水文数据转化为部门决策和社会公众生活密切相关的信息,为水利行业强监管监督考核提供依据。加快高新技术与水文站网业务融合,构建水文预测预报预警智能化服务和展示平台。进一步丰富数据来源,植入遥感遥测、图像视频等数据,研发内容丰富、形象直观、多元立体的水文站网业务服务系统。充分发挥水文资料优势,开发更多高科技水文产品,由数据服务向成果服务转变。区分不同对象、不同时段、不同区域,大力推进精准服务。加强水文站网基础研究和科技成

果转化，推动水文与其他相关领域和学科的交流与合作，不断提高水文的整体科技水平。建成标准统一的水文站网数据共享和服务信息平台，实现水文站基本要素采集、信息传输、自动报汛与在线数据整编，以及雨水、洪水、径流、冰情、泥沙等水文数据存储处理全流程自动化、分析预测智能化、信息服务产品多样化。

5.3.6 上下联动，推进水文服务体系建设

进一步理顺全省水文系统管理体制，成立以县级水文局为主体，以中心站为依托，以各类监测站点为支撑的水文管理服务体系。努力构建省、市、县、乡、各站点相结合的5级水文服务体系，全面对接区域经济社会发展需求，同时加强管理创新，深化政府购买服务工作，落实购买服务人员监督管理和购买服务绩效管理办法，持续加强项目规范化管理，通过与地方的结合，逐步解决水文发展过程中的体制、人力、资金等方面难题。

5.3.7 试点引领，探索水文现代化路子

开展水位站增加降水量、水面蒸发量观测和相关水文站水面蒸发量、风速、水温、气温、气象辅助项目观测。结合不同功能定位和地方特点，规划开展现代水文示范站、示范中心、示范流域等试点建设，以点带面，推动全省水文监测服务现代化。积极推动“现代化水文示范站”建设，以示范带动站网体系的全面提档升级，探索水文现代化路子。通过与专业科研单位或规划单位合作，结合地方发展需求，充分利用现代化手段，从体制机制、人才队伍、运行管理、基础设施、技术装备、信息化、服务能力等多方面创新驱动，以区域带动整体，明确山东省水文现代化发展方向，加大与各个水利枢纽管理单位之间的沟通、协商等，不断摸索山东省水文发展的新途径，推动全省水文监测体系向现代化发展。

第 6 章　水文站网运行与管理

6.1　对水文站网实行全面监测

6.1.1　地表水监测

山东省河流均为雨源性河流，境内主要河流黄河横亘东西、京杭大运河纵贯南北。全省河流分别归属黄河、淮河、海河三大流域，其中黄河以北徒骇河、马颊河水系属海河流域；大汶河、金堤河及玉符河等黄河支流属黄河流域；其他沂沭河水系及滨海诸小河、南四湖水系、中运河水系、泗河水系属淮河流域；沿海诸小河流由淮河流域代管。

近年来，随着防洪安全监测体系、城乡供水监测体系、区域水资源监测体系、中小河流防汛监测体系的不断完善，水文监测站网覆盖范围越来越广。目前，山东省已经建成了覆盖全省的水文站网监测网络，承担着降水、蒸发、径流、暴雨、洪水、泥沙、水质、地下水、潮汐、墒情等各种水文要素的测报与收集工作，为国家积累了宝贵的基本国土资料，在防汛减灾、工程规划设计和水资源开发利用、管理、保护等方面发挥了重要作用。

水文测站分为国家基本水文测站和专用水文测站。国家基本水文测站监测方式有三种：一是全年驻测；二是汛期驻测、非汛期巡测；三是全年巡测加遥测，设施设备有人看管。专用水文测站大多采用委托观测方式，采用遥测加无人值守、有人看管方式，看管人员多是委托当地群众。设施设备的维护工作目前有三种组织方式：一是水文测站自行维护；二是市水文局组织本局技术人员分片进行维护；三是市水文局委托社会组织（政府购买社会服务）进行维护。

传统水文监测工作存在着环境恶劣、条件艰苦、技术含量低、队伍稳定难等问题。在水文信息化和现代化的发展过程中，主要存在以下突出矛盾：一是设施设备现代化水平低、应急监测水平低；二是政府赋予水文服务职能的增加带来的站网数量、监测任务倍增和编制人员不增反减的现状；三是水文监测系统自动化、信息化程度的提高和运行维护能力不足；四是日益提高的社会物质文化生活水平和相对落后的水文基层环境。

对水文站网进行全面监测，加大地表水监测力度，根据《水文现代化建设技术装备有关要求》（办水文〔2019〕199 号），大量运用新技术、新设备，提升测站测验能力，实现水文要素自动在线和可视化监测，同时加大断面整治和测流设施建设，解放中低水流量测验劳动生产力。

提高水文中心、巡测基地、市级应急监测队监测调度及应急监测能力。根据监测需求，补充建设水文监测中心空白，完善水文监测中心布局与职能，实现市、县全覆盖。增配先进巡测和应急监测装备，尤其是现代化的应急监测指挥车、无人机测流系统和应急保障设备，提升应急监测能力。

拟建设水文站网数字化管理系统,研发水文测验模块、水文资料在线整编模块、水文设施工程管理模块、水土保持模块、安全生产模块等功能模块,实现地表水、地下水、城市水文、水质、水土保持等水文监测站网的统一规划、统一建设、统一管理,促进测站人员、水文设施、测验装备等测站资源的科学管理和运行维护。

6.1.2 地下水监测

山东省地下水监测工作在抗旱、除涝、水利建设和水资源开发利用、管理保护诸方面发挥了重要作用。目前有 2 336 处地下水监测站,主要布设在平原区,浅层地下水监测井居多,在具有供水意义的大型水源地、大中城市、深层地下水开采区以及部分地下水超采区缺少地下水监测站点。此外,根据水利部、国土资源部《关于国家地下水监测工程初步设计报告的批复》(水总〔2015〕250 号)实施的国家地下水监测工程已建成,包括:1 个省级监测中心,17 个地市级分中心;802 个国家级地下水监测站(803 个监测点),其中地下水位监测站点 797 个(含新建站 691 个、改建站 106 个)、泉流量监测站 5 个,全部实现自动采集与传输,其中 351 个站点同步开展常规水质监测,8 个站点开展水质自动监测,钻探总进尺 35 918 m。目前,山东省国家地下水监测工程已完成了全部工作任务的验收,仪器设备正常运行。

2014 年 7 月 22 日,国家发展和改革委员会以发改投资〔2014〕1660 号文批复了水利部和国土资源部联合申报的国家地下水监测工程建设项目,随后在各省先后开展建设工作。2015 年 11 月 26 日,为加强全国地下水信息能力建设,国土资源部在江苏省海安县召开了三级地下水监测站网建设研讨会,会议要求在今后一个时期开展国家、省、市地下水监测站网建设。因此,山东省地下水监测站网在今后的建设过程中也应该以此为方向。

三级地下水监测站网是国家、省(自治区、直辖市)、市三级行政区各自的地下水监测站网的简称。国家级为骨干网,省级为基本网,市级为延伸网。国家级地下水监测网是指为获取跨流域、跨省域代表性地下水信息而建立的,起到经络控制监测作用的,满足国家决策需求的地下水监测站点网络;省级地下水监测网是指在国家骨干网基础上,为获取跨市域、自然地质环境区的地下水信息而建立的,起到片状控制监测作用的,满足省级政府决策需求的地下水监测站点网络;市级地下水监测网是指在国家骨干网和省基本网基础上,为获取跨县域、较全面的地下水信息而建立的,起到面状控制监测作用的,满足市级政府决策需求的地下水监测站点网络;市级地下水监测网(专门网)是指在上级监测网基础上,为获取专有的地下水信息而建立的,起到专门监测作用的,满足县级政府具体事情决策需求的地下水监测站点网络。

建设三级地下水监测站网主要有以下方面:

(1)地下水信息能力主要是地下水三级站网的建设,三级网建设的科学合理与否直接影响着地下水信息能力的形成。因此,各级站网建设的基本内容应包括地下水信息获取站点建设、地下水信息系统建设、地下水监测中心建设、地下水信息服务发布机制建设。

(2)地下水监测网点、站点是监测能力形成的核心,在地质环境监测管理办法中已有定义,这里强调的是建设基本原则和要求。一是监测站点选位要有代表性,才能起到以点带面的控制作用,真实反映地下水动态,有效减少监测点的数量,降低建设运行费用。

二是监测站点建立要有目的性，从功能角度分为监测地下水动态、监测地下水污染、监测与地下水有关的地质灾害等。从地质空间角度可分为深浅不同含水层，地下水补给、径流、排泄区域。从地下水赋存条件分为岩溶裂隙水、孔隙水、裂隙水。三是监测站点标准化和规范性，无论是站点建设、信息系统建设、监测中心建设、信息服务发布机制建设，都要按照统一的规范和统一的标准进行建设，确保建设质量和长期运行。只有在充分研究地下水的赋存条件和当地开发与污染特点的基础上，才能合理科学地建设地下水三级监测网点。

(3)地下水信息系统是监测能力有效形成的关键，能够实现地下数据采集和分析应用甚至监测报告的快速生成，但各级地下水信息系统建设应当有所侧重。一是要适合当地实际情况，地下水数据的采集是将监测数据收入到数据库的软件系统，数据传输采集方式可以是多样的，目前主要有移动通信 GPRS、GMS、无线台和有线网络，还有人工录入、导入等。数据库必须是统一的，以便于存储、共享和调用。这些需要国家层面建立统一的信息系统建设框架标准。二是满足不同管理要求，在国家建立的框架标准的基础上，针对各级政府管理需求，建立适合自己的地下水管理应用信息系统。三是针对性、准确性，各地有各自的具体情况，要根据实际，针对具体问题研究编制适合自己的信息系统，这样形成的信息才有一定的准确性。地下水信息管理应用系统应包括地下水信息查询、信息发布、信息共享、信息制作、数据处理、数据存储、预报预警等基本功能。

地下水监测中心是组织协调地下水监测建设、运行、维护、管理，形成地下水信息能力的必要的生产单位(机构)，是地质环境监测的一个重要组成部分，基本职能是为同级人民政府提供地下水技术支撑。其人员构成、技术能力、经费投入、制度建设等必须达到一定的标准。

地下水信息发布机制建设，主要内容是发布级别、发布权限、部门间发布、部门间联合发布、发布渠道、发布范围、发布时效、发布的步骤等。发布机制的建立和实施应由政府主管部门制定，并转化成计算机语言编制到程序中。

建设1个省级地下水监测中心和16个市级地下水监测中心，在省水文局和16个市水文局开发数据库软件、地下水监测预警模拟软件各1套，实现历史数据的入库、实时监测数据的查询与维护、预警预报及分析模拟，为合理开发利用地下水做出科学依据。

6.2　加快建设水文遥感监测

近年来，山东省各级不断加大对水文基础设施建设的投入，水文监测能力得到了很大程度的加强。目前，各类水文监测站点达到11 000多处，监测内容更加丰富，监测手段由传统人工观测逐步转向自动化监测。但是离水利部提出的“监测手段自动化、信息采集立体化”水文现代化要求差距还较大，卫星遥感等新的立体监测手段在山东省的应用尚属空白。同时，传统的水文监测方式也暴露出一些问题和不足，主要表现在空间代表差、时效性差、监测成本高。遥感作为一种区域化、大范围的监测技术，已逐渐被引入水文监测中。相较于地面监测，遥感监测具有周期短、覆盖范围大、信息获取速度快、信息采集实时性强等特性，能够大范围获取空间连续的信息，可有效弥补地面监测空间代表性差、时效性差、成本高等缺点，为水文监测提供基于面上的实时有效的手段和方法。因此，构建天地一体化的观测体系，在加强对天然水循环的监测的基础上，天地协同、优势互补地解决水文监测难题是非常必要的。

建设省级水文遥感监测中心，初步建立天基、空基、地基的水文立体监测体系，具体建设内容有：

(1)建设省级水文遥感监测中心硬件设施和基础环境。

(2)结合水文业务需求开发遥感影像数据识别等数据处理专用软件系统。

(3)试点建设重要水域卫星遥感和水质(水华)预警监测体系。

(4)试点建设基于遥感的水资源监测体系。

6.3　加强应急机动监测建设

应急机动监测建设力度直接影响到山东省水文建设水平，在以创新和发展为目标的山东水文建设工作中，应重视应急机动监测方面的建设，更全面地对山东省水文站网实施监测，及时发现其中的问题，并结合实际情况制定针对性的改进措施，进而推动山东省水文站网现代化建设创新与发展。从某个角度上分析，提升水文站网突发水事件的应急能力是为山东省水文系统开启一个新的治理时代，相比于以往水文建设工作，不仅提升了快速反应能力，同时能够通过建设机动灵活的水文应急监测队伍，更好地做好山东省水文站网建设工作，尤其是在一些异常暴雨洪水气候的环境下，可以灵活调动水文站网应急监测队伍，并对其设施水毁、局部洪水过程等进行监测测验，并根据大量的监测数据及时、准确地做出应急措施，通过测验地震防泥石流、防洪、防决口等，提升山东省水文站网现代化建设与发展的水平，避免或降低山东省水文站网水事件带来的影响。

应密切关注各测站的变化情况，通过黄河水情信息采集和分析，关注形势的突变应急监测，为上级提供更为全面和准确的水文信息，为上级做应急决策提供可靠的依据。另外，为了能够尽快将应急机动监测数据传输至上级部门，应通过应用先进的传输仪器设备等，在保证信息传输可靠性、全面性、安全性的同时，实现采集信息数据的实时传输。

6.4　健全水文站网管理服务体制

改革水文管理体制是水文发展的基础。山东省水文站网建设应健全水文站网运行管理体制建设，完善与行政区划管理相统一的水文站网运行管理机构，稳步推进县域水文站网建设发展，培育基层水文站网服务新体系，加大力度创新水文站网管理运行新机制。建立规范水文站网监测标准体系框架，构建全面完善的水文站网技术标准体系。优化人才队伍结构，提高人才队伍素质，加大培训力度，建立人才培养机制，持续实施技术创新与监测能力提升工程，健全精简高效的水文站网管理运行新体系。

2011 年，经山东省机构编制委员会办公室批准，省级水文管理机构正式确定为副厅级公益一类事业单位，济南市水文局、青岛市水文局明确为正处级事业单位，其他市水文局明确为副处级事业单位，明确规定了水文职能，理顺了水文管理体制。2012 年，全省所有市级水文机构全部实行双重管理，对今后山东省水文事业的发展产生了重要、深远的影响。2015 年，山东省水利厅批复了《山东省基层水文管理服务体系建设规划》，支撑基层水文服务体系的基本构架进一步清晰明确，为水利和经济社会可持续发展提供更加有力的支撑。《山东省水文管理办法》的颁布实施，以及相关配套规章制度和地方水文法规建设，为山东省水文事业发展提供了法律保障。2016 年，“政府购买服务”项目获山东省机构编制委员会办公室批复，有效地破解了水文站网运行管理的难题，为山东省推进水文站网管理和服务效能提升，努力构建实现水文科学发展的运行机制和规划体系提供了有力保障。

建设水文站网现代化管理服务体制，围绕水利和经济社会发展需求，充分运用云计算、物联网、大数据、卫星遥感、无人机遥感、移动互联、人工智能等新一代信息技术，强化水文业务与信息技术深度融合。制定水文现代化管理标准规范体系；构建纵向贯通、横向互联的水文物联网；建设省、市、县三级水文数据资源中心；制作山东水文一张图；研发纵向高效、横向协同的一体化服务系统；搭建省、市、县三级信息网络安全管控平台；建设开放共享的水文服务门户；基于水文物联网，实现水文系统信息网络数据资源、应用、服务的共建共享，推进水文信息化管理服务体系和治理能力的现代化。

建设水文站网数字化管理系统，研发水文测验模块、水文资料在线整编模块、水文设施工程管理模块、水土保持模块、安全生产模块等功能模块，实现地表水、地下水、城市水文、水质、水土保持等水文监测站网的统一规划、统一建设、统一管理，促进测站人员、水文设施、测验装备等测站资源的科学管理和运行维护。

第 7 章 水文站网发展展望

今后,山东省水文站网建设要朝着“建设布局合理的水文站网新体系”“构建技术先进的水文监测新体系”“建立功能完善的水文站网信息服务新体系”“健全精简高效的水文站网管理新体系”四个目标发展,向水文站网信息化发展,迎合各方发展要求,不断完善站网布局和整体功能,不断提高水文测报能力和现代化水平,为山东省经济社会的可持续发展提供可靠的基础支撑。

7.1 向水文站网信息化发展

近年来,水文站网信息化建设工作取得了一定进展,全省雨情信息和多数水位信息已基本实现了自动采集,通过 GPRS 等传输至市水情分中心。省水情中心与各市水情分中心,自 2002 年起依托 2 M 水利信息专用光缆信道进行数据传输,2011 年已升级为 10 M。目前,山东省地表水、地下水、水质数据都采用程序进行整编,地表水已整编成库,实时雨水情数据实现了数据库存储,其他数据仍多以电子表格等文件方式存放。省、市水文局相继建设了“国家防汛指挥系统一期工程”“山东省国家水文数据库”,自主开发了“水文信息服务系统”“水情综合业务系统”“威海市水环境信息管理系统”等水文业务软件,在防汛抗旱减灾、水工程规划设计、水资源开发利用管理、水环境保护等方面发挥了巨大作用,取得了显著的社会经济效益,同时,山东省水文局和各市水文局开通了外网网站,网站已成为水文对外宣传和信息服务的重要窗口。

但山东省水文站网信息化建设仍存在以下问题:一是全省水文站网信息化建设缺乏统一规划和顶层设计,管理维护较薄弱,信息化机构不健全。二是水文站网数据库的软硬件设备配置低,陈旧老化严重,亟须更新改造。水文站网资料仍以纸质或电子文件形式分散管理为主,存储使用不便,已数字化的数据质量不高,数据长期保存安全性得不到保障。三是业务应用开发能力低,水文站网数据库运行维护管理、应用服务等软件不完备且缺乏统一的开发管理平台,应用方式单一,处理水平不高,不能满足政府和社会公众对水文站网信息更深层次的需求。

在水文站网数据库建设上相对滞后。一是数据存储管理方式落后,现已积累的水文站网监测数据大多以纸质或电子文件形式分散管理,水质站数据库、地下水监测站数据库等基础数据库建设仍处于初期阶段,水文站网数据库、基础信息数据库、影像数据库等均未建立,数据长期保存的安全性得不到保障。二是信息整合共享能力低,各类水文站信息分散于各部门存放,无法进行有效整合,数字化和规范化程度低,不利于水文站信息资源的共享和综合开发利用。

在未来发展中,围绕水利和经济社会发展需求,结合山东省数字水利规划,充分运用云计算、物联网、大数据、卫星遥感、无人机遥感、移动互联、人工智能等新一代信息技术,强化水文业务与信息技术深度融合。制定水文站网现代化标准规范体系；构建纵向贯通、横向互联的水文物联网；建设省、市、县三级水文站数据资源中心；制作山东水文站网一张图；研发纵向高效、横向协同的一体化服务系统；搭建省、市、县三级信息网络安全管控平台；建设开放共享的水文站网服务门户；基于水文物联网，实现水文站网系统信息网络数据资源、应用、服务的共建共享，推进水文站网信息化治理体系和治理能力的现代化。对现有水文站资料库、机房等进行改造建设，规划水文站网业务系统。

加强水文站网信息化及大数据应用顶层设计，完善已建雨量站、水位站、流量站、蒸发站、地下水监测站、土壤墒情站、水质站等测站的信息采集、传输、处理及信息发布标准化、规范化和自动化，建立统一的水文站网信息化体系，提高水文站网信息的时效性。要对水文站点进行资源整合，实现水文站网信息共享。要加快构建水文站网信息服务平台，建立水文数据中心，努力提高水文站网信息服务能力。要充分利用网络媒体，加大水情、地下水、水资源等实时信息发布工作，为山东省水利改革发展及社会经济发展提供更加及时、全面、优质的水文站网信息服务。

7.2　迎合各方发展要求

7.2.1　全面深化改革提出新要求

当前水文站网工作的主要矛盾是新时代水利和经济社会发展对水文站网服务的需求与水文站网基础支撑能力不足之间的矛盾，必须通过深化改革和技术创新，全面推进水文站网现代化建设来加以解决。习近平总书记提出“节水优先、空间均衡、系统治理、两手发力”的治水思路，水利部党组确定了“水利工程补短板、水利行业强监管”水利改革发展总基调，水文不仅是补短板的重要范畴，也是强监管的重要支撑，要充分发挥好水文“耳目”和“尖兵”的作用。水文作为水利的重要基础和支撑，建设更加完善的水文站网是水文工作的当务之急，需要加快转变传统的观念和思维定势，进一步解放思想、勇于创新，适应新形势、新任务的要求，着力推进水文站网体制机制建设和管理服务创新，使水文站网发展更加规范高效、充满活力，使水文站网服务更加全面优质、坚实有力。

7.2.2　全面实施最严格水资源管理提出新要求

2013 年，国务院办公厅印发《实行最严格水资源管理制度考核办法》，明确了考核内容、考核目标，同时明确了“三条红线”量化指标，2016 年后将落实河长制、水资源消耗总量和强度双控行动等水资源管理新要求纳入考核内容。这必然在水文站网的站网布设、站点功能、设施设备、监测预警机制等方面带来新的变革和机遇，要求水文必须以精密、准确、科学的数据为基础依据，做好水资源监管和江河湖泊监管的支撑，为水资源管理提供更加精细、严谨的服务。

7.2.3　防汛抗旱减灾提出新要求

山东省山丘多，地形复杂，降水时空分布不均，随着工业化、城镇化深入发展，全球气候变化影响加大，防汛减灾面临的形势更趋严峻，增强防灾减灾能力要求越来越迫切，面对频发的汛情、灾情，水文部门需要及时加强水文监测、情报预警预报工作，准确把握防汛抗旱工作重点，切实抓好水库、河道、城市及沿海洪水的预警预报和监测工作，为抗洪减灾提供及时的雨水情信息。提高预报预警预测水平，强化应急监测能力建设，补齐短板做好灾后薄弱环节建设，突出强化洪水预测预报和预警工作，努力延长预报期，提高预报精度，保障山东省经济社会发展和人民生命财产安全，满足防汛抗旱指挥决策及洪水干旱管理的新要求。

7.2.4 涉水工程建设运行提出新要求

大中型病险水库、水闸和小型水库除险加固任务以及大型灌区、重点中型灌区续建配套和节水改造任务等一系列重大涉水工程的建设与运行管理都需要水文信息资料的支撑。近年来极端强降水增多，使水库防汛减灾面临的形势更加严峻，一旦水库出现垮坝问题，直接威胁着下游群众的生命及财产安全。因此，迫切需要建设现代化的水文监测工程，扩大水文监测的覆盖面，全面掌握各水库、涉水工程水雨情状况，提高水文监测信息的准确性、时效性，满足水库洪水防御和安全运行的需要。

7.2.5 生态文明建设提出新要求

水文信息是生态文明建设的基础性信息，生态文明建设离不开水文的支撑和保障。党的“十八大”把生态文明建设纳入全面建成小康社会“五位一体”总布局，水利部专门出台了《关于加快推进水生态文明建设工作的意见》，水利厅党组提出“建设生态山东，水利必须先行”，这都对新时期水文工作提出了新的要求。水生态监测是推进水生态文明建设、科学评价水生态文明成效的基本手段，也是水文发展的新领域、新使命。明确清晰的水资源状况、水市场供求变化、水生态水环境损害成本和修复效益，都离不开水文部门的监测、分析评价和预测。

7.2.6 经济社会发展提出新要求

2019 年全国水利工作会议已经明确要求，要将工作重心转到“水利工程补短板、水利行业强监管”的水利改革发展总基调上来，要求调整优化水文站网体系建设，全面提升水文监测、预测预报和服务支撑能力，使水文成为水利行业监管的“尖兵”和“耳目”。水文部门要从深刻认识中央治水方针对水文的新要求、深刻认识水利改革发展总基调对水文的新要求、深刻认识水文自身发展的短板问题三个方面，准确把握经济社会发展对水文事业发展的新要求。

7.3 多目标优化

水文站网规划理论的发展，将以站网密度的倍数增加克服经济性和代表性制约，在功能完整性理论基础上，发展出多目标优化理论。水文站网规划多目标优化以信息熵、水循环机制、各类水文模型等为手段，进行需求优化、结构优化、功能优化、动态优化等。

7.3.1 需求优化

社会对水文站网目标与功能的需求随着社会经济的发展不断拓展。水文站网最基本的目标是收集水文水资源信息,满足水资源计算、评价、开发和保护;重点是满足防汛抗旱雨水情信息及预测预报;技术服务是满足工程设计所有水文基础资料。最严格水资源管理制度及水资源管理“三条红线”考核制度执行以来,水文站网监控能力需要满足更高精度的测验,确保取水、用水、排水的准确、合理监测;准确评价水功能区及省界断面的水质、水量。生态文明社会建设,水文监测需要拓展涉水生态监测。社会的不同内容需求与精度需求对站网密度、位置、监测项目、监测精度、监测方式、资料整编等都有不同。需求优化是以最小站网密度和实现所有需求为目标,进行站网规划和单站测验业务规划。

7.3.2 结构优化

站网结构指不同类别站网、监测项目、观测年限和观测精度的水文站之间有机结合。目前,水文站网结构包括雨量站网、蒸发站网、水位站网、流量站网、泥沙站网、水质站网、地下水站网、生态站网、实验站网等。结构优化目标是确定各类站网的最优数量与结构,满足水文监测参数值在时空上的统一,能根据水文基本原理进行数据合理性检验和参数之间规律分析。

7.3.3 功能优化

中小河流站网规划防汛功能配套理论是功能优化是先例,是基于单一防汛功能的优化。功能优化要经历2个阶段:一是单一功能配套,水文站网需求多样、目标多样,针对不同目标进行功能配套,如防汛功能配套、“三条红线”达标监控配套、水资源量计算配套等。二是多功能优化,随着水文站网密度的倍数增长、水文遥测数据的实时化,水文资料系列的逐年增加,水文数据必然成为大数据。如何在海量数据中挖掘不同水文要素的相关关系并加以利用,是水文站网功能优化核心任务。功能优化的理论是以水文循环机制和各类水文模型计算为基础的。

7.3.4 动态优化

水文站网在一定时期内相对稳定,对周围环境的改变多是被动应对。《水文站网规划设计规范》(SL 37—2004)中对测站受涉水工程的影响分为3级,即月径流量、年径流量、输沙量、水位涨落率、水位流量关系等水文特性发生的改变小于10%为轻微影响,在10%~50%为中度影响,大于50%为严重影响。轻微影响应保留测站,中度影响要进行辅助观测,严重影响要设法调整。随着水文监测设备的遥测化水平的提高,水文站网对水利工程建设、取水口设置、排污口设置等影响需主动出击,以动态优化站网为工程服务。原来的“工程带水文”模式需要改进为“水文动态服务工程模式”,提前建立初始背景值、建设期、运行期等动态站网优化,实时提供水文信息。动态优化需要评估工程对整个站网的影响范围及调整办法,理论基础是水文循环模型、水力模型、生态模型等。

参考文献

[1] 蔡宜晴,王淑芝. 青海省水文站网规划现状评价与需求分析[J]. 陕西水利,2014(5):113-115.
[2] 陈冬青. 沧州城市水文监测技术及意义[J]. 内蒙古水利,2020(5):24-25.
[3] 陈干琴,庄会波,孙宁海. 山东省水资源监测评价存在问题与建议[J]. 山东水利,2020(7):38-40.
[4] 陈立强,李彦邦,侯宪省. 黄河水文现代化建设的创新与发展[J]. 科技视界,2019(3):176-177.
[5] 程海峰,刘杰,王珍珍,等. 长江口水文监测站网选址合理性分析及优化[J]. 人民长江,2019(6):70-75.
[6] 崔恩贵. 临沂市水文监测站网分析与规划[J]. 治淮,2020(2):10-11.
[7] 丁凯,贾传伟,丁吉龙. 山东省水文站网现状及调整分析[J]. 山东水利,2012(9):21-23,31.
[8] 杜中. 水文站网规划理论发展过程及趋势分析[J]. 水利发展研究,2015,15(6):43-46.
[9] 冯克兰. 水文监测中 ADCP 流量测验与误差控制分析[J]. 陕西水利,2020(4):46-47.
[10] 符裕荣. 海南水文站网建设与监测管理探讨[J]. 人民珠江,2015,36(6):66-67.
[11] 高延雄. 加强水文监测站网建设实施最严格水资源管理制度[J]. 水科学与工程技术,2012(S1):3-5.
[12] 顾圣华,易文林,李琪. 河口地区水文监测站网评价指标体系研究——以长江口为例[J]. 中国水利,2015(3):56-57.
[13] 郭立伟. 楚雄州水文站网优化调整浅析[J]. 人民珠江,2012,33(4):60-63.
[14] 韩瑞光,杨邦. 海河流域水文监测预报发展及能力提升对策[J]. 中国水利,2020(17):14-16.
[15] 胡留洋. 分析地下水动态监测管理[J]. 西部资源,2020(6):110-112.
[16] 胡玉禄. 山东省三级地下水监测站网建设思考[J]. 山东国土资源,2016,32(12):62-64.
[17] 黄修东,宋君,封常周. 大沽河流域水文站网现状与优化[J]. 中国水利,2016(3):60-61.
[18] 季秋宇,缪浩川. 综合水文水质自动监测系统构建的探讨[J]. 水利水电快报,2019,40(8):53-56.
[19] 李春丽,刘鑫杨,安会静. 海河流域基本水文站网密度及布局评价[J]. 海河水利,2012(6):27-28.
[20] 李海源,香天元,徐汉光. 长江流域水文站网系统评价及发展建议[J]. 人民长江,2011(17):20-23.
[21] 李亮,龚建师,王赫生,等. 淮河流域地下水位统测支撑流域地下水调查工作[J]. 华东地质,2020,41(3):278.
[22] 李敏欣,鲁祥. 新模式下水文监测技术的现状及未来发展趋势[J]. 黑龙江水利科技,2020,48(2):257-260.
[23] 李拴良. 水文自动监测站数据管理方法探讨[J]. 陕西水利,2019(11):51-53.
[24] 李涛. 山东省代表河流水生态评价研究[D]. 济南:山东大学,2016.
[25] 李岩. 水文监测服务现状分析与对策[J]. 决策探索,2020(6):74-75.
[26] 蔺悦霞. 新疆地下水监测系统站网布设分析[J]. 广西水利水电,2020(4):47-49,64.
[27] 刘洪明,陈鑫,徐文腾. 新时代背景下水文水资源监测的发展思路[J]. 山东水利,2020(9):42-43.
[28] 刘俊卿. 水文自动监测系统运行管理研究[J]. 中国高新科技,2019(23):49-51.
[29] 罗清虎. 水文水资源监测现状分析及应对措施[J]. 智能城市,2019,5(20):132-133.
[30] 罗洋,沈根孙. 益阳市水文站网分析与评价[J]. 湖南水利水电,2020(2):101-103,106.
[31] 聂红海,江涛,黎坤. 珠江三角洲网河区水文监测站网评估[J]. 中山大学学报(自然科学版),2003(S1):290-292.
[32] 浦同信. 曲靖市中小河流水文监测站网的布设与功能分析[J]. 人民珠江,2012,33(4):12-14.

[33] 宋雪迪. 辽宁水文现代化建设与发展[J]. 水利技术监督,2021(6):97-99.
[34] 孙婕,蒋公社,董进东. 水文监测中智能测控技术的应用[J]. 科技创新导报,2018,15(35):111-112.
[35] 孙宁海,王立萍. 山东省水文水质监测面临的形势与建议[J]. 山东水利,2020(4):16-18.
[36] 孙兴勃. 吉林市中小河流水文监测系统建设站网布设分析[J]. 中国水运,2015,15(10):153-154.
[37] 汤志颖. 黄河流域山东段生态-经济-社会高质量发展研究[J]. 合作经济与科技,2020(11):22-25.
[38] 唐雷彬. 建设项目后评价逻辑框架法改进研究——以水文站网规划建设为例[J]. 水利规划与设计,2018(5):7-10,79.
[39] 王海燕,雒仪. 甘肃省自动监测站资料整编方法探索与应用[J]. 甘肃水利水电技术,2020,56(6):1-4,22.
[40] 王晶. 城区水文站网规划研究[D]. 泰安:山东农业大学,2018.
[41] 王丽华. 吉林省水文测验方式与站队结合建设评价[J]. 农业与技术,2013,33(12):70-82.
[42] 王晓明. 浅析水利工程对水文测验的影响[J]. 山东水利,2016(2):8-9.
[43] 闻建伟. 哈尔滨市城市水文监测与分析评价实施方案初议[J]. 水利科技与经济,2017,23(4):55-57.
[44] 吴笑澎. 水文监测工作中的问题与对策研究[J]. 黑龙江科学,2020,11(18):128-129.
[45] 熊一峰. 水文站网管理系统规划研究[D]. 南昌:南昌大学,2016.
[46] 徐鹏程. CEM 模型和 KCEM 模型在水文站网优化中的应用[D]. 南京:南京大学,2018.
[47] 薛俊杰,陶健成,徐文涛. 基于北斗定位的人工智能水文环境信息监测系统[J]. 自动化技术与应用,2020,39(5):136-138.
[48] 杨建东. 丽江市水文站网布设研究[J]. 人民长江,2017,48(S1):97-100.
[49] 杨利忠,赵健,周春芳. 小浪底水库水文监测与实验规划研究[J]. 河南水利与南水北调,2011(8):60-61.
[50] 杨增元,林海洋,李君宇. 济南市水文站网现状及优化完善对策[J]. 山东水利,2017(4):41-42.
[51] 余建才. 关于中小河流水文监测站网建设的研究[J]. 硅谷,2014,7(13):196,198.
[52] 曾金凤,陈厚荣,刘玉春,等. 东江源区水文站网现状分析与优化设计[J]. 人民珠江,2019,40(9):85-94.
[53] 张纯,张洁,吕兰军. 水文部门水质监测站(点)设置的几点思考[J]. 江西水利科技,2005(2):117-118.
[54] 张佳宁,李德刚. 山东省沿海河口及感潮段水文站网布设[J]. 山东水利,2020(1):11-12.
[55] 张家军,刘彦娥,王德芳. 黄河流域水文站网功能评价综述[J]. 人民黄河,2013,35(12):21-23.
[56] 张劲松,杨希,邱致刚,等. 地表水水质监测站最佳取水点精准定位方法研究[J]. 环境科学与管理,2019,44(7):143-146.
[57] 张铁印,王景深. 河南省水文站网现状分析评价[J]. 治淮,2011(6):17-18.
[58] 张忠科,于鹏,张春霞. 水文监测工程施工过程的监管技术应用[J]. 水资源开发与管理,2020(7):55-58.
[59] 赵基元,马文进,李钦隆. 黄河中游府谷—吴堡区间报汛站网优化分析[J]. 东北水利水电,2015,33(2):35-36,38.
[60] 赵瑾,江守钰. 构筑水文监测站网体系服务流域水资源管理[J]. 治淮,2013(8):59-61.
[61] 赵晶巍,赵晶东. 吉林省水文站网功能评价[J]. 农业与技术,2013,33(11):65,71.
[62] 郑力,袁正颖,钟兮,等. 对长江中下游水文站网规划和建设的探讨[J]. 长江技术经济,2019,3(S1):34-37.

[63] 中华人民共和国水利部. 水文站网规划技术导则:SL 34—2013[S]. 北京：中国标准出版社,2013.
[64] 朱文祥. 玉溪市水文站网评价及优化调整[J]. 水利科学与寒区工程,2018(2):66-69.

附 录

附表 1 山东省水文站基本情况一览

序号	测站名称	测站编码	水系	河流	测站属性	测站分类	测站地址				经度(°E)	纬度(°N)
							市	县(区)	乡(镇)	村(街道)		
1	卧虎山水库	41403800	黄河下游区	玉符河	基本站	区域代表站	济南	历城	仲宫	北草沟	116.955 2	36.487 3
2	崮山	41403500	黄河下游区	北大沙河	基本站	区域代表站	济南	长清	崮云湖	凤凰	116.867 9	36.480 3
3	黄台桥	41800700	山东沿海诸河	小清河	基本站	区域代表站	济南	历城	华山	前进桥	117.053 9	36.707 4
4	北凤	41802700	山东沿海诸河	瓜漏河	基本站	区域代表站	济南	章丘	埠村	北凤	117.464 6	36.664 0
5	莱芜	41500100	大汶河	大汶河	基本站	区域代表站	济南	莱芜	凤城	东方红	117.660 8	36.193 6
6	雪野水库	41502500	大汶河	瀛汶河	基本站	区域代表站	济南	莱芜	雪野	大冬暖	117.581 1	36.403 6
7	南河头闸	F7008-11	徒骇马颊	跃进河	辅助站	小河站	济南	商河	杨庄铺	南河头闸	117.157 5	37.133 6
8	牛王闸	F7008-08	徒骇马颊	临商河	辅助站	小河站	济南	济阳	新市	牛王闸	117.057 8	37.050 6
9	营子闸	F7013-01	徒骇马颊	徒骇河	辅助站	小河站	济南	商河	白桥	营子闸	117.225 0	37.151 7
10	营子涵闸	F7009-02	徒骇马颊	商东河	辅助站	小河站	济南	商河	白桥	营子	117.218 1	37.152 2
11	钓鱼台水库	41403475	黄河下游区	南大沙河	专用站	小河站	济南	长清	五峰山	东莱园	116.834 2	36.418 9
12	狼猫山水库	41812425	山东沿海诸河	巨野河	专用站	小河站	济南	历城	彩石	两岔河	117.291 4	36.626 4
13	杏林水库	41813245	山东沿海诸河	东巴漏河	专用站	小河站	济南	章丘	普集	杏林	117.614 2	36.718 6

续附表 1

序号	测站名称	测站编码	水系	河流	测站属性	测站分类	测站地址				经度(°E)	纬度(°N)
							市	县(区)	乡(镇)	村(街道)		
14	杨家横水库	41520300	大汶河	盘龙河	专用站	小河站	济南	钢城	辛庄	杨家横水库	117.845 0	36.276 7
15	大冶水库	41520550	大汶河	方下河	专用站	小河站	济南	莱芜	口镇	大冶水库	117.660 1	36.335 9
16	公庄水库	41500168	大汶河	槐树河	专用站	小河站	济南	莱芜	寨里	公庄水库	117.409 9	36.317 6
17	鹁鸽楼水库	41500150	大汶河	牛泉河	专用站	小河站	济南	莱芜	牛泉	鹁鸽楼水库	117.540 5	36.155 3
18	怀仁闸	31102730	徒骇马颊	临商河	专用站	小河站	济南	商河	怀仁	怀仁	117.098 6	37.405 0
19	玉皇庙闸	31102745	徒骇马颊	商中河	专用站	小河站	济南	商河	玉皇庙	小陈家	117.111 1	37.186 9
20	赵奎元闸	31102750	徒骇马颊	商中河	专用站	小河站	济南	商河	赵魁元	赵魁元	117.135 3	37.421 9
21	岳桥闸	31102760	徒骇马颊	商东河	专用站	小河站	济南	商河	白桥	岳桥	117.217 2	37.217 5
22	任家闸	31102770	徒骇马颊	商东河	专用站	小河站	济南	商河	龙桑寺	任家	117.272 2	37.400 0
23	聂营闸	31102780	徒骇马颊	商东河	专用站	小河站	济南	商河	韩庙	聂营	117.281 4	37.515 3
24	高王庄	31105760	徒骇马颊	齐济河	专用站	小河站	济南	天桥	桑梓店	高王	116.941 7	36.505 6
25	小栏桥	31105770	徒骇马颊	齐济河	专用站	小河站	济南	济阳	太平	小栏东	116.953 9	36.824 4
26	老赵家	31105790	徒骇马颊	牧马河	专用站	小河站	济南	济阳	孙耿	老赵家	117.037 8	36.902 8
27	老杨沟	31105810	徒骇马颊	牧马河	专用站	小河站	济南	济阳	垛石	老扬沟西	117.008 9	37.021 9
28	何家闸	31105820	徒骇马颊	大寺河	专用站	小河站	济南	济阳	回河	小何家	117.128 1	36.940 3
29	俎家桥	31105830	徒骇马颊	大寺河	专用站	小河站	济南	济阳	曲堤	俎家西	117.205 6	37.108 1
30	霍庙闸	31105840	徒骇马颊	沙河	专用站	小河站	济南	商河	常庄	霍庙	117.354 2	37.433 1

续附表 1

序号	测站名称	测站编码	水系	河流	测站属性	测站分类	测站地址				经度(°E)	纬度(°N)
							市	县(区)	乡(镇)	村(街道)		
31	双柳闸	31105850	徒骇马颊	土马河	专用站	小河站	济南	济阳	新市	双柳	117.022 8	37.103 3
32	三王闸	31105880	徒骇马颊	土马河	专用站	小河站	济南	商河	郑路	三王	117.389 2	37.324 7
33	崮头水库	41403470	黄河下游区	南大沙河	专用站	小河站	济南	长清	马山	崮头水库	116.738 1	36.403 3
34	长清湖	41403560	黄河下游区	北大沙河	专用站	小河站	济南	长清	平安店	园博园内	116.799 2	36.543 3
35	小万德	41403580	黄河下游区	北大沙河	专用站	小河站	济南	长清	万德	小侯集	116.902 8	36.336 4
36	小屯水库	41403362	黄河下游区	南大沙河	专用站	小河站	济南	长清	归德	小屯水库	116.714 7	36.455 6
37	宅科	41403900	黄河下游区	玉符河	专用站	小河站	济南	历城	仲宫	宅科	116.936 7	36.517 5
38	睦里闸(二)	41404010	黄河下游区	玉符河	专用站	小河站	济南	槐荫	段店北路	宋家庄	116.862 5	36.646 4
39	陈屯	41504020	黄河下游区	汇河	专用站	小河站	济南	平阴	孔村	陈屯	116.508 3	36.155 8
40	展小庄	41504040	黄河下游区	汇河	专用站	小河站	济南	平阴	孝直	展小庄	116.501 9	36.072 8
41	杜张水库	41802440	山东沿海诸河	巨野河	专用站	小河站	济南	章丘	龙山	杜张水库	117.344 2	36.752 2
42	小陈家	41802450	山东沿海诸河	巨野河	专用站	小河站	济南	历城	唐王	小陈家	117.248 9	36.813 3
43	大沟崖	41802470	山东沿海诸河	绣江河	专用站	小河站	济南	章丘	水寨	大沟崖	117.451 1	36.865 3
44	朱各务水库	41802950	山东沿海诸河	绣江河	专用站	小河站	济南	章丘	枣园	朱格务	117.483 6	36.755 6
45	鹅庄大桥	41802720	山东沿海诸河	西巴漏河	专用站	小河站	济南	章丘	埠村	西鹅庄	117.468 9	36.669 2
46	北明桥	41802970	山东沿海诸河	西巴漏河	专用站	小河站	济南	章丘	垛庄	北明庄	117.477 2	36.539 4
47	漯河	41803280	山东沿海诸河	漯河	专用站	小河站	济南	章丘	绣惠	东皋庄	117.538 3	36.793 6

续附表 1

序号	测站名称	测站编码	水系	河流	测站属性	测站分类	测站地址				经度(°E)	纬度(°N)
							市	县(区)	乡(镇)	村(街道)		
48	盘龙	41500080	大汶河	大汶河	专用站	小河站	济南	莱芜	鹏泉	马盘龙	117.716 3	36.159 7
49	陈北	41502550	大汶河	瀛汶河	专用站	小河站	济南	莱芜	杨庄	陈北	117.420 6	36.272 3
50	颜庄	41500050	大汶河	大汶河	专用站	小河站	济南	钢城	颜庄	颜庄	117.777 1	36.098 6
51	鄂庄桥	41500110	大汶河	大汶河	专用站	小河站	济南	莱芜	凤城	东方红	117.660 7	36.193 6
52	泰丰	41502450	大汶河	孝义河	专用站	小河站	济南	莱芜	鹏泉	北姜庄	117.722 2	36.200 1
53	方下	41502470	大汶河	方下河	专用站	小河站	济南	莱芜	方下	方赵庄东	117.562 2	36.232 1
54	西鬼石	41502490	大汶河	瀛汶河	专用站	小河站	济南	莱芜	茶业口	西鬼石	117.651 0	36.415 0
55	西下游	41502580	大汶河	通天河	专用站	小河站	济南	莱芜	雪野	西下游	117.550 0	36.458 0
56	乔店水库	41502410	大汶河	辛庄河	专用站	小河站	济南	钢城	辛庄	乔店水库	117.854 7	36.192 1
57	下村	/	大汶河	运粮河	专用站	小河站	济南	莱芜	雪野	上游	117.551 9	36.471 1
58	温桥	Q0108040	徒骇马颊	土马河	专用站	小河站	济南	商河	玉皇庙	西温家桥	117.047 2	37.129 2
59	睦里桥	Q0103010	黄河下游区	玉符河	专用站	小河站	济南	槐荫	玉清湖	睦里	116.834 4	36.657 2
60	济平干渠	Q0103030	黄河下游区	济平干渠	专用站	小河站	济南	槐荫	玉清湖	睦里	116.833 9	36.665 3
61	南张庄	Q0106010	黄河下游区	北大沙河	专用站	小河站	济南	长清	城关	南张庄	116.691 7	36.600 0
62	路庄排涝站	Q0106050	黄河下游区	南大沙河	专用站	小河站	济南	长清	归德	路庄排涝站	117.119 2	36.511 9
63	平阴	Q0107010	黄河下游区	锦水河	专用站	小河站	济南	平阴	城关	湖溪村	116.441 7	36.338 1
64	望口山	Q0107030	黄河下游区	安栾河	专用站	小河站	济南	平阴	栾湾	望口山	116.394 7	36.391 1

续附表 1

序号	测站名称	测站编码	水系	河流	测站属性	测站分类	测站地址				经度（°E）	纬度（°N）
							市	县（区）	乡（镇）	村（街道）		
65	李屯	Q0107050	黄河下游区	玉带河	专用站	小河站	济南	平阴	刁山坡	李屯	116. 569 4	36. 254 2
66	睦里闸	Q0103020	山东沿海诸河	小清河	专用站	小河站	济南	槐荫	玉清湖	睦里	116. 838 9	36. 648 1
67	黄岗（干）	Q0104010	山东沿海诸河	小清河	专用站	小河站	济南	天桥	药山	黄岗	116. 954 4	36. 686 9
68	柴庄闸	Q0105020	山东沿海诸河	小清河	专用站	小河站	济南	历城	遥墙	柴庄闸	117. 229 2	36. 889 4
69	展家桥	Q0109020	徒骇马颊	徒骇河	专用站	小河站	济南	商河	展家	展家	117. 406 7	37. 298 6
70	五龙堂	Q0110010	山东沿海诸河	小清河	专用站	小河站	济南	章丘	刁镇	五龙堂	117. 434 7	36. 980 8
71	芽庄湖	Q0110020	山东沿海诸河	漯河	专用站	小河站	济南	章丘	刁镇	浒山闸	117. 599 7	36. 881 7
72	东方红桥	41800150	山东沿海诸河	兴济河	专用站	小河站	济南	市中	六里山	英雄山路	116. 999 4	36. 612 2
73	段店桥	41800200	山东沿海诸河	兴济河	专用站	小河站	济南	济南	段店北路	经十路南	116. 938 1	36. 663 1
74	机床二厂	41800160	山东沿海诸河	兴济河	专用站	小河站	济南	市中	大观园	南辛庄西路	116. 960 6	36. 640 8
75	黄岗桥	41800250	山东沿海诸河	兴济河	专用站	小河站	济南	天桥	五里沟	济齐路南	116. 946 4	36. 681 7
76	动物园	41800350	山东沿海诸河	西工商河	专用站	小河站	济南	天桥	泺口	动物园	116. 983 1	36. 701 1
77	标山桥	41800500	山东沿海诸河	东工商河	专用站	小河站	济南	天桥	北园	标山南路南	116. 994 4	36. 694 2
78	全民健身中心	41800680	山东沿海诸河	广场西沟	专用站	小河站	济南	市中	四里村	玉函立交桥东南	117. 007 8	36. 647 5
79	经十路	41800900	山东沿海诸河	广场东沟	专用站	小河站	济南	历下	趵突泉	经十路桥北	117. 020 0	36. 648 6
80	柳云社区	41800800	山东沿海诸河	西洛河	专用站	小河站	济南	天桥	泺口	水屯路南	117. 015 3	36. 696 9
81	水屯北路	41800950	山东沿海诸河	东洛河	专用站	小河站	济南	天桥	泺口	水屯北路南	117. 028 1	36. 695 8

续附表 1

序号	测站名称	测站编码	水系	河流	测站属性	测站分类	测站地址				经度(°E)	纬度(°N)
							市	县(区)	乡(镇)	村(街道)		
82	石桥	41801050	山东沿海诸河	柳行河	专用站	小河站	济南	天桥	北园	石桥	117.037 2	36.695 8
83	解放桥	41801200	山东沿海诸河	羊头峪东沟	专用站	小河站	济南	历下	解放路	解放路南	117.040 0	36.665 6
84	经十路	41801150	山东沿海诸河	羊头峪西沟	专用站	小河站	济南	历下	文东	羊头峪	117.044 4	36.651 1
85	洪家楼	41801350	山东沿海诸河	全福河	专用站	小河站	济南	历城	洪家楼	经一路南	117.065 0	36.684 4
86	北全福庄	41801400	山东沿海诸河	全福河	专用站	小河站	济南	历城	全福	北园大街北	117.048 9	36.699 2
87	白马山	41800170	山东沿海诸河	兴济河	专用站	小河站	济南	市中	白马山	马山西路	116.944 7	36.643 1
88	铁路桥西	41800180	山东沿海诸河	兴济河	专用站	小河站	济南	市中	党家	段兴西路	116.941 7	36.644 2
89	腊山河	41800210	山东沿海诸河	腊山河	专用站	小河站	济南	槐荫	张庄路	清源路	116.908 3	36.690 8
90	大涧沟	41800220	山东沿海诸河	大涧沟	专用站	小河站	济南	市中	十六里河	朱家庄	116.923 3	36.640 8
91	陡沟	41800230	山东沿海诸河	陡沟	专用站	小河站	济南	槐荫	陡沟	陡沟	116.888 3	36.361 1
92	宋庄闸	41800240	山东沿海诸河	腊山分洪	专用站	小河站	济南	槐荫	玉清湖	宋庄	116.868 3	36.646 4
93	腊山分洪闸闸下	41800280	山东沿海诸河	腊山分洪	专用站	小河站	济南	槐荫	段店北路	安澜北路	116.922 8	36.643 3
94	王府庄	41800290	山东沿海诸河	腊山分洪	专用站	小河站	济南	槐荫	吴家堡	王府庄	116.882 2	36.640 0
95	郑家	41810000	山东沿海诸河	泽河	基本站	区域代表站	青岛	平度	灰埠镇	西八甲村	119.718 6	36.914 1
96	张家院	41810100	山东沿海诸河	大沽河	基本站	区域代表站	青岛	莱西	马连庄镇	张家院村	120.437 8	37.065 2
97	产芝水库	41810200	山东沿海诸河	大沽河	基本站	区域代表站	青岛	莱西	水集街道	产芝水库	120.448 3	36.931 0
98	南村	41810400	山东沿海诸河	大沽河	基本站	大河控制站	青岛	平度	南村镇	东北街村	120.142 9	36.529 8

续附表 1

序号	测站名称	测站编码	水系	河流	测站属性	测站分类	测站地址				经度(°E)	纬度(°N)
							市	县(区)	乡(镇)	村(街道)		
99	尹府水库	41811000	山东沿海诸河	猪洞河	基本站	区域代表站	青岛	平度	云山镇	尹府水库	120.156 8	36.860 1
100	岚西头	41811100	山东沿海诸河	五沽河	基本站	区域代表站	青岛	即墨	段泊岚镇	岚西头村	120.390 1	36.613 1
101	闸子	41811500	山东沿海诸河	南胶莱河	基本站	区域代表站	青岛	胶州	胶莱镇	闸子集村	120.084 7	36.452 2
102	红旗	41811600	山东沿海诸河	胶河	基本站	小河站	青岛	胶州	铺集镇	西皇姑庵村	119.698 1	36.077 3
103	胶南	41812110	山东沿海诸河	风河	基本站	区域代表站	青岛	黄岛	隐珠街道	琅琊台路 2 号	119.990 8	35.863 3
104	即墨	41812400	山东沿海诸河	墨水河	基本站	小河站	青岛	即墨	潮海街道	西障村	120.474 2	36.385 4
105	乌衣巷	41812700	山东沿海诸河	白沙河	基本站	小河站	青岛	崂山	北宅街道	乌衣巷村	120.544 0	36.241 9
106	崂山水库	41812900	山东沿海诸河	白沙河	基本站	区域代表站	青岛	城阳	夏庄街道	崂山水库	120.469 2	36.260 2
107	李村	41813250	山东沿海诸河	李村河	基本站	小河站	青岛	李沧	浮山路街道	九水社区	120.411 7	36.148 9
108	东韩	41813350	山东沿海诸河	张村河	基本站	小河站	青岛	崂山	中韩街道	东韩社区	120.437 9	36.126 1
109	李家庄	41812370	山东沿海诸河	桃源河	专用站	区域代表站	青岛	胶州	李哥庄镇	李家庄	120.200 0	36.333 3
110	洋河崖	41812060	山东沿海诸河	洋河	专用站	区域代表站	青岛	胶州	九龙街道	洋河崖村	120.016 7	36.150 0
111	大麻湾	41810470	山东沿海诸河	大沽河	专用站	大河控制站	青岛	胶州	胶东街道	大麻湾村	120.150 0	36.333 3
112	山洲水库	41811900	山东沿海诸河	洋河	专用站	小河站	青岛	胶州	洋河镇山	洲水库	119.883 3	36.100 0
113	阎家屯	41811883	山东沿海诸河	墨水河	专用站	区域代表站	青岛	胶州	胶莱街道	阎家屯村	119.983 3	36.433 3
114	少海	41811890	山东沿海诸河	云溪河	专用站	小河站	青岛	胶州	九龙街道	少海风景区	120.050 0	36.266 7
115	刘家花园	41811865	山东沿海诸河	胶河	专用站	区域代表站	青岛	胶州	胶莱街道	刘家花园村	120.016 7	36.483 3

续附表 1

序号	测站名称	测站编码	水系	河流	测站属性	测站分类	测站地址				经度（°E）	纬度（°N）
							市	县（区）	乡（镇）	村（街道）		
116	沙窝	41811070	山东沿海诸河	猪洞河	专用站	区域代表站	青岛	平度	云山镇沙	窝村	120.233 3	36.833 3
117	五道口	41811320	山东沿海诸河	落药河	专用站	区域代表站	青岛	平度	仁兆镇	五道口村	120.150 0	36.583 3
118	沙梁	41810430	山东沿海诸河	大沽河	专用站	大河控制站	青岛	胶州	胶莱街道	南沙梁村	120.166 7	36.466 7
119	西七级	41811375	山东沿海诸河	流浩河	专用站	区域代表站	青岛	即墨	移风店镇	西七级村	120.200 0	36.500 0
120	埠东	41811130	山东沿海诸河	五沽河	专用站	区域代表站	青岛	即墨	刘家庄镇	埠东村	120.300 0	36.616 7
121	大场	41812310	山东沿海诸河	吉利河	专用站	区域代表站	青岛	黄岛	大场镇大	场村	119.650 0	35.683 3
122	冯家坊	41812130	山东沿海诸河	白马河	专用站	区域代表站	青岛	黄岛	大场镇冯	家坊村	119.650 0	35.683 3
123	沙湾庄	41810360	山东沿海诸河	大沽河	专用站	区域代表站	青岛	莱西	店埠镇	前沙湾庄	120.300 0	36.666 7
124	莱西	41810670	山东沿海诸河	潴河	专用站	区域代表站	青岛	莱西	水集街道	李家疃村	120.533 3	36.850 0
125	高格庄水库	41810610	山东沿海诸河	潴河	专用站	小河站	青岛	莱西	河头店镇	高格庄水库	120.550 0	37.000 0
126	夏家庄	41812930	山东沿海诸河	白沙河	专用站	小河站	青岛	城阳	流亭街道	夏家庄村	120.400 0	36.266 7
127	华桥	41812560	山东沿海诸河	墨水河	专用站	区域代表站	青岛	城阳	城阳街道	古庙头村	120.366 7	36.316 7
128	周疃	418Q1360	山东沿海诸河	莲阴河	专用站	小河站	青岛	即墨	金口镇	周疃村	120.733 3	36.533 3
129	龙虎山	418Q0850	山东沿海诸河	小沽河	专用站	区域代表站	青岛	平度	古岘镇	山上村	120.283 3	36.733 3
130	邱家庄	418Q2260	山东沿海诸河	唐家庄河	专用站	小河站	青岛	黄岛	泊里镇	邱家庄村	119.783 3	35.700 0
131	泊里	418Q2270	山东沿海诸河	横河	专用站	小河站	青岛	黄岛	泊里镇	泊里村	119.766 7	35.700 0
132	官庄	F5712490	山东沿海诸河	墨水河	专用站	小河站	青岛	即墨	龙山街道	官庄	120.500 0	36.366 67

续附表 1

序号	测站名称	测站编码	水系	河流	测站属性	测站分类	测站地址				经度(°E)	纬度(°N)
							市	县(区)	乡(镇)	村(街道)		
133	岔河	41801300	山东沿海诸河	小清河	基本站	大河控制站	淄博	桓台	马桥	岔河	117.916 7	37.066 7
134	马尚	41803705	山东沿海诸河	孝妇河	基本站	区域代表站	淄博	张店	马尚	孝妇河湿地公园	117.966 7	36.800 0
135	太河水库	41804700	山东沿海诸河	淄河	基本站	区域代表站	淄博	淄川	太河	太河水库	118.133 3	36.533 3
136	郝峪	41805100	山东沿海诸河	郝峪沟	基本站	小河站	淄博	博山	池上	西池	118.083 3	36.350 0
137	白兔丘	41804801	山东沿海诸河	淄河	基本站	区域代表站	淄博	临淄	敬仲	白兔丘	118.383 3	36.933 3
138	源泉	41804550	山东沿海诸河	淄河	基本站	区域代表站	淄博	博山	源泉	郑家	118.050 0	36.450 0
139	田庄水库	51100100	沂沭河	沂河	基本站	区域代表站	淄博	沂源	南麻街道	田庄水库	118.100 0	36.166 7
140	东里店	51100200	沂沭河	沂河	基本站	区域代表站	淄博	沂源	东里	东里店	118.350 0	36.016 7
141	朱家庄	51103100	沂沭河	高庄河	基本站	小河站	淄博	沂源	南麻街道	朱家庄	118.083 3	36.100 0
142	白塔	41803360	山东沿海诸河	孝妇河	专用站	区域代表站	淄博	博山	白塔	簸萁掌	117.883 3	36.533 3
143	杨寨	41803450	山东沿海诸河	孝妇河	专用站	区域代表站	淄博	淄川	双杨	殷家村	118.000 0	36.716 7
144	袁家	41803825	山东沿海诸河	孝妇河	专用站	区域代表站	淄博	周村	北郊	袁家	117.900 0	36.833 3
145	黑旺	41804730	山东沿海诸河	淄河	专用站	区域代表站	淄博	淄川	寨里	黑旺	118.216 7	36.633 3
146	张楼	41804050	山东沿海诸河	范阳河	专用站	区域代表站	淄博	周村	南郊	张楼	117.966 7	36.783 3
147	萌水	41803920	山东沿海诸河	范阳河	专用站	区域代表站	淄博	周村	萌水	萌水	117.916 7	36.733 3
148	新城	41804160	山东沿海诸河	西猪龙河	专用站	小河站	淄博	桓台	新城	城东	117.916 7	36.733 3
149	六天务	41804520	山东沿海诸河	乌河	专用站	区域代表站	淄博	临淄	凤凰	六天务	118.183 3	36.916 7

续附表 1

序号	测站名称	测站编码	水系	河流	测站属性	测站分类	测站地址				经度(°E)	纬度(°N)
							市	县(区)	乡(镇)	村(街道)		
150	夏庄	41804560	山东沿海诸河	乌河	专用站	区域代表站	淄博	桓台	起凤	夏三	118.116 7	37.066 7
151	田镇	41800225	山东沿海诸河	北支新河	专用站	区域代表站	淄博	高青	芦湖街道	高苑路东首	117.866 7	37.166 7
152	赵家	41800230	山东沿海诸河	北支新河	专用站	区域代表站	淄博	高青	唐坊	赵家	118.016 7	37.216 7
153	姚家套	41800040	山东沿海诸河	支脉河	专用站	区域代表站	淄博	高青	高城	姚家套	118.066 7	37.116 7
154	南麻	51103160	沂沭河	螳螂河	专用站	区域代表站	淄博	沂源	南麻街道	西河北	118.166 7	36.166 7
155	分洪闸	41801290	山东沿海诸河	分洪河	专用站	小河站	淄博	桓台	马桥	小清河分洪闸	117.897 5	37.075 7
156	果里	418Q1250	山东沿海诸河	东猪龙河	专用站	小河站	淄博	桓台	果里	徐斜	118.033 3	36.900 0
157	甘家	418Q1270	山东沿海诸河	涝淄河	专用站	小河站	淄博	张店	四宝山街道	甘家	118.066 7	36.883 3
158	南闫	418Q1280	山东沿海诸河	淦河	专用站	小河站	淄博	周村	城北街道	南闫	117.844 0	36.849 0
159	崔家	418Q1260	山东沿海诸河	东猪龙河	专用站	小河站	淄博	桓台	荆家	崔家	118.050 0	37.100 0
160	台儿庄闸	51204300/51204301	沂沭泗	中运河	基本站	区域代表站	枣庄	台儿庄	运河街道	台儿庄闸	117.742 5	34.557 7
161	岩马水库	51208600	沂沭泗	城郭河	基本站	区域代表站	枣庄	山亭	冯卯	岩马水库	117.360 8	35.197 0
162	马河水库	51208400	沂沭泗	北沙河	基本站	区域代表站	枣庄	滕州	东郭	马河水库	117.218 4	35.213 3
163	滕州	51208700	沂沭泗	城郭河	基本站	区域代表站	枣庄	滕州	龙泉街道	荆河桥	117.170 9	35.080 2
164	柴胡店	51209010	沂沭泗	新薛河	基本站	区域代表站	枣庄	滕州	柴胡店	柴胡店	117.223 9	34.882 1
165	薛城	51209090	沂沭泗	大沙河	基本站	区域代表站	枣庄	薛城	临城街道	临泉路	117.238 1	34.802 7

续附表 1

序号	测站名称	测站编码	水系	河流	测站属性	测站分类	测站地址				经度(°E)	纬度(°N)
							市	县(区)	乡(镇)	村(街道)		
166	峄城	51209300	沂沭泗	大沙河	基本站	区域代表站	枣庄	峄城	坛山街道	峄山南路	117.580 4	34.754 7
167	庄里水库	51208860	沂沭泗	新薛河	基本站	区域代表站	枣庄	山亭	山城街道	庄里水库	117.404 8	35.020 5
168	田桥	51208550	沂沭泗	北沙河	专用站	区域代表站	枣庄	滕州	级索	后王晁	116.936 6	35.033 2
169	杜庄	51208730	沂沭泗	城郭河	专用站	区域代表站	枣庄	滕州	西岗	杜庄	116.992 5	34.980 6
170	吕坡	51208810	沂沭泗	郭河	专用站	区域代表站	枣庄	滕州	鲍沟	吕坡	117.115 2	35.013 3
171	高桥	51209050	沂沭泗	小魏河	专用站	区域代表站	枣庄	滕州	柴胡店	杨桥	117.193 9	34.870 0
172	鲁桥	51209150	沂沭泗	十字河分洪道	专用站	区域代表站	枣庄	滕州	柴胡店	小石楼	117.255 7	34.872 5
173	曲柏	51209080	沂沭泗	大沙河	专用站	区域代表站	枣庄	薛城	陶庄	齐湖	117.339 1	34.856 9
174	石羊	51209210	沂沭泗	大沙河	专用站	区域代表站	枣庄	市中	西王庄	石羊	117.598 5	34.808 4
175	燕子井闸	51209440/51209441	沂沭泗	新沟河	专用站	区域代表站	枣庄	台儿庄	邳庄	燕子井	117.782 0	34.604 4
176	涛沟桥	51209420	沂沭泗	陶沟河	专用站	区域代表站	枣庄	台儿庄	邳庄	涛沟桥	117.798 5	34.577 3
177	薛河	51208880	沂沭泗	新薛河	专用站	区域代表站	枣庄	滕州	羊庄	东石楼	117.370 0	34.960 0
178	辛庄	51208750	沂沭泗	城河	专用站	区域代表站	枣庄	山亭	水泉	辛庄水库	117.470 0	35.180 0
179	周村水库	51209800	沂沭泗	西泇河	辅助站	区域代表站	枣庄	市中	孟庄	周村水库	117.303 6	34.832 8
180	户主水库	51224000	沂沭泗	城郭河	辅助站	区域代表站	枣庄	滕州	东郭	户主水库	117.279 6	35.201 7
181	石咀子水库	51208688	沂沭泗	新薛河	辅助站	区域代表站	枣庄	山亭	徐庄	石咀子水库	117.516 7	35.133 3

续附表 1

序号	测站名称	测站编码	水系	河流	测站属性	测站分类	测站地址				经度(°E)	纬度(°N)
							市	县(区)	乡(镇)	村(街道)		
182	东屯后	512Q8380	沂沭泗	界河	专用站	区域代表站	枣庄	滕州	滨湖	东屯后	116.892 5	35.142 2
183	七所楼	512Q8390	沂沭泗	小龙河	专用站	区域代表站	枣庄	滕州	滨湖	七所楼	116.917 0	35.112 6
184	苏河	51208830	沂沭泗	小苏河	专用站	区域代表站	枣庄	滕州	张汪	苏河	117.149 6	34.877 2
185	侯桥	512Q9220	沂沭泗	齐村支流	专用站	区域代表站	枣庄	峄城	坛山街道	侯桥	117.566 7	34.783 3
186	岔河子	512Q3990	沂沭泗	周营沙河	专用站	区域代表站	枣庄	峄城	古邵	岔河子	117.433 3	34.633 3
187	朱桥	512Q9160	沂沭泗	蒋集河	专用站	区域代表站	枣庄	薛城	常庄街道	朱桥	117.216 7	34.750 0
188	杨庄	512Q9170	沂沭泗	蒋官庄河	专用站	区域代表站	枣庄	薛城	沙沟	杨庄	117.316 7	34.700 0
189	仙河	31108520	神仙沟	神仙沟	专用站	小河站	东营	河口	仙河	仙河管理所	118.858 3	37.925 0
190	罗家闸	31108480	草桥沟	草桥沟东干流	专用站	小河站	东营	利津	汀罗	罗家闸	118.518 6	37.785 0
191	沾利闸	311Q3940	徒骇河	沾利河	专用站	小河站	东营	河口	新户	沾利河闸	118.402 1	37.966 3
192	东劝学闸	31108440	草桥沟	草桥沟	专用站	小河站	东营	河口	河口办	东劝学闸	118.466 9	37.966 3
193	龙王闸	31108340	马新河	马新河	专用站	小河站	东营	河口	新户	龙王闸	118.164 4	37.513 5
194	侯王	31106680	褚官河	褚官河	专用站	小河站	东营	利津	北宋	侯王	118.095 5	37.303 9
195	后墩闸	31108420	草桥沟	草桥沟西干流	专用站	小河站	东营	利津	汀罗	后墩闸	118.455 2	37.831 7
196	太平	31106690	马新河	太平河	专用站	小河站	东营	利津	利津	太平	118.261 6	37.523 7
197	李宅	41800253	支脉河	新广蒲河	专用站	小河站	东营	东营	六户	李宅	118.574 4	37.366 5

续附表 1

序号	测站名称	测站编码	水系	河流	测站属性	测站分类	测站地址				经度(°E)	纬度(°N)
							市	县(区)	乡(镇)	村(街道)		
198	明海	41800264	支脉河	广利河	专用站	小河站	东营	东营	东城	东七路与溢洪河交汇处	118.732 3	37.408 8
199	万泉	41800270	支脉河	五干排	专用站	小河站	东营	东营	黄河	五干排与西四路交汇处	118.476 6	37.424 3
200	溢洪河中桥	41800274	支脉河	溢洪河	专用站	小河站	东营	东营	胜利	东八路与溢洪河交汇处	118.757 1	37.474 3
201	辛店	418Q0268	支脉河	五六干合排	专用站	小河站	东营	东营	辛店	辛店村西五路桥	118.460 3	37.471 1
202	前进	418Q0269	支脉河	广蒲沟	专用站	小河站	东营	东营	辛店	前进村西五路桥	118.456 7	37.435 0
203	耿井闸	41800260	支脉河	广利河	专用站	小河站	东营	东营	黄河	耿井闸	118.550 5	37.444 7
204	明港闸	41800280	支脉河	溢洪河	专用站	小河站	东营	东营	东城	溢洪河与滨海大道交汇处明港闸	118.833 6	37.413 1
205	西营闸	418Q0260	支脉河	广利河	专用站	小河站	东营	东营	辛店	西营闸	118.472 9	37.487 8
206	东兴	418Q0272	支脉河	溢洪河	专用站	小河站	东营	垦利	垦利	东兴村溢洪河桥	118.648 8	37.531 4
207	红光闸	41800290	支脉河	永丰河	专用站	小河站	东营	垦利	永安	红光闸	118.875 4	37.526 0
208	石村(二)	41801500	小清河	小清河	基本站	大河控制站	东营	广饶	乐安	辛桥	118.433 4	37.132 9
209	石村(溢)	41801510	小清河	溢洪河	基本站	大河控制站	东营	广饶	乐安	辛桥	118.429 2	37.143 5
210	王营	41800090	支脉河	支脉河	基本站	区域代表站	东营	东营	牛庄	王营	118.465 6	37.304 7

续附表 1

序号	测站名称	测站编码	水系	河流	测站属性	测站分类	测站地址				经度（°E）	纬度（°N）
							市	县（区）	乡（镇）	村（街道）		
211	西马楼闸	41800200	支脉河	支脉河	专用站	小河站	东营	广饶	丁庄	西马楼闸	118.693 0	37.310 1
212	孙屋	41800250	小清河	群众沟	专用站	小河站	东营	广饶	丁庄	孙屋	118.567 8	37.240 8
213	田庄	41800255	支脉河	武家大沟	专用站	小河站	东营	东营	六户	田庄	118.650 3	37.328 9
214	王道闸	418Q1510	小清河	小清河	专用站	小河站	东营	广饶	丁庄	王道闸	118.564 1	37.187 3
215	义和闸	41804830	小清河	预备河	专用站	小河站	东营	广饶	大码头	义和闸	118.639 4	37.146 4
216	甄庙闸	41804820	小清河	预备河	专用站	小河站	东营	广饶	乐安	甄庙闸	118.393 8	37.123 4
217	挑河桥	311Q3963	徒骇河	挑河	专用站	小河站	东营	河口	河口办	挑河桥	118.594 6	37.898 2
218	招远	41813600	山东沿海诸河	界河	基本站	小河站	烟台	招远	泉山街道	汤前村	120.400 0	37.350 0
219	王屋水库	41814100	山东沿海诸河	黄水河	基本站	区域代表站	烟台	龙口	石良镇	王屋水库	120.650 0	37.550 0
220	福山	41814700	山东沿海诸河	大沽夹河	基本站	区域代表站	烟台	福山	清洋街道	大沙埠村	121.283 3	37.500 0
221	臧格庄	41814800	山东沿海诸河	清洋河	基本站	区域代表站	烟台	栖霞	臧家庄镇	臧家庄	120.983 3	37.466 7
222	门楼水库	41814900	山东沿海诸河	清洋河	基本站	区域代表站	烟台	福山	门楼镇	门楼水库	121.233 3	37.416 7
223	牟平	41815300	山东沿海诸河	沁水河	基本站	小河站	烟台	牟平	宁海街道	芷坊村	121.616 7	37.383 3
224	海阳	41816200	山东沿海诸河	东村河	基本站	小河站	烟台	海阳	方圆街道	新兴村	121.150 0	36.800 0
225	团旺	41816400	山东沿海诸河	东五龙河	基本站	区域代表站	烟台	莱阳	团旺镇	崔疃村	120.666 7	36.766 7
226	沐浴水库	41816500	山东沿海诸河	蚬河	基本站	区域代表站	烟台	莱阳	沐浴店镇	沐浴水库	120.750 0	37.050 0
227	西杜家	41813360	山东沿海诸河	白沙河	专用站	区域代表站	烟台	莱州	沙河镇	长胜村	119.766 7	37.050 0

续附表 1

序号	测站名称	测站编码	水系	河流	测站属性	测站分类	测站地址				经度(°E)	纬度(°N)
							市	县(区)	乡(镇)	村(街道)		
228	平里店	41813410	山东沿海诸河	王河	专用站	区域代表站	烟台	莱州	平里店镇	淳于村	120.016 7	37.300 0
229	汤前	41813650	山东沿海诸河	界河	专用站	区域代表站	烟台	招远	张星镇	石对头村	120.383 3	37.416 7
230	辛庄	41813660	山东沿海诸河	界河	专用站	区域代表站	烟台	招远	辛庄镇	东良村	120.266 7	37.533 3
231	中村	41813750	山东沿海诸河	泳汶河	专用站	小河站	烟台	龙口	中村镇	中村	120.450 0	37.633 3
232	荆林埠	41814050	山东沿海诸河	黄水河	专用站	区域代表站	烟台	栖霞	苏家店镇	苏家庄村	120.683 3	37.433 3
233	诸由观	41814250	山东沿海诸河	黄水河	专用站	区域代表站	烟台	龙口	诸由观镇	西河阳村	120.566 7	37.683 3
234	小门家	41814280	山东沿海诸河	黄水河东支	专用站	区域代表站	烟台	蓬莱	小门家镇	小门家村	120.800 0	37.616 7
235	黄城集	41814290	山东沿海诸河	黄水河东支	专用站	区域代表站	烟台	龙口	石良镇	黄城集村	120.666 7	37.616 7
236	蓬莱东	41814550	山东沿海诸河	平畅河	专用站	区域代表站	烟台	蓬莱	潮水镇	衙前村	121.016 7	37.700 0
237	西留疃	41814665	山东沿海诸河	大沽夹河	专用站	小河站	烟台	牟平	观水镇	西柳疃村	121.166 7	37.150 0
238	老岚	41814670	山东沿海诸河	大沽夹河	专用站	区域代表站	烟台	福山	回里镇	老岚村	121.250 0	37.266 7
239	栖霞北	41814750	山东沿海诸河	清洋河	专用站	小河站	烟台	栖霞	松山镇	裕富庄村	120.866 7	37.400 0
240	古上	41814850	山东沿海诸河	清洋河	专用站	区域代表站	烟台	栖霞	开发区	前法卷村	121.083 3	37.466 7
241	辛安	41815250	山东沿海诸河	清洋河	专用站	区域代表站	烟台	高新	马山街道	辛安村	121.483 3	37.400 0
242	大窑	41815325	山东沿海诸河	沁水河	专用站	小河站	烟台	牟平	大窑镇	金埠大街橡胶坝	121.633 3	37.400 0
243	姜格庄	41815350	山东沿海诸河	汉河	专用站	小河站	烟台	牟平	姜格庄镇	上庄村	121.766 7	37.416 7
244	岔河	41815860	山东沿海诸河	黄垒河	专用站	小河站	烟台	牟平	水道镇	岔河村	121.616 7	37.133 3

续附表 1

序号	测站名称	测站编码	水系	河流	测站属性	测站分类	测站地址				经度(°E)	纬度(°N)
							市	县(区)	乡(镇)	村(街道)		
245	留格	41816150	山东沿海诸河	留格河	专用站	小河站	烟台	海阳	留格庄镇	留格村	121.316 7	36.783 3
246	龙山	41816250	山东沿海诸河	纪疃河	专用站	小河站	烟台	海阳	龙山街道	隋家村	121.066 7	36.683 3
247	老山	41816360	山东沿海诸河	东五龙河	专用站	区域代表站	烟台	莱阳	沐浴店镇	黄崖底村	120.800 0	37.050 0
248	东富山	41816420	山东沿海诸河	东五龙河	专用站	区域代表站	烟台	莱阳	穴坊镇	东富山村	120.750 0	36.700 0
249	花沟	41816490	山东沿海诸河	蚬河	专用站	区域代表站	烟台	栖霞	观里镇	小观村	120.683 3	37.150 0
250	莱阳	41816560	山东沿海诸河	蚬河	专用站	区域代表站	烟台	莱阳	富山路	富山大桥	120.716 7	36.950 0
251	万第	41816610	山东沿海诸河	富水河	专用站	区域代表站	烟台	莱阳	万第镇	万第村	120.850 0	36.883 3
252	大吕疃	41816650	山东沿海诸河	白龙河	专用站	小河站	烟台	莱阳	古柳街道	姜家泊村	120.700 0	36.916 7
253	龙泉水库	41839650	山东沿海诸河	汉河	专用站	小河站	烟台	牟平	龙泉镇	埠前村	121.766 7	37.300 0
254	瓦善水库	41815788	山东沿海诸河	黄垒河	专用站	小河站	烟台	牟平	莒格庄镇	瓦善村	121.666 7	37.183 3
255	高陵水库	41815100	山东沿海诸河	辛安河	专用站	小河站	烟台	牟平	高陵镇	高陵村	121.516 7	37.283 3
256	桃园水库	41814988	山东沿海诸河	中村河	专用站	小河站	烟台	牟平	观水镇	韩家中村	121.233 3	37.183 3
257	北邢家水库	41836900	山东沿海诸河	泳汶河	专用站	小河站	烟台	龙口	下丁家镇	北邢家村	120.483 3	37.566 7
258	迟家沟水库	41837050	山东沿海诸河	南栾河	专用站	小河站	烟台	龙口	芦头镇	寺口乔家村	120.433 3	37.550 0
259	小平水库	41816450	山东沿海诸河	白龙河	专用站	小河站	烟台	莱阳	柏林庄镇	北小平村	120.666 7	37.033 3
260	白云洞水库	41813288	山东沿海诸河	万水河	专用站	小河站	烟台	莱州	驿道镇	高家村	120.266 7	37.216 7
261	赵家水库	41813500	山东沿海诸河	迟家河	专用站	小河站	烟台	莱州	驿道镇	西赵村	120.133 3	37.216 7

续附表 1

序号	测站名称	测站编码	水系	河流	测站属性	测站分类	测站地址				经度(°E)	纬度(°N)
							市	县(区)	乡(镇)	村(街道)		
262	坎上水库	41813388	山东沿海诸河	九曲河	专用站	小河站	烟台	莱州	程郭镇	坎上村	120.100 0	37.200 0
263	庙埠河水库	41814188	山东沿海诸河	古村河	专用站	小河站	烟台	莱州	郭家店镇	涧里村	120.100 0	37.116 7
264	临疃河水库	41836100	山东沿海诸河	白沙河	专用站	小河站	烟台	莱州	柞村镇	临疃河村	119.983 3	37.116 7
265	留驾水库	41814288	山东沿海诸河	白沙河	专用站	小河站	烟台	莱州	夏邱镇	留驾村	119.883 3	37.033 3
266	邱山水库	41837900	山东沿海诸河	平畅河	专用站	小河站	烟台	蓬莱	大辛店镇	四甲村	120.916 7	37.600 0
267	战山水库	41814500	山东沿海诸河	龙山河	专用站	小河站	烟台	蓬莱	刘家沟镇	古梓庄村	120.850 0	37.750 0
268	平山水库	41814488	山东沿海诸河	平山河	专用站	小河站	烟台	蓬莱	南王镇	卫庄村	120.733 3	37.733 3
269	勾山水库	41810188	山东沿海诸河	薄家河	专用站	小河站	烟台	招远	夏甸镇	薄家村	120.366 7	37.183 3
270	城子水库	41810088	山东沿海诸河	大沽河	专用站	小河站	烟台	招远	毕郭镇	西城子村	120.500 0	37.216 7
271	金岭水库	41814388	山东沿海诸河	钟离河	专用站	小河站	烟台	招远	金岭镇	草沟头村	120.283 3	37.350 0
272	庵里水库	41814788	山东沿海诸河	清洋河	专用站	小河站	烟台	栖霞	松山镇	庵里村	120.866 7	37.366 7
273	龙门口水库	41842750	山东沿海诸河	蚬河	专用站	小河站	烟台	栖霞	官道镇	龙门口村	120.683 3	37.266 7
274	盘石水库	41842300	山东沿海诸河	留格河	专用站	小河站	烟台	海阳	盘石镇	龙头村	121.266 7	36.883 3
275	建新水库	41843200	山东沿海诸河	郭城河	专用站	小河站	烟台	海阳	郭城镇	战场泊村	121.083 3	37.016 7
276	里店水库	41816288	山东沿海诸河	纪疃河	专用站	小河站	烟台	海阳	里店乡	纪疃村	121.133 3	36.116 7
277	南台水库	41816188	山东沿海诸河	白沙河	专用站	小河站	烟台	海阳	小纪镇	南台村	121.050 0	36.816 7
278	侯家水库	41813580	山东沿海诸河	淘金河	专用站	小河站	烟台	招远	辛庄镇	北侯家村	120.233 3	37.500 0

续附表 1

序号	测站名称	测站编码	水系	河流	测站属性	测站分类	测站地址				经度(°E)	纬度(°N)
							市	县(区)	乡(镇)	村(街道)		
279	羊角沟	41801800	小清河	小清河	基本站	专用站	潍坊	寿光	羊口镇	羊角沟村	118.866 7	37.266 7
280	黄山	41805300	弥河	弥河	基本站	区域代表站	潍坊	临朐	寺头镇	西黄山村	118.516 7	36.333 3
281	冶源水库	41805400	弥河	弥河	基本站	区域代表站	潍坊	临朐	冶源镇	冶源水库	118.533 3	36.400 0
282	谭家坊	41805700	弥河	弥河	基本站	区域代表站	潍坊	青州	谭坊镇	李家庄	118.650 0	36.700 0
283	河北	41806100	弥河	临朐丹河	基本站	小河站	潍坊	临朐	辛寨镇	河北村	118.583 3	36.400 0
284	白浪河水库	41806200	白浪河	白浪河	基本站	区域代表站	潍坊	潍城	军埠口镇	白浪河水库	119.083 3	36.616 7
285	冯家花园	41806600	白浪河	潍河	基本站	区域代表站	潍坊	寒亭	高里镇	冯家花园村	119.000 0	36.866 7
286	墙夼水库	41806800	潍河	潍河	基本站	区域代表站	潍坊	诸城	枳沟镇	墙夼水库	119.133 3	35.900 0
287	诸城(二)	41806850	潍河	潍河	基本站	区域代表站	潍坊	诸城	横五路	潍河拙村闸	119.383 3	36.016 7
288	峡山水库	41807100	潍河	潍河	基本站	大河控制站	潍坊	峡山	峡山水库	坊子区七兰村	119.400 0	36.500 0
289	郭家屯	41808350	潍河	渠河	基本站	区域代表站	潍坊	安丘	景芝镇	葛家彭旺村	119.400 0	36.250 0
290	岳家秋峪	41808600	潍河	岳西河	基本站	小河站	潍坊	安丘	柘山镇	岳家秋峪村	118.916 7	36.166 7
291	高崖水库	41808800	潍河	汶河	基本站	区域代表站	潍坊	昌乐	鄌郚镇	高崖水库	118.800 0	36.350 0
292	牟山水库	41809000	潍河	汶河	基本站	区域代表站	潍坊	安丘	兴安街道	牟山水库	119.133 3	36.416 7
293	流河	41809490	胶莱运河	北胶莱河	基本站	区域代表站	潍坊	昌邑	饮马镇	于家流河村	119.533 3	36.750 0
294	仁河水库	41804788	小清河	仁河	专用站	小河站	潍坊	青州	庙子镇	仁河水库	118.250 0	36.550 0
295	淌水崖水库	41805350	弥河	红旗河	专用站	小河站	潍坊	临朐	九山镇	淌水崖水库	118.483 3	36.133 3

续附表 1

序号	测站名称	测站编码	水系	河流	测站属性	测站分类	测站地址				经度(°E)	纬度(°N)
							市	县(区)	乡(镇)	村(街道)		
296	嵩山水库	41805388	弥河	五井石河	专用站	小河站	潍坊	临朐	五井镇	嵩山水库	118.300 0	36.366 7
297	黑虎山水库	41805588	弥河	大石河	专用站	小河站	潍坊	青州	王坟镇	黑虎山水库	118.466 7	36.533 3
298	荆山水库	41805788	弥河	丹河	专用站	小河站	潍坊	昌乐	乔官镇	荆山水库	118.766 7	36.583 3
299	符山水库	41806388	白浪河	大圩河	专用站	小河站	潍坊	潍城	符山镇	符山水库	118.983 3	36.666 7
300	青墩子水库	41806788	潍河	夫淇河	专用站	小河站	潍坊	诸城	皇华镇	青墩子水库	119.450 0	35.916 7
301	石门水库	41806888	潍河	芦河	专用站	小河站	潍坊	诸城	林家村镇	石门水库	119.566 7	35.883 3
302	郭家村水库	41806988	潍河	百尺河	专用站	小河站	潍坊	诸城	林家村镇	郭家村水库	119.650 0	35.983 3
303	三里庄水库	41808000	潍河	夫淇河	专用站	小河站	潍坊	诸城	龙都街道	三里庄水库	119.400 0	35.966 7
304	于家河水库	41808088	潍河	老子河	专用站	小河站	潍坊	安丘	石埠子镇	于家河水库	118.966 7	36.116 7
305	下株梧水库	41808188	潍河	岔河	专用站	小河站	潍坊	安丘	石埠子镇	下株梧水库	119.100 0	36.183 3
306	沂山水库	41808488	潍河	汶河	专用站	小河站	潍坊	临朐	沂山风景区管委会	沂山水库	118.616 7	36.250 0
307	尚庄水库	41808888	潍河	凌河	专用站	小河站	潍坊	安丘	兴安街道	尚庄水库	119.083 3	36.300 0
308	马旺水库	41809288	胶莱运河	五龙河(上)	专用站	小河站	潍坊	高密	柴沟镇	马旺水库	119.566 7	36.216 7
309	王吴水库	41811800	大沽河	胶河	专用站	小河站	潍坊	高密	柏城镇	王吴水库	119.733 3	36.183 3
310	丹河水库	41825600	弥河	临朐丹河	专用站	小河站	潍坊	临朐	辛寨镇	丹河水库	118.633 3	36.450 0
311	马宋水库	41826550	白浪河	白浪河	专用站	小河站	潍坊	昌乐	营丘镇	马宋水库	118.983 3	36.533 3
312	共青团水库	41828300	潍河	百尺河	专用站	小河站	潍坊	诸城	辛兴镇	共青团水库	119.566 7	36.050 0

续附表 1

序号	测站名称	测站编码	水系	河流	测站属性	测站分类	测站地址				经度(°E)	纬度(°N)
							市	县(区)	乡(镇)	村(街道)		
313	吴家楼水库	41829000	潍河	荆河	专用站	小河站	潍坊	诸城	石桥子镇	吴家楼水库	119.216 7	36.150 0
314	大关水库	41829350	潍河	汶河	专用站	小河站	潍坊	临朐	沂山风景区管委会	大关水库	118.700 0	36.200 0
315	巴山	41808140	潍河	百尺河	专用站	小河站	潍坊	诸城	百尺河镇	巴山村	119.533 3	36.116 7
316	宝通街	41806620	虞河	虞河	专用站	小河站	潍坊	奎文	二十里堡	宝通街	119.133 3	36.666 7
317	北宫桥	41806240	白浪河	白浪河	专用站	小河站	潍坊	潍城	北关街道	北宫桥	119.100 0	36.716 7
318	北王家	41809370	胶莱运河	漩河	专用站	小河站	潍坊	昌邑	卜庄镇	北王家村	119.516 7	36.966 7
319	莱央子	41806148	小清河	营子沟	专用站	小河站	潍坊	寿光	羊口镇	莱央子村	118.850 0	37.200 0
320	昌城	41808120	潍河	芦河	专用站	小河站	潍坊	诸城	昌城镇	昌城村	119.466 7	36.066 7
321	崔家央子	41806480	白浪河	白浪河	专用站	区域代表站	潍坊	滨海	央子街道	崔家央子村	119.150 0	37.033 3
322	大栏	41811858	大沽河	胶河	专用站	区域代表站	潍坊	高密	夏庄镇	大栏村	119.933 3	36.450 0
323	东桂	41806540	白浪河	溎河	专用站	小河站	潍坊	寿光	稻田镇	东桂村	118.900 0	36.766 7
324	东小营	41806630	虞河	虞河	专用站	小河站	潍坊	寒亭	开元街道	张氏村	119.133 3	36.766 7
325	佛屋	41806180	弥河	丹河	专用站	区域代表站	潍坊	寿光	候镇	佛屋村	118.950 0	36.950 0
326	高崖	41809250	潍河	孟津河	专用站	小河站	潍坊	昌乐	鄌郚镇	高崖村	118.800 0	36.350 0
327	古县	41806910	潍河	潍河	专用站	区域代表站	潍坊	诸城	相州镇	古县村	119.433 3	36.200 0
328	郭家亭子	41806120	弥河	大石河	专用站	小河站	潍坊	临朐	城关街道	郭家亭子村	118.533 3	36.550 0
329	刘家屯	41809820	胶莱运河	北胶新河	专用站	区域代表站	潍坊	昌邑	饮马镇	刘家屯村	119.533 3	36.700 0

续附表 1

序号	测站名称	测站编码	水系	河流	测站属性	测站分类	测站地址				经度(°E)	纬度(°N)
							市	县(区)	乡(镇)	村(街道)		
330	吕标	41807960	潍河	涓河	专用站	小河站	潍坊	诸城	龙都街道	吕标村	119.316 7	35.950 0
331	吕庄	41809220	潍河	汶河	专用站	小河站	潍坊	临朐	蒋峪镇	吕庄	118.683 3	36.266 7
332	密州	41808030	潍河	扶淇河	专用站	小河站	潍坊	诸城	密州街道	驻地	119.383 3	36.000 0
333	南河西	41808730	潍河	洪沟河	专用站	小河站	潍坊	安丘	景芝镇	红旗村	119.366 7	36.316 7
334	南王皋	41809150	潍河	汶河	专用站	区域代表站	潍坊	坊子	坊安街道	南王皋村	119.283 3	36.533 3
335	南斜沟	41809850	潍河	五龙河(上)	专用站	小河站	潍坊	高密	大牟家镇	沂塘西村	119.650 0	36.466 7
336	前厥庄	41806530	白浪河	大圩河	专用站	小河站	潍坊	寒亭	双杨街道	前厥庄	119.050 0	36.783 3
337	青田胡	41806170	弥河	丹河	专用站	小河站	潍坊	寿光	稻田镇	青田胡村	118.816 7	36.766 7
338	陶埠	41806660	虞河	丰产河	专用站	小河站	潍坊	昌邑	奎聚街道	陶埠村	119.300 0	36.866 7
339	瓦东	41806670	虞河	丰产河	专用站	小河站	潍坊	昌邑	龙池镇	瓦东村	119.266 7	36.966 7
340	万和屯	41809860	胶莱运河	野沟河	专用站	小河站	潍坊	昌邑	塔尔堡镇	万和屯村	119.533 3	36.533 3
341	潍北场五分厂	41806640	虞河	虞河	专用站	小河站	潍坊	滨海	央子街道	潍北农场五分厂	119.233 3	36.983 3
342	西新庄子	41807925	潍河	太古庄河	专用站	小河站	潍坊	诸城	龙都街道	西新庄子村	119.266 7	35.983 3
343	小河口	41808710	潍河	店子河	专用站	小河站	潍坊	安丘	官庄镇	小河口村	119.166 7	36.200 0
344	小蒋峪	41808740	潍河	汶河	专用站	小河站	潍坊	临朐	蒋峪镇	小蒋峪村	118.683 3	36.283 3
345	阳旭	41809320	潍河	红河	专用站	小河站	潍坊	安丘	凌河镇	阳旭村	119.016 7	36.400 0
346	冶北	41806110	弥河	五井石河	专用站	小河站	潍坊	临朐	冶源镇	冶北村	118.500 0	36.416 7

续附表 1

序号	测站名称	测站编码	水系	河流	测站属性	测站分类	测站地址				经度(°E)	纬度(°N)
							市	县(区)	乡(镇)	村(街道)		
347	潘家沟	41808100	潍河	益民河	专用站	小河站	潍坊	诸城	舜王街道	驻地	119.400 0	36.100 0
348	庙子	418Q4801	小清河	仁河	专用站	小河站	潍坊	青州	庙子镇	庙子村	118.216 7	36.633 3
349	安丘	/	潍河	汶河	专用站	区域代表站	潍坊	安丘	大汶河旅游开发区	逄家村	119.216 7	36.466 7
350	卧铺	418Q1791	小清河	塌河	专用站	区域代表站	潍坊	寿光	羊口镇	卧铺村	118.700 0	37.183 3
351	高庄	418Q1795	小清河	塌河	专用站	小河站	潍坊	青州	高柳镇	高庄村	118.516 7	36.933 3
352	周疃	418Q5911	弥河	弥河	专用站	区域代表站	潍坊	滨海	大家洼街道	周疃村	118.983 3	37.083 3
353	张家车道	418Q7501	潍河	潍河	专用站	大河控制站	潍坊	昌邑	下营镇	张家车道	119.433 3	36.983 3
354	农场三营水文站	418Q6125	弥河	弥河	专用站	区域代表站	潍坊	寿光	羊口镇	农场三营村	118.866 7	37.183 3
355	后营	51200300	运河	梁济运河	基本站	大河控制站	济宁	任城	济阳	后营	116.542 4	35.400 6
356	二级湖闸	51202700	运河	昭阳湖	基本站	大河控制站	济宁	微山	欢城	二级湖闸	116.985 1	34.872 8
357	韩庄闸	51203800	运河	新运河	基本站	大河控制站	济宁	微山	韩庄	韩庄闸	117.367 1	34.593 9
358	黄庄	51206800	南四湖区	洸府河	基本站	区域代表站	济宁	任城	柳行	黄庄	116.631 9	35.428 6
359	贺庄水库	51206900	泗河	泗河	基本站	小河站	济宁	泗水	泉林	贺庄水库	117.533 2	35.636 8
360	书院	51207200	泗河	泗河	基本站	区域代表站	济宁	曲阜	书院	书院	117.001 6	35.634 4
361	波罗树(二)	51207360	泗河	泗河	基本站	区域代表站	济宁	任城	接庄	郑集	116.750 5	35.346 7
362	尼山水库	51207800	泗河	小沂河	基本站	区域代表站	济宁	曲阜	尼山	尼山水库	117.188 2	35.479 9

续附表 1

序号	测站名称	测站编码	水系	河流	测站属性	测站分类	测站地址				经度(°E)	纬度(°N)
							市	县(区)	乡(镇)	村(街道)		
363	马楼	51208000	南四湖区	白马河	基本站	区域代表站	济宁	邹城	太平	高石	116.842 7	35.337 1
364	西苇水库	51208300	南四湖区	大沙河	基本站	区域代表站	济宁	邹城	千泉	西苇水库	117.027 0	35.405 5
365	梁山闸	51211500	运河	洙赵新河	基本站	大河控制站	济宁	嘉祥	纸坊	梁山闸	116.344 6	35.275 7
366	孙庄（二）	51213200	运河	万福河	基本站	区域代表站	济宁	金乡	金乡	十里铺	116.316 7	35.116 7
367	鱼台	51213850	运河	东鱼河	基本站	大河控制站	济宁	鱼台	唐马	赵庄	116.694 4	34.967 9
368	国那里闸	F6001-01	运河	国那里引黄干渠	专用站	小河站	济宁	梁山	代庙	国那里闸	116.033 3	35.966 7
369	陈垓闸	F6001-02	运河	陈垓引黄干渠	专用站	小河站	济宁	梁山	黑虎庙	陈垓闸	115.900 0	35.866 7
370	牛村闸(东)	F6001-03	运河	牛村引泉干渠	专用站	小河站	济宁	汶上	刘楼	牛村闸(东)	116.416 7	35.600 0
371	牛村闸(西)	F6001-04	运河	牛村引泉干渠	专用站	小河站	济宁	汶上	刘楼	牛村闸(西)	116.416 7	35.600 0
372	马村	F6001-05	运河	前进河	专用站	小河站	济宁	嘉祥	马村	马村	116.266 7	35.500 0
373	八里湾	F6001-06	运河	柳长河	专用站	小河站	济宁	梁山	小安山	八里湾泵站	116.183 3	35.916 7
374	邓楼	F6001-07	运河	梁济运河	专用站	小河站	济宁	梁山	韩岗	邓楼泵站	116.183 3	35.733 3
375	长沟	F6001-08	运河	梁济运河	专用站	小河站	济宁	任城	长沟	长沟泵站	116.433 3	35.500 0
376	龙湾店闸	F6010-01	泗河	龙湾店引泗干渠	专用站	小河站	济宁	兖州	谷村	龙湾店闸	116.833 3	35.616 7
377	三河村	F6010-02	泗河	府河	专用站	小河站	济宁	兖州	新兖	三河	116.833 3	35.550 0

续附表 1

序号	测站名称	测站编码	水系	河流	测站属性	测站分类	测站地址				经度(°E)	纬度(°N)
							市	县(区)	乡(镇)	村(街道)		
378	二级湖	F6010-03	南四湖区	昭阳湖	专用站	小河站	济宁	微山	欢城	二级湖	117.016 7	34.883 3
379	八里沟闸	F6013-01	运河	胜利渠	专用站	小河站	济宁	峄城	曹庄	八里沟闸	117.383 3	34.583 3
380	韩庄	F6013-02	运河	老运河	专用站	小河站	济宁	微山	韩庄	韩庄泵站	117.383 3	34.600 0
381	高吴桥(东)	F6037-01	南四湖区	高吴桥引洸干渠	专用站	小河站	济宁	兖州	新驿	高吴桥(东)	116.716 7	35.700 0
382	高吴桥(西)	F6037-02	南四湖区	高吴桥引洸干渠	专用站	小河站	济宁	兖州	新驿	高吴桥(西)	116.716 7	35.700 0
383	林屯	F6037-03	运河	南跃进沟	专用站	小河站	济宁	任城	李营	林屯	116.600 0	35.466 7
384	故县坝	F6042-03	泗河	故县引泗干渠	专用站	小河站	济宁	泗水	中册	故县坝	117.266 7	35.683 3
385	泗水大闸	F6042-04	泗河	泗水引泗干渠	专用站	小河站	济宁	泗水	中册	泗水大闸	117.266 7	35.683 3
386	红旗闸(北)	F6042-05	泗河	红旗引泗干渠	专用站	小河站	济宁	曲阜	防山	红旗闸(北)	117.100 0	35.616 7
387	红旗闸(南)	F6042-06	泗河	红旗引泗干渠	专用站	小河站	济宁	曲阜	防山	红旗闸(南)	117.100 0	35.616 7
388	石腊屯	F6077-03	运河	友谊河	专用站	小河站	济宁	嘉祥	纸坊	石腊屯	116.283 3	35.300 0
389	李山头	F6077-04	运河	导流河	专用站	小河站	济宁	嘉祥	纸坊	李山头	116.283 3	35.283 3
390	石佛	F6088-02	运河	涞河	专用站	小河站	济宁	金乡	兴隆	石佛	116.216 7	34.833 3
391	仇李	F6088-03	运河	引东干渠	专用站	小河站	济宁	金乡	司马	仇李	116.266 7	34.833 3
392	曹庄	F6088-04	运河	苏河	专用站	小河站	济宁	金乡	司马	曹庄	116.316 7	34.850 0

续附表 1

序号	测站名称	测站编码	水系	河流	测站属性	测站分类	测站地址				经度(°E)	纬度(°N)
							市	县(区)	乡(镇)	村(街道)		
393	大王楼	Q0801020	运河	蔡河	专用站	小河站	济宁	任城	喻屯	大王楼	116. 583 3	35. 183 3
394	喻屯	Q0801040	运河	洙赵新河	专用站	小河站	济宁	任城	喻屯	王堌堆	116. 450 0	35. 216 7
395	长沟(一)	Q0802010	运河	大运河	专用站	小河站	济宁	任城	长沟	长沟	116. 416 7	35. 516 7
396	石桥	Q0802030	南四湖区	幸福河	专用站	小河站	济宁	任城	石桥	石桥	116. 683 3	35. 316 7
397	北王	Q0802040	泗河	泗河	专用站	小河站	济宁	任城	石桥	北王	116. 683 3	35. 266 7
398	屯头闸	Q0804010	南四湖区	洸府河	专用站	小河站	济宁	兖州	颜店	屯头	116. 666 7	35. 516 7
399	鲁桥	Q0806030	南四湖区	白马河	专用站	小河站	济宁	微山	鲁桥	鲁桥	116. 716 7	35. 183 3
400	城子庙	Q0806240	运河	大沙河	专用站	小河站	济宁	微山	张楼	城子庙	116. 850 0	34. 933 3
401	姜井	Q0807010	运河	新万福河	专用站	小河站	济宁	鱼台	清河	姜井	116. 466 7	35. 116 7
402	常李寨	Q0807020	运河	老万福河	专用站	小河站	济宁	鱼台	张黄	常李寨	116. 083 3	35. 583 3
403	玉皇庙	Q0807040	运河	西支河	专用站	小河站	济宁	鱼台	谷亭	玉皇庙	116. 666 7	35. 033 3
404	程庄	Q0807050	运河	东鱼河	专用站	小河站	济宁	鱼台	唐马	程庄	116. 733 3	35. 000 0
405	东里	Q0807090	运河	苏鲁边河	专用站	小河站	济宁	鱼台	老砦	东里	116. 783 3	34. 933 3
406	王庙	Q0809250	运河	洙水河	专用站	小河站	济宁	嘉祥	金屯	王庙	116. 533 3	35. 266 7
407	后岗	Q0810020	运河	泉河	专用站	小河站	济宁	汶上	刘楼	后岗	116. 416 7	35. 600 0
408	红旗闸	Q0812010	泗河	泗河	专用站	小河站	济宁	曲阜	防山	南陶洛	117. 100 0	35. 616 7
409	郭楼闸	Q0813010	运河	大运河	专用站	小河站	济宁	梁山	韩垓	郭楼闸	116. 250 0	35. 666 7
410	林屯	51205430	运河	南跃进沟	专用站	小河站	济宁	任城	李营镇	林屯村	116. 466 7	35. 466 7
411	侯店闸	51205650	南四湖区	洸府河	专用站	区域代表站	济宁	兖州	漕河镇	侯店闸	116. 733 3	35. 683 3

续附表 1

序号	测站名称	测站编码	水系	河流	测站属性	测站分类	测站地址				经度（°E）	纬度（°N）
							市	县（区）	乡（镇）	村（街道）		
412	屯头闸	51205750	南四湖区	洸府河	专用站	区域代表站	济宁	兖州	颜店镇	屯头闸	116.666 7	35.516 7
413	新庄闸	51206286	运河	郓城新河	专用站	区域代表站	济宁	嘉祥	梁宝寺镇	新庄闸	116.200 0	35.616 7
414	十里闸	51206405	运河	小汶河	专用站	区域代表站	济宁	汶上	南旺镇	十里闸村	116.333 3	35.616 7
415	大店子	51206705	运河	泉河	专用站	区域代表站	济宁	汶上	南旺镇	大店子村	116.383 3	35.550 0
416	杨庄闸	51206716	运河	赵王河	专用站	区域代表站	济宁	嘉祥	马村镇	杨庄闸	116.383 3	35.500 0
417	红运	51206727	运河	红旗河	专用站	小河站	济宁	嘉祥	红运镇	红运村	116.350 0	35.516 7
418	东石佛	51206850	南四湖区	洸府河	专用站	区域代表站	济宁	任城	许庄街道	东石佛村	116.616 7	35.333 3
419	许庄	51206870	南四湖区	杨家河	专用站	区域代表站	济宁	任城	许庄街道	许庄村	116.666 7	35.433 3
420	汉河头	51207560	泗河	黄沟河	专用站	小河站	济宁	泗水	大黄沟乡	汉河头村	117.466 7	35.666 7
421	东立石	51207760	泗河	济河	专用站	小河站	济宁	泗水	泗河街道	东立石村	117.283 3	35.666 7
422	王庄	51207780	泗河	险河	专用站	区域代表站	济宁	曲阜	王庄乡	王庄村	117.033 3	35.650 0
423	田黄	51207790	泗河	小沂河	专用站	区域代表站	济宁	曲阜	田黄镇	田黄村	117.266 7	35.450 0
424	官寨闸	51207850	泗河	小沂河	专用站	区域代表站	济宁	曲阜	时庄镇	官寨闸	116.516 7	35.566 7
425	孙家	51207870	南四湖区	白马河	专用站	区域代表站	济宁	邹城	平阳寺镇	孙家村	116.850 0	35.416 7
426	鲁桥	51208020	南四湖区	白马河	专用站	区域代表站	济宁	微山	鲁桥镇	鲁桥村	116.716 7	35.183 3
427	毛堂	51208060	南四湖区	望云河	专用站	小河站	济宁	邹城	石墙镇	毛堂村	116.883 3	35.300 0
428	南门口	51208820	运河	老运河	专用站	小河站	济宁	微山	夏镇	南门口村	117.100 0	34.816 7
429	薛河头	51209040	南四湖区	新薛河	专用站	区域代表站	济宁	微山	昭阳镇	薛河头村	117.150 0	34.783 3
430	大王楼	51211860	运河	蔡河	专用站	区域代表站	济宁	微山	侯楼乡	大王楼村	116.500 0	35.200 0

续附表 1

序号	测站名称	测站编码	水系	河流	测站属性	测站分类	测站地址				经度(°E)	纬度(°N)
							市	县(区)	乡(镇)	村(街道)		
431	常李寨	51213450	运河	老万福河	专用站	区域代表站	济宁	鱼台	张黄镇	常李寨村	116.466 7	35.100 0
432	小吴庄	51213470	运河	东沟河	专用站	区域代表站	济宁	鱼台	罗屯乡	小吴庄	116.400 0	35.083 3
433	华村水库	51207500	泗河	黄沟河	专用站	小河站	济宁	泗水	大黄沟乡	华村水库	117.469 7	35.698 3
434	龙湾套水库	51207700	泗河	济河	专用站	小河站	济宁	泗水	泗水镇	龙湾套水库	117.291 5	35.594 5
435	尹城水库	51207720	泗河	芦城河	专用站	小河站	济宁	泗水	金庄镇	尹城水库	117.183 3	35.616 7
436	北望(三)	41500300	大汶河	大汶河	基本站	大河控制站	泰安	高新	北集坡	牟汶河大桥	117.183 3	36.050 0
437	大汶口	41500690	大汶河	大汶河	基本站	大河控制站	泰安	岱岳	大汶口	卫驾庄村	117.083 3	35.950 0
438	戴村坝(三)	41501600	大汶河	大汶河	基本站	大河控制站	泰安	东平	彭集	陈流泽	116.466 7	35.900 0
439	黄前水库	41502800	大汶河	石汶河	基本站	区域代表站	泰安	泰山景区	黄前	黄前水库	117.233 3	36.300 0
440	东周水库	41503000	大汶河	大汶河南支	基本站	区域代表站	泰安	新泰	汶南	东周水库	117.800 0	35.900 0
441	楼德	41503200	大汶河	大汶河南支	基本站	区域代表站	泰安	新泰	楼德	苗庄	117.283 3	35.883 3
442	光明水库	41503400	大汶河	光明河	基本站	小河站	泰安	新泰	小协	光明水库	117.600 0	35.883 3
443	白楼	41504000	大汶河	康王河	基本站	区域代表站	泰安	肥城	桃园	白楼	116.616 7	36.166 7
444	瑞谷庄	41503500	大汶河	羊流河	基本站	小河站	泰安	新泰	果都	瑞谷庄	117.516 7	35.983 3
445	下港	41502700	大汶河	石汶河	基本站	小河站	泰安	岱岳	下港	翟家岭	117.266 7	36.333 3
446	峪峪水库	41500288	大汶河	牧汶河	专用站	小河站	泰安	岱岳	峪峪	纸房	117.433 3	36.150 0
447	小安门水库	41500198	大汶河	公家汶河	专用站	小河站	泰安	岱岳	祝阳	金井北	117.366 7	36.316 7
448	彩山水库	41503550	大汶河	淘河	专用站	小河站	泰安	高新	化马湾	彩山水库	117.383 3	36.083 3
449	山阳水库	41503088	大汶河	良庄河	专用站	小河站	泰安	高新	良庄	小新庄	117.266 7	35.950 0

续附表 1

序号	测站名称	测站编码	水系	河流	测站属性	测站分类	测站地址				经度（°E）	纬度（°N）
							市	县(区)	乡(镇)	村(街道)		
450	胜利水库	41500350	大汶河	漕浊河	专用站	小河站	泰安	岱岳	满庄	胜利水库	117.100 0	36.050 0
451	金斗水库	41503300	大汶河	平阳河	专用站	小河站	泰安	新泰	青云街道	道金斗水	117.783 3	35.950 0
452	苇池水库	41503450	大汶河	羊流河	专用站	小河站	泰安	新泰	羊流	苇池水库	117.566 7	36.050 0
453	贤村水库	41500750	大汶河	海子河	专用站	小河站	泰安	宁阳	磁窑	贤村水库	117.050 0	35.850 0
454	翟家岭	41502710	大汶河	石汶河	专用站	小河站	泰安	泰山景区	下港	翟家岭	117.266 7	36.333 3
455	邱家店	41502850	大汶河	芝田河	专用站	小河站	泰安	泰山	邱家店	居岭庄	117.250 0	36.150 0
456	大河水库	41502910	大汶河	泮汶河	专用站	小河站	泰安	岱岳	粥店街道	大河水库	117.050 0	36.233 3
457	邢家寨	41502930	大汶河	泮汶河	专用站	区域代表站	泰安	高新	北集坡街道	东夏村东南	117.166 7	36.100 0
458	谷里	41503100	大汶河	大汶河南支	专用站	区域代表站	泰安	新泰	谷里	大汶河南支桥东	117.533 3	35.933 3
459	祝福庄水库	41503250	大汶河	干河	专用站	小河站	泰安	新泰	东都	祝福庄水库	117.733 3	35.816 7
460	石河庄水库	41503455	大汶河	羊流河	专用站	小河站	泰安	新泰	羊流	石河庄水库	117.600 0	36.033 3
461	杨庄水库	41503555	大汶河	赵庄河	专用站	小河站	泰安	高新	天宝	杨庄水库	117.400 0	35.983 3
462	直界水库	41503580	大汶河	石固河	专用站	小河站	泰安	宁阳	东庄	直界	117.250 0	35.833 3
463	郑家庄	41503590	大汶河	海子河	专用站	小河站	泰安	宁阳	磁窑	郑家庄	117.083 3	35.916 7
464	马庄	41503615	大汶河	漕浊河	专用站	小河站	泰安	岱岳	马庄	洼口村北	116.950 0	35.983 3
465	东王庄	41503620	大汶河	漕浊河	专用站	区域代表站	泰安	肥城	安驾庄	东王庄	116.833 3	35.950 0
466	尚庄炉水库	41503631	大汶河	小汇河	专用站	小河站	泰安	肥城	安驾庄	尚庄炉水库	116.766 7	36.016 7

续附表 1

序号	测站名称	测站编码	水系	河流	测站属性	测站分类	测站地址				经度(°E)	纬度(°N)
							市	县(区)	乡(镇)	村(街道)		
467	石坞水库	41503926	大汶河	汇河	专用站	小河站	泰安	肥城	仪阳街道	道石坞水库	116.816 7	36.183 3
468	席桥	41504060	大汶河	汇河	专用站	区域代表站	泰安	东平	接山	刘所村北	116.566 7	35.916 7
469	太平屯	41504120	大汶河	东金线河	专用站	小河站	泰安	东平	接山	西杨郭村北	116.600 0	35.950 0
470	吴桃园	51200050	淮河	湖东排水河	专用站	小河站	泰安	东平	沙河站	吴桃园	116.333 3	35.816 7
471	宁阳	51206750	淮河	湖东排水河	专用站	小河站	泰安	宁阳	泗店	岳家庄村东	116.833 3	35.733 3
472	泰安	41500201	大汶河	胜利渠	辅助站	小河站	泰安	泰山	岱庙	东岳大街	117.133 3	36.200 0
473	颜谢	41500401	大汶河	引汶渠	辅助站	小河站	泰安	岱岳	大汶口	颜谢	117.200 0	36.000 0
474	大汶口（南灌渠）	41500501	大汶河	引汶渠	辅助站	小河站	泰安	宁阳	磁窑	茶棚村	117.100 0	35.950 0
475	大汶口（北灌渠）	41500601	大汶河	引汶渠	辅助站	小河站	泰安	岱岳	大汶口	和平村	117.100 0	35.950 0
476	砖舍	41500801	大汶河	引汶渠	辅助站	小河站	泰安	肥城	汶阳	砖舍	116.950 0	35.966 7
477	堽城坝	41500901	大汶河	引汶渠	辅助站	小河站	泰安	宁阳	堽城	堽城坝	116.783 3	35.900 0
478	琵琶山	41501001	淮河	引汶渠	辅助站	小河站	济宁	汶上	军屯	杨庄	116.666 7	35.933 3
479	松山(东)	41501091	淮河	引汶渠	辅助站	小河站	济宁	汶上	军屯	松山东	116.583 3	35.900 0
480	松山	41501101	淮河	引汶渠	辅助站	小河站	济宁	汶上	军屯	松山	116.583 3	35.900 0
481	南城子	41501301	淮河	引汶渠	辅助站	小河站	泰安	东平	彭集	南城子	116.550 0	35.883 3
482	龙门口水库	41503900	大汶河	康王河	辅助站	小河站	泰安	岱岳	道朗	鱼东	116.900 0	36.200 0

续附表 1

序号	测站名称	测站编码	水系	河流	测站属性	测站分类	测站地址				经度(°E)	纬度(°N)
							市	县(区)	乡(镇)	村(街道)		
483	龙池庙水库	41502900	大汶河	大汶河南支	辅助站	小河站	泰安	新泰	龙廷	龙池庙	117.933 3	35.933 3
484	鲍村	41815500	山东沿海诸河	沽河	基本站	小河站	威海	荣成	滕家	鲍村	122.356 1	37.129 7
485	八河水库	41815550	山东沿海诸河	小落河	基本站	小河站	威海	荣成	崂山	八河水库	122.423 6	37.040 2
486	米山水库	41815700	山东沿海诸河	母猪河	基本站	区域代表站	威海	文登	米山	米山水库	121.927 3	37.175 4
487	龙角山水库	41816000	山东沿海诸河	乳山河	基本站	小河站	威海	乳山	育黎	龙角山水库	121.378 6	37.031 9
488	温泉	41815420	山东沿海诸河	五渚河	专用站	小河站	威海	环翠	温泉	温泉栾家店	122.230 6	37.398 6
489	文城	41815850	山东沿海诸河	母猪河	专用站	小河站	威海	文登	龙山	泊子	121.986 1	37.164 7
490	夏村	41816040	山东沿海诸河	崔家河	专用站	小河站	威海	乳山	夏村	崔家	121.484 4	36.893 3
491	崮山水库	41815450	山东沿海诸河	五渚河	专用站	小河站	威海	环翠	崮山	崮山水库	122.228 7	37.324 3
492	所前泊水库	41815460	山东沿海诸河	石家河	专用站	小河站	威海	环翠	泊于	所前泊水库	122.285 0	37.289 3
493	泊于	41815490	山东沿海诸河	石家河	专用站	小河站	威海	环翠	泊于	泊于	122.353 9	37.379 2
494	郭格庄水库	41815510	山东沿海诸河	母猪河	专用站	小河站	威海	环翠	草庙子	郭格庄水库	122.125 7	37.296 9
495	武林水库	41815530	山东沿海诸河	母猪河	专用站	小河站	威海	环翠	尚山	武林水库	122.065 2	37.329 2
496	尚山	41815520	山东沿海诸河	母猪河	专用站	小河站	威海	环翠	尚山	西高格	122.076 7	37.269 7
497	后龙河水库	41815610	山东沿海诸河	沽河	专用站	小河站	威海	荣成	崖头	后龙河水库	122.408 1	37.201 4
498	杨庄	41815640	山东沿海诸河	沽河	专用站	小河站	威海	荣成	崖头	杨庄	122.435 6	37.115 6
499	纸坊水库	41815580	山东沿海诸河	埠柳河	专用站	小河站	威海	荣成	埠柳	纸坊水库	122.426 4	37.324 3

续附表 1

序号	测站名称	测站编码	水系	河流	测站属性	测站分类	测站地址				经度(°E)	纬度(°N)
							市	县(区)	乡(镇)	村(街道)		
500	湾头水库	41815650	山东沿海诸河	小落河	专用站	小河站	威海	荣成	大疃	湾头水库	122.305 6	37.066 4
501	车道	41815590	山东沿海诸河	车道河	专用站	小河站	威海	荣成	寻山	小黄家	122.550 0	37.048 1
502	坤龙邢水库	41815710	山东沿海诸河	青龙河	专用站	小河站	威海	文登	高村	坤龙邢水库	122.200 8	37.141 3
503	高村	41815720	山东沿海诸河	青龙河	专用站	小河站	威海	文登	高村	高村	122.188 3	37.080 8
504	南圈水库	41815810	山东沿海诸河	昌阳河	专用站	小河站	威海	文登	张家产	南圈水库	122.059 1	37.077 6
505	宋村	41815820	山东沿海诸河	昌阳河	专用站	小河站	威海	文登	宋村	石羊	122.013 9	37.058 9
506	道口	41815870	山东沿海诸河	母猪河	专用站	区域代表站	威海	文登	泽头	道口	121.921 7	37.060 0
507	台依水库	41816010	山东沿海诸河	崔家河	专用站	小河站	威海	乳山	夏村	台依水库	121.499 4	36.952 5
508	花家疃水库	41815930	山东沿海诸河	黄垒河	专用站	小河站	威海	乳山	冯家	花家疃水库	121.686 2	37.079 8
509	巫山	41815910	山东沿海诸河	黄垒河	专用站	小河站	威海	乳山	下初	西庄	121.603 3	37.118 6
510	南黄	41815950	山东沿海诸河	黄垒河	专用站	区域代表站	威海	乳山	南黄	南黄	121.805 6	36.979 4
511	于家庄	41816060	山东沿海诸河	乳山河	专用站	区域代表站	威海	乳山	夏村	于家庄	121.456 4	36.937 8
512	院里水库	41816070	山东沿海诸河	司马庄河	专用站	小河站	威海	乳山	乳山寨	院里水库	121.396 4	36.952 5
513	青峰岭水库	51111000	山东沿海诸河	沭河	基本站	区域代表站	日照	莒县	洛河镇	青峰岭水库	118.864 2	35.791 5
514	莒县	51111300	山东沿海诸河	沭河	基本站	区域代表站	日照	莒县	陵阳镇	刘家河口村	118.864 3	35.579 8
515	日照水库	51300100	山东沿海诸河	傅疃河	基本站	区域代表站	日照	东港区	后村镇	日照水库	119.314 3	35.434 5
516	小仕阳水库	51114600	山东沿海诸河	袁公河	基本站	区域代表站	日照	莒县	招贤镇	小仕阳水库	118.979 1	35.743 1

续附表 1

序号	测站名称	测站编码	水系	河流	测站属性	测站分类	测站地址				经度(°E)	纬度(°N)
							市	县(区)	乡(镇)	村(街道)		
517	张宋	F5017-01	山东沿海诸河	渠道	辅助站	区域代表站	日照	莒县	洛河	小张宋	118.859 7	35.711 1
518	杨店子	F5017-02	山东沿海诸河	渠道	辅助站	区域代表站	日照	莒县	城阳	杨店子	118.863 9	35.638 3
519	两城	41812395	山东沿海诸河	潮白河	专用站	区域代表站	日照	东港	两城	两城	119.575 3	35.580 6
520	聂家洪沟	51114620	山东沿海诸河	袁公河	专用站	区域代表站	日照	莒县	峤山	聂家洪沟	118.902 5	35.651 9
521	黄花沟	51114660	山东沿海诸河	柳青河	专用站	区域代表站	日照	莒县	刘官庄	黄花沟	118.798 3	35.535 0
522	三庄	51300070	山东沿海诸河	三庄河	专用站	区域代表站	日照	东港	三庄	三庄	119.165 6	35.493 3
523	夹仓	51300220	山东沿海诸河	傅疃河	专用站	区域代表站	日照	东港	奎山	夹仓	119.437 5	35.341 9
524	范家楼	51300230	山东沿海诸河	范家楼河	专用站	区域代表站	日照	东港	三庄	范家楼	119.145 8	35.506 7
525	陈疃	51300270	山东沿海诸河	鲍疃河	专用站	区域代表站	日照	东港	陈疃	北鲍疃	119.278 9	35.527 5
526	李家谭崖	51300320	山东沿海诸河	巨峰河	专用站	区域代表站	日照	东港	涛雒	李家潭崖	119.319 7	35.267 8
527	大朱曹	51300380	山东沿海诸河	绣针河	专用站	区域代表站	日照	岚山	碑廓	大朱曹	119.237 2	35.135 3
528	马陵水库	51300388	山东沿海诸河	马陵河	专用站	区域代表站	日照	东港	南湖	马陵水库	119.388 6	35.482 5
529	巨峰水库	51300288	山东沿海诸河	巨峰河	专用站	区域代表站	日照	岚山	巨峰	巨峰水库	119.199 2	35.323 3
530	峤山水库	51111188	山东沿海诸河	大石头河	专用站	区域代表站	日照	莒县	峤山	峤山水库	118.936 4	35.630 0
531	十亩子水库	51130000	山东沿海诸河	袁公河	专用站	区域代表站	日照	五莲	石场	十亩子水库	119.151 9	35.633 6
532	河西水库	51114488	潍河	汪湖河	专用站	区域代表站	日照	五莲	汪湖	河西水库	119.080 3	35.930 3
533	小王疃水库	41806188	潍河	小王疃河	专用站	区域代表站	日照	五莲	许孟	小王疃水库	119.344 7	35.844 7

续附表 1

序号	测站名称	测站编码	水系	河流	测站属性	测站分类	测站地址				经度(°E)	纬度(°N)
							市	县(区)	乡(镇)	村(街道)		
534	龙潭沟水库	41812160	山东沿海诸河	潮白河	专用站	区域代表站	日照	五莲	户部	龙潭沟水库	119.342 5	35.708 3
535	户部岭水库	51300188	山东沿海诸河	老支河	专用站	区域代表站	日照	五莲	户部	户部岭水库	119.415 3	35.735 3
536	长城岭水库	41827900	山东沿海诸河	孟河	专用站	区域代表站	日照	五莲	松柏	长城岭水库	119.302 8	35.765 6
537	学庄水库	41806288	潍河	潍河	专用站	区域代表站	日照	五莲	中至	学庄水库	119.106 1	35.715 6
538	五龙堂水文站	51320306	山东沿海诸河	傅疃河	专用站	区域代表站	日照	东港	奎山	崮河崖	119.430 8	35.355 8
539	白鹤观闸	31102700	徒骇马颊	德惠新河	基本站	大河控制站	滨州	无棣	车王	白鹤观闸	117.625 8	37.894 7
540	堡集闸	31104100	徒骇马颊	徒骇河	基本站	大河控制站	滨州	滨城	三河湖	堡集闸	117.864 7	37.506 1
541	小杨家	31105900	徒骇马颊	沙河	基本站	小河站	滨州	惠民	孙武	小杨家	117.529 7	37.450 0
542	博兴	41801410	徒骇马颊	小清河	基本站	大河控制站	滨州	博兴	城东	博昌桥	118.173 6	37.117 2
543	魏桥	41801010	徒骇马颊	小清河	基本站	大河控制站	滨州	邹平	魏桥	魏桥	117.501 4	37.026 7
544	幸福闸	31106050	徒骇马颊	沙河	专用站	小河站	滨州	惠民	孙武	幸福闸	117.516 7	37.450 0
545	黄井闸	31106130	徒骇马颊	勾盘河	专用站	小河站	滨州	阳信	翟王	二十里堡闸	117.555 3	37.579 2
546	东信闸	31106150	徒骇马颊	南支流	专用站	小河站	滨州	惠民	孙武	东信闸	117.474 4	37.554 7
547	袁家闸	31106310	徒骇马颊	白杨河	专用站	小河站	滨州	无棣	棣丰	袁家闸	117.600 0	37.700 3
548	北耿	31106320	徒骇马颊	白杨河	专用站	小河站	滨州	沾化	古城	北耿村	117.797 8	37.728 1
549	佘家闸	31106340	徒骇马颊	清波河	专用站	小河站	滨州	无棣	佘家	佘家闸	117.853 1	37.811 7
550	关庄子	31106350	徒骇马颊	仝家河	专用站	小河站	滨州	无棣	西小王	关庄子村	117.893 1	37.885 0

续附表 1

序号	测站名称	测站编码	水系	河流	测站属性	测站分类	测站地址				经度(°E)	纬度(°N)
							市	县(区)	乡(镇)	村(街道)		
551	箭里	31106360	徒骇马颊	朱龙河	专用站	小河站	滨州	无棣	西小王	箭里村	117.890 0	37.908 6
552	常家闸	31106370	徒骇马颊	郝家沟	专用站	小河站	滨州	无棣	柳堡	常家闸	117.818 9	37.967 5
553	瓦刀赵	31106610	徒骇马颊	潮河	专用站	小河站	滨州	滨城	滨北	瓦刀赵村	117.939 4	37.575 6
554	贾家	31106620	徒骇马颊	潮河	专用站	小河站	滨州	沾化	泊头	贾家村	118.060 0	37.590 0
555	沾东	31106630	徒骇马颊	潮河	专用站	小河站	滨州	沾化	富源	沾化城东	118.183 3	37.700 0
556	前韩	31106640	徒骇马颊	西沙河	专用站	小河站	滨州	滨城	杨柳雪	前韩村	117.916 7	37.416 9
557	坊子	31106650	徒骇马颊	新立河	专用站	小河站	滨州	滨城	杨柳雪	坊子村	117.992 5	37.433 3
558	仓头王	31106660	徒骇马颊	朝阳河	专用站	小河站	滨州	滨城	秦皇台	仓头王村	118.072 2	37.487 2
559	刘官闸	41800080	山东沿海诸河	支脉河	专用站	小河站	滨州	博兴	吕艺	刘官闸	118.333 3	37.208 1
560	堤上闸	41800205	山东沿海诸河	三号支沟	专用站	小河站	滨州	博兴	城东	堤上闸	118.199 2	37.183 3
561	王文闸	41800235	山东沿海诸河	北支新河	专用站	小河站	滨州	博兴	纯化	王文闸	117.333 6	37.233 6
562	刘套	41803440	山东沿海诸河	杏花河	专用站	小河站	滨州	邹平	焦桥	刘套村	117.816 7	37.049 4
563	胜利闸	41803860	山东沿海诸河	胜利河	专用站	小河站	滨州	邹平	高新	胜利闸	117.817 2	36.916 9
564	利群闸	41803870	山东沿海诸河	孝妇河	专用站	小河站	滨州	邹平	高新	利群闸	117.833 3	36.922 5
565	孙马村闸	311Q2050	徒骇马颊	马颊河	专用站	小河站	滨州	无棣	碣石山	孙马村闸	117.650 6	38.011 7
566	坝上闸	311Q4030	徒骇马颊	徒骇河	专用站	小河站	滨州	沾化	富国	坝上闸	118.087 2	37.015 0
567	下洼闸	311Q4040	徒骇马颊	秦口河	专用站	小河站	滨州	沾化	下洼	下洼闸	117.889 2	37.702 5

续附表 1

序号	测站名称	测站编码	水系	河流	测站属性	测站分类	测站地址				经度(°E)	纬度(°N)
							市	县(区)	乡(镇)	村(街道)		
568	恩县洼	31001700	南运河	恩县洼	基本站	区域代表站	德州	武城	四女寺	牛角峪闸	116.254 2	37.355 8
569	四女寺闸(南)	31000301	南运河	南运河	基本站	大河控制站	德州	武城	四女寺	四女寺闸	116.233 6	37.364 2
570	四女寺闸(减)	31001800	南运河	四女寺减河	基本站	大河控制站	德州	武城	四女寺	四女寺闸	116.235 3	37.360 0
571	四女寺闸(漳)	31001801	南运河	漳卫新河	基本站	大河控制站	德州	武城	四女寺	四女寺闸	116.235 3	37.360 3
572	庆云闸	31001901	南运河	漳卫新河	基本站	大河控制站	德州	庆云	庆云	庆云闸	117.385 0	37.848 3
573	武城	31004800	南运河	六六河	基本站	区域代表站	德州	武城	武城	董前坡	116.090 0	37.231 4
574	李家桥闸	31101201	马颊河	马颊河	基本站	大河控制站	德州	德城	黄河涯	李家桥闸	116.359 7	37.286 1
575	大道王闸	31101901	马颊河	马颊河	基本站	大河控制站	德州	庆云	常家	大道王闸	117.449 4	37.798 3
576	郑店闸	31102601	德惠新河	德惠新河	基本站	区域代表站	德州	乐陵	郑店	郑店闸	117.152 5	37.387 2
577	宫家闸	31103801	徒骇河	徒骇河	基本站	大河控制站	德州	临邑	临南	宫家闸	116.815 6	36.998 1
578	刘连屯闸	31105601	徒骇河	赵牛河	基本站	区域代表站	德州	齐河	大黄	刘连屯闸	117.814 4	36.965 3
579	吕洼闸	31004701	南运河	堤下旧城河	专用站	小河站	德州	武城	杨庄	吕洼闸	115.866 7	37.083 3
580	卧虎庄	31004715	南运河	利民河	专用站	小河站	德州	武城	滕庄	卧虎庄	116.200 0	37.350 0
581	礼仪庄	31004725	南运河	利民河	专用站	小河站	德州	武城	滕庄	礼义庄	116.183 3	37.350 0
582	王庄闸	31004736	南运河	六五河	专用站	小河站	德州	夏津	南城	王庄闸	116.016 7	36.966 7
583	侯王庄	31004740	南运河	六五河	专用站	小河站	德州	武城	武城	侯王庄	116.133 3	37.166 7
584	东张庄	31004750	南运河	六五河	专用站	小河站	德州	武城	郝王庄	东张庄	116.216 7	37.333 3

续附表 1

序号	测站名称	测站编码	水系	河流	测站属性	测站分类	测站地址				经度(°E)	纬度(°N)
							市	县(区)	乡(镇)	村(街道)		
585	张菜	31004760	南运河	宁津新河	专用站	小河站	德州	宁津	时集	张菜	116.766 7	37.666 7
586	刘营伍	31004770	南运河	宁北河	专用站	小河站	德州	宁津	刘营伍	刘营伍	116.783 3	37.733 3
587	隋庄	31102470	马颊河	笃马河	专用站	小河站	德州	平原	平原	隋庄	116.066 7	37.133 3
588	桥头孙闸	31102481	马颊河	马颊河故道	专用站	小河站	德州	陵城	徽王庄	桥头孙闸	116.633 3	37.483 3
589	陈家闸	31102491	马颊河	朱家河	专用站	小河站	德州	陵城	宋家	陈家闸	116.916 7	37.550 0
590	东靳家	31102520	马颊河	笃马河	专用站	小河站	德州	陵城	神头	东靳家	116.733 3	37.416 7
591	大孙	31102540	马颊河	跃丰河	专用站	小河站	德州	乐陵	大孙	大孙	116.966 7	37.816 7
592	王皮闸	31102551	马颊河	跃丰河	专用站	小河站	德州	乐陵	郭家	王皮闸	117.150 0	37.733 3
593	王郑家	31102715	德惠新河	禹临河	专用站	小河站	德州	临邑	临盘	王郑家	116.733 3	37.183 3
594	宫家闸	31102720	德惠新河	引徒总干渠	专用站	小河站	德州	临邑	临南	宫家	116.816 7	37.000 0
595	穆家桥	31102740	马颊河	跃丰河	专用站	小河站	德州	乐陵	郑店	穆家桥	117.066 7	37.483 3
596	大胡楼闸	31102746	德惠新河	大胡楼干沟	专用站	小河站	德州	庆云	常家	大胡楼闸	117.516 7	37.733 3
597	郭庄闸	31105401	徒骇河	老赵牛河	专用站	小河站	德州	齐河	华店	郭庄闸	116.633 3	36.816 7
598	戚家桥	31105450	徒骇河	老赵牛河	专用站	小河站	德州	禹城	二十里堡	戚家桥	116.683 3	36.916 7
599	西魏	31105720	徒骇河	邓金河	专用站	小河站	德州	齐河	晏城	西魏	116.733 3	36.816 7
600	第三店	311Q0301	南运河	南运河	专用站	小河站	德州	德城	区二屯	第三店	116.304 7	37.555 6
601	穆庄闸	311Q1931	马颊河	宁陵输水渠	专用站	小河站	德州	宁津	大曹	穆庄	116.575 8	37.585 8

续附表 1

序号	测站名称	测站编码	水系	河流	测站属性	测站分类	测站地址				经度(°E)	纬度(°N)
							市	县(区)	乡(镇)	村(街道)		
602	西葛勇闸	311Q1921	马颊河	北四分干	专用站	小河站	德州	宁津	柴胡店	西葛勇闸	116.918 9	37.605 3
603	大淀闸	311Q1910	马颊河	马颊河	专用站	小河站	德州	庆云	严务	大淀闸	117.560 0	37.888 9
604	赵棒棰闸	311Q2580	德惠新河	德惠新河	专用站	小河站	德州	临邑	林子	赵棒棰闸	116.875 8	37.338 6
605	张茂寨闸	311Q1210	马颊河	北四分干渠	专用站	小河站	德州	临邑	德平	张茂寨闸	116.900 0	37.500 0
606	郭桥闸	311Q1220	马颊河	马颊河	专用站	小河站	德州	临邑	满家	郭桥闸	116.874 7	37.514 4
607	韩刘闸	311Q5650	徒骇河	韩刘引黄干渠	专用站	小河站	德州	齐河	赵官	韩刘闸	116.600 0	36.500 0
608	务头闸	311Q5671	马颊河	潘庄引黄干渠	专用站	小河站	德州	齐河	务头	务头闸	116.481 1	36.645 6
609	王凤楼闸	311Q2561	德惠新河	德惠新河	专用站	小河站	德州	平原	王凤楼	王凤楼闸	116.553 9	37.200 8
610	豆腐窝闸	311Q5630	徒骇河	豆腐窝引黄干渠	专用站	小河站	德州	齐河	贾市	豆腐窝闸	116.750 0	36.650 0
611	辛章站	311Q5690	马颊河	潘庄引黄干渠	专用站	小河站	德州	平原	王庙	辛章	116.430 0	36.970 0
612	津期店闸	311Q1951	马颊河	马颊河	专用站	小河站	德州	夏津	雷集	津期店闸	116.133 3	36.916 7
613	津期店泵站	311Q1160	马颊河	马颊河	专用站	小河站	德州	夏津	雷集	津期店	116.133 3	36.916 7
614	大桥闸	311Q1230	马颊河	马颊河	专用站	小河站	德州	乐陵	寨头堡	大桥闸	117.200 0	37.666 7
615	马言庄闸	311F1250	南运河	旧城河	辅助站	小河站	德州	武城	武城	马言庄闸	116.283 3	37.200 0
616	白桥闸	311F2510	南运河	马减横河	辅助站	小河站	德州	陵城	抬头寺	乡白桥闸	116.383 3	37.416 7

续附表 1

序号	测站名称	测站编码	水系	河流	测站属性	测站分类	测站地址				经度(°E)	纬度(°N)
							市	县(区)	乡(镇)	村(街道)		
617	杨庄闸	311F2520	马颊河	杨庄沟	辅助站	小河站	德州	陵城	袁桥	杨庄闸	116.400 0	37.416 7
618	大位闸	311F1940	马颊河	引黄十三分干渠	辅助站	小河站	德州	平原	腰站	大位闸	116.266 7	37.066 7
619	尚庙闸	311F5700	马颊河	潘庄引黄干渠	辅助站	小河站	德州	平原	芦坊	尚庙闸	116.350 0	37.100 0
620	小王庄扬水站	311F1980	南运河	旧城河	辅助站	小河站	德州	平原	王果铺	小王庄	116.350 0	37.216 7
621	辛店闸	311F1990	南运河	沙杨河	辅助站	小河站	德州	德城	黄河涯	辛店	116.300 0	37.316 7
622	西宗闸	311F1240	德惠新河	马一德河	辅助站	小河站	德州	庆云	大靳	西宗闸	117.400 0	37.766 7
623	前油房闸	311F5710	德惠新河	西普天河	辅助站	小河站	德州	禹城	辛寨	前油房闸	116.450 0	36.866 7
624	武庄渡槽	311F5680	德惠新河	潘庄引黄干渠	辅助站	小河站	德州	禹城	安仁	武庄	116.533 3	36.883 3
625	藏庄闸	311F5640	德惠新河	东普天河	辅助站	小河站	德州	禹城	房寺	镇藏庄闸	116.583 3	36.900 0
626	赵棒棰闸	311F2570	马颊河	北四分干渠	辅助站	小河站	德州	临邑	林子	赵棒棰闸	116.866 7	37.333 3
627	宫家渡槽	311F5620	德惠新河	李家岸引黄干渠	辅助站	小河站	德州	临邑	临南	宫家	116.816 7	37.000 0
628	季家寨闸	311F2630	德惠新河	引徒总干渠	辅助站	小河站	德州	临邑	临邑	季家寨闸	116.866 7	37.266 7
629	前尹闸	311F2590	德惠新河	胜利沟	辅助站	小河站	德州	乐陵	郑店	前尹闸	117.100 0	37.483 3
630	常庄闸	311F2610	德惠新河	常庄沟	辅助站	小河站	德州	乐陵	郑店	常庄闸	117.166 7	37.483 3
631	潘庄闸	311F5660	马颊河	潘庄引黄干渠	辅助站	小河站	德州	齐河	马集	潘庄闸	116.550 0	36.416 7

续附表 1

序号	测站名称	测站编码	水系	河流	测站属性	测站分类	测站地址				经度(°E)	纬度(°N)
							市	县(区)	乡(镇)	村(街道)		
632	李家岸闸	31105670	德惠新河	李家岸引黄干渠	辅助站	小河站	德州	齐河	晏城	李家岸闸	116.850 0	36.733 3
633	临清	31000100	漳卫河	南运河	基本站	大河控制站	聊城	临清	先锋街道	健康街	115.683 3	36.850 0
634	南陶	31004600	漳卫河	卫河	基本站	区域代表站	聊城	冠县	东古城	东陶	115.316 7	36.533 3
635	王铺闸	31100500	徒骇马颊	马颊河	基本站	大河控制站	聊城	东昌府	堂邑镇	王铺村	115.783 3	36.533 3
636	聊城	31103210	徒骇马颊	徒骇河	基本站	区域代表站	聊城	东昌府	柳园街道	柳园社区	116.016 7	36.450 0
637	刘桥闸	31103500	徒骇马颊	徒骇河	基本站	大河控制站	聊城	高唐	杨屯镇	刘桥村	116.300 0	36.800 0
638	贾庄	31104900	徒骇马颊	西新河	基本站	小河站	聊城	东昌府	闫寺	刁庄	115.933 3	36.533 3
639	花牛陈	31104950	徒骇马颊	茌中河	专用站	小河站	聊城	茌平	城关	花牛陈	116.250 0	35.533 3
640	旦镇闸	31105720	徒骇马颊	中心河	专用站	小河站	聊城	东阿	牛角店	旦镇	116.433 3	36.466 7
641	太平庄闸	31102450	徒骇马颊	沙河沟	专用站	小河站	聊城	高唐	汇鑫	太平庄	116.183 3	36.900 0
642	南五里闸	31104960	徒骇马颊	七里河	专用站	小河站	聊城	高唐	姜店	五里	116.216 7	36.733 3
643	董姑桥闸	31102440	徒骇马颊	唐公沟	专用站	小河站	聊城	高唐	梁村	董姑桥	116.266 7	36.983 3
644	白庄闸	31104920	徒骇马颊	茌新河	专用站	小河站	聊城	茌平	胡屯	白庄	116.216 7	36.650 0
645	高庄	31102410	徒骇马颊	裕民渠	专用站	小河站	聊城	临清	金郝庄	高庄	115.950 0	36.833 3
646	崔庞庄	31102220	徒骇马颊	冠堂渠	专用站	小河站	聊城	冠县	贾庄	崔庞庄	115.600 0	36.516 7
647	后东汪	31102240	徒骇马颊	青年河	专用站	小河站	聊城	冠县	清水	后东汪	115.566 7	36.616 7
648	张盘闸	31102210	徒骇马颊	冠堂渠	专用站	小河站	聊城	冠县	斜店	张盘	115.416 7	36.466 7

续附表 1

序号	测站名称	测站编码	水系	河流	测站属性	测站分类	测站地址				经度(°E)	纬度(°N)
							市	县(区)	乡(镇)	村(街道)		
649	车庄	31004670	徒骇马颊	车庄沟	专用站	小河站	聊城	临清	唐元	房厂	115.633 3	36.800 0
650	后高庙	31104710	徒骇马颊	俎店渠	专用站	小河站	聊城	莘县	莘亭办事处	后高庙	115.616 7	36.250 0
651	前屯	31104810	徒骇马颊	赵王河	专用站	小河站	聊城	阳谷	安乐	前屯	115.916 7	36.183 3
652	俞楼	31104660	徒骇马颊	新金线河	专用站	小河站	聊城	阳谷	西湖	俞楼	115.666 7	36.083 3
653	道口铺	31104890	徒骇马颊	西新河	专用站	小河站	聊城	东昌府	道口铺	道口铺村	115.866 7	36.466 7
654	邱庙	31104850	徒骇马颊	周公河	专用站	小河站	聊城	东昌府	新区办事处	邱庙	115.966 7	36.500 0
655	邢庄闸	31104870	徒骇马颊	四新河	专用站	小河站	聊城	东昌府	于集	邢庄	116.066 7	36.333 3
656	孟屯	31104830	徒骇马颊	赵王河	专用站	小河站	聊城	阳谷	郭店屯	孟屯	115.933 3	36.300 0
657	梁庄	31104860	徒骇马颊	周公河	专用站	小河站	聊城	开发区	北城办事处	梁庄	116.016 7	36.500 0
658	大李官屯	31104880	徒骇马颊	四新河	专用站	小河站	聊城	开发区	东城办事处	大李官屯	116.083 3	36.450 0
659	刁庄	31104905	徒骇马颊	西新河	专用站	小河站	聊城	东昌府	阎寺办事处	刁庄	115.933 3	36.550 0
660	张秋(金)	41403000	金堤河	金堤河	专用站	大河控制站	聊城	阳谷	张秋	张秋	116.033 3	36.016 7
661	陶城铺闸	311F3155	徒骇马颊	陶城铺引黄干渠	辅助站	小河站	聊城	阳谷	阿城	陶城铺	116.100 0	36.116 7
662	郭口闸	311F3710	徒骇马颊	郭口引黄干渠	辅助站	小河站	聊城	东阿	大桥	郭口闸	116.333 3	36.300 0
663	兴隆村	311F3450	徒骇马颊	位山引黄一干渠	辅助站	小河站	聊城	东阿	顾官屯	兴隆	116.133 3	36.300 0

续附表 1

序号	测站名称	测站编码	水系	河流	测站属性	测站分类	测站地址				经度(°E)	纬度(°N)
							市	县(区)	乡(镇)	村(街道)		
664	位山闸(西)	311F3420	徒骇马颊	位山引黄干渠	辅助站	小河站	聊城	东阿	关山	位山	116. 133 3	36. 133 3
665	位山闸(东)	311F3430	徒骇马颊	位山引黄干渠	辅助站	小河站	聊城	东阿	关山	位山	116. 133 3	36. 133 3
666	薛王刘闸	311F1110	徒骇马颊	马颊河	辅助站	大河控制站	聊城	临清	位湾	薛王刘	115. 933 3	36. 683 3
667	尹庄	311F3480	徒骇马颊	位山引黄二干渠	辅助站	小河站	聊城	高唐	清平	尹庄	116. 100 0	36. 633 3
668	李奇庄闸	311F1120	徒骇马颊	马颊河	辅助站	大河控制站	聊城	高唐	三十里铺	李奇庄	116. 100 0	36. 883 3
669	刘桥(涵闸)	311F3440	徒骇马颊	老徒骇河	辅助站	小河站	聊城	高唐	杨屯	刘桥	116. 300 0	36. 800 0
670	乜村闸	310F0200	漳卫河	乜村干渠	辅助站	小河站	聊城	冠县	东古城	乜村闸	115. 300 0	36. 466 7
671	班庄闸	311F0430	徒骇马颊	冠县一干渠	辅助站	小河站	聊城	冠县	斜店	班庄	115. 300 0	36. 416 7
672	头闸口	310F0500	漳卫河	头闸口干渠	辅助站	小河站	聊城	临清	城关	头闸口	115. 683 3	36. 833 3
673	入卫口	311F2600	徒骇马颊	位山引黄三干渠	辅助站	小河站	聊城	临清	南关	南关村	115. 683 3	36. 833 3
674	石槽	311F2500	徒骇马颊	引黄济德干渠	辅助站	小河站	聊城	临清	石槽	石槽村	115. 766 7	36. 900 0
675	李圈闸	310F0400	漳卫河	李圈干渠	辅助站	小河站	聊城	临清	烟店	李圈	115. 533 3	36. 700 0
676	王庄闸	310F0300	漳卫河	王庄干渠	辅助站	小河站	聊城	临清	烟店	王庄	115. 433 3	36. 700 0
677	陈口	311F3170	徒骇马颊	位山引黄二干渠	辅助站	小河站	聊城	东昌府	柳园办事处	陈口	116. 016 7	36. 466 7

续附表 1

序号	测站名称	测站编码	水系	河流	测站属性	测站分类	测站地址				经度(°E)	纬度(°N)
							市	县(区)	乡(镇)	村(街道)		
678	乐平铺分干	311F3460	徒骇马颊	位山引黄一干渠	辅助站	小河站	聊城	茌平	乐平铺	乐平铺村	116.266 7	36.433 3
679	小高	311F3470	徒骇马颊	位山引黄一干渠	辅助站	小河站	聊城	茌平	胡屯	小高	116.266 7	36.700 0
680	四河头闸	311F3130	徒骇马颊	徒骇河	辅助站	大河控制站	聊城	东昌府	柳园办事处	四河头	115.966 7	36.416 7
681	王铺闸(进)	311F0440	徒骇马颊	位山引黄三干渠	辅助站	小河站	聊城	东昌府	堂邑	王铺村	115.783 3	36.533 3
682	王铺闸(出)	311F0450	徒骇马颊	位山引黄三干渠	辅助站	小河站	聊城	东昌府	堂邑	王铺村	115.783 3	36.533 3
683	王堤口闸	311F3125	徒骇马颊	徒骇河	辅助站	大河控制站	聊城	东昌府	朱老庄镇	王堤口	115.866 7	36.316 7
684	张炉集	311F0460	徒骇马颊	位山引黄三干渠	辅助站	小河站	聊城	东昌府	张炉集	张炉集	115.800 0	36.433 3
685	李凤桃闸	311F3120	徒骇马颊	徒骇河	辅助站	大河控制站	聊城	莘县	城关	李凤桃	115.733 3	36.266 7
686	杨庄闸	311F3115	徒骇马颊	徒骇河	辅助站	大河控制站	聊城	莘县	城关	杨庄	115.650 0	36.216 7
687	毕屯	311F3110	徒骇马颊	徒骇河	辅助站	大河控制站	聊城	莘县	董杜庄	毕屯	115.500 0	36.133 3
688	仲子庙闸	311F3145	徒骇马颊	仲子庙干渠	辅助站	小河站	聊城	莘县	古城	仲子庙	115.633 3	35.933 3
689	东池闸	311F3135	徒骇马颊	东池干渠	辅助站	小河站	聊城	莘县	古云	东池	115.366 7	35.800 0
690	高堤口闸	311F3160	徒骇马颊	彭楼引黄灌渠	辅助站	小河站	聊城	莘县	古云	高堤口	115.400 0	35.833 3
691	甘寨闸	311F0420	徒骇马颊	马颊河	辅助站	大河控制站	聊城	莘县	位庄	甘寨	115.583 3	36.350 0

续附表 1

序号	测站名称	测站编码	水系	河流	测站属性	测站分类	测站地址				经度(°E)	纬度(°N)
							市	县(区)	乡(镇)	村(街道)		
692	道口闸	311F3140	徒骇马颊	道口干渠	辅助站	小河站	聊城	莘县	樱桃园	道口	115.466 7	35.883 3
693	马村闸	311F0410	徒骇马颊	马颊河	辅助站	大河控制站	聊城	莘县	张鲁	马村	115.516 7	36.266 7
694	张秋闸	311F3150	徒骇马颊	小运河	辅助站	小河站	聊城	阳谷	张秋	堤口	116.000 0	36.050 0
695	老赵庄	311Q3020	徒骇马颊	赵牛新河	专用站	小河站	聊城	东阿	高集	老赵庄	116.400 0	36.533 3
696	乐平铺	311Q4030	徒骇马颊	位山引黄一干渠	专用站	小河站	聊城	茌平	乐平铺	乐平铺	116.266 7	36.433 3
697	信源水库	311Q4050	徒骇马颊	位山引黄一干渠	专用站	小河站	聊城	茌平	信发办事处	信发街道	116.216 7	36.566 7
698	刘营	311Q3050	徒骇马颊	巴公河	专用站	小河站	聊城	东阿	牛角店	刘营	116.266 7	36.466 7
699	四湖水库	311Q5030	徒骇马颊	位山引黄二干渠	专用站	小河站	聊城	高唐	汇鑫办事处	鱼丘湖街道	116.216 7	36.850 0
700	南王水库	311Q5040	徒骇马颊	位山引黄二干渠	专用站	小河站	聊城	高唐	汇鑫办事处	南王	116.216 7	36.850 0
701	杜洼	311Q3090	徒骇马颊	裕民渠	专用站	小河站	聊城	临清	金郝庄	杜洼	116.016 7	36.833 3
702	裴庄闸	311Q3080	徒骇马颊	马颊河	专用站	大河控制站	聊城	高唐	王浩屯	裴庄	116.033 3	36.833 3
703	张洼闸	311Q3070	徒骇马颊	马颊河	专用站	大河控制站	聊城	冠县	定远寨	张洼	115.700 0	36.466 7
704	倪屯	311Q6010	徒骇马颊	位山引黄三干渠	专用站	小河站	聊城	冠县	柳林	倪屯	115.750 0	36.583 3
705	斜店	311Q4010	徒骇马颊	彭楼引黄干渠	专用站	小河站	聊城	冠县	斜店	斜店	115.350 0	36.416 7

续附表 1

序号	测站名称	测站编码	水系	河流	测站属性	测站分类	测站地址				经度（°E）	纬度（°N）
							市	县（区）	乡（镇）	村（街道）		
706	岳胡庄	311Q5090	徒骇马颊	位山引黄三干渠	专用站	小河站	聊城	冠县	辛集	胡庄	115.766 7	36.533 3
707	东贾牌	311Q6020	徒骇马颊	位山引黄三干渠	专用站	小河站	聊城	临清	八岔路	东贾牌	115.750 0	36.566 7
708	红旗水库	311Q6030	徒骇马颊	位山引黄三干渠	专用站	小河站	聊城	临清	先锋办事处	张官屯	115.700 0	36.866 7
709	戴桥	311Q5020	徒骇马颊	位山引黄二干渠	专用站	小河站	聊城	开发区	北城办事处	戴桥	116.033 3	36.550 0
710	马明智	311Q4040	徒骇马颊	位山引黄一干渠	专用站	小河站	聊城	开发区	广平	马明智	116.166 7	36.500 0
711	东昌湖	311Q2070	徒骇马颊	小运河	专用站	小河站	聊城	东昌府	柳园街道	柳园社区	115.800 0	36.400 0
712	谭庄水库	311Q5010	徒骇马颊	位山引黄二干渠	专用站	小河站	聊城	东昌府	凤凰办事处	谭庄	115.966 7	36.350 0
713	周店（二干）	311Q4090	徒骇马颊	位山引黄二干渠	专用站	小河站	聊城	东昌府	凤凰办事处	周店	116.133 3	36.283 3
714	周店（三干）	311Q5050	徒骇马颊	位山引黄三干渠	专用站	小河站	聊城	东昌府	凤凰办事处	周店	116.133 3	36.283 3
715	放马厂水库	311Q5080	徒骇马颊	位山引黄三干渠	专用站	小河站	聊城	东昌府	堂邑	放马场	115.750 0	36.500 0
716	王堤口	311Q5070	徒骇马颊	位山引黄三干渠	专用站	小河站	聊城	东昌府	朱老庄镇	王堤口	115.866 7	36.316 7
717	耿庄	311Q5060	徒骇马颊	位山引黄三干渠	专用站	小河站	聊城	东昌府	许营	耿庄	116.083 3	36.233 3

续附表 1

序号	测站名称	测站编码	水系	河流	测站属性	测站分类	测站地址				经度(°E)	纬度(°N)
							市	县(区)	乡(镇)	村(街道)		
718	袁庙闸	311Q1080	徒骇马颊	徒骇河	专用站	大河控制站	聊城	莘县	观城	袁庙	115.400 0	35.883 3
719	务庄闸	311Q3060	徒骇马颊	马颊河	专用站	大河控制站	聊城	莘县	河店	务庄	115.666 7	36.383 3
720	东于屯	311Q2040	徒骇马颊	新金线河	专用站	小河站	聊城	莘县	十八里铺	于屯	115.716 7	36.166 7
721	滑营闸	311Q1090	徒骇马颊	徒骇河	专用站	大河控制站	聊城	莘县	俎店	滑营	115.583 3	36.166 7
722	明堤闸	311Q1050	徒骇马颊	明堤干渠	专用站	小河站	聊城	阳谷	李台	明堤	115.683 3	35.950 0
723	八里庙(上)	311Q1070	徒骇马颊	八里庙干渠	专用站	小河站	聊城	阳谷	寿张	八里庙	115.883 3	36.000 0
724	八里庙(下)	311Q1071	徒骇马颊	八里庙干渠	专用站	小河站	聊城	阳谷	寿张	八里庙	115.883 3	36.000 0
725	赵升白闸	311Q1060	徒骇马颊	赵升白干渠	专用站	小河站	聊城	阳谷	寿张	赵白	115.800 0	35.983 3
726	跋山水库	51100300	沂沭河	沂河	基本站	区域代表站	临沂	沂水	沂城	跋山水库	118.550 3	35.894 4
727	斜午	51100600	沂沭河	沂河	基本站	区域代表站	临沂	沂水	许家湖	沙窝	118.598 3	35.669 7
728	葛沟	51100800	沂沭河	沂河	基本站	大河控制站	临沂	河东	汤头	葛沟	118.482 8	35.352 8
729	临沂	51101100	沂沭河	沂河	基本站	大河控制站	临沂	河东	芝麻墩	冠亚星城	118.391 4	35.020 3
730	刘家道口	51101202	沂沭河	沂河	基本站	大河控制站	临沂	郯城	李庄	刘家道口	118.430 8	34.932 5
731	马头	51101700	沂沭河	沂河	基本站	大河控制站	临沂	郯城	马头	马头	118.244 2	34.653 1
732	蒙阴(二)	51103300	沂沭河	东汶河	基本站	区域代表站	临沂	蒙阴	蒙阴	五里铺	117.958 3	35.685 0
733	岸堤水库	51103400	沂沭河	东汶河	基本站	区域代表站	临沂	蒙阴	垛庄	岸堤水库	118.120 8	35.684 4
734	傅旺庄	51103600	沂沭河	东汶河	基本站	区域代表站	临沂	沂南	依汶	龙汪圈	118.356 1	35.596 4

续附表 1

序号	测站名称	测站编码	水系	河流	测站属性	测站分类	测站地址				经度(°E)	纬度(°N)
							市	县(区)	乡(镇)	村(街道)		
735	水明崖	51104000	沂沭河	梓河	基本站	区域代表站	临沂	蒙阴	坦埠	水明崖	118.173 1	35.783 6
736	前城子	51103900	沂沭河	桃墟河	基本站	小河站	临沂	蒙阴	桃墟	前城子	117.995 0	35.611 7
737	高里	51104100	沂沭河	蒙河	基本站	区域代表站	临沂	兰山	李官	王家庄	118.375 8	35.340 3
738	姜庄湖(二)	51104200	沂沭河	祊河	基本站	区域代表站	临沂	费	探沂	许由城	118.145 8	35.212 5
739	角沂	51104500	沂沭河	祊河	基本站	大河控制站	临沂	兰山	兰山	沟上	118.300 6	35.119 2
740	唐村水库	51104700	沂沭河	浚河	基本站	区域代表站	临沂	平邑	流峪	唐村水库	117.556 1	35.428 9
741	王家邵庄	51105000	沂沭河	温凉河	基本站	小河站	临沂	费	梁邱	王家邵庄	117.715 8	35.146 1
742	许家崖水库	51105200	沂沭河	温凉河	基本站	区域代表站	临沂	费	费城	许家崖水库	117.878 9	35.193 3
743	棠梨树	51105400	沂沭河	石井河	基本站	小河站	临沂	费	梁邱	棠梨树	117.778 6	35.117 5
744	沙沟水库	51110700	沂沭河	沭河	基本站	小河站	临沂	沂水	沙沟	沙沟水库	118.634 7	36.045 6
745	石拉渊	51111500	沂沭河	沭河	基本站	大河控制站	临沂	河东	八湖	石拉渊	118.650 8	35.229 4
746	大官庄	51111901	沂沭河	新沭河	基本站	大河控制站	临沂	临沭	石门	大官庄	118.554 2	34.801 4
747	窑上	51113200	沂沭河	老沭河	基本站	大河控制站	临沂	郯城	归义	窑上	118.428 9	34.632 8
748	陡山水库	51114800	沂沭河	浔河	基本站	区域代表站	临沂	莒南	大店	陡山水库	118.853 1	35.327 5
749	官坊街	51115100	沂沭河	官坊河	基本站	小河站	临沂	莒南	十字路	官坊街	118.742 5	35.136 1
750	会宝岭水库	51209900	运泗河及南四湖区	西泇河	基本站	区域代表站	临沂	兰陵	尚岩	会宝岭水库	117.826 4	34.914 4
751	寨子山水库	51121450	沂沭河	姚店子河	专用站	小河站	临沂	沂水	院东头	寨子山水库	118.450 0	35.733 3

续附表 1

序号	测站名称	测站编码	水系	河流	测站属性	测站分类	测站地址				经度（°E）	纬度（°N）
							市	县（区）	乡（镇）	村（街道）		
752	高湖水库	51103488	沂沭河	高湖河	专用站	小河站	临沂	沂南	岸堤	高湖水库	118.183 3	35.700 0
753	寨子水库	51100588	沂沭河	铜井河	专用站	小河站	临沂	沂南	铜井	寨子水库	118.416 7	35.650 0
754	吴家庄水库	51104688	沂沭河	兴水河	专用站	小河站	临沂	平邑	平邑	吴家庄水库	117.550 0	35.500 0
755	杨庄水库	51124400	沂沭河	资邱河	专用站	小河站	临沂	平邑	卞桥	杨庄水库	117.883 3	35.466 7
756	安靖水库	51104198	沂沭河	金线河	专用站	小河站	临沂	平邑	卞桥	安靖水库	117.816 7	35.483 3
757	昌里水库	51104800	沂沭河	西皋河	专用站	小河站	临沂	平邑	铜石	昌里水库	117.666 7	35.333 3
758	大富宁水库	51104788	沂沭河	下关河	专用站	小河站	临沂	平邑	保太	大富宁水库	117.733 3	35.583 3
759	张庄水库	51103788	沂沭河	保德河	专用站	小河站	临沂	蒙阴	蒙阴	张庄水库	117.983 3	35.733 3
760	黄土山水库	51121950	沂沭河	上庄河	专用站	小河站	临沂	蒙阴	蒙阴	黄土山水库	117.950 0	35.766 7
761	朱家坡水库	51122650	沂沭河	坦埠西河	专用站	小河站	临沂	蒙阴	野店	朱家坡水库	118.083 3	35.900 0
762	黄仁水库	51104088	沂沭河	黄仁河	专用站	小河站	临沂	蒙阴	垛庄	黄仁水库	118.133 3	35.500 0
763	凌山头水库	51111688	沂沭河	苍源河	专用站	小河站	临沂	临沭	临沭	凌山头水库	118.666 7	34.966 7
764	龙潭水库	51112588	沂沭河	蛟龙河	专用站	小河站	临沂	临沭	蛟龙	龙潭水库	118.700 0	34.850 0
765	施庄水库	51104188	沂沭河	蒙河支流	专用站	小河站	临沂	兰山	李官	施庄水库	118.350 0	35.316 7
766	大山水库	51320450	山东滨海诸河	绣针河	专用站	小河站	临沂	莒南	朱芦	大山水库	119.133 3	35.300 0
767	相邸水库	51300400	山东滨海诸河	相邸河	专用站	小河站	临沂	莒南	相邸	相邸水库	118.916 7	35.183 3
768	上冶水库	51124600	沂沭河	上冶河	专用站	小河站	临沂	费	上冶	上冶水库	117.966 7	35.433 3

续附表 1

序号	测站名称	测站编码	水系	河流	测站属性	测站分类	测站地址				经度(°E)	纬度(°N)
							市	县(区)	乡(镇)	村(街道)		
769	石岚水库	51105500	沂沭河	薛庄河	专用站	小河站	临沂	费	薛庄	石岚水库	118.083 3	35.383 3
770	马庄水库	51125550	沂沭河	涑河	专用站	小河站	临沂	费	马庄	马庄水库	118.016 7	35.116 7
771	书房水库	51124950	沂沭河	温凉河支流	专用站	小河站	临沂	费	梁邱	书房水库	117.666 7	35.133 3
772	刘庄水库	51125450	沂沭河	柳青河	专用站	小河站	临沂	兰山	汪沟	刘庄水库	118.233 3	35.300 0
773	龙王口水库	51104388	沂沭河	由吾河	专用站	小河站	临沂	费	朱田	龙王口水库	117.750 0	35.250 0
774	古城水库	51104288	沂沭河	方城河	专用站	小河站	临沂	费	方城	古城水库	118.200 0	35.316 7
775	小马庄水库	51227700	运泗河及南四湖区	东伽河	专用站	小河站	临沂	兰陵	矿坑	小马庄水库	118.000 0	35.033 3
776	长新桥水库	51210088	运泗河及南四湖区	长新桥河	专用站	小河站	临沂	兰陵	金岭	长新桥水库	118.000 0	34.950 0
777	考村水库	51227300	运泗河及南四湖区	阳明河	专用站	小河站	临沂	兰陵	车辋	考村水库	117.900 0	34.983 3
778	双河水库	51227100	运泗河及南四湖区	双河	专用站	小河站	临沂	兰陵	下村	双河水库	117.783 3	34.966 7
779	公家庄水库	51104587	沂沭河	公家庄河	专用站	小河站	临沂	平邑	保太	公家庄水库	117.716 7	35.600 0
780	石泉湖水库	51115000	沂沭河	高榆河	专用站	小河站	临沂	莒南	十字路	石泉湖水库	118.850 0	35.233 3
781	刘大河水库	51300740	沂沭河	洙溪河	专用站	小河站	临沂	莒南	相沟	刘大河水库	118.773 1	35.073 1
782	南坊	51105530	沂沭河	柳青河	专用站	区域代表站	临沂	兰山	柳青	柳青家园	118.362 5	35.109 7
783	陶家庄	51105510	沂沭河	柳青河	专用站	小河站	临沂	兰山	枣园	陶家庄	118.344 2	35.189 7

续附表 1

序号	测站名称	测站编码	水系	河流	测站属性	测站分类	测站地址				经度(°E)	纬度(°N)
							市	县(区)	乡(镇)	村(街道)		
784	鼓楼台	51105570	沂沭河	小涑河	专用站	区域代表站	临沂	兰山	银雀山	新东关	118.349 2	35.073 6
785	卞庄	51209690	运泗河及南四湖区	东泇河	专用站	小河站	临沂	兰陵	卞庄	卞庄	118.060 0	34.876 4
786	东官庄	51209670	运泗河及南四湖区	燕子河	专用站	区域代表站	临沂	兰陵	长城	东官庄	118.081 9	34.693 6
787	官家桥	51209760	运泗河及南四湖区	东泇河	专用站	区域代表站	临沂	兰陵	南桥	官桥	118.026 4	34.704 2
788	高榆	51115110	沂沭河	武阳河	专用站	小河站	临沂	莒南	板泉	东高榆	118.676 7	35.088 9
789	朱府	51300360	山东滨海诸河	绣针河	专用站	区域代表站	临沂	莒南	坪上	朱府	119.123 3	35.186 7
790	刘家庄	51115040	沂沭河	鸡龙河	专用站	区域代表站	临沂	莒南	板泉	刘家庄	118.684 7	35.177 5
791	五龙官庄	51114910	沂沭河	浔河	专用站	区域代表站	临沂	莒南	大店	五龙官庄	118.706 1	35.343 1
792	平邑	51104780	沂沭河	浚河	专用站	区域代表站	临沂	平邑	温水	小河	117.726 9	35.485 0
793	地方	51104160	沂沭河	浚河	专用站	区域代表站	临沂	平邑	地方	进展	117.867 8	35.346 7
794	铜石	51104870	沂沭河	西皋河	专用站	区域代表站	临沂	平邑	铜石	铜石	117.766 1	35.400 3
795	临沭	51112155	沂沭河	苍源河	专用站	小河站	临沂	临沭	临沭	苍源河公园	118.654 2	34.911 1
796	大于科	51112180	沂沭河	苍源河	专用站	区域代表站	临沂	临沭	店头	大于科	118.640 0	34.783 6
797	李家后	51112660	沂沭河	穆疃河	专用站	小河站	临沂	临沭	蛟龙	李家后	118.738 9	34.873 1
798	大张台	51103280	沂沭河	东汶河	专用站	小河站	临沂	蒙阴	常路	大张台	117.861 1	35.747 5
799	坦埠	51103980	沂沭河	梓河	专用站	小河站	临沂	蒙阴	坦埠	坦埠	118.221 7	35.794 4

续附表 1

序号	测站名称	测站编码	水系	河流	测站属性	测站分类	测站地址				经度(°E)	纬度(°N)
							市	县(区)	乡(镇)	村(街道)		
800	尹家洼	51103940	沂沭河	梓河	专用站	小河站	临沂	沂水	高庄	马兰	118.220 0	35.839 2
801	龙泉	51104020	沂沭河	孙祖河	专用站	小河站	临沂	沂南	张庄	大桥	118.361 7	35.489 7
802	三合	51103580	沂沭河	东汶河	专用站	区域代表站	临沂	沂南	依汶	三合	118.356 9	35.593 9
803	兴和	51104060	沂沭河	蒙河	专用站	区域代表站	临沂	蒙阴	垛庄	兴和	118.168 6	35.532 8
804	费城	51105310	沂沭河	温凉河	专用站	区域代表站	临沂	费	费城	邢家村	117.920 3	35.238 1
805	许由城	51104260	沂沭河	祊河	专用站	大河控制站	临沂	费	探沂	许由城	118.145 8	35.212 5
806	东岭	51104980	沂沭河	上冶河	专用站	小河站	临沂	费	上冶	东岭	117.960 6	35.398 6
807	北小山	51104960	沂沭河	朱田河	专用站	小河站	临沂	费	朱田	北小山	117.840 8	35.296 1
808	刘庄	51105550	沂沭河	小涑河	专用站	小河站	临沂	费	探沂	万庄	118.100 8	35.130 0
809	埠前	51103270	沂沭河	暖阳河	专用站	小河站	临沂	沂水	诸葛	大诸葛	118.555 0	35.986 1
810	仁村	51110860	沂沭河	沭河	专用站	区域代表站	临沂	沂水	高桥	四官庄	118.766 7	35.967 5
811	百家坊	51103260	沂沭河	马连河	专用站	小河站	临沂	沂水	泉庄	泉庄	118.398 1	35.943 9
812	老屯	51209630	运泗河及南四湖区	南涑河	专用站	小河站	临沂	罗庄	黄山	凤凰庄	118.283 6	34.852 5
813	大兴屯	51209640	运泗河及南四湖区	燕子河	专用站	小河站	临沂	兰陵	神山	前杨官庄	118.189 4	34.892 2
814	张庄	51115260	沂沭河	汤河	专用站	区域代表站	临沂	河东	汤河	后张庄	118.563 1	35.075 6
815	周井铺	51105560	沂沭河	小涑河	专用站	小河站	临沂	兰山	义堂	战友医院	118.185 0	35.158 6

续附表 1

序号	测站名称	测站编码	水系	河流	测站属性	测站分类	测站地址				经度(°E)	纬度(°N)
							市	县(区)	乡(镇)	村(街道)		
816	河湾		沂沭河	沭河	专用站	区域代表站	临沂	莒南	大店	朱家庄	118.691 1	35.335 0
817	沂水		沂沭河	小沂河	专用站	小河站	临沂	沂水	市中	沂水	118.625 0	35.801 9
818	马石河	511Q2110	沂沭河	李公河	专用站	小河站	临沂	经开	芝麻墩	马石河	118.422 8	35.019 2
819	壮岗	513Q7650	山东滨海诸河	龙王河	专用站	区域代表站	临沂	莒南	壮岗	壮岗	119.034 2	35.078 3
820	斜午灌渠	f50011-1	沂沭河	斜午灌渠	专用站	小河站	临沂	沂水	许家湖	沙窝	118.600 0	35.066 7
821	葛沟灌渠	f50011-2	沂沭河	葛沟灌渠	专用站	小河站	临沂	沂南	葛沟	葛沟	118.466 7	35.350 0
822	明胜灌渠	f50011-5	沂沭河	明胜灌渠	专用站	小河站	临沂	沂南	界湖	明胜	118.416 7	35.566 7
823	茶山灌渠	f50012-1	沂沭河	茶山灌渠	专用站	小河站	临沂	兰山	白沙埠	新河	118.466 7	35.233 3
824	小埠东（东）灌渠	f50012-2	沂沭河	小埠东灌渠	专用站	小河站	临沂	河东	芝麻墩	巩	118.383 3	35.016 7
825	小埠东（西）灌渠	f50012-3	沂沭河	小埠东灌渠	专用站	小河站	临沂	兰山	金雀山	小埠东	118.366 7	35.033 3
826	李家庄灌渠	f50015-1	沂沭河	李庄灌渠	专用站	小河站	临沂	郯城	李庄	李家庄	118.400 0	35.883 3
827	马头灌渠	f50015-2	沂沭河	马头灌渠	专用站	小河站	临沂	郯城	马头	马头	118.250 0	34.650 0
828	花园灌渠	f50033-2	沂沭河	花园灌渠	专用站	小河站	临沂	兰山	枣园	花园	118.250 0	35.183 3
829	石拉渊灌渠	f50099-1	沂沭河	石拉渊灌渠	专用站	小河站	临沂	兰山	刘店子	石拉渊	118.650 0	35.233 3
830	龙窝灌渠	f50099-2	沂沭河	龙窝灌渠	专用站	小河站	临沂	莒南	板泉	龙窝	118.616 7	35.100 0
831	铃铛口灌渠	f50099-3	沂沭河	铃铛口灌渠	专用站	小河站	临沂	莒南	大店	铃铛口	118.766 7	35.350 0

续附表 1

序号	测站名称	测站编码	水系	河流	测站属性	测站分类	测站地址				经度(°E)	纬度(°N)
							市	县(区)	乡(镇)	村(街道)		
832	青泉寺灌渠	f50115-1	沂沭河	青泉寺灌渠	专用站	小河站	临沂	郯城	泉源	裂庄	118.483 3	34.700 0
833	刘庄闸	51211700	运河	鄄郓河	基本站	区域代表站	菏泽	郓城	双桥	刘庄闸	115.466 7	35.333 3
834	魏楼闸	51211800	运河	洙赵新河	基本站	区域代表站	菏泽	牡丹	安兴镇	魏楼闸	115.683 3	35.366 7
835	马庄闸(张衙门)	51213300	运河	东鱼河北支	基本站	区域代表站	菏泽	牡丹	佃户屯办事处	马庄闸	115.500 0	35.183 3
836	路菜园闸	51213500	运河	东鱼河	基本站	区域代表站	菏泽	定陶	南王店镇	路菜园闸	115.533 3	35.000 0
837	张庄闸	51213700	运河	东鱼河	基本站	区域代表站	菏泽	成武	苟镇	张庄闸	116.000 0	34.966 7
838	李庙闸	51213900	运河	东鱼河南支	基本站	区域代表站	菏泽	曹	砖庙	李庙闸	115.450 0	34.916 7
839	黄寺	51214000	运河	胜利河	基本站	区域代表站	菏泽	单	李新庄	黄寺	116.066 7	34.866 7
840	太行堤水库	/	南四湖区	黄河故道	专用站	区域代表站	菏泽	曹	魏湾镇	戴老家村	115.365 0	34.851 7
841	唐楼闸	51204350	南四湖区	郓城新河	专用站	小河站	菏泽	郓城	张营	唐楼闸	116.100 0	35.633 3
842	李垓闸	51204571	南四湖区	郓城新河	专用站	小河站	菏泽	郓城	杨庄集	李垓闸	116.016 7	35.683 3
843	丁长闸	51211600	南四湖区	郓巨河	专用站	小河站	菏泽	郓城	丁里长	丁长闸	116.033 3	35.533 3
844	辛集	51211740	南四湖区	三分干河	专用站	小河站	菏泽	鄄城	阎什口	辛集	115.683 3	35.483 3
845	赵寨	51211823	南四湖区	渔沃河	专用站	小河站	菏泽	东明	武胜桥	赵寨	115.233 3	35.333 3
846	后孙庄(李大营)	51211830	南四湖区	徐河	专用站	小河站	菏泽	牡丹	胡集	后孙庄	115.683 3	35.400 0
847	孙楼	51211835	南四湖区	临濮沙河	专用站	小河站	菏泽	鄄城	彭楼	孙楼	115.616 7	35.433 3
848	国庄	51211840	南四湖区	太平溜	专用站	小河站	菏泽	牡丹	安兴	国庄	115.666 7	35.350 0

续附表 1

序号	测站名称	测站编码	水系	河流	测站属性	测站分类	测站地址				经度（°E）	纬度（°N）
							市	县（区）	乡（镇）	村（街道）		
849	后集	51211848	南四湖区	邱公岔	专用站	小河站	菏泽	巨野	独山	后集	116.183 3	35.316 7
850	紫荆	51213350	南四湖区	南七里河	专用站	小河站	菏泽	东明集	荆台集	胡庄	115.166 7	35.150 0
851	西宋庄	51213370	南四湖区	南渠河	专用站	小河站	菏泽	定陶	黄店	西吴庄	115.750 0	35.133 3
852	毕花园	51213380	南四湖区	五联河	专用站	小河站	菏泽	巨野	章缝	毕花园	116.016 7	35.216 7
853	郑庄	51213590	南四湖区	东鱼河	专用站	小河站	菏泽	定陶	冉堌	均张庄	115.616 7	34.983 3
854	刘楼闸	51213613	南四湖区	杨河	专用站	小河站	菏泽	曹	朱洪庙	刘楼	115.533 3	34.666 7
855	大侯庄	51213908	南四湖区	南坡河	专用站	小河站	菏泽	定陶	冉堌	冉堌	115.816 7	35.016 7
856	后姜楼闸	51213910	南四湖区	东鱼河南支	专用站	小河站	菏泽	曹	青岗集	后姜楼闸	115.566 7	34.966 7
857	牛陈庄	51213960	南四湖区	胜利河	专用站	小河站	菏泽	曹	苏集	牛陈庄	115.833 3	34.783 3
858	郭集	51213980	南四湖区	胜利河	专用站	小河站	菏泽	单	谢集	刘石庄	115.900 0	34.816 7
859	田花园	51214120	南四湖区	惠河	专用站	小河站	菏泽	单	张集	田花园	116.383 3	34.833 3
860	刘庄集	51214650	南四湖区	太行堤河	专用站	小河站	菏泽	单	曹巨集	刘庄集	115.833 3	34.666 7
861	李大营	/	南四湖区	赵王河	专用站	小河站	菏泽	牡丹	牡丹街道	李大营村	115.567 2	35.277 2
862	东圈头	512Q1810	南四湖区	洙赵新河	专用站	小河站	菏泽	牡丹	高庄	东圈头	115.283 3	35.316 7
863	后孙庄	512Q1820	南四湖区	徐河	专用站	小河站	菏泽	牡丹	胡集	后孙庄	115.683 3	35.383 3
864	丁庄	512Q1410	南四湖区	洙赵新河	专用站	小河站	菏泽	巨野	田桥	丁庄	115.966 7	35.366 7
865	曹寺	512Q1830	南四湖区	洙水河	专用站	小河站	菏泽	牡丹	沙土	曹寺	115.750 0	35.233 3
866	于楼闸	512Q1400	南四湖区	洙赵新河	专用站	小河站	菏泽	巨野	麒麟	于楼闸	116.183 3	35.316 7
867	乔堂	512Q3250	南四湖区	东鱼河北支	专用站	小河站	菏泽	牡丹	吕陵	乔堂	115.266 7	35.250 0

续附表 1

序号	测站名称	测站编码	水系	河流	测站属性	测站分类	测站地址				经度(°E)	纬度(°N)
							市	县(区)	乡(镇)	村(街道)		
868	牛小楼	512Q3210	南四湖区	东鱼河北支	专用站	小河站	菏泽	定陶	孟海	牛小楼	115.783 3	35.133 3
869	冯集闸	512Q3100	南四湖区	万福河	专用站	小河站	菏泽	成武	大田集	冯集闸	116.116 7	35.100 0
870	徐寨闸	512Q3710	南四湖区	东鱼河	专用站	小河站	菏泽	单	徐寨	徐寨闸	116.183 3	34.916 7
871	刘庄口闸	512F1810	运河	引黄渠	辅助站	小河站	菏泽	牡丹	李村	刘庄口闸	115.200 0	35.400 0
872	张寨	512F1820	运河	北干渠	辅助站	小河站	菏泽	东明	张寨	张寨	115.050 0	35.300 0
873	吕陵	512F1830	运河	一干沟	辅助站	小河站	菏泽	牡丹	吕陵	刘庄	115.266 7	35.266 7
874	三角闸(南)	512F1840	运河	抗旱沟	辅助站	小河站	菏泽	牡丹	南城	三角闸	115.450 0	35.233 3
875	国庄	512F1850	运河	太平溜	辅助站	小河站	菏泽	牡丹	安兴	国庄	115.666 7	35.350 0
876	魏楼分水闸	512F1860	运河	丰产河	辅助站	小河站	菏泽	牡丹	安兴	魏楼分水闸	115.683 3	35.366 7
877	季刘庄	512F1870	运河	刘庄沟	辅助站	小河站	菏泽	牡丹	胡集	季刘庄	115.683 3	35.366 7
878	纸坊	512F1880	运河	洙水河	辅助站	小河站	菏泽	牡丹	丹阳办事处	纸坊	115.450 0	35.233 3
879	高村闸	512F1890	运河	引黄渠	辅助站	小河站	菏泽	东明	菜园集	高村闸	115.050 0	35.366 7
880	苏阁闸	512F1510	运河	引黄渠	辅助站	小河站	菏泽	郓城	苏阁	苏阁闸	115.700 0	35.750 0
881	杨集闸	512F1520	运河	引黄渠	辅助站	小河站	菏泽	郓城	李集	杨集闸	115.750 0	35.816 7
882	旧城闸	512F1550	运河	引黄渠	辅助站	小河站	菏泽	鄄城	旧城	旧城闸	115.483 3	35.666 7
883	苏泗庄闸	512F1560	运河	引黄渠	辅助站	小河站	菏泽	鄄城	临濮	苏泗庄闸	115.366 7	35.466 7
884	临濮闸(南)	512F1570	运河	南输沙渠	辅助站	小河站	菏泽	鄄城	临濮	临濮闸(南)	115.383 3	35.483 3
885	临濮闸(东)	512F1575	运河	东输沙渠	辅助站	小河站	菏泽	鄄城	临濮	临濮闸(东)	115.383 3	35.483 3

续附表 1

序号	测站名称	测站编码	水系	河流	测站属性	测站分类	测站地址				经度(°E)	纬度(°N)
							市	县(区)	乡(镇)	村(街道)		
886	杨楼	512F1580	运河	刘屯输沙渠	辅助站	小河站	菏泽	鄄城	临濮	杨楼	115.366 7	35.483 3
887	三李庄	512F1585	运河	西干渠	辅助站	小河站	菏泽	郓城	张集	三李庄	115.700 0	35.650 0
888	刘庄分水闸	512F1590	运河	边庄沟	辅助站	小河站	菏泽	郓城	双桥	刘庄分水闸	115.783 3	35.566 7
889	何庄	512F1595	运河	西沙河	辅助站	小河站	菏泽	郓城	双桥	何庄	115.783 3	35.566 7
890	谢寨闸	512F3310	运河	引黄渠	辅助站	小河站	菏泽	东明	沙窝	谢寨闸	114.950 0	35.200 0
891	紫荆	512F3320	运河	七里河	辅助站	小河站	菏泽	东明	东明集	荆台集	115.166 7	35.150 0
892	刘三门	512F3330	运河	刁屯河	辅助站	小河站	菏泽	牡丹	大黄集	杨庄	115.266 7	35.066 7
893	谢寨(新)闸	512F3340	运河	引黄渠	辅助站	小河站	菏泽	东明	沙窝	谢寨新闸	114.950 0	35.200 0
894	阎谭闸	512F3510	运河	引黄渠	辅助站	小河站	菏泽	东明	焦园	阎谭闸	114.933 3	35.033 3
895	路菜园分水闸	512F3520	运河	菏漕运河	辅助站	小河站	菏泽	定陶	南王店	路菜园分水闸	115.533 3	35.000 0
896	马桥(南)	512F3530	运河	南赵王河	辅助站	小河站	菏泽	东明	三春集	马桥	114.983 3	35.000 0
897	柴寨	512F3540	运河	南送水干线	辅助站	小河站	菏泽	东明	三春集	柴寨	114.983 3	35.033 3
898	薛庄闸	512F3710	运河	万福河	辅助站	小河站	菏泽	定陶	孟海	薛庄闸	115.783 3	35.133 3
899	张庄分水闸	512F3720	运河	西沟	辅助站	小河站	菏泽	成武	苟村	张庄分水闸	116.000 0	34.966 7
900	张菜园	512F3730	运河	南送水干线	辅助站	小河站	菏泽	曹	魏湾	张菜园	115.333 3	34.866 7
901	三官庙	512F3740	运河	南送水干线	辅助站	小河站	菏泽	曹	阎店楼	三官庙	115.716 7	34.550 0
902	刘庄集	512F3750	运河	南送水干线	辅助站	小河站	菏泽	单	曹巨集	刘庄集	115.833 3	34.666 7

附表 2　山东省水位站基本情况一览

序号	测站名称	测站编码	水系	河流	设站年份	测站属性	测站地址				经度（°E）	纬度（°N）	水位观测方式			
							市	县（区）	乡（镇）	村（街道）			浮子	超声波	水尺	雷达
1	赵家屯	31105860	徒骇马颊	土马河	2013	专用站	济南	商河	岳桥	赵家屯西	117.200 8	37.222 5			1	1
2	孙罗圈家	31105870	徒骇马颊	土马河	2013	专用站	济南	商河	孙集	孙罗圈家	117.266 9	37.321 1			1	1
3	马山	41413430	黄河下游区	南大沙河	2013	专用站	济南	长清	马山南		116.773 3	36.368 3			1	1
4	孙村	41812430	山东沿海诸河	巨野河	2013	专用站	济南	历城	小龙堂东	309 国道桥	117.287 5	36.666 7			1	1
5	聚张庄	41813255	山东沿海诸河	漯河	2013	专用站	济南	章丘	相公庄	聚张庄	117.579 2	36.750 0			1	1
6	三岔沟	41500060	大汶河	大汶河	2017	专用站	济南	钢城	颜庄	三岔沟	117.770 9	36.128 5	1		1	
7	马盘龙	41500070	大汶河	辛庄河	2017	专用站	济南	莱芜	鹏泉办事处	陈盘龙	117.738 2	36.160 1		1	1	
8	张庄路	41800100	山东沿海诸河		2010	专用站	济南	槐荫	二环西路与张庄路交汇处		116.929 2	36.663 1			1	1
9	腊山立交桥	41800110	山东沿海诸河		2011	专用站	济南	槐荫	二环西路腊山立交桥		116.927 5	36.651 4			1	1
10	段店立交桥	41800210	山东沿海诸河		2015	专用站	济南	槐荫	经十路铁路立交桥		116.948 1	36.650 0			1	1
11	纬十二路立交桥	41800260	山东沿海诸河		2010	专用站	济南	槐荫	南纬十二路立交桥		116.961 9	36.665 0			1	1
12	万盛街	41800300	山东沿海诸河		2010	专用站	济南	槐荫	万盛大沟沟头		116.965 6	36.666 4			1	1
13	昆仑街小学	41800310	山东沿海诸河		2011	专用站	济南	槐荫	十二路昆仑街		116.967 2	36.662 2			1	1
14	无影山北路立交桥	41800315	山东沿海诸河		2015	专用站	济南	天桥	无影山北路		116.975 0	36.706 1			1	1
15	工人新村	41800320	山东沿海诸河		2010	专用站	济南	天桥	济洛路工人新南		116.983 1	36.692 5			1	1
16	长途汽车站	41800410	山东沿海诸河		2010	专用站	济南	天桥	长途汽车站		116.993 1	36.685 3			1	1
17	陈家楼立交桥	41800510	山东沿海诸河		2011	专用站	济南	天桥	东西丹凤街		116.996 7	36.676 9			1	1

续附表 2

序号	测站名称	测站编码	水系	河流	设站年份	测站属性	测站地址				经度(°E)	纬度(°N)	水位观测方式			
							市	县(区)	乡(镇)	村(街道)			浮子	超声波	水尺	雷达
18	成大立交桥	41800520	山东沿海诸河		2010	专用站	济南	天桥	标山南路南		116.998 1	36.693 6			1	1
19	北坦立交桥	41800460	山东沿海诸河		2010	专用站	济南	天桥	三孔桥街		117.001 7	36.676 9			1	1
20	三孔桥立交桥	41800555	山东沿海诸河		2010	专用站	济南	天桥	北园大街		117.003 1	36.654 2			1	1
21	少年宫	41800600	山东沿海诸河		2011	专用站	济南	天桥	少年路与铜元街交汇处		117.006 7	36.672 5			1	1
22	泉城广场	41800810	山东沿海诸河		2010	专用站	济南	历下	泉城广场北		117.017 2	36.662 2			1	1
23	生产路立交桥	41800750	山东沿海诸河		2010	专用站	济南	天桥	生产路铁路立交桥		117.018 1	36.679 4			1	1
24	北关北路立交桥	41800755	山东沿海诸河		2011	专用站	济南	天桥	北关北路铁路立交桥		117.018 9	36.678 9			1	1
25	泺文路	41800740	山东沿海诸河		2010	专用站	济南	历下	泺文路北		117.018 9	36.659 7			1	1
26	盖家沟	41801000	山东沿海诸河		2010	专用站	济南	天桥	二环北路盖家沟		117.023 9	36.718 9			1	1
27	历黄路立交桥	41800955	山东沿海诸河		2010	专用站	济南	天桥	历黄路		117.031 1	36.681 9			1	1
28	仁智街	41800960	山东沿海诸河		2010	专用站	济南	历下	仁智街		117.032 5	36.674 2			1	1
29	历山路立交桥	41801100	山东沿海诸河		2010	专用站	济南	历下	历山路铁路立交桥		117.038 9	36.686 1			1	1
30	二十四中	41801110	山东沿海诸河		2010	专用站	济南	历下	明湖东路		117.040 3	36.679 2			1	1
31	花园小区	41801250	山东沿海诸河		2010	专用站	济南	历城	花园小区		117.048 1	36.683 9			1	1
32	黄台南路	41801300	山东沿海诸河		2010	专用站	济南	历城	黄台南路与山大路交汇处		117.046 7	36.687 2			1	1
33	凤鸣路	41801500	山东沿海诸河		2010	专用站	济南	历城	轻骑路炼油厂		117.149 2	36.697 5			1	1
34	殷陈立交桥	41801510	山东沿海诸河		2011	专用站	济南	历城	轻骑路铁路立交桥		117.103 6	36.678 3			1	1

续附表 2

序号	测站名称	测站编码	水系	河流	设站年份	测站属性	测站地址				经度(°E)	纬度(°N)	水位观测方式			
							市	县(区)	乡(镇)	村(街道)			浮子	超声波	水尺	雷达
35	济钢立交桥	41801550	山东沿海诸河		2010	专用站	济南	历城	工业北路铁路立交桥		117.160 0	36.720 3			1	1
36	赤霞广场	41800400	山东沿海诸河		2010	专用站	济南	市中	英雄山路		116.991 1	36.636 7			1	1
37	回民中学	41800550	山东沿海诸河		2010	专用站	济南	市中	民生大街		117.001 7	36.683 9			1	1
38	省委二宿舍	41800650	山东沿海诸河		2010	专用站	济南	市中	玉函路省委二宿舍		117.007 2	36.636 7			1	1
39	山东大厦	41800850	山东沿海诸河		2010	专用站	济南	历下	舜耕路山东会堂		117.017 8	36.639 4			1	1
40	腊山分洪闸闸上	41800281	山东沿海诸河	腊山分洪	2010	专用站	济南	槐荫	安澜北路		116.941 4	36.645 0			1	1
41	江家庄	41810320	山东沿海诸河	大沽河	2013	专用站	青岛	莱西	沽河街道	江家庄村	120.369 4	36.740 3	1		1	
42	盛家庄	41811560	山东沿海诸河	胶河	2013	专用站	青岛	胶州	铺集镇	盛家庄村	119.700 3	36.061 1			1	1
43	澄月湖	41811730	山东沿海诸河	胶河	2013	专用站	青岛	胶州	铺集镇	驻地	119.728 9	36.124 7			1	1
44	小刘家疃	41811872	山东沿海诸河	墨水河	2013	专用站	青岛	胶州	胶西街道	小刘家疃村	119.863 9	36.282 5	1		1	
45	宋家小庄	41811875	山东沿海诸河	墨水河	2013	专用站	青岛	胶州	胶西街道	宋家小庄村	119.872 8	36.288 3	1		1	
46	大村	41812320	山东沿海诸河	白马河	2013	专用站	青岛	黄岛	大村镇	中村村	119.743 3	35.814 7	1		1	
47	葛家埠	41810800	山东沿海诸河	小沽河	1955	基本站	青岛	莱西	院上镇	葛家埠村	120.270 3	36.729 4	1		1	
48	神头	41803350	山东沿海诸河	孝妇河	2018	专用站	淄博	博山	山头	神头	117.866 7	36.483 3			1	1
49	淄城	41803420	山东沿海诸河	孝妇河	2018	专用站	淄博	淄川	将军街道	淄城水库	117.950 0	36.650 0			1	1
50	边河	41804760	山东沿海诸河	淄河	2018	专用站	淄博	临淄	南王	南刘征	118.316 7	36.800 0			1	1
51	太公湖	41804780	山东沿海诸河	淄河	2018	专用站	淄博	临淄	齐陵	太公湖	118.366 7	36.816 7			1	1

续附表 2

序号	测站名称	测站编码	水系	河流	设站年份	测站属性	测站地址				经度(°E)	纬度(°N)	水位观测方式			
							市	县(区)	乡(镇)	村(街道)			浮子	超声波	水尺	雷达
52	房镇	41804150	山东沿海诸河	西猪龙河	2018	专用站	淄博	张店	房镇	范家新村	117.966 7	36.833 3	1		1	
53	刘瓦	41803870	山东沿海诸河	范阳河	2018	专用站	淄博	淄川	磁村	刘瓦水库	117.866 7	36.616 7			1	1
54	索镇	41804540	山东沿海诸河	乌河	2018	专用站	淄博	桓台	索镇	西镇	118.133 3	36.966 7			1	1
55	大庄	41800215	山东沿海诸河	北支新河	2018	专用站	淄博	高青	花沟	大庄	117.800 0	37.166 7	1		1	
56	李兴耀	41800220	山东沿海诸河	北支新河	2018	专用站	淄博	高青	芦湖街道	孟李庄	117.900 0	37.166 7			1	1
57	鱼台	51103150	沂沭河	螳螂河	2018	专用站	淄博	沂源	南麻街道	西鱼台	118.133 3	36.200 0			1	1
58	前梁	51208670	沂沭河	城郭河	2018	专用站	枣庄	滕州	东沙河	前梁	117.231 9	35.131 3	1		1	
59	西小宫	51208760	沂沭河	郭河	2018	专用站	枣庄	滕州	东沙河	西小宫	117.225 8	35.101 9	1		1	
60	官庄	51209000	沂沭河	新薛河	2018	专用站	枣庄	滕州	柴胡店	官庄	117.253 2	34.910 9	1		1	
61	冯湖	51209430	沂沭河	新沟河	2017	专用站	枣庄	台儿庄	泥沟	冯湖	117.784 6	34.671 7	1		1	
62	大辛庄	51209030	沂沭河	新薛河	2018	专用站	枣庄	薛城	常庄	洛房	117.168 1	34.800 6	1		1	
63	店子	51209120	沂沭河	薛城大沙河	2018	专用站	枣庄	薛城	常庄	店子	117.225 8	34.778 3			1	1
64	裴桥闸	51209240	沂沭河	峄城大沙河	2018	专用站	枣庄	峄城	坛山	裴桥	117.587 5	34.785 3	1		1	
65	郭村	51209410	沂沭河	齐村支流	2018	专用站	枣庄	市中	齐村	郭村水库	117.527 8	34.908 9			1	1
66	新庄	51209070	沂沭河	薛城大沙河	2018	专用站	枣庄	薛城	邹坞	邹坞	117.422 1	34.860 6	1		1	
67	段庄	51208840	沂沭河	十字河	2013	专用站	枣庄	山亭	山城街道	段庄	117.479 2	35.078 3	1		1	
68	庄里坝	51208850	沂沭河	十字河	2013	专用站	枣庄	滕州	羊庄	庄里	117.395 3	35.005 3			1	1

续附表 2

序号	测站名称	测站编码	水系	河流	设站年份	测站属性	测站地址				经度(°E)	纬度(°N)	水位观测方式			
							市	县(区)	乡(镇)	村(街道)			浮子	超声波	水尺	雷达
69	务家后	51209180	沂沭河	峄城大沙河	2013	专用站	枣庄	山亭	北庄	务家后	117.612 8	34.944 2	1		1	
70	丁王	31108380	山东沿海诸河	马新河	2014	专用站	东营	河口	新户	丁王	118.161 8	37.551 5			1	1
71	大盖	31106670	山东沿海诸河	褚官河	2014	专用站	东营	利津	北宋	大盖	118.105 1	37.265 6			1	1
72	付窝	31108460	山东沿海诸河	草桥沟东干流	2014	专用站	东营	利津	陈庄	付窝	118.532 5	37.700 6			1	1
73	房家	31106695	山东沿海诸河	太平河	2014	专用站	东营	利津	明集	房家	118.240 0	37.580 0			1	1
74	海星	31108550	山东沿海诸河	神仙沟	2014	专用站	东营	河口	仙河	海星	118.810 0	37.940 0			1	1
75	皇殿	41800258	山东沿海诸河	广利河	2014	专用站	东营	垦利	胜坨	皇殿	118.410 0	37.530 0			1	1
76	范家	41800267	山东沿海诸河	五六干合排	2014	专用站	东营	东营	史口	范家	118.390 6	37.480 0			1	1
77	渔洼	41800285	山东沿海诸河	永丰河	2014	专用站	东营	垦利	兴隆	渔洼	118.600 0	37.590 0			1	1
78	李道	41800245	山东沿海诸河	群众沟	2014	专用站	东营	广饶	丁庄	李道	118.538 6	37.203 8			1	1
79	村里集	41814270	山东沿海诸河	黄水河东支	2015	专用站	烟台	蓬莱	村里集镇	古城东村	120.783 3	37.550 0	1		1	
80	谭家庄	41814675	山东沿海诸河	大沽夹河	2015	专用站	烟台	福山	回里镇	谭家庄村	121.300 0	37.316 7	1		1	
81	珠岩	41814680	山东沿海诸河	大沽夹河	2015	专用站	烟台	芝罘	黄务街道	珠岩村	121.350 0	37.416 7	1		1	
82	玉树庄	41814685	山东沿海诸河	大沽夹河	2015	专用站	烟台	芝罘	只楚街道	东玉树庄村	121.300 0	37.466 7	1		1	
83	宫家岛	41814710	山东沿海诸河	大沽夹河	2015	专用站	烟台	芝罘	只楚街道	宫家岛村	121.283 3	37.533 3	1		1	
84	丰粟	41814780	山东沿海诸河	清洋河	2015	专用站	烟台	栖霞	臧家庄镇	西姜格庄村	120.900 0	37.450 0	1		1	
85	西谭家泊	41815150	山东沿海诸河	辛安河	2015	专用站	烟台	莱山	解家庄街道	西解甲庄	121.483 3	37.383 3	1		1	

续附表 2

序号	测站名称	测站编码	水系	河流	设站年份	测站属性	测站地址				经度(°E)	纬度(°N)	水位观测方式			
							市	县(区)	乡(镇)	村(街道)			浮子	超声波	水尺	雷达
86	蛇窝泊	41816350	山东沿海诸河	东五龙河	2015	专用站	烟台	栖霞	蛇窝泊镇	蛇窝泊村	120.866 7	37.116 7	1		1	
87	胡城	41816410	山东沿海诸河	东五龙河	2015	专用站	烟台	莱阳	高格庄镇	胡城村	120.733 3	36.733 3	1		1	
88	古柳	41816550	山东沿海诸河	蚬河	2015	专用站	烟台	莱阳	城厢街道	水沐头村	120.733 3	37.000 0	1		1	
89	北大圩河	40806520	白浪河	大圩河	2016	专用站	潍坊	潍城	符山镇	北大圩河村	119.000 1	36.706 4	1		1	
90	古城	41806125	小清河	西张僧河	2016	专用站	潍坊	寿光	古城街道	北岭村西南	118.770 6	36.981 4	1		1	
91	太平庄	41806138	小清河	西张僧河	2016	专用站	潍坊	寿光	田柳镇	大平庄村	118.733 6	37.025 3	1		1	
92	南郝水库	41806160	弥河	丹河	2016	专用站	潍坊	昌乐	城南街办	南郝闸	118.793 8	36.643 9	1		1	
93	民主街橡胶坝	41806450	白浪河	白浪河	2016	专用站	潍坊	奎文	北苑街办	民主街橡胶坝	119.109 2	36.767 0		1	1	
94	董家村	41806610	小清河	虞河	2016	专用站	潍坊	坊子	凤凰街办	董家村	119.140 2	36.666 4	1		1	
95	北褚庄	41806650	虞河	丰产河	2016	专用站	潍坊	昌邑	都昌街办	北褚庄	119.322 8	36.851 7	1		1	
96	枳沟	41806830	潍河	潍河	2016	专用站	潍坊	诸城	枳沟镇	枳沟村	119.219 4	35.921 7	1		1	
97	栗园	41806840	潍河	潍河	2016	专用站	潍坊	诸城	密州街办	栗园村	119.354 3	36.001 6	1		1	
98	西见屯	41807940	潍河	涓河	2016	专用站	潍坊	诸城	龙都街办	西见屯村	119.315 8	35.932 6	1		1	
99	李家沟水库	41808110	潍河	渠河	2016	专用站	潍坊	安丘	柘山镇	李家沟村	118.896 1	36.108 9		1	1	
100	石埠子拦河闸	41808250	潍河	渠河	2016	专用站	潍坊	安丘	石埠子镇	石埠子村	119.102 8	36.115 5	1		1	
101	泥沟子	41808320	潍河	渠河	2016	专用站	潍坊	安丘	景芝镇	西古河村	119.235 4	36.205 3	1		1	
102	伏留水库	41808720	潍河	洪沟河	2016	专用站	潍坊	安丘	景芝镇	伏留水库	119.352 8	36.262 0	1		1	

续附表 2

序号	测站名称	测站编码	水系	河流	设站年份	测站属性	测站地址				经度(°E)	纬度(°N)	水位观测方式			
							市	县(区)	乡(镇)	村(街道)			浮子	超声波	水尺	雷达
103	青云湖	41809130	潍河	汶河	2016	专用站	潍坊	安丘	新安街办	青云湖闸	119.226 7	36.465 9	1		1	
104	陈家庄	41809845	胶莱运河	官河	2016	专用站	潍坊	高密	醴泉街办镇	赫家村	119.608 8	36.434 5	1		1	
105	张家庄	41809835	胶莱运河	柳沟河	2016	专用站	潍坊	高密	姜庄镇	东辛庄村	119.713 2	36.440 2	1		1	
106	赵家庄	41809810	胶莱运河	北胶新河	2016	专用站	潍坊	高密	大牟家镇	郇李家村	119.614 3	36.522 8	1		1	
107	卜庄	41809360	胶莱运河	漩河	2016	专用站	潍坊	昌邑	卜庄镇	柳家村东南	119.538 4	36.902 6	1		1	
108	故献	41811825	大沽河	胶河	2016	专用站	潍坊	高密	柏城镇	故献村	119.787 6	36.275 3	1		1	
109	泊子	41811849	大沽河	胶河	2016	专用站	潍坊	高密	夏庄镇	栾家泊子村	119.860 7	36.423 1	1		1	
110	王党	41811843	大沽河	胶河	2016	专用站	潍坊	高密	朝阳街办	王党村	119.834 2	36.388 0	1		1	
111	鸢都湖	41806230	白浪河	白浪河	2016	专用站	潍坊	潍城	二十里堡街办	高家楼村	119.094 3	36.683 4		1	1	
112	辛店	51201300	南四湖区	南四湖	1953	基本站	济宁	任城	石桥	辛店	116.654 7	35.275 5	1		1	
113	南阳(南)	51201600	南四湖区	南四湖	1953	基本站	济宁	微山	南阳	南阳	116.666 1	35.094 9	1		1	
114	马口	51202100	南四湖区	南四湖	1971	基本站	济宁	微山	留庄	马口	116.897 6	35.018 6	1		1	
115	微山	51203400	南四湖区	南四湖	1952	基本站	济宁	微山	微山岛	杨村	117.253 5	34.667 7	1		1	
116	韩庄(微)	51203500	南四湖区	南四湖	1961	基本站	济宁	微山	韩庄	节制闸	117.355 4	34.598 9	1		1	
117	刘古墩	51206451	运河	小汶河	2013	基本站	济宁	汶上	杨点	刘古墩	116.546 7	35.850 0	1		1	
118	渠庄户	51206455	运河	泉河	2013	基本站	济宁	汶上	汶上	渠庄户	116.500 0	35.740 0	1		1	
119	北王家屯	51206864	南四湖区	杨家河	2013	基本站	济宁	兖州	颜店	北王家	116.723 3	35.570 0	1		1	
120	石莱	51207028	泗河	黄沟河	2013	基本站	济宁	泗水	石莱	石莱	117.523 3	35.750 0	1		1	

续附表 2

序号	测站名称	测站编码	水系	河流	设站年份	测站属性	测站地址				经度(°E)	纬度(°N)	水位观测方式			
							市	县(区)	乡(镇)	村(街道)			浮子	超声波	水尺	雷达
121	苏家	51207039	泗河	济河	2013	基本站	济宁	泗水	泗张	苏家	117.360 0	35.550 0	1		1	
122	董庄	51207277	泗河	崄河	2013	基本站	济宁	曲阜	董庄	董庄	117.093 3	35.710 0	1		1	
123	大牛厂	51207939	南四湖区	湖东白马河	2013	基本站	济宁	邹城	中心店	大牛厂	116.896 7	35.450 0	1		1	
124	岳庄	51208021	南四湖区	望云河	2013	基本站	济宁	邹城	北宿	岳庄	116.940 0	35.380 0	1		1	
125	南庄	51211511	运河	郓城新河	2013	基本站	济宁	梁山	杨庄	南庄	116.080 0	35.640 0	1		1	
126	三合	51211571	运河	红旗河	2013	基本站	济宁	梁山	双庙	三合	116.200 0	35.610 0	1		1	
127	西赵	51211877	运河	赵王河	2013	基本站	济宁	嘉祥	孟故集	西赵	116.170 0	35.486 0	1		1	
128	刘楼	51212916	运河	东沟河	2013	基本站	济宁	金乡	高河	刘楼	116.390 0	35.040 0	1		1	
129	北吴村	51213041	运河	蔡河	2013	基本站	济宁	嘉祥	满硐	北吴	116.311 7	35.240 0	1		1	
130	峅峪	41500250	大汶河	大汶河	2018	专用站	泰安	岱岳	角峪	角峪桥	117.416 7	36.183 3				1
131	瀛汶河引水闸	41502630	大汶河	瀛汶河	2018	专用站	泰安	岱岳	祝阳	老泰莱汶河桥以南	117.333 3	36.200 0	1			
132	石汶河引水闸	41502830	大汶河	瀛汶河	2018	专用站	泰安	岱岳	祝阳	老泰莱汶河桥南侧	117.316 7	36.200 0				1
133	刘家庄水库	41502840	大汶河	芝田河	2018	专用站	泰安	泰山	省庄	刘家庄水库	117.183 3	36.250 0	1			
134	奈河	41502955	大汶河	奈河	2018	专用站	泰安	泰山	岱宗大街	泰山大桥上游 500 m	117.116 7	36.200 0				1
135	梳洗河	41502960	大汶河	梳洗河	2018	专用站	泰安	泰山	祝阳	跨梳洗河桥南侧	117.133 3	36.200 0				1
136	碧霞湖	41502985	大汶河	明堂河	2018	专用站	泰安	泰山	泰前街道	道碧霞湖	117.183 3	36.233 3	1			

续附表 2

序号	测站名称	测站编码	水系	河流	设站年份	测站属性	测站地址				经度(°E)	纬度(°N)	水位观测方式			
							市	县(区)	乡(镇)	村(街道)			浮子	超声波	水尺	雷达
137	龙廷	41502990	大汶河	大汶河南支	2018	专用站	泰安	新泰	龙廷	龙廷村	117.916 7	35.916 7				1
138	张庄	41503055	大汶河	大汶河南支	2018	专用站	泰安	新泰	发展大道	发展大道跨大汶河南支桥西侧	117.716 7	35.866 7				1
139	小协拦河坝	41503060	大汶河	大汶河南支	2018	专用站	泰安	新泰	小协	郭家泉村北桥西侧	117.633 3	35.900 0				1
140	北师	41503260	大汶河	大汶河南支	2018	专用站	泰安	新泰	青云街道	龙埠庄村北桥头	117.816 7	35.966 7				1
141	果园	41503335	大汶河	平阳河	2018	专用站	泰安	新泰	莲花山路	莲花山路跨平阳河桥南侧	117.750 0	35.866 7				1
142	岳家庄	41503380	大汶河	光明河	2018	专用站	泰安	新泰	岳家庄	岳家庄大桥东侧	117.616 7	35.816 7				1
143	康汇桥	41503930	大汶河	康王河	2018	专用站	泰安	肥城	王瓜店街道	金槐村	116.666 7	36.200 0				1
144	洸河桥	51206740	南四湖区	洸府河	2018	专用站	泰安	宁阳	八仙桥街道	洸河桥处	116.766 7	35.766 7				1
145	乳山寨	41816050	山东沿海诸河	乳山河	2011	专用站	威海	乳山	乳山寨	乳山寨	121.451 9	36.881 7	1		1	
146	冶口	41815410	山东沿海诸河	五渚河	2018	专用站	威海	环翠	温泉	冶口	122.127 5	37.363 9	1		1	
147	初村	41815440	山东沿海诸河	初村河	2018	专用站	威海	环翠	初村	初村	121.946 4	37.419 2	1		1	
148	孟格庄	41815470	山东沿海诸河	石家河	2018	专用站	威海	环翠	桥头	孟格庄	122.290 0	37.331 1	1		1	
149	城区桥	41815620	山东沿海诸河	崖头河	2018	专用站	威海	荣成	崖头	荷田东路桥	122.433 6	37.145 0			1	1

续附表 2

序号	测站名称	测站编码	水系	河流	设站年份	测站属性	测站地址				经度(°E)	纬度(°N)	水位观测方式			
							市	县(区)	乡(镇)	村(街道)			浮子	超声波	水尺	雷达
150	沽河桥	41815630	山东沿海诸河	沽河	2018	专用站	威海	荣成	崖头	南山南路沽河桥	122.411 7	37.137 8	1		1	
151	滕家	41815660	山东沿海诸河	小落河	2018	专用站	威海	荣成	滕家	滕家	122.349 7	37.041 4	1		1	
152	嶅山	41815730	山东沿海诸河	青龙河	2018	专用站	威海	文登	张家产	嶅山	122.168 1	37.056 7	1		1	
153	柳林	41815830	山东沿海诸河	母猪河	2018	专用站	威海	文登	龙山	柳林桥	122.038 1	37.201 1			1	1
154	抱龙	41815840	山东沿海诸河	母猪河	2018	专用站	威海	文登	天福	昆嵛路桥	122.041 7	37.190 8			1	1
155	望仙庄	41815860	山东沿海诸河	母猪河	2018	专用站	威海	文登	泽头	望仙庄	121.910 8	37.088 6			1	1
156	南桥	41815880	山东沿海诸河	母猪河	2018	专用站	威海	文登	泽头	南桥	121.910 6	37.043 9			1	1
157	泥沟桥	41815940	山东沿海诸河	黄垒河	2018	专用站	威海	乳山	冯家	泥沟大桥	121.685 3	37.021 7			1	1
158	浪暖桥	41815960	山东沿海诸河	黄垒河	2018	专用站	威海	文登	小观	东浪暖	121.856 9	36.935 0	1		1	
159	徐家	41815970	山东沿海诸河	徐家河	2018	专用站	威海	乳山	徐家	徐家	121.754 2	36.911 1	1		1	
160	育黎	41816030	山东沿海诸河	乳山河	2018	专用站	威海	乳山	育黎	塔庄	121.432 5	36.998 9	1		1	
161	南岭	41812390	山东沿海诸河	潮白河	2018	专用站	日照	五莲	叩官	南岭	119.453 1	35.655 6	1		1	
162	桑园	51114580	山东沿海诸河	袁公河	2018	专用站	日照	莒县	桑园	桑园	119.039 7	35.669 4	1		1	
163	招贤	51114610	山东沿海诸河	袁公河	2018	专用站	日照	莒县	招贤	西黄埠	118.730 6	35.670 6	1		1	
164	夏家岭	51300050	山东沿海诸河	三庄河	2018	专用站	日照	东港	三庄	夏家岭	119.093 3	35.548 9	1		1	
165	街头	51300250	山东沿海诸河	街头河	2018	专用站	日照	五莲	街头	竹园	119.295 8	35.626 7	1		1	
166	后两河	51300305	山东沿海诸河	崮子河	2018	专用站	日照	东港	奎山	后两河	119.421 7	35.370 8	1		1	

续附表2

序号	测站名称	测站编码	水系	河流	设站年份	测站属性	测站地址				经度(°E)	纬度(°N)	水位观测方式			
							市	县(区)	乡(镇)	村(街道)			浮子	超声波	水尺	雷达
167	巨峰	51300310	山东沿海诸河	巨峰河	2018	专用站	日照	岚山	巨峰	巨峰	119.271 1	35.256 1	1		1	
168	马家店	31105890	徒骇马颊	土马沙河	2016	专用站	滨州	惠民	皂户李	王家村	117.433 3	37.401 4			1	1
169	王家集	31106330	徒骇马颊	白杨河	2016	专用站	滨州	阳信	金阳	王家集村	117.494 4	37.665 0			1	1
170	利国	31108320	徒骇马颊	马新河	2016	专用站	滨州	沾化	利国	裴家村	118.293 6	37.686 4			1	1
171	博兴	41800060	山东沿海诸河	支脉河	2016	专用站	滨州	博兴	城东	贤城闸	118.223 3	37.150 6			1	1
172	庞家	41800240	山东沿海诸河	北支新河	2016	专用站	滨州	博兴	庞家	红星闸	118.155 8	37.236 7			1	1
173	芽庄湖	41803410	山东沿海诸河	杏花河	2016	专用站	滨州	邹平	明集	浒山闸	117.600 3	36.900 8			1	1
174	埕口	31002000	南运河	漳卫新河	1954	专用站	滨州	无棣	埕口	埕口村	117.736 7	38.107 2	1		1	
175	东风港	31104600	徒骇马颊	徒骇河	2013	专用站	滨州	沾化	滨海	一级渔港码头	118.053 3	38.081 1	1		1	
176	水牛韩闸	41801020	山东沿海诸河	小清河	2019	专用站	滨州	邹平	九户	水牛韩闸	117.609 2	37.090 8			1	1
177	三里河闸	31101330	马颊河	笃马河	2014	专用站	德州	陵城	陵城	三里河	116.603 1	37.335 3			1	1
178	柴家闸	31101370	马颊河	笃马河	2014	专用站	德州	陵城	义渡	柴家	116.793 1	37.445 0			1	1
179	小店	31101510	马颊河	朱家河	2014	专用站	德州	宁津	城关	小店	116.780 0	37.570 0			1	1
180	褚家	31101715	马颊河	跃马河	2014	专用站	德州	乐陵	丁坞	褚家	117.021 9	37.698 9			1	1
181	刘言闸	31101737	马颊河	宁津新河	2014	专用站	德州	宁津	宁津	刘言	116.844 4	37.658 9			1	1
182	前艾闸	31101750	马颊河	宁津新河	2014	专用站	德州	宁津	柴胡店	前艾家	116.922 8	37.654 4			1	1

续附表 2

序号	测站名称	测站编码	水系	河流	设站年份	测站属性	测站地址				经度(°E)	纬度(°N)	水位观测方式			
							市	县(区)	乡(镇)	村(街道)			浮子	超声波	水尺	雷达
183	小岳闸	31101770	马颊河	宁津新河	2014	专用站	德州	宁津	柴胡店	小岳	116.997 8	37.644 7			1	1
184	刘桥闸	31105350	徒骇马颊	老赵牛河	2018	专用站	德州	齐河	刘桥	刘桥	116.550 0	36.750 0			1	1
185	千户屯闸	31105410	徒骇马颊	老赵牛河	2014	专用站	德州	禹城	廿里堡	千户屯	116.723 6	36.917 5			1	1
186	黄家铺	31105414	徒骇马颊	邓金河	2014	专用站	德州	齐河	晏城	黄家铺	116.720 0	36.840 0			1	1
187	南镇	31104940	徒骇马颊	茌中河	2012	专用站	聊城	茌平	南镇	东街村	116.250 0	36.716 7			1	1
188	国侯	31105710	徒骇马颊	中心河	2012	专用站	聊城	东阿	牛角店	国侯	116.400 0	36.400 0			1	1
189	五里屯	31104840	徒骇马颊	周公河	2012	专用站	聊城	东昌府	湖西办事处	五里屯	115.933 3	36.433 3			1	1
190	陈铺	31104910	徒骇马颊	西新河	2012	专用站	聊城	茌平	温陈	陈铺	116.083 3	36.550 0			1	1
191	新集	31102420	徒骇马颊	裕民渠	2012	专用站	聊城	临清	金郝庄	新集	116.033 3	36.850 0			1	1
192	赵楼	31102430	徒骇马颊	唐公沟	2012	专用站	聊城	高唐	梁村	赵楼	116.266 7	36.966 7			1	1
193	高庄铺	31102230	徒骇马颊	冠堂渠	2012	专用站	聊城	冠县	贾镇	高庄铺	115.666 7	36.516 7			1	1
194	辛庄	31004680	漳卫河	车庄沟	2012	专用站	聊城	临清	唐元	辛庄	115.616 7	36.800 0			1	1
195	孙屯	31104720	漳卫河	俎店渠	2012	专用站	聊城	莘县	莘亭办事处	孙屯	115.700 0	36.283 3			1	1
196	安乐	31104820	漳卫河	赵王河	2012	专用站	聊城	阳谷	安乐	史楼	115.933 3	36.216 7			1	1
197	薛楼	31104670	漳卫河	新金线河	2012	专用站	聊城	阳谷	大布	薛楼	115.716 7	36.183 3			1	1
198	江风口	50155070	沂沭河	沂河	1952	基本站	临沂	郯城	李庄	沙沟	118.384 4	34.895 6			1	

续附表 2

序号	测站名称	测站编码	水系	河流	设站年份	测站属性	测站地址				经度(°E)	纬度(°N)	水位观测方式			
							市	县(区)	乡(镇)	村(街道)			浮子	超声波	水尺	雷达
199	北竺院	51103290	沂沭河	东汶河	2016	专用站	临沂	蒙阴	蒙阴街道	北竺院	117.919 4	35.711 1			1	1
200	丹山	51103620	沂沭河	东汶河	2016	专用站	临沂	沂南	界湖	丹山子	118.389 2	35.568 1			1	1
201	黄埠闸	51103660	沂沭河	东汶河	2016	专用站	临沂	沂南	张庄	北黄埠	118.406 7	35.438 6			1	1
202	岱崮	51103910	沂沭河	梓河	2016	专用站	临沂	蒙阴	岱崮	朱家庄	118.209 4	35.895 0	1		1	
203	刘三庄	51104040	沂沭河	蒙河	2016	专用站	临沂	蒙阴	垛庄	刘三庄	118.141 1	35.550 6	1		1	
204	青驼	51104080	沂沭河	蒙河	2016	专用站	临沂	沂南	青驼	南店	118.287 5	35.391 4	1		1	
205	探沂	51104280	沂沭河	祊河	2016	专用站	临沂	费	探沂	孙家庄	118.188 9	35.189 4			1	1
206	南泉	51104740	沂沭河	唐村河	2016	专用站	临沂	平邑	平邑街道	小南泉	117.623 9	35.465 6	1		1	
207	桃花峪	51104830	沂沭河	西皋河	2016	专用站	临沂	平邑	铜石	桃花峪	117.715 3	35.371 1	1		1	
208	大由吾	51104920	沂沭河	朱田河	2016	专用站	临沂	费	朱田	大由吾	117.797 2	35.262 2	1		1	
209	黄河	51105210	沂沭河	温凉河	2016	专用站	临沂	费	费城街道	黄河	117.919 2	35.228 1			1	1
210	王庄	51105320	沂沭河	温凉河	2016	专用站	临沂	费	费城街道	北王庄	118.019 7	35.270 8			1	1
211	小杏花	51105520	沂沭河	柳青河	2016	专用站	临沂	兰山	柳青街道	小杏花	118.350 6	35.159 4			1	1
212	三岔河	51105540	沂沭河	小涑河	2016	专用站	临沂	费	刘庄	北新庄	118.057 5	35.118 3	1		1	
213	沭水	51110760	沂沭河	沭河	2016	专用站	临沂	沂水	高桥	沭水	118.716 9	35.999 2	1		1	
214	小河崖闸	51112130	沂沭河	苍源河	2016	专用站	临沂	临沭	郑山街道	小河崖	118.626 4	34.924 2			1	1

续附表 2

序号	测站名称	测站编码	水系	河流	设站年份	测站属性	测站地址				经度(°E)	纬度(°N)	水位观测方式			
							市	县(区)	乡(镇)	村(街道)			浮子	超声波	水尺	雷达
215	丁楮林闸	51112160	沂沭河	苍源河	2016	专用站	临沂	临沭	店头	丁楮林	118.642 8	34.795 3			1	1
216	关河	51112410	沂沭河	穆疃河	2016	专用站	临沂	临沭	玉山	关河	118.756 7	34.908 9	1		1	
217	铃铛口	51114860	沂沭河	浔河	2016	专用站	临沂	莒南	大店	铃铛口	118.773 3	35.348 3			1	1
218	岭泉	51115020	沂沭河	鸡龙河	2016	专用站	临沂	莒南	岭泉	岭泉	118.732 2	35.222 2	1		1	
219	汤河闸	51115140	沂沭河	汤河	2016	专用站	临沂	河东	郑旺	何家湾	118.558 1	35.132 5			1	1
220	石良	51209650	运泗河及南四湖区	燕子河	2016	专用站	临沂	兰陵	磨山	东石良	118.173 3	34.815 8	1		1	
221	河头	51209660	运泗河及南四湖区	燕子河	2016	专用站	临沂	兰陵	长城	东河头	118.086 4	34.710 8	1		1	
222	小岭	51209680	运泗河及南四湖区	东泇河	2016	专用站	临沂	兰陵	卞庄	小岭	118.071 7	34.908 9	1		1	
223	大新庄	51209720	运泗河及南四湖区	东泇河	2016	专用站	临沂	兰陵	卞庄	大新庄	118.057 2	34.843 9			1	1
224	朱芦	51300330	山东滨海诸河	绣针河	2016	专用站	临沂	莒南	朱芦	朱芦	119.133 1	35.260 6	1		1	
225	北社	/	沂沭河	沂河	2019	专用站	临沂	沂水	许家湖	北社	118.600 0	35.716 7	1		1	
226	韩家曲	/	沂沭河	余粮河	2019	专用站	临沂	沂水	道托	韩家曲	118.683 3	35.883 3	1		1	
227	木柞	51101600	沂沭河	沂河	2009	专用站	临沂	罗庄	黄山	木柞	118.358 3	34.850 0			1	1
228	李线庄	51204560	南四湖区	丰收河	2016	专用站	菏泽	郓城	程屯	李线庄	116.033 3	35.633 3	1		1	
229	苏泗庄闸	51211720	南四湖区	三分干河	2016	专用站	菏泽	鄄城	临濮	苏泗庄	115.366 7	35.466 7	1		1	

续附表 2

序号	测站名称	测站编码	水系	河流	设站年份	测站属性	测站地址				经度(°E)	纬度(°N)	水位观测方式			
							市	县(区)	乡(镇)	村(街道)			浮子	超声波	水尺	雷达
230	临濮闸东	51211730	南四湖区	三分干河	2016	专用站	菏泽	鄄城	临濮	临濮	115.383 3	35.483 3	1		1	
231	袁旗营	51211820	南四湖区	渔沃河	2016	专用站	菏泽	东明	渔沃办事处	袁旗营	115.150 0	35.266 7	1		1	
232	李庄集	51211825	南四湖区	徐河	2016	专用站	菏泽	牡丹	李村	李庄集	115.533 3	35.383 3	1		1	
233	临濮闸南	51211833	南四湖区	南输沙渠	2016	专用站	菏泽	鄄城	临濮	临濮	115.383 3	35.483 3	1		1	
234	任楼	51211845	南四湖区	太平溜	2016	专用站	菏泽	牡丹	沙土	新兴	115.800 0	35.333 3	1		1	
235	丁楼	51213360	南四湖区	南渠河	2016	专用站	菏泽	定陶	马集	刘园	115.516 7	35.066 7	1		1	
236	南庄	51213593	南四湖区	杨河	2016	专用站	菏泽	曹	邵庄	南庄	115.450 0	34.716 7	1		1	
237	春亭	51213860	南四湖区	紫荆河	2016	专用站	菏泽	东明	刘楼	春亭	114.966 7	35.083 3	1		1	
238	王占乾	51213890	南四湖区	东鱼河南支	2016	专用站	菏泽	曹	楼庄	王占乾闸	115.266 7	34.900 0	1		1	
239	路菜园分水闸	51213905	南四湖区	南坡河	2016	专用站	菏泽	定陶	南王店	路菜园分水闸	115.533 3	35.000 0	1		1	
240	阎店楼	51213940	南四湖区	胜利河	2016	专用站	菏泽	曹	古营集	安仁集	115.566 7	34.716 7	1		1	
241	孙溜	51214110	南四湖区	惠河	2016	专用站	菏泽	单	孙溜	孙溜	116.116 7	34.750 0	1		1	

附表 3 山东省雨量站基本情况一览

序号	测站名称	测站编码	水系	测站属性	测站地址				经度(°E)	纬度(°N)	降水观测方式		
					市	县(区)	乡(镇)	村(街道)			翻斗式	称重式	人工
1	商河	31123150	徒骇马颊	基本站	济南	商河	商河	城关	117.155 5	37.319 2	1		1
2	孙集	31123250	徒骇马颊	基本站	济南	商河	孙集	车庙	117.263 6	37.306 2	1		1
3	孙耿	31126550	徒骇马颊	基本站	济南	济阳	孙耿	义和	117.012 5	37.896 1	1		1
4	垛石	31126600	徒骇马颊	基本站	济南	济阳	垛石东	宋屯	117.098 2	37.057 3	1		1
5	济阳	31126650	徒骇马颊	基本站	济南	济阳	济北	泰兴东街 4 号	117.179 6	36.984 0	1		1
6	白桥	31126700	徒骇马颊	基本站	济南	商河	白桥	白桥	117.270 4	37.184 9	1		1
7	仁风	31126750	徒骇马颊	基本站	济南	济阳	仁风	仁风	117.374 6	37.160 8	1		1
8	枣林	41429350	黄河下游区	基本站	济南	南山	西营	枣林	117.284 5	36.506 3	1		1
9	西营	41429400	黄河下游区	基本站	济南	南山	西营	西营	117.224 8	36.498 8	1		1
10	邱家庄	41429500	黄河下游区	基本站	济南	南山	仲宫	邱家庄	117.054 3	36.497 0	1		1
11	窝铺	41429150	黄河下游区	基本站	济南	南山	柳埠	窝铺	117.170 1	36.391 1	1		1
12	柳埠	41429250	黄河下游区	基本站	济南	南山	柳埠	农业综合服务站	117.104 4	36.444 4	1		1
13	南高而	41429300	黄河下游区	基本站	济南	南山	高而	南高而	117.031 1	36.404 2	1		1
14	卧虎山水库	41429550	黄河下游区	基本站	济南	历城	仲宫	北草沟	116.955 2	36.487 3	1		1
15	界首	41428550	黄河下游区	基本站	济南	长清	万德	界首	116.985 7	36.259 0	1		1
16	万德	41428900	黄河下游区	基本站	济南	长清	万德	万德	116.916 8	36.340 1	1		1
17	石胡同	41428800	黄河下游区	基本站	济南	长清	万德	石胡同	116.887 3	36.288 8	1		1
18	官马场	41428850	黄河下游区	基本站	济南	长清	万德	马场	117.039 3	36.330 5	1		1

续附表 3

序号	测站名称	测站编码	水系	测站属性	测站地址				经度(°E)	纬度(°N)	降水观测方式		
					市	县(区)	乡(镇)	村(街道)			翻斗式	称重式	人工
19	姬家峪	41428950	黄河下游区	基本站	济南	长清	张夏	积峪	117.289 6	36.684 2	1		1
20	崮山	41429050	黄河下游区	基本站	济南	长清	崮云湖	凤凰	116.867 9	36.480 3	1		1
21	段家店	41428500	黄河下游区	基本站	济南	长清	双泉	段店	116.710 2	36.345 4	1		1
22	孝里铺	41428450	黄河下游区	基本站	济南	长清	孝里	孝里	116.604 2	36.403 3	1		1
23	长清	41429100	黄河下游区	基本站	济南	长清	水务局家属院南楼 4 单元		116.749 4	36.551 1	1		1
24	平阴	41428400	黄河下游区	基本站	济南	平阴	府前街西段园林家属院		116.443 3	36.289 5	1		1
25	东阿	41428300	黄河下游区	基本站	济南	平阴	东阿	东门	116.378 7	36.172 7	1		1
26	李沟	41428350	黄河下游区	基本站	济南	平阴	孔村	李沟	116.273 1	36.175 7	1		1
27	石匣	41520700	大汶河	基本站	济南	章丘	官庄	石匣	117.644 3	36.553 9	1		1
28	刘家庄	41820900	山东沿海诸河	基本站	济南	槐荫	美里湖	刘七沟	116.915 1	36.724 0	1		1
29	吴家铺	41820950	山东沿海诸河	基本站	济南	槐荫	吴家堡	西吴家堡	116.905 0	36.699 4	1		1
30	邵而	41821000	山东沿海诸河	基本站	济南	市中	党家	邵而	117.325 8	36.588 2	1		1
31	东红庙	41821050	山东沿海诸河	基本站	济南	市中	白马山	后魏庄	116.932 3	36.631 0	1		1
32	兴隆	41821100	山东沿海诸河	基本站	济南	市中	姚家	浆水泉水库西岸	117.181 2	36.611 6	1		1
33	燕子山	41821150	山东沿海诸河	基本站	济南	历下	姚家	正大城市花园二期景苑	117.181 2	36.611 6	1		1
34	黄台桥	41821200	山东沿海诸河	基本站	济南	历城	华山	前进桥	117.053 9	36.707 4	1		1
35	东梧	41821250	山东沿海诸河	基本站	济南	历城	港沟	河西	117.068 8	36.627 1	1		1

续附表 3

序号	测站名称	测站编码	水系	测站属性	测站地址				经度(°E)	纬度(°N)	降水观测方式		
					市	县(区)	乡(镇)	村(街道)			翻斗式	称重式	人工
36	韩仓	41821300	山东沿海诸河	基本站	济南	历城	郭店	鲍山花园北区 43 号楼	117.186 2	36.709 6	1		1
37	王家庄	41821350	山东沿海诸河	基本站	济南	历城	彩石	潘河崖	117.325 8	36.588 2	1		1
38	群井	41821400	山东沿海诸河	基本站	济南	高新	天马相城北区 11 号楼		117.289 7	36.684 1	1		1
39	大陈家庄	41821450	山东沿海诸河	基本站	济南	高新	临港开发区	大陈家	117.239 7	36.814 0	1		1
40	官营	41821550	山东沿海诸河	基本站	济南	章丘	垛庄	官营	117.342 0	36.492 9	1		1
41	垛庄	41821600	山东沿海诸河	基本站	济南	章丘	垛庄	南垛庄	117.429 0	36.497 2	1		1
42	三德范	41821650	山东沿海诸河	基本站	济南	章丘	文祖	三德范	117.533 1	36.593 6	1		1
43	横河	41821750	山东沿海诸河	基本站	济南	章丘	曹范	横河	117.426 6	36.565 7	1		1
44	南曹范	41821800	山东沿海诸河	基本站	济南	章丘	曹范	南曹范	117.396 0	36.598 4	1		1
45	北凤	41821850	山东沿海诸河	基本站	济南	章丘	埠村	北凤	117.464 6	36.664 0	1		1
46	大站	41821900	山东沿海诸河	基本站	济南	章丘	枣园	南皋埠	117.462 2	36.734 7	1		1
47	白云湖	41821950	山东沿海诸河	基本站	济南	章丘	宁家埠	闫马	117.448 9	36.833 8	1		1
48	闫家峪	41822150	山东沿海诸河	基本站	济南	章丘	官庄	闫家峪	117.617 9	36.626 0	1		1
49	霞峰	41520050	大汶河	基本站	济南	钢城	汶源	黄庄	117.925 3	36.021 4	1		1
50	蒙阴寨	41520100	大汶河	基本站	济南	钢城	艾山	寨子	117.787 8	36.069 4	1		1
51	郑王庄	41520150	大汶河	基本站	济南	钢城	里辛	里辛	117.812 8	36.124 7	1		1
52	乔店	41520250	大汶河	基本站	济南	钢城	辛庄	后峪	117.710 6	36.194 7	1		1

续附表 3

序号	测站名称	测站编码	水系	测站属性	测站地址				经度(°E)	纬度(°N)	降水观测方式		
					市	县(区)	乡(镇)	村(街道)			翻斗式	称重式	人工
53	杨家横	41520300	大汶河	基本站	济南	钢城	辛庄	杨家横	117.845 3	36.275 8	1		1
54	赵家泉	41520350	大汶河	基本站	济南	钢城	辛庄	秦家洼	117.759 2	36.185 0	1		1
55	谭家楼	41520400	大汶河	基本站	济南	莱芜	高庄	谭家楼	117.684 2	36.103 9	1		1
56	莱芜	41520500	大汶河	基本站	济南	莱芜	凤城	东方红	117.660 8	36.193 6	1		1
57	大冶	41520550	大汶河	基本站	济南	莱芜	口	大冶水库	117.659 4	36.336 9	1		1
58	茶业口	41520750	大汶河	基本站	济南	莱芜	茶业口	茶业口	117.680 3	36.491 7	1		1
59	峪门	41520800	大汶河	基本站	济南	莱芜	茶业口	峪门	117.680 3	36.422 8	1		1
60	上游	41520850	大汶河	基本站	济南	莱芜	雪野	上游	117.553 6	36.466 1	1		1
61	雪野水库	41520900	大汶河	基本站	济南	莱芜	雪野	雪野水库	117.581 1	36.403 6	1		1
62	王大下	41520950	大汶河	基本站	济南	莱芜	寨里	寨东	117.491 7	36.304 4	1		1
63	独路	41521050	大汶河	基本站	济南	莱芜	大王庄	宅科	117.395 3	36.427 5	1		1
64	大胡家	31123110	徒骇马颊	专用站	济南	商河	常庄	黄马	117.368 3	37.378 3	1		
65	韩庙	31123100	徒骇马颊	专用站	济南	商河	韩庙	孙家胡同	117.244 4	37.497 8	1		
66	燕家	31123170	徒骇马颊	专用站	济南	商河	燕家	金家	117.248 3	37.376 1	1		
67	龙桑寺	31123200	徒骇马颊	专用站	济南	商河	龙桑寺	北苏	117.292 5	37.395 8	1		
68	孙集	31123255	徒骇马颊	专用站	济南	商河	孙集	幼儿园	117.260 8	37.297 5	1		
69	光明	31123260	徒骇马颊	专用站	济南	商河	郑路	光明	117.337 8	37.308 6	1		

续附表 3

序号	测站名称	测站编码	水系	测站属性	测站地址				经度(°E)	纬度(°N)	降水观测方式		
					市	县(区)	乡(镇)	村(街道)			翻斗式	称重式	人工
70	沙河	31123275	徒骇马颊	专用站	济南	商河	沙河	东范家	117.266 1	37.422 5	1		
71	岳桥	31123320	徒骇马颊	专用站	济南	商河	岳桥	小王家	117.226 1	37.216 9	1		
72	赵奎元	31123120	徒骇马颊	专用站	济南	商河	赵奎元	崔拐	117.143 6	37.434 2	1		
73	开发区	31123125	徒骇马颊	专用站	济南	商河	玉皇庙	西大岭	117.137 8	37.163 3	1		
74	殷巷	31123160	徒骇马颊	专用站	济南	商河	殷巷	季家	117.143 3	37.403 6	1		
75	牛堡	31123195	徒骇马颊	专用站	济南	商河	牛堡	周家	117.202 8	37.331 7	1		
76	张坊	31123215	徒骇马颊	专用站	济南	商河	张坊	王破头	117.103 3	37.352 5	1		
77	城关西北	31123235	徒骇马颊	专用站	济南	商河	城中	商河城关	117.140 0	37.320 0	1		
78	贾庄	31123280	徒骇马颊	专用站	济南	商河	贾庄	贾庄	117.071 4	37.256 1	1		
79	钱铺	31123290	徒骇马颊	专用站	济南	商河	钱铺	小陈	117.170 8	37.240 3	1		
80	前垤道	31123310	徒骇马颊	专用站	济南	商河	钱铺	前垤道	117.121 1	37.231 9	1		
81	民训基地	31123380	徒骇马颊	专用站	济南	商河	商中庙	民训基地	117.165 6	37.302 8	1		
82	玉皇庙	31123400	徒骇马颊	专用站	济南	商河	玉皇庙	玉皇西路	117.111 1	37.186 9	1		
83	常庄	31123180	徒骇马颊	专用站	济南	商河	常庄	三合庄	117.338 6	37.380 3	1		
84	郑路	31123245	徒骇马颊	专用站	济南	商河	郑路	于家屯	117.337 2	37.277 8	1		
85	杨庄铺	31123340	徒骇马颊	专用站	济南	商河	玉皇庙	杨庄铺	117.170 3	37.183 3	1		
86	新市	31126590	徒骇马颊	专用站	济南	济阳	新市	王碱场	117.013 1	37.084 7	1		

续附表 3

序号	测站名称	测站编码	水系	测站属性	测站地址				经度(°E)	纬度(°N)	降水观测方式		
					市	县(区)	乡(镇)	村(街道)			翻斗式	称重式	人工
87	白桥	31126705	徒骇马颊	专用站	济南	商河	白桥	白桥敬老院	117.275 3	37.183 6	1		
88	展家	31126730	徒骇马颊	专用站	济南	商河	展家	赵西	117.406 7	37.281 9	1		
89	李隆堂	31123130	徒骇马颊	专用站	济南	商河	怀仁	东李隆堂	117.025 3	37.427 2	1		
90	胡集	31123140	徒骇马颊	专用站	济南	商河	胡集	王治田	117.046 7	37.313 3	1		
91	怀仁镇	31123145	徒骇马颊	专用站	济南	商河	怀仁	玉皇庙	117.098 6	37.405 0	1		
92	孙家寨	31123220	徒骇马颊	专用站	济南	商河	张坊	孙家寨	117.070 0	37.356 4	1		
93	南谢家	31123240	徒骇马颊	专用站	济南	商河	贾庄	南谢家	117.009 7	37.286 7	1		
94	付家	31123330	徒骇马颊	专用站	济南	商河	玉皇庙	付家	117.060 8	37.205 6	1		
95	后孙家	31123370	徒骇马颊	专用站	济南	商河	玉皇庙	后孙家	117.058 3	37.156 4	1		
96	桑梓	31126470	徒骇马颊	专用站	济南	天桥	桑梓店	桑梓店	116.918 6	36.785 0	1		
97	靳家	31126480	徒骇马颊	专用站	济南	天桥	大桥	靳家庄	117.006 4	36.827 8	1		
98	二太平	31126490	徒骇马颊	专用站	济南	天桥	太平办事处	张旗屯	117.001 4	36.973 9	1		
99	大桥	31126540	徒骇马颊	专用站	济南	天桥	大桥	大桥	117.034 4	36.774 2	1		
100	后房	31126560	徒骇马颊	专用站	济南	天桥	桑梓店	后房	116.903 9	36.823 3	1		
101	黄河河务局	41820975	徒骇马颊	专用站	济南	天桥	济泺路	济洛路济南黄河河务局	116.988 6	36.711 4	1		
102	崔寨	31126505	徒骇马颊	专用站	济南	济阳	崔寨街道	崔寨街道办事处	117.105 3	36.825 8	1		
103	大庙李	31126510	徒骇马颊	专用站	济南	济阳	垛石	大庙李	117.201 1	37.126 9	1		

续附表 3

序号	测站名称	测站编码	水系	测站属性	测站地址				经度(°E)	纬度(°N)	降水观测方式		
					市	县(区)	乡(镇)	村(街道)			翻斗式	称重式	人工
104	北田家	31126520	徒骇马颊	专用站	济南	济阳	济阳	北田家	117.163 1	36.945 6	1		
105	城关东北	31126530	徒骇马颊	专用站	济南	济阳	济阳	城关	117.208 6	37.000 3	1		
106	曲堤	31126680	徒骇马颊	专用站	济南	济阳	曲堤	李洪亭村	117.284 2	37.101 7	1		
107	仁风	31126752	徒骇马颊	专用站	济南	济阳	仁风	江家	117.367 2	37.166 9	1		
108	小何家	31126760	徒骇马颊	专用站	济南	济阳	回河	小何家	117.109 4	36.852 8	1		
109	孙耿	31126555	徒骇马颊	专用站	济南	济阳	孙耿	义和	117.001 1	36.892 8	1		
110	垛石	31126605	徒骇马颊	专用站	济南	济阳	垛石	土河	117.096 1	37.061 4	1		
111	马浪头	31126610	徒骇马颊	专用站	济南	济阳	垛石	马浪头	117.069 4	37.033 3	1		
112	庙廊店	31126620	徒骇马颊	专用站	济南	济阳	太平	庙廊	117.047 5	36.975 6	1		
113	怀仁闸	31102730	徒骇马颊	专用站	济南	商河	怀仁	怀仁	117.028 3	37.425 8	1		
114	玉皇庙闸	31102745	徒骇马颊	专用站	济南	商河	玉皇庙	小陈家	117.140 3	37.256 9	1		
115	赵奎元闸	31102750	徒骇马颊	专用站	济南	商河	赵魁元	赵魁元	117.133 3	37.421 9	1		
116	任家闸	31102770	徒骇马颊	专用站	济南	商河	龙桑寺	任家	117.272 2	37.400 0	1		
117	聂营闸	31102780	徒骇马颊	专用站	济南	商河	韩庙	聂营	117.281 4	37.498 6	1		
118	高王庄	31105760	徒骇马颊	专用站	济南	天桥	桑梓店	高王	116.941 7	36.822 2	1		
119	小栏桥	31105770	徒骇马颊	专用站	济南	济阳	太平	小栏东	116.953 9	36.974 4	1		
120	老赵家	31105790	徒骇马颊	专用站	济南	济阳	孙耿	老赵家	117.037 8	36.902 8	1		

续附表 3

序号	测站名称	测站编码	水系	测站属性	测站地址				经度(°E)	纬度(°N)	降水观测方式		
					市	县(区)	乡(镇)	村(街道)			翻斗式	称重式	人工
121	老杨沟	31105810	徒骇马颊	专用站	济南	济阳	垛石	老杨沟西	117.008 9	37.021 9	1		
122	俎家桥	31105830	徒骇马颊	专用站	济南	济阳	曲堤	俎家西	117.205 6	37.108 1	1		
123	霍庙闸	31105840	徒骇马颊	专用站	济南	商河	常庄	霍庙	117.353 9	37.416 1	1		
124	双柳闸	31105850	徒骇马颊	专用站	济南	济阳	新市	双柳	117.022 8	37.103 3	1		
125	三王闸	31105880	徒骇马颊	专用站	济南	商河	郑路	三王	117.388 9	37.307 8	1		
126	商河中心	31123325	徒骇马颊	专用站	济南	商河	许商	商西路 3 号	117.131 7	37.251 4	1		1
127	济阳中心	31126755	徒骇马颊	专用站	济南	济阳	济阳	泰兴东街 4 号	117.182 5	36.901 1	1		1
128	洪范	41428270	黄河下游区	专用站	济南	平阴	洪范	纸坊	116.311 7	36.126 7	1		
129	新建村	41428295	黄河下游区	专用站	济南	平阴	安城	新建	116.492 5	36.288 6	1		
130	刁山坡	41428330	黄河下游区	专用站	济南	平阴	刁山坡	东豆山	116.347 8	36.274 7	1		
131	李沟	41428355	黄河下游区	专用站	济南	平阴	孔村	李沟水厂	116.378 6	36.172 8	1		
132	张平庄	41428365	黄河下游区	专用站	济南	平阴	孝直	张平庄	116.468 1	36.167 5	1		
133	孔村	41428380	黄河下游区	专用站	济南	平阴	孔村	后套村	116.456 9	36.178 1	1		
134	店子	41428392	黄河下游区	专用站	济南	平阴	店子	前店子	116.522 2	36.119 7	1		
135	平阴	41428402	黄河下游区	专用站	济南	平阴	锦水街道	污水处理厂	116.441 7	36.304 7	1		
136	孝直	41428410	黄河下游区	专用站	济南	平阴	孝直	孔庄	116.444 7	36.118 6	1		
137	安城	41428422	黄河下游区	专用站	济南	平阴	安城	济广高速旁	116.492 5	36.288 6	1		

续附表 3

序号	测站名称	测站编码	水系	测站属性	测站地址				经度(°E)	纬度(°N)	降水观测方式		
					市	县(区)	乡(镇)	村(街道)			翻斗式	称重式	人工
138	玫瑰	41428322	黄河下游区	专用站	济南	平阴	玫瑰	焦庄	116.377 5	36.238 6	1		
139	庞庄	41428340	黄河下游区	专用站	济南	平阴	东阿	庞庄	116.299 2	36.228 1	1		
140	栾湾	41428430	黄河下游区	专用站	济南	平阴	栾湾	近东路	116.508 6	36.330 6	1		
141	孝里铺	41428455	黄河下游区	专用站	济南	长清	孝里铺	镇政府院内	116.638 9	36.397 8	1		
142	段家店	41428505	黄河下游区	专用站	济南	长清	双泉	段家店	116.710 3	36.355 3	1		
143	归德	41428600	黄河下游区	专用站	济南	长清	归德	归德街道办事处	116.681 9	36.495 6	1		
144	五峰山	41428770	黄河下游区	专用站	济南	长清	五峰山	五峰山街道办事处	116.831 4	36.448 1	1		
145	翟庄村	41428780	黄河下游区	专用站	济南	长清	归德	翟庄	116.660 6	36.459 7	1		
146	山贾庄	41428790	黄河下游区	专用站	济南	长清	归德	山贾庄	116.712 2	36.436 1	1		
147	陈家峪	41428810	黄河下游区	专用站	济南	长清	孝里	陈家峪	116.645 3	36.386 4	1		
148	姚河门	41428820	黄河下游区	专用站	济南	长清	孝里	姚河门	116.579 2	36.410 6	1		
149	地楼	41428830	黄河下游区	专用站	济南	长清	马山	地楼	116.726 9	36.402 2	1		
150	季家庄	41428868	黄河下游区	专用站	济南	长清	马山	季家庄	116.814 2	36.316 7	1		
151	大街村	41428870	黄河下游区	专用站	济南	长清	孝里	大街	116.591 9	36.367 8	1		
152	高庄村	41428880	黄河下游区	专用站	济南	长清	孝里	高庄	116.631 4	36.418 1	1		
153	黄立泉	41428905	黄河下游区	专用站	济南	长清	双泉	黄立泉	116.653 1	36.316 1	1		
154	马山	41429000	黄河下游区	专用站	济南	长清	马山	陈家峪	116.773 3	36.368 3	1		

续附表 3

序号	测站名称	测站编码	水系	测站属性	测站地址				经度(°E)	纬度(°N)	降水观测方式		
					市	县(区)	乡(镇)	村(街道)			翻斗式	称重式	人工
155	界首	41428555	黄河下游区	专用站	济南	长清	万德	界首	116.985 6	36.258 9	1		
156	周庄村	41428710	黄河下游区	专用站	济南	长清	归德	大学城周庄	116.800 0	36.545 0	1		
157	燕王庄	41428730	黄河下游区	专用站	济南	长清	文昌	燕王庄	116.698 1	36.536 4	1		
158	山峪庄	41428740	黄河下游区	专用站	济南	长清	文昌	山峪庄	116.754 2	36.506 4	1		
159	张夏	41428760	黄河下游区	专用站	济南	长清	张夏	张夏办事处	116.895 8	36.450 3	1		
160	石胡同	41428805	黄河下游区	专用站	济南	长清	万德	孙西	116.867 2	36.303 3	1		
161	灵岩寺	41428840	黄河下游区	专用站	济南	长清	万德	灵岩水库	116.948 3	36.354 7	1		
162	官马场	41428855	黄河下游区	专用站	济南	长清	万德	马场	117.039 2	36.330 3	1		
163	武庄	41428865	黄河下游区	专用站	济南	长清	武家庄	武庄	116.990 3	36.335 0	1		
164	万德	41428902	黄河下游区	专用站	济南	长清	万德	万德街道水厂	116.918 1	36.340 8	1		
165	姬家峪	41428955	黄河下游区	专用站	济南	长清	张夏	姬家峪	116.972 8	36.406 7	1		
166	崮山	41429055	黄河下游区	专用站	济南	长清	崮云湖	凤凰	116.877 2	36.485 6	1		
167	长清	41429105	黄河下游区	专用站	济南	长清	文昌	长清酒厂	116.748 6	36.568 6	1		
168	平安	41429110	黄河下游区	专用站	济南	长清	平安	平安街道办事处	116.811 4	36.603 9	1		
169	管理学院	41429125	黄河下游区	专用站	济南	长清	崮云湖	长清大学城	116.770 0	36.527 2	1		
170	党家庄	41429135	黄河下游区	专用站	济南	市中	党家庄	党家庄街道办事处	116.905 6	36.584 2	1		
171	大水井	41429160	黄河下游区	专用站	济南	历城	锦绣川	锦绣川街道办事处	117.191 1	36.533 3	1		

续附表 3

序号	测站名称	测站编码	水系	测站属性	测站地址				经度(°E)	纬度(°N)	降水观测方式		
					市	县(区)	乡(镇)	村(街道)			翻斗式	称重式	人工
172	跑马岭	41429180	黄河下游区	专用站	济南	历城	柳埠	跑马岭	117.203 6	36.453 6	1		
173	三岔村	41429210	黄河下游区	专用站	济南	历城	柳埠	三岔	117.168 3	36.410 6	1		
174	出泉沟水库	41429225	黄河下游区	专用站	济南	历城	仲宫	高而	117.040 8	36.406 4	1		
175	小屯水库	41403362	黄河下游区	专用站	济南	长清	归德	小屯水库	116.714 7	36.455 6	1		
176	崮头水库	41403470	黄河下游区	专用站	济南	长清	马山	崮头水库	116.738 1	36.403 3	1		
177	小万德	41403580	黄河下游区	专用站	济南	长清	万德	小侯集	116.902 8	36.336 4	1		
178	宅科	41403900	黄河下游区	专用站	济南	历城	仲宫	宅科	116.936 7	36.517 2	1		
179	睦里闸(二)	41404010	黄河下游区	专用站	济南	槐荫	段店	宋家庄	116.862 5	36.646 4	1		
180	展小庄	41504040	黄河下游区	专用站	济南	平阴	孝直	展小庄	116.501 9	36.072 8	1		
181	平阴中心	41428405	黄河下游区	专用站	济南	平阴	安城	山水路济南一锻重工西	116.525 3	36.272 2	1		1
182	长清中心	41428615	黄河下游区	专用站	济南	长清	平安	平安南路与农高路十字路口北 500 m	116.842 5	36.727 8	1		1
183	西仙庄村	41429570	山东沿海诸河	专用站	济南	历城	十六里河	西仙庄	116.986 1	36.549 4	1		
184	西渴马村	41429580	山东沿海诸河	专用站	济南	市中	党家庄	西渴马	116.901 9	36.527 5	1		
185	睦里庄	41429600	山东沿海诸河	专用站	济南	槐荫	段店北路	睦里	116.838 9	36.664 7	1		
186	王北村	41429680	山东沿海诸河	专用站	济南	历城	彩石	王家庄北	117.048 3	36.526 1	1		
187	石匣	41520705	山东沿海诸河	专用站	济南	章丘	官庄	石匣	117.693 6	36.658 1	1		

续附表 3

序号	测站名称	测站编码	水系	测站属性	测站地址				经度(°E)	纬度(°N)	降水观测方式		
					市	县(区)	乡(镇)	村(街道)			翻斗式	称重式	人工
188	刘家庄	41820905	山东沿海诸河	专用站	济南	槐荫	吴家铺	刘家庄	116.861 7	36.700 8	1		
189	吴家铺	41820955	山东沿海诸河	专用站	济南	槐荫	吴家铺	吴家铺	116.904 7	36.699 2	1		
190	双庙屯村	41821030	山东沿海诸河	专用站	济南	高新	党家庄	双庙屯	116.842 2	36.593 3	1		
191	龙奥	41821196	山东沿海诸河	专用站	济南	历下	龙鼎大道	龙奥大厦院内	117.120 0	36.651 9	1		
192	十六里河	41821060	山东沿海诸河	专用站	济南	市中	十六里河	十六里河街道办事处	117.021 1	36.629 2	1		
193	燕子山	41821155	山东沿海诸河	专用站	济南	历下	姚家	浆水泉路正大城市花园二期	117.080 0	36.646 4	1		
194	冷水沟	41821270	山东沿海诸河	专用站	济南	历城	王舍人	冷水沟	117.093 9	36.773 1	1		
195	西顿邱	41821313	山东沿海诸河	专用站	济南	高新	孙村	西顿邱三	117.304 2	36.679 4	1		
196	谷家庄	41821320	山东沿海诸河	专用站	济南	历城	遥墙	谷家庄	117.138 1	36.801 4	1		
197	官营	41821555	山东沿海诸河	专用站	济南	章丘	垛庄	东岭山	117.371 9	36.508 6	1		
198	北麦腰	41821575	山东沿海诸河	专用站	济南	章丘	垛庄	北麦腰	117.373 1	36.484 7	1		
199	垛庄	41821605	山东沿海诸河	专用站	济南	章丘	垛庄	南垛庄	117.420 6	36.498 3	1		
200	大北头	41821620	山东沿海诸河	专用站	济南	章丘	曹范	大北头	117.353 1	36.569 4	1		
201	清泉	41821730	山东沿海诸河	专用站	济南	章丘	曹范	清泉	117.343 6	36.551 4	1		
202	卢张	41821740	山东沿海诸河	专用站	济南	章丘	曹范	卢张	117.438 3	36.581 9	1		
203	北曹范水库	41821770	山东沿海诸河	专用站	济南	章丘	曹范	北曹范	117.408 9	36.605 6	1		

续附表 3

序号	测站名称	测站编码	水系	测站属性	测站地址				经度(°E)	纬度(°N)	降水观测方式		
					市	县(区)	乡(镇)	村(街道)			翻斗式	称重式	人工
204	大冶	41821820	山东沿海诸河	专用站	济南	章丘	埠村	大冶	117.451 7	36.635 6	1		
205	植物园	41821840	山东沿海诸河	专用站	济南	章丘	埠村	植物园	117.454 7	36.633 3	1		
206	大站	41821905	山东沿海诸河	专用站	济南	章丘	枣园	枣园水厂	117.465 8	36.721 9	1		
207	明水	41821920	山东沿海诸河	专用站	济南	章丘	明水	明水街道办事处	117.453 6	36.742 8	1		
208	百泉	41822170	山东沿海诸河	专用站	济南	章丘	双山	双山街道办事处	117.569 2	36.707 8	1		
209	王高	41821570	山东沿海诸河	专用站	济南	章丘	高官寨	王高	117.319 7	36.917 5	1		
210	三德范	41821655	山东沿海诸河	专用站	济南	章丘	文祖	人工增雨点	117.542 2	36.543 3	1		
211	茄庄村	41821670	山东沿海诸河	专用站	济南	章丘	刁	茄庄	117.524 2	36.886 1	1		
212	时家	41821710	山东沿海诸河	专用站	济南	章丘	相公庄	时家水库	117.620 8	36.783 9	1		
213	郑家	41821760	山东沿海诸河	专用站	济南	章丘	相公庄	郑家庄	117.560 3	36.771 4	1		
214	龙华	41821780	山东沿海诸河	专用站	济南	章丘	普集	龙华水库	117.634 2	36.741 4	1		
215	瓦屋	41821790	山东沿海诸河	专用站	济南	章丘	普集	瓦屋	117.728 9	36.733 6	1		
216	河堤	41822190	山东沿海诸河	专用站	济南	章丘	普集	河堤	117.643 9	36.707 5	1		
217	水泉	41822210	山东沿海诸河	专用站	济南	章丘	普集	水泉水库	117.697 2	36.708 1	1		
218	任家寨	41822220	山东沿海诸河	专用站	济南	章丘	官庄	任家寨水库	117.650 3	36.692 2	1		
219	矿井	41822270	山东沿海诸河	专用站	济南	章丘	官庄阎家峪	矿井	117.588 1	36.667 5	1		
220	季周	41821580	山东沿海诸河	专用站	济南	章丘	刁	季周	117.502 2	36.923 9	1		

续附表3

序号	测站名称	测站编码	水系	测站属性	测站地址				经度(°E)	纬度(°N)	降水观测方式		
					市	县(区)	乡(镇)	村(街道)			翻斗式	称重式	人工
221	罗家	41821590	山东沿海诸河	专用站	济南	章丘	高官寨	罗家	117.375 6	36.923 6	1		
222	黄家塘村	41821680	山东沿海诸河	专用站	济南	章丘	白云湖	黄家塘	117.418 1	36.908 6	1		
223	郑家庄	41821830	山东沿海诸河	专用站	济南	章丘	山后寨	郑家庄	117.414 4	36.724 4	1		
224	辛店村	41821910	山东沿海诸河	专用站	济南	章丘	宁家埠	辛店	117.381 4	36.753 6	1		
225	朱各务	41821940	山东沿海诸河	专用站	济南	章丘	枣园	朱各务水库	117.483 6	36.772 2	1		
226	张码村	41821945	山东沿海诸河	专用站	济南	章丘	宁家埠	张码	117.440 6	36.845 6	1		
227	白云湖	41821955	山东沿海诸河	专用站	济南	章丘	宁家埠	宁家埠水厂	117.435 8	36.826 1	1		
228	党家镇	41821720	山东沿海诸河	专用站	济南	章丘	龙山	党家	117.418 1	36.792 2	1		
229	徐马水库	41822380	山东沿海诸河	专用站	济南	历城	彩石	徐马水库	117.294 2	36.556 7	1		
230	大龙堂	41822410	山东沿海诸河	专用站	济南	历城	彩石	龙堂	117.322 8	36.617 5	1		
231	北宅科	41822420	山东沿海诸河	专用站	济南	历城	彩石	北宅科	117.274 7	36.624 2	1		
232	岩棚水库	41822430	山东沿海诸河	专用站	济南	历城	港沟	港沟街道办事处	117.186 7	36.566 9	1		
233	杜张水库	41802440	山东沿海诸河	专用站	济南	章丘	龙山	杜张水库	117.344 2	36.752 2	1		
234	小陈家	41802450	山东沿海诸河	专用站	济南	历城	唐王	小陈家	117.248 9	36.813 3	1		
235	大沟崖	41802470	山东沿海诸河	专用站	济南	章丘	水寨	大沟崖	117.451 1	36.865 3	1		
236	朱各务水库	41802950	山东沿海诸河	专用站	济南	章丘	枣园	朱格务	117.453 3	36.783 6	1		
237	北明桥	41802970	山东沿海诸河	专用站	济南	章丘	埠庄	北明庄	117.477 2	36.539 4	1		

续附表 3

序号	测站名称	测站编码	水系	测站属性	测站地址				经度(°E)	纬度(°N)	降水观测方式		
					市	县(区)	乡(镇)	村(街道)			翻斗式	称重式	人工
238	漯河	41803280	山东沿海诸河	专用站	济南	章丘	绣惠	东皋庄	117.538 3	36.793 6	1		
239	章丘中心	41821660	山东沿海诸河	专用站	济南	章丘	埠村	月宫	117.463 6	36.606 7	1		
240	台子	41520030	大汶河	专用站	济南	钢城	汶源	台子	117.883 3	36.083 3	1		
241	黄庄	41520060	大汶河	专用站	济南	钢城	汶源	政府驻地	117.858 9	36.070 6	1		
242	寨子	41520100	大汶河	专用站	济南	钢城	艾山	方家庄	117.800 0	36.050 0	1		
243	艾山	41520120	大汶河	专用站	济南	钢城	艾山	政府驻地	117.800 0	36.066 7	1		
244	里辛	41520151	大汶河	专用站	济南	钢城	里辛	政府驻地	117.800 0	36.116 7	1		
245	颜庄	41520180	大汶河	专用站	济南	钢城	颜庄	政府驻地	117.766 7	36.116 7	1		
246	龙崮	41520220	大汶河	专用站	济南	莱芜	鹏泉	马龙崮	117.950 0	36.233 3	1		
247	桃峪	41520230	大汶河	专用站	济南	钢城	辛庄	团园坡	117.900 0	36.200 0	1		
248	古德范水库	41520270	大汶河	专用站	济南	莱芜	苗山	古德范	117.850 0	36.333 3	1		
249	杨家横水库	41520285	大汶河	专用站	济南	莱芜	辛庄	杨家横水库	117.833 3	36.266 7	1		
250	辛庄	41520310	大汶河	专用站	济南	钢城	辛庄	政府驻地	117.783 3	36.200 0	1		
251	谭家楼	41520401	大汶河	专用站	济南	莱芜	高庄	谭家楼	117.683 3	36.100 0	1		
252	鹏泉	41520420	大汶河	专用站	济南	莱芜	鹏泉	政府驻地	117.716 7	36.200 0	1		
253	凤城	41520430	大汶河	专用站	济南	莱芜	凤城	政府驻地	117.666 7	36.200 0	1		
254	高庄	41520440	大汶河	专用站	济南	莱芜	高庄	政府驻地	117.650 0	36.183 3	1		

续附表 3

序号	测站名称	测站编码	水系	测站属性	测站地址				经度(°E)	纬度(°N)	降水观测方式		
					市	县(区)	乡(镇)	村(街道)			翻斗式	称重式	人工
255	张家洼	41520512	大汶河	专用站	济南	莱芜	张家洼	敬老院	117.650 0	36.266 7	1		
256	杨庄	41520515	大汶河	专用站	济南	莱芜	杨庄	政府驻地	117.600 0	36.233 3	1		
257	苗山	41520528	大汶河	专用站	济南	莱芜	苗山	计生委驻地	117.800 0	36.316 7	1		
258	栖龙湾	41520545	大汶河	专用站	济南	莱芜	口	栖龙湾水保基地	117.733 3	36.383 3	1		
259	口镇	41520561	大汶河	专用站	济南	莱芜	口	预制品厂	117.616 7	36.316 7	1		
260	方下镇	41520565	大汶河	专用站	济南	莱芜	方下	政府驻地	117.566 7	36.233 3	1		
261	野店水库	41520585	大汶河	专用站	济南	莱芜	高庄	野店	117.600 0	36.100 0	1		
262	绿凡崖	41520590	大汶河	专用站	济南	莱芜	牛泉	绿凡崖	117.566 7	36.133 3	1		
263	牛泉	41520595	大汶河	专用站	济南	莱芜	牛泉	政府驻地	117.533 3	36.200 0	1		
264	亓省庄	41520598	大汶河	专用站	济南	莱芜	牛泉	圣井	117.483 3	36.116 7	1		
265	上茶业	41520740	大汶河	专用站	济南	莱芜	茶业口	上茶业小学	117.666 7	36.516 7	1		
266	中榆林	41520780	大汶河	专用站	济南	莱芜	茶业口	中榆林	117.716 7	36.416 7	1		
267	胡家庄水库	41520805	大汶河	专用站	济南	莱芜	雪野	胡家庄	117.433 3	36.466 7	1		
268	鹿野	41520820	大汶河	专用站	济南	莱芜	雪野	鹿野	117.466 7	36.450 0	1		
269	娘娘庙	41520840	大汶河	专用站	济南	莱芜	雪野	娘娘庙	117.533 3	36.500 0	1		
270	船厂	41520860	大汶河	专用站	济南	莱芜	茶业口	船厂	117.616 7	36.483 3	1		
271	羊里	41520960	大汶河	专用站	济南	莱芜	羊里	敬老院	117.550 0	36.333 3	1		

续附表 3

序号	测站名称	测站编码	水系	测站属性	测站地址				经度(°E)	纬度(°N)	降水观测方式		
					市	县(区)	乡(镇)	村(街道)			翻斗式	称重式	人工
272	寨里	41520965	大汶河	专用站	济南	莱芜	寨里	寨里	117.483 3	36.300 0	1		
273	华山林场	41520975	大汶河	专用站	济南	莱芜	大王庄	孙家庄	117.516 7	36.400 0	1		
274	大王庄	41520985	大汶河	专用站	济南	莱芜	大王庄	敬老院	117.483 3	36.366 7	1		
275	宅科	41521051	大汶河	专用站	济南	莱芜	大王庄	独路	117.433 3	36.466 7	1		
276	岔峪	41521060	大汶河	专用站	济南	莱芜	大王庄	岔峪	117.350 0	36.433 3	1		
277	和庄	41822520	大汶河	专用站	济南	莱芜	和庄	敬老院	117.816 7	36.400 0	1		
278	盘龙	41500080	大汶河	专用站	济南	莱芜	鹏泉	马盘龙	117.716 3	36.159 7	1		1
279	陈北	41502550	大汶河	专用站	济南	莱芜	杨庄	陈北	117.420 6	36.272 3	1		1
280	葫芦山	41500088	大汶河	专用站	济南	钢城	颜庄	颜庄	117.777 1	36.098 6	1		
281	鄂庄桥	41500110	大汶河	专用站	济南	莱芜	凤城办东方红村	东方红	117.660 8	36.193 6	1		
282	泰丰	41502450	大汶河	专用站	济南	莱芜	鹏泉	北姜庄	117.722 2	36.200 1	1		
283	方下	41502470	大汶河	专用站	济南	莱芜	方下	方赵庄东	117.562 2	36.232 1	1		
284	西嵬石	41502490	大汶河	专用站	济南	莱芜	茶业口	西嵬石	117.651 0	36.415 0	1		
285	西下游	41502580	大汶河	专用站	济南	莱芜	雪野	西下游	117.550 0	36.458 0	1		
286	乔店水库	41502410	大汶河	专用站	济南	钢城	辛庄	乔店水库	117.854 7	36.192 1	1		
287	下村		大汶河	专用站	济南	莱芜	雪野	上游	117.551 9	36.471 1	1		1
288	锦绣川	41429450	黄河下游区	专用站	济南	历城	西营	锦绣川水库	116.524 2	36.326 7	1		1

续附表 3

序号	测站名称	测站编码	水系	测站属性	测站地址				经度(°E)	纬度(°N)	降水观测方式		
					市	县(区)	乡(镇)	村(街道)			翻斗式	称重式	人工
289	段店	41820920	山东沿海诸河	专用站	济南	槐荫	段店北路	段店北路街道办事处	116.907 8	36.678 6	1		
290	市中区防办	41821115	山东沿海诸河	专用站	济南	市中	建设路	建设路 30 号	116.998 9	36.649 4	1		
291	解放路	41821142	山东沿海诸河	专用站	济南	历下	解放路	解放桥	117.036 4	36.682 8	1		
292	历下区防办	41821145	山东沿海诸河	专用站	济南	历下	后东坡	后东坡街	117.049 7	36.666 9	1		
293	历城区防办	41821249	山东沿海诸河	专用站	济南	历城	洪家楼	七里河 7 号	117.079 2	36.682 5	1		
294	高官寨	41821995	山东沿海诸河	专用站	济南	章丘	高官寨	高官寨街道办事处驻地	117.319 7	36.916 7	1		
295	王官庄	41821120	山东沿海诸河	专用站	济南	市中	七贤	王官庄	116.950 3	36.636 7	1		
296	槐荫区防办	41820930	山东沿海诸河	专用站	济南	槐荫	张庄路	张庄路 327 号	116.934 7	36.666 9	1		
297	阳光 100 小区	41821110	山东沿海诸河	专用站	济南	槐荫	道德街	阳光 100 小区	116.974 4	36.634 2	1		
298	分水岭	41821105	山东沿海诸河	专用站	济南	市中	十六里河	分水岭	116.993 1	36.597 8	1		
299	济南大学东校区	41821125	山东沿海诸河	专用站	济南	市中	舜耕路	济南大学东校区职工宿舍	117.013 3	36.630 6	1		
300	天桥区防办	41821135	山东沿海诸河	专用站	济南	天桥	天桥	排水管理处陈家楼泵站	117.013 6	36.684 2	1		
301	济南十三中	41821130	山东沿海诸河	专用站	济南	天桥	镇武街	济南十三中	117.006 7	36.670 0	1		
302	金鸡岭	41821126	山东沿海诸河	专用站	济南	市中	十六里河	太平庄	117.042 2	36.628 1	1		
303	科学院	41821140	山东沿海诸河	专用站	济南	历下	科院路	科学院宿舍	117.042 2	36.644 7	1		

续附表 3

序号	测站名称	测站编码	水系	测站属性	测站地址				经度(°E)	纬度(°N)	降水观测方式		
					市	县(区)	乡(镇)	村(街道)			翻斗式	称重式	人工
304	浆水泉	41821147	山东沿海诸河	专用站	济南	历下	姚家	浆水泉水库	117.070 3	36.623 6	1		
305	西坡	41520280	大汶河	专用站	济南	莱芜	苗山	西坡	117.858 7	36.314 4	1		
306	北围	41520290	大汶河	专用站	济南	莱芜	苗山	北围	117.869 2	36.283 6	1		
307	苗山	41520520	大汶河	专用站	济南	莱芜	苗山	北苗山	117.813 4	36.319 3	1		
308	杓山水库	41520530	大汶河	专用站	济南	莱芜	苗山	梨行	117.733 6	36.380 6	1		
309	庞家庄	41520570	大汶河	专用站	济南	莱芜	牛泉	庞家庄	117.565 3	36.121 8	1		
310	浙河	41520572	大汶河	专用站	济南	莱芜	牛泉	浙河	117.549 2	36.126 8	1		
311	鹁鸽楼水库	41520575	大汶河	专用站	济南	莱芜	牛泉	鹁鸽楼水库	117.540 5	36.155 3	1		1
312	大青沙沟	41520581	大汶河	专用站	济南	莱芜	牛泉	大青沙沟	117.461 5	36.142 4	1		
313	上龙子	41520700	大汶河	专用站	济南	莱芜	茶业口	上龙子	117.618 1	36.543 5	1		
314	鹿野	41520830	大汶河	专用站	济南	莱芜	雪野	鹿野	117.467 7	36.453 9	1		1
315	道洼	41521000	大汶河	专用站	济南	莱芜	大王庄	西店子	117.363 5	36.375 3	1		
316	大槐树	41521010	大汶河	专用站	济南	莱芜	大王庄	大槐树	117.380 6	36.349 3	1		
317	公庄水库	41521020	大汶河	专用站	济南	莱芜	寨里	公庄水库	117.409 9	36.317 6	1		1
318	解放桥	41821180	山东沿海诸河	专用站	济南	历下	解放路	解放桥	117.036 1	36.672 2	1		
319	王府庄	41820905	山东沿海诸河	专用站	济南	槐荫	段店	王府庄	116.881 7	36.641 9	1		
320	西客站	41820915	山东沿海诸河	专用站	济南	槐荫	兴福	饮马小学	116.893 6	36.686 7	1		

续附表 3

序号	测站名称	测站编码	水系	测站属性	测站地址				经度(°E)	纬度(°N)	降水观测方式		
					市	县(区)	乡(镇)	村(街道)			翻斗式	称重式	人工
321	党家庄	41820920	山东沿海诸河	专用站	济南	市中	党家庄	党家街道办事处	116.908 1	35.600 3	1		
322	交通学院	41820970	山东沿海诸河	专用站	济南	天桥	无影山中路	交通学院	116.955 3	36.678 3	1		
323	王官庄	41822050	山东沿海诸河	专用站	济南	市中	七贤	王官庄	116.954 7	36.635 6	1		
324	济南大学西校区	41822060	山东沿海诸河	专用站	济南	市中	七贤	济南大学西校区	116.958 9	36.612 5	1		
325	供销公司	41822170	山东沿海诸河	专用站	济南	历下	历山路	劳动服务供销公司	116.999 7	36.687 5	1		
326	龟山	41822180	山东沿海诸河	专用站	济南	市中	十六里路	龟山	117.005 3	36.614 7	1		
327	泉城公园	41822190	山东沿海诸河	专用站	济南	历下	经十路	泉城公园	117.009 4	36.644 2	1		
328	泉城广场	41822210	山东沿海诸河	专用站	济南	历下	泺源大街	泉城广场	117.015 6	36.660 8	1		
329	热电公司	41822220	山东沿海诸河	专用站	济南	市中	建设路	热电公司	117.038 6	36.685 6	1		
330	黄河河务局	41822230	山东沿海诸河	专用站	济南	天桥	济泺路	济泺路黄河河务局	117.038 9	36.685 8	1		
331	道桥处	41822310	山东沿海诸河	专用站	济南	市中	舜耕路	南外环舜耕路东(1楼顶)	117.013 6	36.598 3	1		
332	千佛山北	41822350	山东沿海诸河	专用站	济南	历下	文化西路	山东大学西校区	117.025 0	36.646 9	1		
333	山大南校	41822450	山东沿海诸河	专用站	济南	市中	兴隆	山大南校区	117.049 2	36.605 3	1		
334	大桥	41822470	山东沿海诸河	专用站	济南	历城	大桥	大桥镇	117.038 9	36.786 9	1		
335	龙洞	41822490	山东沿海诸河	专用站	济南	高新	龙鼎大道	龙鼎大道南(传达顶)	117.109 2	36.611 1	1		
336	齐鲁软件园	41822550	山东沿海诸河	专用站	济南	高新	新泺大街	齐鲁软件园	117.133 3	36.665 8	1		

续附表 3

序号	测站名称	测站编码	水系	测站属性	测站地址				经度(°E)	纬度(°N)	降水观测方式		
					市	县(区)	乡(镇)	村(街道)			翻斗式	称重式	人工
337	义和庄	41822530	山东沿海诸河	专用站	济南	历城	董家	东盛小区 21 号楼 4 单元 6 楼顶	117.150 8	36.697 8	1		
338	小荆兰庄	41830250	山东沿海诸河	基本站	青岛	平度	蓼兰	小荆兰庄	119.850 0	36.550 0	1		1
339	蓼兰	41830750	山东沿海诸河	基本站	青岛	平度	蓼兰	水利站	119.883 3	36.683 3	1		1
340	玉石头	41830850	山东沿海诸河	基本站	青岛	平度	田庄	玉石头村	119.733 3	36.800 0	1		1
341	黄山后	41831050	山东沿海诸河	基本站	青岛	平度	东阁	黄山水库	120.033 3	36.866 7	1		1
342	北台	41831100	山东沿海诸河	基本站	青岛	平度	东阁	北台村	119.950 0	36.850 0	1		1
343	平度	41831150	山东沿海诸河	基本站	青岛	平度	东阁	青啤大道 620 号	119.966 7	36.783 3		1	1
344	王仙庄	41831250	山东沿海诸河	基本站	青岛	平度	李园	王仙庄	119.850 0	36.833 3	1		1
345	杨家	41831300	山东沿海诸河	基本站	青岛	平度	店子	杨家村	119.950 0	36.916 7	1		1
346	曹家	41831350	山东沿海诸河	基本站	青岛	平度	店子	侯家村	119.850 0	36.900 0	1		1
347	北昌村	41831450	山东沿海诸河	基本站	青岛	平度	大泽山	镇北昌村	119.916 7	36.983 3	1		1
348	孙受	41832150	山东沿海诸河	基本站	青岛	莱西	沽河	孙受二村	120.433 3	36.783 3	1		1
349	南墅	41832300	山东沿海诸河	基本站	青岛	莱西	南墅	南墅村	120.316 7	37.016 7	1		1
350	黄桐	41832350	山东沿海诸河	基本站	青岛	平度	旧店	黄同水库	120.250 0	36.950 0	1		1
351	大田	41832450	山东沿海诸河	基本站	青岛	平度	旧店	大田村	120.116 7	36.950 0	1		1
352	兰河	41832500	山东沿海诸河	基本站	青岛	平度	旧店	兰河村	120.100 0	36.900 0	1		1
353	兴隆屯	41832650	山东沿海诸河	基本站	青岛	莱西	姜山	兴隆屯	120.583 3	36.616 7	1		1

续附表 3

序号	测站名称	测站编码	水系	测站属性	测站地址				经度(°E)	纬度(°N)	降水观测方式		
					市	县(区)	乡(镇)	村(街道)			翻斗式	称重式	人工
354	牛齐埠	41832700	山东沿海诸河	基本站	青岛	即墨	省级高新区	牛齐埠村	120.550 0	36.550 0	1		1
355	堤湾	41832750	山东沿海诸河	基本站	青岛	莱西	姜山	姜山五村	120.533 3	36.683 3	1		1
356	宫家城	41832800	山东沿海诸河	基本站	青岛	莱西	夏格庄	镇宫家城村	120.450 0	36.616 7	1		1
357	夏格庄	41832850	山东沿海诸河	基本站	青岛	莱西	夏格庄	镇夏格庄	120.433 3	36.700 0	1		1
358	张戈庄	41833100	山东沿海诸河	基本站	青岛	平度	白沙河街道	张南村	120.066 7	36.683 3	1		1
359	兰底	41833150	山东沿海诸河	基本站	青岛	平度	南村	张家营村	120.000 0	36.600 0	1		1
360	六汪	41833200	山东沿海诸河	基本站	青岛	黄岛	六汪	找字庄	119.766 7	35.933 3	1		1
361	胶县	41833800	山东沿海诸河	基本站	青岛	胶州	扬州东路	扬州东路 26 号	120.000 0	36.266 7	1		1
362	挪城	41833850	山东沿海诸河	基本站	青岛	即墨	蓝村	挪城水库	120.250 0	36.433 3	1		1
363	山角底	41833900	山东沿海诸河	基本站	青岛	城阳	河套街道	下疃村	120.133 3	36.250 0	1		1
364	大村	41833950	山东沿海诸河	基本站	青岛	胶州	洋河	大村	119.950 0	36.150 0	1		1
365	王台	41834000	山东沿海诸河	基本站	青岛	黄岛	王台	王台北村	119.983 3	36.083 3	1		1
366	尚庄	41834050	山东沿海诸河	基本站	青岛	黄岛	宝山	尚庄	119.883 3	35.983 3	1		1
367	河北赵家	41834100	山东沿海诸河	基本站	青岛	黄岛	铁山街道	河北赵家村	119.933 3	35.950 0	1		1
368	东南崖	41834200	山东沿海诸河	基本站	青岛	黄岛	铁山街道	东南崖村	119.866 7	35.900 0	1		1
369	梁家庄	41834250	山东沿海诸河	基本站	青岛	黄岛	珠海街道	梁家庄	119.866 7	35.850 0	1		1
370	陡崖子	41834350	山东沿海诸河	基本站	青岛	黄岛	藏南	韩家溜村	119.750 0	35.733 3	1		1

续附表 3

序号	测站名称	测站编码	水系	测站属性	测站地址				经度(°E)	纬度(°N)	降水观测方式		
					市	县(区)	乡(镇)	村(街道)			翻斗式	称重式	人工
371	泊里	41834400	山东沿海诸河	基本站	青岛	黄岛	泊里	水利站	119.783 3	35.700 0	1		1
372	棉花	41834700	山东沿海诸河	基本站	青岛	城阳	惜福	棉花村	120.550 0	36.300 0	1		1
373	团彪	41834750	山东沿海诸河	基本站	青岛	即墨	龙山街道	团彪村	120.533 3	36.333 3	1		1
374	窑上	41834800	山东沿海诸河	基本站	青岛	即墨	龙泉街道	窑上村	120.583 3	36.400 0	1		1
375	段村	41834950	山东沿海诸河	基本站	青岛	即墨	龙泉街道	范家街	120.516 7	36.450 0	1		1
376	北九水	41835200	山东沿海诸河	基本站	青岛	崂山	北宅街道	双石屋村	120.600 0	36.216 7	1		1
377	上葛场	41835450	山东沿海诸河	基本站	青岛	崂山	北宅街道	上葛场村	120.550 0	36.200 0	1		1
378	山色峪	41835750	山东沿海诸河	基本站	青岛	城阳	夏庄街道	河崖村	120.533 3	36.266 7	1		1
379	刘家下河	41835501	山东沿海诸河	基本站	青岛	李沧	九水路街道	郑庄村	120.450 0	36.166 7	1		1
380	张村	41835850	山东沿海诸河	基本站	青岛	崂山	中韩街道	张村	120.466 7	36.133 3	1		1
381	浮山后	41835900	山东沿海诸河	基本站	青岛	崂山	中韩街道	北村	120.433 3	36.116 7	1		1
382	阎家山	41836000	山东沿海诸河	基本站	青岛	市北	洛阳路街道	阎家山村	120.394 2	36.150 5	1		1
383	李家周疃	41843650	山东沿海诸河	基本站	青岛	即墨	金口	孙家周疃	120.716 7	36.533 3	1		1
384	即墨王村	41843700	山东沿海诸河	基本站	青岛	即墨	田横	东王村	120.850 0	36.516 7	1		1
385	崔家集	41830762	山东沿海诸河	专用站	青岛	平度	崔家集	水利站	119.719 2	36.625 0	1		
386	白埠	41830772	山东沿海诸河	专用站	青岛	平度	同和街道	水利站	119.813 6	36.739 4	1		
387	明村	41830900	山东沿海诸河	专用站	青岛	平度	明村	镇驻地	119.644 7	36.758 6	1		

续附表 3

序号	测站名称	测站编码	水系	测站属性	测站地址				经度(°E)	纬度(°N)	降水观测方式		
					市	县(区)	乡(镇)	村(街道)			翻斗式	称重式	人工
388	李家铺	41830952	山东沿海诸河	专用站	青岛	平度	田庄	李家铺	119.649 4	36.887 2	1		
389	崔召	41831032	山东沿海诸河	专用站	青岛	平度	东阁街道	办事处崔召村	120.073 9	36.837 8	1		
390	乔家	41831092	山东沿海诸河	专用站	青岛	平度	东阁街道	乔家	119.981 9	36.867 8	1		
391	东窝洛子	41831122	山东沿海诸河	专用站	青岛	平度	东阁街道	水利站	120.005 3	36.803 1	1		
392	十里堡	41831132	山东沿海诸河	专用站	青岛	平度	东阁街道	大十里堡	119.919 7	36.817 8	1		
393	张舍	41831272	山东沿海诸河	专用站	青岛	平度	田庄	吉戈庄	119.728 9	36.872 5	1		
394	灰埠	41831382	山东沿海诸河	专用站	青岛	平度	新河	引黄管理所	119.708 1	36.994 7	1		
395	西辛旺	41831432	山东沿海诸河	专用站	青岛	平度	大泽山	西辛旺	119.853 9	36.955 8	1		
396	茶山	41831482	山东沿海诸河	专用站	青岛	平度	大泽山	茶山	120.003 6	36.957 5	1		
397	埠后	41832029	山东沿海诸河	专用站	青岛	莱西	马连庄	埠后	120.435 8	37.111 9	1		
398	下洼子	41832032	山东沿海诸河	专用站	青岛	莱西	马连庄	下洼子	120.516 1	37.115 0	1		
399	南岚	41832038	山东沿海诸河	专用站	青岛	莱西	马连庄	南岚	120.461 4	37.006 7	1		
400	马连庄	41832042	山东沿海诸河	专用站	青岛	莱西	马连庄	驻地	120.466 1	37.076 1	1		
401	李家泊子	41832092	山东沿海诸河	专用站	青岛	莱西	河头店	李家泊子	120.576 7	37.046 1	1		
402	周格庄	41832115	山东沿海诸河	专用站	青岛	莱西	龙水街道	周格庄	120.552 8	36.926 9	1		
403	新安	41832122	山东沿海诸河	专用站	青岛	莱西	望城街道	新安	120.569 2	36.848 1	1		
404	沽河	41832127	山东沿海诸河	专用站	青岛	莱西	沽河街道	驻地	120.404 2	36.845 3	1		

续附表 3

序号	测站名称	测站编码	水系	测站属性	测站地址				经度(°E)	纬度(°N)	降水观测方式		
					市	县(区)	乡(镇)	村(街道)			翻斗式	称重式	人工
405	望城	41832131	山东沿海诸河	专用站	青岛	莱西	望城街道	驻地	120.518 6	36.817 2	1		
406	院上	41832161	山东沿海诸河	专用站	青岛	莱西	院上	驻地	120.343 6	36.767 8	1		
407	日庄	41832233	山东沿海诸河	专用站	青岛	莱西	日庄	驻地	120.377 2	36.950 3	1		
408	院里	41832243	山东沿海诸河	专用站	青岛	莱西	日庄	院里	120.318 6	36.930 0	1		
409	上店	41832252	山东沿海诸河	专用站	青岛	莱西	南墅	上店	120.300 6	37.115 8	1		
410	河里吴家	41832262	山东沿海诸河	专用站	青岛	莱西	南墅	河里吴家	120.248 9	37.091 7	1		
411	上柳连庄	41832272	山东沿海诸河	专用站	青岛	莱西	马连庄	上柳连庄	120.372 2	37.112 5	1		
412	姚沟	41832282	山东沿海诸河	专用站	青岛	莱西	南墅	姚沟	120.213 9	37.051 9	1		
413	李家洼	41832292	山东沿海诸河	专用站	青岛	莱西	南墅	李家洼	120.362 2	37.048 1	1		
414	袁家沟	41832316	山东沿海诸河	专用站	青岛	平度	旧店	袁家沟	120.178 6	37.013 9	1		
415	旧店	41832322	山东沿海诸河	专用站	青岛	平度	旧店	大曲家埠	120.205 8	36.994 2	1		
416	新李家庄	41832332	山东沿海诸河	专用站	青岛	平度	旧店	新李家庄	120.114 2	36.916 1	1		
417	大洪埠	41832364	山东沿海诸河	专用站	青岛	平度	旧店	大洪埠	120.203 9	36.900 0	1		
418	田格庄	41832376	山东沿海诸河	专用站	青岛	平度	旧店	田格庄	120.286 4	36.981 7	1		
419	董家	41832436	山东沿海诸河	专用站	青岛	平度	旧店	董家	120.074 2	36.916 9	1		
420	口子	41832442	山东沿海诸河	专用站	青岛	平度	旧店	口子	120.055 6	36.946 9	1		
421	云山	41832576	山东沿海诸河	专用站	青岛	平度	云山	水厂	120.205 8	36.831 9	1		

续附表 3

序号	测站名称	测站编码	水系	测站属性	测站地址				经度(°E)	纬度(°N)	降水观测方式		
					市	县(区)	乡(镇)	村(街道)			翻斗式	称重式	人工
422	张家屯	41832596	山东沿海诸河	专用站	青岛	莱西	院上	张家屯	120.311 7	36.816 1	1		
423	李权庄	41832712	山东沿海诸河	专用站	青岛	莱西	李权庄	驻地	120.590 8	36.661 7	1		
424	古岘	41832866	山东沿海诸河	专用站	青岛	平度	古岘	水利站	120.231 4	36.731 1	1		
425	仁兆	41832872	山东沿海诸河	专用站	青岛	平度	仁兆	驻地	120.199 7	36.637 2	1		
426	店埠	41832893	山东沿海诸河	专用站	青岛	莱西	店埠	驻地	120.345 6	36.701 1	1		
427	灵山	41832932	山东沿海诸河	专用站	青岛	即墨	灵山	驻地	120.288 9	36.539 2	1		
428	长直	41832942	山东沿海诸河	专用站	青岛	即墨	大信	长直	120.375 0	36.481 1	1		
429	段泊岚	41832956	山东沿海诸河	专用站	青岛	即墨	段泊岚	驻地	120.365 6	36.536 9	1		
430	刘家庄	41832962	山东沿海诸河	专用站	青岛	即墨	段泊岚	刘家庄	120.294 4	36.603 3	1		
431	七级	41832975	山东沿海诸河	专用站	青岛	即墨	移风店	七级村	120.228 9	36.486 4	1		
432	三湾庄	41832982	山东沿海诸河	专用站	青岛	即墨	移风店	三湾庄	120.188 6	36.577 2	1		
433	麻兰	41833023	山东沿海诸河	专用站	青岛	平度	白沙河街道	水利站	120.094 7	36.753 3	1		
434	尚河头	41833126	山东沿海诸河	专用站	青岛	平度	白沙河街道	尚河头村	120.134 2	36.696 1	1		
435	郭庄	41833136	山东沿海诸河	专用站	青岛	平度	南村	郭庄小学	120.089 4	36.630 0	1		
436	良乡	41833242	山东沿海诸河	专用站	青岛	胶州	铺集	良乡	119.727 8	36.096 4	1		
437	铺集	41833262	山东沿海诸河	专用站	青岛	胶州	铺集	驻地	119.724 4	36.130 8	1		
438	吴家口	41833650	山东沿海诸河	专用站	青岛	平度	南村	吴家口	120.028 9	36.489 4	1		

续附表 3

序号	测站名称	测站编码	水系	测站属性	测站地址				经度(°E)	纬度(°N)	降水观测方式		
					市	县(区)	乡(镇)	村(街道)			翻斗式	称重式	人工
439	马店	41833756	山东沿海诸河	专用站	青岛	胶州	胶莱街道	马店	120.021 1	36.387 2	1		
440	后屯	41833762	山东沿海诸河	专用站	青岛	胶州	胶北街道	后屯村	119.954 4	36.368 6	1		
441	北关	41833772	山东沿海诸河	专用站	青岛	胶州	胶北街道	北关	120.007 5	36.311 7	1		
442	小刘家疃	41833776	山东沿海诸河	专用站	青岛	胶州	胶西街道	小刘家疃村	119.849 4	36.275 8	1		
443	胶西	41833782	山东沿海诸河	专用站	青岛	胶州	胶西街道	驻地	119.919 7	36.259 7	1		
444	杜村	41833786	山东沿海诸河	专用站	青岛	胶州	胶西街道	杜村	119.896 9	36.194 7	1		
445	七里河	41833792	山东沿海诸河	专用站	青岛	胶州	三里河街道	七里河	119.981 9	36.243 9	1		
446	营海	41833816	山东沿海诸河	专用站	青岛	胶州	九龙街道	营海	120.079 7	36.218 3	1		
447	普东	41833842	山东沿海诸河	专用站	青岛	即墨	普东	驻地	120.308 1	36.444 7	1		
448	蓝村	41833862	山东沿海诸河	专用站	青岛	即墨	蓝村	驻地	120.174 7	36.411 1	1		
449	张应	41833912	山东沿海诸河	专用站	青岛	胶州	里岔	张应村	119.839 4	36.101 7	1		
450	红岛	41833916	山东沿海诸河	专用站	青岛	城阳	红岛街道	驻地	120.263 1	36.210 6	1		
451	十八道河	41833932	山东沿海诸河	专用站	青岛	胶州	洋河	十八道河水库	119.927 2	36.121 9	1		
452	薛家庄	41833962	山东沿海诸河	专用站	青岛	黄岛	王台	薛家庄村	119.987 2	36.027 8	1		
453	九龙	41833972	山东沿海诸河	专用站	青岛	胶州	九龙	驻地	120.002 2	36.171 1	1		
454	董城	41833982	山东沿海诸河	专用站	青岛	胶州	洋河	董城村	119.998 1	36.089 2	1		
455	窝洛子	41834012	山东沿海诸河	专用站	青岛	黄岛	辛安街道	窝洛子	120.101 1	36.033 9	1		

续附表 3

序号	测站名称	测站编码	水系	测站属性	测站地址				经度(°E)	纬度(°N)	降水观测方式		
					市	县(区)	乡(镇)	村(街道)			翻斗式	称重式	人工
456	戴戈庄	41834016	山东沿海诸河	专用站	青岛	黄岛	长江路街道	长江路	120.157 5	35.963 3	1		
457	丁家河	41834022	山东沿海诸河	专用站	青岛	黄岛	薛家岛街道	丁家河	120.205 6	35.959 4	1		
458	上马	41834082	山东沿海诸河	专用站	青岛	城阳	上马街道	驻地	120.236 7	36.276 4	1		
459	红石崖	41834092	山东沿海诸河	专用站	青岛	黄岛	红石崖街道	驻地	120.105 6	36.095 0	1		
460	花沟	41834362	山东沿海诸河	专用站	青岛	黄岛	大村	花沟	119.737 2	35.915 0	1		
461	野潴	41834372	山东沿海诸河	专用站	青岛	黄岛	大村	野潴	119.818 3	35.897 2	1		
462	大村	41834382	山东沿海诸河	专用站	青岛	黄岛	大村	驻地	119.727 8	35.822 5	1		
463	吉利河	41834392	山东沿海诸河	专用站	青岛	黄岛	大场	吉利河	119.651 1	35.722 5	1		
464	张家河	41834712	山东沿海诸河	专用站	青岛	崂山	王戈庄街道	张家河社区	120.621 9	36.301 4	1		
465	鳌山卫	41834782	山东沿海诸河	专用站	青岛	即墨	鳌山卫	驻地	120.673 9	36.366 1	1		
466	温泉	41834862	山东沿海诸河	专用站	青岛	即墨	温泉	驻地	120.655 0	36.445 0	1		
467	皋虞	41834872	山东沿海诸河	专用站	青岛	即墨	温泉	皋虞	120.707 8	36.467 2	1		
468	大信	41834916	山东沿海诸河	专用站	青岛	即墨	大信	驻地	120.331 9	36.381 4	1		
469	孙家韩洼	41834926	山东沿海诸河	专用站	青岛	城阳	棘洪滩街道	孙家韩洼	120.315 6	36.354 7	1		
470	崂顶	41835000	山东沿海诸河	专用站	青岛	崂山	沙子口街道	崂顶	120.627 2	36.175 3	1		
471	蔚竹庵	41835100	山东沿海诸河	专用站	青岛	崂山	北宅街道	蔚竹庵	120.613 6	36.211 9	1		
472	大石村	41835462	山东沿海诸河	专用站	青岛	崂山	沙子口街道	大石村	120.541 9	36.182 2	1		

续附表 3

序号	测站名称	测站编码	水系	测站属性	测站地址				经度(°E)	纬度(°N)	降水观测方式		
					市	县(区)	乡(镇)	村(街道)			翻斗式	称重式	人工
473	石沟	41835492	山东沿海诸河	专用站	青岛	李沧	虎山路街道	石沟社区	120.408 6	36.194 4	1		
474	汉河	41835522	山东沿海诸河	专用站	青岛	崂山	沙子口街道	汉河村	120.530 8	36.156 9	1		
475	流清河	41835612	山东沿海诸河	专用站	青岛	崂山	沙子口街道	流清河社区	120.609 7	36.127 8	1		
476	王哥庄	41835763	山东沿海诸河	专用站	青岛	崂山	王哥庄街道	驻地	120.644 7	36.267 8	1		
477	惜福镇	41835792	山东沿海诸河	专用站	青岛	城阳	惜福镇街道	驻地	120.488 1	36.311 7	1		
478	云头崮	41835812	山东沿海诸河	专用站	青岛	城阳	夏庄街道	云头崮社区	120.447 2	36.215 8	1		
479	流亭	41835882	山东沿海诸河	专用站	青岛	城阳	流亭街道	驻地	120.396 4	36.248 6	1		
480	田横	41843662	山东沿海诸河	专用站	青岛	即墨	田横	驻地	120.878 9	36.466 7	1		
481	洋河	41833826	山东沿海诸河	专用站	青岛	胶州	洋河	驻地	119.912 8	36.138 1	1		
482	青城	41820300	山东沿海诸河	基本站	淄博	高青	青城	菜园	117.683 3	37.183 3	1		1
483	田镇	41820350	山东沿海诸河	基本站	淄博	高青	芦湖街道	高苑路东首	117.816 7	37.183 3	1		1
484	唐坊	41820500	山东沿海诸河	基本站	淄博	高青	唐坊	唐坊	117.983 3	37.183 3	1		1
485	博山	41822600	山东沿海诸河	基本站	淄博	博山	山头	秋谷	117.866 7	36.483 3	1	1	1
486	龙泉	41822700	山东沿海诸河	基本站	淄博	淄川	龙泉	龙泉	117.983 3	36.583 3	1		1
487	淄川	41822750	山东沿海诸河	基本站	淄博	淄川	城南	贾官	117.916 7	36.633 3	1		1
488	罗村	41822800	山东沿海诸河	基本站	淄博	淄川	罗村	罗村	118.066 7	36.683 3	1		1
489	磁村	41822900	山东沿海诸河	基本站	淄博	淄川	岭子	磁村	117.833 3	36.616 7	1		1

续附表 3

序号	测站名称	测站编码	水系	测站属性	测站地址				经度(°E)	纬度(°N)	降水观测方式		
					市	县(区)	乡(镇)	村(街道)			翻斗式	称重式	人工
490	王村	41822950	山东沿海诸河	基本站	淄博	周村	王村	沈古	117.716 7	36.683 3	1		1
491	萌山	41823050	山东沿海诸河	基本站	淄博	文昌湖	区萌水	萌山水库	117.883 3	36.716 7	1		1
492	周村	41823150	山东沿海诸河	基本站	淄博	周村	南郊	尚家	117.866 7	36.800 0	1		1
493	新城	41823200	山东沿海诸河	基本站	淄博	桓台	新城	新城	117.933 3	36.950 0	1		1
494	张店	41823250	山东沿海诸河	基本站	淄博	张店	马尚街道	华光路 272 号	118.033 3	36.816 7	1		1
495	索镇	41823300	山东沿海诸河	基本站	淄博	桓台	索镇	赵家	118.083 3	36.950 0	1		1
496	石马	41823450	山东沿海诸河	基本站	淄博	博山	石马	石马水库	117.883 3	36.383 3	1		1
497	南邢	41823500	山东沿海诸河	基本站	淄博	博山	博山	南邢	117.916 7	36.333 3	1		1
498	夏庄	41823600	山东沿海诸河	基本站	淄博	博山	博山	夏庄	118.000 0	36.333 3	1	1	1
499	高庄	41823610	山东沿海诸河	基本站	淄博	博山	源泉	东高庄	118.033 3	36.416 7	1		1
500	李家	41823700	山东沿海诸河	基本站	淄博	博山	池上	李家庄	118.133 3	36.366 7	1	1	1
501	田庄	41823950	山东沿海诸河	基本站	淄博	淄川	西河	田庄水库	118.066 7	36.533 3	1		1
502	峨庄	41824000	山东沿海诸河	基本站	淄博	淄川	太河	峨庄	118.183 3	36.450 0	1		1
503	辛店	41824200	山东沿海诸河	基本站	淄博	淄川	太河	太河水库	118.300 0	36.833 3	1		1
504	徐家庄	51120050	沂沭河	基本站	淄博	临淄	凤凰	宏达路 1368 号	117.950 0	36.166 7	1		1
505	草埠	51120100	沂沭河	基本站	淄博	沂源	鲁村	草埠	118.000 0	36.216 7	1		1
506	包家庄	51120150	沂沭河	基本站	淄博	沂源	鲁村	包家庄	118.016 7	36.150 0	1		1

续附表 3

序号	测站名称	测站编码	水系	测站属性	测站地址				经度(°E)	纬度(°N)	降水观测方式		
					市	县(区)	乡(镇)	村(街道)			翻斗式	称重式	人工
507	大张庄	51120200	沂沭河	基本站	淄博	沂源	大张庄	大张庄	118.016 7	36.033 3	1		1
508	芦芽店	51120550	沂沭河	基本站	淄博	沂源	南鲁山	芦芽店	118.016 7	36.266 7	1		1
509	悦庄	51120650	沂沭河	基本站	淄博	沂源	悦庄	悦庄	118.250 0	36.200 0	1		1
510	石桥	51120700	沂沭河	基本站	淄博	沂源	石桥	石桥	118.333 3	36.150 0	1		1
511	燕崖	51120800	沂沭河	基本站	淄博	沂源	燕崖	燕崖	118.216 7	36.116 7	1		1
512	焦家上庄	51120850	沂沭河	基本站	淄博	沂源	中庄	焦家上庄	118.183 3	36.050 0	1		1
513	八陡	41822550	山东沿海诸河	专用站	淄博	博山	八陡	政府驻地	117.916 7	36.466 7	1		
514	岭西	41822560	山东沿海诸河	专用站	淄博	博山	域城	岭西	118.750 0	36.466 7	1		
515	石门	41822650	山东沿海诸河	专用站	淄博	博山	经济开发区	石门	117.816 7	36.550 0	1		
516	域城	41822620	山东沿海诸河	专用站	淄博	博山	经济开发区	政府驻地	117.850 0	36.550 0	1		
517	北博山	41823470	山东沿海诸河	专用站	淄博	博山	博山	政府驻地	117.966 7	36.383 3	1		
518	南邢	41823505	山东沿海诸河	专用站	淄博	博山	博山	南邢	117.933 3	36.333 3	1		
519	南博山	41823550	山东沿海诸河	专用站	淄博	博山	博山	政府驻地	117.950 0	36.350 0	1		
520	高庄	41823615	山东沿海诸河	专用站	淄博	博山	源泉	东高	118.033 3	36.416 7	1		
521	崮山	41823460	山东沿海诸河	专用站	淄博	博山	源泉	政府驻地	117.983 3	36.350 0	1		
522	源泉	41823875	山东沿海诸河	专用站	淄博	博山	源泉	政府驻地	118.066 7	36.433 3	1		
523	赵店	41820320	山东沿海诸河	专用站	淄博	高青	常家	政府驻地	117.933 3	37.250 0	1		

续附表 3

序号	测站名称	测站编码	水系	测站属性	测站地址				经度(°E)	纬度(°N)	降水观测方式		
					市	县(区)	乡(镇)	村(街道)			翻斗式	称重式	人工
524	常家	41820330	山东沿海诸河	专用站	淄博	高青	常家	政府驻地	117.816 7	37.216 7	1		
525	木李	41820340	山东沿海诸河	专用站	淄博	高青	木李	政府驻地	117.683 3	37.216 7	1		
526	唐坊	41820505	山东沿海诸河	专用站	淄博	高青	唐坊	政府驻地	118.000 0	37.200 0	1		
527	西刘	41820370	山东沿海诸河	专用站	淄博	高青	常家	大芦湖水库	117.900 0	37.216 7	1		
528	高城	41820410	山东沿海诸河	专用站	淄博	高青	高城	高城初级中学	117.950 0	37.100 0	1		
529	黑里寨	41820310	山东沿海诸河	专用站	淄博	高青	黑里寨	政府驻地	117.650 0	37.100 0	1		
530	樊林	41820360	山东沿海诸河	专用站	淄博	高青	高城	樊林小学	117.833 3	37.100 0	1		
531	花沟	41820250	山东沿海诸河	专用站	淄博	高青	花沟	政府驻地	117.750 0	37.133 3	1		
532	侯庄	41823325	山东沿海诸河	专用站	淄博	桓台	果里	侯庄水务站	118.133 3	36.916 7	1		
533	果里	41823275	山东沿海诸河	专用站	淄博	桓台	果里	果里水务站	118.083 3	36.900 0	1		
534	周家	41823190	山东沿海诸河	专用站	淄博	桓台	果里	周家水务站	117.983 3	36.916 7	1		
535	荆家	41823270	山东沿海诸河	专用站	淄博	桓台	荆家	荆家水务站	117.983 3	37.050 0	1		
536	邢家	41823260	山东沿海诸河	专用站	淄博	桓台	唐山	邢家水务站	118.050 0	37.000 0	1		
537	唐山	41823240	山东沿海诸河	专用站	淄博	桓台	唐山	水务站	118.050 0	36.966 7	1		
538	田庄	41823235	山东沿海诸河	专用站	淄博	桓台	田庄	水务站	117.992 5	36.983 3	1		
539	起凤	41823355	山东沿海诸河	专用站	淄博	桓台	起凤	水务站	118.100 0	37.050 0	1		
540	耿桥	41823340	山东沿海诸河	专用站	淄博	桓台	索镇街道	耿桥	118.133 3	37.000 0	1		

续附表 3

序号	测站名称	测站编码	水系	测站属性	测站地址				经度(°E)	纬度(°N)	降水观测方式		
					市	县(区)	乡(镇)	村(街道)			翻斗式	称重式	人工
541	新城	41823205	山东沿海诸河	专用站	淄博	桓台	新城	水务站	117.950 0	36.966 7	1		
542	陈庄	41823220	山东沿海诸河	专用站	淄博	桓台	马桥	陈庄水务站	117.916 7	37.000 0	1		
543	马踏湖	41823370	山东沿海诸河	专用站	淄博	桓台	起凤	华沟小学	118.066 7	37.066 7	1		
544	路山	41823310	山东沿海诸河	专用站	淄博	临淄	凤凰	路山供水中心	118.250 0	36.866 7	1		
545	梧台	41823315	山东沿海诸河	专用站	淄博	临淄	凤凰	梧台便民服务中心	118.300 0	36.883 3	1		
546	召口	41823320	山东沿海诸河	专用站	淄博	临淄	凤凰	召口水库	118.183 3	36.916 7	1		
547	皇城	41824230	山东沿海诸河	专用站	淄博	临淄	皇城	供水站	118.400 0	36.866 7	1		
548	北羊	41824240	山东沿海诸河	专用站	淄博	临淄	皇城	北羊敬老院	118.433 3	36.916 7	1		
549	敬仲	41824255	山东沿海诸河	专用站	淄博	临淄	敬仲	敬仲供水中心	118.366 7	36.933 3	1		
550	边河	41824170	山东沿海诸河	专用站	淄博	临淄	金山	边河供水站	118.183 3	36.716 7	1		
551	徐旺	41824160	山东沿海诸河	专用站	淄博	临淄	金山	徐旺	118.166 7	36.716 7	1		
552	南王	41824180	山东沿海诸河	专用站	淄博	临淄	金山	政府驻地	118.400 0	36.998 6	1		
553	齐都	41824220	山东沿海诸河	专用站	淄博	临淄	齐都	供水站	118.350 0	36.850 0	1		
554	齐陵	41824210	山东沿海诸河	专用站	淄博	临淄	齐陵街道	齐陵水利站	118.383 3	36.800 0	1		
555	大武	41823277	山东沿海诸河	专用站	淄博	临淄	辛店街道	大武	118.266 7	36.833 3	1		
556	高阳	41823330	山东沿海诸河	专用站	淄博	临淄	朱台	高阳水利站	118.250 0	36.933 3	1		
557	金岭	41823280	山东沿海诸河	专用站	淄博	临淄	金岭	政府驻地	118.200 0	36.833 3	1		

续附表 3

序号	测站名称	测站编码	水系	测站属性	测站地址				经度(°E)	纬度(°N)	降水观测方式		
					市	县(区)	乡(镇)	村(街道)			翻斗式	称重式	人工
558	大张	41823227	山东沿海诸河	专用站	淄博	张店	房镇	张店区食药监局	118.016 7	36.850 0	1		
559	房镇	41823170	山东沿海诸河	专用站	淄博	张店	房镇	房镇小学	117.966 7	36.816 7	1		
560	傅家	41823065	山东沿海诸河	专用站	淄博	张店	傅家	政府驻地	118.016 7	36.766 7	1		
561	沣水	41823215	山东沿海诸河	专用站	淄博	张店	沣水	政府驻地	118.083 3	36.750 0	1		
562	道庄	41823218	山东沿海诸河	专用站	淄博	张店	文明路	山东理工大学东校	118.000 0	36.816 7	1		
563	范家	41823172	山东沿海诸河	专用站	淄博	张店	房镇	齐盛宾馆	118.000 0	36.850 0	1		
564	九级	41823225	山东沿海诸河	专用站	淄博	张店	马尚街道	九级小学	118.016 7	36.816 7	1		
565	小庄	41823258	山东沿海诸河	专用站	淄博	张店	四宝山街道	小庄	118.050 0	36.850 0	1		
566	南定	41823210	山东沿海诸河	专用站	淄博	张店	南定	政府驻地	118.050 0	36.750 0	1		
567	南营	41823257	山东沿海诸河	专用站	淄博	张店	四宝山街道	南营小学	118.083 3	36.850 0	1		
568	石桥	41823255	山东沿海诸河	专用站	淄博	张店	四宝山街道	石桥小学	118.066 7	36.850 0	1		
569	四宝山	41823245	山东沿海诸河	专用站	淄博	张店	四宝山街道	政府驻地	118.100 0	36.833 3	1		
570	湖田	41823228	山东沿海诸河	专用站	淄博	张店	杏园街道	政府驻地	118.116 7	36.800 0	1		
571	卫固	41823290	山东沿海诸河	专用站	淄博	张店	四宝山街道	卫固小学	118.133 3	36.866 7	1		
572	中埠	41823285	山东沿海诸河	专用站	淄博	张店	中埠	政府驻地	118.200 0	36.850 0	1		
573	大姜	41823160	山东沿海诸河	专用站	淄博	周村	北郊	大姜水利站	117.916 7	36.850 0	1		
574	贾黄	41823060	山东沿海诸河	专用站	淄博	周村	南郊	贾黄水利站	117.933 3	36.750 0	1		

续附表 3

序号	测站名称	测站编码	水系	测站属性	测站地址				经度(°E)	纬度(°N)	降水观测方式		
					市	县(区)	乡(镇)	村(街道)			翻斗式	称重式	人工
575	王村	41822955	山东沿海诸河	专用站	淄博	周村	王村	政府驻地	117.733 3	36.683 3	1		
576	洪山	41822720	山东沿海诸河	专用站	淄博	淄川	洪山	洪山水利站	118.000 0	36.633 3	1		
577	昆仑	41822710	山东沿海诸河	专用站	淄博	淄川	昆仑	宋家坊小学	117.916 7	36.583 3	1		
578	岭子	41822870	山东沿海诸河	专用站	淄博	淄川	岭子	敬老院	117.783 3	36.533 3	1		
579	龙泉	41822715	山东沿海诸河	专用站	淄博	淄川	龙泉	龙泉水利站	117.983 3	36.583 3	1		
580	罗村	41822755	山东沿海诸河	专用站	淄博	淄川	罗村	罗村水利站	118.066 7	36.683 3	1		
581	黄家铺	41822780	山东沿海诸河	专用站	淄博	淄川	经济开发区	松龄西路	117.900 0	36.650 0	1		
582	城南	41822760	山东沿海诸河	专用站	淄博	淄川	将军路街道	政府驻地	117.950 0	36.633 3	1		
583	双沟	41822790	山东沿海诸河	专用站	淄博	淄川	双杨	双沟	118.033 3	36.666 7	1		
584	杨寨	41822795	山东沿海诸河	专用站	淄博	淄川	双杨	供水站	117.983 3	36.700 0	1		
585	西河	41823910	山东沿海诸河	专用站	淄博	淄川	西河	西河水利站	117.933 3	36.500 0	1		
586	寨里	41822770	山东沿海诸河	专用站	淄博	淄川	寨里	政府驻地	118.033 3	36.650 0	1		
587	磁村	41823030	山东沿海诸河	专用站	淄博	淄川	昆仑	磁村	117.850 0	36.633 3	1		
588	黄家峪	41822850	山东沿海诸河	专用站	淄博	淄川	岭子	北石	118.050 0	36.883 3	1		
589	商家	41823040	山东沿海诸河	专用站	淄博	周村	商家	政府驻地	117.866 7	36.650 0	1		
590	峨庄	41824005	山东沿海诸河	专用站	淄博	淄川	太河	峨庄	118.183 3	36.450 0	1		

续附表 3

序号	测站名称	测站编码	水系	测站属性	测站地址				经度(°E)	纬度(°N)	降水观测方式		
					市	县(区)	乡(镇)	村(街道)			翻斗式	称重式	人工
591	口头	41824020	山东沿海诸河	专用站	淄博	淄川	太河	淄河中学	118.083 3	36.483 3	1		
592	黑旺	41824060	山东沿海诸河	专用站	淄博	淄川	寨里	蓼坞服务中心	118.200 0	36.533 3	1		
593	东坪	41823920	山东沿海诸河	专用站	淄博	淄川	西河	东坪水利站	117.983 3	36.500 0	1		
594	田庄	41824030	山东沿海诸河	专用站	淄博	淄川	西河	田庄水库	118.066 7	36.616 7	1		
595	沟泉	51120260	沂沭河	专用站	淄博	沂源	南麻	沟泉小学	118.066 7	36.116 7	1		
596	包家庄	51120155	沂沭河	专用站	淄博	沂源	鲁村	包家庄	118.016 7	36.150 0	1		
597	鲁村	51120451	沂沭河	专用站	淄博	沂源	鲁村	鲁村小学	118.050 0	36.200 0	1		
598	大坡	51120615	沂沭河	专用站	淄博	沂源	南鲁山	菜园村小学	118.183 3	36.250 0	1		
599	方山峪	51120625	沂沭河	专用站	淄博	沂源	南鲁山	璞邱小学	118.233 3	36.316 7	1		
600	流水店	51120621	沂沭河	专用站	淄博	沂源	南鲁山	南包庄小学	118.300 0	36.300 0	1		
601	芝芳	51120580	沂沭河	专用站	淄博	沂源	南鲁山	芝芳小学	118.150 0	36.216 7	1		
602	马庄	51120902	沂沭河	专用站	淄博	沂源	石桥	马庄	118.333 3	36.166 7	1		
603	娄峪	51120645	沂沭河	专用站	淄博	沂源	悦庄	娄峪	118.216 7	36.266 7	1		
604	望冢	51223550	沂沭泗	基本站	枣庄	滕州	滨湖	望庄	116.935 5	35.081 5	1		1
605	西岗	51224150	沂沭泗	基本站	枣庄	滕州	西岗	西岗	117.022 2	34.976 3	1		1
606	柏山	51224850	沂沭泗	基本站	枣庄	薛城	邹坞	北陈郝	117.477 2	34.859 0	1		1
607	邹坞	51224950	沂沭泗	基本站	枣庄	薛城	邹坞	邹坞	117.416 7	34.850 0	1		1

续附表 3

序号	测站名称	测站编码	水系	测站属性	测站地址				经度(°E)	纬度(°N)	降水观测方式		
					市	县(区)	乡(镇)	村(街道)			翻斗式	称重式	人工
608	南石沟	51225050	沂沭泗	基本站	枣庄	薛城	南石	南石沟	117.349 9	34.825 9	1		1
609	阴平	51225400	沂沭泗	基本站	枣庄	峄城	阴平	阴平	117.476 4	34.662 5	1		1
610	荆山口	51225750	沂沭泗	基本站	枣庄	市中	孟庄	荆山口	117.608 9	34.918 5	1		1
611	枣庄	51225800	沂沭泗	基本站	枣庄	市中	文化路街道	周庄路	117.562 5	34.856 7	1		1
612	税郭	51225900	沂沭泗	基本站	枣庄	市中	税郭	税郭	117.700 0	34.850 0	1		1
613	永安	51226050	沂沭泗	基本站	枣庄	市中	永安	永安	117.518 6	34.822 4	1		1
614	棠荫	51226150	沂沭泗	基本站	枣庄	峄城	榴园	棠阴	117.476 1	34.755 8	1		1
615	泥沟	51226200	沂沭泗	基本站	枣庄	台儿庄	泥沟	泥沟	117.681 9	34.676 5	1		1
616	涧头集	51225700	沂沭泗	基本站	枣庄	台儿庄	涧头集	涧头集	117.566 6	34.557 0	1		1
617	徐庄	51224550	沂沭泗	基本站	枣庄	山亭	徐庄	徐庄	117.583 3	35.058 8	1		1
618	西集	51224700	沂沭泗	基本站	枣庄	山亭	西集	西集	117.416 7	34.951 2	1		1
619	山亭	51224500	沂沭泗	基本站	枣庄	山亭	山城街道	山亭	117.452 7	35.083 3	1		1
620	北庄	51226800	沂沭泗	基本站	枣庄	山亭	北庄	北庄	117.657 9	35.000 0	1		1
621	辛庄	51223950	沂沭泗	基本站	枣庄	山亭	水泉	辛庄	117.466 7	35.234 6	1		1
622	前葛庄	51224100	沂沭泗	基本站	枣庄	山亭	桑村	前葛庄	117.352 4	35.116 7	1		1
623	崔虎峪	51224400	沂沭泗	基本站	枣庄	山亭	徐庄	崔虎峪	117.383 3	35.133 3	1		1
624	西良子口	51224450	沂沭泗	基本站	枣庄	山亭	徐庄	西良子口	117.592 5	35.133 3	1		1

续附表 3

序号	测站名称	测站编码	水系	测站属性	测站地址				经度(°E)	纬度(°N)	降水观测方式		
					市	县(区)	乡(镇)	村(街道)			翻斗式	称重式	人工
625	蒋子崖	51223850	沂沭泗	基本站	枣庄	山亭	店子	蒋子崖	117.352 5	35.283 5	1		1
626	周村	51226950	沂沭泗	基本站	枣庄	市中	孟庄	周村水库	117.303 6	34.832 8	1		1
627	户主	51224000	沂沭泗	基本站	枣庄	滕州	东郭	户主水库	117.279 6	35.201 7	1		1
628	东郭	51204020	沂沭泗	专用站	枣庄	滕州	东郭	东郭镇政府	117.255 3	35.186 8	1		
629	龙阳	51223505	沂沭泗	专用站	枣庄	滕州	龙阳	龙阳镇水利站	117.163 9	35.168 3	1		
630	李子行	51223520	沂沭泗	专用站	枣庄	滕州	界河	李子行	117.110 4	35.149 3	1		
631	姜屯	51223530	沂沭泗	专用站	枣庄	滕州	姜屯	姜屯镇中心小学	117.067 5	35.088 7	1		
632	大坞	51223540	沂沭泗	专用站	枣庄	滕州	大坞	大坞镇政府	116.989 0	35.123 4	1		
633	洪绪	51224070	沂沭泗	专用站	枣庄	滕州	洪绪	洪绪镇政府	117.125 9	35.047 6	1		
634	级索	51224090	沂沭泗	专用站	枣庄	滕州	级索	级索镇中心中学	116.981 9	35.025 6	1		
635	东沙河	51224110	沂沭泗	专用站	枣庄	滕州	东沙河	东沙河	117.220 7	35.095 7	1		
636	南沙河	51224120	沂沭泗	专用站	枣庄	滕州	南沙河	冯庄小学	117.194 8	34.987 8	1		
637	鲍沟	51224130	沂沭泗	专用站	枣庄	滕州	鲍沟	鲍沟镇中心中学	117.146 7	34.983 4	1		
638	郭沟	51224730	沂沭泗	专用站	枣庄	滕州	柴胡店	郭沟	117.296 4	34.899 8	1		
639	羊庄	51224760	沂沭泗	专用站	枣庄	滕州	羊庄	羊庄镇敬老院	117.342 2	34.958 5	1		
640	虎山	51224810	沂沭泗	专用站	枣庄	滕州	木石	虎山水库管理所	117.289 2	35.038 6	1		
641	木石	51224820	沂沭泗	专用站	枣庄	滕州	木石	木石镇政府	117.263 3	34.985 6	1		

续附表 3

序号	测站名称	测站编码	水系	测站属性	测站地址				经度(°E)	纬度(°N)	降水观测方式		
					市	县(区)	乡(镇)	村(街道)			翻斗式	称重式	人工
642	官桥	51224830	沂沭泗	专用站	枣庄	滕州	官桥	官桥镇水利站	117.219 1	34.949 0	1		
643	陶庄	51224960	沂沭泗	专用站	枣庄	薛城	陶庄	政府驻地	117.363 6	34.871 4	1		
644	张范	51224980	沂沭泗	专用站	枣庄	薛城	张范	政府驻地	117.429 2	34.832 8	1		
645	谷山	51225070	沂沭泗	专用站	枣庄	新城	兴仁街道	黑龙江路水文局	117.303 6	34.832 8	1		
646	岩湖	51226120	沂沭泗	专用站	枣庄	薛城	沙沟	岩湖	117.375 0	34.758 6	1		
647	金陵	51226160	沂沭泗	专用站	枣庄	峄城	阴平	金陵寺	117.551 4	34.674 2	1		
648	峨山	51226300	沂沭泗	专用站	枣庄	峄城	峨山	政府驻地	117.750 8	34.769 2	1		
649	左庄	51226360	沂沭泗	专用站	枣庄	峄城	峨山	左庄	117.685 8	34.778 1	1		
650	郭村	51225920	沂沭泗	专用站	枣庄	市中	齐村	郭村	117.516 7	34.900 0	1		
651	底阁	51226350	沂沭泗	专用站	枣庄	峄城	底阁	底阁	117.808 0	34.702 3	1		
652	马兰	51226240	沂沭泗	专用站	枣庄	台儿庄	马兰	马兰	117.660 4	34.595 4	1		
653	兰城	51226380	沂沭泗	专用站	枣庄	台儿庄	泥沟	兰城	117.766 2	34.665 9	1		
654	张庄	51223890	沂沭泗	专用站	枣庄	山亭	冯卯	张庄	117.435 6	35.246 4	1		
655	城头	51223980	沂沭泗	专用站	枣庄	山亭	城头	城头	117.311 2	35.149 4	1		
656	长城	51224095	沂沭泗	专用站	枣庄	山亭	水泉	长城	117.415 2	35.143 6	1		
657	幸福庄	51224520	沂沭泗	专用站	枣庄	山亭	徐庄	幸福庄	117.513 3	35.088 3	1		
658	郝台	51224590	沂沭泗	专用站	枣庄	山亭	徐庄	郝台	117.535 4	35.039 7	1		

续附表 3

序号	测站名称	测站编码	水系	测站属性	测站地址				经度(°E)	纬度(°N)	降水观测方式		
					市	县(区)	乡(镇)	村(街道)			翻斗式	称重式	人工
659	岩底	51224630	沂沭泗	专用站	枣庄	山亭	山城街道	岩底	117.469 2	35.040 3	1		
660	付庄	51224670	沂沭泗	专用站	枣庄	山亭	北庄	付庄	117.501 9	34.981 7	1		
661	王村	/	沂沭泗	专用站	济宁	邹城	香城	田王	117.211 5	35.281 1	1		
662	莫亭	/	沂沭泗	专用站	济宁	邹城	香城	莫亭	117.137 0	35.342 5	1		
663	张庄	/	沂沭泗	专用站	济宁	邹城	张庄	张庄	117.238 2	35.365 6	1		
664	瓦峪	/	沂沭泗	专用站	枣庄	滕州	东郭	瓦峪	117.273 5	35.274 2	1		
665	东滴水	/	沂沭泗	专用站	枣庄	山亭	凫城	东滴水	117.501 8	35.022 0	1		
666	东凫山	/	沂沭泗	专用站	枣庄	山亭	凫城	东凫山	117.531 6	34.961 4	1		
667	大岔河	/	沂沭泗	专用站	济宁	邹城	城前	大岔河	117.382 2	35.343 7	1		
668	雨山	/	沂沭泗	专用站	济宁	邹城	城前	尹庄	117.377 7	35.376 9	1		
669	洼斗	/	沂沭泗	专用站	济宁	邹城	城前	石垛子	117.422 8	35.300 9	1		
670	枣沟	/	沂沭泗	专用站	济宁	邹城	张庄	西卞	117.288 5	35.337 7	1		
671	柴胡	/	沂沭泗	专用站	枣庄	山亭	水泉	柴胡村	117.497 9	35.877 0	1		
672	高山顶	/	沂沭泗	专用站	枣庄	山亭	徐庄	高山顶	117.527 9	35.567 9	1		
673	洪门	/	沂沭泗	专用站	枣庄	山亭	北庄	洪门	117.599 1	34.959 0	1		
674	黑峪	/	沂沭泗	专用站	枣庄	山亭	北庄	黑峪	117.641 7	35.013 7	1		
675	东岭	/	沂沭泗	专用站	枣庄	山亭	北庄	东岭	117.642 3	35.013 9	1		

续附表 3

序号	测站名称	测站编码	水系	测站属性	测站地址				经度(°E)	纬度(°N)	降水观测方式		
					市	县(区)	乡(镇)	村(街道)			翻斗式	称重式	人工
676	双山涧	/	沂沭泗	专用站	枣庄	山亭	北庄	双山涧	117.700 4	34.979 2	1		
677	沾利	31108336	徒骇马颊	专用站	东营	河口	新户	沾利河闸	118.402 1	37.966 3	1		
678	后墩	31103953	徒骇马颊	专用站	东营	利津	汀罗	林家屋子	118.468 1	37.838 6	1		
679	丁王	31128365	徒骇马颊	专用站	东营	河口	新户	丁王	118.271 6	37.920 8	1		
680	六合	31128330	徒骇马颊	专用站	东营	河口	六合	六合	118.554 2	37.828 9	1		
681	西崔	31108331	徒骇马颊	专用站	东营	河口	六合	西崔	118.668 1	37.817 8	1		
682	水利局	31108334	徒骇马颊	专用站	东营	河口	六合	水利局	118.516 4	37.884 4	1		
683	草桥沟闸	31108335	徒骇马颊	专用站	东营	河口	河口街道	草桥沟闸	118.466 9	37.933 3	1		
684	东劝学闸	31103940	徒骇马颊	专用站	东营	河口	河口街道	东劝学闸	118.466 9	37.933 3	1		
685	大盖	31128145	徒骇马颊	专用站	东营	利津	太平庄	大盖	118.105 1	37.530 0	1		
686	北宋	31128010	徒骇马颊	专用站	东营	利津	北宋	后王	118.251 7	37.739 2	1		
687	河口办	31128340	徒骇马颊	专用站	东营	河口	河口街道	河口办	118.846 1	38.500 3	1		
688	龙王	31103933	徒骇马颊	专用站	东营	河口	新户	龙王	118.164 4	37.513 5	1		
689	太平	31108803	徒骇马颊	专用站	东营	利津	利津	太平庄	118.154 2	37.312 6	1		
690	利津	31128020	徒骇马颊	专用站	东营	利津	利津	王庄社区	118.080 0	37.350 0	1		
691	明集	31128030	徒骇马颊	专用站	东营	利津	明集	明集	118.130 0	37.350 0	1		
692	桩西	31128360	徒骇马颊	专用站	东营	河口	义和	防雹点	118.200 0	37.530 0	1		

续附表 3

序号	测站名称	测站编码	水系	测站属性	测站地址				经度(°E)	纬度(°N)	降水观测方式		
					市	县(区)	乡(镇)	村(街道)			翻斗式	称重式	人工
693	河口泵	31108333	徒骇马颊	专用站	东营	河口	义和	草场	118.401 1	37.839 4	1		
694	永新河闸	31108332	徒骇马颊	专用站	东营	河口	河口街道	民生	118.449 7	37.847 8	1		
695	虎滩	31128140	徒骇马颊	专用站	东营	利津	盐窝	虎滩	118.376 7	37.756 4	1		
696	明集	31128030	徒骇马颊	专用站	东营	利津	明集	明集	118.239 4	37.600 8	1		
697	付窝	31128230	徒骇马颊	专用站	东营	利津	陈庄	付窝	118.532 6	37.700 6	1		
698	付窝(二)	31128260	徒骇马颊	专用站	东营	利津	陈庄	付窝	118.532 6	37.700 6	1		
699	义和庄	31128200	徒骇马颊	基本站	东营	河口	新户	胜利	118.892 1	37.892 1	1		1
700	新户	31128150	徒骇马颊	基本站	东营	河口	新户	双合	118.305 3	37.998 3	1		1
701	同兴	41820200	徒骇马颊	基本站	东营	河口	孤岛	军马场十三分场	118.700 6	37.783 6	1		1
702	刁口	31128350	徒骇马颊	基本站	东营	利津	刁口	刁口	118.650 3	38.067 2	1		1
703	汀河	31128250	徒骇马颊	基本站	东营	利津	汀罗	汀河	118.449 7	37.732 5	1		1
704	永安镇	41820100	山东沿海诸河	基本站	东营	垦利	永安	五	118.732 2	37.568 3	1		1
705	西宋	41820140	山东沿海诸河	专用站	东营	垦利	垦利街道	西宋社区	118.561 7	37.593 3	1		
706	友林	41820150	山东沿海诸河	基本站	东营	垦利	黄河口	友林	118.834 2	37.699 4	1		1
707	牛庄	41820660	山东沿海诸河	专用站	东营	东营	牛庄	大许闸管理所	118.462 5	37.333 9	1		
708	六户	41820670	山东沿海诸河	专用站	东营	东营	六户	六户管理站	118.583 6	37.376 4	1		

续附表 3

序号	测站名称	测站编码	水系	测站属性	测站地址				经度(°E)	纬度(°N)	降水观测方式		
					市	县(区)	乡(镇)	村(街道)			翻斗式	称重式	人工
709	龙居	41820780	山东沿海诸河	专用站	东营	东营	沂河路	东城区海堤管理处	118.312 8	37.392 5	1		
710	史口	41820800	山东沿海诸河	基本站	东营	东营	史口	徐家	118.382 5	37.409 2	1		1
711	董集	41820810	山东沿海诸河	专用站	东营	垦利	董集	政府董集镇政府	118.145 8	37.437 8	1		
712	西城	41820820	山东沿海诸河	专用站	东营	东营	黄河路街道	信用社西城街道	118.533 3	37.433 3	1		
713	胜利办	41820830	山东沿海诸河	专用站	东营	东营	胜利街道	胜利街道办事处	118.640 6	37.468 6	1		
714	东城	41820840	山东沿海诸河	专用站	东营	东营	东二路	东城区广利河管理所	118.652 5	37.408 3	1		
715	胜坨	41820855	山东沿海诸河	专用站	东营	垦利	胜坨	胜坨社区	118.316 7	37.517 2	1		
716	垦利	41820860	山东沿海诸河	专用站	东营	垦利	垦利街道	新兴西区	118.552 5	37.588 9	1		
717	桃园	41820870	山东沿海诸河	专用站	东营	垦利	垦利街道	万亩桃园示范区	118.721 1	37.733 1	1		
718	孤东	31128390	徒骇马颊	专用站	东营	垦利	垦东街道	新兴屋子	118.997 5	37.881 9	1		
719	西刘桥	41824350	山东沿海诸河	基本站	东营	广饶	西刘桥	西刘桥	118.601 8	37.098 8	1		1
720	陈官	41820640	山东沿海诸河	专用站	东营	广饶	陈官	陈官	118.450 9	37.258 6	1		
721	乐安	41823390	山东沿海诸河	专用站	东营	广饶	花官	花官	118.432 3	37.135 8	1		
722	花官	41823440	山东沿海诸河	专用站	东营	广饶	花官	花官	118.420 3	37.180 7	1		
723	李鹊	41824330	山东沿海诸河	专用站	东营	广饶	李鹊	李鹊	118.333 2	37.000 8	1		
724	稻庄	41824340	山东沿海诸河	专用站	东营	广饶	稻庄	稻庄	118.503 8	37.047 0	1		
725	广饶西	41823391	山东沿海诸河	专用站	东营	广饶	城区西	城区西	118.399 8	37.066 2	1		

续附表 3

序号	测站名称	测站编码	水系	测站属性	测站地址				经度(°E)	纬度(°N)	降水观测方式		
					市	县(区)	乡(镇)	村(街道)			翻斗式	称重式	人工
726	广饶东	41823392	山东沿海诸河	专用站	东营	广饶	城区东	城区东	118.425 1	37.038 3	1		
727	大王	41823393	山东沿海诸河	专用站	东营	广饶	稻庄	稻庄	118.502 9	36.987 5	1		
728	滨海	41823394	山东沿海诸河	专用站	东营	广饶	滨海开发区	滨海开发区	118.765 1	37.295 8	1		
729	石村	41823400	山东沿海诸河	基本站	东营	广饶	乐安	辛桥	118.433 4	37.132 9	1		1
730	王营	41820650	山东沿海诸河	基本站	东营	东营	牛庄	王营	118.465 6	37.304 7	1		1
731	海沧口	41831600	山东沿海诸河	基本站	烟台	莱州	土山镇	海沧二村	119.616 7	37.050 0	1		1
732	禄山水库	41831640	山东沿海诸河	专用站	烟台	招远	阜山镇	大涝泊村	120.533 3	37.350 0	1		
733	南院庄	41831650	山东沿海诸河	基本站	烟台	招远	阜山镇	南院庄	120.500 0	37.316 7	1		1
734	河南	41831770	山东沿海诸河	专用站	烟台	招远	毕郭镇	梨儿埠村	120.500 0	37.150 0	1		
735	岭上	41831780	山东沿海诸河	专用站	烟台	招远	毕郭镇	岭上村	120.450 0	37.183 3	1		
736	乔家庄	41831790	山东沿海诸河	专用站	烟台	招远	夏甸镇	乔家庄村	120.366 7	37.183 3	1		
737	霞坞	41831800	山东沿海诸河	基本站	烟台	招远	毕郭镇	霞坞村	120.450 0	37.166 7	1		1
738	道头	41831850	山东沿海诸河	基本站	烟台	招远	齐山镇	道头村	120.350 0	37.233 3	1		1
739	东庄	41831890	山东沿海诸河	专用站	烟台	招远	夏甸镇	上东庄村	120.300 0	37.200 0	1		
740	小罗家	41831900	山东沿海诸河	基本站	烟台	招远	夏甸镇	小罗家村	120.316 7	37.133 3	1		1
741	冯格庄	41832090	山东沿海诸河	专用站	烟台	莱阳	冯格庄街道	冯格庄村	120.616 7	36.933 3	1		
742	咬狼沟	41832195	山东沿海诸河	专用站	烟台	莱州	郭家店镇	元岭村	120.200 0	37.116 7	1		
743	盟格庄	41832198	山东沿海诸河	专用站	烟台	莱州	柞村镇	盟格庄村	120.050 0	37.100 0	1		

续附表 3

序号	测站名称	测站编码	水系	测站属性	测站地址				经度(°E)	纬度(°N)	降水观测方式		
					市	县(区)	乡(镇)	村(街道)			翻斗式	称重式	人工
744	下徐家	41832200	山东沿海诸河	基本站	烟台	莱州	郭家店镇	下徐家村	120.083 3	37.016 7	1		1
745	葛城	41832240	山东沿海诸河	专用站	烟台	莱州	郭家店镇	庵子村	120.116 7	37.066 7	1		
746	郭家店	41832250	山东沿海诸河	基本站	烟台	莱州	郭家店镇	郭家店	120.150 0	37.066 7	1		1
747	尚家山	41836180	山东沿海诸河	专用站	烟台	莱州	柞村镇	班家村	119.983 3	37.050 0	1		
748	孙家黄花	41836190	山东沿海诸河	专用站	烟台	莱州	柞村镇	柞村	119.933 3	37.050 0	1		
749	沙河	41836200	山东沿海诸河	基本站	烟台	莱州	沙河镇	民主街	119.666 7	37.000 0	1		1
750	饮马池	41836250	山东沿海诸河	基本站	烟台	莱州	莱州镇	饮马池水库	119.983 3	37.116 7	1		1
751	北障	41836255	山东沿海诸河	专用站	烟台	莱州	驿道镇	北障村	120.233 3	37.250 0	1		
752	三岔口	41836265	山东沿海诸河	专用站	烟台	莱州	驿道镇	三岔口村	120.150 0	37.166 7	1		
753	南宿	41836275	山东沿海诸河	专用站	烟台	莱州	程郭镇	南宿村	120.100 0	37.150 0	1		
754	驿道	41836300	山东沿海诸河	基本站	烟台	莱州	驿道镇	驿道村	120.150 0	37.216 7	1		1
755	梁郭	41836390	山东沿海诸河	专用站	烟台	莱州	朱桥镇	枣行子村	120.133 3	37.283 3	1		
756	小于家	41836400	山东沿海诸河	基本站	烟台	莱州	朱桥镇	小于家村	120.166 7	37.316 7	1		1
757	郭家埠	41836600	山东沿海诸河	基本站	烟台	招远	罗峰街道	郭家埠村	120.383 3	37.300 0	1		1
758	沟上	41836790	山东沿海诸河	专用站	烟台	招远	玲珑镇	玲珑村	120.466 7	37.400 0	1		
759	小疃	41836800	山东沿海诸河	基本站	烟台	招远	张星镇	小疃	120.333 3	37.433 3	1		1
760	北马	41836840	山东沿海诸河	专用站	烟台	龙口	北马镇	北马村	120.383 3	37.600 0	1		
761	龙口	41836850	山东沿海诸河	基本站	烟台	龙口	龙港街道	邹刘村	120.316 7	37.616 7	1		1

续附表 3

序号	测站名称	测站编码	水系	测站属性	测站地址				经度(°E)	纬度(°N)	降水观测方式		
					市	县(区)	乡(镇)	村(街道)			翻斗式	称重式	人工
762	北邢家	41836900	山东沿海诸河	基本站	烟台	龙口	下丁家镇	北邢家水库	120.483 3	37.550 0	1		1
763	芦头	41836910	山东沿海诸河	专用站	烟台	龙口	芦头镇	后店村	120.450 0	37.616 7	1		
764	界沟刘家	41836920	山东沿海诸河	专用站	烟台	龙口	芦头镇	界沟刘家村	120.433 3	37.533 3	1		
765	上夼	41836930	山东沿海诸河	专用站	烟台	龙口	北马镇	上夼村	120.333 3	37.550 0	1		
766	赵家庵	41837100	山东沿海诸河	基本站	烟台	栖霞	苏家店镇	赵家庵村	120.666 7	37.366 7	1		1
767	苏家店	41837150	山东沿海诸河	基本站	烟台	栖霞	苏家店镇	苏家店	120.666 7	37.416 7	1		1
768	阜山	41837200	山东沿海诸河	基本站	烟台	招远	阜山镇	栾家河村	120.650 0	37.383 3	1		1
769	九曲	41837250	山东沿海诸河	基本站	烟台	招远	阜山镇	九曲村	120.533 3	37.450 0	1		1
770	田家	41837260	山东沿海诸河	专用站	烟台	龙口	七甲镇	下田家村	120.600 0	37.483 3	1		
771	黄城阳	41837270	山东沿海诸河	专用站	烟台	龙口	石良镇	黄城阳村	120.700 0	37.466 7	1		
772	姜家店	41837310	山东沿海诸河	专用站	烟台	龙口	七甲镇	姜家店村	120.583 3	37.566 7	1		
773	村里集	41837320	山东沿海诸河	专用站	烟台	蓬莱	村里集镇	古城东村	120.766 7	37.533 3	1		
774	南官山村	41837330	山东沿海诸河	专用站	烟台	蓬莱	村里集镇	南观山村	120.750 0	37.450 0	1		
775	大辛店	41837350	山东沿海诸河	基本站	烟台	蓬莱	大辛店镇	大辛店	121.850 0	37.600 0	1		1
776	小门家	41837360	山东沿海诸河	专用站	烟台	蓬莱	小门家镇	小门家村	121.783 3	37.600 0	1		
777	巨山沟	41837370	山东沿海诸河	专用站	烟台	蓬莱	小门家镇	巨山沟	120.783 3	37.633 3	1		
778	山后曹家	41837380	山东沿海诸河	专用站	烟台	龙口	石良镇	山后曹家	120.700 0	37.583 3	1		
779	侧岭高家	41837400	山东沿海诸河	基本站	烟台	龙口	兰高镇	侧岭高家村	120.600 0	37.616 7	1		1

续附表 3

序号	测站名称	测站编码	水系	测站属性	测站地址				经度(°E)	纬度(°N)	降水观测方式		
					市	县(区)	乡(镇)	村(街道)			翻斗式	称重式	人工
780	兰高	41837410	山东沿海诸河	专用站	烟台	龙口	兰高镇	四平村	120.566 7	37.633 3	1		
781	徐家集	41837420	山东沿海诸河	专用站	烟台	蓬莱	北沟镇	兴隆庄村	120.783 3	37.600 0	1		
782	东江	41837430	山东沿海诸河	专用站	烟台	龙口	东江镇	程家疃村	120.516 7	37.616 7	1		
783	上口	41837650	山东沿海诸河	基本站	烟台	蓬莱	北沟镇	上口水库	120.783 3	37.600 0	1		1
784	蓬莱	41837700	山东沿海诸河	基本站	烟台	蓬莱	登州街道	诸谷社区	120.783 3	37.600 0	1		1
785	长岛	41837780	山东沿海诸河	基本站	烟台	长岛	长山街道	长山路 58 号	120.716 7	37.916 7	1		1
786	大黑山岛	41837790	山东沿海诸河	专用站	烟台	长岛	黑山乡	大黑山岛	120.600 0	37.950 0	1		
787	砣矶岛	41837800	山东沿海诸河	专用站	烟台	长岛	砣矶镇	大口村	120.750 0	38.150 0	1		
788	龙山店	41837840	山东沿海诸河	专用站	烟台	蓬莱	龙山镇	龙山店村	120.833 3	37.683 3	1		
789	刘家沟	41837860	山东沿海诸河	专用站	烟台	蓬莱	刘家沟镇	刘家沟村	120.900 0	37.616 7	1		
790	龙回头	41837890	山东沿海诸河	专用站	烟台	栖霞	臧家庄镇	龙回头村	120.900 0	37.516 7	1		
791	芝罘岛	41837905	山东沿海诸河	专用站	烟台	芝罘	芝罘岛街道	大疃村	121.366 7	37.600 0	1		
792	凤凰山	41837925	山东沿海诸河	专用站	烟台	莱山	初家街道	迎春大街 172 号	121.433 3	37.450 0	1		
793	栖霞	41837950	山东沿海诸河	基本站	烟台	栖霞	庄园街道	山城路 73 号	120.816 7	37.300 0	1		1
794	邹家	41838000	山东沿海诸河	基本站	烟台	栖霞	松山镇	邹家村	120.766 7	37.366 7	1		1
795	河东村	41838050	山东沿海诸河	基本站	烟台	栖霞	松山镇	裕富庄	120.866 7	37.383 3	1		1
796	金山店子	41838100	山东沿海诸河	基本站	烟台	栖霞	松山镇	金山店子村	120.916 7	37.333 3	1		1
797	邓格庄	41838200	山东沿海诸河	基本站	烟台	蓬莱	村里集镇	邓格庄	120.783 3	37.466 7	1		1

续附表 3

序号	测站名称	测站编码	水系	测站属性	测站地址				经度(°E)	纬度(°N)	降水观测方式		
					市	县(区)	乡(镇)	村(街道)			翻斗式	称重式	人工
798	百佛院	41838250	山东沿海诸河	基本站	烟台	栖霞	臧家庄镇	百佛院村	120.850 0	37.466 7	1		1
799	寨里	41838260	山东沿海诸河	专用站	烟台	栖霞	臧家庄镇	寨里村	120.883 3	37.450 0	1		
800	东瓮	41838270	山东沿海诸河	专用站	烟台	栖霞	臧家庄镇	瓮留张家村	120.950 0	37.466 7	1		
801	车夼	41838280	山东沿海诸河	专用站	烟台	栖霞	亭口镇	车夼村	120.950 0	37.350 0	1		
802	引家夼	41838350	山东沿海诸河	基本站	烟台	栖霞	亭口镇	引家夼	121.000 0	37.300 0	1		1
803	亭口	41838360	山东沿海诸河	专用站	烟台	栖霞	亭口镇	亭口村	121.000 0	37.316 7	1		
804	孚庆集	41838370	山东沿海诸河	专用站	烟台	蓬莱	大柳行镇	孚庆集村	121.016 7	37.500 0	1		
805	董家沟	41838380	山东沿海诸河	专用站	烟台	栖霞	臧家庄镇	董家沟村	121.050 0	37.433 3	1		
806	湘里	41838390	山东沿海诸河	专用站	烟台	福山	高疃镇	湘里村	121.050 0	37.500 0	1		
807	罗格庄	41838400	山东沿海诸河	基本站	烟台	福山	高疃镇	西罗格庄	121.083 3	37.483 3	1		1
808	回龙夼	41838410	山东沿海诸河	基本站	烟台	栖霞	庙后镇	回龙夼村	121.050 0	37.300 0	1		1
809	庙后	41838450	山东沿海诸河	专用站	烟台	栖霞	庙后镇	庙后村	121.083 3	37.366 7	1		
810	杜家崖	41838460	山东沿海诸河	专用站	烟台	福山	张格庄镇	二十三中学	121.166 7	37.366 7	1		
811	上崖头	41838470	山东沿海诸河	专用站	烟台	栖霞	桃村镇	上崖头村	121.100 0	37.283 3	1		
812	大庄头	41838500	山东沿海诸河	基本站	烟台	栖霞	桃村镇	大庄头村	121.133 3	37.283 3	1		1
813	姜家夼	41838510	山东沿海诸河	专用站	烟台	福山	门楼镇	姜家夼	121.233 3	37.350 0	1		
814	小河子	41838560	山东沿海诸河	专用站	烟台	福山	高疃镇	小河子村	120.150 0	37.483 3	1		
815	集贤	41838570	山东沿海诸河	专用站	烟台	福山	门楼镇	蓬莱庄村	121.266 7	37.383 3	1		

续附表 3

序号	测站名称	测站编码	水系	测站属性	测站地址				经度(°E)	纬度(°N)	降水观测方式		
					市	县(区)	乡(镇)	村(街道)			翻斗式	称重式	人工
816	东厅	41838580	山东沿海诸河	专用站	烟台	福山	东厅街道	东正街	121.200 0	37.466 7	1		
817	古现	41838600	山东沿海诸河	基本站	烟台	海阳	郭城镇	西古现村	121.133 3	37.083 3	1		1
818	老树夼	41838650	山东沿海诸河	基本站	烟台	栖霞	桃村镇	老树夼	121.033 3	37.116 7	1		1
819	前垂柳	41838700	山东沿海诸河	专用站	烟台	牟平	观水镇	前垂柳村	121.216 7	37.100 0	1		
820	桃村	41838750	山东沿海诸河	基本站	烟台	栖霞	桃村镇	桃村	121.133 3	37.166 7	1		1
821	大白马夼	41838765	山东沿海诸河	专用站	烟台	栖霞	桃村镇	西城村	121.166 7	37.233 3	1		
822	楚留店	41838770	山东沿海诸河	专用站	烟台	栖霞	桃村镇	楚留店村	121.166 7	37.200 0	1		
823	青泉埠	41838850	山东沿海诸河	基本站	烟台	牟平	王格庄乡	青泉埠村	121.333 3	37.150 0	1		1
824	集口山	41838860	山东沿海诸河	专用站	烟台	牟平	王格庄镇	集口山村	121.366 7	37.166 7	1		
825	北岚子底	41838870	山东沿海诸河	专用站	烟台	牟平	观水镇	北岚子底村	121.333 3	37.183 3	1		
826	铁口	41838900	山东沿海诸河	基本站	烟台	栖霞	桃村镇	铁口村	121.233 3	37.266 7	1		1
827	八甲	41838910	山东沿海诸河	专用站	烟台	牟平	观水镇	八甲村	121.350 0	37.233 3	1		
828	青野头	41838920	山东沿海诸河	专用站	烟台	牟平	观水镇	青野头村	121.300 0	37.666 7	1		
829	院格庄	41838930	山东沿海诸河	专用站	烟台	牟平	院格庄镇	院格庄村	121.366 7	37.300 0	1		
830	西回里	41838950	山东沿海诸河	基本站	烟台	福山	回里镇	西回里村	121.316 7	37.316 7	1		1
831	南陈家疃	41838960	山东沿海诸河	专用站	烟台	莱山	莱山镇	动检所	121.450 0	37.383 3	1		
832	黄务	41838970	山东沿海诸河	专用站	烟台	芝罘	黄务镇	富甲村	121.333 3	37.483 3	1		

续附表 3

序号	测站名称	测站编码	水系	测站属性	测站地址				经度（°E）	纬度（°N）	降水观测方式		
					市	县（区）	乡（镇）	村（街道）			翻斗式	称重式	人工
833	北上坊	41839040	山东沿海诸河	专用站	烟台	芝罘	只楚街道	西牟村	121.300 0	37.483 3	1		
834	烟台	41839050	山东沿海诸河	基本站	烟台	芝罘	毓璜顶街道	通世路 95 号	121.366 7	37.516 7	1		1
835	大季家	41839060	山东沿海诸河	专用站	烟台	开发	大季家镇	大季家村	120.783 3	37.600 0	1		1
836	八角	41839065	山东沿海诸河	专用站	烟台	开发	八角街道	八角村	120.783 3	37.600 0	1		1
837	古现	41839070	山东沿海诸河	专用站	烟台	开发	古现街道	驻地	121.116 7	37.566 7	1		1
838	李家	41839075	山东沿海诸河	专用站	烟台	开发	古现街道	李家村	121.083 3	37.550 0	1		1
839	时金河	41839080	山东沿海诸河	专用站	烟台	蓬莱	大柳行镇	时金河村	121.050 0	37.583 3	1		1
840	庵里	41814788	山东沿海诸河	专用站	烟台	栖霞	松山镇	庵里村	120.850 0	37.350 0	1		1
841	开发区	41839085	山东沿海诸河	专用站	烟台	开发区	长江路 129 号	农海局	121.200 0	37.550 0	1		1
842	石门口	41839140	山东沿海诸河	专用站	烟台	牟平	王格庄镇	南石门口村	121.416 7	37.200 0	1		
843	屯车夼	41839150	山东沿海诸河	基本站	烟台	牟平	高陵镇	屯车夼	121.416 7	37.250 0	1		1
844	朱车	41839165	山东沿海诸河	专用站	烟台	牟平	水道镇	中朱车村	121.466 7	37.200 0	1		
845	鲍家泊	41839170	山东沿海诸河	专用站	烟台	牟平	高陵镇	鲍家泊村	121.533 3	37.233 3	1		
846	冶头	41839180	山东沿海诸河	专用站	烟台	莱山	解家庄镇	冶头村	121.433 3	37.316 7	1		
847	解甲庄	41839300	山东沿海诸河	基本站	烟台	莱山	解甲庄街道	解甲庄	121.483 3	37.383 3	1		1
848	阎庄	41839310	山东沿海诸河	专用站	烟台	牟平	高陵镇	阎庄村	121.616 7	37.300 0	1		
849	严家庄	41839320	山东沿海诸河	专用站	烟台	牟平	武宁街道	西武宁村	121.583 3	37.333 3	1		

续附表 3

序号	测站名称	测站编码	水系	测站属性	测站地址				经度(°E)	纬度(°N)	降水观测方式		
					市	县(区)	乡(镇)	村(街道)			翻斗式	称重式	人工
850	七里店	41839330	山东沿海诸河	专用站	烟台	牟平	武宁街道	小刘家庄村	121.533 3	37.383 3	1		
851	徐家疃	41839350	山东沿海诸河	基本站	烟台	牟平	玉林店镇	徐家疃	121.583 3	37.216 7	1		1
852	玉林店	41839450	山东沿海诸河	基本站	烟台	牟平	玉林店镇	玉林店	121.616 7	37.266 7	1		1
853	西柳庄	41839500	山东沿海诸河	基本站	烟台	牟平	昆嵛区	西柳庄	121.666 7	37.283 3	1		1
854	十六里头	41839550	山东沿海诸河	基本站	烟台	牟平	玉林店镇	十六里头	121.633 3	37.333 3	1		1
855	王家窑	41839560	山东沿海诸河	专用站	烟台	牟平	文化街道	王家窑水库	121.583 3	37.333 3	1		
856	西庄	41839635	山东沿海诸河	专用站	烟台	昆嵛	昆嵛镇	殿后村	121.716 7	37.300 0	1		
857	涝夼	41839645	山东沿海诸河	专用站	烟台	昆嵛	昆嵛镇	涝夼村	121.750 0	37.283 3	1		
858	龙泉	41839650	山东沿海诸河	基本站	烟台	牟平	龙泉镇	龙泉水库	121.766 7	37.300 0	1		1
859	东北疃	41839655	山东沿海诸河	专用站	烟台	牟平	龙泉镇	东北疃村	121.733 3	37.350 0	1		
860	岭上	41839665	山东沿海诸河	专用站	烟台	牟平	姜格庄镇	姜格庄村	121.816 7	37.383 3	1		
861	珠山后	41839680	山东沿海诸河	专用站	烟台	牟平	姜格庄镇	珠曲家水库	121.850 0	37.383 3	1		
862	曲家口	41841380	山东沿海诸河	专用站	烟台	昆嵛	昆嵛镇	曲家口村	121.700 0	37.216 7	1		
863	义合庄	41841395	山东沿海诸河	专用站	烟台	昆嵛	昆嵛镇	义合庄村	121.683 3	37.216 7	1		
864	莒格庄	41841400	山东沿海诸河	基本站	烟台	牟平	莒格庄镇	东莒格庄村	121.683 3	37.166 7	1		1
865	水道	41841450	山东沿海诸河	基本站	烟台	牟平	水道镇	水道村	121.583 3	37.166 7	1		1
866	王格庄	41841850	山东沿海诸河	基本站	烟台	牟平	王格庄镇	王格庄	121.400 0	37.166 7	1		1

续附表 3

序号	测站名称	测站编码	水系	测站属性	测站地址				经度(°E)	纬度(°N)	降水观测方式		
					市	县(区)	乡(镇)	村(街道)			翻斗式	称重式	人工
867	大河东	41841900	山东沿海诸河	基本站	烟台	牟平	王格庄镇	大河东村	121.400 0	37.116 7	1		1
868	刘家夼	41842090	山东沿海诸河	专用站	烟台	牟平	水道镇	刘家夼村	121.483 3	37.150 0	1		
869	薛家	41842290	山东沿海诸河	专用站	烟台	海阳	盘石镇	嘴子前村	121.233 3	36.900 0	1		
870	盘石	41842300	山东沿海诸河	基本站	烟台	海阳	盘石镇	盘石水库	121.250 0	36.883 3	1		1
871	招虎山	41842305	山东沿海诸河	专用站	烟台	海阳	方圆街道	西兰沟村	121.216 7	36.816 7	1		
872	大榆	41842310	山东沿海诸河	专用站	烟台	海阳	盘石店镇	大榆村	121.300 0	36.883 3	1		
873	院下	41842315	山东沿海诸河	专用站	烟台	海阳	留格庄镇	院下村	121.300 0	36.816 7	1		
874	徽村	41842320	山东沿海诸河	专用站	烟台	海阳	留格庄镇	建埠落村	121.283 3	36.783 3	1		
875	望海	41842325	山东沿海诸河	专用站	烟台	海阳	留格庄镇	后望海村	121.350 0	36.783 3	1		
876	山口	41842330	山东沿海诸河	专用站	烟台	海阳	留格庄镇	嵩潜村	121.200 0	36.750 0	1		
877	柳树庄	41842335	山东沿海诸河	专用站	烟台	海阳	东村街道	柳树庄村	121.150 0	36.716 7	1		
878	嵩山耩	41842340	山东沿海诸河	专用站	烟台	海阳	凤城镇	北洼村	121.283 3	36.733 3	1		
879	山中间	41842350	山东沿海诸河	基本站	烟台	海阳	朱吴镇	山中间村	121.133 3	36.883 3	1		1
880	石剑	41842400	山东沿海诸河	基本站	烟台	海阳	东村镇	石剑村	121.116 7	36.850 0	1		1
881	里口	41842450	山东沿海诸河	基本站	烟台	海阳	东村镇	里口村	121.150 0	36.816 7	1		1
882	山后	41842510	山东沿海诸河	专用站	烟台	海阳	东村街道	小丛家村	121.100 0	36.800 0	1		
883	孙格庄	41842515	山东沿海诸河	专用站	烟台	海阳	二十里店镇	孙格庄村	121.050 0	36.750 0	1		

续附表 3

序号	测站名称	测站编码	水系	测站属性	测站地址				经度(°E)	纬度(°N)	降水观测方式		
					市	县(区)	乡(镇)	村(街道)			翻斗式	称重式	人工
884	靠山	41842520	山东沿海诸河	专用站	烟台	海阳	里店镇	朱坞村	121.050 0	36.700 0	1		
885	谢家	41842525	山东沿海诸河	专用站	烟台	海阳	新安镇	南丁村	121.016 7	36.650 0	1		
886	宝玉石	41842530	山东沿海诸河	专用站	烟台	海阳	朱吴镇	宝玉石村	121.066 7	36.866 7	1		
887	古家夼	41842540	山东沿海诸河	专用站	烟台	海阳	小纪镇	古家夼村	120.983 3	36.883 3	1		
888	大孟格庄	41842545	山东沿海诸河	专用站	烟台	海阳	小纪镇	黄崖村	120.916 7	36.816 7	1		
889	小纪	41842550	山东沿海诸河	基本站	烟台	海阳	小纪镇	小纪村	120.983 3	36.766 7	1		1
890	夼里	41842590	山东沿海诸河	专用站	烟台	海阳	行村镇	赵疃村	120.916 7	36.716 7	1		
891	行村	41842600	山东沿海诸河	基本站	烟台	海阳	行村镇	行村	120.900 0	36.666 7	1		1
892	寺口	41842650	山东沿海诸河	基本站	烟台	栖霞	寺口镇	寺口村	120.616 7	37.316 7	1		1
893	任留	41842700	山东沿海诸河	基本站	烟台	栖霞	西城镇	任留村	120.700 0	37.316 7	1		1
894	龙门口	41842750	山东沿海诸河	基本站	烟台	栖霞	官道镇	龙门口水库	120.683 3	37.250 0	1		1
895	小庄	41842760	山东沿海诸河	专用站	烟台	栖霞	西城镇	小庄村	120.750 0	37.300 0	1		
896	观里	41842800	山东沿海诸河	基本站	烟台	栖霞	观里镇	观里集	121.683 3	37.183 3	1		1
897	胜利庄	41842855	山东沿海诸河	专用站	烟台	莱阳	河洛镇	胜利庄村	120.650 0	37.033 3	1		
898	东野	41842880	山东沿海诸河	专用站	烟台	栖霞	唐家泊镇	东野村	121.000 0	37.250 0	1		
899	西留	41842888	山东沿海诸河	专用站	烟台	莱阳	谭格庄镇	西留村	120.666 7	37.133 3	1		1
900	牙后	41842890	山东沿海诸河	专用站	烟台	栖霞	唐家泊镇	牙后村	121.050 0	37.233 3	1		

续附表 3

序号	测站名称	测站编码	水系	测站属性	测站地址				经度（°E）	纬度（°N）	降水观测方式		
					市	县（区）	乡（镇）	村（街道）			翻斗式	称重式	人工
901	中疃	41842900	山东沿海诸河	基本站	烟台	栖霞	唐家泊镇	中疃	120.966 7	37.183 3	1		1
902	东楼底	41842910	山东沿海诸河	专用站	烟台	栖霞	唐家泊镇	东楼底村	121.016 7	37.150 0	1		
903	上曲家	41842925	山东沿海诸河	专用站	烟台	栖霞	翠屏街道	上曲家村	120.900 0	37.283 3	1		
904	榆林	41842935	山东沿海诸河	专用站	烟台	栖霞	蛇窝泊镇	大柳家村	120.916 7	37.233 3	1		
905	大帽顶	41842945	山东沿海诸河	专用站	烟台	栖霞	蛇窝泊镇	大帽顶村	120.916 7	37.150 0	1		
906	蛇窝泊	41842950	山东沿海诸河	基本站	烟台	栖霞	蛇窝泊镇	埠梅头村	120.866 7	37.150 0	1		1
907	刘家河	41842960	山东沿海诸河	专用站	烟台	栖霞	翠屏街道	黄崖底村	120.866 7	37.250 0	1		
908	唐山头	41842970	山东沿海诸河	专用站	烟台	栖霞	蛇窝泊镇	唐山头村	120.850 0	37.216 7	1		
909	东石硼	41842980	山东沿海诸河	专用站	烟台	莱阳	山前店镇	东石硼村	120.866 7	37.016 7	1		
910	杨础	41843000	山东沿海诸河	基本站	烟台	栖霞	杨础镇	杨础村	120.766 7	37.183 3	1		1
911	佛店头	41843050	山东沿海诸河	基本站	烟台	莱阳	山前店镇	佛店头村	120.816 7	37.016 7	1		1
912	莱阳	41843100	山东沿海诸河	基本站	烟台	莱阳	河洛镇	唐家洼村	120.700 0	36.983 3	1		1
913	上孙家	41843105	山东沿海诸河	专用站	烟台	莱阳	谭格庄镇	上孙家村	120.633 3	37.083 3	1		
914	古柳	41843115	山东沿海诸河	专用站	烟台	莱阳	古柳街道	道口村	120.666 7	36.916 7	1		
915	求格庄	41843135	山东沿海诸河	专用站	烟台	海阳	徐家店镇	求格庄村	120.966 7	37.100 0	1		
916	徐家店	41843145	山东沿海诸河	专用站	烟台	海阳	徐家店镇	下吼山村	121.016 7	37.066 7	1		
917	台上	41843150	山东沿海诸河	基本站	烟台	海阳	徐家店镇	台上村	120.966 7	37.050 0	1		1

续附表 3

序号	测站名称	测站编码	水系	测站属性	测站地址				经度(°E)	纬度(°N)	降水观测方式		
					市	县(区)	乡(镇)	村(街道)			翻斗式	称重式	人工
918	阵胜	41843190	山东沿海诸河	专用站	烟台	海阳	郭城镇	郭城村	121.100 0	37.050 0	1		
919	建新	41843200	山东沿海诸河	基本站	烟台	海阳	郭城镇	战场泊村	121.083 3	37.000 0	1		1
920	栾家	41843210	山东沿海诸河	专用站	烟台	海阳	发城镇	栾家村	121.050 0	36.950 0	1		
921	苍山	41843220	山东沿海诸河	专用站	烟台	海阳	发城镇	苍山村	120.000 0	36.933 3	1		
922	北楼底	41843230	山东沿海诸河	专用站	烟台	海阳	发城镇	东车格庄村	120.000 0	36.900 0	1		
923	长仙	41843445	山东沿海诸河	专用站	烟台	海阳	朱吴镇	沟杨家村	121.133 3	36.950 0	1		
924	朱吴	41843450	山东沿海诸河	基本站	烟台	海阳	朱吴镇	朱吴村	121.083 3	36.883 3	1		1
925	万第	41843500	山东沿海诸河	基本站	烟台	莱阳	万第镇	前万第村	121.416 7	36.883 3	1		1
926	韩家白庙	41843515	山东沿海诸河	专用站	烟台	莱阳	团旺镇	韩家白庙村	120.916 7	36.750 0	1		
927	姜家夼	41843525	山东沿海诸河	专用站	烟台	莱阳	团旺镇	朝阳庄	121.050 0	36.800 0	1		
928	刘家庄	41843555	山东沿海诸河	专用站	烟台	莱阳	大夼镇	刘家庄	121.383 3	36.733 3	1		
929	大夼	41843558	山东沿海诸河	专用站	烟台	莱阳	大夼镇	大夼村	120.133 3	36.783 3	1		
930	大黄家	41843565	山东沿海诸河	专用站	烟台	莱阳	羊郡镇	大黄家村	121.383 3	36.700 0	1		
931	石格庄	41843593	山东沿海诸河	专用站	烟台	莱阳	团旺镇	留格庄村	121.050 0	36.750 0	1		
932	羊郡	41843595	山东沿海诸河	专用站	烟台	莱阳	羊郡镇	埠前村	121.266 7	36.633 3	1		
933	西蒲	41843598	山东沿海诸河	专用站	烟台	莱阳	穴坊镇	南蒲村	121.216 7	36.616 7	1		
934	庙子	41824100	小清河	基本站	潍坊	青州	庙子镇	姚家台村	118.350 0	36.650 0	1		1

续附表 3

序号	测站名称	测站编码	水系	测站属性	测站地址				经度(°E)	纬度(°N)	降水观测方式		
					市	县(区)	乡(镇)	村(街道)			翻斗式	称重式	人工
935	朱良	41824500	小清河	基本站	潍坊	青州	高柳镇	段村	118.083 3	36.883 3	1		1
936	丰城	41824550	小清河	基本站	潍坊	寿光	化龙镇	丰城村	119.050 0	36.933 3	1		1
937	口埠	41824600	小清河	基本站	潍坊	青州	口埠镇	口埠村	119.016 7	36.800 0	1		1
938	西王高	41824650	小清河	基本站	潍坊	寿光	田柳镇	田柳村	119.250 0	37.000 0	1		1
939	清水泊	41824700	小清河	基本站	潍坊	寿光	羊口镇	清水泊农场	119.300 0	37.200 0	1		1
940	羊角沟	41824750	小清河	基本站	潍坊	寿光	羊口镇	羊角沟村	119.433 3	37.266 7	1		1
941	东苇厂	41824800	弥河	基本站	潍坊	临朐	九山镇	东苇厂村	118.083 3	36.100 0	1		1
942	西沂山	41824850	弥河	基本站	潍坊	临朐	九山镇	西沂山村	118.916 7	36.166 7	1		1
943	九山	41824900	弥河	基本站	潍坊	临朐	九山镇	镇政府	118.766 7	36.183 3	1		1
944	龙响店子	41824950	弥河	基本站	潍坊	临朐	九山镇	谢家庄	118.066 7	36.216 7	1		1
945	辛庄子	41825000	弥河	基本站	潍坊	临朐	九山镇	李家选村	118.916 7	36.233 3	1		1
946	崔册	41825100	弥河	基本站	潍坊	临朐	寺头镇	崔册村	118.083 3	36.266 7	1		1
947	黄山	41825150	弥河	基本站	潍坊	临朐	寺头镇	西黄山村	118.850 0	36.333 3	1		1
948	曹家庄	41825200	弥河	基本站	潍坊	临朐	辛寨镇	梭庄	118.966 7	36.316 7	1		1
949	王庄	41825250	弥河	基本站	潍坊	临朐	寺头镇	王庄	118.550 0	36.316 7	1		1
950	寺头	41825350	弥河	基本站	潍坊	临朐	寺头镇	寺头村	118.066 7	36.316 7	1		1
951	丹河	41825600	弥河	基本站	潍坊	临朐	卧龙镇	丹河水库	119.050 0	36.450 0	1		1

续附表 3

序号	测站名称	测站编码	水系	测站属性	测站地址				经度(°E)	纬度(°N)	降水观测方式		
					市	县(区)	乡(镇)	村(街道)			翻斗式	称重式	人工
952	河北	41805700	弥河	基本站	潍坊	临朐	辛寨镇	河北村	118.966 7	36.400 0	1		1
953	冶源水库	41825800	弥河	基本站	潍坊	临朐	冶源镇	冶源水库	118.883 3	36.400 0	1		1
954	安家庄	41825850	弥河	基本站	潍坊	临朐	五井镇	安家庄	118.516 7	36.450 0	1		1
955	临朐	41825900	弥河	基本站	潍坊	临朐	城关街道	后楼社区	118.883 3	36.516 7	1		1
956	王坟	41825950	弥河	基本站	潍坊	青州	王坟镇	阿陀村	118.066 7	36.550 0	1		1
957	百沟	41826000	弥河	基本站	潍坊	临朐	龙岗镇	百沟村	118.116 7	36.516 7	1		1
958	宫家庄	41826050	弥河	基本站	潍坊	青州	谭坊镇	宫家庄	119.133 3	36.600 0	1		1
959	益都	41826100	弥河	基本站	潍坊	青州	益都镇	青州市水利局	118.800 0	36.700 0	1		1
960	谭家坊	41826150	弥河	基本站	潍坊	青州	谭坊镇	李家庄	119.083 3	36.700 0	1		1
961	寒桥	41826200	弥河	基本站	潍坊	寿光	洛城镇	北亓疃村	119.383 3	36.883 3	1		1
962	大家洼	41826300	弥河	基本站	潍坊	寿光	海化开发区	大家洼盐场	119.633 3	37.116 7	1		1
963	昌乐	41826350	沿海诸小河	基本站	潍坊	昌乐	昌乐镇	昌乐县水利局	119.383 3	36.700 0	1		1
964	王家河南	41826450	白浪河	基本站	潍坊	昌乐	乔官镇	王家河南村	119.466 7	36.516 7	1		1
965	乔官	41826500	白浪河	基本站	潍坊	昌乐	乔官镇	乔官村	119.466 7	36.566 7	1		1
966	马宋	41826550	白浪河	基本站	潍坊	昌乐	营丘镇	马宋水库	119.633 3	36.533 3	1		1
967	田家楼	41826600	白浪河	基本站	潍坊	昌乐	崔家庄乡	崔家庄	119.100 0	36.533 3	1		1
968	白浪河水库	41826650	白浪河	基本站	潍坊	潍城	红星	白浪河水库	119.133 3	36.616 7	1		1

续附表 3

序号	测站名称	测站编码	水系	测站属性	测站地址				经度(°E)	纬度(°N)	降水观测方式		
					市	县(区)	乡(镇)	村(街道)			翻斗式	称重式	人工
969	西贾庄	41826700	白浪河	基本站	潍坊	潍城	于河街办	西贾庄	119.016 7	36.766 7	1		1
970	冯家花园	41826900	白浪河	基本站	潍坊	寒亭	高里镇	冯家花园村	119.016 7	36.866 7	1		1
971	央子	41826950	白浪河	基本站	潍坊	寒亭	央子镇	央子村	119.250 0	37.066 7	1		1
972	西清池	41827000	虞河	基本站	潍坊	坊子	清池镇	西清池村	119.350 0	36.700 0	1		1
973	双台	41827050	虞河	基本站	潍坊	昌邑	都昌街道办事处	双台村	119.466 7	36.816 7	1		1
974	固堤	41827100	虞河	基本站	潍坊	寒亭	固堤镇	固堤村	119.266 7	36.866 7	1		1
975	潍北农场	41827150	虞河	基本站	潍坊	寒亭	固堤街	潍北农场气象站	119.383 3	36.950 0	1		1
976	管帅	41827300	潍河	基本站	日照	五莲	于里镇	管帅村	119.050 0	35.866 7	1		1
977	中至	41827350	潍河	基本站	日照	五莲	中至乡	中至村	119.183 3	35.783 3	1		1
978	五莲	41827550	潍河	基本站	日照	五莲	洪凝镇	却坡村	119.033 3	35.750 0	1		1
979	高泽	41827600	潍河	基本站	日照	五莲	高泽乡	高泽村	119.300 0	35.833 3	1		1
980	墙夼水库	41827650	潍河	基本站	潍坊	枳沟	棉织街	墙夼水库	119.216 7	35.900 0	1		1
981	枳沟	41827800	潍河	基本站	潍坊	诸城	枳沟镇	枳沟村	119.350 0	35.916 7	1		1
982	贾悦	41827850	潍河	基本站	潍坊	诸城	贾悦镇	贾悦村	119.300 0	36.033 3	1		1
983	长城岭	41827900	潍河	基本站	日照	五莲	松柏乡	长城岭水库	119.050 0	35.783 3	1		1
984	三里庄	41828100	潍河	基本站	潍坊	诸城	城关镇	三里庄水库	119.066 7	35.966 7	1		1

续附表 3

序号	测站名称	测站编码	水系	测站属性	测站地址				经度(°E)	纬度(°N)	降水观测方式		
					市	县(区)	乡(镇)	村(街道)			翻斗式	称重式	人工
985	诸城	41828130	潍河	基本站	潍坊	诸城	横五路	潍河拙村闸	119.633 3	36.016 7	1		1
986	桃园	41828250	潍河	基本站	潍坊	诸城	桃园乡	曙光水库	120.050 0	35.916 7	1		1
987	共青团	41828300	潍河	基本站	潍坊	诸城	辛兴镇	共青团水库	119.916 7	36.050 0	1		1
988	圈里	41828350	潍河	基本站	临沂	沂水	圈里乡	圈里村	118.133 3	36.133 3	1		1
989	隋家河	41828450	潍河	基本站	潍坊	安丘	柘山镇	隋家河村	119.433 3	36.183 3	1		1
990	岳家秋峪	41828600	潍河	基本站	潍坊	安丘	柘山镇	岳家秋峪村	119.516 7	36.166 7	1		1
991	马时沟	41828650	潍河	基本站	潍坊	安丘	柘山镇	马时沟村	119.583 3	36.200 0	1		1
992	老子	41828700	潍河	基本站	潍坊	安丘	柘山镇	老子村	119.583 3	36.150 0	1		1
993	阿陀	41828800	潍河	基本站	潍坊	安丘	石埠子镇	阿陀村	119.000 0	36.100 0	1		1
994	井丘	41828850	潍河	基本站	潍坊	诸城	贾悦镇	井丘村	119.083 3	36.050 0	1		1
995	石埠子	41828900	潍河	基本站	潍坊	安丘	石埠子镇	石埠子村	119.016 7	36.116 7	1		1
996	雹泉	41828950	潍河	基本站	潍坊	安丘	辉曲镇	雹泉村	119.133 3	36.250 0	1		1
997	吴家楼	41829000	潍河	基本站	潍坊	诸城	石桥子镇	吴家楼水库	119.033 3	36.150 0	1		1
998	徐洞	41829050	潍河	基本站	潍坊	诸城	相州镇	徐洞村	119.583 3	36.216 7	1		1
999	金冢子	41829100	潍河	基本站	潍坊	安丘	金冢子乡	金冢子村	119.416 7	36.333 3	1		1
1000	景芝	41829150	潍河	基本站	潍坊	安丘	景芝镇	景芝村	119.633 3	36.316 7	1		1
1001	郑公	41829200	潍河	基本站	潍坊	峡山	郑公街办	郑公村	119.766 7	36.383 3	1		1

续附表 3

序号	测站名称	测站编码	水系	测站属性	测站地址				经度(°E)	纬度(°N)	降水观测方式		
					市	县(区)	乡(镇)	村(街道)			翻斗式	称重式	人工
1002	峡山水库	41829300	潍河	基本站	潍坊	潍坊	峡山区	峡山水库	119.066 7	36.500 0	1		1
1003	大关	41829350	潍河	基本站	潍坊	临朐	沂山镇	大关水库	118.116 7	36.200 0	1		1
1004	桃园子	41829400	潍河	基本站	潍坊	临朐	沂山镇	北石砬村	119.016 7	36.250 0	1		1
1005	蒋峪	41829450	潍河	基本站	潍坊	临朐	沂山镇	蒋峪村	119.133 3	36.300 0	1		1
1006	李家沟	41829500	潍河	基本站	潍坊	临朐	辛寨镇	李家沟村	119.183 3	36.383 3	1		1
1007	高崖水库	41829550	潍河	基本站	潍坊	昌乐	鄌郚镇	高崖水库	118.133 3	36.350 0	1		1
1008	柳山寨	41829600	潍河	基本站	潍坊	临朐	柳山镇	柳山寨村	119.250 0	36.450 0	1		1
1009	店子	41829800	潍河	基本站	潍坊	安丘	郚山镇	店子村	119.383 3	36.250 0	1		1
1010	南郚	41829850	潍河	基本站	潍坊	安丘	凌河镇	红沙沟村	119.550 0	36.333 3	1		1
1011	鄌郚	41829900	潍河	基本站	潍坊	昌乐	鄌郚镇	鄌郚村	119.416 7	36.450 0	1		1
1012	苏家庄	41829950	潍河	基本站	潍坊	昌乐	红河镇	苏家庄	119.633 3	36.400 0	1		1
1013	牟山水库	41830000	潍河	基本站	潍坊	安丘	兴安街道	牟山水库	119.216 7	36.416 7	1		1
1014	辉村	41830050	潍河	基本站	潍坊	峡山	岞山街道	辉村	119.066 7	36.633 3	1		1
1015	金口	41830100	潍河	基本站	潍坊	昌邑	都昌街道办事处	东大营村	119.066 7	36.816 7	1		1
1016	下营	41830150	潍河	基本站	潍坊	昌邑	下营镇	下营港	119.766 7	37.050 0	1		1
1017	夏庄镇	41830300	胶莱运河	基本站	潍坊	高密	夏庄镇	益民村	120.383 3	36.450 0	1		1
1018	高密	41830400	胶莱运河	基本站	潍坊	高密	醴泉街道	皋头居委会	120.250 0	36.383 3	1		1

续附表 3

序号	测站名称	测站编码	水系	测站属性	测站地址				经度(°E)	纬度(°N)	降水观测方式		
					市	县(区)	乡(镇)	村(街道)			翻斗式	称重式	人工
1019	李家庄	41830450	胶莱运河	基本站	潍坊	高密	柴沟镇	李家庄	120.016 7	36.233 3	1		1
1020	尹家宅	41830550	胶莱运河	基本站	潍坊	高密	阚家镇	尹家宅村	120.016 7	36.350 0	1		1
1021	蔡家庄	41830600	胶莱运河	基本站	潍坊	高密	醴泉街道	蔡站社区蔡站村	120.016 7	36.466 7	1		1
1022	北孟	41830650	胶莱运河	基本站	潍坊	昌邑	北孟镇	北孟村	119.083 3	36.600 0	1		1
1023	周戈庄	41830700	胶莱运河	基本站	潍坊	高密	大牟家镇	周戈庄	120.016 7	36.633 3	1		1
1024	流河	41830950	胶莱运河	基本站	潍坊	昌邑	饮马镇	于家流河村	119.883 3	36.750 0	1		1
1025	陆家庄	41831000	胶莱运河	基本站	潍坊	昌邑	卜庄镇	陆家庄	119.850 0	36.900 0	1		1
1026	王吴	41833600	大沽河	基本站	潍坊	高密	柏城镇	王吴水库	120.216 7	36.183 3	1		1
1027	芝兰庄	41833700	大沽河	基本站	潍坊	高密	朝阳街道	姚哥庄社区芝兰庄村	120.433 3	36.333 3	1		1
1028	桃林	41834550	沿海诸小河	基本站	潍坊	诸城	桃林乡	刘家沟村	119.883 3	35.800 0	1		1
1029	冶北	41806110	弥河	专用站	潍坊	临朐	冶源镇	冶北村	118.083 3	36.433 3	1		
1030	郭家亭子	41806120	弥河	专用站	潍坊	临朐	城关街道	郭家亭子村	118.916 7	36.550 0	1		
1031	菜央子	41806148	小清河	专用站	潍坊	寿光	羊口镇	菜央子村	119.433 3	37.216 7	1		
1032	青田胡	41806170	弥河	专用站	潍坊	寿光	稻田镇	青田胡村	119.350 0	36.766 7	1		
1033	佛屋	41806180	弥河	专用站	潍坊	寿光	侯镇	佛屋村	119.600 0	36.966 7	1		
1034	北宫桥	41806240	白浪河	专用站	潍坊	潍城	北关街道	北宫桥	119.016 7	36.716 7	1		
1035	崔家央子	41806480	白浪河	专用站	潍坊	滨海	央子街道	崔家央子村	119.266 7	37.033 3	1		

续附表 3

序号	测站名称	测站编码	水系	测站属性	测站地址				经度(°E)	纬度(°N)	降水观测方式		
					市	县(区)	乡(镇)	村(街道)			翻斗式	称重式	人工
1036	前阙庄	41806530	白浪河	专用站	潍坊	寒亭	双杨街道	前阙庄	119.100 0	36.783 3	1		
1037	东桂	41806540	白浪河	专用站	潍坊	寿光	稻田镇	东桂村	118.150 0	36.783 3	1		
1038	宝通街	41806620	虞河	专用站	潍坊	奎文	二十里堡街道	宝通街	119.250 0	36.683 3	1		
1039	东小营	41806630	虞河	专用站	潍坊	寒亭	开元街道	北张氏村	119.216 7	36.766 7	1		
1040	潍北农场五分厂	41806640	虞河	专用站	潍坊	滨海	央子街道	潍北农场五分厂	119.383 3	36.983 3	1		
1041	陶埠	41806660	虞河	专用站	潍坊	昌邑	奎聚街道	陶埠村	119.516 7	36.866 7	1		
1042	瓦东	41806670	虞河	专用站	潍坊	昌邑	龙池镇	瓦东村	119.433 3	36.983 3	1		
1043	古县	41806910	潍河	专用站	潍坊	诸城	相州镇	古县村	119.716 7	36.216 7	1		
1044	西新庄子	41807925	潍河	专用站	潍坊	诸城	龙都街道	西新庄子村	119.433 3	35.983 3	1		
1045	吕标	41807960	潍河	专用站	潍坊	诸城	龙都街道	吕标村	119.516 7	35.950 0	1		
1046	密州(闸上游)	41808030	潍河	专用站	潍坊	诸城	密州街道	驻地	119.066 7	36.000 0	1		
1047	潘家沟	41808100	潍河	专用站	潍坊	诸城	舜王街道	驻地	119.066 7	36.116 7	1		
1048	昌城	41808120	潍河	专用站	潍坊	诸城	昌城镇	昌城村	119.800 0	36.066 7	1		
1049	巴山	41808140	潍河	专用站	潍坊	诸城	百尺河镇	巴山村	119.883 3	36.116 7	1		
1050	小河口	41808710	潍河	专用站	潍坊	安丘	官庄镇	小河口村	119.266 7	36.200 0	1		
1051	南河西	41808730	潍河	专用站	潍坊	安丘	景芝镇	红旗村	119.633 3	36.316 7	1		

续附表 3

序号	测站名称	测站编码	水系	测站属性	测站地址				经度(°E)	纬度(°N)	降水观测方式		
					市	县(区)	乡(镇)	村(街道)			翻斗式	称重式	人工
1052	小蒋峪	41808740	潍河	专用站	潍坊	临朐	蒋峪镇	小蒋峪村	118.116 7	36.300 0	1		
1053	南王皋	41809150	潍河	专用站	潍坊	坊子	坊安街道	南王皋村	119.050 0	36.533 3	1		
1054	吕庄	41809220	潍河	专用站	潍坊	临朐	蒋峪镇	吕庄	118.116 7	36.283 3	1		
1055	高崖	41809250	潍河	专用站	潍坊	昌乐	鄌郚镇	高崖村	119.350 0	36.366 7	1		
1056	阳旭	41809320	潍河	专用站	潍坊	安丘	凌河镇	阳旭村	119.016 7	36.400 0	1		
1057	北王家	41809370	胶莱运河	专用站	潍坊	昌邑	卜庄镇	北王家村	119.883 3	36.966 7	1		
1058	刘家屯	41809820	胶莱运河	专用站	潍坊	昌邑	饮马镇	刘家屯村	119.916 7	36.716 7	1		
1059	南斜沟	41809850	胶莱运河	专用站	潍坊	高密	大牟家镇	沂塘西村	120.083 3	36.466 7	1		
1060	万和屯	41809860	胶莱运河	专用站	潍坊	昌邑	塔尔堡镇	万和屯村	119.916 7	36.550 0	1		
1061	大栏	41811858	大沽河	专用站	潍坊	高密	夏庄镇	大栏村	120.550 0	36.466 7	1		
1062	文家	41824610	弥河	专用站	潍坊	寿光	文家街道	西文村	118.116 7	36.883 3	1		
1063	夏家店子	41824620	弥河	专用站	潍坊	寿光	化龙镇	夏家店子村	119.133 3	36.950 0	1		
1064	古城	41824630	弥河	专用站	潍坊	寿光	古城街道	古城	119.266 7	36.950 0	1		
1065	田柳	41824640	弥河	专用站	潍坊	寿光	田柳镇	薛家村	118.133 3	37.000 0	1		
1066	牛头	41824660	弥河	专用站	潍坊	寿光	台头镇	牛头村	119.183 3	37.050 0	1		
1067	西营子	41824670	弥河	专用站	潍坊	寿光	羊口镇	西营子村	119.300 0	37.133 3	1		
1068	上坪	41825852	弥河	专用站	潍坊	临朐	五井镇	上坪村	118.583 3	36.366 7	1		

续附表 3

序号	测站名称	测站编码	水系	测站属性	测站地址				经度(°E)	纬度(°N)	降水观测方式		
					市	县(区)	乡(镇)	村(街道)			翻斗式	称重式	人工
1069	阳城	41825854	弥河	专用站	潍坊	临朐	五井镇	阳城村	118.633 3	36.400 0	1		
1070	五井	41825856	弥河	专用站	潍坊	临朐	五井镇	西山村	118.066 7	36.450 0	1		
1071	孙旺	41825910	弥河	专用站	潍坊	青州	王坟镇	孙旺村	118.550 0	36.566 7	1		
1072	钓鱼台	41825960	弥河	专用站	潍坊	青州	王坟镇	钓鱼台村	118.600 0	36.500 0	1		
1073	凤凰	41825970	弥河	专用站	潍坊	临朐	城关街道	凤凰村	118.766 7	36.516 7	1		
1074	夏庄	41826060	弥河	专用站	潍坊	青州	王坟镇	夏庄村	118.716 7	36.616 7	1		
1075	上口	41826210	弥河	专用站	潍坊	寿光	上口镇	张家北楼村	119.466 7	36.966 7	1		
1076	北岩	41826310	弥河	专用站	潍坊	昌乐	乔官镇	北岩村	118.133 3	36.600 0	1		
1077	马家龙湾	41826320	弥河	专用站	潍坊	昌乐	宝成街道	马家龙湾村	118.133 3	36.666 7	1		
1078	东山王	41826330	弥河	专用站	潍坊	昌乐	经济开发区二街 1131 号	金生水建工程有限公司	119.416 7	36.683 3	1		
1079	田马	41826360	弥河	专用站	潍坊	寿光	田马镇	青田胡村	119.416 7	36.783 3	1		
1080	稻田	41826370	白浪河	专用站	潍坊	寿光	稻田镇	前东流村	118.150 0	36.833 3	1		
1081	尧沟	41826380	弥河	专用站	潍坊	昌乐	宝成街道	姜家庄村	119.133 3	36.550 0	1		
1082	丁家店子	41826410	弥河	专用站	潍坊	寿光	洛城街道	东锡家邵村	118.150 0	36.900 0	1		
1083	侯镇	41826420	弥河	专用站	潍坊	寿光	侯镇	佛屋村	119.600 0	36.983 3	1		
1084	老大营	41826430	弥河	专用站	潍坊	寿光	侯镇	老大营村	119.600 0	37.050 0	1		
1085	西李家河	41826460	白浪河	专用站	潍坊	昌乐	乔官镇	潘家槐林村	119.466 7	36.566 7	1		

续附表 3

序号	测站名称	测站编码	水系	测站属性	测站地址				经度(°E)	纬度(°N)	降水观测方式		
					市	县(区)	乡(镇)	村(街道)			翻斗式	称重式	人工
1086	孟家峪	41826470	白浪河	专用站	潍坊	昌乐	鄌郚镇	孟家峪村	118.133 3	36.516 7	1		
1087	上皂户	41826480	白浪河	专用站	潍坊	昌乐	红河镇	上皂户村	119.550 0	36.466 7	1		
1088	于家山前	41826490	白浪河	专用站	潍坊	昌乐	乔官镇	于家山前村	119.416 7	36.566 7	1		
1089	张家老庄	41826560	白浪河	专用站	潍坊	昌乐	营丘镇	刘家埠村	119.633 3	36.583 3	1		
1090	刘家营	41826570	白浪河	专用站	潍坊	昌乐	营丘镇	刘家营村	119.633 3	36.500 0	1		
1091	长宁	41826610	白浪河	专用站	潍坊	坊子	坊城街道	鞠家庄村	119.183 3	36.583 3	1		
1092	庄头	41826660	白浪河	专用站	潍坊	潍城	望留街道	望留村	119.100 0	36.683 3	1		
1093	卧龙桥	41826670	白浪河	专用站	潍坊	潍城	于河街道	卧龙桥	119.016 7	36.733 3	1		
1094	官地	41826705	白浪河	专用站	潍坊	昌乐	五图街道	官地村	119.550 0	36.600 0	1		
1095	老官李	41826710	白浪河	专用站	潍坊	昌乐	五图街道	老官李村	119.433 3	36.650 0	1		
1096	五图	41826715	白浪河	专用站	潍坊	昌乐	五图街道	邓家庄	118.150 0	36.650 0	1		
1097	望留	41826720	白浪河	专用站	潍坊	潍城	望留街道	二甲王村	119.050 0	36.650 0	1		
1098	于河	41826725	白浪河	专用站	潍坊	潍城	于河街道	北考村	119.050 0	36.750 0	1		
1099	北寨里	41826730	白浪河	专用站	潍坊	寒亭	固堤街道	北寨一村	119.216 7	36.850 0	1		
1100	泊子	41826735	白浪河	专用站	潍坊	寒亭	固堤街道	曲范村	119.266 7	36.933 3	1		
1101	朱刘	41826760	白浪河	专用站	潍坊	昌乐	宝都街道	北刘家庄	119.550 0	36.700 0	1		
1102	杏埠	41826810	白浪河	专用站	潍坊	潍城	于河街道	杏埠村	119.633 3	36.783 3	1		

续附表 3

序号	测站名称	测站编码	水系	测站属性	测站地址				经度(°E)	纬度(°N)	降水观测方式		
					市	县(区)	乡(镇)	村(街道)			翻斗式	称重式	人工
1103	双杨店	41826860	白浪河	专用站	潍坊	寒亭	高里镇	双杨店村	119.083 3	36.816 7	1		
1104	高里	41826870	白浪河	专用站	潍坊	寒亭	高里镇	苇元村	119.050 0	36.850 0	1		
1105	南孙	41826910	白浪河	专用站	潍坊	寒亭	高里镇	南孙村	119.100 0	36.900 0	1		
1106	后仉庄	41827005	虞河	专用站	潍坊	寒亭	寒亭街道	河西新村	119.350 0	36.783 3	1		
1107	开元	41827010	虞河	专用站	潍坊	寒亭	开元街道	南张氏三村	119.250 0	36.783 3	1		
1108	东刘家埠	41827015	虞河	专用站	潍坊	坊子	坊城街道	东刘家埠村	119.266 7	36.583 3	1		
1109	大营子	41827020	虞河	专用站	潍坊	坊子	区凤凰街道	大营子村	119.266 7	36.633 3	1		
1110	大辛庄	41827025	虞河	专用站	潍坊	寒亭	开元街道	大辛庄村	119.266 7	36.816 7	1		
1111	西永安	41827060	虞河	专用站	潍坊	昌邑	都昌街道	西永安村	119.416 7	36.883 3	1		
1112	朱里	41827155	虞河	专用站	潍坊	寒亭	朱里镇	前巡栈村	119.633 3	36.733 3	1		
1113	朱里村	41827160	虞河	专用站	潍坊	寒亭	朱里镇	朱里二村	119.633 3	36.733 3	1		
1114	榆林	41827165	虞河	专用站	潍坊	昌邑	都昌街道	榆林村	119.600 0	36.783 3	1		
1115	涌泉	41827170	虞河	专用站	潍坊	坊子	九龙街道	肖家营村	119.250 0	36.716 7	1		
1116	陶埠	41827175	虞河	专用站	潍坊	昌邑	奎聚街道	西陶埠村	119.516 7	36.866 7	1		
1117	徕庄	41827180	虞河	专用站	潍坊	寒亭	朱里镇	大徕庄	119.433 3	36.750 0	1		
1118	河滩	41827185	虞河	专用站	潍坊	寒亭	河滩镇	河滩村	119.466 7	36.766 7	1		
1119	高庄	41827190	虞河	专用站	潍坊	寒亭	固堤街道	崔家官庄	119.266 7	36.916 7			

续附表 3

序号	测站名称	测站编码	水系	测站属性	测站地址				经度(°E)	纬度(°N)	降水观测方式		
					市	县(区)	乡(镇)	村(街道)			翻斗式	称重式	人工
1120	西利渔	41827195	虞河	专用站	潍坊	寒亭	央子镇	西利渔村	119.383 3	37.016 7	1		
1121	马家哨子	41827660	潍河	专用站	潍坊	诸城	贾悦镇	马家哨子村	119.016 7	35.983 3	1		
1122	后戈庄	41827670	潍河	专用站	潍坊	诸城	枳沟镇	后戈庄村	119.300 0	35.966 7	1		
1123	西马家	41827860	潍河	专用站	潍坊	诸城	枳沟镇	西马家村	119.383 3	35.950 0	1		
1124	东安家庄	41827870	潍河	专用站	潍坊	诸城	贾悦镇	东安家庄	119.416 7	36.000 0	1		
1125	任家庄子	41827880	潍河	专用站	潍坊	诸城	石桥子镇	任家庄子村	119.416 7	36.083 3	1		
1126	周庄子	41827890	潍河	专用站	潍坊	诸城	程戈庄镇	镇驻地	119.583 3	36.016 7	1		
1127	高相	41827910	潍河	专用站	潍坊	诸城	龙都街道	高相村	119.050 0	35.916 7	1		
1128	程戈庄	41827920	潍河	专用站	潍坊	诸城	程戈庄镇	镇驻地	119.466 7	36.100 0	1		
1129	下常旺铺	41827930	潍河	专用站	潍坊	诸城	舜王街道	下常旺铺村	119.583 3	36.066 7	1		
1130	东郝戈庄	41827960	潍河	专用站	潍坊	诸城	郝戈庄镇	镇驻地	119.683 3	35.850 0	1		
1131	郝戈庄	41827970	潍河	专用站	潍坊	诸城	皇华镇	郝戈庄村	119.683 3	35.850 0	1		
1132	赵家柏戈庄	41827980	潍河	专用站	潍坊	诸城	皇华镇	赵家柏戈庄	119.600 0	35.900 0	1		
1133	大姚家	41828060	潍河	专用站	潍坊	诸城	皇华镇	大姚家村	119.083 3	35.866 7	1		
1134	皇华	41828070	潍河	专用站	潍坊	诸城	皇华镇	镇驻地	119.750 0	35.883 3	1		
1135	大荣	41828140	潍河	专用站	潍坊	诸城	北环路	潍河河道管理局	119.066 7	36.083 3	1		
1136	东尚庄	41828155	潍河	专用站	潍坊	诸城	皇华镇	东尚庄村	119.850 0	35.933 3	1		

续附表 3

序号	测站名称	测站编码	水系	测站属性	测站地址				经度(°E)	纬度(°N)	降水观测方式		
					市	县(区)	乡(镇)	村(街道)			翻斗式	称重式	人工
1137	瓦店	41828160	潍河	专用站	潍坊	诸城	瓦店镇	镇驻地	119.966 7	35.983 3	1		
1138	朱解	41828165	潍河	专用站	潍坊	诸城	朱解镇	镇驻地	119.850 0	35.966 7	1		
1139	徐家芦	41828170	潍河	专用站	潍坊	诸城	辛兴镇	徐家芦水村	119.083 3	36.050 0	1		
1140	中黄疃	41828175	潍河	专用站	潍坊	诸城	密州街道	中黄疃村	119.750 0	36.016 7	1		
1141	相州	41828180	潍河	专用站	潍坊	诸城	相州镇	镇驻地	119.683 3	36.166 7	1		
1142	鲁山沟	41828260	2013	专用站	潍坊	诸城	林家村镇	鲁山沟村	120.133 3	35.933 3	1		
1143	下妫子	41828270	潍河	专用站	潍坊	诸城	林家村镇	下尾子村	120.016 7	35.933 3	1		
1144	槐树荣	41828305	潍河	专用站	潍坊	诸城	林家村镇	槐树荣村	120.083 3	36.066 7	1		
1145	百尺河	41828310	潍河	专用站	潍坊	诸城	百尺河镇	镇驻地	119.883 3	36.116 7	1		
1146	西大宋	41828315	潍河	专用站	潍坊	诸城	百尺河镇	西大宋村	119.083 3	36.183 3	1		
1147	解留	41828320	潍河	专用站	潍坊	诸城	舜王街道	解留驻地	119.583 3	37.166 7	1		
1148	高戈庄	41828325	潍河	专用站	潍坊	诸城	相州镇	高戈庄村	119.583 3	36.183 3	1		
1149	王家庄	41829070	潍河	专用站	潍坊	坊子	王家庄街道	王家杭村	119.066 7	36.400 0	1		
1150	大石戈	41829080	潍河	专用站	潍坊	安丘	兴安街道	大石戈村	119.266 7	36.350 0	1		
1151	马居岭	41829090	潍河	专用站	潍坊	安丘	官庄镇	马居岭村	119.350 0	36.300 0	1		
1152	官庄	41829105	潍河	专用站	潍坊	安丘	官庄镇	镇驻地	119.416 7	36.333 3	1		
1153	西营	41829120	潍河	专用站	潍坊	安丘	景芝镇	西营村	119.416 7	36.333 3	1		

续附表 3

序号	测站名称	测站编码	水系	测站属性	测站地址				经度(°E)	纬度(°N)	降水观测方式		
					市	县(区)	乡(镇)	村(街道)			翻斗式	称重式	人工
1154	临浯	41829130	潍河	专用站	潍坊	安丘	临浯镇	镇驻地	119.066 7	36.416 7	1		
1155	伏留	41829140	潍河	专用站	潍坊	安丘	景芝镇	伏留水库	119.050 0	36.233 3	1		
1156	万戈庄	41829160	潍河	专用站	潍坊	安丘	景芝镇	万戈庄村	119.583 3	36.250 0	1		
1157	王家古城	41829170	潍河	专用站	潍坊	坊子	王家庄街道	王家古城村	119.550 0	36.366 7	1		
1158	蒲沟	41829460	潍河	专用站	潍坊	临朐	沂山镇	蒲沟村	119.216 7	36.250 0	1		
1159	牛沐	41829810	潍河	专用站	潍坊	安丘	大盛镇	牛沐村	119.633 3	36.316 7	1		
1160	红沙沟	41829860	潍河	专用站	潍坊	安丘	凌河镇	红沙沟村	119.516 7	36.316 7	1		
1161	柳沟	41829870	潍河	专用站	潍坊	安丘	凌河镇	偕户村	119.550 0	36.366 7	1		
1162	下坡	41829880	潍河	专用站	潍坊	安丘	辉渠镇	下坡村	119.766 7	36.383 3	1		
1163	泊庄	41829910	潍河	专用站	潍坊	郚部	红河镇	泊庄	119.466 7	36.366 7	1		
1164	小城埠	41830005	潍河	专用站	潍坊	安丘	滨河路	河道管理局	119.350 0	36.416 7	1		
1165	阿陀	41830010	潍河	专用站	潍坊	昌乐	营丘镇	阿陀村	119.100 0	36.483 3	1		
1166	麻家河村	41830015	潍河	专用站	潍坊	安丘	营丘镇	麻家河村	119.250 0	36.483 3	1		
1167	东石马	41830020	潍河	专用站	潍坊	安丘	新安街道	宋家尧村	119.383 3	36.250 0	1		
1168	黄旗堡	41830025	潍河	专用站	潍坊	坊子	黄旗堡镇	黄旗堡	119.600 0	36.583 3	1		
1169	车留	41830030	潍河	专用站	潍坊	坊子	后车留庄镇	后车留庄村	119.416 7	36.650 0	1		
1170	关爷庙	41830410	胶莱运河	专用站	潍坊	高密	醴泉街道	关爷庙	120.133 3	36.400 0	1		

续附表 3

序号	测站名称	测站编码	水系	测站属性	测站地址				经度(°E)	纬度(°N)	降水观测方式		
					市	县(区)	乡(镇)	村(街道)			翻斗式	称重式	人工
1171	康庄	41830420	胶莱运河	专用站	潍坊	高密	康庄镇	康庄村	120.133 3	36.433 3	1		
1172	仁和	41830430	胶莱运河	专用站	潍坊	高密	姜庄镇	仁和村	120.250 0	36.466 7	1		
1173	东龙泉	41830440	潍河	专用站	潍坊	诸城	百尺河镇	东龙泉村	120.083 3	36.116 7	1		
1174	东盆渠	41830460	胶莱运河	专用站	潍坊	诸城	百尺河镇	东盆渠村	119.100 0	36.133 3	1		
1175	注沟	41830470	潍河	专用站	潍坊	高密	柴沟镇	注沟村	119.766 7	36.216 7	1		
1176	柴沟	41830480	胶莱运河	专用站	潍坊	高密	柴沟镇	柴沟村	120.016 7	36.250 0	1		
1177	呼家庄	41830490	胶莱运河	专用站	潍坊	高密	井沟镇	呼家庄	120.083 3	36.333 3	1		
1178	井沟	41830510	胶莱运河	专用站	潍坊	高密	井沟镇	井沟村	119.916 7	36.283 3	1		
1179	阚家	41830560	胶莱运河	专用站	潍坊	高密	阚家镇	阚家村	119.966 7	36.383 3	1		
1180	大牟家	41830570	胶莱运河	专用站	潍坊	高密	大牟家镇	大牟家村	120.083 3	36.550 0	1		
1181	丈岭	41830610	胶莱运河	专用站	潍坊	昌邑	丈岭镇	丈岭街村	119.850 0	36.516 7	1		
1182	西角兰	41830620	胶莱运河	专用站	潍坊	昌邑	北孟镇	西角兰村	119.966 7	36.566 7	1		
1183	大泊子	41830710	胶莱运河	专用站	潍坊	高密	大牟家镇	大泊子村	120.016 7	36.633 3	1		
1184	大章西	41830960	胶莱运河	专用站	潍坊	昌邑	围子镇	大北村	119.083 3	36.800 0	1		
1185	卜庄	41830970	胶莱运河	专用站	潍坊	昌邑	卜庄镇	卜庄村	119.933 3	36.916 7	1		
1186	北赵家	41831010	胶莱运河	专用站	潍坊	昌邑	卜庄镇	北赵村	119.883 3	36.983 3	1		
1187	李家营	41833610	大沽河	专用站	潍坊	高密	柏城镇	李家营村	120.300 0	36.233 3	1		

续附表 3

序号	测站名称	测站编码	水系	测站属性	测站地址				经度(°E)	纬度(°N)	降水观测方式		
					市	县(区)	乡(镇)	村(街道)			翻斗式	称重式	人工
1188	柳林	41833620	大沽河	专用站	潍坊	高密	柏城镇	柳林村	120.266 7	36.283 3	1		
1189	柏城	41833630	大沽河	专用站	潍坊	高密	柏城镇	柳林村	120.300 0	36.333 3	1		
1190	姚哥	41833640	大沽河	专用站	潍坊	高密	朝阳街道	姚哥庄	120.350 0	36.366 7	1		
1191	于疃	41833660	大沽河	专用站	潍坊	高密	朝阳街道	于疃村	120.416 7	36.400 0	1		
1192	河崖	41833670	大沽河	专用站	潍坊	高密	夏庄镇	河崖村	119.150 0	36.450 0	1		
1193	西南河	51123600	沂河	基本站	济宁	邹城	城前	西南河	117.433 3	35.400 0	1		1
1194	梁山	51220050	运河	基本站	济宁	梁山	梁山	茶庄	116.100 0	35.800 0	1		1
1195	韩垓	51220100	运河	基本站	济宁	梁山	韩垓	韩垓	116.283 3	35.666 7	1		1
1196	汶上	51220400	运河	基本站	济宁	汶上	汶上	南市	116.483 3	35.733 3	1		1
1197	康驿	51220500	运河	基本站	济宁	汶上	康驿	康中	116.516 7	35.566 7	1		1
1198	新驿	51220750	南四湖区	基本站	济宁	兖州	新驿	新驿五	116.666 7	35.650 0	1		1
1199	东葛店	51220900	南四湖区	基本站	济宁	兖州	谷村	东葛店	116.783 3	35.633 3	1		1
1200	华村	51221300	泗河	基本站	济宁	泗水	大黄沟	华村水库	117.466 7	35.716 7	1		1
1201	陈村	51221350	泗河	基本站	济宁	泗水	泗张	南陈	117.483 3	35.566 7	1		1
1202	青界岭	51221650	泗河	基本站	济宁	泗水	泗张	青界岭水库	117.416 7	35.483 3	1		1
1203	龙湾套	51221750	泗河	基本站	济宁	泗水	泗水	龙湾套水库	117.300 0	35.600 0	1		1
1204	泗水	51221800	泗河	基本站	济宁	泗水	济河	大富豪广场	117.283 3	35.666 7	1		1

续附表 3

序号	测站名称	测站编码	水系	测站属性	测站地址				经度(°E)	纬度(°N)	降水观测方式		
					市	县(区)	乡(镇)	村(街道)			翻斗式	称重式	人工
1205	陈庄	51221850	泗河	基本站	济宁	泗水	柘沟	黄土	117.200 0	35.750 0	1		1
1206	歇马亭	51222000	泗河	基本站	济宁	曲阜	董庄	管	117.050 0	35.733 3	1		1
1207	罗头	51222100	泗河	基本站	济宁	邹城	田黄	西罗头	117.250 0	35.416 7	1		1
1208	八里碑	51222150	泗河	基本站	济宁	邹城	田黄	八里碑水库	117.300 0	35.450 0	1		1
1209	小河	51222200	泗河	基本站	济宁	泗水	圣水峪	小河	117.266 7	35.516 7	1		1
1210	息陬	51222300	泗河	基本站	济宁	曲阜	息陬	息陬	117.050 0	35.550 0	1		1
1211	兖州	51222450	泗河	基本站	济宁	兖州	龙桥	第一中学	116.833 3	35.550 0	1		1
1212	大周	51222600	南四湖区	基本站	济宁	任城	喻屯	大周	116.600 0	35.183 3	1		1
1213	北宫	51222750	南四湖区	基本站	济宁	曲阜	陵城	北宫	116.916 7	35.500 0	1		1
1214	钓鱼台	51222950	南四湖区	基本站	济宁	邹城	大束	钓鱼台	117.116 7	35.416 7	1		1
1215	大庄	51223000	南四湖区	基本站	济宁	邹城	峄山	大庄	117.050 0	35.350 0	1		1
1216	樊山	51223200	南四湖区	基本站	济宁	邹城	石墙	樊山	116.883 3	35.216 7	1		1
1217	看庄	51223250	南四湖区	基本站	济宁	邹城	看庄	看庄	117.033 3	35.250 0	1		1
1218	张庄	51223300	南四湖区	基本站	济宁	邹城	张庄	张庄	117.233 3	35.366 7	1		1
1219	莫亭	51223350	南四湖区	基本站	济宁	邹城	香城	莫亭水库	117.150 0	35.316 7	1		1
1220	王村	51223400	南四湖区	基本站	济宁	邹城	香城	王村	117.216 7	35.283 3	1		1
1221	洼斗	51223650	南四湖区	基本站	济宁	邹城	城前	石垛子	117.433 3	35.300 0	1		1

续附表 3

序号	测站名称	测站编码	水系	测站属性	测站地址				经度(°E)	纬度(°N)	降水观测方式		
					市	县(区)	乡(镇)	村(街道)			翻斗式	称重式	人工
1222	雨山	51223700	南四湖区	基本站	济宁	邹城	城前	雨山	117.366 7	35.383 3	1		1
1223	大岔河	51223750	南四湖区	基本站	济宁	邹城	城前	大岔河	117.383 3	35.333 3	1		1
1224	枣沟	51223800	南四湖区	基本站	济宁	邹城	张庄	枣沟	117.283 3	35.316 7	1		1
1225	夏镇	51224350	南四湖区	基本站	济宁	微山	夏镇	镇南庄	117.116 7	34.800 0	1		1
1226	黑虎庙	51229150	运河	基本站	济宁	梁山	黑虎庙	师那里	115.933 3	35.866 7	1		1
1227	梁宝寺	51229300	运河	基本站	济宁	嘉祥	梁宝寺	赵庙	116.216 7	35.583 3	1		1
1228	嘉祥	51229310	运河	基本站	济宁	嘉祥	嘉祥	第四中学	116.350 0	35.400 0	1		1
1229	王堌堆	51230850	运河	基本站	济宁	嘉祥	金屯	王堌堆	116.450 0	35.266 7	1		1
1230	羊山	51230950	运河	基本站	济宁	金乡	羊山	中心小学	116.233 3	35.166 7	1		1
1231	鸡黍	51231050	运河	基本站	济宁	金乡	鸡黍	鸡黍中学	116.183 3	34.950 0	1		1
1232	化雨	51231200	运河	基本站	济宁	金乡	化雨	化雨	116.366 7	34.983 3	1		1
1233	王鲁	51231250	运河	基本站	济宁	鱼台	王鲁	王鲁	116.600 0	35.033 3	1		1
1234	张埝	51234150	运河	基本站	济宁	鱼台	老寨	张埝排灌站	116.716 7	34.950 0	1		1
1235	方庙	51220058	运河	专用站	济宁	梁山	马营	镇政府	116.013 6	35.791 7	1		
1236	林辛	51220062	运河	专用站	济宁	梁山	韩垓	镇政府	116.292 2	35.663 9	1		
1237	郭仓	51220111	运河	专用站	济宁	汶上	杨店	大汶河管理所	116.552 5	35.883 3	1		
1238	次邱	51220115	运河	专用站	济宁	汶上	军屯	大汶河琵琶山闸坝管理所	116.668 6	35.926 4	1		

续附表 3

序号	测站名称	测站编码	水系	测站属性	测站地址				经度（°E）	纬度（°N）	降水观测方式		
					市	县（区）	乡（镇）	村（街道）			翻斗式	称重式	人工
1239	金村	51220372	运河	专用站	济宁	汶上	郭楼	东平湖汶上管理所	116.326 1	35.786 4	1		
1240	义桥	51220406	运河	专用站	济宁	汶上	汶上	莲花湖管理所	116.494 4	35.743 9	1		
1241	徐牛	51220415	运河	专用站	济宁	汶上	汶上	中都时代广场	116.471 1	35.715 3	1		
1242	马村	51220508	运河	专用站	济宁	嘉祥	马村	南陆	116.260 6	35.484 7	1		
1243	黄垓	51220512	运河	专用站	济宁	嘉祥	老僧堂	汤垓	116.148 9	35.576 9	1		
1244	曙光	51220514	运河	专用站	济宁	嘉祥	马集	镇政府	115.326 4	35.561 4	1		
1245	李营	51220517	运河	专用站	济宁	任城	李营	何岗	116.595 8	35.509 4	1		
1246	网厂	51220564	运河	专用站	济宁	微山	刘庄	南四湖水利管理局	116.917 5	35.003 1	1		
1247	三孔闸	51220568	运河	专用站	济宁	微山	夏	湖东堤管理所	117.087 2	34.810 3	1		
1248	颜店	51220723	南四湖区	专用站	济宁	兖州	新兖	徐家营氧化塘	116.148 9	35.576 9	1		
1249	谷村	51220905	南四湖区	专用站	济宁	兖州	谷村	龙湾店闸管所	116.843 6	35.615 0	1		
1250	泗庄	51220919	南四湖区	专用站	济宁	兖州	大安	洸府河桥水利局仓库	116.727 5	35.624 7	1		
1251	杨桥	51220926	运河	专用站	济宁	金乡	肖云	付庙	116.375 0	34.919 4	1		
1252	西峰	51221161	泗河	专用站	济宁	泗水	黄沟	西峰	117.460 0	35.730 0	1		
1253	后尤家庄	51221308	泗河	专用站	济宁	泗水	高峪	西头	117.288 9	35.776 1	1		
1254	安德	51221665	泗河	专用站	济宁	泗水	金庄	戈山村希望小学	117.168 6	35.620 6	1		
1255	东立石	51221768	南四湖区	专用站	济宁	鱼台	谷亭	建设	116.651 1	35.001 9	1		

续附表 3

序号	测站名称	测站编码	水系	测站属性	测站地址				经度(°E)	纬度(°N)	降水观测方式		
					市	县(区)	乡(镇)	村(街道)			翻斗式	称重式	人工
1256	石门寺	51221896	泗河	专用站	济宁	邹城	田黄	深沟	117.187 8	35.442 2	1		
1257	董庄	51222014	运河	专用站	济宁	梁山	小路口	镇政府	115.943 1	35.915 3	1		
1258	罗头	51222277	运河	专用站	济宁	邹城	千泉	水务局	116.975 3	35.397 8	1		
1259	防山	51222314	运河	专用站	济宁	鱼台	王庙	镇政府	116.561 9	34.969 2	1		
1260	十里	51222659	运河	专用站	济宁	金乡	金乡	金乡二中	116.288 6	35.073 1	1		
1261	高河	51222664	运河	专用站	济宁	金乡	高河	中心幼儿园	116.385 0	35.085 6	1		
1262	东安上	51222742	运河	专用站	济宁	梁山	黑虎庙	镇政府	115.928 3	35.851 9	1		
1263	后南宫	51222757	运河	专用站	济宁	鱼台	鱼城	鱼城客运站	116.471 1	34.932 2	1		
1264	中心店	51222762	南四湖区	专用站	济宁	邹城	中心	中心店	116.909 2	35.439 2	1		
1265	北林场	51223058	南四湖区	专用站	济宁	邹城	平阳寺	粮库管理所	116.833 3	35.405 6	1		
1266	太平	51223064	南四湖区	专用站	济宁	邹城	太平	粮库管理所	116.842 5	35.325 8	1		
1267	峄山	51223112	南四湖区	专用站	济宁	邹城	峄山	粮库管理所	117.000 8	35.299 4	1		
1268	西郭	51223123	南四湖区	专用站	济宁	邹城	唐村	唐村	116.953 9	35.342 5	1		
1269	羊石山	51223125	运河	专用站	济宁	金乡	卜集	张瓦房	116.388 6	35.141 4	1		
1270	石墙	51223134	南四湖区	专用站	济宁	邹城	石墙	湖水东调灌区管理局	116.900 8	35.274 7	1		
1271	阿城铺	51230958	运河	专用站	济宁	嘉祥	满硐	阿城铺	116.335 8	35.243 3	1		
1272	胡集	51230967	运河	专用站	济宁	金乡	胡集	靳楼小学	116.3806	35.1917	1		

续附表 3

序号	测站名称	测站编码	水系	测站属性	测站地址				经度(°E)	纬度(°N)	降水观测方式		
					市	县(区)	乡(镇)	村(街道)			翻斗式	称重式	人工
1273	兴隆	5123111 2	运河	专用站	济宁	金乡	兴隆	镇政府	116.280 6	34.965 0	1		
1274	王丕	51231145	运河	专用站	济宁	金乡	王丕	彭井村	116.316 4	35.028 3	1		
1275	银山	41524250	黄河下游区	基本站	泰安	东平	银山	银山	116.116 7	36.066 7	1		1
1276	纸房	41520600	大汶河	基本站	泰安	岱岳	峋峪	峋峪水库	117.433 3	36.150 0	1		1
1277	范家镇	41520650	大汶河	基本站	泰安	岱岳	范镇	范西	117.383 3	36.216 7	1		1
1278	彭家峪	41521150	大汶河	基本站	泰安	泰山景区	下港	彭家峪水库	117.300 0	36.433 3	1		1
1279	勤村	41521200	大汶河	基本站	泰安	泰山景区	下港	勤村	117.233 3	36.383 3	1		1
1280	下港	41521300	大汶河	基本站	泰安	泰山景区	下港	翟家岭	117.266 7	36.333 3	1		1
1281	西麻塔	41521350	大汶河	基本站	泰安	泰山景区	黄前	西麻塔	117.183 3	36.300 0	1		1
1282	黄前水库	41521400	大汶河	基本站	泰安	泰山景区	下港	黄前水库	117.233 3	36.300 0	1		1
1283	徂徕	41521450	大汶河	基本站	泰安	高新区	徂徕	南上庄	117.266 7	36.116 7	1		1
1284	泰前	41521550	大汶河	基本站	泰安	泰山	泰前街道办事处	上峪	117.116 7	36.233 3	1		1
1285	泰安	41521600	大汶河	基本站	泰安	泰山	岱宗大街264号	泰安市水文局	117.133 3	36.200 0	1		1
1286	北望	41521650	大汶河	基本站	泰安	高新区	北集坡街道	北店子	117.183 3	36.100 0	1		1
1287	保安庄	41521700	大汶河	基本站	淄博	沂源	大张庄	保安庄	117.950 0	35.983 3	1		1
1288	古石官庄	41521800	大汶河	基本站	泰安	新泰	龙廷	古石官庄	117.950 0	35.883 3	1		1

续附表 3

序号	测站名称	测站编码	水系	测站属性	测站地址				经度(°E)	纬度(°N)	降水观测方式		
					市	县(区)	乡(镇)	村(街道)			翻斗式	称重式	人工
1289	龙廷	41521850	大汶河	基本站	泰安	新泰	龙廷	龙池庙水库	117.950 0	35.933 3	1		1
1290	东周水库	41521900	大汶河	基本站	泰安	新泰	汶南	东周水库	117.800 0	35.900 0	1		1
1291	汶南	41521950	大汶河	基本站	泰安	新泰	汶南	汶南	117.766 7	35.816 7	1		1
1292	金斗水库	41522100	大汶河	基本站	泰安	新泰	青云街道	金斗水库	117.783 3	35.950 0	1		1
1293	关山头	41522250	大汶河	基本站	泰安	新泰	岳家庄	关山头	117.616 7	35.766 7	1		1
1294	岔河	41522300	大汶河	基本站	泰安	新泰	岳家庄	西邱	117.650 0	35.800 0	1		1
1295	光明水库	41522350	大汶河	基本站	泰安	新泰	小协	光明水库	117.600 0	35.883 3	1		1
1296	翟镇	41522400	大汶河	基本站	泰安	新泰	翟镇	翟镇	117.666 7	35.950 0	1		1
1297	羊流店	41522700	大汶河	基本站	泰安	新泰	羊流	羊流	117.533 3	36.000 0	1		1
1298	小柳杭	41522750	大汶河	基本站	泰安	新泰	羊流	小柳杭	117.466 7	36.083 3	1		1
1299	天宝	41522900	大汶河	基本站	泰安	高新区	天宝	天宝	117.366 7	35.950 0	1		1
1300	楼德	41522950	大汶河	基本站	泰安	新泰	楼德	苗庄	117.283 3	35.883 3	1		1
1301	南驿	41523000	大汶河	基本站	泰安	宁阳	磁窑	贤村水库	117.050 0	35.850 0	1		1
1302	大汶口	41523090	大汶河	基本站	泰安	岱岳	大汶口	卫驾庄	117.083 3	35.950 0	1		1
1303	夏张	41523150	大汶河	基本站	泰安	岱岳	夏张	夏张	116.950 0	36.100 0	1		1
1304	安临站	41523250	大汶河	基本站	泰安	肥城	安临站	安临站	116.766 7	36.066 7	1		1
1305	安驾庄	41523300	大汶河	基本站	泰安	肥城	安驾庄	安驾庄	116.766 7	35.966 7	1		1

续附表 3

序号	测站名称	测站编码	水系	测站属性	测站地址				经度(°E)	纬度(°N)	降水观测方式		
					市	县(区)	乡(镇)	村(街道)			翻斗式	称重式	人工
1306	道朗	41523350	大汶河	基本站	泰安	岱岳	道朗	耿家庄	116.950 0	36.216 7	1		1
1307	石坞	41523400	大汶河	基本站	泰安	肥城	仪阳街道	石坞北	116.816 7	36.166 7	1		1
1308	肥城	41523450	大汶河	基本站	泰安	肥城	老城街道	老城镇水利站院内	116.766 7	36.183 3	1		1
1309	马尾山	41523500	大汶河	基本站	泰安	肥城	仪阳街道	鱼山	116.750 0	36.133 3	1		1
1310	安乐村	41523550	大汶河	基本站	泰安	肥城	王瓜店	安乐街道	116.650 0	36.200 0	1		1
1311	白楼	41523600	大汶河	基本站	泰安	肥城	桃园	白楼	116.616 7	36.166 7	1		1
1312	石横	41523750	大汶河	基本站	泰安	肥城	石横	石横	116.516 7	36.200 0	1		1
1313	大羊集	41523850	大汶河	基本站	泰安	东平	大羊	大羊集	116.483 3	36.050 0	1		1
1314	杨郭	41523900	大汶河	基本站	泰安	东平	接山	西杨郭	116.583 3	35.933 3	1		1
1315	戴村坝	41523950	大汶河	基本站	泰安	东平	彭集	陈流泽	116.466 7	35.900 0	1		1
1316	二十里铺	41524100	大汶河	基本站	泰安	东平	老湖	前埠子	116.266 7	35.983 3	1		1
1317	盘车沟	51121750	沂河	基本站	泰安	新泰	汶南	盘车沟	117.766 7	35.733 3	1		1
1318	西戴村	51220600	南四湖区	基本站	泰安	宁阳	伏山	西戴	116.816 7	35.833 3	1		1
1319	宁阳	51220650	南四湖区	基本站	泰安	宁阳	八仙桥街道	邢庄	116.800 0	35.766 7	1		1
1320	葛石	51220800	南四湖区	基本站	泰安	宁阳	葛石	葛石	116.933 3	35.783 3	1		1
1321	乡饮	51220850	南四湖区	基本站	泰安	宁阳	乡饮	乡饮	116.866 7	35.716 7	1		1
1322	放城	51221050	泗河	基本站	泰安	新泰	放城	放城	117.583 3	35.683 3	1		1

续附表 3

序号	测站名称	测站编码	水系	测站属性	测站地址				经度(°E)	纬度(°N)	降水观测方式		
					市	县(区)	乡(镇)	村(街道)			翻斗式	称重式	人工
1323	石莱	51221250	泗河	基本站	泰安	新泰	石莱	石莱	117.500 0	35.766 7	1		1
1324	胜利水库	41500350	大汶河	专用站	泰安	岱岳	满庄	胜利水库	117.100 0	36.050 0	1		
1325	小安门水库	41521140	大汶河	专用站	泰安	岱岳	祝阳	金井北	117.366 7	36.316 7	1		
1326	彩山水库	41521430	大汶河	专用站	泰安	岱岳	化马湾乡	彩山水库	117.383 3	36.083 3	1		
1327	山阳水库	41521680	大汶河	专用站	泰安	岱岳	良庄	南小新庄	117.266 7	35.950 0	1		
1328	苇池水库	41522600	大汶河	专用站	泰安	新泰	羊流	西石棚苇池水库	117.566 7	36.050 0	1		
1329	瀛汶河引水闸	41502630	大汶河	专用站	泰安	岱岳	老泰莱	路跨瀛汶河桥以南	117.333 3	36.200 0	1		
1330	刘家庄水库	41502840	大汶河	专用站	泰安	泰山	省庄	刘家庄水库	117.183 3	36.250 0	1		
1331	邱家店	41502850	大汶河	专用站	泰安	泰山	邱家店	政府驻地	117.183 3	36.216 7	1		
1332	大河水库	41502911	大汶河	专用站	泰安	岱岳	粥店街道	大河水库	117.050 0	36.233 3	1		
1333	邢家寨	41502930	大汶河	专用站	泰安	高新区	北集坡街道	东夏东南	117.166 7	36.100 0	1		
1334	奈河	41502955	大汶河	专用站	泰安	泰山	泰前街道	岱宗大街农大院内	117.116 7	36.200 0	1		
1335	梳洗河	41502960	大汶河	专用站	泰安	泰山	泰前街道	岱宗大街跨梳洗河桥南侧	117.133 3	36.200 0	1		
1336	碧霞湖	41502985	大汶河	专用站	泰安	泰山	泰前街道	碧霞湖	117.183 3	36.233 3	1		
1337	张庄	41503055	大汶河	专用站	泰安	新泰	发展大	道跨大汶河南支桥西侧	117.716 7	35.866 7	1		
1338	谷里	41503100	大汶河	专用站	泰安	新泰	小协	横山	117.600 0	35.883 3	1		

续附表3

序号	测站名称	测站编码	水系	测站属性	测站地址				经度(°E)	纬度(°N)	降水观测方式		
					市	县(区)	乡(镇)	村(街道)			翻斗式	称重式	人工
1339	祝福庄水库	41503251	大汶河	专用站	泰安	新泰	东都	祝福庄水库	117.733 3	35.816 7	1		
1340	果园	41503335	大汶河	专用站	泰安	新泰	青云街	道果园	117.766 7	35.916 7	1		
1341	岳家庄	41503380	大汶河	专用站	泰安	新泰	新泰	岳家庄乡岳家庄大桥东侧	117.616 7	35.816 7	1		
1342	石河庄水库	41503456	大汶河	专用站	泰安	新泰	羊流	石河庄水库	117.600 0	36.033 3	1		
1343	杨庄水库	41503556	大汶河	专用站	泰安	高新区	天宝	杨庄水库	117.400 0	35.983 3	1		
1344	直界水库	41503581	大汶河	专用站	泰安	宁阳	东庄	西直界	117.250 0	35.833 3	1		
1345	郑家庄	41503590	大汶河	专用站	泰安	宁阳	磁窑	郑家庄301省道跨海子海桥东侧	117.083 3	35.916 7	1		
1346	马庄	41503615	大汶河	专用站	泰安	岱岳	马庄	洼口北	116.950 0	35.983 3	1		
1347	东王庄	41503620	大汶河	专用站	泰安	肥城	安驾庄	东王庄北	116.833 3	35.950 0	1		
1348	尚庄炉水库	41503631	大汶河	专用站	泰安	肥城	安驾庄	尚庄炉水库	116.766 7	36.016 7	1		
1349	席桥	41504060	大汶河	专用站	泰安	东平	东平街道	无盐电灌站东临	116.483 3	35.900 0	1		
1350	太平屯	41504120	大汶河	专用站	泰安	东平	接山	杨郭	116.566 7	36.016 7	1		
1351	赵峪水库	41521030	大汶河	专用站	泰安	东平	下港	赵峪水库	117.316 7	36.350 0	1		
1352	黄巢观	41521040	大汶河	专用站	泰安	泰山景区	下港	黄巢观	117.333 3	36.333 3	1		
1353	陈家峪水库	41521045	大汶河	专用站	泰安	泰山景区	祝阳	陈家峪水库	117.300 0	36.300 0	1		
1354	松罗峪水库	41521220	大汶河	专用站	泰安	岱岳	下港	松罗峪水库	117.266 7	36.416 7	1		

续附表 3

序号	测站名称	测站编码	水系	测站属性	测站地址				经度(°E)	纬度(°N)	降水观测方式		
					市	县(区)	乡(镇)	村(街道)			翻斗式	称重式	人工
1355	大岭沟水库	41521230	大汶河	专用站	泰安	泰山景区	黄前	大岭沟水库	117.200 0	36.350 0	1		
1356	石屋志	41521240	大汶河	专用站	泰安	泰山景区	黄前	石屋志	117.233 3	36.350 0	1		
1357	小牛山口水库	41521310	大汶河	专用站	泰安	泰山景区	大津口乡	小牛山口水库	117.083 3	36.333 3	1		
1358	药乡水库	41521320	大汶河	专用站	泰安	泰山景区	大津口乡	药乡水库	117.116 7	36.333 3	1		
1359	李子峪水库	41521330	大汶河	专用站	泰安	泰山景区	黄前	李子峪水库	117.150 0	36.333 3	1		
1360	大津口	41521340	大汶河	专用站	泰安	泰山景区	大津口乡	驻地	117.133 3	36.300 0	1		
1361	栗杭水库	41521345	大汶河	专用站	泰安	泰山景区	大津口乡	栗杭水库	117.166 7	36.333 3	1		
1362	黄前镇政府	41521405	大汶河	专用站	泰安	泰山景区	黄前	黄前镇政府	117.250 0	36.283 3	1		
1363	水峪水库	41521415	大汶河	专用站	泰安	泰山景区	化马湾乡	水峪水库	117.416 7	36.033 3	1		
1364	徂徕水库	41521418	大汶河	专用站	泰安	高新区	徂徕	徂徕水库	117.266 7	36.083 3	1		
1365	周王庄	41521425	大汶河	专用站	泰安	高新区	山口	周王庄	117.266 7	36.233 3	1		
1366	珂珞山水库	41521440	大汶河	专用站	泰安	岱岳	徂徕	珂珞山水库	117.316 7	36.116 7	1		
1367	上高	41521560	大汶河	专用站	泰安	高新区	上高街道	上高街道办事处	117.166 7	36.166 7	1		
1368	省庄	41521580	大汶河	专用站	泰安	泰山	省庄	政府驻地	117.200 0	36.166 7	1		
1369	经石峪	41521590	大汶河	专用站	泰安	泰山	泰前街道	黄山头	117.166 7	36.233 3	1		
1370	泰前街道办	41521595	大汶河	专用站	泰安	泰山	泰前街道	办驻地	117.133 3	36.200 0	1		
1371	樱桃园	41521596	大汶河	专用站	泰安	泰山	粥店	下旺	117.100 0	36.166 7	1		

续附表 3

序号	测站名称	测站编码	水系	测站属性	测站地址				经度(°E)	纬度(°N)	降水观测方式		
					市	县(区)	乡(镇)	村(街道)			翻斗式	称重式	人工
1372	泰汶路桥	41521620	大汶河	专用站	泰安	泰山	徐家楼街道	泰汶路桥西 1 km	117.100 0	36.166 7	1		
1373	徐家楼	41521630	大汶河	专用站	泰安	泰山	徐家楼街道	徐家楼街道办事处	117.083 3	36.133 3	1		
1374	小寺水库	41521655	大汶河	专用站	泰安	泰山	房村	小寺水库	117.233 3	36.033 3	1		
1375	黄石崖水库	41521665	大汶河	专用站	泰安	高新区	良庄	黄石崖水库	117.266 7	35.950 0	1		
1376	岙山东水库	41521860	大汶河	专用站	泰安	高新区	汶南	岙山东水库	117.866 7	35.966 7	1		
1377	李家楼	41521920	大汶河	专用站	泰安	新泰	汶南	李家楼	117.716 7	35.750 0	1		
1378	东鲁庄	41521930	大汶河	专用站	泰安	新泰	汶南	东鲁庄	117.733 3	35.750 0	1		
1379	韩家庄	41521940	大汶河	专用站	泰安	新泰	汶南	韩家庄	117.766 7	35.850 0	1		
1380	东都镇	41521960	大汶河	专用站	泰安	新泰	东都	政府院内	117.700 0	35.833 3	1		
1381	旋崮河水库	41522060	大汶河	专用站	泰安	新泰	青云街道	旋崮河水库	117.883 3	36.016 7	1		
1382	西峪	41522065	大汶河	专用站	泰安	新泰	龙廷	西峪	117.900 0	35.983 3	1		
1383	前孤山	41522080	大汶河	专用站	泰安	新泰	青云街道	前孤山	117.883 3	35.983 3	1		
1384	西周水库	41522090	大汶河	专用站	泰安	新泰	青云街道	西周水库	117.766 7	35.966 7	1		
1385	西周	41522110	大汶河	专用站	泰安	新泰	市中街道	西周	117.766 7	35.883 3	1		
1386	新汶	41522230	大汶河	专用站	泰安	新泰	新汶街道	张庄桥西北角	117.683 3	35.883 3	1		
1387	下演马水库	41522240	大汶河	专用站	泰安	新泰	龙廷	下演马水库	117.600 0	35.766 7	1		
1388	万家村	41522405	大汶河	专用站	泰安	新泰	羊流	万家	117.633 3	35.966 7	1		

续附表 3

序号	测站名称	测站编码	水系	测站属性	测站地址				经度(°E)	纬度(°N)	降水观测方式		
					市	县(区)	乡(镇)	村(街道)			翻斗式	称重式	人工
1389	泉沟镇	41522415	大汶河	专用站	泰安	新泰	泉沟	政府驻地	117.633 3	35.916 7	1		
1390	上河	41522425	大汶河	专用站	泰安	新泰	翟镇	上河	117.716 7	35.983 3	1		
1391	西张庄镇	41522440	大汶河	专用站	泰安	新泰	西张庄	政府驻地	117.600 0	35.916 7	1		
1392	谷里镇	41522480	大汶河	专用站	泰安	新泰	谷里	政府驻地	117.533 3	35.916 7	1		
1393	果都镇	41522490	大汶河	专用站	泰安	新泰	果都	政府驻地	117.516 7	35.950 0	1		
1394	北王村	41522761	大汶河	专用站	泰安	新泰	羊流	北王	117.483 3	36.066 7	1		
1395	高南村	41522865	大汶河	专用站	泰安	新泰	谷里	高南	117.466 7	35.850 0	1		
1396	宫里镇	41522875	大汶河	专用站	泰安	新泰	宫里	政府驻地	117.416 7	35.916 7	1		
1397	西峪水库	41522880	大汶河	专用站	泰安	高新区	天宝	西峪水库	117.433 3	36.016 7	1		
1398	西朴里村	41522890	大汶河	专用站	泰安	高新区	天宝	西朴里	117.416 7	35.950 0	1		
1399	田村水库	41522911	大汶河	专用站	泰安	新泰	禹村	田村水库	117.350 0	35.800 0	1		
1400	红花峪水库	41522920	大汶河	专用站	泰安	新泰	青云街道	红花峪水库	117.783 3	36.300 0	1		
1401	禹村镇	41522935	大汶河	专用站	泰安	新泰	禹村	政府驻地	117.350 0	35.866 7	1		
1402	西贤村	41523010	大汶河	专用站	泰安	宁阳	磁窑	范家园	117.083 3	35.866 7	1		
1403	华丰	41523070	大汶河	专用站	泰安	宁阳	华丰	政府驻地西 500 m	117.150 0	35.866 7	1		
1404	蒋集	41523095	大汶河	专用站	泰安	宁阳	蒋集	张家圩子	116.983 3	35.916 7	1		
1405	朝东庄	41523098	大汶河	专用站	泰安	宁阳	蒋集	朝东庄	117.000 0	35.866 7	1		

续附表 3

序号	测站名称	测站编码	水系	测站属性	测站地址				经度(°E)	纬度(°N)	降水观测方式		
					市	县(区)	乡(镇)	村(街道)			翻斗式	称重式	人工
1406	响水河水库	41523110	大汶河	专用站	泰安	岱岳	满庄	响水河水库	117.050 0	36.100 0	1		
1407	郭家小庄	41523120	大汶河	专用站	泰安	岱岳	夏张	郭家小庄	117.000 0	36.116 7	1		
1408	鸡鸣返水库	41523140	大汶河	专用站	泰安	岱岳	夏张	鸡鸣返水库	116.966 7	36.166 7	1		
1409	南白楼水库	41523160	大汶河	专用站	泰安	岱岳	夏张	南白楼水库	116.916 7	36.116 7	1		
1410	大尚	41523170	大汶河	专用站	泰安	肥城	边院	大尚	116.916 7	36.033 3	1		
1411	河西	41523180	大汶河	专用站	泰安	肥城	边院	河西	116.866 7	36.000 0	1		
1412	鹤山	41523200	大汶河	专用站	泰安	宁阳	鹤山	政府院内	116.683 3	35.850 0	1		
1413	董南阳	41523220	大汶河	专用站	泰安	肥城	仪阳街道	董南阳	116.816 7	36.116 7	1		
1414	孙伯	41523310	大汶河	专用站	泰安	肥城	孙伯	水利站院内	116.700 0	35.966 7	1		
1415	罗汉村	41523320	大汶河	专用站	泰安	肥城	桃源	罗汉卫生室	116.700 0	36.100 0	1		
1416	南栾	41523330	大汶河	专用站	泰安	肥城	孙伯	南栾	116.666 7	35.950 0	1		
1417	房庄水库	41523360	大汶河	专用站	泰安	岱岳	道朗	房庄水库	116.950 0	36.233 3	1		
1418	潮泉	41523380	大汶河	专用站	泰安	肥城	潮泉	政府驻地	116.833 3	36.216 7	1		
1419	老城	41523455	大汶河	专用站	泰安	肥城	老城街	道老城	116.766 7	36.250 0	1		
1420	栲山水库	41523510	大汶河	专用站	泰安	肥城	仪阳街	道栲山	116.833 3	36.166 7	1		
1421	牛山	41523530	大汶河	专用站	泰安	肥城	王瓜店	牛山	116.716 7	36.250 0	1		
1422	涧北	41523540	大汶河	专用站	泰安	肥城	湖屯	涧北水库	116.600 0	36.200 0	1		

续附表 3

序号	测站名称	测站编码	水系	测站属性	测站地址				经度(°E)	纬度(°N)	降水观测方式		
					市	县(区)	乡(镇)	村(街道)			翻斗式	称重式	人工
1423	对福山	41523760	大汶河	专用站	泰安	肥城	石横	对福山	116.500 0	36.216 7	1		
1424	桃园	41523840	大汶河	专用站	泰安	肥城	桃园	政府驻地	116.633 3	36.150 0	1		
1425	王庄镇	41523860	大汶河	专用站	泰安	肥城	王庄	白屯	116.583 3	36.066 7	1		
1426	一担土	41523960	大汶河	专用站	泰安	东平	东平	一担土	116.483 3	35.950 0	1		
1427	井仓	41523970	大汶河	专用站	泰安	东平	东平	工业开发区	116.450 0	35.950 0	1		
1428	宿城	41523980	大汶河	专用站	泰安	东平	东平	宿城	116.416 7	35.916 7	1		
1429	梯门	41523990	大汶河	专用站	泰安	东平	梯门乡	政府驻地	116.383 3	36.016 7	1		
1430	旧县	41524120	大汶河	专用站	泰安	东平	旧乡	政府驻地	116.250 0	36.116 7	1		
1431	斑鸠店镇	41524130	大汶河	专用站	泰安	东平	斑鸠店	政府驻地	116.166 7	36.100 0	1		
1432	小商庄	41524251	大汶河	专用站	泰安	东平	商老庄乡	小商庄	116.100 0	35.916 7	1		
1433	吴桃园	51200050	运河	专用站	泰安	东平	沙河站	吴桃园	116.333 3	35.816 7	1		
1434	洸河桥	51206740	南四湖区	专用站	泰安	宁阳	八仙桥街道	洸河桥处	116.766 7	35.766 7	1		
1435	宁阳	51206750	南四湖区	专用站	泰安	宁阳	泗店	岳家庄东	116.766 7	35.750 0	1		
1436	州城	51220010	运河	专用站	泰安	东平	州城	政府驻地	116.366 7	35.850 0	1		
1437	彭集	51220015	运河	专用站	泰安	东平	彭集	彭集	116.483 3	35.866 7	1		
1438	新湖	51220020	运河	专用站	泰安	东平	新湖乡	政府驻地	116.316 7	35.850 0	1		
1439	前河涯	51220035	运河	专用站	泰安	东平	沙河站	前河涯	116.366 7	35.850 0	1		

续附表 3

序号	测站名称	测站编码	水系	测站属性	测站地址				经度(°E)	纬度(°N)	降水观测方式		
					市	县(区)	乡(镇)	村(街道)			翻斗式	称重式	人工
1440	沙河	51220040	运河	专用站	泰安	东平	沙河站	政府驻地	116.400 0	35.800 0	1		
1441	堽城	51220590	南四湖区	专用站	泰安	宁阳	堽城	政府驻地	116.866 7	35.866 7	1		
1442	伏山	51220610	南四湖区	专用站	泰安	宁阳	伏山	政府驻地	116.783 3	35.833 3	1		
1443	宁阳建行	51220630	南四湖区	专用站	泰安	宁阳	宁阳	建行院内	116.816 7	35.766 7	1		
1444	宁阳联通	51220640	南四湖区	专用站	泰安	宁阳	宁阳	联通公司院内	116.783 3	35.783 3	1		
1445	文庙	51220660	南四湖区	专用站	泰安	宁阳	宁阳	文庙街道办事处	116.816 7	35.750 0	1		
1446	上峪水库	51221030	泗河	专用站	泰安	新泰	放城	上峪水库	117.616 7	35.716 7	1		
1447	东疏	51221860	南四湖区	专用站	泰安	宁阳	东疏	政府驻地	116.733 3	35.733 3	1		
1448	杨家庄	41521110	大汶河	专用站	泰安	泰山景区	下港	杨家庄	117.333 3	36.333 3	1		
1449	八亩地	41521120	大汶河	专用站	泰安	泰山景区	下港	八亩地	117.316 7	36.350 0	1		
1450	辛庄	41521130	大汶河	专用站	泰安	泰山景区	下港	辛庄	117.350 0	36.350 0	1		
1451	黄泊峪	41521410	大汶河	专用站	泰安	岱岳	化马湾乡	黄泊峪	117.350 0	36.050 0	1		
1452	黄崖口	41521660	大汶河	专用站	泰安	岱岳	良庄	山阳西	117.266 7	36.016 7	1		
1453	高胡庄	41521670	大汶河	专用站	泰安	岱岳	良庄	高胡庄	117.300 0	36.000 0	1		
1454	北马庄	41522050	大汶河	专用站	泰安	新泰	青云街道	北马庄	117.850 0	35.983 3	1		
1455	赵家庄	41522320	大汶河	专用站	泰安	新泰	刘杜	赵家庄	117.566 7	35.866 7	1		
1456	马头庄	41522330	大汶河	专用站	泰安	新泰	岳家庄	马头庄	117.700 0	35.800 0	1		

续附表 3

序号	测站名称	测站编码	水系	测站属性	测站地址				经度(°E)	纬度(°N)	降水观测方式		
					市	县(区)	乡(镇)	村(街道)			翻斗式	称重式	人工
1457	北单家庄	41522500	大汶河	专用站	泰安	新泰	羊流	北单家庄	117.516 7	35.100 0	1		
1458	大雌山	41522550	大汶河	专用站	泰安	新泰	羊流	大雌山	117.533 3	36.066 7	1		
1459	纸坊	41839900	山东沿海诸河	基本站	威海	荣成	埠柳	纸坊水库	122.426 4	37.324 3	1		1
1460	湾头	41840020	山东沿海诸河	基本站	威海	荣成	大疃	湾头水库	122.305 6	37.066 4	1		1
1461	八河水库	41840010	山东沿海诸河	基本站	威海	荣成	崂山	八河水库	122.423 6	37.040 2	1		1
1462	鲍村	41840300	山东沿海诸河	基本站	威海	荣成	滕家	鲍村	122.356 1	37.129 7	1		1
1463	坤龙邢	41840600	山东沿海诸河	基本站	威海	文登	高村	坤龙邢水库	122.200 8	37.141 3	1		1
1464	米山水库	41841050	山东沿海诸河	基本站	威海	文登	米山	米山水库	121.927 3	37.175 4	1		1
1465	南圈	41841350	山东沿海诸河	基本站	威海	文登	张家产	南圈水库	122.059 1	37.077 6	1		1
1466	龙角山水库	41842050	山东沿海诸河	基本站	威海	乳山	育黎	龙角山水库	121.378 6	37.031 9	1		1
1467	台依	41842200	山东沿海诸河	基本站	威海	乳山	夏村	台依水库	121.499 4	36.952 5	1		1
1468	羊亭	41839700	山东沿海诸河	基本站	威海	环翠	羊亭	羊亭	122.028 1	37.423 3	1		1
1469	威海	41839750	山东沿海诸河	基本站	威海	环翠	怡园	水文局	122.036 1	37.511 7	1		1
1470	温泉汤	41839800	山东沿海诸河	基本站	威海	环翠	温泉	栾家店	122.283 9	37.288 9	1		1
1471	刘家庄	41839850	山东沿海诸河	基本站	威海	环翠	桥头	所前泊水库	122.283 9	37.291 4	1		1
1472	城厢	41839950	山东沿海诸河	基本站	威海	荣成	成山	城厢	122.550 0	37.367 2	1		1
1473	成山头	41840000	山东沿海诸河	基本站	威海	荣成	成山	成山头	122.700 0	37.400 0	1		1

续附表3

序号	测站名称	测站编码	水系	测站属性	测站地址				经度(°E)	纬度(°N)	降水观测方式		
					市	县(区)	乡(镇)	村(街道)			翻斗式	称重式	人工
1474	上庄	41840030	山东沿海诸河	基本站	威海	荣成	上庄	上庄	122.287 8	37.000 0	1		1
1475	王连	41840040	山东沿海诸河	基本站	威海	荣成	王连	连家庄	122.361 9	36.986 9	1		1
1476	俚岛	41840050	山东沿海诸河	基本站	威海	荣成	俚岛	峨石三	122.566 7	37.250 0	1		1
1477	雨夼	41840100	山东沿海诸河	基本站	威海	荣成	荫子	雨夼	122.296 9	37.239 7	1		1
1478	荫子夼	41840150	山东沿海诸河	基本站	威海	荣成	荫子	荫子夼	122.316 1	37.216 7	1		1
1479	山马家	41840250	山东沿海诸河	基本站	威海	荣成	崖头	山马家	122.316 9	37.166 9	1		1
1480	镆铘岛	41840400	山东沿海诸河	基本站	威海	荣成	宁津	南洼	122.086 7	36.937 2	1		1
1481	石岛	41840450	山东沿海诸河	基本站	威海	荣成	石岛	石岛	122.416 9	36.883 3	1		1
1482	黄山	41840500	山东沿海诸河	基本站	威海	荣成	虎山	黄山	122.266 9	36.933 6	1		1
1483	泊岳家	41840550	山东沿海诸河	基本站	威海	文登	大水泊	泊岳家	122.215 0	37.190 8	1		1
1484	坤龙邢	41840600	山东沿海诸河	基本站	威海	文登	高村	坤龙邢水库	122.203 9	37.122 2	1		1
1485	闫家泊子	41840750	山东沿海诸河	基本站	威海	文登	界石	闫家泊子	121.900 0	37.316 7	1		1
1486	界石	41840800	山东沿海诸河	基本站	威海	文登	界石	界石	121.866 9	37.266 9	1		1
1487	南上夼	41840650	山东沿海诸河	基本站	威海	环翠	汪疃	南上夼	122.033 1	37.366 9	1		1
1488	汪疃	41840700	山东沿海诸河	基本站	威海	环翠	汪疃	汪疃	121.966 9	37.300 0	1		1
1489	昆嵛山顶	41840850	山东沿海诸河	基本站	威海	文登	界石	昆嵛山泰礴顶	122.168 1	37.168 3	1		1
1490	桃花岘	41840950	山东沿海诸河	基本站	威海	文登	界石	桃花岘	121.816 9	37.216 9	1		1

续附表 3

序号	测站名称	测站编码	水系	测站属性	测站地址				经度(°E)	纬度(°N)	降水观测方式		
					市	县(区)	乡(镇)	村(街道)			翻斗式	称重式	人工
1491	孙疃	41841150	山东沿海诸河	基本站	威海	文登	葛家	西孙疃	121.832 8	37.116 7	1		1
1492	申格庄	41841200	山东沿海诸河	基本站	威海	环翠	尚山	申格庄	122.082 8	37.283 3	1		1
1493	文登	41841250	山东沿海诸河	基本站	威海	文登	龙山	水利局	122.066 9	37.183 3	1		1
1494	东道口	41841300	山东沿海诸河	基本站	威海	文登	泽头	东道口	121.916 1	37.066 7	1		1
1495	南圈	41841350	山东沿海诸河	基本站	威海	文登	张家产	南圈水库	122.066 9	37.083 6	1		1
1496	冯家	41841700	山东沿海诸河	基本站	威海	乳山	冯家	冯家	121.666 7	37.033 3	1		1
1497	南黄	41841750	山东沿海诸河	基本站	威海	乳山	南黄	南黄	121.800 0	36.983 6	1		1
1498	河东	41841800	山东沿海诸河	基本站	威海	乳山	大孤山	河东	121.633 3	36.916 9	1		1
1499	王格庄	41841850	山东沿海诸河	基本站	烟台	牟平	王格庄	王格庄	121.400 0	37.167 2	1		1
1500	大河东	41841900	山东沿海诸河	基本站	烟台	牟平	王格庄	大河东	121.400 0	37.116 7	1		1
1501	马石店	41841950	山东沿海诸河	基本站	威海	乳山	崖子	马石店	121.216 7	37.033 3	1		1
1502	崖子	41842000	山东沿海诸河	基本站	威海	乳山	崖子	崖子	121.300 0	37.083 3	1		1
1503	午极	41842100	山东沿海诸河	基本站	威海	乳山	午极	午极	121.483 1	37.049 7	1		1
1504	台依	41842200	山东沿海诸河	基本站	威海	乳山	夏村	台依水库	121.493 1	36.951 4	1		1
1505	初村	41839760	山东沿海诸河	专用站	威海	环翠	初村	镇政府	121.927 2	37.411 7	1		1
1506	张村	41839770	山东沿海诸河	专用站	威海	环翠	张村	镇政府	122.026 7	37.474 4	1		1
1507	宁津	41840060	山东沿海诸河	专用站	威海	荣成	宁津	镇政府	122.506 1	36.985 8	1		1

续附表 3

序号	测站名称	测站编码	水系	测站属性	测站地址				经度(°E)	纬度(°N)	降水观测方式		
					市	县(区)	乡(镇)	村(街道)			翻斗式	称重式	人工
1508	东山	41840070	山东沿海诸河	专用站	威海	荣成	石岛	东山街道	122.426 9	36.876 1	1		1
1509	斥山	41840090	山东沿海诸河	专用站	威海	荣成	石岛	斥山街道	122.382 5	36.930 0	1		1
1510	人和	41840110	山东沿海诸河	专用站	威海	荣成	人和	镇政府	122.298 9	36.889 7	1		1
1511	埠口	41840635	山东沿海诸河	专用站	威海	文登	埠口港	管委会	122.165 6	37.012 5	1		1
1512	北马	41840725	山东沿海诸河	专用站	威海	文登	宋村	北马	122.001 4	37.143 3	1		1
1513	高岛	41840730	山东沿海诸河	专用站	威海	文登	侯家	高岛	121.999 4	36.996 4	1		1
1514	长会口	41840745	山东沿海诸河	专用站	威海	文登	侯家	长会口	122.129 7	36.962 2	1		1
1515	小观	41841740	山东沿海诸河	专用站	威海	文登	小观	镇政府	121.851 9	36.973 1	1		1
1516	海阳所	41841910	山东沿海诸河	专用站	威海	乳山	海阳所	镇政府	121.602 5	36.810 0	1		1
1517	孙家疃	41839780	山东沿海诸河	专用站	威海	环翠	孙家疃	镇政府	122.113 3	37.538 3	1		1
1518	竹岛	41839790	山东沿海诸河	专用站	威海	环翠	竹岛	水利局	122.126 9	37.522 6	1		1
1519	蒿泊	41839810	山东沿海诸河	专用站	威海	环翠	蒿泊	政府驻地	125.145 0	37.421 6	1		1
1520	崮山	41839820	山东沿海诸河	专用站	威海	环翠	崮山	崮山水库	122.230 0	37.399 8	1		1
1521	港西	41839910	山东沿海诸河	专用站	威海	荣成	港西	镇政府	122.423 6	37.384 4	1		1
1522	大梁家	41839920	山东沿海诸河	专用站	威海	荣成	埠柳	大梁家	122.445 6	37.293 9	1		1
1523	夏庄	41839930	山东沿海诸河	专用站	威海	荣成	夏庄	镇政府	122.451 1	37.238 3	1		1
1524	崖头	41839940	山东沿海诸河	专用站	威海	荣成	崖头	水利局	122.495 3	37.171 1	1		1

续附表 3

序号	测站名称	测站编码	水系	测站属性	测站地址				经度(°E)	纬度(°N)	降水观测方式		
					市	县(区)	乡(镇)	村(街道)			翻斗式	称重式	人工
1525	崖西	41839970	山东沿海诸河	专用站	威海	荣成	崖西	镇政府	122.368 6	37.251 1	1		1
1526	大疃	41839980	山东沿海诸河	专用站	威海	荣成	大疃	镇政府	122.302 8	37.299 7	1		1
1527	虎山	41840080	山东沿海诸河	专用站	威海	荣成	虎山	镇政府	122.200 8	36.957 5	1		1
1528	武林	41840570	山东沿海诸河	专用站	威海	环翠	芮山	武林水库	122.066 4	37.328 9	1		1
1529	葛家	41840580	山东沿海诸河	专用站	威海	文登	葛家	镇政府	121.850 6	37.155 3	1		1
1530	丁家洼	41840590	山东沿海诸河	专用站	威海	文登	界石	丁家洼	121.935 3	37.258 3	1		1
1531	口子	41840630	山东沿海诸河	专用站	威海	文登	张家产	口子	122.070 3	37.330 1	1		1
1532	张家产	41840710	山东沿海诸河	专用站	威海	文登	张家产	镇政府	122.098 6	37.103 3	1		1
1533	侯家	41840740	山东沿海诸河	专用站	威海	文登	侯家	镇政府	122.086 7	37.196 7	1		1
1534	泽库	41840760	山东沿海诸河	专用站	威海	文登	泽库	镇政府	122.059 4	36.935 8	1		1
1535	北高格庄	41841710	山东沿海诸河	专用站	威海	乳山	冯家	北高格庄	121.686 7	37.158 6	1		1
1536	花家疃	41841720	山东沿海诸河	专用站	威海	乳山	冯家	花家疃水库	121.686 7	37.078 1	1		1
1537	下初	41841730	山东沿海诸河	专用站	威海	乳山	下初	镇政府	121.605 6	37.034 2	1		1
1538	车道	41841810	山东沿海诸河	专用站	威海	乳山	午极	车道客运站	122.537 2	37.197 2	1		1
1539	育黎	41841820	山东沿海诸河	专用站	威海	乳山	育黎	镇政府	121.429 7	37.017 8	1		1
1540	夏村	41841830	山东沿海诸河	专用站	威海	乳山	城区	水利局院内	121.484 4	36.910 0	1		1
1541	诸往	41841840	山东沿海诸河	专用站	威海	乳山	诸往	镇政府	121.366 7	36.983 3	1		1

续附表 3

序号	测站名称	测站编码	水系	测站属性	测站地址				经度（°E）	纬度（°N）	降水观测方式		
					市	县(区)	乡(镇)	村(街道)			翻斗式	称重式	人工
1542	院里	41841860	山东沿海诸河	专用站	威海	乳山	乳山寨	院里水库	121.396 7	36.865 3	1		1
1543	乳山口	41841880	山东沿海诸河	专用站	威海	乳山	乳山口	镇政府	121.503 9	36.872 8	1		1
1544	白沙滩	41841890	山东沿海诸河	专用站	威海	乳山	白沙滩	武当山路	121.646 1	36.851 1	1		1
1545	陈家庄	51129750	山东沿海诸河	基本站	日照	莒县	棋山	天宝	118.814 4	35.911 7	1		1
1546	洛河崖	51129950	山东沿海诸河	基本站	日照	莒县	洛河	洛河崖	118.793 9	35.735 8	1		1
1547	十亩子	51130000	山东沿海诸河	基本站	日照	五莲	石场	十亩子水库	119.152 2	35.633 3	1		1
1548	桑园	51130050	山东沿海诸河	基本站	日照	莒县	桑园	桑园	119.034 2	35.669 7	1		1
1549	双山后	51130100	山东沿海诸河	基本站	日照	五莲	于里	双山后	119.023 1	35.782 5	1		1
1550	大放鹤	51130250	山东沿海诸河	基本站	日照	莒县	陵阳	大放鹤	118.891 4	35.508 1	1		1
1551	夏庄	51130400	山东沿海诸河	基本站	日照	莒县	夏庄	夏庄	118.685 3	35.417 2	1		1
1552	黄墩	51130450	山东沿海诸河	基本站	日照	岚山	黄墩	黄墩	119.121 9	35.401 9	1		1
1553	李家官庄	51130500	山东沿海诸河	基本站	日照	岚山	黄墩	李家官庄	119.136 7	35.347 2	1		1
1554	商家沟	51130550	山东沿海诸河	基本站	日照	岚山	中楼	商家沟	119.050 6	35.444 7	1		1
1555	中楼	51130600	山东沿海诸河	基本站	日照	岚山	中楼	中楼	118.983 6	35.403 3	1		1
1556	挑沟	51320050	山东沿海诸河	基本站	日照	五莲	街头	河东	119.333 6	35.625 8	1		1
1557	上蔡庄	51320100	山东沿海诸河	基本站	日照	东港	陈疃	西石墩	119.229 2	35.551 7	1		1
1558	陈疃	51320150	山东沿海诸河	基本站	日照	东港	陈疃	北鲍疃	119.270 3	35.525 6	1		1

续附表 3

序号	测站名称	测站编码	水系	测站属性	测站地址				经度(°E)	纬度(°N)	降水观测方式		
					市	县(区)	乡(镇)	村(街道)			翻斗式	称重式	人工
1559	竖旗	51320200	山东沿海诸河	基本站	日照	东港	三庄	竖旗	119.090 3	35.502 2	1		1
1560	三庄	51320250	山东沿海诸河	基本站	日照	东港	三庄	三庄中学	119.166 7	35.501 4	1		1
1561	石臼所	51320400	山东沿海诸河	基本站	日照	东港	秦楼	高家岭	119.531 4	35.430 0	1		1
1562	碑廓	51320500	山东沿海诸河	基本站	日照	岚山	碑廓	碑廓	119.179 7	35.167 2	1		1
1563	安东卫	51320550	山东沿海诸河	基本站	日照	岚山	汾水	安东卫	119.322 5	35.123 3	1		1
1564	东莞	41827200	潍河	基本站	日照	莒县	东莞	黄崖	118.952 8	35.969 2	1		1
1565	潮河	41834650	山东沿海诸河	基本站	日照	五莲	潮河	潮河	119.502 8	35.643 9	1		1
1566	大沈庄	41827220	潍河	专用站	日照	莒县	东莞	大沈庄	118.902 2	35.993 9	1		
1567	十里沟	41827240	潍河	专用站	日照	莒县	碁山	十里沟水库	118.925 6	35.849 2	1		
1568	裴家峪	41827245	潍河	专用站	日照	五莲	于里	裴家峪	119.049 2	35.837 5	1		
1569	水西河子	41827810	潍河	专用站	日照	五莲	高泽	水西河子水库	119.245 8	35.807 2	1		
1570	山王庄	41827820	潍河	专用站	日照	五莲	许孟	山王庄	119.264 7	35.784 7	1		
1571	五台坟	41834610	山东沿海诸河	专用站	日照	五莲	户部	五台坟	119.415 8	35.783 9	1		
1572	户部岭	41834615	山东沿海诸河	专用站	日照	五莲	户部	户部岭水库	119.415 3	35.737 2	1		
1573	大迪吉	41834625	山东沿海诸河	专用站	日照	五莲	叩官	大迪吉	119.439 2	35.710 3	1		
1574	北回头	41834645	山东沿海诸河	专用站	日照	五莲	叩官	北回头	119.486 1	35.724 7	1		
1575	潮河	41834651	山东沿海诸河	专用站	日照	五莲	潮河	潮河	119.501 1	35.643 9	1		

续附表 3

序号	测站名称	测站编码	水系	测站属性	测站地址				经度(°E)	纬度(°N)	降水观测方式		
					市	县(区)	乡(镇)	村(街道)			翻斗式	称重式	人工
1576	安家	41834655	山东沿海诸河	专用站	日照	东港	两城	安家	119.607 5	35.563 9	1		
1577	若家	41834665	山东沿海诸河	专用站	日照	东港	河山	若家	119.525 0	35.507 8	1		
1578	门楼	41837140	潍河	专用站	日照	五莲	中至	门楼	119.071 1	35.793 3	1		
1579	朱刘官庄	41837240	潍河	专用站	日照	莒县	库山	朱刘官庄水库	118.962 8	35.902 5	1		
1580	大庄坡	51129755	山东沿海诸河	专用站	日照	莒县	碁山	大庄坡	118.874 7	35.861 4	1		
1581	柳石	51129940	山东沿海诸河	专用站	日照	莒县	安庄	柳石水库	118.773 1	35.833 1	1		
1582	茶城	51129945	山东沿海诸河	专用站	日照	莒县	果庄	茶城水库	118.745 8	35.793 3	1		
1583	徐家当门	51129935	山东沿海诸河	专用站	日照	莒县	阎庄	徐家当门	118.843 3	35.665 8	1		
1584	石场	51130015	山东沿海诸河	专用站	日照	五莲	石场	石场	119.135 8	35.650 6	1		
1585	罗家庄	51130170	山东沿海诸河	专用站	日照	莒县	城阳	罗家庄	118.905 0	35.678 1	1		
1586	王家山	51130240	山东沿海诸河	专用站	日照	莒县	龙山	王家山	119.003 9	35.529 7	1		
1587	老营	51130275	山东沿海诸河	专用站	日照	莒县	寨里河	老营水库	118.902 2	35.432 2	1		
1588	卢家屯	51130283	山东沿海诸河	专用站	日照	莒县	浮来山	卢家屯	118.765 3	35.608 1	1		
1589	河北崖	51130286	山东沿海诸河	专用站	日照	莒县	刘官庄	河北	118.734 7	35.557 2	1		
1590	张家抱虎	51130293	山东沿海诸河	专用站	日照	莒县	夏庄	张家抱虎水库	118.668 9	35.430 8	1		
1591	丹凤山	51130296	山东沿海诸河	专用站	日照	莒县	龙山	丹凤山水库	119.025 8	35.518 9	1		
1592	后姚埠	51130599	山东沿海诸河	专用站	日照	岚山	中楼	后姚埠	118.972 2	35.391 1	1		

续附表 3

序号	测站名称	测站编码	水系	测站属性	测站地址				经度(°E)	纬度(°N)	降水观测方式		
					市	县(区)	乡(镇)	村(街道)			翻斗式	称重式	人工
1593	东徐家沟	51320030	山东沿海诸河	专用站	日照	五莲	街头	东徐家沟	119.259 4	35.623 1	1		
1594	阎马	51320040	山东沿海诸河	专用站	日照	五莲	街头	阎马水库	119.211 4	35.595 8	1		
1595	竖旗	51320201	山东沿海诸河	专用站	日照	东港	三庄	竖旗	119.090 6	35.503 6	1		
1596	西高家沟	51320240	山东沿海诸河	专用站	日照	东港	三庄	西高家沟	119.111 1	35.473 6	1		
1597	三庄	51320251	山东沿海诸河	专用站	日照	东港	三庄	三庄	119.164 7	35.499 4	1		
1598	北陈家沟	51320253	山东沿海诸河	专用站	日照	东港	三庄	北陈家沟	119.150 8	35.458 3	1		
1599	上栗山	51320256	山东沿海诸河	专用站	日照	东港	西湖	上栗山	119.185 3	35.412 5	1		
1600	牟家小庄	51320305	山东沿海诸河	专用站	日照	东港	奎山	牟家小庄	119.323 6	35.366 9	1		
1601	下湖	51320312	山东沿海诸河	专用站	日照	东港	南湖	下湖水库	119.395 3	35.536 7	1		
1602	独垛	51320314	山东沿海诸河	专用站	日照	岚山	后村	独垛水库	119.202 8	35.343 1	1		
1603	六合	51320316	山东沿海诸河	专用站	日照	岚山	高兴	六合	119.296 4	35.345 8	1		
1604	小后村	51320318	山东沿海诸河	专用站	日照	岚山	后村	小后	119.290 3	35.384 2	1		
1605	卜家村	51320319	山东沿海诸河	专用站	日照	岚山	高兴	卜家	119.322 5	35.340 3	1		
1606	大洼	51320380	山东沿海诸河	专用站	日照	岚山	巨峰	大洼	119.227 2	35.267 5	1		
1607	北卜落	51320390	山东沿海诸河	专用站	日照	岚山	巨峰	北卜落	119.251 1	35.248 3	1		
1608	山西头	51320490	山东沿海诸河	专用站	日照	岚山	碑廓	山西头水库	119.174 2	35.227 8	1		
1609	后合庄	51320505	山东沿海诸河	专用站	日照	岚山	安东卫	后合庄水库	119.259 4	35.180 8	1		

续附表 3

序号	测站名称	测站编码	水系	测站属性	测站地址				经度(°E)	纬度(°N)	降水观测方式		
					市	县(区)	乡(镇)	村(街道)			翻斗式	称重式	人工
1610	淄角镇	31126800	徒骇马颊	基本站	滨州	惠民	淄角	淄角村	117.462 5	37.333 9	1		1
1611	大年陈	31126850	徒骇马颊	基本站	滨州	惠民	大年陈	大年陈村	117.542 2	37.182 2	1		1
1612	申家桥	31126900	徒骇马颊	基本站	滨州	惠民	李庄	申家桥村	117.599 7	37.282 8	1		1
1613	麻店	31127050	徒骇马颊	基本站	滨州	惠民	麻店	王家店村	117.619 2	37.433 3	1		1
1614	里则镇	31127100	徒骇马颊	基本站	滨州	滨城	里则	里则村	117.845 6	37.358 1	1		1
1615	富国	31127200	徒骇马颊	基本站	滨州	沾化	富国	富国村	118.126 7	37.707 2	1		1
1616	垛鄽	31127300	徒骇马颊	基本站	滨州	沾化	滨海	垛鄽村	118.133 6	37.850 0	1		1
1617	温店	31127350	徒骇马颊	基本站	滨州	阳信	温店	温店村	117.377 2	37.595 3	1		1
1618	阳信	31127450	徒骇马颊	基本站	滨州	阳信	信城	大刘村	117.567 2	37.651 7	1		1
1619	下洼	31127600	徒骇马颊	基本站	滨州	沾化	下洼	东下洼村	117.893 1	37.699 7	1		1
1620	佘家	31127700	徒骇马颊	基本站	滨州	无棣	佘家	西张虎店村	117.851 9	37.821 4	1		1
1621	常家	31127750	徒骇马颊	基本站	滨州	无棣	柳堡	常家村	117.812 5	37.942 2	1		1
1622	北镇	31127950	徒骇马颊	基本站	滨州	滨城	市西	黄河三路 506 号水文局	118.003 9	37.373 1	1		1
1623	单寺	31128000	徒骇马颊	基本站	滨州	滨城	秦皇台	齐家村	118.103 9	37.499 2	1		1
1624	利国	31128100	徒骇马颊	基本站	滨州	沾化	利国	利国村	118.289 4	37.699 7	1		1
1625	埕口	31032750	南运河	基本站	滨州	无棣	埕口	埕口村	117.736 7	38.107 2	1		1
1626	小营	41820550	山东沿海诸河	基本站	滨州	滨城	小营	小营村	118.080 8	37.282 8	1		1

续附表 3

序号	测站名称	测站编码	水系	测站属性	测站地址				经度(°E)	纬度(°N)	降水观测方式		
					市	县(区)	乡(镇)	村(街道)			翻斗式	称重式	人工
1627	纯化	41820600	山东沿海诸河	基本站	滨州	博兴	纯化	纯化村	118.281 1	37.266 4	1		1
1628	魏桥	41822060	山东沿海诸河	基本站	滨州	邹平	魏桥	魏桥	117.501 4	37.026 7	1		1
1629	九户	41822100	山东沿海诸河	基本站	滨州	邹平	九户	九户村	117.634 2	37.038 6	1		1
1630	芽庄湖	41822300	山东沿海诸河	基本站	滨州	邹平	明集	浒山闸	117.566 9	36.888 6	1		1
1631	尚庄	41822350	山东沿海诸河	基本站	滨州	邹平	西董	尚庄	117.716 9	36.794 2	1		1
1632	小泊头	31032730	漳卫新河	专用站	滨州	无棣	小泊头	镇政府	117.601 9	38.052 2	1		
1633	碣石山	31123360	徒骇马颊	专用站	滨州	无棣	碣石山	镇政府	117.692 2	38.005 3	1		
1634	姜楼	31126810	徒骇马颊	专用站	滨州	惠民	姜楼	镇政府	117.491 9	37.225 6	1		
1635	李庄	31126860	徒骇马颊	专用站	滨州	惠民	李庄	镇政府	117.598 9	37.262 8	1		
1636	石庙	31126870	徒骇马颊	专用站	滨州	惠民	石庙	水利站	117.350 3	37.450 0	1		
1637	皂户李	31126880	徒骇马颊	专用站	滨州	惠民	皂户李	镇政府	117.483 1	37.411 1	1		
1638	辛店	31126910	徒骇马颊	专用站	滨州	惠民	辛店	镇政府	117.585 6	37.359 2	1		
1639	清河镇	31126920	徒骇马颊	专用站	滨州	惠民	清河	镇政府	117.680 6	37.301 7	1		
1640	胡集	31127055	徒骇马颊	专用站	滨州	惠民	胡集	镇政府	117.730 8	37.333 1	1		
1641	魏集	31127060	徒骇马颊	专用站	滨州	惠民	魏集	镇政府	117.760 3	37.297 2	1		
1642	桑落墅	31127070	徒骇马颊	专用站	滨州	惠民	桑落墅	镇政府	117.727 2	37.508 6	1		
1643	杨柳雪	31127110	徒骇马颊	专用站	滨州	滨城	杨柳雪	镇政府	117.890 8	37.413 1	1		

续附表 3

序号	测站名称	测站编码	水系	测站属性	测站地址				经度(°E)	纬度(°N)	降水观测方式		
					市	县(区)	乡(镇)	村(街道)			翻斗式	称重式	人工
1644	滨北	31127160	徒骇马颊	专用站	滨州	滨城	滨北	镇政府	117.970 8	37.382 8	1		
1645	黄升	31127170	徒骇马颊	专用站	滨州	沾化	黄升	镇政府	117.967 8	37.617 2	1		
1646	泊头	31127180	徒骇马颊	专用站	滨州	沾化	泊头	镇政府	118.077 2	37.640 6	1		
1647	洋湖	31127360	徒骇马颊	专用站	滨州	阳信	洋湖	乡政府	117.374 7	37.536 1	1		
1648	流坡坞	31127370	徒骇马颊	专用站	滨州	阳信	流坡坞	镇政府	117.444 7	37.638 1	1		
1649	翟王	31127380	徒骇马颊	专用站	滨州	阳信	翟王	镇政府	117.552 5	37.587 8	1		
1650	何坊	31127390	徒骇马颊	专用站	滨州	惠民	何坊	镇政府	117.607 8	37.480 8	1		
1651	黄井闸中心站	31127455	徒骇马颊	专用站	滨州	阳信	信城	阳城三路东	117.588 9	37.643 3	1		1
1652	河流	31127460	徒骇马颊	专用站	滨州	阳信	河流	镇政府	117.632 5	37.604 7	1		
1653	商店	31127470	徒骇马颊	专用站	滨州	阳信	商店	镇政府	117.689 7	37.558 6	1		
1654	劳店	31127480	徒骇马颊	专用站	滨州	阳信	劳店	镇政府	117.680 6	37.657 5	1		
1655	水落坡	31127540	徒骇马颊	专用站	滨州	阳信	水落坡	镇政府	117.763 1	37.586 4	1		
1656	大高	31127560	徒骇马颊	专用站	滨州	沾化	大高	镇政府	117.870 8	37.608 1	1		
1657	冯家	31127610	徒骇马颊	专用站	滨州	沾化	冯家	镇政府	117.967 2	37.784 4	1		
1658	袁家中心站	31127660	徒骇马颊	专用站	滨州	无棣	棣丰	飞龙街东	117.652 8	37.763 3	1		1
1659	信阳	31127710	徒骇马颊	专用站	滨州	无棣	信阳	镇政府	117.619 2	37.818 1	1		
1660	水湾	31127720	徒骇马颊	专用站	滨州	无棣	水湾	镇政府	117.708 9	37.818 1	1		

续附表 3

序号	测站名称	测站编码	水系	测站属性	测站地址				经度(°E)	纬度(°N)	降水观测方式		
					市	县(区)	乡(镇)	村(街道)			翻斗式	称重式	人工
1661	西小王	31127730	徒骇马颊	专用站	滨州	无棣	西小王	镇政府	117.816 1	37.860 8	1		
1662	马山子	31127760	徒骇马颊	专用站	滨州	无棣	马山子	镇政府	117.866 4	38.021 4	1		
1663	杜店	31127910	徒骇马颊	专用站	滨州	滨城	杜店	杜店街道办事处	117.951 4	37.373 9	1		
1664	前韩中心站	31127955	徒骇马颊	专用站	滨州	滨城	梁才	梁才街道区消防队西	118.091 1	37.399 4	1		1
1665	梁才	31127960	徒骇马颊	专用站	滨州	滨城	梁才	梁才街道办事处	118.091 1	37.399 4	1		
1666	秦皇台	31127970	徒骇马颊	专用站	滨州	滨城	秦皇台	齐家村	118.103 9	37.499 2	1		
1667	沾东中心站	31128005	徒骇马颊	专用站	滨州	沾化	富源	富城路 4 号	118.135 8	37.697 5	1		1
1668	下河	31128110	徒骇马颊	专用站	滨州	沾化	下河	乡政府	118.278 1	37.822 8	1		
1669	滨海	31128120	徒骇马颊	专用站	滨州	沾化	滨海	镇政府	118.195 3	37.910 8	1		
1670	青田	41820510	山东沿海诸河	专用站	滨州	高新	青田	青田街道办事处	118.001 1	37.255 0	1		
1671	庞家	41820560	山东沿海诸河	专用站	滨州	博兴	庞家	水利站	118.155 8	37.236 7	1		
1672	陈户	41820570	山东沿海诸河	专用站	滨州	博兴	陈户	水利站	118.201 9	37.220 6	1		
1673	吕艺	41820580	山东沿海诸河	专用站	滨州	博兴	吕艺	水利站	118.274 4	37.200 6	1		
1674	乔庄	41820590	山东沿海诸河	专用站	滨州	博兴	乔庄	打渔张水库管理所	118.203 6	37.354 7	1		
1675	码头	41822055	山东沿海诸河	专用站	滨州	邹平	码头	水利站	117.366 7	37.020 0	1		
1676	台子	41822070	山东沿海诸河	专用站	滨州	邹平	台子	水利站	117.500 3	37.101 4	1		
1677	孙镇	41822110	山东沿海诸河	专用站	滨州	邹平	孙镇	水利站	117.689 7	37.041 9	1		

续附表 3

序号	测站名称	测站编码	水系	测站属性	测站地址				经度（°E）	纬度（°N）	降水观测方式		
					市	县(区)	乡(镇)	村(街道)			翻斗式	称重式	人工
1678	明集	41822310	山东沿海诸河	专用站	滨州	邹平	明集	水利站	117.616 7	36.917 2	1		
1679	青阳	41822320	山东沿海诸河	专用站	滨州	邹平	青阳	水利站	117.601 1	37.881 1	1		
1680	临池	41822352	山东沿海诸河	专用站	滨州	邹平	临池	水利站	117.775 3	36.700 6	1		
1681	好生	41822353	山东沿海诸河	专用站	滨州	邹平	好生	水利站	117.784 4	36.825 3	1		
1682	西董	41822354	山东沿海诸河	专用站	滨州	邹平	西董	水利站	117.718 3	36.811 4	1		
1683	城关	41822360	山东沿海诸河	专用站	滨州	邹平	高新	水利站	117.706 9	36.901 7	1		
1684	韩店	41822370	山东沿海诸河	专用站	滨州	邹平	韩店	水利站	117.706 1	37.953 9	1		
1685	湖滨	41822375	山东沿海诸河	专用站	滨州	博兴	湖滨	水利站	118.118 6	37.100 6	1		
1686	曹王	41822382	山东沿海诸河	专用站	滨州	博兴	曹王	水利站	118.150 0	37.024 4	1		
1687	兴福	41822384	山东沿海诸河	专用站	滨州	博兴	兴福	水利站	118.233 6	37.021 1	1		
1688	店子	41822390	山东沿海诸河	专用站	滨州	博兴	店子	水利站	118.284 2	37.066 7	1		
1689	夏津	31121500	漳卫河	基本站	德州	夏津	夏津	镇政府	115.995 3	36.948 3			1
1690	腰站	31121650	徒骇马颊	基本站	德州	平原	腰站	腰站	116.262 5	37.066 4	1		1
1691	李家桥闸	31121850	徒骇马颊	基本站	德州	德城	黄河涯	李家桥闸	116.350 0	37.283 3	1		1
1692	马才闸	31121950	徒骇马颊	基本站	德州	陵城	边临	王继口	116.557 2	37.416 7	1		1
1693	平原	31122000	徒骇马颊	基本站	德州	平原	龙门街道	共青团北路 846 号	116.433 3	37.150 0	1		1
1694	陵县	31122100	徒骇马颊	基本站	德州	陵城	陵城	北街 146 号	116.566 7	37.333 3	1		1

续附表 3

序号	测站名称	测站编码	水系	测站属性	测站地址				经度(°E)	纬度(°N)	降水观测方式		
					市	县(区)	乡(镇)	村(街道)			翻斗式	称重式	人工
1695	神头	31122160	徒骇马颊	基本站	德州	陵城	神头	西高安然	116.695 8	37.346 1	1		1
1696	德平	31122300	徒骇马颊	基本站	德州	临邑	德平	张毛家	116.924 4	37.502 8	1		1
1697	宁津	31122350	徒骇马颊	基本站	德州	宁津	宁城街道	中心大街 47 号	116.800 0	37.650 0			1
1698	化家	31122400	徒骇马颊	基本站	德州	乐陵	化楼	王桥	117.009 2	37.556 7	1		1
1699	黄夹	31122450	徒骇马颊	基本站	德州	乐陵	黄夹	黄夹中学	117.087 2	37.768 1	1		1
1700	乐陵	31122500	徒骇马颊	基本站	德州	乐陵	市中街道	水利局	117.205 6	37.722 5			1
1701	大道王闸	31122600	徒骇马颊	基本站	德州	庆云	常家	大道王闸	117.450 0	37.800 0	1		1
1702	苏集	31122700	徒骇马颊	基本站	德州	平原	王庙	西曹庙	116.433 3	37.000 0	1		1
1703	林庄	31122750	徒骇马颊	基本站	德州	平原	前曹	前谢	116.546 7	37.073 1	1		1
1704	王凤楼	31122800	徒骇马颊	基本站	德州	平原	王凤楼	水利站	116.557 8	37.194 4	1		1
1705	郑家寨	31122850	徒骇马颊	基本站	德州	陵城	郑家寨	大吴家	116.691 7	37.267 5	1		1
1706	张集	31122900	徒骇马颊	基本站	德州	禹城	辛店	张集	116.716 9	37.184 7	1		1
1707	营子	31122950	徒骇马颊	基本站	德州	临邑	临盘	营子	116.800 0	37.116 7	1		1
1708	临邑	31123000	徒骇马颊	基本站	德州	临邑	临邑	刑侗鑫兴社区小王家	116.866 7	37.200 0	1		1
1709	理合	31123050	徒骇马颊	基本站	德州	临邑	理合	理合	116.966 7	37.366 7	1		1
1710	孙庵	31123101	徒骇马颊	基本站	德州	临邑	孟寺	孙庵	116.983 3	37.133 3	1		1
1711	郑店闸	31123200	徒骇马颊	基本站	德州	乐陵	郑店	郑店闸	117.166 7	37.483 3	1		1

续附表 3

序号	测站名称	测站编码	水系	测站属性	测站地址				经度(°E)	纬度(°N)	降水观测方式		
					市	县(区)	乡(镇)	村(街道)			翻斗式	称重式	人工
1712	辛寨	31125150	徒骇马颊	基本站	德州	禹城	辛寨	辛寨	116.416 7	36.800 0	1		1
1713	李官屯	31125550	徒骇马颊	基本站	德州	齐河	潘店	李官屯	116.521 4	36.634 4	1		1
1714	禹城	31125600	徒骇马颊	基本站	德州	禹城	市中街道	站南路 306 号	116.616 7	36.933 3	1		1
1715	宫家闸	31125650	徒骇马颊	基本站	德州	临邑	临南	宫家闸	116.816 7	37.000 0	1		1
1716	刘桥	31125700	徒骇马颊	基本站	德州	齐河	刘桥	刘桥	116.600 0	36.733 3	1		1
1717	齐河	31126300	徒骇马颊	基本站	德州	齐河	祝阿	小周	116.783 3	36.716 7	1		1
1718	晏城	31126350	徒骇马颊	基本站	德州	齐河	晏城	水利局	116.772 2	36.806 9	1		1
1719	刘连屯闸	31126400	徒骇马颊	基本站	德州	齐河	大黄	刘连屯闸	116.800 0	36.950 0	1		1
1720	夏口	31126450	徒骇马颊	基本站	德州	临邑	临南	夏口街	116.916 7	37.033 3	1		1
1721	崔许闸	31126500	徒骇马颊	基本站	德州	齐河	表白寺	崔许闸	116.883 3	36.850 0	1		1
1722	武城	31031850	漳卫河	基本站	德州	武城	老城	漳卫河管理段	115.883 3	37.150 0	1		1
1723	李家户	31032000	漳卫河	基本站	德州	武城	李家户	刘王	116.035 3	37.141 9	1		1
1724	吕庄	31032050	漳卫河	基本站	德州	武城	武城	董王庄	116.164 4	37.188 9	1		1
1725	四女寺闸	31032150	漳卫河	基本站	德州	武城	四女寺	四女寺闸	116.250 0	37.350 0	1		1
1726	德州	31032200	漳卫河	基本站	德州	德城	新湖街道	新湖北大街 2267 号	116.300 0	37.466 7	1		1
1727	大赵	31032400	徒骇马颊	基本站	德州	宁津	大曹	赵竿竹	116.583 3	37.610 6	1		1
1728	长官	31032450	漳卫河	基本站	德州	宁津	长官	长官	116.933 3	37.800 0	1		1

续附表 3

序号	测站名称	测站编码	水系	测站属性	测站地址				经度(°E)	纬度(°N)	降水观测方式		
					市	县(区)	乡(镇)	村(街道)			翻斗式	称重式	人工
1729	庆云闸	31032625	漳卫河	基本站	德州	庆云	庆云	庆云闸	117.400 0	37.850 0	1		1
1730	袁桥	31032130	漳卫河	专用站	德州	德城	袁桥	镇政府	116.414 0	37.440 9	1		
1731	二屯	31032210	漳卫河	专用站	德州	德城	二屯	敬老院	116.328 6	37.534 2	1		
1732	黄河涯	31032160	漳卫河	专用站	德州	德城	黄河涯	镇政府	116.344 4	37.351 1	1		
1733	付庄	31032195	漳卫河	专用站	德州	德城	宋官屯	付庄	116.391 1	37.462 2	1		
1734	抬头寺	31032175	漳卫河	专用站	德州	德城	抬头寺	镇政府	116.411 1	37.370 3	1		
1735	长河办事处	31032185	漳卫河	专用站	德州	德城	长河街道	街道办事处	116.377 5	37.427 5	1		
1736	赵虎	31032390	漳卫河	专用站	德州	德城	赵虎	镇政府	116.497 2	37.511 9	1		
1737	大孙	31121630	徒骇马颊	专用站	德州	乐陵	大孙	乡中学	117.006 1	37.809 4	1		
1738	丁坞	31122410	徒骇马颊	专用站	德州	乐陵	丁坞	镇政府	117.089 2	37.709 2	1		
1739	胡家	31032470	徒骇马颊	专用站	德州	乐陵	胡家街道	敬老院	117.191 9	37.796 4	1		
1740	刘武官	31032460	徒骇马颊	专用站	德州	乐陵	花园	刘武官	117.253 9	37.600 3	1		
1741	郭寺	31121610	徒骇马颊	专用站	德州	乐陵	化楼	郭寺闸	117.065 3	37.527 8	1		
1742	铁营	31122420	徒骇马颊	专用站	德州	乐陵	铁营	镇政府	117.247 2	37.685 0	1		
1743	杨安镇水库	31123190	徒骇马颊	专用站	德州	乐陵	杨安镇	杨安镇水库管理处	117.175 3	37.621 7	1		
1744	王皮闸	31121730	徒骇马颊	专用站	德州	乐陵	云红街道	乐陵水文中心	117.158 1	37.748 6	1		
1745	朱集	31032480	徒骇马颊	专用站	德州	乐陵	朱集	敬老院	117.276 7	37.786 7	1		

续附表 3

序号	测站名称	测站编码	水系	测站属性	测站地址				经度(°E)	纬度(°N)	降水观测方式		
					市	县(区)	乡(镇)	村(街道)			翻斗式	称重式	人工
1746	林子	31123040	徒骇马颊	专用站	德州	临邑	林子	镇政府	116.888 1	37.305 6	1		
1747	临南	31122980	徒骇马颊	专用站	德州	临邑	临南	镇政府	116.883 9	37.072 5	1		
1748	王郑家	31125020	徒骇马颊	专用站	德州	临邑	孟寺	利民水库	116.961 7	37.156 9	1		
1749	临盘	31123010	徒骇马颊	专用站	德州	临邑	临盘	镇政府	116.778 1	37.193 9	1		
1750	孟寺	31123820	徒骇马颊	专用站	德州	临邑	孟寺	镇政府	117.014 2	37.211 9	1		
1751	兴隆寺	31122990	徒骇马颊	专用站	德州	临邑	兴隆寺	镇政府	116.776 7	37.076 7	1		
1752	宿安	31123030	徒骇马颊	专用站	德州	临邑	宿安	乡政府	116.965 0	37.281 4	1		
1753	翟家	31123020	徒骇马颊	专用站	德州	临邑	翟家	乡政府	116.911 4	37.386 1	1		
1754	丁庄	31122130	徒骇马颊	专用站	德州	陵城	丁庄	镇政府	116.457 5	37.321 7	1		
1755	桥头孙闸	31121410	徒骇马颊	专用站	德州	陵城	徽王庄	桥头孙闸	116.640 0	37.490 0	1		
1756	徽王庄	31121960	徒骇马颊	专用站	德州	陵城	徽王庄	镇政府	116.603 9	37.473 3	1		
1757	糜镇	31122250	徒骇马颊	专用站	德州	陵城	糜镇	镇政府	116.859 2	37.441 4	1		
1758	前孙	31121970	徒骇马颊	专用站	德州	陵城	前孙	镇政府	116.712 2	37.518 6	1		
1759	东靳家	31121340	徒骇马颊	专用站	德州	陵城	神头	东靳家	116.730 0	37.420 0	1		
1760	陈家闸	31121530	徒骇马颊	专用站	德州	陵城	宋家	陈家闸	116.900 0	37.596 4	1		
1761	宋家	31122210	徒骇马颊	专用站	德州	陵城	宋家	镇政府	116.856 4	37.531 1	1		
1762	义渡口	31121980	徒骇马颊	专用站	德州	陵城	义渡口	乡政府	116.749 4	37.476 1	1		

续附表 3

序号	测站名称	测站编码	水系	测站属性	测站地址				经度(°E)	纬度(°N)	降水观测方式		
					市	县(区)	乡(镇)	村(街道)			翻斗式	称重式	人工
1763	于集	31121140	徒骇马颊	专用站	德州	陵城	于集	卫生院	116.620 3	37.386 7	1		
1764	保店	31032370	漳卫河	专用站	德州	宁津	保店	镇政府	116.683 6	37.621 9	1		
1765	西葛勇	31032435	漳卫河	专用站	德州	宁津	柴胡店	西葛勇闸	116.914 7	37.588 1	1		
1766	柴胡店	31122220	漳卫河	专用站	德州	宁津	柴胡店	镇政府	116.900 6	37.650 8	1		
1767	大柳	31032440	漳卫河	专用站	德州	宁津	大柳	大柳水库管理处	116.839 4	37.729 7	1		
1768	杜集	31122230	徒骇马颊	专用站	德州	宁津	杜集	镇政府	116.957 5	37.703 6	1		
1769	刘营伍	31121790	漳卫河	专用站	德州	宁津	刘营伍	镇政府	116.777 5	37.754 2	1		
1770	宁津水库	31122360	漳卫河	专用站	德州	宁津	宁津水库	宁津水库管理处	116.772 2	37.610 8	1		
1771	时集	31032420	漳卫河	专用站	德州	宁津	时集	乡政府	116.781 7	37.687 2	1		
1772	张菜	31121740	漳卫河	专用站	德州	宁津	时集	张菜	116.783 1	37.672 8	1		
1773	相衙	31032410	漳卫河	专用站	德州	宁津	相衙	镇政府	116.704 7	37.682 2	1		
1774	张大庄	31032490	漳卫河	专用站	德州	宁津	张大庄	镇政府	116.818 9	37.839 2	1		
1775	恩城	31121700	徒骇马颊	专用站	德州	平原	恩城	水利站	116.284 4	37.151 4	1		
1776	隋庄	31121310	徒骇马颊	专用站	德州	平原	平原	中心站	116.394 2	37.187 8	1		
1777	前曹	31122760	徒骇马颊	专用站	德州	平原	前曹	镇政府	116.528 3	37.132 8	1		
1778	三唐	31121670	徒骇马颊	专用站	德州	平原	三唐	乡政府	116.398 3	37.254 2	1		
1779	王大卦	31121660	徒骇马颊	专用站	德州	平原	王大卦	镇政府	116.332 5	37.170 0	1		

续附表 3

序号	测站名称	测站编码	水系	测站属性	测站地址				经度(°E)	纬度(°N)	降水观测方式		
					市	县(区)	乡(镇)	村(街道)			翻斗式	称重式	人工
1780	坊子	31122810	徒骇马颊	专用站	德州	平原	坊子	文化站	116.514 7	37.227 8	1		
1781	王杲铺	31121710	漳卫河	专用站	德州	平原	王杲铺	镇政府	116.292 8	37.231 4	1		
1782	王庙	31122740	徒骇马颊	专用站	德州	平原	王庙	镇政府	116.405 3	37.038 9	1		
1783	相家河水库	31122710	徒骇马颊	专用站	德州	平原	张华	相家河水库	116.362 8	37.073 6	1		
1784	安头	31126370	徒骇马颊	专用站	德州	齐河	安头	乡政府	116.838 9	36.896 7	1		
1785	表白寺	31126380	徒骇马颊	专用站	德州	齐河	表白寺	镇政府	116.782 2	36.883 1	1		
1786	大黄	31126210	徒骇马颊	专用站	德州	齐河	大黄	乡政府	116.783 9	36.986 7	1		
1787	胡官屯	31125570	徒骇马颊	专用站	德州	齐河	胡官屯	镇政府	116.586 1	36.558 6	1		
1788	郭庄闸	31125210	徒骇马颊	专用站	德州	齐河	华店	镇政府	116.630 0	36.810 0	1		
1789	焦庙	31125850	徒骇马颊	专用站	德州	齐河	焦庙	镇政府	116.652 8	36.655 8	1		
1790	马集	31125500	徒骇马颊	专用站	德州	齐河	马集	镇政府	116.540 8	36.446 1	1		
1791	潘店	31125540	徒骇马颊	专用站	德州	齐河	潘店	乡政府	116.461 1	36.629 4	1		
1792	仁里集	31126220	徒骇马颊	专用站	德州	齐河	仁里集	镇政府	116.486 1	36.544 2	1		
1793	西魏	31125410	徒骇马颊	专用站	德州	齐河	华店	甄孙	116.688 1	36.801 9	1		
1794	赵官	31125560	徒骇马颊	专用站	德州	齐河	赵官	镇政府	116.553 3	36.505 8	1		
1795	祝阿	31125860	徒骇马颊	专用站	德州	齐河	祝阿	镇政府	116.764 2	36.740 0	1		
1796	常家	31122730	徒骇马颊	专用站	德州	庆云	常家	镇政府	117.505 3	37.776 9	1		

续附表 3

序号	测站名称	测站编码	水系	测站属性	测站地址				经度(°E)	纬度(°N)	降水观测方式		
					市	县(区)	乡(镇)	村(街道)			翻斗式	称重式	人工
1797	崔口	31032640	漳卫河	专用站	德州	庆云	崔口	镇政府	117.528 1	37.974 2	1		
1798	东辛店	31123230	漳卫河	专用站	德州	庆云	东辛店	镇政府	117.321 9	37.760 0	1		
1799	尚堂	31123210	徒骇马颊	专用站	德州	庆云	尚堂	镇政府	117.418 1	37.705 0	1		
1800	庆云	31122550	徒骇马颊	专用站	德州	庆云	庆云	县水务局	117.386 9	37.787 2	1		
1801	严务	31032630	徒骇马颊	专用站	德州	庆云	严务	乡政府	117.512 8	37.869 4	1		
1802	中丁	31123242	徒骇马颊	专用站	德州	庆云	中丁	乡政府	117.499 2	37.694 7	1		
1803	东张庄	31024750	漳卫河	专用站	德州	武城	郝王庄	东张庄	116.220 0	37.330 0	1		
1804	郝王庄	31032060	漳卫河	专用站	德州	武城	郝王庄	镇政府	116.245 3	37.256 4	1		
1805	甲马营	31031860	漳卫河	专用站	德州	武城	甲马营	乡政府	115.962 5	37.224 7	1		
1806	鲁权屯	31031870	漳卫河	专用站	德州	武城	鲁权屯	镇政府	116.035 8	37.305 0	1		
1807	马庄	31032020	漳卫河	专用站	德州	武城	马庄	镇政府	116.098 9	37.263 6	1		
1808	武城	31032010	漳卫河	专用站	德州	武城	武城	县水务局	116.079 4	37.212 5	1		
1809	礼仪庄	31024860	漳卫河	专用站	德州	武城	武城	棘围	116.067 2	37.233 1	1		
1810	卧虎庄	31024850	漳卫河	专用站	德州	武城	滕庄	卧虎庄	116.200 0	37.350 0	1		
1811	滕庄	31031880	漳卫河	专用站	德州	武城	滕庄	镇政府	116.132 5	37.344 2	1		
1812	侯王庄	31124740	漳卫河	专用站	德州	武城	武城	侯王庄	116.208 1	37.066 4	1		
1813	吕洼闸	31024720	漳卫河	专用站	德州	武城	杨庄	乡敬老院	115.870 0	37.080 0	1		

续附表 3

序号	测站名称	测站编码	水系	测站属性	测站地址				经度(°E)	纬度(°N)	降水观测方式		
					市	县(区)	乡(镇)	村(街道)			翻斗式	称重式	人工
1814	东李官屯	31121460	漳卫河	专用站	德州	夏津	东李官屯	镇政府	116. 337 8	36. 966 9	1		
1815	王庄闸	31024710	漳卫河	专用站	德州	夏津	南城	镇政府	116. 020 0	36. 970 0	1		
1816	宋楼	31121490	漳卫河	专用站	德州	夏津	宋楼	镇政府	115. 945 0	36. 908 6	1		
1817	苏留庄	31032030	漳卫河	专用站	德州	夏津	苏留庄	镇政府	116. 141 4	37. 093 3	1		
1818	田庄	31030990	漳卫河	专用站	德州	夏津	田庄	镇政府	115. 975 0	37. 032 8	1		
1819	夏津水库	31121510	漳卫河	专用站	德州	夏津	银城街道	夏津水库管理处	116. 036 1	37. 014 7	1		
1820	香赵庄	31121450	漳卫河	专用站	德州	夏津	香赵	镇政府	116. 110 8	36. 915 0	1		
1821	新盛店	31031835	漳卫河	专用站	德州	夏津	新盛店	镇政府	116. 030 6	37. 081 1	1		
1822	郑保屯	31031845	漳卫河	专用站	德州	夏津	郑保屯	镇政府	115. 828 9	36. 995 6	1		
1823	安仁	31125170	徒骇马颊	专用站	德州	禹城	安仁	安仁	116. 529 4	36. 863 9	1		
1824	戚家桥	31125310	徒骇马颊	专用站	德州	禹城	二十里堡	戚家桥	116. 690 0	36. 910 0	1		
1825	房寺	31125180	徒骇马颊	专用站	德州	禹城	房寺	镇政府	116. 484 2	36. 929 7	1		
1826	莒镇	31126180	徒骇马颊	专用站	德州	禹城	莒镇	镇政府	116. 484 2	36. 716 7	1		
1827	梁家	31122880	徒骇马颊	专用站	德州	禹城	梁家	镇政府	116. 657 2	37. 019 7	1		
1828	伦镇	31126190	徒骇马颊	专用站	德州	禹城	伦镇	镇政府	116. 576 1	36. 784 7	1		
1829	前油房	31125160	徒骇马颊	专用站	德州	禹城	辛寨	前油房闸	116. 458 9	36. 865 8	1		
1830	张庄	31122890	徒骇马颊	专用站	德州	禹城	张庄	镇中学	116. 571 4	37. 039 7	1		

续附表 3

序号	测站名称	测站编码	水系	测站属性	测站地址				经度(°E)	纬度(°N)	降水观测方式		
					市	县(区)	乡(镇)	村(街道)			翻斗式	称重式	人工
1831	博平	31124650	徒骇马颊	基本站	聊城	茌平	博平	博平	116.116 7	36.583 3	1		1
1832	茌平	31124950	徒骇马颊	基本站	聊城	茌平	茌平	茌平	116.250 0	36.583 3	1		1
1833	杜郎口	31125000	徒骇马颊	基本站	聊城	茌平	杜郎口	杜郎口	116.383 3	36.566 7	1		
1834	薛王刘	31121200	徒骇马颊	基本站	聊城	茌平	贾寨	王药包	115.933 3	36.683 3	1		
1835	乐平铺	31124900	徒骇马颊	基本站	聊城	茌平	乐平铺	乐平铺	116.250 0	36.450 0	1		1
1836	徐屯	31125200	徒骇马颊	基本站	聊城	东阿	单庄	徐屯	116.183 3	36.183 3	1		
1837	牛角店	31125400	徒骇马颊	基本站	聊城	东阿	牛角店	牛角店	116.433 3	36.400 0	1		1
1838	东阿	31125350	徒骇马颊	基本站	聊城	东阿	铜城	铜城	116.233 3	36.333 3	1		1
1839	高唐	31121550	徒骇马颊	基本站	聊城	高唐	高唐	城关街道	116.216 7	36.866 7	1		1
1840	涸河	31124850	徒骇马颊	基本站	聊城	高唐	涸河	涸河	116.400 0	36.900 0	1		
1841	旧城	31121250	徒骇马颊	基本站	聊城	高唐	清平	清平	116.066 7	36.750 0	1		1
1842	三十里铺	31121400	徒骇马颊	基本站	聊城	高唐	三十里铺	三十里铺	116.083 3	36.850 0	1		
1843	刘桥闸	31124800	徒骇马颊	基本站	聊城	高唐	杨屯	刘桥闸	116.300 0	36.800 0	1		1
1844	南陶	31031600	漳卫河	基本站	聊城	冠县	东古城	东陶	115.316 7	36.533 3	1		1
1845	北馆陶	31031700	漳卫河	基本站	聊城	冠县	北馆陶	冀庄	115.416 7	36.650 0	1		1
1846	冠县	31120600	徒骇马颊	基本站	聊城	冠县	冠城	烟庄街道	115.433 3	36.466 7	1		1
1847	贾镇	31120700	徒骇马颊	基本站	聊城	冠县	贾镇	贾镇水利站	115.600 0	36.516 7	1		

续附表3

序号	测站名称	测站编码	水系	测站属性	测站地址				经度(°E)	纬度(°N)	降水观测方式		
					市	县(区)	乡(镇)	村(街道)			翻斗式	称重式	人工
1848	柳林	31120900	徒骇马颊	基本站	聊城	冠县	柳林	柳林镇政府	115.683 3	36.683 3	1		1
1849	桑阿镇	31120550	徒骇马颊	基本站	聊城	冠县	桑阿	桑阿村	115.616 7	36.433 3	1		1
1850	临清	31031800	漳卫河	基本站	聊城	临清	先锋办事处	健康街	115.683 3	36.850 0	1		1
1851	康庄	31121300	徒骇马颊	基本站	聊城	临清	康庄	康庄	115.916 7	36.800 0	1		1
1852	松林	31121350	徒骇马颊	基本站	聊城	临清	松林	松林	115.850 0	36.900 0	1		
1853	沙镇	31124550	徒骇马颊	基本站	聊城	东昌府	沙镇	沙镇	115.783 3	36.333 3	1		
1854	王铺闸	31120800	徒骇马颊	基本站	聊城	东昌府	堂邑	王铺闸	115.783 3	36.533 3	1		1
1855	阎觉寺	31124600	徒骇马颊	基本站	聊城	东昌府	阎觉寺	阎觉寺	115.883 3	36.516 7	1		
1856	于集	31124450	徒骇马颊	基本站	聊城	东昌府	于集	于集	116.050 0	36.333 3	1		
1857	聊城	31124400	徒骇马颊	基本站	聊城	东昌府	柳园街道	柳园社区	115.966 7	36.416 7	1		1
1858	朝城	31123750	徒骇马颊	基本站	聊城	莘县	朝城	朝城	115.583 3	36.066 7	1		1
1859	莘县	31123850	徒骇马颊	基本站	聊城	莘县	城关	雁塔街道	115.666 7	36.250 0	1		1
1860	毕屯	31123700	徒骇马颊	基本站	聊城	莘县	董杜庄	毕屯	115.500 0	36.133 3	1		1
1861	古城	41427850	黄河下游区	基本站	聊城	莘县	古城	古城	115.633 3	35.916 7	1		
1862	古云	31123450	徒骇马颊	基本站	聊城	莘县	古云	古云	115.383 3	35.816 7	1		
1863	观城	31123500	徒骇马颊	基本站	聊城	莘县	观城	观城	115.383 3	35.933 3	1		1
1864	王奉	31120450	徒骇马颊	基本站	聊城	莘县	王奉	王奉	115.433 3	36.316 7	1		

续附表 3

序号	测站名称	测站编码	水系	测站属性	测站地址				经度(°E)	纬度(°N)	降水观测方式		
					市	县(区)	乡(镇)	村(街道)			翻斗式	称重式	人工
1865	张鲁	31120350	徒骇马颊	基本站	聊城	莘县	张鲁回族	张鲁	115.516 7	36.250 0	1		
1866	安乐镇	31124200	徒骇马颊	基本站	聊城	阳谷	安乐	安乐	115.916 7	36.216 7	1		1
1867	寿张	41427950	黄河下游区	基本站	聊城	阳谷	寿张	寿张	115.850 0	36.016 7	1		1
1868	阳谷	31123950	徒骇马颊	基本站	聊城	阳谷	阳谷	侨润街道	115.750 0	36.116 7	1		1
1869	车庄	31004670	漳卫河	专用站	聊城	临清	唐元	房厂	115.633 3	36.800 0	1		
1870	潘庄	31031720	漳卫河	专用站	聊城	临清	潘庄	潘庄	115.533 3	36.683 3	1		
1871	烟店	31031740	漳卫河	专用站	聊城	临清	烟店	烟店	115.500 0	36.700 0	1		
1872	唐园	31031780	漳卫河	专用站	聊城	临清	唐园	唐园	115.583 3	36.766 7	1		
1873	大王寨	31120560	徒骇马颊	专用站	聊城	莘县	大王寨	大王寨	115.516 7	36.316 7	1		
1874	魏庄	31120570	徒骇马颊	专用站	聊城	莘县	魏庄	魏庄	115.566 7	36.350 0	1		
1875	梁堂	31120580	徒骇马颊	专用站	聊城	冠县	梁堂	梁堂	115.466 7	36.400 0	1		
1876	张盘闸	31102210	徒骇马颊	专用站	聊城	冠县	斜店	张盘	115.416 7	36.466 7	1		
1877	崔庞庄	31102220	徒骇马颊	专用站	聊城	冠县	贾庄	崔庞庄	115.600 0	36.516 7	1		
1878	高庄铺	31102230	徒骇马颊	专用站	聊城	冠县	贾镇	高庄铺	115.666 7	36.516 7	1		
1879	斜店	31120705	徒骇马颊	专用站	聊城	冠县	斜店	斜店	115.350 0	35.416 7	1		
1880	班庄	31120710	徒骇马颊	专用站	聊城	冠县	斜店	班庄	115.316 7	36.416 7	1		
1881	烟庄	31120715	徒骇马颊	专用站	聊城	冠县	烟庄	烟庄	115.533 3	36.500 0	1		

续附表 3

序号	测站名称	测站编码	水系	测站属性	测站地址				经度(°E)	纬度(°N)	降水观测方式		
					市	县(区)	乡(镇)	村(街道)			翻斗式	称重式	人工
1882	定远寨	31120720	徒骇马颊	专用站	聊城	冠县	定远寨	定远寨	115.666 7	36.500 0	1		
1883	店子	31120725	徒骇马颊	专用站	聊城	冠县	店子	店子	115.500 0	36.566 7	1		
1884	兰沃	31120730	徒骇马颊	专用站	聊城	冠县	兰沃	兰沃	115.550 0	36.566 7	1		
1885	辛集	31120735	徒骇马颊	专用站	聊城	冠县	辛集	辛集	115.666 7	36.566 7	1		
1886	史庄	31120740	徒骇马颊	专用站	聊城	冠县	辛集	史庄	115.750 0	36.550 0	1		
1887	八甲刘	31120745	徒骇马颊	专用站	聊城	东昌府	梁水镇	八甲刘	116.783 3	36.583 3	1		
1888	后东汪	31102240	徒骇马颊	专用站	聊城	冠县	清水	后东汪	115.566 7	36.616 7	1		
1889	范寨	31121155	徒骇马颊	专用站	聊城	冠县	范寨	范寨	116.683 3	36.600 0	1		
1890	万善	31121160	徒骇马颊	专用站	聊城	冠县	万善	万善	115.433 3	36.583 3	1		
1891	杨召	31121165	徒骇马颊	专用站	聊城	冠县	东古城	杨召	115.383 3	36.600 0	1		
1892	清水	31121170	徒骇马颊	专用站	聊城	冠县	清水	清水	115.533 3	36.616 7	1		
1893	甘官屯	31121175	徒骇马颊	专用站	聊城	冠县	甘官屯	甘官屯	115.600 0	36.633 3	1		
1894	八岔路	31121180	徒骇马颊	专用站	聊城	临清	八岔路	八岔路	115.616 7	36.700 0	1		
1895	堠堌	31121185	徒骇马颊	专用站	聊城	东昌府	斗虎屯	堠堌	115.766 7	36.683 3	1		
1896	斗虎屯	31121190	徒骇马颊	专用站	聊城	东昌府	斗虎屯	斗虎屯	115.850 0	36.666 7	1		
1897	魏湾	31124690	徒骇马颊	专用站	聊城	临清	魏湾	魏湾	115.833 3	36.650 0	1		
1898	高庄	31102410	徒骇马颊	专用站	聊城	临清	金郝庄	高庄	115.950 0	36.833 3	1		

续附表 3

序号	测站名称	测站编码	水系	测站属性	测站地址				经度(°E)	纬度(°N)	降水观测方式		
					市	县(区)	乡(镇)	村(街道)			翻斗式	称重式	人工
1899	新集	31102420	徒骇马颊	专用站	聊城	临清	金郝庄	新集	116.033 3	36.850 0	1		
1900	尚店	31121355	徒骇马颊	专用站	聊城	临清	尚店	尚店	115.700 0	36.716 7	1		
1901	刘垓子	31121360	徒骇马颊	专用站	聊城	临清	刘垓子	刘垓子	115.800 0	36.733 3	1		
1902	戴湾	31121365	徒骇马颊	专用站	聊城	临清	戴湾	戴湾	115.850 0	36.750 0	1		
1903	大辛庄	31121370	徒骇马颊	专用站	聊城	临清	大辛庄办事处	大辛庄	115.733 3	36.783 3	1		
1904	胡里庄	31121375	徒骇马颊	专用站	聊城	临清	先锋办事处	胡里庄	115.816 7	36.833 3	1		
1905	石槽	31121380	徒骇马颊	专用站	聊城	临清	先锋办事处	石槽	115.783 3	36.883 3	1		
1906	老赵庄	31121385	徒骇马颊	专用站	聊城	临清	老赵庄	老赵庄	115.833 3	36.833 3	1		
1907	康盛庄	31121390	徒骇马颊	专用站	聊城	临清	康庄	康盛庄	115.966 7	36.750 0	1		
1908	金郝庄	31121395	徒骇马颊	专用站	聊城	临清	金郝庄	金郝庄	115.983 3	36.850 0	1		
1909	赵楼	31102430	徒骇马颊	专用站	聊城	高唐	梁村	赵楼	116.266 7	36.966 7	1		
1910	董姑桥	31102440	徒骇马颊	专用站	聊城	高唐	梁村	董姑桥	116.266 7	36.983 3	1		
1911	杨屯	31121560	徒骇马颊	专用站	聊城	高唐	杨屯	杨屯	116.350 0	36.833 3	1		
1912	尹集	31121565	徒骇马颊	专用站	聊城	高唐	尹集	尹集	116.333 3	36.900 0	1		
1913	梁村	31121570	徒骇马颊	专用站	聊城	高唐	梁村	梁村	116.250 0	36.966 7	1		
1914	太平庄闸	31102450	徒骇马颊	专用站	聊城	高唐	汇鑫办事处	太平庄	116.183 3	36.900 0	1		
1915	赵寨子	31121580	徒骇马颊	专用站	聊城	高唐	赵寨子	赵寨子	116.166 7	36.783 3	1		

续附表 3

序号	测站名称	测站编码	水系	测站属性	测站地址				经度(°E)	纬度(°N)	降水观测方式		
					市	县(区)	乡(镇)	村(街道)			翻斗式	称重式	人工
1916	赵庄	31121590	徒骇马颊	专用站	聊城	高唐	汇鑫办事处	赵庄	116.116 7	36.916 7	1		
1917	莘亭	31123600	徒骇马颊	专用站	聊城	莘县	莘亭办事处	莘亭	115.683 3	36.250 0	1		
1918	十八里铺	31123800	徒骇马颊	专用站	聊城	莘县	十八里铺	十八里铺	115.633 3	36.166 7	1		
1919	后高庙	31104710	徒骇马颊	专用站	聊城	莘县	莘亭办事处	后高庙	115.616 7	36.250 0	1		
1920	孙屯	31104720	徒骇马颊	专用站	聊城	莘县	莘亭办事处	孙屯	115.700 0	36.283 3	1		
1921	董杜庄	31123860	徒骇马颊	专用站	聊城	莘县	董杜庄	董杜庄	115.500 0	36.200 0	1		
1922	俎店	31123870	徒骇马颊	专用站	聊城	莘县	俎店	俎店	115.550 0	36.200 0	1		
1923	燕店	31123880	徒骇马颊	专用站	聊城	莘县	燕店	烟店	115.616 7	36.316 7	1		
1924	河店	31123890	徒骇马颊	专用站	聊城	莘县	河店	河店	115.683 3	36.333 3	1		
1925	俞楼	31104660	徒骇马颊	专用站	聊城	阳谷	西湖	俞楼	115.666 7	36.083 3	1		
1926	薛楼	31104670	徒骇马颊	专用站	聊城	阳谷	大布	薛楼	115.716 7	36.183 3	1		
1927	李台	31123900	徒骇马颊	专用站	聊城	阳谷	李台	李台	115.750 0	36.600 0	1		
1928	樱桃园	31123905	徒骇马颊	专用站	聊城	莘县	樱桃园	樱桃园	115.466 7	35.900 0	1		
1929	柿子园	31123915	徒骇马颊	专用站	聊城	莘县	柿子园	柿子园	115.550 0	35.983 3	1		
1930	王庄集	31123920	徒骇马颊	专用站	聊城	莘县	王庄集	王庄集	115.466 7	35.966 7	1		
1931	金斗营	31123925	徒骇马颊	专用站	聊城	阳谷	金斗营	金斗营	115.683 3	35.966 7	1		
1932	张寨	31123930	徒骇马颊	专用站	聊城	莘县	张寨	张寨	115.516 7	36.066 7	1		

续附表 3

序号	测站名称	测站编码	水系	测站属性	测站地址				经度(°E)	纬度(°N)	降水观测方式		
					市	县(区)	乡(镇)	村(街道)			翻斗式	称重式	人工
1933	徐庄	31123935	徒骇马颊	专用站	聊城	莘县	徐庄	徐庄	115.633 3	36.083 3	1		
1934	高庙王	31123940	徒骇马颊	专用站	聊城	阳谷	高庙王	高庙王	115.816 7	36.050 0	1		
1935	妹冢	31123945	徒骇马颊	专用站	聊城	莘县	妹冢	妹冢	115.550 0	36.100 0	1		
1936	西湖	31123955	徒骇马颊	专用站	聊城	阳谷	西湖	西湖	115.716 7	36.100 0	1		
1937	大布	31123960	徒骇马颊	专用站	聊城	阳谷	大布	大布	115.783 3	36.166 7	1		
1938	前屯	31104810	徒骇马颊	专用站	聊城	阳谷	安乐	前屯	115.916 7	36.183 3	1		
1939	孟屯	31104830	徒骇马颊	专用站	聊城	阳谷	郭店屯	孟屯	115.933 3	36.300 0	1		
1940	十五里园	31124260	徒骇马颊	专用站	聊城	阳谷	十五里园	十五里园	116.000 0	36.066 7	1		
1941	阎楼	31124265	徒骇马颊	专用站	聊城	阳谷	阎楼	阎楼	115.883 3	36.133 3	1		
1942	范海	31124270	徒骇马颊	专用站	聊城	阳谷	阿城	范海	115.950 0	36.166 7	1		
1943	张秋	31124275	徒骇马颊	专用站	聊城	阳谷	张秋	张秋	115.866 7	36.233 3	1		
1944	定水镇	31124280	徒骇马颊	专用站	聊城	阳谷	定水	定水	115.833 3	36.250 0	1		
1945	七级	31124300	徒骇马颊	专用站	聊城	阳谷	七级	七级	116.033 3	36.233 3	1		
1946	郭店屯	31124310	徒骇马颊	专用站	聊城	阳谷	郭店屯	郭店屯	115.866 7	36.250 0	1		
1947	朱老庄	31124320	徒骇马颊	专用站	聊城	东昌府	朱老庄	朱老庄	115.933 3	36.366 7	1		
1948	邱庙	31104850	徒骇马颊	专用站	聊城	东昌府	新区办事处	邱庙	115.966 7	36.500 0	1		
1949	梁庄	31104860	徒骇马颊	专用站	聊城	开发区	北城办事处	梁庄	116.016 7	36.500 0	1		

续附表 3

序号	测站名称	测站编码	水系	测站属性	测站地址				经度(°E)	纬度(°N)	降水观测方式		
					市	县(区)	乡(镇)	村(街道)			翻斗式	称重式	人工
1950	侯营	31124410	徒骇马颊	专用站	聊城	东昌府	侯营	侯营	115.883 3	36.400 0	1		
1951	邢庄	31104870	徒骇马颊	专用站	聊城	东昌府	于集	邢庄	116.066 7	36.333 3	1		
1952	大李官屯	31104880	徒骇马颊	专用站	聊城	开发区	东城办事处	大李官屯	116.083 3	36.450 0	1		
1953	阿城	31124420	徒骇马颊	专用站	聊城	阳谷	阿城	阿城	116.066 7	36.166 7	1		
1954	刘集	31124430	徒骇马颊	专用站	聊城	东阿	刘集	刘集	116.133 3	36.216 7	1		
1955	许营	31124460	徒骇马颊	专用站	聊城	东昌府	许营	许营	116.066 7	36.400 0	1		
1956	蒋官屯	31124500	徒骇马颊	专用站	聊城	东昌府	蒋官屯街道办事处	蒋官屯	116.083 3	36.466 7	1		
1957	李海务	31124540	徒骇马颊	专用站	聊城	东昌府	李海务	李海务	115.783 3	36.333 3	1		
1958	张炉集	31124560	徒骇马颊	专用站	聊城	东昌府	张炉集	张炉集	115.816 7	36.416 7	1		
1959	郑家	31124570	徒骇马颊	专用站	聊城	东昌府	郑家	郑家	115.716 7	36.416 7	1		
1960	堂邑	31124580	徒骇马颊	专用站	聊城	东昌府	堂邑	堂邑	115.750 0	36.483 3	1		
1961	道口铺	31124590	徒骇马颊	专用站	聊城	东昌府	道口铺	道口铺	115.850 0	36.483 3	1		
1962	道口铺 1	31124595	徒骇马颊	专用站	聊城	东昌府	道口铺	道口铺	115.866 7	36.466 7	1		
1963	梁水镇	31124610	徒骇马颊	专用站	聊城	东昌府	梁水	梁水	115.900 0	36.583 3	1		
1964	洪官屯	31124620	徒骇马颊	专用站	聊城	茌平	洪官屯	洪官屯	115.983 3	36.583 3	1		
1965	刁庄	31104905	徒骇马颊	专用站	聊城	东昌府	阎寺办事处	刁庄	115.933 3	36.550 0	1		
1966	陈铺	31104910	徒骇马颊	专用站	聊城	茌平	温陈	陈铺	116.083 3	36.550 0	1		

续附表 3

序号	测站名称	测站编码	水系	测站属性	测站地址				经度(°E)	纬度(°N)	降水观测方式		
					市	县(区)	乡(镇)	村(街道)			翻斗式	称重式	人工
1967	白庄	31104920	徒骇马颊	专用站	聊城	茌平	胡屯	白庄	116.216 7	36.650 0	1		
1968	韩集	31124660	徒骇马颊	专用站	聊城	东昌府	韩集	韩集	116.183 3	36.400 0	1		
1969	广平	31124670	徒骇马颊	专用站	聊城	东昌府	广平	广平	116.183 3	36.466 7	1		
1970	温陈	31124675	徒骇马颊	专用站	聊城	茌平	温陈	温陈	116.166 7	36.583 3	1		
1971	花牛陈	31104950	徒骇马颊	专用站	聊城	茌平	城关	花牛陈	116.250 0	36.533 3	1		
1972	胡屯	31124680	徒骇马颊	专用站	聊城	茌平	胡屯	胡屯	116.216 7	36.666 7	1		
1973	南五里	31104960	徒骇马颊	专用站	聊城	高唐	姜店	五里	116.216 7	36.733 3	1		
1974	杨官屯	31124685	徒骇马颊	专用站	聊城	茌平	胡屯	杨官屯	116.366 7	36.633 3	1		
1975	肖庄	31124700	徒骇马颊	专用站	聊城	茌平	肖家庄	肖家庄	116.050 0	36.650 0	1		
1976	韩屯	31124710	徒骇马颊	专用站	聊城	茌平	韩屯	韩屯	116.150 0	36.666 7	1		
1977	菜屯	31124720	徒骇马颊	专用站	聊城	茌平	菜屯	菜屯	116.016 7	36.733 3	1		
1978	姜店	31124730	徒骇马颊	专用站	聊城	高唐	姜店	姜店	116.250 0	36.800 0	1		
1979	孙桥	31125010	徒骇马颊	专用站	聊城	茌平	杜郎口	孙桥	116.316 7	36.550 0	1		
1980	冯官屯	31125090	徒骇马颊	专用站	聊城	茌平	冯官屯	冯官屯	116.283 3	36.666 7	1		
1981	琉璃寺	31125100	徒骇马颊	专用站	聊城	高唐	琉璃寺	琉璃寺	116.333 3	36.716 7	1		
1982	旦镇闸	31105720	徒骇马颊	专用站	聊城	东阿	牛角店	旦镇	116.433 3	36.466 7	1		
1983	鱼山	31125110	徒骇马颊	专用站	聊城	东阿	鱼山	鱼山	116.216 7	36.183 3	1		

续附表 3

序号	测站名称	测站编码	水系	测站属性	测站地址				经度（°E）	纬度（°N）	降水观测方式		
					市	县(区)	乡(镇)	村(街道)			翻斗式	称重式	人工
1984	黄屯	31125120	徒骇马颊	专用站	聊城	东阿	鱼山	黄屯	116.266 7	36.266 7	1		
1985	陈集	31125130	徒骇马颊	专用站	聊城	东阿	陈集	陈集	116.300 0	36.350 0	1		
1986	大桥	31125140	徒骇马颊	专用站	聊城	东阿	大桥	大桥	116.350 0	36.316 7	1		
1987	姚寨	31125145	徒骇马颊	专用站	聊城	东阿	姚寨	姚寨	116.366 7	36.366 7	1		
1988	姜楼	31125250	徒骇马颊	专用站	聊城	东阿	姜楼	姜楼	116.166 7	36.250 0	1		
1989	顾官屯	31125300	徒骇马颊	专用站	聊城	东阿	顾官屯	顾官屯	116.183 3	36.333 3	1		
1990	杨柳	31125310	徒骇马颊	专用站	聊城	东阿	杨柳	杨柳	116.433 3	36.400 0	1		
1991	高集	31125320	徒骇马颊	专用站	聊城	东阿	高集	高集	116.383 3	36.466 7	1		
1992	郝集	31125330	徒骇马颊	专用站	聊城	茌平	乐平铺	郝集	116.316 7	36.500 0	1		
1993	泉庄	51121200	沂沭河	基本站	临沂	沂水	泉庄	江泉社区	118.400 0	35.950 0	1		1
1994	诸葛	51121250	沂沭河	基本站	临沂	沂水	诸葛	李家河北	118.550 0	35.983 3	1		1
1995	摩天岭	51121350	沂沭河	基本站	临沂	沂水	崔家峪	上泉	118.433 3	35.850 0	1		1
1996	北儒庄	51121550	沂沭河	基本站	临沂	沂南	苏村	北儒庄	118.533 3	35.550 0	1		1
1997	张家哨	51121600	沂沭河	基本站	临沂	沂南	湖头	宋家哨	118.650 0	35.616 7	1		1
1998	常路	51121650	沂沭河	基本站	临沂	蒙阴	常路	常路	117.850 0	35.800 0	1		1
1999	臻子崖	51121700	沂沭河	基本站	临沂	蒙阴	联城	臻子崖	117.766 7	35.683 3	1		1
2000	大孙官庄	51121800	沂沭河	基本站	临沂	蒙阴	高都	大孙官庄	117.900 0	35.800 0	1		1

续附表 3

序号	测站名称	测站编码	水系	测站属性	测站地址				经度(°E)	纬度(°N)	降水观测方式		
					市	县(区)	乡(镇)	村(街道)			翻斗式	称重式	人工
2001	西儒来	51121850	沂沭河	基本站	临沂	蒙阴	蒙阴	西儒来	117. 883 3	35. 733 3	1		1
2002	杨家庄	51121900	沂沭河	基本站	临沂	蒙阴	联城	杨家庄	117. 850 0	35. 666 7	1		1
2003	贾庄	51122350	沂沭河	基本站	临沂	蒙阴	岱崮	贾庄	118. 116 7	36. 000 0	1		1
2004	坡里	51122400	沂沭河	基本站	临沂	蒙阴	岱崮	坡里	118. 183 3	35. 933 3	1		1
2005	回峰涧	51122550	沂沭河	基本站	临沂	沂水	夏蔚	回峰涧	118. 316 7	35. 900 0	1		1
2006	夏蔚	51122600	沂沭河	基本站	临沂	沂水	夏蔚	夏蔚	118. 316 7	35. 816 7	1		1
2007	立新	51122700	沂沭河	基本站	临沂	蒙阴	野店	立新	118. 033 3	35. 850 0	1		1
2008	上东门	51122750	沂沭河	基本站	临沂	蒙阴	野店	上东门	118. 150 0	35. 866 7	1		1
2009	蔡庄	51122850	沂沭河	基本站	临沂	蒙阴	高都	蔡庄	118. 000 0	35. 816 7	1		1
2010	东里庄	51122900	沂沭河	基本站	临沂	蒙阴	旧寨	东里庄	118. 050 0	35. 766 7	1		1
2011	和庄	51123050	沂沭河	基本站	临沂	沂南	张庄	和庄	118. 416 7	35. 500 0	1		1
2012	石马庄	51123150	沂沭河	基本站	临沂	蒙阴	垛庄	石马庄	118. 066 7	35. 533 3	1		1
2013	西界牌	51123200	沂沭河	基本站	临沂	蒙阴	垛庄	丁旺庄	118. 083 3	35. 583 3	1		1
2014	垛庄	51123250	沂沭河	基本站	临沂	蒙阴	垛庄	垛庄	118. 166 7	35. 550 0	1		1
2015	小布袋峪	51123350	沂沭河	基本站	临沂	沂南	双后	小布袋峪	118. 166 7	35. 416 7	1		1
2016	双后	51123400	沂沭河	基本站	临沂	沂南	双后	双后	118. 233 3	35. 466 7	1		1
2017	青驼寺	51123450	沂沭河	基本站	临沂	沂南	青驼	青驼寺	118. 283 3	35. 400 0	1		1

续附表 3

序号	测站名称	测站编码	水系	测站属性	测站地址				经度(°E)	纬度(°N)	降水观测方式		
					市	县(区)	乡(镇)	村(街道)			翻斗式	称重式	人工
2018	吴家庄	51124750	沂沭河	基本站	临沂	平邑	郑城	印荷	117.600 0	35.200 0	1		1
2019	临涧	51123750	沂沭河	基本站	临沂	平邑	临涧	临涧	117.500 0	35.350 0	1		1
2020	郑家峪	51123800	沂沭河	基本站	临沂	平邑	丰阳	郑家峪	117.498 3	35.473 1	1		1
2021	蒋里	51123950	沂沭河	基本站	临沂	平邑	武台	蒋里水库	117.666 7	35.700 0	1		1
2022	岳庄	51124300	沂沭河	基本站	临沂	平邑	地方	岳庄水库	117.816 7	35.333 3	1		1
2023	大朱家庄	51124650	沂沭河	基本站	临沂	平邑	白彦	黄坡	117.483 3	35.216 7	1		1
2024	白彦	51124700	沂沭河	基本站	临沂	平邑	白彦	白彦	117.566 7	35.250 0	1		1
2025	平邑	51123900	沂沭河	基本站	临沂	平邑	平邑	莲花山	117.650 0	35.516 7	1		1
2026	关阳司	51124800	沂沭河	基本站	临沂	费	梁邱	关阳司	117.683 3	35.183 3	1		1
2027	高桥	51125050	沂沭河	基本站	临沂	费	石井	石井	117.750 0	35.066 7	1		1
2028	赵家苴坡	51125250	沂沭河	基本站	临沂	费	新庄	赵家苴坡	117.833 3	35.100 0	1		1
2029	街口	51125600	沂沭河	基本站	临沂	兰山	沂堂	大朱保	118.166 7	35.150 0	1		1
2030	重坊	51125750	沂沭河	基本站	临沂	郯城	重坊	重坊	118.150 0	34.600 0	1		1
2031	野坊	51129300	沂沭河	基本站	临沂	沂水	沙沟	野坊	118.566 7	36.050 0	1		1
2032	辉泉	51129350	沂沭河	基本站	临沂	沂水	沙沟	黄土泉	118.550 0	36.100 0	1		1
2033	椁罗峪	51129550	沂沭河	基本站	临沂	沂水	沙沟	椁罗峪	118.633 3	36.116 7	1		1
2034	沭水	51129650	沂沭河	基本站	临沂	沂水	高桥	沭水	118.716 7	36.000 0	1		1

续附表 3

序号	测站名称	测站编码	水系	测站属性	测站地址				经度(°E)	纬度(°N)	降水观测方式		
					市	县(区)	乡(镇)	村(街道)			翻斗式	称重式	人工
2035	马站	51129700	沂沭河	基本站	临沂	沂水	马站	杨家城子	118.750 0	36.066 7	1		1
2036	大院	51129800	沂沭河	基本站	临沂	沂水	杨庄	大院	118.816 7	35.983 3	1		1
2037	柳子沟	51129850	沂沭河	基本站	临沂	沂水	高桥	高桥	118.716 7	35.950 0	1		1
2038	四十里堡	51130300	沂沭河	基本站	临沂	沂水	四十里	四十里堡	118.716 7	35.683 3	1		1
2039	文疃	51130650	沂沭河	基本站	临沂	莒南	文疃	文疃	119.033 3	35.333 3	1		1
2040	花沟	51131000	沂沭河	基本站	临沂	莒南	板桥	大结庄	118.716 7	35.050 0	1		1
2041	汤头	51131050	沂沭河	基本站	临沂	河东	汤头	汤头	118.516 7	35.266 7	1		1
2042	相公庄	51131150	沂沭河	基本站	临沂	河东	相公	相公庄	118.500 0	35.116 7	1		1
2043	白毛	51131200	沂沭河	基本站	临沂	临沭	白旄	白毛	118.600 0	35.016 7	1		1
2044	朱苍	51131450	沂沭河	基本站	临沂	临沭	玉山	朱苍	118.766 7	34.966 7	1		1
2045	郯城	51132000	沂沭河	基本站	临沂	郯城	郯城	城内	118.333 3	34.616 7	1		1
2046	墨河	51132050	沂沭河	基本站	临沂	郯城	杨集	杨集	118.250 0	34.433 3	1		1
2047	卞庄	51209701	沂沭河	基本站	临沂	兰陵	卞庄	卞庄	118.033 3	34.850 0	1		1
2048	北鲁城	51227000	沂沭河	基本站	临沂	兰陵	鲁城	北鲁城	117.766 7	34.900 0	1		1
2049	兰陵	51227450	沂沭河	基本站	临沂	兰陵	兰陵	兰陵	117.850 0	34.733 3	1		1
2050	西哨	51227950	沂沭河	基本站	临沂	兰陵	卞庄	西哨	118.116 7	34.733 3	1		1
2051	西石壁口	41828400	山东滨海诸河	基本站	临沂	沂水	富官庄	西石壁口	118.916 7	36.083 3	1		1

续附表 3

序号	测站名称	测站编码	水系	测站属性	测站地址				经度(°E)	纬度(°N)	降水观测方式		
					市	县(区)	乡(镇)	村(街道)			翻斗式	称重式	人工
2052	寨子山	51121450	沂沭河	基本站	临沂	沂水	院东头	寨子山水库	118.450 0	35.733 3	1		1
2053	杨庄	51124400	沂沭河	基本站	临沂	平邑	卞桥	杨庄水库	117.883 3	35.466 7	1		1
2054	昌里	51104800	沂沭河	基本站	临沂	平邑	铜石	昌里水库	117.666 7	35.333 3	1		1
2055	黄土山	51121950	沂沭河	基本站	临沂	蒙阴	蒙阴	黄土山水库	117.950 0	35.766 7	1		1
2056	朱家坡	51122650	沂沭河	基本站	临沂	蒙阴	野店	朱家坡水库	118.083 3	35.900 0	1		1
2057	大山	51320450	山东滨海诸河	基本站	临沂	莒南	朱芦	大山水库	119.133 3	35.300 0	1		1
2058	相邸	51300400	山东滨海诸河	基本站	临沂	莒南	相邸	相邸水库	118.916 7	35.183 3	1		1
2059	上冶	51124600	沂沭河	基本站	临沂	费	上冶	上冶水库	117.966 7	35.433 3	1		1
2060	石岚	51105500	沂沭河	基本站	临沂	费	薛庄	石岚水库	118.083 3	35.383 3	1		1
2061	马庄	51125550	沂沭河	基本站	临沂	费	马庄	马庄水库	118.016 7	35.116 7	1		1
2062	书房	51124950	沂沭河	基本站	临沂	费	梁邱	书房水库	117.666 7	35.133 3	1		1
2063	刘庄	51125450	沂沭河	基本站	临沂	兰山	汪沟	刘庄水库	118.233 3	35.300 0	1		1
2064	小马庄	51227700	运泗河及南四湖区	基本站	临沂	兰陵	矿坑	小马庄水库	118.000 0	35.033 3	1		1
2065	双河	51227100	运泗河及南四湖区	基本站	临沂	兰陵	下村	双河水库	117.783 3	34.966 7	1		1
2066	公家庄	51104587	沂沭河	基本站	临沂	平邑	保太	公家庄水库	117.716 7	35.600 0	1		1
2067	石泉湖	51115000	沂沭河	基本站	临沂	莒南	十字路	石泉湖水库	118.850 0	35.233 3	1		1

续附表 3

序号	测站名称	测站编码	水系	测站属性	测站地址				经度(°E)	纬度(°N)	降水观测方式		
					市	县(区)	乡(镇)	村(街道)			翻斗式	称重式	人工
2068	下峪	51420527	沂沭河	专用站	临沂	沂水	高庄	下峪	118.250 0	35.750 0	1		
2069	黄崖	51420528	沂沭河	专用站	临沂	蒙阴	野店	黄崖	118.017 2	35.933 6	1		
2070	山阴	51420535	沂沭河	专用站	临沂	平邑	郑城	山阴	117.566 7	35.266 7	1		
2071	郑城	51420531	沂沭河	专用站	临沂	平邑	郑城	贾家岭	117.650 0	35.250 0	1		
2072	芍药山	51420532	沂沭河	专用站	临沂	费	马庄	芍药山中学	117.950 0	35.150 0	1		
2073	宋家庄	51125345	沂沭河	专用站	临沂	费	薛庄	宋家庄	118.083 3	35.466 7	1		
2074	涝坡	51420566	沂沭河	专用站	临沂	莒南	涝坡	涝坡	118.927 2	35.287 5	1		
2075	卢家结庄	51420529	沂沭河	专用站	临沂	莒南	涝坡	卢家结庄	118.891 4	35.240 6	1		
2076	岭南头	51420526	运泗河及南四湖区	专用站	临沂	兰陵	下村	岭南头	117.750 0	35.000 0	1		
2077	石棚	51121185	沂沭河	专用站	临沂	沂水	泉庄	石棚水库	118.348 3	35.900 6	1		
2078	新民官庄	51121225	沂沭河	专用站	临沂	沂水	诸葛	新民官庄	118.472 2	35.947 2	1		
2079	下华庄	51121245	沂沭河	专用站	临沂	沂水	诸葛	下华庄水库	118.505 0	36.011 4	1		
2080	西峪	51121385	沂沭河	专用站	临沂	沂水	龙家圈	西峪	118.469 4	35.880 0	1		
2081	杨家庄	51122025	沂沭河	专用站	临沂	蒙阴	桃墟	杨家庄	117.942 2	35.639 2	1		
2082	石家水营	51122155	沂沭河	专用站	临沂	蒙阴	桃墟	石家水营水库	117.905 0	35.603 3	1		
2083	井旺庄	51122345	沂沭河	专用站	临沂	蒙阴	岱崮	井旺庄水库	118.064 2	35.987 5	1		
2084	岱崮	51122385	沂沭河	专用站	临沂	蒙阴	岱崮	岱崮	118.104 4	35.965 6	1		

续附表 3

序号	测站名称	测站编码	水系	测站属性	测站地址				经度(°E)	纬度(°N)	降水观测方式		
					市	县(区)	乡(镇)	村(街道)			翻斗式	称重式	人工
2085	梭庄	51122450	沂沭河	专用站	临沂	蒙阴	野店	梭庄	118.087 8	35.921 1	1		
2086	野店	51122665	沂沭河	专用站	临沂	蒙阴	野店	野店	118.091 7	35.873 3	1		
2087	姚家峪	51122955	沂沭河	专用站	临沂	沂南	岸堤	姚家峪	118.170 8	35.712 8	1		
2088	王山	51122965	沂沭河	专用站	临沂	沂南	岸堤	王山水库	118.242 8	35.705 3	1		
2089	孟良崮	51122975	沂沭河	专用站	临沂	沂南	孙祖	孟良崮水库	118.203 1	35.604 7	1		
2090	代庄	51122985	沂沭河	专用站	临沂	沂南	孙祖	代庄	118.263 1	35.590 0	1		
2091	马牧池	51122995	沂沭河	专用站	临沂	沂南	马牧池	马牧池	118.267 5	35.662 5	1		
2092	安子	51123005	沂沭河	专用站	临沂	沂南	依汶	安子	118.381 4	35.632 8	1		
2093	石花峪	51123015	沂沭河	专用站	临沂	沂南	依汶	石花峪	118.368 9	35.540 3	1		
2094	夏庄	51123025	沂沭河	专用站	临沂	沂南	界湖	夏庄	118.419 7	35.589 2	1		
2095	界湖	51123035	沂沭河	专用站	临沂	沂南	界湖	胡家旺	118.445 0	35.544 7	1		
2096	里庄	51123055	沂沭河	专用站	临沂	沂南	孙祖	里庄水库	118.283 1	35.565 0	1		
2097	孙祖	51123065	沂沭河	专用站	临沂	沂南	孙祖	孙祖	118.334 4	35.519 7	1		
2098	东风	51123075	沂沭河	专用站	临沂	沂南	张庄	东风水库	118.347 2	35.452 2	1		
2099	大峪	51123085	沂沭河	专用站	临沂	沂南	张庄	大峪水库	118.433 1	35.480 6	1		
2100	石山后	51123225	沂沭河	专用站	临沂	蒙阴	界牌	石山后水库	118.115 3	35.609 4	1		
2101	果庄	51123365	沂沭河	专用站	临沂	沂南	双堠	果庄	118.221 4	35.465 0	1		

续附表 3

序号	测站名称	测站编码	水系	测站属性	测站地址				经度(°E)	纬度(°N)	降水观测方式		
					市	县(区)	乡(镇)	村(街道)			翻斗式	称重式	人工
2102	桃花山	51123385	沂沭河	专用站	临沂	沂南	双堠	桃花山水库	118.245 6	35.513 9	1		
2103	旁沂庄	51123465	沂沭河	专用站	临沂	沂南	青驼	旁沂庄水库	118.372 8	35.392 2	1		
2104	流峪	51123765	沂沭河	专用站	临沂	平邑	流峪	流峪	117.633 1	35.376 7	1		
2105	娄山沟	51123785	沂沭河	专用站	临沂	平邑	丰阳	娄山沟	117.456 9	35.433 6	1		
2106	红泉	51123865	沂沭河	专用站	临沂	平邑	平邑	红泉	117.636 7	35.404 2	1		
2107	东阳店子	51123885	沂沭河	专用站	临沂	平邑	流峪	外柿子峪	117.582 5	35.368 1	1		
2108	平邑	51123900	沂沭河	专用站	临沂	平邑	平邑	水保局	117.642 2	35.510 3	1		
2109	张里	51124265	沂沭河	专用站	临沂	平邑	铜石	南张里	117.719 4	35.376 9	1		
2110	铜石	51124285	沂沭河	专用站	临沂	平邑	铜石	铜石	117.764 4	35.406 9	1		
2111	大米坑	51124425	沂沭河	专用站	临沂	费	朱田	小米坑	117.742 5	35.211 7	1		
2112	黄汪头	51124445	沂沭河	专用站	临沂	费	朱田	黄汪头水库	117.820 8	35.225 6	1		
2113	朱田	51124465	沂沭河	专用站	临沂	费	朱田	桑行	117.808 3	35.265 0	1		
2114	牛岚	51124585	沂沭河	专用站	临沂	费	大田庄	牛岚	117.983 3	35.512 5	1		
2115	埠后	51124605	沂沭河	专用站	临沂	费	上冶	上冶造纸厂	117.958 3	35.388 9	1		
2116	黄崖	51124625	沂沭河	专用站	临沂	费	大田庄	黄崖水库	117.935 3	35.446 1	1		
2117	小贤河	51124645	沂沭河	专用站	临沂	费	南张庄	小贤河水库	117.989 2	35.422 8	1		
2118	南径	51124725	沂沭河	专用站	临沂	费	白彦	南径	117.486 9	35.295 6	1		

续附表 3

序号	测站名称	测站编码	水系	测站属性	测站地址				经度(°E)	纬度(°N)	降水观测方式		
					市	县(区)	乡(镇)	村(街道)			翻斗式	称重式	人工
2119	稻港	51124965	沂沭河	专用站	临沂	费	梁邱	稻港水库	117.693 1	35.104 7	1		
2120	齐家峪	51125085	沂沭河	专用站	临沂	费	梁邱	齐家峪水库	117.696 4	35.067 2	1		
2121	鱼林涧	51125225	沂沭河	专用站	临沂	费	朱田	鱼林涧	117.786 1	35.186 7	1		
2122	白露	51125245	沂沭河	专用站	临沂	费	新庄	白露水库	117.883 6	35.061 1	1		
2123	葛峪	51125325	沂沭河	专用站	临沂	费	费城	东葛峪	117.906 1	35.255 3	1		
2124	费城	51125335	沂沭河	专用站	临沂	费	费城	南十里铺	118.007 2	35.240 8	1		
2125	青山口	51125365	沂沭河	专用站	临沂	费	费城	查山头	117.972 2	35.224 7	1		
2126	薛庄	51125375	沂沭河	专用站	临沂	费	薛庄	薛庄	118.075 8	35.354 4	1		
2127	夏立庄	51125405	沂沭河	专用站	临沂	费	探沂	前阳	118.027 8	35.192 5	1		
2128	胡阳	51125415	沂沭河	专用站	临沂	费	胡阳	养马	118.107 5	35.289 4	1		
2129	探沂	51125425	沂沭河	专用站	临沂	费	探沂	大探沂	118.134 7	35.212 2	1		
2130	方城	51125435	沂沭河	专用站	临沂	兰山	方城	方城	118.195 0	35.292 2	1		
2131	新桥	51125445	沂沭河	专用站	临沂	兰山	方城	新桥	118.196 4	35.238 3	1		
2132	汪沟	51125465	沂沭河	专用站	临沂	兰山	汪沟	东汪沟	118.248 1	35.274 4	1		
2133	柳树庄	51125475	沂沭河	专用站	临沂	兰山	汪沟	柳树庄	118.246 1	35.240 6	1		
2134	大杏花	51125485	沂沭河	专用站	临沂	兰山	汪沟	大杏花	118.278 6	35.277 2	1		
2135	南坊	51125495	沂沭河	专用站	临沂	兰山	柳青	金润花园	118.342 5	35.116 4	1		

续附表 3

序号	测站名称	测站编码	水系	测站属性	测站地址				经度(°E)	纬度(°N)	降水观测方式		
					市	县(区)	乡(镇)	村(街道)			翻斗式	称重式	人工
2136	尚庄	51125545	沂沭河	专用站	临沂	费	马庄	尚庄	117.973 1	35.147 5	1		
2137	刘庄	51125565	沂沭河	专用站	临沂	费	探沂	刘庄	118.116 7	35.135 0	1		
2138	冷庙	51125765	沂沭河	专用站	临沂	郯城	港上	冷庙灌区管理所	118.222 2	34.569 4	1		
2139	口子园	51125785	沂沭河	专用站	临沂	郯城	花园	口子园	118.189 7	34.509 4	1		
2140	上麻庄	51129545	沂沭河	专用站	临沂	沂水	沙沟	上流	118.576 9	36.126 9	1		
2141	石砬	51129665	沂沭河	专用站	临沂	沂水	马站	大水场	118.727 8	36.130 8	1		
2142	西旺庄	51129685	沂沭河	专用站	临沂	沂水	马站	小湖	118.725 0	36.092 8	1		
2143	下高庄	51129725	沂沭河	专用站	临沂	沂水	马站	下高庄	118.718 1	36.019 2	1		
2144	水牛	51129745	沂沭河	专用站	临沂	沂水	杨庄	水牛	118.800 6	36.048 6	1		
2145	南躲庄	51129765	沂沭河	专用站	临沂	沂水	杨庄	南躲庄	118.800 6	35.991 7	1		
2146	高楼子	51129785	沂沭河	专用站	临沂	沂水	杨庄	高楼子	118.817 8	36.022 5	1		
2147	东寨	51129825	沂沭河	专用站	临沂	沂水	杨庄	东寨	118.811 7	35.975 8	1		
2148	坪下河	51129855	沂沭河	专用站	临沂	沂水	高桥	张家牛旺	118.652 8	35.967 8	1		
2149	高桥	51129865	沂沭河	专用站	临沂	沂水	高桥	南岭	118.715 3	35.989 7	1		
2150	凤凰官庄	51129875	沂沭河	专用站	临沂	沂水	高桥	凤凰官庄	118.691 7	35.929 2	1		
2151	密家沟	51129885	沂沭河	专用站	临沂	沂水	道托	涝坡	118.734 4	35.892 5	1		
2152	三十里堡	51130325	沂沭河	专用站	临沂	沂水	四十里堡	三十里堡	118.745 6	35.653 3	1		

续附表 3

序号	测站名称	测站编码	水系	测站属性	测站地址				经度（°E）	纬度（°N）	降水观测方式		
					市	县(区)	乡(镇)	村(街道)			翻斗式	称重式	人工
2153	张家庄	51130345	沂沭河	专用站	临沂	沂水	四十里堡	张家庄	118.702 5	35.627 8	1		
2154	北高柱	51130725	沂沭河	专用站	临沂	莒南	大店	北高柱	118.864 4	35.301 9	1		
2155	大店	51130745	沂沭河	专用站	临沂	莒南	大店	大店	118.773 6	35.347 2	1		
2156	筵宾	51130765	沂沭河	专用站	临沂	莒南	筵宾	筵宾	118.776 4	35.263 9	1		
2157	十字路	51130805	沂沭河	专用站	临沂	莒南	十字路	大南黄庄水库	118.771 9	35.151 9	1		
2158	邓家	51130825	沂沭河	专用站	临沂	莒南	板泉	邓家	118.709 4	35.173 6	1		
2159	王庄	51130845	沂沭河	专用站	临沂	莒南	相沟	王庄水库	118.744 2	35.100 0	1		
2160	板泉	51130865	沂沭河	专用站	临沂	莒南	板泉	板泉	118.691 4	35.128 3	1		
2161	刘店子	51131065	沂沭河	专用站	临沂	河东	八湖	刘店子	118.571 4	35.242 8	1		
2162	八湖	51131085	沂沭河	专用站	临沂	河东	八湖	八湖	118.525 3	35.185 6	1		
2163	郑旺	51131095	沂沭河	专用站	临沂	河东	郑旺	杨家郑旺	118.600 3	35.176 4	1		
2164	姜庄	51131365	沂沭河	专用站	临沂	临沭	玉山	姜庄水库	118.768 1	35.005 3	1		
2165	郑山	51131385	沂沭河	专用站	临沂	临沭	郑山	郑山	118.608 9	34.932 8	1		
2166	临沭	51131405	沂沭河	专用站	临沂	临沭	临沭	曹洼	118.662 2	34.924 4	1		
2167	宋圩子	51131425	沂沭河	专用站	临沂	临沭	店头	宋圩子	118.590 3	34.823 9	1		
2168	湖子后	51131445	沂沭河	专用站	临沂	临沭	玉山	湖子后	118.783 1	34.973 3	1		
2169	后穆疃	51131465	沂沭河	专用站	临沂	临沭	玉山	后穆疃水库	118.783 3	34.932 5	1		

续附表 3

序号	测站名称	测站编码	水系	测站属性	测站地址				经度(°E)	纬度(°N)	降水观测方式		
					市	县(区)	乡(镇)	村(街道)			翻斗式	称重式	人工
2170	狼窝沟	51131485	沂沭河	专用站	临沂	临沭	蛟龙	狼窝沟水库	118.733 6	34.901 1	1		
2171	蛟龙	51131505	沂沭河	专用站	临沂	临沭	蛟龙	蛟龙	118.731 4	34.868 9	1		
2172	泉源	51131985	沂沭河	专用站	临沂	郯城	泉源	泉源	118.434 2	34.737 8	1		
2173	高峰头	51132025	沂沭河	专用站	临沂	郯城	高峰头	店子	118.352 2	34.528 6	1		
2174	小岭	51227865	运泗河及南四湖区	专用站	临沂	兰陵	卞庄	小岭	118.076 1	34.909 2	1		
2175	吴坦	51227885	运泗河及南四湖区	专用站	临沂	兰陵	卞庄	吴坦	118.087 8	34.801 9	1		
2176	沙园	51227905	运泗河及南四湖区	专用站	临沂	兰陵	长城	沙园	118.032 2	34.677 8	1		
2177	前峰山	51227925	运泗河及南四湖区	专用站	临沂	罗庄	沂堂	前峰山	118.128 1	34.958 6	1		
2178	神山	51227945	运泗河及南四湖区	专用站	临沂	兰陵	神山	神山	118.171 1	34.895 0	1		
2179	季庄	51227965	运泗河及南四湖区	专用站	临沂	兰陵	长城	季庄	118.070 3	34.695 8	1		
2180	罗西	51227985	运泗河及南四湖区	专用站	临沂	罗庄	罗庄	张家岑石	118.233 9	35.021 1	1		
2181	罗庄	51228005	运泗河及南四湖区	专用站	临沂	罗庄	罗庄	矿务局家属院	118.290 8	34.975 3	1		
2182	相沟	51131025	山东滨海诸河	专用站	临沂	莒南	相沟	相沟街村	118.755 3	35.075 3	1		

续附表 3

序号	测站名称	测站编码	水系	测站属性	测站地址				经度(°E)	纬度(°N)	降水观测方式		
					市	县(区)	乡(镇)	村(街道)			翻斗式	称重式	人工
2183	龙山	51320465	山东滨海诸河	专用站	临沂	莒南	坪上	龙山水库	119.042 8	35.257 5	1		
2184	沙土汪	51320475	山东滨海诸河	专用站	临沂	莒南	坪上	北沙土汪水库	119.050 6	35.207 2	1		
2185	坪上	51320485	山东滨海诸河	专用站	临沂	莒南	坪上	坪上	119.078 6	35.180 0	1		
2186	黄所	51320495	山东滨海诸河	专用站	临沂	莒南	团林	王家黄所水库	119.113 3	35.145 0	1		
2187	团林	51320525	山东滨海诸河	专用站	临沂	莒南	团林	团林	119.113 6	35.121 7	1		
2188	黄山	51228055	运泗河及南四湖区	专用站	临沂	罗庄	黄山	前黄山	118.311 7	34.841 1	1		1
2189	罗西	51227984	运泗河及南四湖区	专用站	临沂	罗庄	罗庄	张家岑石	118.227 8	35.003 1	1		1
2190	东指	51122788	沂沭河	专用站	临沂	蒙阴	岱崮	东指	118.189 2	35.933 3	1		1
2191	小留	51230350	运河	基本站	菏泽	牡丹	小留	小留集	115.433 3	35.366 7	1		1
2192	魏楼闸	51230400	运河	基本站	菏泽	牡丹	安兴	魏楼闸	115.683 3	35.366 7	1		1
2193	太平集	51230450	运河	基本站	菏泽	巨野	太平集	太平集	115.850 0	35.366 7	1		1
2194	中沙海	51230550	运河	基本站	菏泽	定陶	陈集	中沙海	115.633 3	35.233 3	1		1
2195	刘庄	51230650	运河	基本站	菏泽	巨野	龙堌	小刘庄	115.866 7	35.266 7	1		1
2196	章逢	51230900	运河	基本站	菏泽	巨野	章逢	章逢	116.000 0	35.200 0	1		1
2197	田集	51231000	运河	基本站	菏泽	成武	大田集	大田集	116.066 7	35.083 3	1		1
2198	东明集	51231400	运河	基本站	菏泽	东明	东明集	东明集	115.133 3	35.166 7	1		1

续附表 3

序号	测站名称	测站编码	水系	测站属性	测站地址				经度(°E)	纬度(°N)	降水观测方式		
					市	县(区)	乡(镇)	村(街道)			翻斗式	称重式	人工
2199	王浩屯	51231500	运河	基本站	菏泽	牡丹	王浩屯	杜海	115.316 7	35.133 3	1		1
2200	马庄闸	51231550	运河	基本站	菏泽	牡丹	佃户屯办事处	马庄闸	115.500 0	35.183 3	1		1
2201	张湾	51231600	运河	基本站	菏泽	定陶	张湾	张湾	115.400 0	35.066 7	1		1
2202	定陶	51231700	运河	基本站	菏泽	定陶	定陶	水利局	115.566 7	35.066 7	1		1
2203	牛小楼	51231750	运河	基本站	菏泽	定陶	孟海	牛小楼	115.750 0	35.133 3	1		1
2204	冉堌集	51231800	运河	基本站	菏泽	定陶	冉堌	冉堌集	115.766 7	35.000 0	1		1
2205	刘楼	51231850	运河	基本站	菏泽	东明	刘楼	刘楼	114.950 0	35.150 0	1		1
2206	三春集	51231900	运河	基本站	菏泽	东明	三春集	三春集	114.983 3	35.050 0	1		1
2207	庄寨	51232050	运河	基本站	菏泽	曹	庄寨	庄寨	115.200 0	35.016 7	1		1
2208	常乐集	51232100	运河	基本站	菏泽	曹	常乐集	常乐集	115.283 3	34.950 0	1		1
2209	路菜园闸	51232150	运河	基本站	菏泽	定陶	南王店	路菜园闸	115.533 3	35.000 0	1		1
2210	娄庄	51232200	运河	基本站	菏泽	曹	娄庄	娄庄	115.250 0	34.866 7	1		1
2211	李庙闸	51232250	运河	基本站	菏泽	曹	砖庙	李庙闸	115.450 0	34.916 7	1		1
2212	曹县	51232350	运河	基本站	菏泽	曹	郑庄	河套园	115.533 3	34.833 3	1		1
2213	王集	51232400	运河	基本站	菏泽	曹	王集	郭井	115.633 3	34.833 3	1		1
2214	成武	51232450	运河	基本站	菏泽	成武	成武	水利局	115.883 3	34.966 7	1		1
2215	张庄闸	51232500	运河	基本站	菏泽	成武	苟村	张庄闸	116.000 0	34.966 7	1		1

续附表 3

序号	测站名称	测站编码	水系	测站属性	测站地址				经度(°E)	纬度(°N)	降水观测方式		
					市	县(区)	乡(镇)	村(街道)			翻斗式	称重式	人工
2216	梁堤头	51232550	运河	基本站	菏泽	曹	梁堤头	梁堤头	115.583 3	34.650 0	1		1
2217	天宫庙	51232650	运河	基本站	菏泽	成武	天宫庙	天宫庙	115.850 0	34.850 0	1		1
2218	青堌集	51232750	运河	基本站	菏泽	曹	青堌集	青堌集	115.800 0	34.683 3	1		1
2219	黄寺	51233000	运河	基本站	菏泽	单	李新庄	黄寺	116.066 7	34.866 7	1		1
2220	曹庄	51233050	运河	基本站	菏泽	单	曹庄	曹庄	115.966 7	34.700 0	1		1
2221	武当庙	51233150	运河	基本站	菏泽	单	李田楼	武当庙	116.183 3	34.816 7	1		1
2222	终兴集	51233200	运河	基本站	菏泽	单	终兴	终兴集	116.283 3	34.750 0	1		1
2223	杨楼	51233900	运河	基本站	菏泽	单	杨楼	杨楼	116.183 3	34.616 7	1		1
2224	梳洗楼	51229220	南四湖区	专用站	菏泽	郓城	侯咽集	梳洗楼	115.783 3	35.733 3	1		
2225	郭屯	51229230	南四湖区	专用站	菏泽	郓城	郭屯	郭屯	115.933 3	35.483 3	1		
2226	侯庄闸	51229240	南四湖区	专用站	菏泽	郓城	潘渡	侯庄	115.950 0	35.666 7	1		
2227	南赵楼	51229260	南四湖区	专用站	菏泽	郓城	南赵楼	南赵楼	115.916 7	35.400 0	1		
2228	杨庄集	51229270	南四湖区	专用站	菏泽	郓城	杨庄集	杨庄集	116.033 3	35.650 0	1		
2229	丁里长	51229280	南四湖区	专用站	菏泽	郓城	丁里长	丁里长	115.966 7	35.533 3	1		
2230	唐楼闸	51229290	南四湖区	专用站	菏泽	郓城	杨庄集	后唐	116.083 3	35.633 3	1		
2231	水堡闸	51229510	南四湖区	专用站	菏泽	郓城	水堡	水堡	115.716 7	35.616 7	1		
2232	唐庙	51229520	南四湖区	专用站	菏泽	郓城	唐庙	中屯	115.816 7	35.416 7	1		

续附表 3

序号	测站名称	测站编码	水系	测站属性	测站地址				经度（°E）	纬度（°N）	降水观测方式		
					市	县（区）	乡（镇）	村（街道）			翻斗式	称重式	人工
2233	侯集	51229550	南四湖区	专用站	菏泽	曹	侯集回族	侯集	115.733 3	34.833 3	1		
2234	玉皇庙	51229600	南四湖区	专用站	菏泽	郓城	玉皇庙	玉皇庙	115.800 0	35.633 3	1		
2235	潘渡	51229660	南四湖区	专用站	菏泽	郓城	潘渡	潘渡	115.883 3	35.666 7	1		
2236	随官屯	51229670	南四湖区	专用站	菏泽	郓城	随官屯	随官屯	116.016 7	35.483 3	1		
2237	张鲁集	51229680	南四湖区	专用站	菏泽	郓城	张鲁集	黄楼	115.733 3	35.700 0	1		
2238	张营	51229690	南四湖区	专用站	菏泽	郓城	张营	张营	116.016 7	35.616 7	1		
2239	董口	51229710	南四湖区	专用站	菏泽	鄄城	董口	许孙旺	115.400 0	35.550 0	1		
2240	什集	51229730	南四湖区	专用站	菏泽	鄄城	什集	什集	115.466 7	35.433 3	1		
2241	陈良	51229790	南四湖区	专用站	菏泽	鄄城	左营	陈良	115.616 7	35.683 3	1		
2242	凤凰	51229810	南四湖区	专用站	菏泽	鄄城	凤凰	凤凰	115.566 7	35.566 7	1		
2243	梁屯	51229820	南四湖区	专用站	菏泽	鄄城	什集	梁屯	115.416 7	35.450 0	1		
2244	红船	51229830	南四湖区	专用站	菏泽	鄄城	红船	红船	115.683 3	35.550 0	1		
2245	黄安	51230030	南四湖区	专用站	菏泽	郓城	黄安	黄安	115.716 7	35.450 0	1		
2246	郑营	51230060	南四湖区	专用站	菏泽	鄄城	郑营	郑营	115.533 3	35.500 0	1		
2247	引马	51230070	南四湖区	专用站	菏泽	鄄城	引马	引马	115.616 7	35.516 7	1		
2248	李村	51230210	南四湖区	专用站	菏泽	牡丹	李村	李村	115.233 3	35.383 3	1		
2249	邓集	51230270	南四湖区	专用站	菏泽	定陶	仿山	邓集	115.516 7	35.100 0	1		

续附表 3

序号	测站名称	测站编码	水系	测站属性	测站地址				经度(°E)	纬度(°N)	降水观测方式		
					市	县(区)	乡(镇)	村(街道)			翻斗式	称重式	人工
2250	半堤	51230280	南四湖区	专用站	菏泽	定陶	半堤	半堤	115.716 7	35.183 3	1		
2251	黄店	51230290	南四湖区	专用站	菏泽	定陶	黄店	黄店	115.716 7	35.083 3	1		
2252	曹寺	51230310	南四湖区	专用站	菏泽	牡丹	沙土	付家庄	115.750 0	35.250 0	1		
2253	坡刘庄闸	51230320	南四湖区	专用站	菏泽	牡丹	岳程办事处	坡刘庄	115.566 7	35.233 3	1		
2254	陈集	51230330	南四湖区	专用站	菏泽	定陶	陈集	陈集	115.633 3	35.200 0	1		
2255	侯集	51230360	南四湖区	专用站	菏泽	牡丹	黄罡	侯集	115.550 0	35.333 3	1		
2256	史庄闸	51230370	南四湖区	专用站	菏泽	牡丹	吕陵	史庄闸	115.316 7	35.316 7	1		
2257	胡集闸	51230380	南四湖区	专用站	菏泽	牡丹	胡集	后孙庄	115.683 3	35.400 0	1		
2258	岳程庄	51230390	南四湖区	专用站	菏泽	牡丹	岳程办事处	岳程庄	115.533 3	35.266 7	1		
2259	皇镇	51230410	南四湖区	专用站	菏泽	牡丹	皇村	皇村	115.633 3	35.283 3	1		
2260	刘庄	51230440	南四湖区	专用站	菏泽	牡丹	吕陵	算王	115.283 3	35.250 0	1		
2261	董官屯	51230660	南四湖区	专用站	菏泽	巨野	董官屯	董官屯	115.966 7	35.283 3	1		
2262	王平坊	51230670	南四湖区	专用站	菏泽	巨野	董官屯	王平坊	115.900 0	35.216 7	1		
2263	双庙	51230680	南四湖区	专用站	菏泽	巨野	独山	双庙	116.116 7	35.300 0	1		
2264	田桥	51230700	南四湖区	专用站	菏泽	巨野	田桥	田桥	115.966 7	35.333 3	1		
2265	营里	51230890	南四湖区	专用站	菏泽	巨野	营里	营里	116.050 0	35.150 0	1		
2266	大谢集	51230910	南四湖区	专用站	菏泽	巨野	大谢集	大谢集	116.133 3	35.166 7	1		

续附表 3

序号	测站名称	测站编码	水系	测站属性	测站地址				经度(°E)	纬度(°N)	降水观测方式		
					市	县(区)	乡(镇)	村(街道)			翻斗式	称重式	人工
2267	核桃园	51230920	南四湖区	专用站	菏泽	巨野	核桃园	核桃园	116.233 3	35.250 0	1		
2268	丁庄	51230930	南四湖区	专用站	菏泽	巨野	田桥	丁庄	115.966 7	35.383 3	1		
2269	赵楼	51230970	南四湖区	专用站	菏泽	牡丹	牡丹街道	赵楼社区	115.483 3	35.283 3	1		
2270	新城	51230980	南四湖区	专用站	菏泽	巨野	巨野	新城	116.083 3	35.383 3	1		
2271	麒麟	51230990	南四湖区	专用站	菏泽	巨野	麒麟	麒麟	116.183 3	35.383 3	1		
2272	刘罡	51231380	南四湖区	专用站	菏泽	东明	大屯	刘罡	115.166 7	35.066 7	1		
2273	韩集	51231390	南四湖区	专用站	菏泽	曹	韩集	韩集	115.350 0	35.000 0	1		
2274	大屯	51231410	南四湖区	专用站	菏泽	东明	大屯	葛行	115.216 7	35.133 3	1		
2275	海头	51231420	南四湖区	专用站	菏泽	东明	武胜桥	海头	115.183 3	35.350 0	1		
2276	陆圈	51231430	南四湖区	专用站	菏泽	东明	陆圈	陆圈	115.216 7	35.266 7	1		
2277	杜堂	51231440	南四湖区	专用站	菏泽	定陶	杜堂	杜堂	115.633 3	35.133 3	1		
2278	沙沃	51231460	南四湖区	专用站	菏泽	东明	沙沃	沙沃	115.016 7	35.216 7	1		
2279	普连集	51231470	南四湖区	专用站	菏泽	曹	普连集	普连集	115.600 0	34.916 7	1		
2280	魏湾	51231480	南四湖区	专用站	菏泽	曹	魏湾	张菜园	115.350 0	34.883 3	1		
2281	大黄集	51231490	南四湖区	专用站	菏泽	牡丹	大黄集	吕寨	115.266 7	35.083 3	1		
2282	杜庄	51231510	南四湖区	专用站	菏泽	牡丹	万福办事处	杜庄社区	115.366 7	35.283 3	1		
2283	马头集	51231530	南四湖区	专用站	菏泽	东明	马头	马头集	115.100 0	35.016 7	1		

续附表 3

序号	测站名称	测站编码	水系	测站属性	测站地址				经度(°E)	纬度(°N)	降水观测方式		
					市	县(区)	乡(镇)	村(街道)			翻斗式	称重式	人工
2284	古营集	51231540	南四湖区	专用站	菏泽	曹	古营集	后王楼	115.666 7	34.950 0	1		
2285	九女	51231560	南四湖区	专用站	菏泽	成武	九女集	九女	115.800 0	34.950 0	1		
2286	马岭岗	51231590	南四湖区	专用站	菏泽	牡丹	马岭岗	马岭岗	115.316 7	35.183 3	1		
2287	柳林	51231610	南四湖区	专用站	菏泽	巨野	柳林	柳林	115.850 0	35.183 3	1		
2288	汶上集	51231810	南四湖区	专用站	菏泽	成武	汶上集	汶上集	115.850 0	35.100 0	1		
2289	伯乐集	51231820	南四湖区	专用站	菏泽	成武	伯乐集	伯乐集	115.833 3	35.016 7	1		
2290	马集	51231830	南四湖区	专用站	菏泽	定陶	马集	马集	115.483 3	35.033 3	1		
2291	张楼	51231840	南四湖区	专用站	菏泽	成武	张楼	张楼	116.066 7	35.016 7	1		
2292	田集村	51231860	南四湖区	专用站	菏泽	定陶	冉堌	田集	115.650 0	35.016 7	1		
2293	小井	51231910	南四湖区	专用站	菏泽	东明	小井	小井	115.050 0	35.083 3	1		
2294	毛楼	51231920	南四湖区	专用站	菏泽	东明	刘楼	四义赛	115.050 0	35.133 3	1		
2295	胡屯	51231930	南四湖区	专用站	菏泽	东明	东明集	荆台	115.050 0	35.200 0	1		
2296	高村	51231940	南四湖区	专用站	菏泽	东明	菜园集	高	115.066 7	35.350 0	1		
2297	南鲁集	51231960	南四湖区	专用站	菏泽	成武	南鲁集	南鲁集	115.933 3	35.083 3	1		
2298	贾庄	51231970	南四湖区	专用站	菏泽	东明	城关	贤街	115.133 3	35.250 0	1		
2299	油寨	51232110	南四湖区	专用站	菏泽	东明	陆圈	油寨	115.216 7	35.200 0	1		
2300	中心	51232160	南四湖区	专用站	菏泽	牡丹	青年路	荷泽市水文局	115.516 7	35.283 3	1		

续附表 3

序号	测站名称	测站编码	水系	测站属性	测站地址				经度(°E)	纬度(°N)	降水观测方式		
					市	县(区)	乡(镇)	村(街道)			翻斗式	称重式	人工
2301	邵庄	51232310	南四湖区	专用站	菏泽	曹	邵庄	邵庄	115.483 3	34.700 0	1		
2302	郑庄	51232320	南四湖区	专用站	菏泽	曹	郑庄	李楼	115.500 0	34.783 3	1		
2303	大吴庄	51232460	南四湖区	专用站	菏泽	成武	白浮图	大吴庄	116.133 3	34.950 0	1		
2304	阎店楼	51232590	南四湖区	专用站	菏泽	曹	阎店楼	申卫庄	115.600 0	34.733 3	1		
2305	安蔡楼	51232610	南四湖区	专用站	菏泽	曹	安蔡楼	安蔡楼	115.700 0	34.700 0	1		
2306	苏集	51232620	南四湖区	专用站	菏泽	曹	苏集	苏集	115.800 0	34.800 0	1		
2307	孙老家	51232630	南四湖区	专用站	菏泽	曹	孙老家	孙西	115.700 0	34.766 7	1		
2308	孙寺	51232640	南四湖区	专用站	菏泽	成武	孙寺	孙寺	115.950 0	34.866 7	1		
2309	智楼	51232670	南四湖区	专用站	菏泽	成武	九女集	智楼	115.783 3	34.900 0	1		
2310	南李集	51232770	南四湖区	专用站	菏泽	曹	青堌集	刘庄	115.766 7	34.616 7	1		
2311	大李海	51232790	南四湖区	专用站	菏泽	单	郭村	大李海	115.916 7	34.800 0	1		
2312	高老家	51233040	南四湖区	专用站	菏泽	单	高老家	高老家	115.883 3	34.733 3	1		
2313	莱河	51233060	南四湖区	专用站	菏泽	单	莱河	莱河	116.033 3	34.783 3	1		
2314	邵楼	51233070	南四湖区	专用站	菏泽	单	浮岗	邵楼	115.900 0	34.666 7	1		
2315	黄岗	51233080	南四湖区	专用站	菏泽	单	黄岗	黄岗	116.050 0	34.650 0	1		
2316	龙王庙	51233090	南四湖区	专用站	菏泽	单	龙王庙	龙王庙	116.200 0	34.716 7	1		
2317	单县	51233100	南四湖区	专用站	菏泽	单	城关	北城办事处	116.083 3	34.800 0	1		

续附表 3

序号	测站名称	测站编码	水系	测站属性	测站地址				经度(°E)	纬度(°N)	降水观测方式		
					市	县(区)	乡(镇)	村(街道)			翻斗式	称重式	人工
2318	姜庄	51233110	南四湖区	专用站	菏泽	单	朱集	姜庄	116.316 7	34.650 0	1		
2319	王小庄	51233120	南四湖区	专用站	菏泽	单	终兴	王小庄	116.316 7	34.716 7	1		
2320	张集	51233210	南四湖区	专用站	菏泽	单	张集	张集	116.350 0	34.816 7	1		
2321	田花园	51233220	南四湖区	专用站	菏泽	单	张集	田花园	116.400 0	34.850 0	1		
2322	康集	51233660	南四湖区	专用站	菏泽	成武	天宫庙	康集	115.866 7	34.900 0	1		
2323	何楼	51234490	南四湖区	专用站	菏泽	牡丹	何楼	何楼	115.416 7	35.183 3	1		
2324	李线庄	51204560	南四湖区	专用站	菏泽	郓城	程屯	李线庄	116.033 3	35.633 3	1		
2325	苏泗庄闸	51211720	南四湖区	专用站	菏泽	鄄城	临濮	苏泗庄	115.366 7	35.466 7	1		
2326	临濮闸东	51211730	南四湖区	专用站	菏泽	鄄城	临濮	临濮	115.383 3	35.483 3	1		
2327	袁旗营	51211820	南四湖区	专用站	菏泽	东明	渔沃办事处	袁旗营	115.150 0	35.266 7	1		
2328	李庄集	51211825	南四湖区	专用站	菏泽	牡丹	李村	李庄集	115.533 3	35.383 3	1		
2329	临濮闸南	51211833	南四湖区	专用站	菏泽	鄄城	临濮	临濮	115.383 3	35.483 3	1		
2330	任楼	51211845	南四湖区	专用站	菏泽	牡丹	沙土	新兴	115.800 0	35.333 3	1		
2331	丁楼	51213360	南四湖区	专用站	菏泽	定陶	马集	刘园	115.516 7	35.066 7	1		
2332	南庄	51213593	南四湖区	专用站	菏泽	曹	邵庄	南庄	115.450 0	34.716 7	1		
2333	春亭	51213860	南四湖区	专用站	菏泽	东明	刘楼	春亭	114.966 7	35.083 3	1		
2334	王占乾	51213890	南四湖区	专用站	菏泽	曹	楼庄	王占乾闸	115.266 7	34.900 0	1		

续附表 3

序号	测站名称	测站编码	水系	测站属性	测站地址				经度(°E)	纬度(°N)	降水观测方式		
					市	县(区)	乡(镇)	村(街道)			翻斗式	称重式	人工
2335	路菜园分水闸	51213905	南四湖区	专用站	菏泽	定陶	南王店	路菜园分水闸	115.533 3	35.000 0	1		
2336	阎店楼雨	51213940	南四湖区	专用站	菏泽	曹	古营集	安仁集	115.566 7	34.716 7	1		
2337	孙溜	51214110	南四湖区	专用站	菏泽	单	孙溜	孙溜	116.116 7	34.750 0	1		
2338	唐楼闸雨	51204350	南四湖区	专用站	菏泽	郓城	张营	唐楼闸	116.100 0	35.633 3	1		1
2339	李垓闸	51204570	南四湖区	专用站	菏泽	郓城	杨庄集	李垓闸	116.016 7	35.683 3	1		
2340	丁长闸	51211600	南四湖区	专用站	菏泽	郓城	丁里长	丁长闸	116.033 3	35.533 3	1		
2341	辛集	51211740	南四湖区	专用站	菏泽	鄄城	阎什口	辛集	115.683 3	35.483 3	1		
2342	赵寨雨	51211823	南四湖区	专用站	菏泽	东明	武胜桥	赵寨	115.233 3	35.333 3	1		1
2343	后孙庄	51211830	南四湖区	专用站	菏泽	牡丹	胡集	后孙庄	115.683 3	35.400 0	1		
2344	孙楼	51211835	南四湖区	专用站	菏泽	鄄城	彭楼	孙楼	115.616 7	35.433 3	1		
2345	国庄	51211840	南四湖区	专用站	菏泽	牡丹	安兴	国庄	115.666 7	35.350 0	1		1
2346	后集	51211848	南四湖区	专用站	菏泽	巨野	独山	后集	116.183 3	35.316 7	1		
2347	紫荆	51213350	南四湖区	专用站	菏泽	东明	东明集	荆台集	115.166 7	35.150 0	1		
2348	西宋庄	51213370	南四湖区	专用站	菏泽	定陶	黄店	西吴庄	115.750 0	35.133 3	1		
2349	毕花园	51213380	南四湖区	专用站	菏泽	巨野	章缝	毕花园	116.016 7	35.216 7	1		1
2350	郑庄雨	51213590	南四湖区	专用站	菏泽	定陶	冉堌	均张庄	115.616 7	34.983 3	1		1
2351	刘楼闸	51213613	南四湖区	专用站	菏泽	曹	朱洪庙	刘楼	115.533 3	34.666 7	1		

续附表3

序号	测站名称	测站编码	水系	测站属性	测站地址				经度(°E)	纬度(°N)	降水观测方式		
					市	县(区)	乡(镇)	村(街道)			翻斗式	称重式	人工
2352	大侯庄	51213908	南四湖区	专用站	菏泽	定陶	冉堌	冉堌	115.816 7	35.016 7	1		
2353	后姜楼闸	51213910	南四湖区	专用站	菏泽	曹	青岗集	后姜楼闸	115.566 7	34.966 7	1		
2354	牛陈庄	51213960	南四湖区	专用站	菏泽	曹	苏集	牛陈庄	115.833 3	34.783 3	1		
2355	郭集	51213980	南四湖区	专用站	菏泽	单	谢集	刘石庄	115.900 0	34.816 7	1		
2356	田花园雨	51214120	南四湖区	专用站	菏泽	单	张集	张集	116.383 3	34.833 3	1		1
2357	刘庄集	51214650	南四湖区	专用站	菏泽	单	曹叵集	刘庄集	115.833 3	34.666 7	1		
2358	西黄口	512C540R	南四湖区	专用站	菏泽	牡丹区	南城办事处	西黄口	115.467 2	35.228 7	1		
2359	菏泽电厂	512C750R	南四湖区	专用站	菏泽	牡丹区	岳程办事处	菏泽电厂	115.550 5	35.253 2	1		
2360	怡海花园	512C090R	南四湖区	专用站	菏泽	牡丹区	西城办事处	怡海花园	115.444 2	35.259 5	1		
2361	青年路水文局	512C450R	南四湖区	专用站	菏泽	牡丹区	南城办事处	青年路730号水文局	115.467 3	35.245 8	1		
2362	长兴集	51231853	南四湖区	专用站	菏泽	东明	长兴集镇	镇医院	114.915 0	35.143 3	1		
2363	焦园	51231903	南四湖区	专用站	菏泽	东明	焦园镇	镇医院	114.920 8	35.041 4	1		
2364	菜园集水库	51231854	南四湖区	专用站	菏泽	东明	菜园集水库	李寨村	115.119 8	35.384 4	1		
2365	南湖水库	/	南四湖区	专用站	菏泽	郓城	迎宾大道	郓城县水务局后院	115.943 6	35.559 2	1		1

注："测站编码"栏"/"表示"暂无编码"。

附表 4　山东省蒸发站基本情况一览

序号	测站名称	测站编码	水系	设站年份	测站属性	测站地址				经度(°E)	纬度(°N)	蒸发观测方式		
						市	县(区)	乡(镇)	村(街道)			E-601	蒸发皿	其他
1	商河中心	31123325	徒骇马颊	2016	专用站	济南	商河	许商	商西路 3 号	117.131 7	37.251 4	1	1	
2	平阴中心	41428405	黄河下游区	2016	专用站	济南	平阴	安城	山水路济南一锻重工西	116.525 3	36.272 2	1	1	
3	长清中心	41428615	黄河下游区	2016	专用站	济南	长清	平安	平安南路与农高路交汇处北	116.842 5	36.727 8	1	1	
4	章丘中心	41821660	山东沿海诸河	2016	专用站	济南	章丘	埠村	月宫	117.463 6	36.606 7	1	1	
5	下营	41807700	潍河	1975	基本站	潍坊	昌邑	下店镇	下营港	119.466 7	37.066 7	1	1	
6	徐家	41815970	山东沿海诸河	2018	专用站	威海	乳山	徐家	徐家	121.754 2	36.911 1	1	1	
7	杨庄	41815640	山东沿海诸河	2018	专用站	威海	荣成	崖头	杨庄	122.435 6	37.115 6			
8	王皮闸	31121730	马颊河	2015	专用站	德州	乐陵	云红办	乐陵水文中心	117.158 1	37.748 6	1	1	
9	王郑家	31125020	德惠新河	2016	专用站	德州	临邑	孟寺	临邑水文中心	116.961 7	37.156 9	1	1	
10	隋庄	31121310	马颊河	2015	专用站	德州	平原	龙门街道	隋庄中心站	116.394 2	37.187 8	1	1	
11	西魏	31125410	徒骇河	2016	专用站	德州	齐河	华店	齐河水文中心	116.688 1	36.801 9	1	1	
12	礼仪庄	31024860	南运河	2016	专用站	德州	武城	武城	城区水文中心	116.067 2	37.233 1	1	1	
13	南湖水库	13012345	南四湖区	2019	其他站	菏泽	郓城		水务局后院	115.943 6	35.559 2	1		1

附表 5　山东省有蒸发测验项目水文站基本情况一览

序号	测站名称	测站编码	水系	河流	集水面积（km^2）	设站年份	测站属性	测站分类	测站地址				经度（°E）	纬度（°N）
									市	县（区）	乡（镇）	村（街道）		
1	崮山	41403500	黄河下游区	北大沙河	373	1979	基本站	区域代表站	济南	长清	崮云湖	凤凰	116. 867 9	36. 480 3
2	北凤	41802700	山东沿海诸河	瓜漏河	378	1977	基本站	区域代表站	济南	章丘	埠村	北凤	117. 464 6	36. 664 0
3	莱芜	41500100	大汶河	大汶河	737	1960	基本站	区域代表站	济南	莱芜	凤城	东方红	117. 660 8	36. 193 6
4	陈北	41502550	大汶河	瀛汶河	783	2011	专用站	小河站	济南	莱芜	杨庄	陈北	117. 420 6	36. 272 3
5	鄂庄桥	41500110	大汶河	大汶河	737	2017	专用站	小河站	济南	莱芜	凤城	东方红	117. 660 8	36. 193 6
6	下村	/	大汶河	运粮河	58	2020	专用站	小河站	济南	莱芜	雪野	上游	117. 551 9	36. 471 1
7	产芝水库	41810200	山东沿海诸河	大沽河	876	1959	基本站	区域代表站	青岛	莱西	水集街道	产芝水库	120. 448 3	36. 931 0
8	南村	41810400	山东沿海诸河	大沽河	3 724	1951	基本站	大河控制站	青岛	平度	南村镇	东北街村	120. 142 9	36. 529 8
9	胶南	41812110	山东沿海诸河	风河	242	1976	基本站	区域代表站	青岛	黄岛	隐珠街道	琅琊台路 2 号	119. 990 8	35. 863 3
10	崂山水库	41812900	山东沿海诸河	白沙河	99. 6	1959	基本站	区域代表站	青岛	城阳	夏庄街道	崂山水库	120. 469 2	36. 260 2
11	西七级	41811375	山东沿海诸河	流浩河	300	2018	专用站	区域代表站	青岛	青岛	即墨区	移风店镇西七级村	120. 200 0	36. 500 0
12	大场	41812310	山东沿海诸河	吉利河	290	2018	专用站	区域代表站	青岛	黄岛	大场镇	大场村	119. 650 0	35. 683 3
13	莱西	41810670	山东沿海诸河	潴河	349	2018	专用站	区域代表站	青岛	莱西	水集街道	李家疃村	120. 533 3	36. 850 0
14	华桥	41812560	山东沿海诸河	墨水河	271	2018	专用站	区域代表站	青岛	城阳	城阳街道	古庙头村	120. 366 7	36. 316 7
15	岔河	41801300	山东沿海诸河	小清河	5 114	1967	基本站	大河控制站	淄博	桓台	马桥	岔河	117. 916 7	37. 066 7
16	源泉	41804550	山东沿海诸河	淄河	503	2017	基本站	区域代表站	淄博	博山	源泉	郑家	118. 050 0	36. 450 0
17	白塔	41803360	山东沿海诸河	孝妇河	252	2016	专用站	区域代表站	淄博	博山	白塔	簸萁掌	117. 883 3	36. 533 3

续附表 5

序号	测站名称	测站编码	水系	河流	集水面积(km^2)	设站年份	测站属性	测站分类	测站地址				经度(°E)	纬度(°N)
									市	县(区)	乡(镇)	村(街道)		
18	南麻	51103160	沂沭泗	螳螂河	287	2016	专用站	区域代表站	淄博	沂源	南麻街道	西河北	118.166 7	36.166 7
19	岩马水库	51208600	沂沭泗	城郭河	353	1960	基本站	区域代表站	枣庄	山亭	冯卯	岩马水库	117.360 8	35.197 0
20	庄里水库	51208860	沂沭泗	新薛河	320	2020	基本站	区域代表站	枣庄	山亭	山城街道	庄里水库	117.404 8	35.020 5
21	曲柏	51209080	沂沭泗	薛城大沙河	180	2018	专用站	区域代表站	枣庄	薛城	陶庄	齐湖	117.339 1	34.856 9
22	石羊	51209210	沂沭泗	峄城大沙河	135	2018	专用站	区域代表站	枣庄	市中	西王庄	石羊	117.598 5	34.808 4
23	涛沟桥	51209420	沂沭泗	陶沟河	451	2018	专用站	区域代表站	枣庄	台儿庄	邳庄	涛沟桥	117.798 5	34.577 3
24	薛河	51208880	沂沭泗	新薛河	528	2018	专用站	区域代表站	枣庄	滕州	羊庄	东石楼	117.370 0	34.960 0
25	东劝学闸	31108440	草桥沟	草桥沟		2016	专用站	小河站	东营	河口	河口街道	东劝学闸	118.466 9	37.966 3
26	石村(二)	41801500	小清河	小清河	6 717	2018	基本站	大河控制站	东营	广饶	乐安	辛桥	118.433 4	37.132 9
27	王营	41800090	支脉河	支脉河	1 350	1977	基本站	区域代表站	东营	东营	牛庄	王营	118.465 6	37.304 7
28	招远	41813600	山东沿海诸河	界河	98.60	1982	基本站	小河站	烟台	招远	泉山街道	汤前村	120.400 0	37.350 0
29	王屋水库	41814100	山东沿海诸河	黄水河	328.0	1959	基本站	区域代表站	烟台	龙口	石良镇	王屋水库	120.650 0	37.550 0
30	门楼水库	41814900	山东沿海诸河	清洋河	1 079	1960	基本站	区域代表站	烟台	福山	门楼镇	门楼水库	121.233 3	37.416 7
31	海阳	41816200	山东沿海诸河	东村河	54.60	1978	基本站	小河站	烟台	海阳	方圆街道	新兴村	121.150 0	36.800 0
32	汤前	41813650	山东沿海诸河	界河	307	2017	专用站	区域代表站	烟台	招远	张星镇	石对头村	120.383 3	37.416 7

续附表 5

序号	测站名称	测站编码	水系	河流	集水面积（km^2）	设站年份	测站属性	测站分类	测站地址				经度（°E）	纬度（°N）
									市	县（区）	乡（镇）	村（街道）		
33	中村	41813750	山东沿海诸河	泳汶河	179	2017	专用站	小河站	烟台	龙口	中村镇	中村	120. 450 0	37. 633 3
34	蓬莱东	41814550	山东沿海诸河	平畅河	242	2017	专用站	区域代表站	烟台	蓬莱	潮水镇	衙前村	121. 016 7	37. 700 0
35	老岚	41814670	山东沿海诸河	大沽夹河	691	2017	专用站	区域代表站	烟台	福山	回里镇	老岚村	121. 250 0	37. 266 7
36	大窑	41815325	山东沿海诸河	沁水河	179	2017	专用站	小河站	烟台	牟平	大窑镇	金埠大街橡胶坝	121. 633 3	37. 400 0
37	莱阳	41816560	山东沿海诸河	蚬河	512	2017	专用站	区域代表站	烟台	莱阳	富山路	富山大桥	120. 716 7	36. 950 0
38	羊角沟	41801800	小清河	小清河		1951	基本站	专用站	潍坊	寿光	羊口镇	羊角沟村	118. 866 7	37. 266 7
39	冶源水库	41805400	弥河	弥河	785	1959	基本站	区域代表站	潍坊	临朐	冶源镇	冶源水库	118. 533 3	36. 400 0
40	谭家坊	41805700	弥河	弥河	2 153	1976	基本站	区域代表站	潍坊	青州	谭坊镇	李家庄	118. 650 0	36. 700 0
41	墙夼水库	41806800	潍河	潍河	656	1960	基本站	区域代表站	潍坊	诸城	枳沟镇	墙夼水库	119. 133 3	35. 900 0
42	诸城(二)	41806850	潍河	潍河	1 831	2010	基本站	区域代表站	潍坊	诸城	横五路潍河拙村闸	拙村闸	119. 383 3	36. 016 7
43	峡山水库	41807100	潍河	潍河	4 210	1960	基本站	大河控制站	潍坊	峡山	下小路	峡山水库管理局	119. 400 0	36. 500 0
44	后营	51200300	运河	梁济运河	3 225.00	1960	基本站	大河控制站	济宁	任城	济阳	后营	116. 542 4	35. 400 6
45	二级湖闸	51202700	运河	昭阳湖		1959	基本站	大河控制站	济宁	微山	欢城	二级湖闸	116. 985 1	34. 872 8
46	韩庄闸	51203800	运河	新运河		1961	基本站	大河控制站	济宁	微山	韩庄	韩庄闸	117. 367 1	34. 593 9
47	书院	51207200	泗河	泗河	1 542.00	1955	基本站	区域代表站	济宁	曲阜	书院	书院	117. 001 6	35. 634 4

续附表 5

序号	测站名称	测站编码	水系	河流	集水面积（km^2）	设站年份	测站属性	测站分类	测站地址				经度（°E）	纬度（°N）
									市	县（区）	乡（镇）	村（街道）		
48	鱼台	51213850	运河	东鱼河	5 998.00	1968	基本站	大河控制站	济宁	鱼台	唐马	赵庄	116.694 4	34.967 9
49	红运	51206727	运河	红旗河	152	2018	专用站	小河站	济宁	嘉祥	红运镇	红运村	116.350 0	35.516 7
50	王庄	51207780	泗河	险河	176	2018	专用站	区域代表站	济宁	曲阜	王庄乡	王庄村	117.033 3	35.650 0
51	小吴庄	51213470	运河	东沟河	103	2018	专用站	区域代表站	济宁	鱼台	罗屯乡	小吴庄	116.400 0	35.083 3
52	大汶口	41500690	大汶河	大汶河	5 696	1954	基本站	大河控制站	泰安	岱岳	大汶口	卫驾庄村	117.083 3	35.950 0
53	戴村坝（三）	41501600	大汶河	大汶河	8 264	1935	基本站	大河控制站	泰安	东平	彭集	陈流泽	116.466 7	35.900 0
54	黄前水库	41502800	大汶河	石汶河	292	1962	基本站	区域代表站	泰安	泰山景区	黄前	黄前水库	117.233 3	36.300 0
55	东周水库	41503000	大汶河	大汶河南支	189	1977	基本站	区域代表站	泰安	新泰	汶南	东周水库	117.800 0	35.900 0
56	邢家寨	41502930	大汶河	泮汶河	374	2018	专用站	区域代表站	泰安	高新	北集坡街道	东夏村东南	117.166 7	36.100 0
57	谷里	41503100	大汶河	大汶河南支	900	2018	专用站	区域代表站	泰安	新泰	谷里	北 026 县道跨大汶河南支桥东侧	117.533 3	35.933 3
58	尚庄炉水库	41503631	大汶河	小汇河	141	2018	专用站	小河站	泰安	肥城	安驾庄	尚庄炉水库	116.766 7	36.016 7
59	席桥	41504060	大汶河	汇河	1 245	2018	专用站	区域代表站	泰安	东平	接山	刘所村北	116.566 7	35.916 7
60	鲍村	41815500	山东沿海诸河	沽河	86.60	1958	基本站	小河站	威海	荣成	滕家	鲍村	122.356 1	37.129 7

续附表 5

序号	测站名称	测站编码	水系	河流	集水面积（km^2）	设站年份	测站属性	测站分类	测站地址				经度（°E）	纬度（°N）
									市	县（区）	乡（镇）	村（街道）		
61	八河水库	41815550	山东沿海诸河	小落河	256.00	2006	基本站	小河站	威海	荣成	崂山	八河水库	122.423 6	37.040 2
62	米山水库	41815700	山东沿海诸河	母猪河	436.00	1959	基本站	区域代表站	威海	文登	米山	米山水库	121.927 3	37.175 4
63	温泉	41815420	山东沿海诸河	五渚河	34.20	2018	专用站	小河站	威海	环翠	温泉	温泉栾家店	122.230 6	37.398 6
64	文城	41815850	山东沿海诸河	母猪河	262.00	2018	专用站	小河站	威海	文登	龙山	泊子	121.986 1	37.164 7
65	夏村	41816040	山东沿海诸河	崔家河	145.00	2018	专用站	小河站	威海	乳山	夏村	崔家	121.484 4	36.893 3
66	日照水库	51300100	山东沿海诸河	傅疃河	544.00	1959	基本站	区域代表站	日照	东港	后村镇	日照水库	119.314 3	35.434 5
67	聂家洪沟	51114620	山东沿海诸河	袁公河	433	2012	专用站	区域代表站	日照	莒县	峤山	聂家洪沟	118.902 5	35.651 9
68	夹仓	51300220	山东沿海诸河	傅疃河	1 040	2014	专用站	区域代表站	日照	东港	奎山	夹仓	119.437 5	35.341 9
69	大朱曹	51300380	山东沿海诸河	绣针河	355	2012	专用站	区域代表站	日照	岚山	碑廓	大朱曹	119.237 2	35.135 3
70	五龙堂水文站	51320306	山东沿海诸河	傅疃河	874	2020	专用站	区域代表站	日照	东港	奎山	崮河崖	119.430 8	35.355 8
71	白鹤观闸	31102700	徒骇马颊	德惠新河	3 182	1971	基本站	大河控制站	滨州	无棣	车王	白鹤观闸	117.625 8	37.894 7
72	堡集闸	31104100	徒骇马颊	徒骇河	10 250	1971	基本站	大河控制站	滨州	滨城	三河湖	堡集闸	117.864 7	37.506 1
73	幸福闸	31106050	徒骇马颊	沙河	396	2015	专用站	小河站	滨州	惠民	孙武	幸福闸	117.516 7	37.450 0
74	胜利闸	41803860	山东沿海诸河	胜利河	1 450	2016	专用站	小河站	滨州	邹平	高新	胜利闸	117.817 2	36.916 9
75	四女寺闸（南）	31000301	南运河	南运河	37 200	1919	基本站	大河控制站	德州	武城	四女寺	四女寺闸	116.233 6	37.364 2

续附表 5

序号	测站名称	测站编码	水系	河流	集水面积(km^2)	设站年份	测站属性	测站分类	测站地址				经度(°E)	纬度(°N)
									市	县(区)	乡(镇)	村(街道)		
76	宫家闸	31103801	徒骇马颊	徒骇河	6 720	1970	基本站	大河控制站	德州	临邑	临南	宫家闸	116.815 6	36.998 1
77	临清	31000100	漳卫河	南运河	37 200	1917	基本站	大河控制站	聊城	临清	先锋街道	健康街	115.683 3	36.850 0
78	王铺闸	31100500	徒骇马颊	马颊河	3 088	1971	基本站	大河控制站	聊城	东昌府	堂邑镇	王铺村	115.783 3	36.533 3
79	刘桥闸	31103500	徒骇马颊	徒骇河	4 444	1971	基本站	大河控制站	聊城	高唐	杨屯镇	刘桥村	116.300 0	36.800 0
80	跋山水库	51100300	沂沭河	沂河	1 779	1960	基本站	区域代表站	临沂	沂水	沂城	跋山水库	118.550 3	35.894 4
81	临沂	51101100	沂沭河	沂河	10 315	1950	基本站	大河控制站	临沂	河东	滨河东路	冠亚星城	118.391 4	35.020 3
82	刘家道口	51101202	沂沭河	沂河	10 438	1974	基本站	大河控制站	临沂	郯城	李庄	刘家道口	118.430 8	34.932 5
83	岸堤水库	51103400	沂沭河	东汶河	1 694	1960	基本站	区域代表站	临沂	蒙阴	垛庄	岸堤水库	118.120 8	35.684 4
84	许家崖水库	51105200	沂沭河	温凉河	584	1959	基本站	区域代表站	临沂	费	费城	许家崖水库	117.878 9	35.193 3
85	大官庄	51111901	沂沭河	新沭河	4 529	1952	基本站	大河控制站	临沂	临沭	石门	大官庄	118.554 2	34.801 4
86	陡山水库	51114800	沂沭河	浔河	431	1959	基本站	区域代表站	临沂	莒南	大店	陡山水库	118.853 1	35.327 5
87	五龙官庄	51114910	沂沭河	浔河	535	2016	专用站	区域代表站	临沂	莒南	大店	五龙官庄	118.706 1	35.343 1
88	平邑	51104780	沂沭河	浚河	425	2016	专用站	区域代表站	临沂	平邑	温水	小河	117.726 9	35.485 0
89	临沭	51112155	沂沭河	苍源河	95	2016	专用站	小河站	临沂	临沭	临沭	苍源河公园	118.654 2	34.911 1
90	大张台	51103280	沂沭河	东汶河	140	2016	专用站	小河站	临沂	蒙阴	常路	大张台	117.861 1	35.747 5

续附表 5

序号	测站名称	测站编码	水系	河流	集水面积 (km^2)	设站年份	测站属性	测站分类	测站地址				经度 (°E)	纬度 (°N)
									市	县(区)	乡(镇)	村(街道)		
91	龙泉	51104020	沂沭河	孙祖河	108	2016	专用站	小河站	临沂	沂南	张庄	大桥	118.361 7	35.489 7
92	费城	51105310	沂沭河	温凉河	683	2016	专用站	区域代表站	临沂	费	费城	邢家村	117.920 3	35.238 1
93	埠前	51103270	沂沭河	暖阳河	132	2016	专用站	小河站	临沂	沂水	诸葛	大诸葛	118.555 0	35.986 1
94	魏楼闸	51211800	运河	洙赵新河	796	1971	基本站	区域代表站	菏泽	牡丹	安兴镇	魏楼闸	115.683 3	35.366 7
95	李庙闸	51213900	运河	东鱼河南支	938	1971	基本站	区域代表站	菏泽	曹	砖庙	李庙闸	115.450 0	34.916 7
96	黄寺	51214000	运河	胜利河	1 061	1955	基本站	区域代表站	菏泽	单	李新庄	黄寺	116.066 7	34.866 7
97	唐楼闸	51204350	南四湖区	郓城新河	315	2017	专用站	小河站	菏泽	郓城	张营	唐楼闸	116.100 0	35.633 3
98	赵寨	51211823	南四湖区	渔沃河		2017	专用站	小河站	菏泽	东明	武胜桥	赵寨	115.233 3	35.333 3
99	国庄	51211840	南四湖区	太平溜		2017	专用站	小河站	菏泽	牡丹	安兴	国庄	115.666 7	35.350 0
100	毕花园	51213380	南四湖区	五联河		2017	专用站	小河站	菏泽	巨野	章缝	毕花园	116.016 7	35.216 7
101	郑庄	51213590	南四湖区	东鱼河		2017	专用站	小河站	菏泽	定陶	冉堌	均张庄	115.616 7	34.983 3
102	田花园	51214120	南四湖区	惠河		2017	专用站	小河站	菏泽	单	张集	田花园	116.383 3	34.833 3

附表6　山东省水质站基本情况一览

序号	测站名称	测站编码	水系	河流	设站年份	测站地址				经度(°E)	纬度(°N)	跨行政区界情况	水域类型	代表河长(km)	2019年现状水质
						市	县(区)	乡(镇)	村(街道)						
1	营子闸	31190022	徒骇马颊	徒骇河	2010	济南	商河	济阳县交界	道口	117.217 8	37.160 0	县界	河流	31	Ⅳ类
2	刘成桥	31191000	徒骇马颊	徒骇河	2011	济南	惠民	姜楼	成家	117.443 6	37.290 3	市界	河流	36	Ⅲ类
3	刘家堡桥	31192010	徒骇马颊	徒骇河	2011	济南	惠民	石庙	刘家堡	117.409 7	37.425 0	市界	河流	15	Ⅲ类
4	锦绣川水库	41490200	黄河下游区	玉符河	2003	济南	历城	西营	锦绣川水库	117.145 8	36.506 7	无	水库	22.2	Ⅱ类
5	泺口	41491000	黄河下游区	黄河	2010	济南	槐荫	泺口	泺口	116.560 6	36.460 6	无	河流	87.3	Ⅱ类
6	王家洼	41502750	大汶河	瀛汶河	2007	济南	莱芜	寨里	王家洼	117.416 7	36.274 7	县界	河流	52.3	Ⅲ类
7	陈屯庄桥	41503960	大汶河	汇河	2011	济南	平阴	孔村	陈屯	116.508 3	36.155 6	市界	河流	15.9	Ⅳ类
8	付家桥	41581100	大汶河	大汶河	2007	济南	钢城	艾山	付家桥	117.821 1	36.054 2	无	河流	13.2	Ⅱ类
9	马小庄	41581400	大汶河	大汶河	2007	济南	莱芜	牛泉	马小庄	117.451 4	36.205 8	县界	河流	37.4	Ⅲ类
10	柴庄闸	41881050	山东沿海诸河	小清河	2007	济南	历城	遥墙	蔡庄闸	117.441 7	36.940 3	县界	河流	28	Ⅴ类
11	五龙堂	41881100	山东沿海诸河	小清河	2010	济南	章丘	石门	龙堂	117.421 7	36.967 2	市界	河流	23.9	Ⅳ类
12	吴家铺	41881500	山东沿海诸河	小清河	1978	济南	槐荫	吴家铺	新沙王庄	116.927 2	36.710 6	无	河流	8	Ⅲ类
13	大明湖湖中	41883200	山东沿海诸河	大明湖	1978	济南	历下	大明湖南岸	大明湖湖中	117.017 5	36.672 8	无	湖泊	0	Ⅱ类
14	西董庄桥	41883310	山东沿海诸河	杏花河	2011	济南	章丘	青阳店	西董庄	117.577 2	36.881 9	市界	河流	35	Ⅴ类
15	黄台桥	41800700	山东沿海诸河	小清河	1977	济南	历城	华山	前进桥	117.060 6	36.710 6	县界	河流	16	劣Ⅴ类
16	狼猫山水库	41881105	山东沿海诸河	巨野河	2017	济南	历城	彩石	狼猫山水库	117.303 9	36.632 2	无	水库	18.3	Ⅱ类
17	崮山	41403500	黄河下游区	北大沙河	2007	济南	长清	崮山	凤凰	116.877 8	36.483 6	无	河流	66.2	Ⅱ类

续附表 6

序号	测站名称	测站编码	水系	河流	设站年份	测站地址				经度（°E）	纬度（°N）	跨行政区界情况	水域类型	代表河长（km）	2019年现状水质
						市	县（区）	乡（镇）	村（街道）						
18	卧虎山水库（坝上）	41403800	黄河下游区	玉符河	1960	济南	历城	仲宫	卧虎山水库	116.977 2	36.510 6	无	水库	18	Ⅱ类
19	玉清湖水库	41494500	黄河下游区	玉符河	2017	济南	长清	平安街道	玉清湖水库	116.814 3	36.660 2	无	水库	0	Ⅱ类
20	雪野水库	41502500	大汶河	瀛汶河	1962	济南	莱芜	雪野	雪野	117.573 3	36.401 4	无	水库	39.4	Ⅱ类
21	莱芜	41500100	大汶河	大汶河	1960	济南	莱芜	凤城	鄂庄大桥	117.664 7	36.191 7	无	河流	28.4	Ⅴ类
22	栾湾村	41494700	黄河下游区	济平干渠	2013	济南	平阴	栾湾	栾湾	116.491 8	36.320 5	无	河流	33.3	Ⅲ类
23	东湖水库	41881110	山东沿海诸河	东湖水库	2013	济南	历城	唐王	东湖水库	117.333 1	36.887 6	无	水库	0	Ⅳ类
24	清源湖水库	31190490	徒骇马颊	清源湖水库	2017	济南	商河	清源街	清源湖水库	117.084 1	37.169 8	无	水库	0	Ⅱ类
25	鹊山水库	41494600	黄河下游区	鹊山水库	2017	济南	天桥	大桥街道	鹊山水库	117.001 7	36.767 8	无	水库	0	Ⅱ类
26	乔店水库	41500170	大汶河	辛庄河	2017	济南	莱芜	辛庄	乔店	117.880 0	36.270 0	无	水库	0	/
27	北墅水库	41810788	山东沿海诸河	小沽河	2009	青岛	莱西	南墅	北墅	120.297 5	37.050 6	市界	水库	60	Ⅲ类
28	铁山水库（鲁）	41812088	山东沿海诸河	风河	2009	青岛	黄岛	铁山街道	前石沟	119.898 1	35.928 1	无	水库	14.4	Ⅲ类
29	胶南	41812111	山东沿海诸河	风河	2009	青岛	黄岛	珠海街道	大哨头	119.996 0	35.863 3	无	河流	14.7	Ⅲ类
30	辇止头	41880230	山东沿海诸河	大沽河	2007	青岛	莱西	望城	辇止头	120.473 6	36.817 8	无	河流	13.5	Ⅳ类
31	江家庄	41880270	山东沿海诸河	大沽河	2009	青岛	莱西	孙受	江家庄	120.362 2	36.740 8	无	河流	38.2	Ⅲ类
32	岔河闸	41880360	山东沿海诸河	大沽河	2009	青岛	即墨	七级	南岔河	120.173 6	36.476 1	县界	河流	31.8	Ⅳ类

续附表 6

序号	测站名称	测站编码	水系	河流	设站年份	测站地址				经度(°E)	纬度(°N)	跨行政区界情况	水域类型	代表河长(km)	2019年现状水质
						市	县(区)	乡(镇)	村(街道)						
33	南庄闸	41881090	山东沿海诸河	大沽河	2009	青岛	胶州	胶东	南庄	120.118 1	36.297 8	无	河流	7	河干
34	斜拉桥	41881095	山东沿海诸河	大沽河	2009	青岛	胶州	营海	山角	120.102 5	36.254 2	无	河流	10	Ⅳ类
35	棘洪滩水库	41881100	山东沿海诸河	桃源河	2007	青岛	城阳	棘洪滩街道	棘洪滩	120.237 2	36.368 3	无	水库	0	Ⅲ类
36	李家泊子	41881120	山东沿海诸河	洙河	2012	青岛	莱西	河头店	李家泊子	120.566 4	37.043 6	市界	河流	22.1	Ⅲ类
37	山洲水库	41881160	山东沿海诸河	洋河	2007	青岛	胶州	洋河	山洲	119.839 4	36.104 2	无	水库	14	Ⅲ类
38	吉利河水库	41882395	山东沿海诸河	吉利河	2007	青岛	黄岛	理务关	洼里	119.633 6	35.794 4	市界	水库	14.4	Ⅲ类
39	闸子	41811502	山东沿海诸河	南胶莱河	1976	青岛	胶州	胶莱	闸子	120.090 2	36.452 6	无	河流	29	Ⅳ类
40	产芝水库	41810200	山东沿海诸河	大沽河	1960	青岛	莱西	梅花山街道	产芝	120.448 3	36.931 0	无	水库	15	Ⅲ类
41	南村	41810401	山东沿海诸河	大沽河	1960	青岛	平度	南村	南村	120.148 1	36.530 1	无	河流	26.5	Ⅲ类
42	尹府水库	41811000	山东沿海诸河	猪洞河	1976	青岛	平度	云山	尹府	120.162 1	36.860 5	无	水库	12.5	Ⅲ类
43	崂山水库	41812900	山东沿海诸河	白沙河	2007	青岛	城阳	夏庄街道	夏庄	120.474 3	36.260 4	无	水库	23	Ⅱ类
44	郑家	41880010	山东沿海诸河	泽河	2020	青岛	平度	新河	西八甲	119.717 8	36.920 1	无	河流	60	/
45	红旗	41881600	山东沿海诸河	胶河	2020	青岛	胶州	铺集	西皇姑庵	119.703 6	36.077 3	无	河流	30	/
46	张家院	41880100	山东沿海诸河	大沽河	2020	青岛	莱西	马连庄	张家院	120.442 8	37.066 1	无	河流	10	/
47	葛家埠	41880800	山东沿海诸河	小沽河	2020	青岛	莱西	院上	葛家埠	120.270 3	36.729 4	无	河流	32	/
48	岚西头	41811100	山东沿海诸河	五沽河	2020	青岛	即墨	段泊岚	岚西头	120.396 6	36.613 8	无	河流	41	/

续附表 6

序号	测站名称	测站编码	水系	河流	设站年份	测站地址				经度(°E)	纬度(°N)	跨行政区界情况	水域类型	代表河长(km)	2019 年现状水质
						市	县(区)	乡(镇)	村(街道)						
49	乌衣巷	41882700	山东沿海诸河	白沙河	2020	青岛	崂山	北宅街道	乌衣巷	120.548 9	36.241 8	无	河流	10	/
50	即墨	41882400	山东沿海诸河	墨水河	2020	青岛	即墨	经济开发区	西障	120.479 3	36.385 6	无	河流	46	/
51	李村	41883250	山东沿海诸河	李村河	2020	青岛	李沧	浮山路街道	九水社区	120.416 8	36.148 8	无	河流	16.7	/
52	东韩	41883350	山东沿海诸河	张村河	2020	青岛	崂山	中韩街道	东韩社区	120.443 0	36.126 3	无	河流	23	/
53	刘春家	40183000	黄河下游区	黄河	2011	淄博	高青	常家	刘春家	117.884 4	37.260 0	市界	河流	82.2	Ⅲ类
54	萌山水库	41881210	山东沿海诸河	范阳河	2007	淄博	周村	萌水	萌水	117.874 2	36.716 1	无	河流	23.3	Ⅲ类
55	袁家	41883702	山东沿海诸河	孝妇河	2011	淄博	周村	北郊	袁家	117.883 1	36.860 6	市界	河流	13	Ⅳ类
56	源泉	41804550	山东沿海诸河	淄河	2012	淄博	博山	源泉	郑家庄	118.065 3	36.448 6	县界	河流	33	Ⅱ类
57	田庄水库	51100100	山东沿海诸河	沂河	1978	淄博	沂源	南麻	田庄	118.110 3	36.168 9	无	河流	30	Ⅱ类
58	东里店	51100200	山东沿海诸河	沂河	1978	淄博	沂源	东里	东里店	118.350 6	36.015 8	市界	河流	36	Ⅲ类
59	太河水库	41804700	山东沿海诸河	淄河	1976	淄博	淄川	太河	太河水库	118.132 5	36.536 9	无	河流	21	Ⅱ类
60	白兔丘	41824801	山东沿海诸河	淄河	1963	淄博	临淄	敬仲	白兔丘	118.376 7	36.934 4	市界	河流	32.1	/
61	马尚	41803700	山东沿海诸河	孝妇河	1976	淄博	张店	马尚	马尚	117.961 7	36.801 7	无	河流	59	Ⅳ类
62	岔河	41801301	山东沿海诸河	小清河	1976	淄博	桓台	马桥	岔河	117.916 1	37.070 8	无	河流	14.4	Ⅳ类
63	西闸	41881302	山东沿海诸河	小清河	2011	滨州	博兴	湖滨	西闸	118.060 6	37.104 4	市界	河流	16.5	Ⅴ类
64	大芦湖水库	41883100	山东沿海诸河	大芦湖水库	2017	淄博	高青	田镇	大芦湖水库	117.903 6	37.210 0	无	水库	0	Ⅱ类

续附表 6

序号	测站名称	测站编码	水系	河流	设站年份	测站地址				经度(°E)	纬度(°N)	跨行政区界情况	水域类型	代表河长(km)	2019年现状水质
						市	县(区)	乡(镇)	村(街道)						
65	新城水库	41883500	山东沿海诸河	新城水库	2002	淄博	桓台	新城	新城水库	117.916 7	36.983 3	无	水库	0	Ⅱ类
66	郝峪	41805100	山东沿海诸河	淄河	2020	淄博	博山	池上	西池	118.080 0	36.350 0	无	河流	24	/
67	姚家套	41881194	山东沿海诸河	支脉河	2020	淄博	高青	高城	姚家套	118.081 7	37.130 0	市界	河流	39	/
68	朱家庄	51103101	山东沿海诸河	高庄河	2020	淄博	沂源	南麻	朱家庄	118.080 0	36.080 0	无	河流	22	/
69	马踏湖	41884000	山东沿海诸河	乌河	2020	淄博	桓台	起凤	华沟	118.069 0	37.081 6	无	湖泊	0	Ⅳ类
70	群乐桥	51191500	沂沭河	城河	2007	枣庄	滕州	西岗	付楼	116.999 7	34.982 8	市界	河流	22.7	Ⅳ类
71	洪村	51191502	沂沭河	城河	2009	枣庄	滕州	北辛	洪村	117.186 4	35.098 3	无	河流	28	Ⅲ类
72	王晁站	51191700	沂沭河	北沙河	2007	枣庄	滕州	级索	后王晁	116.948 6	35.033 9	市界	河流	36.7	Ⅲ类
73	周村水库	51226950	沂沭河	西泇河	2007	枣庄	市中	孟庄	周村	117.694 7	34.948 9	市界	水库	15	Ⅱ类
74	福运港口	51294302	沂沭河	中运河	2011	枣庄	台儿庄	运河	赵村	117.782 5	34.522 5	省界	河流	7	Ⅲ类
75	洛房桥	51299004	沂沭河	十字河	2009	枣庄	薛城	常庄	前洛房	117.169 7	34.804 3	市界	河流	30.6	Ⅳ类
76	十字河大桥	51299102	沂沭河	薛潘龙河	2011	济宁	微山	昭阳	彭口闸	117.194 0	34.761 7	市界	河流	21.6	Ⅲ类
77	马河水库	51208400	沂沭河	北沙河	1975	枣庄	滕州	东郭	马河	117.218 4	35.213 3	无	水库	0	Ⅲ类
78	岩马水库	51208600	沂沭河	城河	1975	枣庄	山亭	冯卯	岩马	117.360 8	35.197 0	无	水库	4.5	Ⅱ类
79	滕州	51208700	沂沭河	城河	1959	枣庄	滕州	龙泉	荆河公园	117.170 9	35.080 2	无	河流	2.4	/
80	柴胡店	51209001	沂沭河	十字河	1967	枣庄	滕州	柴胡店	柴胡店	117.223 9	34.882 1	无	河流	70.7	Ⅲ类

续附表 6

序号	测站名称	测站编码	水系	河流	设站年份	测站地址				经度(°E)	纬度(°N)	跨行政区界情况	水域类型	代表河长(km)	2019年现状水质
						市	县(区)	乡(镇)	村(街道)						
81	薛城站	51209101	沂沭河	薛潘龙河	1975	枣庄	薛城	常庄	东泥	117.237 8	34.802 7	无	河流	29.3	Ⅲ类
82	峄城站	51209301	沂沭河	峄城大沙河	1961	枣庄	峄城	坛山	店子	117.580 4	34.754 7	无	河流	57	Ⅳ类
83	台儿庄闸站(闸上)	51204301	沂沭河	中运河	1975	枣庄	台儿庄	运河	娄爱军公寓	117.726 5	34.554 1	无	河流	31.8	Ⅲ类
84	利津	41494080	黄河下游区	黄河	2010	东营	利津	利津浮桥	利黄堤	118.307 2	37.514 4	省界	河流	86.6	Ⅱ类
85	垦利	41494100	黄河下游区	黄河	2010	东营	垦利	垦利浮桥	利黄堤	118.531 1	37.603 9	省界	河流	41	Ⅱ类
86	石村	41801500	山东沿海诸河	小清河	2010	东营	广饶	石村	甄庙	118.375 6	37.142 8	市界	河流	39.4	Ⅳ类
87	广南水库	41885510	山东沿海诸河	小清河	2020	东营	东营	六户	广南水库	118.786 7	37.336 4	无	水库	0	/
88	王营	41800100	山东沿海诸河	支脉河	2007	东营	东营	牛庄	王营	118.468 1	37.303 1	市界	河流	44.8	Ⅴ类
89	城子水库	41880020	山东沿海诸河	大沽河	2007	烟台	招远	毕郭	城子水库	120.496 7	37.225 0	无	水库	33.1	Ⅲ类
90	庙子夼	41880030	山东沿海诸河	大沽河	2011	烟台	招远	夏甸	庙子夼	120.446 7	37.133 9	市界	河流	13.9	Ⅱ类
91	金城	41887000	山东沿海诸河	乳山河	2011	烟台	牟平	王格庄	金城	121.391 1	37.099 7	市界	河流	15	Ⅱ类
92	臧格庄	41814800	山东沿海诸河	大沽夹河	1961	烟台	栖霞	臧家庄	臧家庄	120.993 4	37.461 8	无	河流	35.4	Ⅲ类
93	门楼水库	41814900	山东沿海诸河	大沽夹河	1961	烟台	福山	门楼	门楼水库	121.208 5	37.414 8	无	水库	29.6	Ⅱ类
94	王屋水库	41814100	山东沿海诸河	黄水河	1961	烟台	龙口	石良	王屋水库	120.650 7	37.548 3	无	水库	46.2	Ⅱ类
95	沐浴水库	41816500	山东沿海诸河	五龙河	1961	烟台	莱阳	河洛	沐浴水库	120.741 6	37.054 1	无	水库	57.6	Ⅱ类

续附表 6

序号	测站名称	测站编码	水系	河流	设站年份	测站地址				经度(°E)	纬度(°N)	跨行政区界情况	水域类型	代表河长(km)	2019年现状水质
						市	县(区)	乡(镇)	村(街道)						
96	团旺站	41816400	山东沿海诸河	五龙河	1959	烟台	莱阳	团旺	崔疃	120.675 2	36.765 8	无	河流	66.4	Ⅳ类
97	福山站	41814700	山东沿海诸河	大沽夹河	1985	烟台	福山	清洋街道	大沙埠	121.280 5	37.492 4	无	河流	50.1	/
98	牟平站	41815300	山东沿海诸河	沁水河	1981	烟台	牟平	宁海办事处	邵家港	121.620 1	37.397 0	无	河流	33	/
99	海阳站	41816200	山东沿海诸河	东村河	2020	烟台	海阳	东村	河北	121.156 8	36.793 8	无	河流	34	Ⅲ类
100	三里庄水库	41828100	山东沿海诸河	扶淇河	2007	潍坊	诸城	龙都街道	三里庄水库	119.400 0	35.970 0	无	水库	0	Ⅲ类
101	金口闸	41830100	山东沿海诸河	潍河	2004	潍坊	昌邑	围子	金家口	119.420 0	36.820 0	无	河流	45	Ⅲ类
102	下营	41830150	山东沿海诸河	潍河	2009	潍坊	昌邑	下营	辛安庄	119.463 9	37.021 9	无	河流	37	Ⅳ类
103	王吴水库	41833600	山东沿海诸河	胶河	2007	潍坊	高密	柏城	王吴水库	119.750 0	36.180 0	市界	水库	10	/
104	侯辛庄	41882520	山东沿海诸河	小清河	2012	潍坊	寿光	羊口	侯辛庄	118.700 0	37.240 0	市界	河流	28.5	劣Ⅴ类
105	大栏	41811858	山东沿海诸河	胶河	2009	潍坊	高密	河崖	大栏	119.945 0	36.463 1	市界	河流	63.4	/
106	符山水库	41886900	山东沿海诸河	大圩河	2009	潍坊	潍城	符山	符山水库	118.979 7	36.659 4	无	水库	0	Ⅲ类
107	小古县	41886950	山东沿海诸河	潍河	2012	潍坊	诸城	相州	小古县	119.446 9	36.221 9	县界	河流	45.7	Ⅳ类
108	墙夼水库	41806800	山东沿海诸河	潍河	1961	潍坊	诸城	枳沟	墙夼水库	119.138 3	35.890 8	市界	水库	10	Ⅱ类
109	诸城	41806850	山东沿海诸河	潍河	1960	潍坊	诸城	横五路	拙村闸	119.380 0	36.020 0	无	河流	34	Ⅳ类
110	峡山水库	41807100	山东沿海诸河	潍河	1960	潍坊	坊子	太保庄街办	峡山水库	119.400 0	36.500 0	无	水库	0	Ⅲ类
111	高崖水库	41808800	山东沿海诸河	汶河	2007	潍坊	昌乐	鄌郚	高崖水库	118.800 0	36.350 0	无	水库	28.6	Ⅲ类

续附表 6

序号	测站名称	测站编码	水系	河流	设站年份	测站地址				经度(°E)	纬度(°N)	跨行政区界情况	水域类型	代表河长(km)	2019年现状水质
						市	县(区)	乡(镇)	村(街道)						
112	牟山水库	41809000	山东沿海诸河	汶河	1960	潍坊	安丘	兴安街办	牟山水库	119.130 0	36.420 0	无	水库	38	Ⅲ类
113	郭家屯	41808350	山东沿海诸河	渠河	1960	潍坊	诸城	郭家屯	渠河大桥	119.400 0	36.250 0	县界	河流	92.7	Ⅲ类
114	冶源水库	41805400	山东沿海诸河	弥河	1960	潍坊	临朐	冶源	冶源水库	118.530 0	36.400 0	无	水库	22	Ⅲ类
115	谭家坊	41805700	山东沿海诸河	弥河	1976	潍坊	青州	谭坊	李家庄	118.650 0	36.700 0	县界	河流	67.9	Ⅳ类
116	白浪河水库	41806200	山东沿海诸河	白浪河	1960	潍坊	潍城	军埠口	白浪河水库	119.080 0	36.620 0	县界	水库	45.5	Ⅲ类
117	冯家花园	41806600	山东沿海诸河	桂河	2009	潍坊	寒亭	高里	冯家花园	118.998 1	36.853 9	县界	河流	60.6	/
118	流河	41809490	山东沿海诸河	北胶莱河	1960	潍坊	昌邑	石埠	于家流河	119.530 0	36.750 0	市界	河流	100	劣Ⅴ类
119	双王城水库	41882525	山东沿海诸河	张僧河	2013	潍坊	寿光	卧铺	双王城水库	118.719 7	37.127 1	无	水库	0	Ⅲ类
120	河北	41806100	山东沿海诸河	临朐丹河	2020	潍坊	临朐	辛寨	河北	118.583 3	36.400 0	无	河流	9.9	/
121	黄山	41805300	山东沿海诸河	弥河	2020	潍坊	临朐	寺头	西黄山	118.516 7	36.333 3	无	河流	20	/
122	屯头闸	51189030	运泗河及南四湖区	洸府河	2012	济宁	兖州	颜店	屯头闸	116.671 4	35.519 4	县界	河流	35	Ⅳ类
123	郭楼闸	51200202	运泗河及南四湖区	梁济运河	1956	济宁	梁山	韩垓	郭楼闸	116.257 2	35.661 4	县界	河流	50.4	Ⅲ类
124	二级湖闸下	51202704	运泗河及南四湖区	南四湖	1956	济宁	微山	欢城	二级湖闸	116.993 9	35.875 0	无	湖泊	0	Ⅲ类
125	韩庄闸(下)	51203801	运泗河及南四湖区	中运河	2012	济宁	微山	韩庄	韩庄闸	117.115 8	34.791 7	市界	河流	3.7	Ⅲ类

续附表 6

序号	测站名称	测站编码	水系	河流	设站年份	测站地址				经度（°E）	纬度（°N）	跨行政区界情况	水域类型	代表河长（km）	2019 年现状水质
						市	县（区）	乡（镇）	村（街道）						
126	龙湾套水库坝上	51221750	运泗河及南四湖区	泗河支流	2011	济宁	泗水	泗水	龙湾套水库	117.290 8	35.594 4	无	水库	0	Ⅲ类
127	南旺	51283010	运泗河及南四湖区	梁济运河	2012	济宁	汶上	南旺	镇政府	116.344 4	35.570 8	县界	河流	15.3	Ⅲ类
128	程子庙	51284306	运泗河及南四湖区	大沙河	2011	济宁	鱼台	老砦	程子庙	116.838 1	34.933 6	省界	河流	5.5	Ⅳ类
129	华村水库	51285012	运泗河及南四湖区	泗河支流	2012	济宁	泗水	黄沟	华村水库	117.435 3	35.698 3	无	水库	0	Ⅲ类
130	红旗闸	51285020	运泗河及南四湖区	泗河	2012	济宁	曲阜	防山	南陶洛	117.090 3	35.562 2	县界	河流	22	Ⅳ类
131	龙湾店	51285030	运泗河及南四湖区	泗河	2012	济宁	兖州	谷村	龙湾店	116.848 3	35.615 3	县界	河流	44	Ⅲ类
132	黄路屯	51286030	运泗河及南四湖区	白马河	2012	济宁	邹城	郭里	黄路屯	116.797 8	35.255 6	无	河流	24	Ⅲ类
133	独山	51290060	运泗河及南四湖区	南四湖	2007	济宁	微山	两城	独山	116.715 6	35.182 2	无	湖泊	0	Ⅲ类
134	王庙	51290090	运泗河及南四湖区	南四湖	2007	济宁	嘉祥	金屯	王庙	116.557 8	35.217 5	无	湖泊	0	Ⅲ类
135	前白口	51290120	运泗河及南四湖区	南四湖	2007	济宁	微山	鲁桥	前白口	116.674 4	35.254 7	无	湖泊	0	Ⅲ类
136	沙堤	51290150	运泗河及南四湖区	南四湖	2007	济宁	微山	留庄	沙堤	116.799 4	35.110 3	无	湖泊	0	Ⅲ类

续附表 6

序号	测站名称	测站编码	水系	河流	设站年份	测站地址				经度(°E)	纬度(°N)	跨行政区界情况	水域类型	代表河长(km)	2019年现状水质
						市	县(区)	乡(镇)	村(街道)						
137	大捐	51290180	运泗河及南四湖区	南四湖	2007	济宁	微山	昭阳	大捐	117.098 3	34.763 9	无	湖泊	0	Ⅲ类
138	高楼	51290210	运泗河及南四湖区	南四湖	2007	济宁	微山	高楼	高楼	117.074 7	34.690 8	无	湖泊	0	Ⅲ类
139	南阳农场	51290220	运泗河及南四湖区	洸府河	2007	济宁	任城	接庄	南阳湖农场	116.625 6	35.295 3	县界	河流	10	Ⅳ类
140	故县坝	51290240	运泗河及南四湖区	泗河	2007	济宁	泗水	中册	故县	117.273 3	35.760 3	无	河流	33	Ⅲ类
141	鲁桥	51290250	运泗河及南四湖区	白马河	2007	济宁	微山	鲁桥	鲁桥	116.720 3	35.181 9	县界	河流	15	Ⅲ类
142	东里村	51294606	运泗河及南四湖区	沿河	2011	济宁	鱼台	老砦	东里	116.984 4	34.758 3	省界	河流	4.5	Ⅲ类
143	后营	51200301	运泗河及南四湖区	梁济运河	1956	济宁	任城	济阳	后营	116.541 9	35.400 3	县界	河流	25.3	Ⅲ类
144	南阳	51201001	运泗河及南四湖区	南四湖	1956	济宁	微山	南阳	南阳	116.668 3	35.052 2	无	湖泊	0	Ⅲ类
145	二级湖闸上	51202703	运泗河及南四湖区	南四湖	1956	济宁	微山	欢城	二级湖闸	116.993 9	34.875 6	无	湖泊	0	Ⅲ类
146	微山岛	51203401	运泗河及南四湖区	南四湖	1956	济宁	微山	微山岛	渡口	117.121 1	34.794 4	无	湖泊	0	Ⅲ类
147	韩庄闸闸上	51203802	运泗河及南四湖区	南四湖	1956	济宁	微山	韩庄	韩庄闸	117.114 7	34.793 3	无	湖泊	0	Ⅲ类

续附表 6

序号	测站名称	测站编码	水系	河流	设站年份	测站地址				经度(°E)	纬度(°N)	跨行政区界情况	水域类型	代表河长(km)	2019年现状水质
						市	县(区)	乡(镇)	村(街道)						
148	梁山闸	51211502	运泗河及南四湖区	洙赵新河	1956	济宁	嘉祥	纸坊	梁山	116.429 7	35.304 7	无	河流	41	Ⅴ类
149	孙庄	51212201	运泗河及南四湖区	万福河	1956	济宁	金乡	高河	孙庄	116.421 9	34.907 5	无	河流	41	Ⅳ类
150	东鱼河鱼台	51213800	运泗河及南四湖区	东鱼河	1956	济宁	鱼台	谷亭	赵庄	116.718 1	34.950 3	无	河流	49	Ⅳ类
151	张埝闸	51234150	运泗河及南四湖区	复新河	2007	济宁	鱼台	老砦	张埝	116.838 1	34.933 6	省界	河流	7.7	Ⅳ类
152	书院	51207201	运泗河及南四湖区	泗河	1956	济宁	曲阜	书院	书院	116.848 3	35.615 3	无	河流	47.5	Ⅲ类
153	贺庄水库	51206900	运泗河及南四湖区	泗河支流	2012	济宁	泗水	泉林	贺庄水库	117.435 3	35.698 3	无	水库	4	Ⅲ类
154	尼山水库	51207800	运泗河及南四湖区	泗河支流	1956	济宁	曲阜	尼山	刘楼	117.026 9	35.405 6	无	水库	0	Ⅲ类
155	西苇水库	51208300	运泗河及南四湖区	白马河	2007	济宁	邹城	千泉	西苇水库	116.842 2	35.338 6	无	水库	0	Ⅲ类
156	马楼	51208000	运泗河及南四湖区	白马河	2012	济宁	邹城	太平	马楼	116.797 8	35.255 6	无	河流	13.5	Ⅲ类
157	波罗树	51208000	运泗河及南四湖区	泗河	2020	济宁	高新	接庄	郑庄	116.816 7	35.483 3	县界	河流	12.5	/
158	金斗水库	41582210	大汶河	平阳河	2012	泰安	新泰	青云	金斗水库	117.779 7	35.947 5	无	水库	15.8	Ⅱ类

续附表 6

序号	测站名称	测站编码	水系	河流	设站年份	测站地址				经度(°E)	纬度(°N)	跨行政区界情况	水域类型	代表河长(km)	2019 年现状水质
						市	县(区)	乡(镇)	村(街道)						
159	鄄城	41583200	大汶河	大汶河	2012	泰安	东平	接山	鄄城	116. 606 1	35. 936 7	县界	河流	59. 8	Ⅲ类
160	丁坞桥	41583230	大汶河	汇河	2012	泰安	东平	大羊	丁坞	116. 518 6	36. 056 7	无	河流	32. 7	Ⅳ类
161	老湖镇	41583400	大汶河	东平湖	2007	泰安	东平	老湖	老湖	116. 253 3	35. 996 7	无	湖泊	0	Ⅲ类
162	陈山口	41583500	大汶河	大汶河	2007	泰安	东平	旧县	陈山口	116. 213 6	36. 118 9	无	河流	10	/
163	洸河闸	51189010	运泗河及南四湖区	洸府河	2007	泰安	宁阳	八仙桥	洸河闸	116. 781 9	35. 780 0	无	河流	20	Ⅲ类
164	泗店镇桥	51189020	运泗河及南四湖区	洸府河	2012	泰安	宁阳	泗店	泗店镇桥	116. 780 0	35. 696 7	市界	河流	17	/
165	白楼	41504000	大汶河	汇河	1977	泰安	肥城	桃园	白楼	116. 672 2	36. 194 7	无	河流	25. 6	劣Ⅴ类
166	光明水库	41503400	大汶河	光明河	1962	泰安	新泰	小协	光明水库	117. 595 8	35. 882 8	无	水库	13. 5	Ⅱ类
167	东周水库	41503000	大汶河	柴汶河	1977	泰安	新泰	汶南	东周水库	117. 794 7	35. 894 4	无	水库	21. 6	Ⅱ类
168	楼德	41503200	大汶河	柴汶河	1987	泰安	新泰	楼德	苗庄	117. 284 7	35. 886 9	县界	河流	80	Ⅳ类
169	北望	41500300	大汶河	大汶河	1952	泰安	岱岳	北集坡	旧县	117. 201 9	36. 094 4	县界	河流	20. 9	Ⅳ类
170	大汶口	41500691	大汶河	大汶河	1954	泰安	岱岳	大汶口	卫驾庄	117. 085 8	35. 943 6	县界	河流	33. 3	Ⅳ类
171	戴村坝	41501600	大汶河	大汶河	1935	泰安	东平	彭集	陈流泽	116. 540 0	35. 893 1	无	河流	14	Ⅲ类
172	黄前水库	41502800	大汶河	石汶河	1962	泰安	泰山	黄前	黄前水库	117. 238 3	36. 301 7	无	水库	22. 9	Ⅱ类
173	小观	41882440	山东沿海诸河	黄垒河	2011	威海	文登	小观	小观	121. 855 5	36. 969 9	无	河流	36. 6	Ⅲ类

续附表 6

序号	测站名称	测站编码	水系	河流	设站年份	测站地址				经度（°E）	纬度（°N）	跨行政区界情况	水域类型	代表河长（km）	2019 年现状水质
						市	县（区）	乡（镇）	村（街道）						
174	巫山	41882460	山东沿海诸河	黄垒河	2012	威海	乳山	下初	巫山	121.596 0	37.126 0	市界	河流	28.1	Ⅳ类
175	郭格庄水库	41882600	山东沿海诸河	母猪河	2007	威海	环翠	草庙子镇	郭格庄水库	122.127 0	37.296 7	无	水库	7	Ⅲ类
176	米山水库	41815700	山东沿海诸河	母猪河	1961	威海	文登	米山	米山水库	121.926 1	37.176 4	无	水库	33.4	Ⅲ类
177	龙角山水库	41816000	山东沿海诸河	乳山河	1962	威海	乳山	育黎	龙角山水库	121.373 4	37.035 0	无	水库	24.9	Ⅲ类
178	鲍村	41815500	山东沿海诸河	沽河	1958	威海	荣成	大疃	鲍村	122.363 0	37.130 0	无	河流	32	Ⅲ类
179	八河水库	41882550	山东沿海诸河	王连河、小落河	2006	威海	荣成	王连	八河水库	122.424 0	37.040 0	无	水库	29	劣Ⅴ类
180	管帅大桥	41891010	山东沿海诸河	潍河	2012	日照	五莲县	于里镇	管西庄	119.041 2	35.870 4	县界	河流	24.4	Ⅱ类
181	前云村南桥	51191200	沂沭河	沭河	2012	日照	莒县	刘家管庄镇	前云	118.807 8	35.506 4	无	河流	7.7	Ⅲ类
182	许家孟堰	51191240	沂沭河	沭河	2012	临沂	莒南县	大店镇	许家孟堰	118.705 3	35.362 5	市界	河流	20.6	Ⅳ类
183	郁家村西桥	51381005	沂沭河	绣针河	2012	日照	岚山区	碑廓镇	郁家	119.198 3	35.139 2	市界	河流	32.6	Ⅲ类
184	绣针河 204 国道桥	51391330	沂沭河	绣针河	2013	日照	岚山区	安东卫街道	汾水	119.268 1	35.116 7	省界	河流	13.4	劣Ⅴ类
185	青峰岭水库	51111000	沂沭河	沭河	1960	日照	莒县	洛河乡	东卢家岔河村	118.864 2	35.791 4	无	水库	18.6	Ⅱ类
186	莒县	51111300	沂沭河	沭河	1959	日照	莒县	陵阳街道	刘家河口村	118.863 9	35.580 3	无	河流	29.5	Ⅲ类

续附表 6

序号	测站名称	测站编码	水系	河流	设站年份	测站地址				经度(°E)	纬度(°N)	跨行政区界情况	水域类型	代表河长(km)	2019年现状水质
						市	县(区)	乡(镇)	村(街道)						
187	小仕阳水库	51114600	沂沭河	袁公河	1959	日照	莒县	招贤镇	小仕阳村	118.979 2	35.743 1	无	水库	27.1	Ⅲ类
188	日照水库	51300100	沂沭河	傅疃河	1959	日照	东港区	后村镇	小代疃村	119.314 4	35.434 4	无	水库	36.2	Ⅱ类
189	蒙阴新	51181018	沂沭河	沂河	2007	临沂	蒙阴	蒙阴	北竺院	117.903 3	35.724 2	无	河流	9	Ⅱ类
190	龙头汪金矿	51181040	沂沭河	沂河	2007	临沂	沂南	澳可玛路	城东澳可玛大道东	118.544 2	35.525 6	无	河流	34	Ⅳ类
191	小埠东坝	51181060	沂沭河	沂河	2007	临沂	兰山	金雀山街道	小埠东	118.634 7	35.067 2	无	河流	30	Ⅳ类
192	港上	51181110	沂沭河	沂河	2011	临沂	郯城	新村	龙华	118.107 5	34.529 7	省界	河流	10	Ⅲ类
193	白马河三捷庄	51181400	沂沭河	白马河	2010	临沂	郯城	花园	三捷庄	118.185 6	34.521 1	无	河流	32.5	Ⅳ类
194	白马河捷庄	51181405	沂沭河	沂河	2011	临沂	郯城	花园	捷庄闸管所下游 1.5 km	118.163 6	34.475 6	省界	河流	6.5	Ⅲ类
195	集子村	51182040	沂沭河	沭河	2012	临沂	郯城	泉源	集子	118.481 9	34.700 3	县界	河流	44	Ⅳ类
196	老沭河红花	51182060	沂沭河	沭河	2011	临沂	郯城	红花	沭河大桥	118.360 3	34.480 8	省界	河流	11.7	Ⅲ类
197	陈塘桥	51182070	沂沭河	沭河	2010	临沂	临沭	大兴	陈塘桥	118.585 8	34.761 1	无	河流	15	Ⅲ类
198	新沭河大兴桥	51182080	沂沭河	沭河	2011	临沂	临沭	大兴	大兴桥	118.704 7	34.766 9	省界	河流	5	Ⅳ类
199	石门头河蛟龙	51182100	沂沭河	石门头河(穆疃河)	2011	临沂	临沭	蛟龙	327 国道张疃桥	118.750 6	34.859 4	省界	河流	22	Ⅳ类
200	西泇河横山	51281300	沂沭河	西泇河	2010	临沂	苍山	兰陵	横山	117.930 0	34.724 2	无	河流	30	Ⅲ类

续附表 6

序号	测站名称	测站编码	水系	河流	设站年份	测站地址				经度(°E)	纬度(°N)	跨行政区界情况	水域类型	代表河长(km)	2019 年现状水质
						市	县(区)	乡(镇)	村(街道)						
201	西泇河兰陵	51281400	沂沭河	西泇河	2011	临沂	苍山	兰陵	西泇河大桥	117.904 2	34.683 1	省界	河流	9	Ⅲ类
202	汶河南桥	51281500	沂沭河	汶河	2011	临沂	苍山	南桥	郯苍路下游 1.5 km 桥	117.989 7	34.691 4	省界	河流	23	Ⅳ类
203	后疃桥	51281505	沂沭河	白家沟	2013	临沂	苍山	南桥	后疃	117.993 9	34.631 7	省界	河流	20	Ⅳ类
204	东泇河大宋庄	51281600	沂沭河	东泇河	2010	临沂	苍山	南桥	大宋庄	118.032 5	34.723 1	无	河流	67	/
205	东泇河长城	51281700	沂沭河	东泇河	2011	临沂	苍山	长城	沙元村桥	118.006 4	34.672 2	省界	河流	5	Ⅴ类
206	武河沙沟桥	51281800	沂沭河	武河	2011	临沂	郯城	重坊	沙沟桥	118.052 5	34.537 5	省界	河流	30	Ⅳ类
207	东哨	51281900	沂沭河	邳苍分洪道	2010	临沂	苍山	层山	东哨	118.158 1	34.730 3	无	河流	35	Ⅲ类
208	邳苍分洪道桥庄	51282000	沂沭河	邳苍分洪道	2011	临沂	苍山	长城	桥庄村桥	118.084 7	34.662 2	省界	河流	10	Ⅲ类
209	龙王河壮岗	51381200	沂沭河	龙王河	2011	临沂	莒南	壮岗	陈家河	119.040 6	35.061 9	省界	河流	5	Ⅲ类
210	会宝岭水库	51209900	沂沭河	西泇河	1960	临沂	兰陵	尚若	会宝岭水库	117.833 3	34.900 0	无	水库	15	Ⅱ类
211	跋山水库	51100300	沂沭河	沂河	1960	临沂	沂水	沂水	跋山水库	118.550 0	35.900 0	无	水库	30	Ⅱ类
212	岸堤水库	51103400	沂沭河	东汶河	1961	临沂	蒙阴	界碑	岸堤水库	118.133 3	35.683 3	无	水库	22.1	Ⅱ类
213	唐村水库	51104700	沂沭河	浚河	1969	临沂	平邑	流峪	唐村水库	117.550 0	35.416 7	无	水库	10.2	Ⅱ类
214	许家崖水库	51105200	沂沭河	温凉河	1959	临沂	费	费城	许家崖水库	117.883 3	35.200 0	无	水库	38.3	Ⅱ类
215	陡山水库	51114800	沂沭河	浔河	1959	临沂	莒南	大店	陡山水库	118.866 7	35.333 3	无	水库	68	Ⅱ类

续附表 6

序号	测站名称	测站编码	水系	河流	设站年份	测站地址				经度(°E)	纬度(°N)	跨行政区界情况	水域类型	代表河长(km)	2019年现状水质
						市	县(区)	乡(镇)	村(街道)						
216	沙沟水库	51110700	沂沭河	沭河	2007	临沂	沂水	沙沟	沙沟水库	118.633 3	36.050 0	无	水库	12.2	Ⅲ类
217	葛沟	51100801	沂沭河	沂河	1959	临沂	河东	葛沟	葛沟	118.466 7	35.350 0	无	河流	20	Ⅳ类
218	临沂站	51101100	沂沭河	沂河	2010	临沂	河东	芝麻墩	朱汪	118.400 0	35.016 7	无	河流	10	Ⅳ类
219	刘家道口	51101201	沂沭河	沂河	2012	临沂	郯城	李庄	刘家道口	118.426 0	34.928 5	县界	河流	1.3	Ⅳ类
220	水明崖	51104001	沂沭河	梓河	1961	临沂	蒙阴	坦埠	水明崖	118.166 7	35.788 3	无	河流	66	Ⅰ类
221	高里	51104100	沂沭河	蒙河	1976	临沂	兰山	李官	王家庄	118.383 3	35.350 0	无	河流	62	Ⅲ类
222	角沂	51104500	沂沭河	祊河	1959	临沂	兰山	大岭	沟上	118.300 0	35.116 7	无	河流	43.7	Ⅲ类
223	谢家庄桥	51182005	沂沭河	沭河	2012	临沂	莒南	棋山	谢家庄南	118.780 1	35.889 7	市界	河流	38.7	Ⅲ类
224	石拉渊	51181010	沂沭河	沭河	2007	临沂	河东	八湖	石拉渊	118.650 0	35.233 3	无	河流	32.1	Ⅳ类
225	大官庄(总)	51111901	沂沭河	沭河	1959	临沂	临沭	石门	大官庄	118.550 0	34.800 0	无	河流	17.9	Ⅲ类
226	黑林水文站	51381400	沂沭河	青口河	2013	连云港	赣榆	黑林	黑林水文站	118.889 8	35.016 7	省界	河流	8	Ⅳ类
227	斜午	51100600	沂沭河	沂河	2020	临沂	沂水	许家湖	沙窝	118.598 3	35.669 8	无	河流	13	/
228	马头	51101700	沂沭河	沂河	2020	临沂	郯城	马头	马头	118.245 9	34.653 3	无	河流	42.7	/
229	傅旺庄	51103600	沂沭河	东汶河	2020	临沂	沂南	依汶	龙汪圈	118.356 0	35.596 4	无	河流	41.9	/
230	王家邵庄	51105000	沂沭河	温凉河	2020	临沂	费县	梁邱	王家邵庄	117.715 9	35.146 1	无	河流	16.7	/
231	棠梨树	51105400	沂沭河	石井河	2020	临沂	费县	梁邱	棠梨树	117.778 7	35.117 4	无	河流	3.4	/

续附表 6

序号	测站名称	测站编码	水系	河流	设站年份	测站地址				经度(°E)	纬度(°N)	跨行政区界情况	水域类型	代表河长(km)	2019年现状水质
						市	县(区)	乡(镇)	村(街道)						
232	姜庄湖	51104200	沂沭河	祊河	2020	临沂	费县	费城	万良庄	118.046 1	35.279 1	无	河流	104.1	/
233	四女寺闸	31000301	南运河	漳卫南运河	1961	德州	武城	滕庄	四女寺	116.237 8	37.363 0	省界	河流	81.7	Ⅴ类
234	王营盘闸	31092270	南运河	漳卫新河	2012	沧州	东光	龙王李	王营盘	116.707 5	37.734 1	无	河流	93.1	Ⅴ类
235	夏津县范窑桥	31092510	南运河	六五河	2012	德州	夏津	苏留庄	范窑	116.125 9	37.159 8	县界	河流	58.1	Ⅳ类
236	大屯水库	31092530	南运河	六五河	2013	德州	武城	武城	大屯村	116.207 8	37.270 7	无	水库	0	Ⅲ类
237	夏津	31092410	南运河	七一河	2013	德州	夏津	双庙	李文庄	115.917 7	36.936 9	无	河流	19	Ⅲ类
238	大胡家楼	31192725	徒骇马颊	德惠新河	2012	德州	庆云	尚堂	大胡楼	117.515 7	37.758 4	市界	河流	25.5	Ⅴ类
239	夏口大桥	31190230	徒骇马颊	徒骇河	2012	德州	临邑	临南	夏口大桥	116.929 7	37.028 0	市界	河流	18	Ⅳ类
240	齐河县潘庄闸	40197570	黄河下游区	黄河	2012	德州	齐河	马集	潘庄	116.549 5	36.411 9	无	河流	58.5	Ⅲ类
241	李家桥	31101200	徒骇马颊	马颊河	1972	德州	德城	黄河涯	李家桥	116.366 1	37.284 2	无	河流	110	Ⅲ类
242	郑店闸	31102601	徒骇马颊	德惠新河	1972	德州	乐陵	郑店	郑店	117.158 8	37.487 0	市界	河流	69.4	Ⅳ类
243	刘连屯闸	31105600	徒骇马颊	徒骇河	2012	德州	齐河	宣章屯	刘连屯	116.803 2	36.950 4	县界	河流	62.4	Ⅴ类
244	大道王闸	31101901	徒骇马颊	马颊河	1972	德州	庆云	常家	大道王	117.455 0	37.797 8	市界	河流	53.1	Ⅳ类
245	宫家闸	31103801	徒骇马颊	徒骇河	1972	德州	临邑	临南	宫家	117.158 8	37.487 0	无	河流	30	Ⅳ类
246	庆云闸	31001901	南运河	漳卫新河	1978	德州	庆云	庆云	庆云闸	117.392 5	37.849 9	无	河流	84.2	Ⅴ类
247	相家河水库	31191015	徒骇马颊	相家河	2017	德州	平原	张华	林桥	116.334 0	37.083 1	无	水库	0	Ⅱ类

续附表 6

序号	测站名称	测站编码	水系	河流	设站年份	测站地址				经度(°E)	纬度(°N)	跨行政区界情况	水域类型	代表河长(km)	2019年现状水质
						市	县(区)	乡(镇)	村(街道)						
248	庆云水库	31191905	徒骇马颊	马颊河	2017	德州	庆云	严务	王皇	117.511 1	37.866 3	无	水库	0	Ⅱ类
249	丁东水库	31190060	徒骇马颊	马颊河	2007	德州	陵城	丁庄	丁东水库	116.482 7	37.305 1	无	水库	0	Ⅱ类
250	杨安镇水库	31192710	徒骇马颊	马颊河	2017	德州	乐陵	杨安镇	杨安镇水库	117.178 0	37.627 2	无	水库	0	Ⅱ类
251	毕屯	31190020	徒骇马颊	徒骇河	1978	聊城	莘县	董杜庄	毕屯村	115.500 8	36.138 9	省界	河流	41	劣Ⅴ类
252	滑营闸	31190030	徒骇马颊	徒骇河	2012	聊城	莘县	俎店	滑营村	115.571 4	36.167 8	无	河流	10	劣Ⅴ类
253	沙王庄	31190810	徒骇马颊	马颊河	2012	聊城	莘县	董杜庄	沙王庄村	115.470 8	36.218 3	省界	河流	23.5	Ⅴ类
254	杨庄闸	31190040	徒骇马颊	徒骇河	2009	聊城	莘县	莘城办事处	杨庄村	115.657 2	36.223 9	无	河流	8	Ⅴ类
255	刘马庄	31190050	徒骇马颊	徒骇河	2009	聊城	莘县	莘城办事处	刘马庄村	115.721 1	36.251 1	无	河流	6	劣Ⅴ类
256	王堤口闸	31190070	徒骇马颊	徒骇河	2009	聊城	东昌府	朱老庄	王堤口村	115.886 1	36.311 9	无	河流	17	Ⅴ类
257	明堤	31190080	徒骇马颊	徒骇河	2012	聊城	东昌府	湖西办事处	明堤村	115.941 4	36.392 5	无	河流	13	Ⅴ类
258	何庄	31190100	徒骇马颊	徒骇河	2012	聊城	茌平	博平	何庄村	116.109 7	36.577 2	无	河流	9	Ⅴ类
259	东昌湖	31191900	徒骇马颊	东昌湖	2012	聊城	东昌府	古楼办事处	二十一孔桥	115.960 8	36.447 5	无	湖泊	0	Ⅳ类
260	关山	31092352	南运河	小运河	2013	聊城	东阿	刘集	关山村	116.129 7	36.143 9	无	河流	104.2	Ⅲ类
261	石槽	31092382	南运河	七一河	2013	聊城	临清	青年办事处	石槽	115.767 2	36.908 9	无	河流	11	Ⅲ类
262	平阴黄河大桥	40197555	黄河下游区	黄河	2011	聊城	东阿	大桥	大桥村	116.361 1	36.301 1	无	河流	59.5	Ⅱ类
263	张秋闸	41494200	黄河下游区	金堤河	2007	聊城	阳谷	张秋	南街村	116.012 8	36.060 0	省界	河流	61	劣Ⅴ类

续附表 6

序号	测站名称	测站编码	水系	河流	设站年份	测站地址				经度(°E)	纬度(°N)	跨行政区界情况	水域类型	代表河长(km)	2019 年现状水质
						市	县(区)	乡(镇)	村(街道)						
264	临清	31000100	南运河	漳卫南运河	1978	聊城	临清	先锋办事处	先锋桥	115.696 7	36.853 6	省界	河流	34.9	Ⅳ类
265	南陶	31004600	南运河	漳卫南运河	2020	聊城	冠县	东古城	东陶村	115.287 2	36.473 6	省界	河流	28.7	/
266	王铺闸	31100500	徒骇马颊	马颊河	1978	聊城	东昌府	堂邑	王铺村	115.785 6	36.538 3	无	河流	32.4	Ⅲ类
267	津期店闸	31190870	徒骇马颊	马颊河	2012	德州	夏津	雷集	津期店闸	116.267 8	37.066 4	市界	河流	53	Ⅴ类
268	聊城	31103210	徒骇马颊	徒骇河	1999	聊城	东昌府	东昌东路	昌东橡胶坝	116.018 1	36.456 9	无	河流	11	Ⅴ类
269	刘桥闸	31103501	徒骇马颊	徒骇河	2020	聊城	高唐	杨屯乡	刘桥东村	116.307 9	36.808 3	无	河流	24	/
270	前油坊	31190130	徒骇马颊	徒骇河	2011	德州	禹城	房寺镇	前油坊	116.459 2	36.861 9	市界	河流	25	劣Ⅴ类
271	张镇	31191840	徒骇马颊	新赵牛河	2011	德州	齐河	仁里集	张镇	116.426 1	36.559 7	市界	河流	84.4	/
272	薛王刘闸	31190830	徒骇马颊	马颊河	2012	聊城	临清	魏湾	薛王刘闸	115.909 2	36.707 1	无	河流	20	Ⅳ类
273	筛罗坡桥	31192000	徒骇马颊	马颊河	2007	滨州	无棣	小泊头镇	筛罗坡村	117.593 1	37.972 5	无	河流	27	Ⅳ类
274	辛集闸	31194182	南运河	漳卫新河	2010	滨州	无棣	小泊头镇	辛集闸	117.585 0	38.070 6	省界	河流	43.4	劣Ⅴ类
275	博昌桥	41801410	山东沿海诸河	小清河	1987	滨州	博兴	城东街道	城东街道办事处	118.167 8	37.116 7	无	河流	13	Ⅳ类
276	水牛韩闸	41881400	山东沿海诸河	小清河	2013	滨州	邹平	九户镇	水牛韩村	117.603 3	37.090 3	市界	河流	28.5	Ⅳ类
277	芽庄湖湖中	41883300	山东沿海诸河	芽庄湖	2010	滨州	邹平	明集镇	芽庄湖湖中	117.590 3	36.899 2	无	湖泊	0	Ⅳ类
278	王浩	41882700	山东沿海诸河	支脉河	2013	滨州	博兴	吕艺镇	王浩村	118.336 9	37.224 2	市界	河流	34.7	Ⅴ类
279	西绳	41883800	山东沿海诸河	孝妇河	2013	滨州	邹平	焦桥镇	西绳村	117.842 5	36.996 9	市界	河流	22.9	Ⅴ类

续附表 6

序号	测站名称	测站编码	水系	河流	设站年份	测站地址				经度（°E）	纬度（°N）	跨行政区界情况	水域类型	代表河长（km）	2019 年现状水质
						市	县（区）	乡（镇）	村（街道）						
280	大白张	31192400	徒骇马颊	德惠新河	2013	德州	乐陵	铁营乡	大白张村	117.335 0	37.685 6	无	河流	21.3	Ⅳ类
281	白鹤观闸	31102700	徒骇马颊	德惠新河	1963	滨州	无棣	车镇乡	白鹤观村	117.620 3	37.894 4	无	河流	36.3	Ⅳ类
282	堡集闸	31104100	徒骇马颊	徒骇河	1959	滨州	滨城	三河湖镇	堡集村	117.854 4	37.501 7	无	河流	50	Ⅳ类
283	龙庭水库	41880210	山东沿海诸河	黄河上游	2017	滨州	滨城	高新区	道旭村南	118.062 8	37.332 2	无	水库	0	Ⅱ类
284	思源湖水库	31190310	徒骇马颊	徒骇河	2017	滨州	沾化	区中部	思源湖水库	118.046 2	37.739 4	无	水库	0	Ⅱ类
285	三角洼水库	31192310	徒骇马颊	德惠新河	2017	滨州	无棣	车镇乡	三角洼水库	117.677 8	37.912 8	无	水库	0	Ⅱ类
286	孙武湖水库	31192110	徒骇马颊	德惠新河	2017	滨州	惠民	何坊乡	孟家村	117.573 1	37.505 3	无	水库	0	Ⅱ类
287	仙鹤湖水库	31192210	徒骇马颊	德惠新河	2017	滨州	阳信	县城西	仙鹤湖水库	117.622 5	37.647 2	无	水库	0	Ⅱ类
288	幸福水库	31192220	徒骇马颊	德惠新河	2017	滨州	阳信	县城东	幸福水库	117.608 3	37.643 9	无	水库	0	Ⅱ类
289	西海水库	31190220	徒骇马颊	徒骇河	2017	滨州	滨城	里则办事处	西海水库	117.824 4	37.373 5	无	水库	0	Ⅱ类
290	东郊水库	31190210	徒骇马颊	徒骇河	2017	滨州	滨城	梁才乡	东效水库	118.079 4	37.410 4	无	水库	0	Ⅱ类
291	魏桥	41801010	山东沿海诸河	小清河	2020	滨州	邹平	魏桥	魏桥	117.500 3	37.033 3	无	河流	12.8	/
292	孙马村闸	31192040	徒骇马颊	马颊河	2020	滨州	无棣	小泊头	孙马	117.651 5	38.016 7	无	河流	18	/
293	胡道口闸	31192750	徒骇马颊	德惠新河	2020	滨州	无棣	碣石山	胡道口	117.739 2	38.031 5	无	河流	20	/
294	坝上闸	31194150	徒骇马颊	徒骇河	2020	滨州	沾化	富国	坝上	118.091 9	37.673 1	无	河流	77	/
295	小杨家	31105900	徒骇马颊	沙河	2020	滨州	惠民	惠民	沙河杨	117.490 4	37.434 0	无	河流	50.5	/
296	焦元浮桥	40187502	黄河下游区	黄河	2013	菏泽	东明	焦元	马厂	118.848 9	35.048 9	省界	河流	19.2	Ⅱ类

续附表 6

序号	测站名称	测站编码	水系	河流	设站年份	测站地址				经度(°E)	纬度(°N)	跨行政区界情况	水域类型	代表河长(km)	2019年现状水质
						市	县(区)	乡(镇)	村(街道)						
297	东明公路桥	40187505	黄河下游区	黄河	2012	菏泽	东明	菜园集	黄河公路桥	115.123 9	35.420 0	无	河流	99.7	Ⅱ类
298	冯集闸	51281330	沂沭河	万福河	2011	菏泽	成武	大田集	冯集	116.176 7	35.113 9	市界	河流	35	/
299	东圈头	51281710	沂沭河	洙赵新河	2010	菏泽	牡丹	吕陵镇	东圈头	115.288 1	35.325 0	县界	河流	19	Ⅲ类
300	于楼闸	51281820	沂沭河	洙赵新河	2011	菏泽	巨野	独山	于楼	116.183 9	35.321 9	市界	河流	32.5	Ⅳ类
301	麒麟桥	51281835	沂沭河	洙水河	2011	菏泽	巨野	麒麟	麒麟	116.198 1	35.393 9	市界	河流	114	Ⅳ类
302	廉店	51281900	沂沭河	东鱼河	2011	菏泽	单县	徐寨	廉店	116.268 1	34.903 9	市界	河流	15.5	Ⅳ类
303	魏楼闸	51211800	沂沭河	洙赵新河	1971	菏泽	牡丹	安兴	魏楼	115.686 1	35.373 2	无	河流	50.5	Ⅳ类
304	刘庄闸	51211700	沂沭河	鄄郓河	1973	菏泽	郓城	陈波	刘庄	115.798 9	35.553 9	无	河流	46.6	Ⅲ类
305	路菜园闸	51213500	沂沭河	东鱼河	1977	菏泽	定陶	南王店	路菜园	115.537 4	35.001 1	无	河流	57.3	Ⅱ类
306	张庄闸	51213700	沂沭河	东鱼河	1972	菏泽	成武	苟村	张庄	116.003 1	34.968 9	无	河流	50.2	Ⅴ类
307	马庄闸	51213300	沂沭河	东鱼河北支	1972	菏泽	牡丹	佃户屯	马庄	115.496 1	35.181 9	无	河流	96	劣Ⅴ类
308	李庙闸	51213901	沂沭河	东鱼河南支	1971	菏泽	曹县	砖庙	李庙	115.463 2	34.918 4	无	河流	37	/
309	黄寺	51214000	沂沭河	胜利河	1955	菏泽	单县	李新庄	黄寺	116.085 4	34.874 9	无	河流	66	/
310	雷泽湖水库	51281750	沂沭河	万福河	2008	菏泽	牡丹	万福	黄张	115.356 3	35.255 1	无	水库	0	Ⅱ类
311	浮岗水库	51281790	沂沭河	东鱼河南支	2020	菏泽	单县	浮岗	浮岗	115.972 2	34.642 5	无	水库	0	/

注:“2019 年现状水质”栏“/”表示“暂无数据”。

附表 7　山东省地下水监测站基本情况一览

序号	测站名称	测站编码	流域	设站年份	测站属性	测站地址				经度(°E)	纬度(°N)	原井深(m)	监测层位	专用井	监测项目		
						市	县(区)	乡(镇)	村(街道)						水位	水质	水温
1	东阿中心站	31173393	海河	2018	基本站	聊城	东阿	铜城办事处	东阿水文中心站	116.274 2	36.331 9	350	承压水	1	1		1
2	高唐热电厂	31173533	海河	2018	基本站	聊城	冠	人和办事处	热电厂	116.234 2	36.888 3	500	承压水	1	1		1
3	莘县中心站	31173173	海河	2018	基本站	聊城	莘	莘州办事处	莘县水文中心站	115.652 8	36.202 8	450	承压水	1	1		1
4	武城(深)	31172642	海河	2018	基本站	德州	武城	武城水文站	武城水文站	116.053 3	37.234 2	405	承压水	1	1		1
5	临邑(深)	31172302	海河	2018	基本站	德州	临邑	牛角店	闸管所	116.829 7	37.124 2	405	承压水	1	1		1
6	城东	51361096	淮河	2018	基本站	滨州	博兴	城东办事处	鑫泰公司	118.173 6	37.161 1	300	承压水	1	1		1
7	滨城	31174074	海河	2018	基本站	滨州	滨城	水文局	水文局	118.073 6	37.422 8	455	承压水	1	1		1
8	阳光 100	51365037	淮河	2018	基本站	济南	市中	育贤二小学	学校内	116.966 4	36.631 7	253	承压水	1	1		1
9	袁柳庄	51365029	淮河	2018	基本站	济南	市中	袁柳小区	南区东北角	116.945 8	36.635 3	214	承压水	1	1		1
10	七贤庄	51365021	淮河	2018	基本站	济南	市中	七贤	普利工程加压站	116.939 2	36.610 3	95	承压水	1	1		1
11	鲍山 1	51365093	淮河	2018	基本站	济南	历城	鲍山街道	水利站	117.156 4	36.728 3	381	承压水	1	1		1
12	突泉村	51365117	淮河	2018	基本站	济南	历城	柳埠	突泉村	117.066 1	36.449 2	186	承压水	1	1		1
13	弓角湾	51365189	淮河	2018	基本站	济南	章丘	官庄	弓角湾村北	117.692 8	36.633 6	249	承压水	1	1		1
14	张家庄	51365213	淮河	2018	基本站	济南	章丘	官庄	张家庄村东	117.610 0	36.648 3	170	承压水	1	1		1
15	长清水文站 1	41471081	黄河	2018	基本站	济南	长清	水文中心站	水文中心站	116.764 4	36.578 6	81	承压水	1	1		1
16	长清水利厂	41471101	黄河	2018	基本站	济南	长清	水利局	水泥厂	116.727 5	36.533 9	240	承压水	1	1		1
17	孝里电管站	41471121	黄河	2018	基本站	济南	长清	孝里	东风二级电管站	116.580 8	36.364 4	165	承压水	1	1		1
18	商河水文站 2	31170301	海河	2018	基本站	济南	商河	水文中心站	水文中心站	117.130 6	37.255 3	400	承压水	1	1		1

续附表 7

序号	测站名称	测站编码	流域	设站年份	测站属性	测站地址				经度(°E)	纬度(°N)	原井深(m)	监测层位	专用井	监测项目		
						市	县(区)	乡(镇)	村(街道)						水位	水质	水温
19	平阴	31170321	海河	2018	基本站	济南	平阴	水文中心站	水文中心站	116.488 1	36.291 7	101	承压水	1	1		1
20	花都	51266188	淮河	2018	基本站	菏泽	单	开发区	华都水厂	116.075 0	34.741 7	500	承压水	1	1		1
21	牡丹水文中心	51266017	淮河	2018	基本站	菏泽	牡丹	中心水文局	中心水文局	115.526 4	35.205 6	500	承压水	1	1		1
22	李营骆楼	51263653	淮河	2018	基本站	济宁	任城	李营	骆楼村	116.637 5	35.455 8	150	承压水	1	1		1
23	颜店供水站	51264669	淮河	2018	基本站	济宁	兖州	颜店	供水站	116.677 8	35.556 9	300	承压水	1	1		1
24	鲁城	51264537	淮河	2018	基本站	济宁	曲阜	鲁城街道	南泉村	117.001 9	35.577 8	150	承压水	1	1		1
25	城关	51264321	淮河	2018	基本站	济宁	嘉祥	城关	嘉祥村	116.333 6	35.381 9	150	承压水	1	1		1
26	壕沟	51263173	淮河	2018	基本站	枣庄	峄城	榴园	壕沟村	117.559 4	34.741 7	120	承压水	1	1		1
27	蔡庄	51263033	淮河	2018	基本站	枣庄	市中	永安	蔡庄村	117.477 8	34.825 3	160	承压水	1	1		1
28	辘轳	51263313	淮河	2018	基本站	枣庄	山亭	冯卯	辘轳村	117.342 2	35.178 6	82	承压水	1	1		1
29	香城	51263013	淮河	2018	基本站	枣庄	高新	张范	香城小学	117.400 6	34.813 1	92	承压水	1	1		1
30	西石湾	51263573	淮河	2018	基本站	枣庄	滕州	羊庄	西石湾村	117.340 3	34.968 1	100	承压水	1	1		1
31	邢家寨水文站	41561085	黄河	2018	基本站	泰安	岱岳	北集坡	邢家寨	117.152 8	36.133 3	126	承压水	1	1		1
32	大汶口水文站	41561097	黄河	2018	基本站	泰安	岱岳	大汶口	东武村	117.070 0	35.966 4	151	承压水	1	1		1
33	许家沟	41561061	黄河	2018	基本站	泰安	岱岳	道朗	许家沟村	116.904 2	36.175 0	156	承压水	1	1		1
34	旧县	41561073	黄河	2018	基本站	泰安	泰山	旧县	前旧县村	117.208 3	36.125 0	99	承压水	1	1		1
35	横山	41561337	黄河	2018	基本站	泰安	新泰	小协	横山村	117.590 3	35.880 6	143	承压水	1	1		1

续附表 7

序号	测站名称	测站编码	流域	设站年份	测站属性	测站地址				经度(°E)	纬度(°N)	原井深(m)	监测层位	专用井	监测项目		
						市	县(区)	乡(镇)	村(街道)						水位	水质	水温
36	楼德供水站	41561373	黄河	2018	基本站	泰安	新泰	楼德	楼德镇供水站	117.311 9	35.860 0	49	承压水	1	1		1
37	大周	41561229	黄河	2018	基本站	泰安	宁阳	磁窑	大周村	117.151 4	35.838 1	120	承压水	1	1		1
38	西杨郭村	41561241	黄河	2018	基本站	泰安	东平	接山	西杨郭村	116.591 9	35.937 2	152	承压水	1	1		1
39	东平县水文局	41561253	黄河	2018	基本站	泰安	东平	东平街道	无盐村	116.474 2	35.907 2	154	承压水	1	1		1
40	二十里铺电灌站	41561301	黄河	2018	基本站	泰安	东平	老湖	二十里铺电灌站	116.269 4	35.992 8	101	承压水	1	1		1
41	王瓜店供水站	41561445	黄河	2018	基本站	泰安	肥城	王瓜店	王瓜店	116.668 1	36.205 8	152	承压水	1	1		1
42	潮泉	41561469	黄河	2018	基本站	泰安	肥城	潮泉	潮泉村	116.829 4	36.220 3	246	承压水	1	1		1
43	源泉	51367261	淮河	2018	基本站	淄博	博山	源泉	源泉水源地	118.051 4	36.425 0	352	承压水	1	1		1
44	神头村	51367280	淮河	2018	基本站	淄博	博山	白杨河	白杨河电厂	117.844 4	36.477 2	261	承压水	1	1		1
45	西山	51367299	淮河	2018	基本站	淄博	博山	域城	袁家村北	117.819 2	36.493 6	72	承压水	1	1		1
46	天津湾	51367318	淮河	2018	基本站	淄博	博山	源泉	天津湾水源地	118.025 6	36.423 3	210	承压水	1	1		1
47	芝芳	51161083	淮河	2018	基本站	淄博	沂源	南鲁山	芝芳水源地	118.138 6	36.216 7	200	承压水	1	1		1
48	鲁村	51161126	淮河	2018	基本站	淄博	沂源	鲁村	沙沟村南	118.045 0	36.193 1	240	承压水	1	1		1
49	青龙山	51367204	淮河	2018	基本站	淄博	张店	四宝山街道	蓝星建材	118.051 7	36.671 1	200	承压水	1	1		1
50	湖田	51367242	淮河	2018	基本站	淄博	张店	湖田街道	湖田水源地	118.130 0	36.779 4	200	承压水	1	1		1
51	南阎	51367508	淮河	2018	基本站	淄博	周村	城北路街道	南阎水源地	117.831 4	36.851 7	90	承压水	1	1		1
52	杨古	51367527	淮河	2018	基本站	淄博	周村	王村	杨古水源地	117.753 3	36.666 1	650	承压水	1	1		1

续附表 7

序号	测站名称	测站编码	流域	设站年份	测站属性	测站地址				经度(°E)	纬度(°N)	原井深(m)	监测层位	专用井	监测项目		
						市	县(区)	乡(镇)	村(街道)						水位	水质	水温
53	宝山	51367546	淮河	2018	基本站	淄博	周村	王村	宝山水源地	117.692 2	36.657 5	600	承压水	1	1		1
54	萌西	51367565	淮河	2018	基本站	淄博	周村	萌水	萌西电灌站	117.833 3	36.667 8	60	承压水	1	1		1
55	朱台	51367337	淮河	2018	基本站	淄博	临淄	朱台	政府广场南	118.250 8	36.938 1	120	承压水	1	1		1
56	龙贯庄	51367375	淮河	2018	基本站	淄博	临淄	齐都	齐都污水处理厂	118.357 8	36.835 8	100	承压水	1	1		1
57	辛店村	51367394	淮河	2018	基本站	淄博	临淄	大武水源地	天润水厂	118.296 7	36.810 8	250	承压水	1	1		1
58	东风	51367413	淮河	2018	基本站	淄博	临淄	大武水源地	东风水厂	118.230 3	36.797 2	250	承压水	1	1		1
59	南仇	51367432	淮河	2018	基本站	淄博	临淄	大武水源地	一化	118.265 3	36.748 1	260	承压水	1	1		1
60	褚家	51367451	淮河	2018	基本站	淄博	临淄	敬仲	褚家村南	118.350 6	36.936 9	150	承压水	1	1		1
61	齐陵	51367470	淮河	2018	基本站	淄博	临淄	齐陵水利站	齐陵水利站	118.131 9	36.797 5	200	承压水	1	1		1
62	岭子	51367014	淮河	2018	基本站	淄博	淄川	岭子水源地	岭子水源地	117.772 5	36.632 5	200	承压水	1	1		1
63	西石门	51367033	淮河	2018	基本站	淄博	淄川	城子口头	城子口头水源地	118.073 6	36.468 6	234	承压水	1	1		1
64	昆仑	51367052	淮河	2018	基本站	淄博	淄川	生建重工	生建重工	117.891 9	36.572 5	300	承压水	1	1		1
65	龙泉	51367071	淮河	2018	基本站	淄博	淄川	龙泉	龙四水厂	117.983 6	36.588 6	265	承压水	1	1		1
66	黑旺	51367090	淮河	2018	基本站	淄博	淄川	寨里	黑旺村西	118.182 5	36.602 8	232	承压水	1	1		1
67	罗村	51367109	淮河	2018	基本站	淄博	淄川	罗村	演礼村	117.905 0	36.825 3	300	承压水	1	1		1
68	坡子	51367128	淮河	2018	基本站	淄博	临淄	南王	坡子村南	118.129 4	36.543 1	360	承压水	1	1		1
69	方家庄	41565107	黄河	2018	基本站	济南	钢城	艾山街道	方家庄村	117.790 0	36.056 7	75	承压水	1	1		1

续附表 7

序号	测站名称	测站编码	流域	设站年份	测站属性	测站地址				经度(°E)	纬度(°N)	原井深(m)	监测层位	专用井	监测项目		
						市	县(区)	乡(镇)	村(街道)						水位	水质	水温
70	口镇	41565122	黄河	2018	基本站	济南	钢城	口	口	117.620 6	36.318 1	106	承压水	1	1		1
71	百咀红	41565133	黄河	2018	基本站	济南	钢城	辛庄	百咀红村	117.774 2	36.199 2	138	承压水	1	1		1
72	吴家岭	41565016	黄河	2018	基本站	济南	莱城	高庄街道	吴家岭村	117.669 7	36.180 3	128	承压水	1	1		1
73	孟家庄	41565029	黄河	2018	基本站	济南	莱城	凤城街道	孟家村	117.618 3	36.201 1	140	承压水	1	1		1
74	后枯河	41565068	黄河	2018	基本站	济南	莱城	寨里	后枯河村	117.476 4	36.337 8	54	承压水	1	1		1
75	牛泉	41565081	黄河	2018	基本站	济南	莱城	牛泉	东上庄村	117.556 7	36.177 8	160	承压水	1	1		1
76	棠梨树	51163115	淮河	2018	基本站	临沂	费	梁邱	棠梨树村	117.778 1	35.116 7	71	承压水	1	1		1
77	高都	51163138	淮河	2018	基本站	临沂	罗庄	高都街道	高都街道办事处	118.350 0	34.972 8	35	承压水	1	1		1
78	罗庄	51163161	淮河	2018	基本站	临沂	罗庄	罗庄街道	罗庄街道办事处	118.278 1	34.981 4	50	承压水	1	1		1
79	傅庄	51163184	淮河	2018	基本站	临沂	罗庄	傅庄街道	傅庄街道办事处	118.241 7	34.867 5	65	承压水	1	1		1
80	葛沟	51163253	淮河	2018	基本站	临沂	河东	汤头街道	葛沟村	118.483 3	35.352 2	60	承压水	1	1		1
81	地矿	51163023	淮河	2018	基本站	临沂	兰山	蒙山大道	97 号院	118.305 3	35.073 1	40	承压水	1	1		1
82	王家庄	51163046	淮河	2018	基本站	临沂	兰山	李官	王家庄	118.374 7	35.339 4	71	承压水	1	1		1
83	马厂湖	51163069	淮河	2018	基本站	临沂	兰山	马厂湖	马厂湖镇	118.190 0	35.073 6	60	承压水	1	1		1
84	大官庄	51163851	淮河	2018	基本站	临沂	临沭	石门	大官庄村	118.549 2	34.801 7	150	承压水	1	1		1
85	郑山	51163874	淮河	2018	基本站	临沂	临沭	郑山街道	郑山街道办事处	118.610 6	35.931 4	59	承压水	1	1		1
86	十字路	51163805	淮河	2018	基本站	临沂	莒南	兴禹公司	兴禹水利公司	118.818 6	35.151 1	35	承压水	1	1		1

续附表 7

序号	测站名称	测站编码	流域	设站年份	测站属性	测站地址				经度(°E)	纬度(°N)	原井深(m)	监测层位	专用井	监测项目		
						市	县(区)	乡(镇)	村(街道)						水位	水质	水温
87	磨山	51163621	淮河	2018	基本站	临沂	兰陵	磨山	敬老院	118.153 1	34.795 3	37	承压水	1	1		1
88	兰陵	51163644	淮河	2018	基本站	临沂	兰陵	兰陵	中心小学	117.853 6	34.746 1	40	承压水	1	1		1
89	小山子	51163667	淮河	2018	基本站	临沂	兰陵	开发	小山子村	117.982 8	34.874 7	33	承压水	1	1		1
90	层山	51163693	淮河	2018	基本站	临沂	兰陵	原层山	层山中学	118.201 4	34.721 7	40	承压水	1	1		1
91	郯城四中	51163414	淮河	2018	基本站	临沂	郯城	李庄	郯城四中	118.400 8	34.887 2	100	承压水	1	1		1
92	水明崖	51163483	淮河	2018	基本站	临沂	蒙阴	坦埠	水明崖村	118.173 1	35.783 9	120	承压水	1	1		1
93	庙山	51163552	淮河	2018	基本站	临沂	郯城	庙山	水利服务中心	118.358 9	34.743 6	71	承压水	1	1		1
94	费城	51163759	淮河	2018	基本站	临沂	费	费城街道	西马兴庄	118.013 6	35.265 0	92	承压水	1	1		1
95	砖埠	51163299	淮河	2018	基本站	临沂	沂南	砖埠	尤家埠村	118.429 7	35.353 9	150	承压水	1	1		1
96	丹山子	51163322	淮河	2018	基本站	临沂	沂南	丹山子	丹山子闸管所	118.391 4	35.572 2	62	承压水	1	1		1
97	宝德村	51163828	淮河	2018	基本站	临沂	蒙阴	经济开发区	宝德村	117.959 2	35.687 8	71	承压水	1	1		1
98	大东阳	51163782	淮河	2018	基本站	临沂	平邑	平邑街道	大东阳村	117.627 8	35.470 8	150	承压水	1	1		1
99	湖头	51163575	淮河	2018	基本站	临沂	沂水	湖头镇河	北沟头村	118.591 7	35.585 8	38	承压水	1	1		1
100	龙家圈	51163598	淮河	2018	基本站	临沂	沂水	龙家圈	龙家圈村	118.596 1	35.774 2	150	承压水	1	1		1
101	博文小学	51375021	淮河	2018	基本站	青岛	市北	博文小学	博文小学	120.401 1	36.131 7	15	承压水	1	1		1
102	青岛市高新职业学校	51375405	淮河	2018	基本站	青岛	市北	劲松 7 路	劲松 7 路 217 号	120.418 6	36.118 3	18	承压水	1	1		1
103	西郑村	51369312	淮河	2018	基本站	潍坊	青州	谭坊	西郑村	118.677 8	36.633 1	59	承压水	1	1		1

续附表 7

序号	测站名称	测站编码	流域	设站年份	测站属性	测站地址				经度(°E)	纬度(°N)	原井深(m)	监测层位	专用井	监测项目		
						市	县(区)	乡(镇)	村(街道)						水位	水质	水温
104	黄家宅	51369200	淮河	2018	基本站	潍坊	临朐	冶源	黄家宅村	118.468 3	36.428 6	72	承压水	1	1		1
105	城关街道	51369248	淮河	2018	基本站	潍坊	昌乐	城关街道	锦绣佳苑	118.828 1	36.686 7	93	承压水	1	1		1
106	西薛	51363176	淮河	2018	基本站	东营	广饶	花官	西薛村	118.406 4	37.214 4	160	承压水	1	1		1
107	周庄村	51363304	淮河	2018	基本站	东营	广饶	大王	周庄村	118.519 7	37.000 0	400	承压水	1	1		1
108	小古城	51162061	淮河	2018	基本站	日照	东港	日照街道	小古城村	119.390 6	35.416 1	29	承压水	1	1		1
109	大朱曹	51162121	淮河	2018	基本站	日照	岚山	大朱曹	大朱曹水文站	119.236 9	35.135 3	39	承压水	1	1		1
110	泥田沟	51162145	淮河	2018	基本站	日照	岚山	虎山	泥田沟村	119.346 4	35.203 3	30	承压水	1	1		1
111	刘坑	31173403	海河	2018	基本站	聊城	东阿	新城办事处	刘坑村	116.264 4	36.359 4	30	承压水	1	1		1
112	烈庄	31173413	海河	2018	基本站	聊城	东阿	牛角店	烈庄村	116.502 5	36.391 7	30	潜水	1	1		1
113	高集	31173423	海河	2018	基本站	聊城	东阿	高集	高集镇	116.381 4	36.456 4	30	潜水	1	1		1
114	柳林屯	31173433	海河	2018	基本站	聊城	东阿	姜楼	柳林屯村	116.195 6	36.253 3	30	潜水	1	1		1
115	王凤轩	31173443	海河	2018	基本站	聊城	东阿	陈集	王凤轩村	116.287 8	36.341 1	30	潜水	1	1		1
116	前曹村	31173303	海河	2018	基本站	聊城	茌平	振兴办事处	前曹村	116.271 9	36.582 8	50	潜水	1	1		1
117	北街	31173313	海河	2018	基本站	聊城	茌平	杜郎口	北街	116.389 2	36.564 2	30	潜水	1	1		1
118	林辛	31173323	海河	2018	基本站	聊城	茌平	信发办事处	林辛村	116.271 7	36.626 9	30	潜水	1	1		1
119	前三图李	31173333	海河	2018	基本站	聊城	茌平	温陈办事处	前三图李村	116.182 2	36.537 5	30	潜水	1	1		1
120	杨东	31173343	海河	2018	基本站	聊城	茌平	杨官屯	杨东村	116.015 0	36.589 4	30	潜水	1	1		1

续附表 7

序号	测站名称	测站编码	流域	设站年份	测站属性	测站地址				经度(°E)	纬度(°N)	原井深(m)	监测层位	专用井	监测项目		
						市	县(区)	乡(镇)	村(街道)						水位	水质	水温
121	西八里	31173353	海河	2018	基本站	聊城	茌平	博平	西八里村	116.115 8	36.627 2	30	潜水	1	1		1
122	米庄	31173363	海河	2018	基本站	聊城	茌平	韩屯	米庄村	116.141 9	36.661 4	30	潜水	1	1		1
123	后吴	31173373	海河	2018	基本站	聊城	茌平	振兴街道	后吴村	116.246 4	36.539 2	50	潜水	1	1		1
124	大崔庄	31173383	海河	2018	基本站	聊城	茌平	乐平铺	大崔庄村	116.270 3	36.448 1	30	潜水	1	1		1
125	高唐水文中心站	31173543	海河	2018	基本站	聊城	高唐	汇鑫办事处	高唐水文中心站	116.195 3	36.837 5	30	潜水	1	1		1
126	南镇	31173553	海河	2018	基本站	聊城	高唐	姜店	南镇闸管所	116.235 8	36.743 6	30	潜水	1	1		1
127	张庙	31173563	海河	2018	基本站	聊城	高唐	赵寨子	张庙村	116.148 3	36.776 7	30	潜水	1	1		1
128	人和	31173573	海河	2018	基本站	聊城	高唐	人和办事处	人和水利站	116.277 8	36.875 8	30	潜水	1	1		1
129	固河	31173583	海河	2018	基本站	聊城	高唐	固河	供水加压泵站	116.398 1	36.908 3	30	潜水	1	1		1
130	尹集	31173593	海河	2018	基本站	聊城	高唐	尹集	高庄供水中心	116.316 4	36.930 6	30	潜水	1	1		1
131	梁村	31173603	海河	2018	基本站	聊城	高唐	梁村	梁村供水中心	116.220 0	36.950 8	30	潜水	1	1		1
132	汇鑫	31173613	海河	2018	基本站	聊城	高唐	汇鑫办事处	汇鑫办事处	116.164 2	36.872 5	30	潜水	1	1		1
133	冠县水文中心站	31173453	海河	2018	基本站	聊城	冠	清泉街道	冠县水文中心站	115.466 7	36.466 1	50	潜水	1	1		1
134	申小屯	31173463	海河	2018	基本站	聊城	冠	桑阿	申小屯村	115.559 7	36.450 8	50	潜水	1	1		1
135	耿儿庄	31173473	海河	2018	基本站	聊城	冠	清泉街道	耿儿庄村	115.434 2	36.452 2	50	潜水	1	1		1
136	尚铺	31173483	海河	2018	基本站	聊城	冠	崇文街道	尚铺村	115.396 7	36.491 9	50	潜水	1	1		1

续附表 7

序号	测站名称	测站编码	流域	设站年份	测站属性	测站地址				经度(°E)	纬度(°N)	原井深(m)	监测层位	专用井	监测项目		
						市	县(区)	乡(镇)	村(街道)						水位	水质	水温
137	洼陈	31173493	海河	2018	基本站	聊城	冠	辛集	洼陈村	115.767 2	36.535 6	30	潜水	1	1		1
138	李张固	31173503	海河	2018	基本站	聊城	冠	店子	李张固村	115.494 7	36.565 8	50	潜水	1	1		1
139	位庄	31173513	海河	2018	基本站	聊城	冠	定远寨	位庄村	115.675 0	36.477 8	50	潜水	1	1		1
140	张货营	31173523	海河	2018	基本站	聊城	冠	贾	张货营村	115.591 4	35.490 8	50	潜水	1	1		1
141	斗虎寨	31173003	海河	2018	基本站	聊城	东昌府	堂邑	斗虎寨村	115.799 4	36.458 3	30	潜水	1	1		1
142	侯营	31173013	海河	2018	基本站	聊城	东昌府	侯营	水利站	115.879 2	36.404 2	30	潜水	1	1		1
143	道口铺	31173023	海河	2018	基本站	聊城	东昌府	道口铺	水利站	115.874 7	36.471 9	30	潜水	1	1		1
144	石庄	31173033	海河	2018	基本站	聊城	东昌府	闫寺办事处	石庄村	115.880 0	36.514 2	30	潜水	1	1		1
145	王铺	31173043	海河	2018	基本站	聊城	东昌府	梁水	王铺村	115.781 1	36.543 3	30	潜水	1	1		1
146	丁莫	31173053	海河	2018	基本站	聊城	东昌府	广平	丁莫村	116.140 6	36.504 2	30	潜水	1	1		1
147	高庄	31173063	海河	2018	基本站	聊城	东昌府	顾官屯	高庄村	116.133 3	36.347 5	30	潜水	1	1		1
148	凤凰	31173073	海河	2018	基本站	聊城	东昌府	凤凰办事处	水利站	115.997 2	36.356 1	30	潜水	1	1		1
149	徐庄村	31173183	海河	2018	基本站	聊城	莘	古云	徐庄村	115.368 3	35.814 2	50	潜水	1	1		1
150	前巨	31173193	海河	2018	基本站	聊城	莘	张寨	前巨村	115.510 6	36.090 6	50	潜水	1	1		1
151	王庄集	31173203	海河	2018	基本站	聊城	莘	王庄集	乡政府	115.485 6	35.973 3	40	潜水	1	1		1
152	前大里	31173213	海河	2018	基本站	聊城	莘	莘亭办事处	前大里村	115.666 4	36.268 1	50	潜水	1	1		1
153	俎店	31173223	海河	2018	基本站	聊城	莘	俎店	政府	115.523 9	36.199 2	50	潜水	1	1		1

续附表 7

序号	测站名称	测站编码	流域	设站年份	测站属性	测站地址				经度(°E)	纬度(°N)	原井深(m)	监测层位	专用井	监测项目		
						市	县(区)	乡(镇)	村(街道)						水位	水质	水温
154	黄河	31173233	海河	2018	基本站	聊城	莘	东鲁办事处	黄河村	115.696 7	36.225 8	50	潜水	1	1		1
155	周庄	31173243	海河	2018	基本站	聊城	莘	十八里铺	周庄村	115.607 8	36.160 8	30	潜水	1	1		1
156	武呈集	31173253	海河	2018	基本站	聊城	莘	王奉	武呈集村	115.431 4	36.304 2	50	潜水	1	1		1
157	谢庄	31173263	海河	2018	基本站	聊城	莘	雁塔办事处	谢庄村	115.641 7	36.230 0	50	潜水	1	1		1
158	车川口	31173273	海河	2018	基本站	聊城	莘	大张家	车川口村	115.353 9	35.865 8	50	潜水	1	1		1
159	大王寨	31173283	海河	2018	基本站	聊城	莘	大王寨	水利站附近	115.496 4	36.296 4	40	潜水	1	1		1
160	莘县马庄	31173293	海河	2018	基本站	聊城	莘	徐庄	马庄村	115.611 4	36.067 2	40	潜水	1	1		1
161	下堤尹庄	31173623	海河	2018	基本站	聊城	临清	先锋办事处	下堤尹庄村	115.841 9	36.906 1	40	潜水	1	1		1
162	东崔	31173633	海河	2018	基本站	聊城	临清	康庄	东催村	115.942 2	36.754 4	30	潜水	1	1		1
163	王里长屯	31173643	海河	2018	基本站	聊城	临清	康庄	王里长屯村	115.353 9	35.865 8	40	潜水	1	1		1
164	青年街办马村	31173653	海河	2018	基本站	聊城	临清	青年办事处	马庄村	115.650 0	36.788 1	40	潜水	1	1		1
165	中周店	31173663	海河	2018	基本站	聊城	临清	大辛庄	中周店村	115.695 3	36.757 5	40	潜水	1	1		1
166	前杨坟	31173673	海河	2018	基本站	聊城	临清	八岔路	前杨坟村	115.621 7	36.699 2	40	潜水	1	1		1
167	刘庄村	31173683	海河	2018	基本站	聊城	临清	魏湾	刘庄村	115.930 8	36.684 4	30	潜水	1	1		1
168	康庄	31173693	海河	2018	基本站	聊城	临清	康庄	康庄镇	115.926 9	36.793 1	30	潜水	1	1		1
169	相庄	31173703	海河	2018	基本站	聊城	临清	老赵庄	相庄村	115.854 4	36.845 0	40	潜水	1	1		1
170	十二里屯	31173713	海河	2018	基本站	聊城	临清	青年办事处	十二里屯村	115.787 5	36.840 0	40	潜水	1	1		1

续附表 7

序号	测站名称	测站编码	流域	设站年份	测站属性	测站地址				经度(°E)	纬度(°N)	原井深(m)	监测层位	专用井	监测项目		
						市	县(区)	乡(镇)	村(街道)						水位	水质	水温
171	阳谷中心站	31173083	海河	2018	基本站	聊城	阳谷	博济桥	阳谷水文中心站	115.801 1	36.080 0	30	潜水	1	1		1
172	柴庄	31173093	海河	2018	基本站	聊城	阳谷	高庙王	柴庄村	115.697 8	36.049 4	30	潜水	1	1		1
173	南徐	31173103	海河	2018	基本站	聊城	阳谷	寿张镇南	南徐闸管所	115.846 9	36.031 4	30	潜水	1	1		1
174	乔楼	31173113	海河	2018	基本站	聊城	阳谷	阿城	乔楼村	115.986 1	36.153 6	30	潜水	1	1		1
175	石狮子	31173123	海河	2018	基本站	聊城	阳谷	阎楼	石狮子村	115.913 6	36.160 0	30	潜水	1	1		1
176	王营村	31173133	海河	2018	基本站	聊城	阳谷	张秋	王营村	116.195 6	36.253 3	30	潜水	1	1		1
177	簸箕刘	31173143	海河	2018	基本站	聊城	阳谷	七级	簸箕刘村	115.986 9	36.266 4	30	潜水	1	1		1
178	张大庙	31173153	海河	2018	基本站	聊城	阳谷	定水	张大庙村	115.849 7	36.261 4	30	潜水	1	1		1
179	五里庙	31173163	海河	2018	基本站	聊城	阳谷	乔润办事处	五里庙村	115.810 6	36.145 3	30	潜水	1	1		1
180	陵城区	31172052	海河	2018	基本站	德州	陵城	水务局	水务局	116.571 4	37.336 4	31	潜水	1	1		1
181	丁庄镇	31172062	海河	2018	基本站	德州	陵城	丁庄	许桥闸管所	116.317 5	37.300 8	31	潜水	1	1		1
182	郑家寨	31172072	海河	2018	基本站	德州	陵城	郑家寨	德惠河管理段	116.715 8	37.269 7	31	潜水	1	1		1
183	滋镇	31172082	海河	2018	基本站	德州	陵城	滋	滋镇镇政府	116.815 8	37.362 5	8	潜水	1	1		1
184	糜镇	31172092	海河	2018	基本站	德州	陵城	糜	张习桥管理段	116.837 2	37.493 3	31	潜水	1	1		1
185	宋家	31172102	海河	2018	基本站	德州	陵城	宋家	宋家镇镇政府	116.844 7	37.535 8	31	潜水	1	1		1
186	徽王庄	31172112	海河	2018	基本站	德州	陵城	徽王庄	徽王庄镇镇政府	116.597 8	37.470 8	31	潜水	1	1		1
187	神头	31172122	海河	2018	基本站	德州	陵城	神头	防雹站	116.684 7	37.381 7	31	潜水	1	1		1
188	保店	31172132	海河	2018	基本站	德州	宁津	保店	保店镇镇政府	116.683 3	37.622 5	32	潜水	1	1		1

续附表 7

序号	测站名称	测站编码	流域	设站年份	测站属性	测站地址				经度(°E)	纬度(°N)	原井深(m)	监测层位	专用井	监测项目		
						市	县(区)	乡(镇)	村(街道)						水位	水质	水温
189	大曹	31172142	海河	2018	基本站	德州	宁津	大曹	广播站	116.601 9	37.616 7	41	潜水	1	1		1
190	相衙	31172152	海河	2018	基本站	德州	宁津	相衙	相衙镇镇政府	116.699 2	37.672 5	41	潜水	1	1		1
191	宁津	31172162	海河	2018	基本站	德州	宁津	水利局	水利局预制厂	116.769 4	37.660 8	41	潜水	1	1		1
192	张大庄	31172172	海河	2018	基本站	德州	宁津	张大庄	综合文化站	116.814 7	37.830 0	41	潜水	1	1		1
193	长官	31172182	海河	2018	基本站	德州	宁津	长官	水管站	116.923 3	37.789 7	41	潜水	1	1		1
194	大柳	31172192	海河	2018	基本站	德州	宁津	大柳	第二水厂	116.825 0	37.739 4	41	潜水	1	1		1
195	杜集	31172202	海河	2018	基本站	德州	宁津	杜集	水管站	116.948 6	37.704 4	31	潜水	1	1		1
196	柴胡店	31172212	海河	2018	基本站	德州	宁津	柴胡店	柴胡店镇中学	116.894 4	37.652 5	31	潜水	1	1		1
197	武城	31172572	海河	2018	基本站	德州	武城	水务局	水务局农水公司	116.088 6	37.198 6	11	潜水	1	1		1
198	李家户	31172582	海河	2018	基本站	德州	武城	李家户乡	李家户乡政府	116.016 4	37.145 8	31	潜水	1	1		1
199	老城	31172592	海河	2018	基本站	德州	武城	老城	后庄村	115.913 9	37.129 2	31	潜水	1	1		1
200	甲马营	31172602	海河	2018	基本站	德州	武城	甲马营	甲马营镇镇政府	115.958 1	37.224 2	31	潜水	1	1		1
201	鲁权屯	31172612	海河	2018	基本站	德州	武城	鲁权屯	鲁权屯镇镇政府	116.036 9	37.323 3	31	潜水	1	1		1
202	郝王庄	31172622	海河	2018	基本站	德州	武城	郝王庄	郝王庄镇镇政府	116.240 6	37.253 6	30	潜水	1	1		1
203	四女寺	31172632	海河	2018	基本站	德州	武城	四女寺	四女寺水文站	116.237 8	37.361 4	31	潜水	1	1		1
204	杨安镇	31172652	海河	2018	基本站	德州	乐陵	杨安	水利建筑公司	117.171 9	37.675 3	31	潜水	1	1		1
205	郑店	31172662	海河	2018	基本站	德州	乐陵	郑店	郑店镇镇政府	117.152 5	37.501 9	31	潜水	1	1		1

续附表 7

序号	测站名称	测站编码	流域	设站年份	测站属性	测站地址				经度(°E)	纬度(°N)	原井深(m)	监测层位	专用井	监测项目		
						市	县(区)	乡(镇)	村(街道)						水位	水质	水温
206	花园	31172672	海河	2018	基本站	德州	乐陵	花园镇	刘武官粮所	117.253 6	37.600 8	31	潜水	1	1		1
207	乐陵	31172682	海河	2018	基本站	德州	乐陵	乐陵水文站	乐陵水文站	117.239 4	37.745 8	31	潜水	1	1		1
208	朱集	31172692	海河	2018	基本站	德州	乐陵	朱集	水管站	117.258 1	37.788 1	31	潜水	1	1		1
209	黄夹	31172702	海河	2018	基本站	德州	乐陵	黄夹	水管站	117.089 4	37.763 1	31	潜水	1	1		1
210	临盘	31172252	海河	2018	基本站	德州	临邑	临盘街道	南院	116.772 2	37.195 3	31	潜水	1	1		1
211	临南	31172262	海河	2018	基本站	德州	临邑	临南	中心小学	116.866 7	37.076 1	31	潜水	1	1		1
212	孟寺	31172272	海河	2018	基本站	德州	临邑	孟寺	垃圾转运站	116.991 7	37.203 1	31	潜水	1	1		1
213	临邑	31172282	海河	2018	基本站	德州	临邑	牛角店	闸管所	116.829 7	37.124 2	31	潜水	1	1		1
214	宿安	31172292	海河	2018	基本站	德州	临邑	理合务	橡胶坝管理站	116.991 9	37.397 2	31	潜水	1	1		1
215	尚堂	31172222	海河	2018	基本站	德州	庆云	尚堂	中心敬老院	117.392 8	37.682 8	31	潜水	1	1		1
216	徐园子	31172232	海河	2018	基本站	德州	庆云	徐园子	敬老院	117.545 8	37.836 4	31	潜水	1	1		1
217	大道王	31172242	海河	2018	基本站	德州	庆云	第二水厂	第二水厂分厂	117.402 2	37.769 4	31	潜水	1	1		1
218	三唐	31172422	海河	2018	基本站	德州	平原	三唐	幼儿园	116.391 9	37.245 3	31	潜水	1	1		1
219	王杲铺	31172432	海河	2018	基本站	德州	平原	王杲铺	水管站	116.318 3	37.217 8	31	潜水	1	1		1
220	王打卦	31172442	海河	2018	基本站	德州	平原	王打卦	水管站	116.329 2	37.167 5	31	潜水	1	1		1
221	张华	31172452	海河	2018	基本站	德州	平原	张华	水利站	116.340 0	37.014 4	31	潜水	1	1		1
222	王庙	31172462	海河	2018	基本站	德州	平原	王庙	人工影响天气作业站点	116.396 7	37.038 1	31	潜水	1	1		1

续附表 7

序号	测站名称	测站编码	流域	设站年份	测站属性	测站地址				经度（°E）	纬度（°N）	原井深（m）	监测层位	专用井	监测项目		
						市	县（区）	乡（镇）	村（街道）						水位	水质	水温
223	前曹	31172472	海河	2018	基本站	德州	平原	前曹	水管站	116.519 4	37.130 3	31	潜水	1	1		1
224	王凤楼	31172482	海河	2018	基本站	德州	平原	王凤楼	水管站	116.580 0	37.203 3	31	潜水	1	1		1
225	梁家	31172712	海河	2018	基本站	德州	禹城	梁家	梁家镇	116.654 7	37.022 2	31	潜水	1	1		1
226	辛店镇	31172722	海河	2018	基本站	德州	禹城	辛店	幼儿园	116.681 1	37.100 8	31	潜水	1	1		1
227	十里望	31172732	海河	2018	基本站	德州	禹城	十里望	中学	116.603 9	36.966 7	31	潜水	1	1		1
228	伦镇	31172742	海河	2018	基本站	德州	禹城	伦	袁营	116.535 0	36.748 9	31	潜水	1	1		1
229	莒镇	31172752	海河	2018	基本站	德州	禹城	莒镇	齐集社区	116.500 0	36.710 3	31	潜水	1	1		1
230	安仁	31172762	海河	2018	基本站	德州	禹城	安仁	安仁镇	116.519 7	36.861 1	31	潜水	1	1		1
231	新盛店	31172492	海河	2018	基本站	德州	夏津	新盛店	新盛店镇	116.024 4	37.079 7	41	潜水	1	1		1
232	田庄乡	31172502	海河	2018	基本站	德州	夏津	田庄	田庄乡	115.965 3	37.030 3	41	潜水	1	1		1
233	白马湖	31172512	海河	2018	基本站	德州	夏津	白马湖	白马湖镇	115.830 8	36.953 3	41	潜水	1	1		1
234	夏津	31172522	海河	2018	基本站	德州	夏津	前籽粒屯	扬水站	116.074 7	37.003 1	30	潜水	1	1		1
235	香赵庄	31172532	海河	2018	基本站	德州	夏津	香赵庄	香赵庄镇	116.102 2	36.915 6	40	潜水	1	1		1
236	东李官屯	31172542	海河	2018	基本站	德州	夏津	东李官屯	计生站	116.159 2	36.982 2	31	潜水	1	1		1
237	雷集	31172552	海河	2018	基本站	德州	夏津	雷集	雷集镇	116.198 3	37.067 2	41	潜水	1	1		1

续附表 7

序号	测站名称	测站编码	流域	设站年份	测站属性	测站地址				经度(°E)	纬度(°N)	原井深(m)	监测层位	专用井	监测项目		
						市	县(区)	乡(镇)	村(街道)						水位	水质	水温
238	苏留庄	31172562	海河	2018	基本站	德州	夏津	苏留庄	苏留庄镇	116.135 0	37.091 7	41	潜水	1	1		1
239	黄河涯	31172032	海河	2018	基本站	德州	德城	黄河涯	沙杨闸管所	116.317 5	37.300 8	31	潜水	1	1		1
240	安庄	31172042	海河	2018	基本站	德州	德城	二屯	耶鲁氏工厂	116.335 6	37.545 0	31	潜水	1	1		1
241	抬头寺	31172012	海河	2018	基本站	德州	开发	抬头寺	抬头寺镇	116.397 5	37.369 2	31	潜水	1	1		1
242	赵虎	31172022	海河	2018	基本站	德州	开发	赵虎	赵虎镇	116.487 5	37.511 1	31	潜水	1	1		1
243	刘桥	31172312	海河	2018	基本站	德州	齐河	刘桥	洪州绿都农业园	116.627 8	36.740 6	31	潜水	1	1		1
244	焦庙	31172322	海河	2018	基本站	德州	齐河	焦庙	小刘村	116.634 7	36.658 1	31	潜水	1	1		1
245	潘店	31172332	海河	2018	基本站	德州	齐河	潘店	潘店镇	116.458 9	36.632 5	31	潜水	1	1		1
246	仁里集	31172342	海河	2018	基本站	德州	齐河	仁里集	仁里集镇	116.470 8	36.547 2	31	潜水	1	1		1
247	马集镇	31172352	海河	2018	基本站	德州	齐河	马集	邱集水厂	116.543 6	36.447 2	31	潜水	1	1		1
248	胡官屯	31172362	海河	2018	基本站	德州	齐河	胡官屯	胡官屯镇	116.580 8	36.559 4	31	潜水	1	1		1
249	祝阿	31172372	海河	2018	基本站	德州	齐河	祝阿	敬老院	116.700 6	36.724 2	31	潜水	1	1		1
250	齐河	31172382	海河	2018	基本站	德州	齐河	水利局货厂	水利局货厂	116.758 9	36.799 4	31	潜水	1	1		1
251	表白寺	31172392	海河	2018	基本站	德州	齐河	表白寺	北陈水厂	116.931 4	36.908 9	31	潜水	1	1		1
252	大黄	31172402	海河	2018	基本站	德州	齐河	大黄	敬老院	116.775 0	36.981 4	31	潜水	1	1		1

续附表 7

序号	测站名称	测站编码	流域	设站年份	测站属性	测站地址				经度(°E)	纬度(°N)	原井深(m)	监测层位	专用井	监测项目		
						市	县(区)	乡(镇)	村(街道)						水位	水质	水温
253	刘连屯	31172412	海河	2018	基本站	德州	齐河	刘连屯	水文站	116.803 3	36.954 7	31	潜水	1	1		1
254	水湾	31174334	海河	2018	基本站	滨州	无棣	水湾	龙腾社区	117.703 3	37.812 8	21	潜水	1	1		1
255	棣丰	31174354	海河	2018	基本站	滨州	无棣	棣丰办事处	敬老院	117.649 7	37.711 9	21	潜水	1	1		1
256	柳堡	31174374	海河	2018	基本站	滨州	无棣	柳堡	柳堡镇	117.746 7	37.973 3	21	潜水	1	1		1
257	佘家	31174394	海河	2018	基本站	滨州	无棣	佘家	邓王村	117.797 8	37.855 8	21	潜水	1	1		1
258	海丰	31174414	海河	2018	基本站	滨州	无棣	海丰办事处	原计生站	117.739 7	37.765 6	21	潜水	1	1		1
259	翟王	31174254	海河	2018	基本站	滨州	阳信	二十里堡	闸管所	117.553 1	37.581 9	21	潜水	1	1		1
260	阳信	31174274	海河	2018	基本站	滨州	阳信	水文局	水文局	117.611 4	37.641 1	21	潜水	1	1		1
261	流坡坞	31174294	海河	2018	基本站	滨州	阳信	流坡坞	流坡坞镇	117.438 3	37.636 7	21	潜水	1	1		1
262	大司	31174314	海河	2018	基本站	滨州	阳信	商店	大司村	117.673 6	37.503 1	21	潜水	1	1		1
263	泊头	31174434	海河	2018	基本站	滨州	沾化	泊头	泊头村	118.078 3	37.645 3	21	潜水	1	1		1
264	下洼	31174454	海河	2018	基本站	滨州	沾化	下洼	下洼村	117.885 3	37.703 1	21	潜水	1	1		1
265	沾化	31174474	海河	2018	基本站	滨州	沾化	水务局	水务局	118.129 2	37.695 6	22	潜水	1	1		1
266	利国	31174494	海河	2018	基本站	滨州	沾化	利国	老年服务中心	118.235 3	37.693 3	21	潜水	1	1		1
267	辛店	31174094	海河	2018	基本站	滨州	惠民	辛店	棉花王村	117.639 4	37.363 9	21	潜水	1	1		1

续附表 7

序号	测站名称	测站编码	流域	设站年份	测站属性	测站地址				经度(°E)	纬度(°N)	原井深(m)	监测层位	专用井	监测项目		
						市	县(区)	乡(镇)	村(街道)						水位	水质	水温
268	史家	31174114	海河	2018	基本站	滨州	惠民	石庙	史家村	117.397 5	37.458 1	22	潜水	1	1		1
269	大年陈	31174134	海河	2018	基本站	滨州	惠民	大年陈	公路站	117.536 1	37.183 3	21	潜水	1	1		1
270	清河	31174154	海河	2018	基本站	滨州	惠民	清河	清河镇	117.674 2	37.300 6	21	潜水	1	1		1
271	陈集二小	31174174	海河	2018	基本站	滨州	惠民	胡集	陈集第二小学	117.739 7	37.415 6	21	潜水	1	1		1
272	孙武	31174194	海河	2018	基本站	滨州	惠民	孙武	白龙湾灌溉处	117.528 3	37.489 7	21	潜水	1	1		1
273	三岔口	31174214	海河	2018	基本站	滨州	惠民	姜楼	姜楼镇	117.440 6	37.240 0	21	潜水	1	1		1
274	淄角	31174234	海河	2018	基本站	滨州	惠民	淄角	马店办事处	117.422 8	37.356 1	21	潜水	1	1		1
275	孙镇	51361156	淮河	2018	基本站	滨州	邹平	孙	供水站	117.699 7	37.030 3	41	潜水	1	1		1
276	台子	51361168	淮河	2018	基本站	滨州	邹平	台子	豆八办事处	117.490 0	37.091 7	45	潜水	1	1		1
277	码头	51361180	淮河	2018	基本站	滨州	邹平	码头	老镇政府	117.376 1	37.027 2	31	潜水	1	1		1
278	临池	51361192	淮河	2018	基本站	滨州	邹平	临池水利站	临池水利站	117.778 3	36.714 7	59	潜水	1	1		1
279	青阳	51361204	淮河	2018	基本站	滨州	邹平	青阳	山东玉玺养殖厂	117.582 5	36.886 4	62	潜水	1	1		1
280	长山	51361216	淮河	2018	基本站	滨州	邹平	长山	水利站	117.873 9	36.892 8	57	潜水	1	1		1
281	西董	51361228	淮河	2018	基本站	滨州	邹平	西董夫村	西董夫村	117.7125	36.8250	36	潜水	1	1		1
282	黄山	51361240	淮河	2018	基本站	滨州	邹平	自来水公司	自来水公司	117.726 7	36.879 7	61	潜水	1	1		1

续附表 7

序号	测站名称	测站编码	流域	设站年份	测站属性	测站地址				经度(°E)	纬度(°N)	原井深(m)	监测层位	专用井	监测项目		
						市	县(区)	乡(镇)	村(街道)						水位	水质	水温
283	焦桥	51361252	淮河	2018	基本站	滨州	邹平	焦桥水利站	焦桥水利站	117.824 2	36.999 7	62	潜水	1	1		1
284	明集	51361264	淮河	2018	基本站	滨州	邹平	明集	供水站	117.650 6	36.919 7	61	潜水	1	1		1
285	福旺	51361024	淮河	2018	基本站	滨州	博兴	澳航新材料	澳航新材料公司	118.260 8	37.051 7	50	潜水	1	1		1
286	王浩	51361036	淮河	2018	基本站	滨州	博兴	吕艺	王浩村	118.346 4	37.152 2	21	潜水	1	1		1
287	店子镇金稻香	51361048	淮河	2018	基本站	滨州	博兴	店子	金稻香酒厂	118.221 1	37.066 1	56	潜水	1	1		1
288	利城	51361066	淮河	2018	基本站	滨州	博兴	店子	店子第二小学	118.321 4	37.113 6	59	潜水	1	1		1
289	庞家	51361072	淮河	2018	基本站	滨州	博兴	交通汽车检测公司	交通汽车检测公司	118.094 7	37.208 6	21	潜水	1	1		1
290	老官村	51361084	淮河	2018	基本站	滨州	博兴	曹王	春旺达化工公司	118.202 5	37.028 1	61	潜水	1	1		1
291	绳耿	51361108	淮河	2018	基本站	滨州	博兴	特种水产品养殖场	特种水产品养殖场	118.123 6	37.210 8	61	潜水	1	1		1
292	鲁崔	51361120	淮河	2018	基本站	滨州	博兴	湖滨	隆泰食品公司	118.186 4	37.068 1	61	潜水	1	1		1
293	辛朱	51361132	淮河	2018	基本站	滨州	博兴	店子	辛朱村	118.285 0	37.101 1	55	潜水	1	1		1
294	寨高	51361144	淮河	2018	基本站	滨州	博兴	湖滨	盛欧园钢构公司	118.226 1	37.083 9	61	潜水	1	1		1
295	里则	31174014	海河	2018	基本站	滨州	滨城	里则办事处	西城驾校	117.834 2	37.358 6	21	潜水	1	1		1

续附表 7

序号	测站名称	测站编码	流域	设站年份	测站属性	测站地址				经度(°E)	纬度(°N)	原井深(m)	监测层位	专用井	监测项目		
						市	县(区)	乡(镇)	村(街道)						水位	水质	水温
296	狮子李	31174034	海河	2018	基本站	滨州	滨城	滨北	狮子李村	117.911 4	37.473 3	21	潜水	1	1		1
297	西石营	31174054	海河	2018	基本站	滨州	滨城	秦皇台	西石营村	118.126 7	37.535 6	21	潜水	1	1		1
298	潘王	51361012	淮河	2018	基本站	滨州	滨城	小营办事处	潘王社区	118.080 0	37.283 1	21	潜水	1	1		1
299	长清水文站 2	51365069	淮河	2018	基本站	济南	天桥	水文中心站	水文中心站	116.839 4	36.578 6	35	潜水	1	1		1
300	冷庄村	51365045	淮河	2018	基本站	济南	槐荫	平安店街道	冷庄	116.790 8	36.608 6	30	潜水	1	1		1
301	济西基地	41471061	黄河	2018	基本站	济南	槐荫	济南水文局	济南城区水文局	116.876 4	36.641 1	15	潜水	1	1		1
302	鲍山 2	51365141	淮河	2018	基本站	济南	历城	鲍山街道	水利站	117.156 9	36.728 3	35	潜水	1	1		1
303	双山	51365165	淮河	2018	基本站	济南	章丘	东双山大街	东双山大街	117.525 3	36.678 9	180	潜水	1	1		1
304	圣井	51365237	淮河	2018	基本站	济南	章丘	圣井街道	敬老院	117.426 9	36.672 5	25	潜水	1	1		1
305	辛寨	51365261	淮河	2018	基本站	济南	章丘	辛寨	中心小学	117.498 3	36.947 8	30	潜水	1	1		1
306	牛一村	51365285	淮河	2018	基本站	济南	章丘	相公	牛一村	117.582 2	36.770 0	25	潜水	1	1		1
307	南河村	51365309	淮河	2018	基本站	济南	章丘	绣惠	南河村	117.485 6	36.781 7	30	潜水	1	1		1
308	刁镇	51365333	淮河	2018	基本站	济南	章丘	刁	时北水厂	117.514 2	36.884 7	30	潜水	1	1		1
309	水寨镇	51365357	淮河	2018	基本站	济南	章丘	水寨	农服中心	117.428 6	36.906 1	30	潜水	1	1		1
310	石珩村	51365381	淮河	2018	基本站	济南	章丘	白云湖	石珩村	117.362 8	36.828 6	30	潜水	1	1		1

续附表 7

序号	测站名称	测站编码	流域	设站年份	测站属性	测站地址				经度(°E)	纬度(°N)	原井深(m)	监测层位	专用井	监测项目		
						市	县(区)	乡(镇)	村(街道)						水位	水质	水温
311	权北村	51365405	淮河	2018	基本站	济南	章丘	龙山	权北村	117.378 1	36.723 6	26	潜水	1	1		1
312	高官寨	51365429	淮河	2018	基本站	济南	章丘	高官寨	驻地水厂	117.311 9	36.917 2	30	潜水	1	1		1
313	吕家寨	51365453	淮河	2018	基本站	济南	章丘	黄河	黄河乡水利站	117.296 1	36.974 2	30	潜水	1	1		1
314	龙桑寺	31170181	海河	2018	基本站	济南	商河	龙桑寺	龙桑寺镇	117.284 2	37.395 0	40	潜水	1	1		1
315	殷巷	31170201	海河	2018	基本站	济南	商河	殷巷	殷巷镇	117.144 4	37.400 0	39	潜水	1	1		1
316	张坊	31170221	海河	2018	基本站	济南	商河	张坊	张坊乡	117.101 4	37.349 7	40	潜水	1	1		1
317	商河水文站 1	31170241	海河	2018	基本站	济南	商河	水文中心站	水文中心站	117.130 3	37.256 4	37	潜水	1	1		1
318	玉皇庙镇	31170261	海河	2018	基本站	济南	商河	玉皇庙	水利协会	117.096 7	37.184 7	40	潜水	1	1		1
319	白桥	31170281	海河	2018	基本站	济南	商河	白桥	敬老院	117.224 4	37.218 6	40	潜水	1	1		1
320	小仁家	31170021	海河	2018	基本站	济南	济阳	曲堤	小仁家村	117.245 6	37.064 2	40	潜水	1	1		1
321	小街村	31170041	海河	2018	基本站	济南	济阳	仁风	小街村	117.388 6	37.090 8	40	潜水	1	1		1
322	义和村	31170061	海河	2018	基本站	济南	济阳	孙耿	义和村	116.995 0	36.892 5	40	潜水	1	1		1
323	太平镇	31170081	海河	2018	基本站	济南	济阳	太平	计生办	116.950 6	36.980 6	34	潜水	1	1		1
324	明水	31170101	海河	2018	基本站	济南	济阳	明水街道	明水街道	117.581 7	36.727 2	25	潜水	1	1		1
325	垛石	31170121	海河	2018	基本站	济南	济阳	垛石	徒骇河管理站	117.089 4	37.060 3	40	潜水	1	1		1

续附表 7

序号	测站名称	测站编码	流域	设站年份	测站属性	测站地址				经度(°E)	纬度(°N)	原井深(m)	监测层位	专用井	监测项目		
						市	县(区)	乡(镇)	村(街道)						水位	水质	水温
326	济阳	31170141	海河	2018	基本站	济南	济阳	水文中心站	水文中心站	117.179 4	36.983 9	40	潜水	1	1		1
327	青宁水厂	31170161	海河	2018	基本站	济南	济阳	崔寨	青宁水厂	117.124 4	36.864 4	40	潜水	1	1		1
328	东明	51266629	淮河	2018	基本站	菏泽	东明	城关	水务局	115.089 7	35.289 7	20	潜水	1	1		1
329	武胜桥	51266638	淮河	2018	基本站	菏泽	东明	武胜桥	污水处理厂	115.188 9	35.335 6	25	潜水	1	1		1
330	沙沃	51266647	淮河	2018	基本站	菏泽	东明	沙窝	敬老院	115.002 2	35.210 0	35	潜水	1	1		1
331	三春集	51266656	淮河	2018	基本站	菏泽	东明	三春集	三春集村	114.977 5	35.049 7	25	潜水	1	1		1
332	荆台集	51266665	淮河	2018	基本站	菏泽	东明	东明集	荆台集村	115.171 1	35.145 3	35	潜水	1	1		1
333	马头	51266674	淮河	2018	基本站	菏泽	东明	马头	水管所	115.097 2	35.032 2	25	潜水	1	1		1
334	北贺庄	51266683	淮河	2018	基本站	菏泽	东明	东明	北贺庄村	115.117 8	35.190 0	30	潜水	1	1		1
335	黄寺	51266197	淮河	2018	基本站	菏泽	单	李新庄	黄寺水文站	116.072 5	34.871 9	30	潜水	1	1		1
336	邢王庄	51266206	淮河	2018	基本站	菏泽	单	张集	邢王庄村	116.330 3	34.810 6	30	潜水	1	1		1
337	终兴	51266215	淮河	2018	基本站	菏泽	单	终兴	四中家属院	116.266 4	34.747 5	30	潜水	1	1		1
338	七里庄	51266224	淮河	2018	基本站	菏泽	单	城关	七里庄村	116.066 9	34.739 2	30	潜水	1	1		1
339	孙溜	51266233	淮河	2018	基本站	菏泽	单	孙溜	孙庄村	116.129 7	34.737 8	50	潜水	1	1		1
340	黄岗	51266242	淮河	2018	基本站	菏泽	单	黄岗	北街村	116.039 4	34.650 6	30	潜水	1	1		1

续附表 7

序号	测站名称	测站编码	流域	设站年份	测站属性	测站地址				经度(°E)	纬度(°N)	原井深(m)	监测层位	专用井	监测项目		
						市	县(区)	乡(镇)	村(街道)						水位	水质	水温
341	杨楼	51266251	淮河	2018	基本站	菏泽	单	杨楼	中心敬老院	116.173 1	34.768 6	30	潜水	1	1		1
342	浮岗	51266261	淮河	2018	基本站	菏泽	单	浮龙湖	浮龙湖净水厂	115.960 8	34.655 3	30	潜水	1	1		1
343	郭村	51266269	淮河	2018	基本站	菏泽	单	郭村	计生委	115.925 0	34.740 0	30	潜水	1	1		1
344	大郝庄	51266278	淮河	2018	基本站	菏泽	单	聂付庄	大郝庄村	115.885 6	34.630 0	30	潜水	1	1		1
345	定陶	51266575	淮河	2018	基本站	菏泽	定陶	滨河办事处	水利站	115.626 4	35.089 7	30	潜水	1	1		1
346	张湾	51266584	淮河	2018	基本站	菏泽	定陶	张湾	水利站	115.409 7	35.086 4	30	潜水	1	1		1
347	冉堌	51266593	淮河	2018	基本站	菏泽	定陶	冉堌	水管所	115.704 7	34.989 4	30	潜水	1	1		1
348	黄店	51266602	淮河	2018	基本站	菏泽	定陶	黄店	水利站	115.693 3	35.081 4	30	潜水	1	1		1
349	陈集	51266611	淮河	2018	基本站	菏泽	定陶	陈集	水利站	115.587 5	35.186 7	30	潜水	1	1		1
350	路菜园	51266623	淮河	2018	基本站	菏泽	定陶	南王店	路菜园水文站	115.532 5	35.003 1	30	潜水	1	1		1
351	成武县	51266287	淮河	2018	基本站	菏泽	成武	机械化水务公司	机械化水务公司	115.873 1	34.927 5	30	潜水	1	1		1
352	大田集	51266296	淮河	2018	基本站	菏泽	成武	大田集	何集村供水厂	116.049 7	35.082 5	30	潜水	1	1		1
353	白浮	51266305	淮河	2018	基本站	菏泽	成武	白浮图	孙庙村	116.129 4	34.930 3	30	潜水	1	1		1
354	张庄	51266314	淮河	2018	基本站	菏泽	成武	张庄闸	张庄闸水文站	115.996 9	34.970 8	30	潜水	1	1		1
355	孙寺	51266323	淮河	2018	基本站	菏泽	成武	孙寺	吴楼村供水厂	115.974 7	34.838 3	30	潜水	1	1		1

续附表 7

序号	测站名称	测站编码	流域	设站年份	测站属性	测站地址				经度(°E)	纬度(°N)	原井深(m)	监测层位	专用井	监测项目		
						市	县(区)	乡(镇)	村(街道)						水位	水质	水温
356	汶上集	51266332	淮河	2018	基本站	菏泽	成武	汶上集	西张庄	115.858 1	35.110 6	30	潜水	1	1		1
357	九女	51266341	淮河	2018	基本站	菏泽	成武	九女	陈庙村	115.818 3	34.933 3	30	潜水	1	1		1
358	新城	51266353	淮河	2018	基本站	菏泽	巨野	巨野	新城敬老院	116.077 5	35.342 8	30	潜水	1	1		1
359	麒麟	51266359	淮河	2018	基本站	菏泽	巨野	麒麟	敬老院	116.186 9	35.402 8	30	潜水	1	1		1
360	太平集	51266368	淮河	2018	基本站	菏泽	巨野	太平集	太平集镇镇政府	115.850 8	35.343 3	30	潜水	1	1		1
361	田桥	51266377	淮河	2018	基本站	菏泽	巨野	田桥	敬老院	115.970 6	35.338 9	30	潜水	1	1		1
362	章缝	51266386	淮河	2018	基本站	菏泽	巨野	章缝	敬老院	116.013 6	35.215 8	30	潜水	1	1		1
363	柳林	51266395	淮河	2018	基本站	菏泽	巨野	柳林	柳林镇镇政府	115.854 4	35.176 1	50	潜水	1	1		1
364	董官屯	51266404	淮河	2018	基本站	菏泽	巨野	董官屯	董官屯镇镇政府	115.960 0	35.276 4	30	潜水	1	1		1
365	核桃园	51266413	淮河	2018	基本站	菏泽	巨野	核桃园	核桃园镇镇政府	116.245 0	35.251 4	30	潜水	1	1		1
366	岳程庄	51266026	淮河	2018	基本站	菏泽	牡丹	岳程庄	辛集孝义堂	115.604 7	35.279 4	50	潜水	1	1		1
367	沙土	51266035	淮河	2018	基本站	菏泽	牡丹	沙土	双庙村	115.791 9	35.275 3	30	潜水	1	1		1
368	小留	51266044	淮河	2018	基本站	菏泽	牡丹	小留	前刘庄村	115.452 5	35.346 1	50	潜水	1	1		1
369	李村	51266053	淮河	2018	基本站	菏泽	牡丹	李村	敬老院	115.253 6	35.372 2	25	潜水	1	1		1
370	吕陵	51266062	淮河	2018	基本站	菏泽	牡丹	吕陵	贾坊乡	115.290 6	35.260 3	30	潜水	1	1		1

续附表 7

序号	测站名称	测站编码	流域	设站年份	测站属性	测站地址				经度(°E)	纬度(°N)	原井深(m)	监测层位	专用井	监测项目		
						市	县(区)	乡(镇)	村(街道)						水位	水质	水温
371	马岭岗	51266071	淮河	2018	基本站	菏泽	牡丹	马岭岗	寺李	115.276 9	35.218 6	50	潜水	1	1		1
372	魏楼闸	51266083	淮河	2018	基本站	菏泽	牡丹	安兴	魏楼闸水文站	115.682 5	35.366 1	30	潜水	1	1		1
373	大黄集	51266089	淮河	2018	基本站	菏泽	牡丹	大黄	吕寨村	115.298 3	35.065 0	35	潜水	1	1		1
374	青菏	51266098	淮河	2018	基本站	菏泽	曹	开发区	清河办水利站	115.529 7	34.867 8	30	潜水	1	1		1
375	魏湾	51266107	淮河	2018	基本站	菏泽	曹	魏湾	七棉厂	115.342 8	34.874 2	30	潜水	1	1		1
376	常乐集	51266116	淮河	2018	基本站	菏泽	曹	常乐集	常乐集镇镇政府	115.298 6	34.965 3	30	潜水	1	1		1
377	李庙	51266125	淮河	2018	基本站	菏泽	曹	李庙闸	水文站	115.448 1	34.913 1	30	潜水	1	1		1
378	古营集	51266134	淮河	2018	基本站	菏泽	曹	古营集	古营集镇镇政府	115.680 8	34.950 3	30	潜水	1	1		1
379	王集	51266143	淮河	2018	基本站	菏泽	曹	王集	王集镇镇政府	115.630 0	34.836 4	30	潜水	1	1		1
380	安蔡楼	51266152	淮河	2018	基本站	菏泽	曹	安蔡楼	安蔡楼敬老院	115.704 4	34.688 9	30	潜水	1	1		1
381	青堌集	51266161	淮河	2018	基本站	菏泽	曹	青堌集	青堌集镇镇政府	115.787 2	34.696 4	30	潜水	1	1		1
382	苏集	51266172	淮河	2018	基本站	菏泽	曹	苏集水利站	苏集水利站	115.788 1	34.794 4	30	潜水	1	1		1
383	梁堤头	51266179	淮河	2018	基本站	菏泽	曹	梁堤头	梁堤头敬老院	115.587 5	34.636 7	30	潜水	1	1		1
384	唐店	51266422	淮河	2018	基本站	菏泽	郓城	唐店闸	唐店闸管理所	115.977 2	35.630 3	25	潜水	1	1		1
385	程屯	51266431	淮河	2018	基本站	菏泽	郓城	程屯	垃圾中转站	115.960 6	35.729 2	30	潜水	1	1		1

续附表 7

序号	测站名称	测站编码	流域	设站年份	测站属性	测站地址				经度(°E)	纬度(°N)	原井深(m)	监测层位	专用井	监测项目		
						市	县(区)	乡(镇)	村(街道)						水位	水质	水温
386	黄集	51266446	淮河	2018	基本站	菏泽	郓城	黄集	敬老院	115.875 0	35.794 7	25	潜水	1	1		1
387	黄安	51266449	淮河	2018	基本站	菏泽	郓城	黄安	敬老院	115.737 2	35.446 4	30	潜水	1	1		1
388	黄堆集	51266458	淮河	2018	基本站	菏泽	郓城	黄堆集	黄堆集	116.068 1	35.541 9	25	潜水	1	1		1
389	刘庄闸	51266467	淮河	2018	基本站	菏泽	郓城	双桥	刘庄闸水文站	115.802 2	35.558 1	30	潜水	1	1		1
390	玉皇庙	51266476	淮河	2018	基本站	菏泽	郓城	玉皇庙	垃圾中转站	115.791 7	35.645 8	25	潜水	1	1		1
391	武安	51266485	淮河	2018	基本站	菏泽	郓城	武安	武安镇镇政府	115.835 3	35.506 7	30	潜水	1	1		1
392	张鲁集	51266494	淮河	2018	基本站	菏泽	郓城	张鲁集	张鲁集	115.743 1	35.704 7	25	潜水	1	1		1
393	随官屯	51266503	淮河	2018	基本站	菏泽	郓城	随官屯	随官屯	116.018 9	35.481 4	30	潜水	1	1		1
394	鄄城	51266512	淮河	2018	基本站	菏泽	鄄城	古泉街道	泓聚源公司	115.555 6	35.569 4	30	潜水	1	1		1
395	临濮	51266521	淮河	2018	基本站	菏泽	鄄城	临濮	临濮乡政府	115.375 0	35.469 4	25	潜水	1	1		1
396	箕山	51266535	淮河	2018	基本站	菏泽	鄄城	吉山	箕山镇镇政府	115.467 5	35.627 8	25	潜水	1	1		1
397	旧城	51266539	淮河	2018	基本站	菏泽	鄄城	旧城	中心幼儿园	115.503 9	35.665 0	25	潜水	1	1		1
398	彭楼	51266548	淮河	2018	基本站	菏泽	鄄城	彭楼	彭楼中学	115.599 7	35.413 3	30	潜水	1	1		1
399	郑营	51266557	淮河	2018	基本站	菏泽	鄄城	郑营	中心幼儿园	115.542 8	35.502 2	25	潜水	1	1		1
400	红船	51266566	淮河	2018	基本站	菏泽	鄄城	红船中心	红船中心幼儿园	115.690 6	35.546 1	30	潜水	1	1		1

续附表 7

序号	测站名称	测站编码	流域	设站年份	测站属性	测站地址				经度（°E）	纬度（°N）	原井深（m）	监测层位	专用井	监测项目		
						市	县（区）	乡（镇）	村（街道）						水位	水质	水温
401	后营水文站	51264022	淮河	2018	基本站	济宁	任城	济阳街道	后营水文站	116.543 6	35.400 6	40	潜水	1	1		1
402	国光村	51264033	淮河	2018	基本站	济宁	任城	太白湖新区	国光村	116.599 4	35.384 4	48	潜水	1	1		1
403	接庄	51264045	淮河	2018	基本站	济宁	任城	接庄	济东新村东南 338 m	116.701 7	35.345 6	100	潜水	1	1		1
404	唐口	51264057	淮河	2018	基本站	济宁	任城	唐口	唐口水利站	116.491 4	35.313 3	40	潜水	1	1		1
405	喻屯	51264069	淮河	2018	基本站	济宁	任城	喻屯	喻屯水厂	116.507 2	35.234 4	40	潜水	1	1		1
406	李营栢行	51264081	淮河	2018	基本站	济宁	任城	李营	北航村	116.620 0	35.461 1	50	潜水	1	1		1
407	廿里铺	51264093	淮河	2018	基本站	济宁	任城	廿里铺	刘门口村	116.564 7	35.501 7	50	潜水	1	1		1
408	王因	51264609	淮河	2018	基本站	济宁	兖州	王因	计生办	116.767 2	35.462 2	50	潜水	1	1		1
409	兴隆	51264621	淮河	2018	基本站	济宁	兖州	兴隆	兴隆镇镇政府	116.835 0	35.510 3	40	潜水	1	1		1
410	新兖	51264633	淮河	2018	基本站	济宁	兖州	新兖	吴村水源地	116.789 4	35.532 8	40	潜水	1	1		1
411	漕河	51264645	淮河	2018	基本站	济宁	兖州	漕河	漕河镇镇政府	116.783 6	35.667 2	30	潜水	1	1		1
412	新驿	51264657	淮河	2018	基本站	济宁	兖州	新驿	供水加压站	116.637 2	35.637 2	40	潜水	1	1		1
413	颜店十三中	51264681	淮河	2018	基本站	济宁	兖州	颜店	第十三中学	116.700 6	35.540 3	40	潜水	1	1		1
414	中医药学校	51264549	淮河	2018	基本站	济宁	曲阜	鲁城街道	中医药学校	116.970 6	35.603 3	21	潜水	1	1		1
415	时庄	51264561	淮河	2018	基本站	济宁	曲阜	时庄	圣城热电水源地	116.902 5	35.605 0	40	潜水	1	1		1

续附表 7

序号	测站名称	测站编码	流域	设站年份	测站属性	测站地址				经度(°E)	纬度(°N)	原井深(m)	监测层位	专用井	监测项目		
						市	县(区)	乡(镇)	村(街道)						水位	水质	水温
416	王庄	51264573	淮河	2018	基本站	济宁	曲阜	王庄	王庄村	117.030 8	35.661 7	40	潜水	1	1		1
417	姚村	51264585	淮河	2018	基本站	济宁	曲阜	姚村	水利站院	116.920 6	35.662 8	40	潜水	1	1		1
418	陵城	51264597	淮河	2018	基本站	济宁	曲阜	陵城	计生服务站	116.928 6	35.536 7	40	潜水	1	1		1
419	金庄	51264405	淮河	2018	基本站	济宁	泗水	金庄	卫生院	117.167 8	35.630 8	27	潜水	1	1		1
420	中册	51264417	淮河	2018	基本站	济宁	泗水	中册	养老院	117.260 0	35.708 1	29	潜水	1	1		1
421	泉林	51264429	淮河	2018	基本站	济宁	泗水	泉林	泉林镇镇政府	117.499 2	35.628 6	19	潜水	1	1		1
422	泗河办事处	51264441	淮河	2018	基本站	济宁	泗水	泗河办事处	水利局家属院	117.263 3	35.661 1	28	潜水	1	1		1
423	北宿	51264693	淮河	2018	基本站	济宁	邹城	北宿	鑫星社区	116.780 0	35.383 1	40	潜水	1	1		1
424	石墙	51264705	淮河	2018	基本站	济宁	邹城	石墙	双庆提水站	116.901 4	35.274 4	25	潜水	1	1		1
425	太平镇赵庄	51264717	淮河	2018	基本站	济宁	邹城	太平	赵庄办事处	116.780 0	35.311 4	40	潜水	1	1		1
426	马坡	51264105	淮河	2018	基本站	济宁	微山	马坡	马东村	116.736 7	35.223 3	40	潜水	1	1		1
427	付村	51264117	淮河	2018	基本站	济宁	微山	付村	闫村	117.066 9	34.853 9	31	潜水	1	1		1
428	种口四村	51264129	淮河	2018	基本站	济宁	微山	昭阳街道	种口四村	117.200 0	34.763 1	21	潜水	1	1		1
429	张黄	51264141	淮河	2018	基本站	济宁	鱼台	张黄	南陈排灌站	116.480 0	35.382 8	40	潜水	1	1		1
430	李阁	51264153	淮河	2018	基本站	济宁	鱼台	李阁	张寨排灌站	116.479 7	35.035 3	30	潜水	1	1		1

续附表 7

序号	测站名称	测站编码	流域	设站年份	测站属性	测站地址				经度(°E)	纬度(°N)	原井深(m)	监测层位	专用井	监测项目		
						市	县(区)	乡(镇)	村(街道)						水位	水质	水温
431	鱼城	51264165	淮河	2018	基本站	济宁	鱼台	鱼城	李党村	116. 443 1	34. 917 8	40	潜水	1	1		1
432	王鲁	51264177	淮河	2018	基本站	济宁	鱼台	王鲁	陈大年排灌站	116. 630 6	34. 992 5	38	潜水	1	1		1
433	胡集	51264189	淮河	2018	基本站	济宁	金乡	胡集	计划生育服务站	116. 379 2	35. 186 7	30	潜水	1	1		1
434	羊山	51264201	淮河	2018	基本站	济宁	金乡	羊山	阳山景区	116. 249 4	35. 170 0	30	潜水	1	1		1
435	孙庄水文站	51264213	淮河	2018	基本站	济宁	金乡	金乡	南张楼村	116. 326 1	35. 121 4	150	潜水	1	1		1
436	王丕	51264225	淮河	2018	基本站	济宁	金乡	王丕	大王楼村	116. 278 9	35. 001 4	30	潜水	1	1		1
437	司马	51264237	淮河	2018	基本站	济宁	金乡	司马	司法所	116. 312 8	34. 918 6	30	潜水	1	1		1
438	鸡黍	51264249	淮河	2018	基本站	济宁	金乡	鸡黍	鸡黍镇镇政府	116. 191 4	34. 957 5	30	潜水	1	1		1
439	万张	51264261	淮河	2018	基本站	济宁	嘉祥	万张	供水站	116. 349 4	35. 382 8	30	潜水	1	1		1
440	梁宝寺	51264273	淮河	2018	基本站	济宁	嘉祥	梁宝寺	向阳供水站	116. 297 2	35. 576 7	30	潜水	1	1		1
441	马集	51264285	淮河	2018	基本站	济宁	嘉祥	马集	薄店排灌站	116. 399 4	35. 332 5	30	潜水	1	1		1
442	金屯	51264297	淮河	2018	基本站	济宁	嘉祥	金屯	付庄排灌站	116. 405 0	35. 257 2	30	潜水	1	1		1
443	仲山	51264309	淮河	2018	基本站	济宁	嘉祥	仲山	胡契山站	116. 279 7	35. 327 5	30	潜水	1	1		1
444	南站	51264333	淮河	2018	基本站	济宁	汶上	南站	计划生育服务站	116. 500 6	35. 619 2	40	潜水	1	1		1
445	义桥	51264345	淮河	2018	基本站	济宁	汶上	义桥	计划生育服务站	116. 570 8	35. 667 2	40	潜水	1	1		1

续附表 7

序号	测站名称	测站编码	流域	设站年份	测站属性	测站地址				经度(°E)	纬度(°N)	原井深(m)	监测层位	专用井	监测项目		
						市	县(区)	乡(镇)	村(街道)						水位	水质	水温
446	苑庄	51264357	淮河	2018	基本站	济宁	汶上	苑庄	苑庄镇镇政府	116.589 4	35.744 4	50	潜水	1	1		1
447	郭仓	51264369	淮河	2018	基本站	济宁	汶上	郭仓	郭仓镇镇政府	116.485 0	35.791 9	32	潜水	1	1		1
448	寅寺	51264381	淮河	2018	基本站	济宁	汶上	寅寺	计生办	116.396 1	35.736 4	30	潜水	1	1		1
449	刘楼	51264393	淮河	2018	基本站	济宁	汶上	刘楼	刘楼镇镇政府	116.616 1	35.736 4	40	潜水	1	1		1
450	拳铺	51264477	淮河	2018	基本站	济宁	梁山	拳铺	拳铺镇镇政府	116.199 7	35.692 8	44	潜水	1	1		1
451	韩岗	51264489	淮河	2018	基本站	济宁	梁山	韩岗	崔庄村	116.310 3	35.740 8	30	潜水	1	1		1
452	小安山	51264501	淮河	2018	基本站	济宁	梁山	小安山	曹庄村	116.137 5	35.818 1	40	潜水	1	1		1
453	赵固堆	51264513	淮河	2018	基本站	济宁	梁山	赵固堆	丁那里学校	115.820 0	35.901 1	30	潜水	1	1		1
454	马营	51264525	淮河	2018	基本站	济宁	梁山	马营	马营镇镇政府	116.013 1	35.792 5	31	潜水	1	1		1
455	大善庄	51263213	淮河	2018	基本站	枣庄	台儿庄	张山子	大善庄村	117.503 3	34.548 9	16	潜水	1	1		1
456	大黄庄	51263233	淮河	2018	基本站	枣庄	台儿庄	邳庄	大黄庄村	117.780 6	34.618 9	24	潜水	1	1		1
457	刘庄	51263253	淮河	2018	基本站	枣庄	台儿庄	涧头	刘庄村	117.560 8	34.573 1	20	潜水	1	1		1
458	泥沟	51263273	淮河	2018	基本站	枣庄	台儿庄	泥沟	水利站	117.669 7	34.665 0	23	潜水	1	1		1
459	台儿庄	51263293	淮河	2018	基本站	枣庄	台儿庄	台儿庄区水利局	台儿庄区水利局	117.727 5	34.561 4	21	潜水	1	1		1
460	河口	51263133	淮河	2018	基本站	枣庄	峄城	峨山	河口村	117.681 9	34.749 2	27	潜水	1	1		1

续附表 7

序号	测站名称	测站编码	流域	设站年份	测站属性	测站地址				经度(°E)	纬度(°N)	原井深(m)	监测层位	专用井	监测项目		
						市	县(区)	乡(镇)	村(街道)						水位	水质	水温
461	曹庄	51263153	淮河	2018	基本站	枣庄	峄城	古邵	曹庄党总支	117.436 9	34.608 3	14	潜水	1	1		1
462	北坝子	51263193	淮河	2018	基本站	枣庄	峄城	吴林办事处	北坝子村	117.624 4	34.727 5	18	潜水	1	1		1
463	付刘耀	51263053	淮河	2018	基本站	枣庄	市中	西王庄	付刘耀村	117.650 8	34.826 4	115	潜水	1	1		1
464	山亭	51263333	淮河	2018	基本站	枣庄	山亭	水文局院内	水文局院内	117.472 8	35.084 4	175	潜水	1	1		1
465	西河岔	51263353	淮河	2018	基本站	枣庄	山亭	西集	西河岔村	117.451 9	34.942 5	118	潜水	1	1		1
466	前西	51263073	淮河	2018	基本站	枣庄	薛城	陶庄	前西小学	117.239 4	34.836 9	40	潜水	1	1		1
467	东黄	51263093	淮河	2018	基本站	枣庄	薛城	常庄	东黄村	117.211 9	34.835 6	16	潜水	1	1		1
468	沙沟	51263113	淮河	2018	基本站	枣庄	薛城	沙沟	水利站	117.257 8	34.738 1	30	潜水	1	1		1
469	郁郎	51263373	淮河	2018	基本站	枣庄	滕州	滨湖	郁郎村	116.923 9	35.135 3	20	潜水	1	1		1
470	东立里	51263393	淮河	2018	基本站	枣庄	滕州	大坞	东立里村	117.010 6	35.171 1	21	潜水	1	1		1
471	前王晁	51263413	淮河	2018	基本站	枣庄	滕州	级索	前王晁村	116.951 4	35.019 2	25	潜水	1	1		1
472	西岗	51263433	淮河	2018	基本站	枣庄	滕州	西岗	西岗镇镇政府	117.022 5	34.976 4	25	潜水	1	1		1
473	上徐	51263453	淮河	2018	基本站	枣庄	滕州	南沙河	上徐村	117.193 3	34.998 6	19	潜水	1	1		1
474	苏坦	51263473	淮河	2018	基本站	枣庄	滕州	官桥	苏坦村	117.197 8	35.070 8	17	潜水	1	1		1
475	董沙土	51263493	淮河	2018	基本站	枣庄	滕州	龙阳	董沙土村	117.179 7	35.156 7	18	潜水	1	1		1

续附表 7

序号	测站名称	测站编码	流域	设站年份	测站属性	测站地址				经度(°E)	纬度(°N)	原井深(m)	监测层位	专用井	监测项目		
						市	县(区)	乡(镇)	村(街道)						水位	水质	水温
476	涝坡	51263513	淮河	2018	基本站	枣庄	滕州	木石	涝坡村	117.291 9	35.000 0	143	潜水	1	1		1
477	姜屯	51263533	淮河	2018	基本站	枣庄	滕州	姜屯	水利站	117.0708	35.0908	26	潜水	1	1		1
478	煌城	51263553	淮河	2018	基本站	枣庄	滕州	张汪	煌城希望小学	117.187 2	34.902 5	23	潜水	1	1		1
479	前张坡	51263593	淮河	2018	基本站	枣庄	滕州	东郭	前张坡村	117.244 7	35.160 6	65	潜水	1	1		1
480	牛皮岭	51263613	淮河	2018	基本站	枣庄	滕州	东郭	牛皮岭村	117.230 3	35.204 7	25	潜水	1	1		1
481	洪绪	51263633	淮河	2018	基本站	枣庄	滕州	洪绪	老年公寓	117.128 1	35.050 6	25	潜水	1	1		1
482	房村	41561109	黄河	2018	基本站	泰安	岱岳	房村	二十一中学	117.187 2	35.965 3	29	潜水	1	1		1
483	山口	41561121	黄河	2018	基本站	泰安	岱岳	山口	东迓庄村	117.285 3	36.215 3	25	潜水	1	1		1
484	马庄村	41561133	黄河	2018	基本站	泰安	岱岳	范	马庄村	117.363 3	36.202 2	15	潜水	1	1		1
485	马庄	41561145	黄河	2018	基本站	泰安	岱岳	马庄	马庄镇镇政府	116.976 7	35.969 7	20	潜水	1	1		1
486	赵庄	41561157	黄河	2018	基本站	泰安	岱岳	北集坡	赵庄村	117.165 0	36.125 6	10	潜水	1	1		1
487	白马石	41561013	黄河	2018	基本站	泰安	泰山	泰前街道	白马石村	117.155 6	36.221 4	38	潜水	1	1		1
488	十里河	41561025	黄河	2018	基本站	泰安	泰山	省庄	南十里河西村	117.190 8	36.168 1	20	潜水	1	1		1
489	渐汶河	41561037	黄河	2018	基本站	泰安	泰山	邱家店	渐汶河村	117.320 3	36.167 2	24	潜水	1	1		1
490	岳家庄	41561049	黄河	2018	基本站	泰安	泰山	角峪	岳家庄村	117.431 9	36.160 3	12	潜水	1	1		1

续附表 7

序号	测站名称	测站编码	流域	设站年份	测站属性	测站地址				经度(°E)	纬度(°N)	原井深(m)	监测层位	专用井	监测项目		
						市	县(区)	乡(镇)	村(街道)						水位	水质	水温
491	南洋流	41561313	黄河	2018	基本站	泰安	新泰	南洋流	南洋流村	117.536 1	35.990 8	14	潜水	1	1		1
492	王家沟	41561325	黄河	2018	基本站	泰安	新泰	王家沟村	王家沟村	117.852 2	35.929 7	13	潜水	1	1		1
493	楼德水文站	41561349	黄河	2018	基本站	泰安	新泰	楼德水文站	楼德水文站	117.273 1	35.883 3	18	潜水	1	1		1
494	谷里	41561361	黄河	2018	基本站	泰安	新泰	谷里	谷里村	117.541 4	35.928 3	15	潜水	1	1		1
495	黄前水库水文站	41561169	黄河	2018	基本站	泰安	岱岳	黄前	黄前水库水文站	117.238 6	36.306 7	52	潜水	1	1		1
496	白家庄	41561385	黄河	2018	基本站	泰安	新泰	宫里	白家庄小学	117.222 2	36.404 4	15	潜水	1	1		1
497	南桥村	41561397	黄河	2018	基本站	泰安	新泰	东都	南桥村	117.728 1	35.856 1	13	潜水	1	1		1
498	东韩庄村	41561409	黄河	2018	基本站	泰安	新泰	西张庄	东韩庄村	117.594 4	35.928 6	20	潜水	1	1		1
499	泗皋	41561193	黄河	2018	基本站	泰安	宁阳	鹤山	泗皋村	116.680 6	35.889 4	135	潜水	1	1		1
500	华丰煤矿	41561205	黄河	2018	基本站	泰安	宁阳	华丰	煤矿西 200 m	117.161 4	35.871 9	92	潜水	1	1		1
501	蒋集	41561217	黄河	2018	基本站	泰安	宁阳	蒋集	蒋集村	116.976 9	35.910 0	122	潜水	1	1		1
502	龚唐村	51265012	淮河	2018	基本站	泰安	宁阳	宁阳	龚唐村	116.837 8	35.752 2	30	潜水	1	1		1
503	大伯集	51265018	淮河	2018	基本站	泰安	宁阳	东疏	大伯集村	116.723 3	35.790 3	34	潜水	1	1		1
504	泗店	51265024	淮河	2018	基本站	泰安	宁阳	泗店	中水回用中转站	116.796 9	36.186 7	30	潜水	1	1		1
505	寺头	51265031	淮河	2018	基本站	泰安	宁阳	东疏	寺头村	116.648 1	35.754 7	12	潜水	1	1		1

续附表 7

序号	测站名称	测站编码	流域	设站年份	测站属性	测站地址				经度(°E)	纬度(°N)	原井深(m)	监测层位	专用井	监测项目		
						市	县(区)	乡(镇)	村(街道)						水位	水质	水温
506	房家宣洛	41561181	黄河	2018	基本站	泰安	岱岳	良庄	房家宣洛村	117. 247 2	35. 958 1	10	潜水	1	1		1
507	下坦	41561421	黄河	2018	基本站	泰安	新泰	天宝	下坦村	117. 372 5	35. 959 7	17	潜水	1	1		1
508	蔡庄店小学	51265036	淮河	2018	基本站	泰安	东平	沙河站	蔡庄店小学	116. 343 6	35. 861 4	23	潜水	1	1		1
509	银山	41472002	黄河	2018	基本站	泰安	东平	银山	前银山村	116. 130 0	36. 063 3	26	潜水	1	1		1
510	州城街道田庄	41561265	黄河	2018	基本站	泰安	东平	州城街道	田庄村	116. 150 8	35. 895 0	25	潜水	1	1		1
511	彭集	51265042	淮河	2018	基本站	泰安	东平	彭集街道	彭集村	116. 458 9	35. 860 8	26	潜水	1	1		1
512	古台寺	41561277	黄河	2018	基本站	泰安	东平	东平街道	古台寺村	116. 441 4	35. 902 8	23	潜水	1	1		1
513	商老庄	41561289	黄河	2018	基本站	泰安	东平	商老庄	商老庄乡	116. 119 7	35. 933 9	32	潜水	1	1		1
514	白楼水文站	41561433	黄河	2018	基本站	泰安	肥城	桃园	白楼水文站	116. 601 1	36. 159 4	23	潜水	1	1		1
515	张家楼	41561457	黄河	2018	基本站	泰安	肥城	汶阳	张家楼村	116. 817 2	35. 905 3	13	潜水	1	1		1
516	安驾庄水利站	41561481	黄河	2018	基本站	泰安	肥城	安驾庄	水利站	116. 776 4	35. 970 0	34	潜水	1	1		1
517	石横	41561493	黄河	2018	基本站	泰安	肥城	石横	石横村	116. 503 6	36. 199 4	92	潜水	1	1		1
518	边院	41561505	黄河	2018	基本站	泰安	肥城	边院	天和蔬菜加工厂	116. 861 9	36. 007 2	20	潜水	1	1		1
519	东里店	51161047	淮河	2018	基本站	淄博	沂源	东里店	东里店水文站	118. 350 8	36. 016 1	20	潜水	1	1		1

续附表 7

序号	测站名称	测站编码	流域	设站年份	测站属性	测站地址				经度(°E)	纬度(°N)	原井深(m)	监测层位	专用井	监测项目		
						市	县(区)	乡(镇)	村(街道)						水位	水质	水温
520	黑里寨	51367717	淮河	2018	基本站	淄博	高青	黑里寨	黑里寨水务站	117.685 0	37.105 8	20	潜水	1	1		1
521	青城	51367736	淮河	2018	基本站	淄博	高青	马扎子灌溉管理处	马扎子灌溉管理处	117.689 2	37.177 8	20	潜水	1	1		1
522	木李	51367755	淮河	2018	基本站	淄博	高青	木李	木李镇镇政府	117.677 8	37.221 7	20	潜水	1	1		1
523	田镇	51367774	淮河	2018	基本站	淄博	高青	水务局	水务局	117.813 6	37.158 3	20	潜水	1	1		1
524	朱泗皇	51367793	淮河	2018	基本站	淄博	高青	芦湖街道	朱泗皇村	117.885 8	37.241 9	20	潜水	1	1		1
525	蔡旺	51367812	淮河	2018	基本站	淄博	高青	小清河	小清河管理处	117.903 3	37.100 6	20	潜水	1	1		1
526	唐坊	51367831	淮河	2018	基本站	淄博	高青	唐坊	唐坊村	117.991 7	37.188 1	20	潜水	1	1		1
527	前鲁	51367603	淮河	2018	基本站	淄博	桓台	果里	实验幼儿园	118.066 9	36.893 6	40	潜水	1	1		1
528	夏家庄	51367622	淮河	2018	基本站	淄博	桓台	夏家庄村	夏家庄村	117.976 7	36.910 0	60	潜水	1	1		1
529	田庄	51367641	淮河	2018	基本站	淄博	桓台	田庄水务站	田庄水务站	117.992 2	36.991 4	50	潜水	1	1		1
530	起凤	51367660	淮河	2018	基本站	淄博	桓台	起凤	水文站	118.100 0	37.056 7	20	潜水	1	1		1
531	红庙	51367679	淮河	2018	基本站	淄博	桓台	马桥水务站	马桥水务站	117.922 2	37.050 8	60	潜水	1	1		1
532	索镇	51367698	淮河	2018	基本站	淄博	桓台	索	水务站	118.118 1	36.955 0	80	潜水	1	1		1
533	周家	51367147	淮河	2018	基本站	淄博	张店	马尚	周家村	117.983 6	36.836 4	30	潜水	1	1		1
534	南石	51367166	淮河	2018	基本站	淄博	张店	四宝山街道	南石村	118.015 6	36.861 4	80	潜水	1	1		1

续附表 7

序号	测站名称	测站编码	流域	设站年份	测站属性	测站地址				经度(°E)	纬度(°N)	原井深(m)	监测层位	专用井	监测项目		
						市	县(区)	乡(镇)	村(街道)						水位	水质	水温
535	西郊	51367185	淮河	2018	基本站	淄博	张店	西郊水源地	西郊水源地	118.021 4	36.820 8	40	潜水	1	1		1
536	浮山驿	51367223	淮河	2018	基本站	淄博	张店	傅家	敬老院	117.996 1	36.762 2	50	潜水	1	1		1
537	大姜	51367489	淮河	2018	基本站	淄博	周村	北郊	水文站	117.960 3	36.858 9	60	潜水	1	1		1
538	西马	51367584	淮河	2018	基本站	淄博	周村	丝绸路街道	泓润纺织公司	117.853 3	36.819 7	200	潜水	1	1		1
539	东申	51367356	淮河	2018	基本站	淄博	临淄	凤凰	水利站	118.231 7	36.860 0	60	潜水	1	1		1
540	卢家庄	41565042	黄河	2018	基本站	济南	莱城	方下	卢家庄村	117.534 2	36.216 7	23	潜水	1	1		1
541	陈徐	41565055	黄河	2018	基本站	济南	莱城	杨庄	陈徐村	117.452 2	36.270 3	30	潜水	1	1		1
542	朱家庄	41565094	黄河	2018	基本站	济南	莱城	羊里	朱家庄村	117.559 2	36.320 8	30	潜水	1	1		1
543	相公	51163207	淮河	2018	基本站	临沂	河东	相公	地震台	118.493 6	35.111 9	13	潜水	1	1		1
544	太平	51163232	淮河	2018	基本站	临沂	河东	太平	沭河管理处仓库	118.457 5	35.181 1	14	潜水	1	1		1
545	冠亚星城	51163276	淮河	2018	基本站	临沂	河东	经济开发区	冠亚星城	118.395 0	35.011 1	11	潜水	1	1		1
546	枣园	51163092	淮河	2018	基本站	临沂	兰山	枣园	陶家庄村	118.343 6	35.190 6	17	潜水	1	1	1	1
547	长城	51163713	淮河	2018	基本站	临沂	兰陵	长城	水利服务中心	118.038 3	34.702 5	27	潜水	1	1		1
548	南桥	51163736	淮河	2018	基本站	临沂	兰陵	南桥	南桥镇镇政府	117.996 9	34.720 0	20	潜水	1	1		1
549	郯城水务	51163391	淮河	2018	基本站	临沂	郯城	水务公司	水务公司	118.393 1	34.624 4	19	潜水	1	1		1

续附表 7

序号	测站名称	测站编码	流域	设站年份	测站属性	测站地址				经度(°E)	纬度(°N)	原井深(m)	监测层位	专用井	监测项目		
						市	县(区)	乡(镇)	村(街道)						水位	水质	水温
550	杨集	51163437	淮河	2018	基本站	临沂	郯城	杨集	水利服务中心	118.256 4	34.436 7	30	潜水	1	1		1
551	高峰头	51163462	淮河	2018	基本站	临沂	郯城	高峰头	农民用水户协会	118.325 0	34.530 3	20	潜水	1	1		1
552	归昌	51163506	淮河	2018	基本站	临沂	郯城	归昌	水利服务中心	118.264 2	34.511 7	30	潜水	1	1		1
553	港上	51163529	淮河	2018	基本站	临沂	郯城	港上	港上镇镇政府	118.209 7	34.589 4	30	潜水	1	1		1
554	即东水文站	51375437	淮河	2018	基本站	青岛	即墨	鳌山卫	即东水文站	120.665 3	36.395 3	15	潜水	1	1		1
555	华桥水文站	51375469	淮河	2018	基本站	青岛	城阳	华桥水文站	华桥水文站	120.401 9	36.350 6	16	潜水	1	1		1
556	洋河崖	51375501	淮河	2018	基本站	青岛	胶州	九龙街道	洋河崖村	120.022 8	36.142 2	18	潜水	1	1	1	1
557	堤前村	51375533	淮河	2018	基本站	青岛	即墨	移风店	移风店水厂	120.208 1	36.591 1	24	潜水	1	1		1
558	葛家埠水文站	51375341	淮河	2018	基本站	青岛	莱西	院上	葛家埠村	120.272 5	36.729 2	20	潜水	1	1		1
559	王哥庄	51375373	淮河	2018	基本站	青岛	崂山	王哥庄	宁真海尔小学	120.612 2	36.279 2	13	潜水	1	1		1
560	西七级水文站	51375725	淮河	2018	基本站	青岛	即墨	移风店	西七级水文站	120.178 9	36.475 3	12	潜水	1	1		1
561	即墨水文站	51375757	淮河	2018	基本站	青岛	即墨	经济开发区	西障村	120.474 2	36.385 8	15	潜水	1	1		1

续附表 7

序号	测站名称	测站编码	流域	设站年份	测站属性	测站地址				经度(°E)	纬度(°N)	原井深(m)	监测层位	专用井	监测项目		
						市	县(区)	乡(镇)	村(街道)						水位	水质	水温
562	岚西头水文站	51375789	淮河	2018	基本站	青岛	即墨	段泊岚	岚西头村	120.391 1	36.609 7	18	潜水	1	1		1
563	闸子水文站	51375565	淮河	2018	基本站	青岛	胶州	胶莱	闸子水文站	120.085 0	36.451 9	13	潜水	1	1		1
564	洋河镇	51375597	淮河	2018	基本站	青岛	胶州	洋河	少海水文站	119.914 2	36.138 1	20	潜水	1	1		1
565	矫戈庄	51375629	淮河	2018	基本站	青岛	胶州	李哥庄	矫戈庄村	120.153 1	36.434 2	15	潜水	1	1		1
566	胶州水文局	51375661	淮河	2018	基本站	青岛	胶州	胶州水文局	胶州水文局	120.006 1	36.266 7	19	潜水	1	1		1
567	小高李家	51375693	淮河	2018	基本站	青岛	胶州	胶莱	小高李家村	120.101 9	36.441 7	17	潜水	1	1		1
568	东皇姑庵	51375053	淮河	2018	基本站	青岛	胶州	铺集	东皇姑庵村	119.000 0	36.084 2	26	潜水	1	1		1
569	臧家庄	51375085	淮河	2018	基本站	青岛	黄岛	海青	臧家庄	119.553 9	35.703 3	19	潜水	1	1		1
570	大场水文站	51375117	淮河	2018	基本站	青岛	黄岛	大场	大场水文站	119.638 1	35.675 3	19	潜水	1	1		1
571	鸿雁沟	51375149	淮河	2018	基本站	青岛	黄岛	海青	鸿雁沟村	119.581 1	35.630 3	12	潜水	1	1		1
572	泊里水利站	51375181	淮河	2018	基本站	青岛	黄岛	泊里	水利站	119.768 3	35.708 9	16	潜水	1	1		1
573	别家	51375213	淮河	2018	基本站	青岛	黄岛	铁山办事处	别家村	119.913 6	35.947 2	15	潜水	1	1		1
574	潘家庄	51375245	淮河	2018	基本站	青岛	黄岛	藏南	潘家庄村	119.794 2	35.745 6	14	潜水	1	1		1
575	冯家坊水文站	51375277	淮河	2018	基本站	青岛	黄岛	大场	冯家坊水文站	119.656 9	35.677 8	19	潜水	1	1		1

续附表 7

序号	测站名称	测站编码	流域	设站年份	测站属性	测站地址				经度(°E)	纬度(°N)	原井深(m)	监测层位	专用井	监测项目		
						市	县(区)	乡(镇)	村(街道)						水位	水质	水温
576	王台水利站	51375309	淮河	2018	基本站	青岛	黄岛	王台	水利站	119.984 2	36.083 3	16	潜水	1	1		1
577	莱西水文站	51376301	淮河	2018	基本站	青岛	莱西	莱西水文站	莱西水文站	120.471 9	36.868 1	14	潜水	1	1		1
578	日庄水利站	51376333	淮河	2018	基本站	青岛	莱西	日庄	水利站	120.366 9	36.955 8	16	潜水	1	1		1
579	姜山水利站	51376365	淮河	2018	基本站	青岛	莱西	姜山	水利站院	120.525 6	36.668 1	21	潜水	1	1		1
580	兴隆屯	51376397	淮河	2018	基本站	青岛	莱西	姜山	兴隆屯村	120.595 6	36.606 7	15	潜水	1	1		1
581	店埠农业示范园	51376429	淮河	2018	基本站	青岛	莱西	店埠	园区技术中心	120.356 9	36.655 3	21	潜水	1	1		1
582	水政监察大队	51376461	淮河	2018	基本站	青岛	莱西	水政监察大队	水政监察大队	120.541 1	36.863 3	17	潜水	1	1		1
583	新坡子	51375821	淮河	2018	基本站	青岛	平度	新河	新坡子水厂	119.647 5	36.941 7	30	潜水	1	1		1
584	披甲营	51375853	淮河	2018	基本站	青岛	平度	田庄	披甲营村	119.803 6	36.728 9	25	潜水	1	1		1
585	振华里	51375885	淮河	2018	基本站	青岛	平度	同和街道	振华里村	119.760 3	36.678 1	28	潜水	1	1		1
586	何家店	51375917	淮河	2018	基本站	青岛	平度	蓼兰	何家店	119.945 3	36.691 4	25	潜水	1	1		1
587	张家坊	51375949	淮河	2018	基本站	青岛	平度	崔家集	张家坊	119.798 9	36.568 6	21	潜水	1	1		1
588	仁兆水利站	51375981	淮河	2018	基本站	青岛	平度	仁兆	水利站	120.197 2	36.642 2	11	潜水	1	1		1
589	西马家	51376013	淮河	2018	基本站	青岛	平度	张戈庄	西马家村	120.049 4	36.713 1	22	潜水	1	1		1

续附表 7

序号	测站名称	测站编码	流域	设站年份	测站属性	测站地址				经度(°E)	纬度(°N)	原井深(m)	监测层位	专用井	监测项目		
						市	县(区)	乡(镇)	村(街道)						水位	水质	水温
590	前楼	51376045	淮河	2018	基本站	青岛	平度	明村	前楼社区	119.643 6	36.681 4	28	潜水	1	1		1
591	中庄	51376077	淮河	2018	基本站	青岛	平度	崔家集	梁家宅科村	119.760 0	36.678 1	31	潜水	1	1		1
592	刘家观	51376109	淮河	2018	基本站	青岛	平度	白沙河街道	刘家观村	120.062 5	36.767 8	24	潜水	1	1		1
593	夏张家	51376141	淮河	2018	基本站	青岛	平度	张戈庄	夏张家村	120.026 9	36.667 8	21	潜水	1	1		1
594	小荆兰庄	51376173	淮河	2018	基本站	青岛	平度	蓼兰	小荆兰庄村	119.867 5	36.556 4	14	潜水	1	1		1
595	蓼兰	51376205	淮河	2018	基本站	青岛	平度	蓼兰	水利站	119.873 1	36.678 9	27	潜水	1	1		1
596	南村水文站	51376237	淮河	2018	基本站	青岛	平度	南村	水文站	120.148 1	36.524 4	9	潜水	1	1		1
597	平度市水文局	51376269	淮河	2018	基本站	青岛	平度	水文局	水文局	120.005 6	36.786 4	53	潜水	1	1		1
598	吕格庄自来水厂	51371175	淮河	2018	基本站	烟台	福山	清洋办事处	吕格庄村	121.259 2	37.465 3	20	潜水	1	1		1
599	门楼矿泉水厂	51371198	淮河	2018	基本站	烟台	福山	门楼	门楼镇矿泉水厂	121.129 2	37.426 9	19	潜水	1	1		1
600	正源防水	51371221	淮河	2018	基本站	烟台	福山	门楼	正源防水有限公司	121.240 0	37.426 4	21	潜水	1	1		1
601	东陌堂	51371244	淮河	2018	基本站	烟台	福山	门楼	东陌堂村	121.347 5	37.410 3	21	潜水	1	1		1
602	邢家村	51371267	淮河	2018	基本站	烟台	福山	高疃	邢家村	121.154 4	37.751 4	16	潜水	1	1		1
603	只楚电厂	51371106	淮河	2018	基本站	烟台	芝罘	只楚电厂	只楚电厂	121.320 6	37.536 7	11	潜水	1	1		1

续附表 7

序号	测站名称	测站编码	流域	设站年份	测站属性	测站地址				经度(°E)	纬度(°N)	原井深(m)	监测层位	专用井	监测项目		
						市	县(区)	乡(镇)	村(街道)						水位	水质	水温
604	诸嘉河道管理所	51371129	淮河	2018	基本站	烟台	芝罘	诸嘉河道管理所	诸嘉河道管理所	121.322 2	37.441 1	21	潜水	1	1		1
605	套口平塘	51371152	淮河	2018	基本站	烟台	芝罘	黄务街道	套口村	121.327 2	37.437 2	18	潜水	1	1		1
606	国路夼	51372348	淮河	2018	基本站	烟台	栖霞	桃村	国路夼村	121.188 1	37.344 2	54	潜水	1	1		1
607	大解家	51372371	淮河	2018	基本站	烟台	栖霞	官道	大解家村	121.581 9	37.210 6	27	潜水	1	1		1
608	郭家埠	51372164	淮河	2018	基本站	烟台	招远	罗峰街道	郭家埠村	120.388 6	37.315 6	13	潜水	1	1		1
609	曹孟	51372187	淮河	2018	基本站	烟台	招远	夏甸	曹孟村	120.434 7	37.131 7	17	潜水	1	1		1
610	大霞坞	51372210	淮河	2018	基本站	烟台	招远	毕郭	大霞坞村	120.460 8	37.181 9	20	潜水	1	1		1
611	南院庄	51372233	淮河	2018	基本站	烟台	招远	阜山	南院庄	121.519 2	37.312 5	13	潜水	1	1		1
612	金都污水处理厂	51372256	淮河	2018	基本站	烟台	招远	金都污水处理厂	金都污水处理厂	120.390 0	37.410 6	19	潜水	1	1		1
613	小宋家	51372279	淮河	2018	基本站	烟台	招远	辛庄	小宋家	120.214 4	37.502 8	25	潜水	1	1		1
614	后康	51372302	淮河	2018	基本站	烟台	招远	辛庄	后康村	120.281 4	37.505 3	10	潜水	1	1	1	1
615	柳行	51372325	淮河	2018	基本站	烟台	招远	蚕庄	柳行村	120.221 4	37.367 8	14	潜水	1	1		1
616	观里	51372072	淮河	2018	基本站	烟台	蓬莱	潮水	观里村	120.965 6	37.675 8	20	潜水	1	1		1

续附表 7

序号	测站名称	测站编码	流域	设站年份	测站属性	测站地址				经度(°E)	纬度(°N)	原井深(m)	监测层位	专用井	监测项目		
						市	县(区)	乡(镇)	村(街道)						水位	水质	水温
617	北沟孵化基地	51372095	淮河	2018	基本站	烟台	蓬莱	北沟	中小企业孵化基地	120.615 8	37.766 7	50	潜水	1	1		1
618	南王	51372118	淮河	2018	基本站	烟台	蓬莱	南王街道	南王街道办事处	120.796 1	37.763 6	19	潜水	1	1		1
619	安诺其	51372141	淮河	2018	基本站	烟台	蓬莱	安诺其纺织材料公司	安诺其纺织材料公司	120.842 5	37.797 8	54	潜水	1	1		1
620	度假区垃圾中转站	51371520	淮河	2018	基本站	烟台	龙口	度假区	垃圾中转站	120.545 0	37.728 1	38	潜水	1	1		1
621	珍珠小学	51371543	淮河	2018	基本站	烟台	莱州	沙河	珍珠小学	119.781 7	37.076 1	28	潜水	1	1		1
622	南山旅游	51371566	淮河	2018	基本站	烟台	龙口	徐福街道	南山旅游度假区	120.468 1	37.729 7	20	潜水	1	1		1
623	马山街办	51371589	淮河	2018	基本站	烟台	高新	马山街道	马山街道办事处	121.527 8	37.420 0	29	潜水	1	1		1
624	辇王村	51371612	淮河	2018	基本站	烟台	龙口	兰高	辇王村	120.627 5	37.601 1	19	潜水	1	1		1
625	龙口中学	51371635	淮河	2018	基本站	烟台	龙口	龙口中学	龙口中学	120.337 8	37.642 2	28	潜水	1	1		1
626	龙口市政府	51371658	淮河	2018	基本站	烟台	龙口	市政府	市政府	120.473 3	37.562 8	30	潜水	1	1		1
627	烟农大厦	51371681	淮河	2018	基本站	烟台	高新	高新区	烟农大厦	121.478 1	37.445 8	20	潜水	1	1		1
628	后柞杨冷库	51371704	淮河	2018	基本站	烟台	龙口	诸由观	后柞杨村	120.573 1	37.703 6	32	潜水	1	1		1
629	吕家水厂	51371727	淮河	2018	基本站	烟台	龙口	兰高	吕家水厂	120.611 7	37.642 5	15	潜水	1	1		1

续附表 7

序号	测站名称	测站编码	流域	设站年份	测站属性	测站地址				经度(°E)	纬度(°N)	原井深(m)	监测层位	专用井	监测项目		
						市	县(区)	乡(镇)	村(街道)						水位	水质	水温
630	北马灌溉试验站	51371750	淮河	2018	基本站	烟台	龙口	北马	灌溉试验站	120.457 2	37.589 4	28	潜水	1	1		1
631	姜格庄街办	51371290	淮河	2018	基本站	烟台	牟平	姜格庄	姜格庄	121.813 9	37.418 1	22	潜水	1	1		1
632	大窑水库	51371313	淮河	2018	基本站	烟台	牟平	大窑办事处	大窑水库	121.662 5	37.380 0	23	潜水	1	1		1
633	新建街小学	51371336	淮河	2018	基本站	烟台	牟平	新建街小学	新建街小学	121.588 3	37.375 3	23	潜水	1	1		1
634	宁海中心小学	51371359	淮河	2018	基本站	烟台	牟平	宁海中心小学	宁海中心小学	121.595 0	37.400 3	17	潜水	1	1		1
635	莱州市水务局	51371865	淮河	2018	基本站	烟台	莱州	莱州水务局	莱州水务局	119.922 8	37.180 0	16	潜水	1	1		1
636	王河地下水库	51371888	淮河	2018	基本站	烟台	莱州	王河地下水库管理所	王河地下水库管理所	119.960 3	37.371 1	37	潜水	1	1		1
637	开发区管委会	51371911	淮河	2018	基本站	烟台	莱州	开发区	开发区管委会	119.933 9	37.219 2	20	潜水	1	1		1
638	城港敬老院	51371934	淮河	2018	基本站	烟台	莱州	城港街道	敬老院	119.932 5	37.233 3	28	潜水	1	1	1	1
639	大任家	51371957	淮河	2018	基本站	烟台	莱州	朱桥	大任家	120.065 3	37.380 3	23	潜水	1	1		1
640	平里店水利站	51371980	淮河	2018	基本站	烟台	莱州	平里店	水利服务站	120.027 8	37.298 3	27	潜水	1	1		1
641	留驾水库	51372003	淮河	2018	基本站	烟台	莱州	留驾水库	留驾水库管理所	119.875 0	37.025 8	51	潜水	1	1		1

续附表 7

序号	测站名称	测站编码	流域	设站年份	测站属性	测站地址				经度(°E)	纬度(°N)	原井深(m)	监测层位	专用井	监测项目		
						市	县(区)	乡(镇)	村(街道)						水位	水质	水温
642	防汛指挥中心	51372026	淮河	2018	基本站	烟台	龙口	防汛指挥中心	防汛指挥中心	120.476 7	37.626 9	36	潜水	1	1		1
643	西薛村	51372049	淮河	2018	基本站	烟台	莱州	土山	西薛村	119.725 6	37.077 5	19	潜水	1	1		1
644	海阳水利局	51372394	淮河	2018	基本站	烟台	海阳	水利局	水利局	121.153 9	36.774 7	31	潜水	1	1		1
645	发城镇政府	51372417	淮河	2018	基本站	烟台	海阳	发城	发城镇镇政府	120.986 7	36.997 2	9	潜水	1	1		1
646	凤城街办	51372440	淮河	2018	基本站	烟台	海阳	凤城	凤城镇镇政府	121.238 9	36.707 2	40	潜水	1	1		1
647	响水湾	51371773	淮河	2018	基本站	烟台	莱阳	吕格庄	响水湾村	120.606 4	36.869 4	50	潜水	1	1		1
648	姜疃小学	51371796	淮河	2018	基本站	烟台	莱阳	姜疃	中心小学	120.731 7	36.781 1	54	潜水	1	1		1
649	羊郡	51371819	淮河	2018	基本站	烟台	莱阳	羊郡	羊郡镇镇政府	120.823 3	36.663 3	31	潜水	1	1		1
650	沐浴店派出所	51371842	淮河	2018	基本站	烟台	莱阳	沐浴店	派出所	120.755 0	37.036 9	48	潜水	1	1		1
651	花沟嵩山	51371428	淮河	2018	基本站	烟台	长岛	花沟嵩山南	花沟嵩山南	120.701 4	37.970 8	150	潜水	1	1		1
652	南长山乐园	51371451	淮河	2018	基本站	烟台	长岛	南长山	乐园村	120.728 3	37.915 3	28	潜水	1	1		1
653	黄山馆	51371474	淮河	2018	基本站	烟台	龙口	黄山馆	黄山馆镇镇政府	120.209 7	37.546 9	24	潜水	1	1		1
654	滨海度假	51371497	淮河	2018	基本站	烟台	龙口	东海旅游	滨海假日 C 区	120.424 7	37.700 8	80	潜水	1	1		1
655	古现办事处	51371014	淮河	2018	基本站	烟台	开发区	开发区	古现水文站	121.156 4	37.589 2	17	潜水	1	1		1

续附表 7

序号	测站名称	测站编码	流域	设站年份	测站属性	测站地址				经度(°E)	纬度(°N)	原井深(m)	监测层位	专用井	监测项目		
						市	县(区)	乡(镇)	村(街道)						水位	水质	水温
656	长江路	51371037	淮河	2018	基本站	烟台	开发区	长江路	夹河苑	121.282 8	37.553 9	25	潜水	1	1		1
657	姜家	51371060	淮河	2018	基本站	烟台	开发区	大委家	姜家村	121.069 4	37.673 9	27	潜水	1	1		1
658	峨眉山路	51371083	淮河	2018	基本站	烟台	开发区	峨眉山路	静海苑	121.217 8	37.572 2	25	潜水	1	1		1
659	滨海街办	51371382	淮河	2018	基本站	烟台	莱山	滨海街道	滨海街道办事处	121.458 6	37.443 9	26	潜水	1	1		1
660	姜家疃	51371405	淮河	2018	基本站	烟台	莱山	解四甲庄	姜家疃村	121.461 4	37.363 1	18	潜水	1	1		1
661	獐子岛	51373211	淮河	2018	基本站	威海	荣成	俚岛	颜家村	122.546 4	37.258 6	80	潜水	1	1		1
662	鸿洋神	51373224	淮河	2018	基本站	威海	荣成	成山	鸿洋神公司	122.615 0	37.380 3	11	潜水	1	1		1
663	俚岛自来水	51373238	淮河	2018	基本站	威海	荣成	俚岛	自来水大门	122.568 3	37.231 7	33	潜水	1	1		1
664	大夏庄	51373252	淮河	2018	基本站	威海	荣成	夏庄	大夏庄村	122.441 4	37.233 6	39	潜水	1	1		1
665	神道村	51373266	淮河	2018	基本站	威海	荣成	崂山街道	神道村	122.408 1	37.038 6	70	潜水	1	1		1
666	盛家村	51373281	淮河	2018	基本站	威海	荣成	斥山办事处	盛家村	122.376 7	36.947 5	35	潜水	1	1		1
667	金辰机械	51373294	淮河	2018	基本站	威海	荣成	荫子	金辰机械公司	122.317 5	37.212 8	13	潜水	1	1		1
668	瓦屋庄	51373098	淮河	2018	基本站	威海	文登	大水泊	瓦屋庄村	122.133 1	37.150 3	48	潜水	1	1		1
669	大旺庄	51373112	淮河	2018	基本站	威海	文登	张家产	大旺庄村	122.130 8	37.065 0	70	潜水	1	1		1
670	山后侯家	51373126	淮河	2018	基本站	威海	文登	张家产	山后侯家村	122.127 8	37.059 2	76	潜水	1	1		1

续附表 7

序号	测站名称	测站编码	流域	设站年份	测站属性	测站地址				经度(°E)	纬度(°N)	原井深(m)	监测层位	专用井	监测项目		
						市	县(区)	乡(镇)	村(街道)						水位	水质	水温
671	炉上村	51373143	淮河	2018	基本站	威海	文登	宋村	炉上村	122.010 8	37.100 8	50	潜水	1	1		1
672	文登水利局	51373154	淮河	2018	基本站	威海	文登	水利局	水利局	122.041 1	37.195 3	37	潜水	1	1		1
673	河东村	51373168	淮河	2018	基本站	威海	文登	界石	河东村	121.888 3	37.309 4	85	潜水	1	1		1
674	垛夼村	51373182	淮河	2018	基本站	威海	文登	米山	垛夼村	121.908 9	37.181 1	50	潜水	1	1		1
675	风口集	51373196	淮河	2018	基本站	威海	文登	小观	风口集村	122.010 8	37.100 6	13	潜水	1	1		1
676	文登水文局	51373028	淮河	2018	基本站	威海	文登	文登营	文登区水文局	122.106 7	37.214 4	12	潜水	1	1		1
677	利群超市	51373042	淮河	2018	基本站	威海	环翠	开发区	威达香和苑小区	122.060 6	37.526 9	17	潜水	1	1		1
678	热电仓库	51373056	淮河	2018	基本站	威海	环翠	黄海路	热电仓库	122.167 5	37.414 2	7	潜水	1	1		1
679	山大宿舍	51373070	淮河	2018	基本站	威海	环翠	德州中街	山东大学威海小区宿舍	122.067 5	37.527 2	11	潜水	1	1		1
680	文登区水保站	51373084	淮河	2018	基本站	威海	文登	水保站	水保站	122.134 4	37.238 1	13	潜水	1	1		1
681	东汤村	51373308	淮河	2018	基本站	威海	文登	张家产	东汤村	122.051 9	37.075 3	73	潜水	1	1		1
682	鹁鸪崖	51373322	淮河	2018	基本站	威海	文登	宋村	鹁鸪崖村	122.042 2	37.110 6	90	潜水	1	1		1
683	振华食品	51373336	淮河	2018	基本站	威海	乳山	乳山口	振华食品	121.554 7	36.852 2	50	潜水	1	1		1
684	寨前村	51373352	淮河	2018	基本站	威海	文登	泽库	寨前村	122.083 1	36.947 2	7	潜水	1	1		1
685	孙家埠	51373364	淮河	2018	基本站	威海	乳山	南黄	孙家埠村	121.841 7	36.956 4	6	潜水	1	1		1

续附表 7

序号	测站名称	测站编码	流域	设站年份	测站属性	测站地址				经度(°E)	纬度(°N)	原井深(m)	监测层位	专用井	监测项目		
						市	县(区)	乡(镇)	村(街道)						水位	水质	水温
686	众合食品	51373378	淮河	2018	基本站	威海	乳山	众合食品	众合食品	121.509 2	36.946 7	60	潜水	1	1		1
687	小观水利站	51373392	淮河	2018	基本站	威海	文登	小观	水利站	121.857 8	36.975 6	7	潜水	1	1		1
688	朱家文庄	51369024	淮河	2018	基本站	潍坊	潍城	军埠口	朱家文庄村	119.091 9	36.648 6	28	潜水	1	1		1
689	东上虞	51369040	淮河	2018	基本站	潍坊	奎文	广文街道	东上虞社区	119.140 8	36.700 0	29	潜水	1	1		1
690	东毕村	51369056	淮河	2018	基本站	潍坊	潍城	于河街道	东毕家村	118.987 8	36.780 8	43	潜水	1	1		1
691	中学街	51369184	淮河	2018	基本站	潍坊	奎文	水利局	水利局家属院	119.116 9	36.714 2	39	潜水	1	1		1
692	广文街道	51369008	淮河	2018	基本站	潍坊	奎文	广文街道	人民医院	119.127 5	36.699 4	29	潜水	1	1		1
693	高新水文基地	51369168	淮河	2018	基本站	潍坊	高新	清池街道	高新水文基地	119.233 6	36.722 2	19	潜水	1	1		1
694	徐庄	51369072	淮河	2018	基本站	潍坊	寒亭	固堤街道	袁家埠村	119.181 4	36.806 7	34	潜水	1	1		1
695	乔家	51369088	淮河	2018	基本站	潍坊	昌邑	围子	乔家村	119.525 8	36.780 6	14	潜水	1	1		1
696	毛家埠	51369104	淮河	2018	基本站	潍坊	寒亭	寒亭街道	毛家埠村	119.240 6	36.786 4	51	潜水	1	1		1
697	朱刘	51369120	淮河	2018	基本站	潍坊	昌乐	朱刘	西水坡村	118.881 7	36.739 4	51	潜水	1	1		1
698	朱里	51369136	淮河	2018	基本站	潍坊	寒亭	朱里	北曹埠村	119.281 9	36.781 4	43	潜水	1	1		1
699	东小营	51369152	淮河	2018	基本站	潍坊	寒亭	开元街道	东小营村	119.140 0	36.771 4	78	潜水	1	1		1
700	天桥宋	51369280	淮河	2018	基本站	潍坊	青州	高柳	天桥宋村	118.482 8	36.797 8	59	潜水	1	1		1

续附表 7

序号	测站名称	测站编码	流域	设站年份	测站属性	测站地址				经度（°E）	纬度（°N）	原井深（m）	监测层位	专用井	监测项目		
						市	县（区）	乡（镇）	村（街道）						水位	水质	水温
701	高柳镇	51369296	淮河	2018	基本站	潍坊	青州	高柳	供水中心院	118.514 4	36.881 4	99	潜水	1	1		1
702	吕家村	51369328	淮河	2018	基本站	潍坊	青州	经济开发区	吕家村	118.544 2	36.812 2	52	潜水	1	1		1
703	南口埠	51369344	淮河	2018	基本站	潍坊	青州	何官	南口埠村	118.625 8	36.793 6	53	潜水	1	1		1
704	谭家坊	51369360	淮河	2018	基本站	潍坊	青州	谭家坊	谭家坊水文站	118.657 2	36.711 1	44	潜水	1	1		1
705	教场村	51369216	淮河	2018	基本站	潍坊	临朐	城关街道	教场村	118.544 7	36.538 9	23	潜水	1	1		1
706	台头	51369440	淮河	2018	基本站	潍坊	寿光	台头	北洋头村	118.622 8	37.033 3	93	潜水	1	1		1
707	寿光	51369456	淮河	2018	基本站	潍坊	寿光	广昊水利工程公司	广昊水利工程公司	118.728 6	36.855 8	60	潜水	1	1		1
708	石庙子	51369472	淮河	2018	基本站	潍坊	安丘	兴安街道	石庙子村	119.148 3	36.401 9	12	潜水	1	1		1
709	黄疃	51369488	淮河	2018	基本站	潍坊	寿光	侯	李家黄疃村	119.006 1	36.933 9	50	潜水	1	1		1
710	圣城街道	51369504	淮河	2018	基本站	潍坊	寿光	圣城街道	水利局宿舍	118.761 4	36.858 1	44	潜水	1	1		1
711	古城	51369520	淮河	2018	基本站	潍坊	寿光	古城街道	杨家庄村	118.750 8	36.932 5	75	潜水	1	1		1
712	稻田	51369536	淮河	2018	基本站	潍坊	寿光	稻田	东稻田村	118.906 9	36.835 3	75	潜水	1	1		1
713	鲁丽	51369552	淮河	2018	基本站	潍坊	寿光	侯	鲁丽集团	118.958 9	36.965 6	98	潜水	1	1		1
714	西兴王	51369568	淮河	2018	基本站	潍坊	寿光	田柳	西兴王村	118.745 6	36.992 8	92	潜水	1	1	1	1
715	青田湖	51369584	淮河	2018	基本站	潍坊	寿光	寒桥	青田湖水文站	118.830 3	36.883 6	74	潜水	1	1		1

续附表 7

序号	测站名称	测站编码	流域	设站年份	测站属性	测站地址				经度(°E)	纬度(°N)	原井深(m)	监测层位	专用井	监测项目		
						市	县(区)	乡(镇)	村(街道)						水位	水质	水温
716	东桂	51369600	淮河	2018	基本站	潍坊	寿光	田马	孟家庄村	118.861 1	36.802 2	74	潜水	1	1		1
717	高淮村	51369616	淮河	2018	基本站	潍坊	寿光	留吕	高淮村	118.934 4	36.882 5	103	潜水	1	1		1
718	桑家庄村	51369632	淮河	2018	基本站	潍坊	寿光	文家街道	桑家庄村	118.703 3	36.907 5	85	潜水	1	1		1
719	纪台	51369648	淮河	2018	基本站	潍坊	寿光	纪台	纪台东村	118.739 4	36.750 8	69	潜水	1	1		1
720	宋庄	51369792	淮河	2018	基本站	潍坊	昌邑	宋庄	西张庄村	119.436 7	36.774 2	20	潜水	1	1		1
721	白衣庙	51369808	淮河	2018	基本站	潍坊	昌邑	卜庄	白衣庙村	119.568 9	36.905 6	18	潜水	1	1		1
722	西永安	51369824	淮河	2018	基本站	潍坊	昌邑	双台	西永安村	119.253 1	36.871 9	63	潜水	1	1		1
723	楼子	51369840	淮河	2018	基本站	潍坊	昌邑	龙池	楼子村	119.335 6	36.910 6	82	潜水	1	1		1
724	北郝	51369856	淮河	2018	基本站	潍坊	昌乐	尧沟	前北郝村	118.785 3	36.726 1	38	潜水	1	1		1
725	大河南	51369872	淮河	2018	基本站	潍坊	昌邑	卜庄	大河南村	119.489 7	36.896 9	31	潜水	1	1		1
726	黄家辛庄村	51369888	淮河	2018	基本站	潍坊	昌邑	奎聚街道	黄家辛庄村	119.414 4	36.890 0	44	潜水	1	1		1
727	东冢	51369904	淮河	2018	基本站	潍坊	昌邑	东冢	东冢乡集东村	119.469 7	36.950 0	51	潜水	1	1		1
728	东大营	51369920	淮河	2018	基本站	潍坊	昌邑	都昌街道	东大营村	119.399 4	36.818 1	43	潜水	1	1		1
729	李家埠	51369936	淮河	2018	基本站	潍坊	昌邑	奎聚街道	李家埠小学	119.393 6	36.881 1	80	潜水	1	1		1
730	刘辛	51369952	淮河	2018	基本站	潍坊	昌邑	都昌街道	刘辛社区	119.377 2	36.858 9	80	潜水	1	1		1

续附表 7

序号	测站名称	测站编码	流域	设站年份	测站属性	测站地址				经度（°E）	纬度（°N）	原井深（m）	监测层位	专用井	监测项目		
						市	县（区）	乡（镇）	村（街道）						水位	水质	水温
731	南兴福	51369968	淮河	2018	基本站	潍坊	昌邑	双台	南兴福村	119.235 3	36.834 4	69	潜水	1	1	1	1
732	后朱家	51369984	淮河	2018	基本站	潍坊	昌邑	北孟	后朱家村	119.549 7	36.619 7	31	潜水	1	1		1
733	卫元村	51369999	淮河	2018	基本站	潍坊	寒亭	高里	卫元村	119.034 2	36.836 7	84	潜水	1	1		1
734	尧沟	51369264	淮河	2018	基本站	潍坊	昌乐	尧沟	宝都卫生院	118.756 9	36.707 2	32	潜水	1	1		1
735	周戈庄	51369744	淮河	2018	基本站	潍坊	高密	周戈庄	天喜家纺	119.617 2	36.633 9	21	潜水	1	1		1
736	林家村	51369760	淮河	2018	基本站	潍坊	诸城	林家村	水利站	119.636 9	36.000 0	18	潜水	1	1		1
737	旗台一村	51369776	淮河	2018	基本站	潍坊	高密	姜庄	旗台一村	119.754 2	36.436 1	28	潜水	1	1		1
738	北关街道	51369664	淮河	2018	基本站	潍坊	潍城	北关街道	北关街道办事处	119.102 8	36.731 9	61	潜水	1	1		1
739	景芝	51369680	淮河	2018	基本站	潍坊	安丘	景芝	景芝村	119.390 0	36.297 2	25	潜水	1	1		1
740	上口	51369696	淮河	2018	基本站	潍坊	寿光	上口	高家庄子村	118.869 2	36.959 2	98	潜水	1	1		1
741	石家庄	51369712	淮河	2018	基本站	潍坊	安丘	石家庄村	石家庄村	119.038 6	36.365 8	17	潜水	1	1		1
742	大朱旺	51369728	淮河	2018	基本站	潍坊	安丘	新安街道	大朱旺村	119.273 6	36.521 4	25	潜水	1	1		1
743	百尺河管家庄	51369376	淮河	2018	基本站	潍坊	诸城	百尺河	管家庄子村	119.540 6	36.081 7	20	潜水	1	1		1
744	密州	51369392	淮河	2018	基本站	潍坊	诸城	密州街道	卢山中学	119.509 7	35.972 8	18	潜水	1	1		1
745	小埠头	51369408	淮河	2018	基本站	潍坊	诸城	市枳沟	小埠头村	119.225 0	35.909 7	13	潜水	1	1		1

续附表 7

序号	测站名称	测站编码	流域	设站年份	测站属性	测站地址				经度(°E)	纬度(°N)	原井深(m)	监测层位	专用井	监测项目		
						市	县(区)	乡(镇)	村(街道)						水位	水质	水温
746	潍城开发区	51369424	淮河	2018	基本站	潍坊	潍城	开发区	人民医院	119.017 2	36.734 7	63	潜水	1	1		1
747	建林	51363016	淮河	2018	基本站	东营	垦利	黄河口	建林五七灌溉所	118.709 2	37.756 4	30	潜水	1	1		1
748	龙居	51363032	淮河	2018	基本站	东营	东营	龙居	康源种植基地	118.253 6	37.408 1	20	潜水	1	1		1
749	王营	51363048	淮河	2018	基本站	东营	东营	牛庄	王营村	118.465 3	37.303 9	30	潜水	1	1		1
750	大营	51363112	淮河	2018	基本站	东营	广饶	稻庄	大营中学	118.501 4	37.133 6	60	潜水	1	1		1
751	疾控中心	51363128	淮河	2018	基本站	东营	广饶	疾控中心	疾控中心	118.406 1	37.061 9	100	潜水	1	1		1
752	西毛王	51363144	淮河	2018	基本站	东营	广饶	稻庄	西毛王村	118.458 6	37.072 8	60	潜水	1	1	1	1
753	石村	51363160	淮河	2018	基本站	东营	广饶	乐安街道	辛桥石村	118.436 7	37.133 1	60	潜水	1	1		1
754	央五	51363192	淮河	2018	基本站	东营	广饶	大码头	央五村	118.627 5	37.115 8	60	潜水	1	1		1
755	草南	51363208	淮河	2018	基本站	东营	广饶	花官	草南村	118.415 8	37.146 7	60	潜水	1	1		1
756	杨斗	51363224	淮河	2018	基本站	东营	广饶	陈官	杨斗村	118.449 7	37.232 2	60	潜水	1	1		1
757	丁庄	51363240	淮河	2018	基本站	东营	广饶	丁庄	水利站	118.600 0	37.246 7	60	潜水	1	1		1
758	申盟	51363256	淮河	2018	基本站	东营	广饶	广饶	花园小学	118.354 4	37.060 0	60	潜水	1	1		1
759	耿集	51363272	淮河	2018	基本站	东营	广饶	大王	耿集村	118.462 8	37.011 1	40	潜水	1	1		1
760	李璩	51363288	淮河	2018	基本站	东营	广饶	大王	李璩村	118.400 6	36.950 3	60	潜水	1	1		1

续附表 7

序号	测站名称	测站编码	流域	设站年份	测站属性	测站地址				经度(°E)	纬度(°N)	原井深(m)	监测层位	专用井	监测项目		
						市	县(区)	乡(镇)	村(街道)						水位	水质	水温
761	北辛	51363320	淮河	2018	基本站	东营	广饶	大码头	北辛村	118.569 7	37.100 8	60	潜水	1	1		1
762	西韩	31171111	海河	2018	基本站	东营	河口	孤岛	西韩社区	118.838 3	37.898 9	20	潜水	1	1		1
763	胜利	31171011	海河	2018	基本站	东营	河口	新户	胜利村	118.306 7	37.890 3	20	潜水	1	1		1
764	仙河	31171031	海河	2018	基本站	东营	河口	仙河	仙河管理分处	118.857 5	37.925 0	20	潜水	1	1		1
765	东劝学	31171051	海河	2018	基本站	东营	河口	东劝学水文站	东劝学水文站	118.466 9	37.933 1	20	潜水	1	1		1
766	西宋	51363064	淮河	2018	基本站	东营	垦利	垦利街道	西宋社区	118.696 1	37.663 6	20	潜水	1	1		1
767	佐王	51363080	淮河	2018	基本站	东营	垦利	董集	佐王村	118.400 6	37.492 5	30	潜水	1	1		1
768	友林	51363096	淮河	2018	基本站	东营	垦利	黄河口	友林村	118.848 1	37.696 7	30	潜水	1	1		1
769	胥家	31171071	海河	2018	基本站	东营	利津	凤凰城街道	胥家村	118.223 9	37.462 5	30	潜水	1	1		1
770	虎滩	31171091	海河	2018	基本站	东营	利津	盐窝	虎滩社区	118.363 9	37.749 7	20	潜水	1	1		1
771	夹仓一村	51162037	淮河	2018	基本站	日照	东港	奎山街道	夹仓一村	119.433 6	35.337 2	13	潜水	1	1		1
772	小古镇	51162049	淮河	2018	基本站	日照	东港	奎山街道	小古镇村村委	119.425 6	35.337 8	17	潜水	1	1		1
773	安家一村	51377015	淮河	2018	基本站	日照	东港	两城	安家一村	119.606 1	35.563 1	15	潜水	1	1		1
774	涛雒	51162073	淮河	2018	基本站	日照	东港	涛雒二中	涛雒二中	119.376 9	35.286 7	15	潜水	1	1	1	1
775	汾水村	51162109	淮河	2018	基本站	日照	岚山	安东卫街道	汾水村	119.270 6	35.130 0	10	潜水	1	1		1

续附表 7

序号	测站名称	测站编码	流域	设站年份	测站属性	测站地址				经度（°E）	纬度（°N）	原井深（m）	监测层位	专用井	监测项目		
						市	县（区）	乡（镇）	村（街道）						水位	水质	水温
776	荻水	51162133	淮河	2018	基本站	日照	岚山	安东卫街道	荻水村	119.296 9	35.103 1	17	潜水	1	1		1
777	闫庄	51162193	淮河	2018	基本站	日照	莒	闫庄	水利站	118.837 5	35.662 5	30	潜水	1	1		1
778	夏庄	51162205	淮河	2018	基本站	日照	莒	夏庄	水利站	118.727 2	35.454 7	12	潜水	1	1		1
779	长岭	51162217	淮河	2018	基本站	日照	莒	长岭	敬老院	118.835 8	35.490 8	24	潜水	1	1		1
780	莒县	51162229	淮河	2018	基本站	日照	莒	莒县水利局	莒县水利局	118.878 9	35.606 7	23	潜水	1	1		1
781	夹仓二村	51377224	淮河	2018	基本站	日照	东港	奎山街道	夹仓二村	119.432 5	35.328 9	17	潜水	1	1		1
782	文化路	51377034	淮河	2018	基本站	日照	东港	石臼街道	文化路居委	119.535 6	35.387 5	10	潜水	1	1		1
783	焦柯庄	51377053	淮河	2018	基本站	日照	东港	奎山街道	焦柯庄	119.604 4	35.584 2	13	潜水	1	1		1
784	安家一村北	51377072	淮河	2018	基本站	日照	东港	两城	安家一村	119.445 8	35.563 3	10	潜水	1	1		1
785	东湖	51377186	淮河	2018	基本站	日照	岚山	虎山	东湖小学	119.366 7	35.201 1	12	潜水	1	1		1
786	王家滩	51377091	淮河	2018	基本站	日照	东港	两城	王家滩二村	119.620 8	35.591 9	12	潜水	1	1		1
787	侯家村	51377110	淮河	2018	基本站	日照	东港	涛雒	侯家村	119.376 9	35.257 5	13	潜水	1	1		1
788	高旺	51377129	淮河	2018	基本站	日照	东港	涛雒	高旺中学	119.355 3	35.240 0	10	潜水	1	1		1
789	前滩西村	51377148	淮河	2018	基本站	日照	东港	前滩西村	前滩西村	119.561 1	35.454 4	9	潜水	1	1		1
790	瓦屋村	51377167	淮河	2018	基本站	日照	东港	两城	瓦屋村	119.604 4	35.584 2	11	潜水	1	1		1

续附表 7

序号	测站名称	测站编码	流域	设站年份	测站属性	测站地址				经度(°E)	纬度(°N)	原井深(m)	监测层位	专用井	监测项目		
						市	县(区)	乡(镇)	村(街道)						水位	水质	水温
791	东韩家村	51377243	淮河	2018	基本站	日照	东港	北京路街道	东韩家村	119.609 2	35.572 2	13	潜水	1	1		1
792	松树园	51377205	淮河	2018	基本站	日照	岚山	虎山	松树园村	119.324 2	35.152 8	15	潜水	1	1		1
793	蔡家墩	51162157	淮河	2018	基本站	日照	岚山	虎山	蔡家墩村	119.323 3	35.161 1	9	潜水	1	1		1
794	大河坞	51162169	淮河	2018	基本站	日照	岚山	虎山	大河坞村	119.362 8	35.195 0	8	潜水	1	1		1
795	尹家廒头	51162085	淮河	2018	基本站	日照	东港	涛雒	尹家廒头一村	119.383 1	35.312 5	7	潜水	1	1		1
796	张家廒头	51162097	淮河	2018	基本站	日照	东港	涛雒	张家廒头	119.395 6	35.312 5	14	潜水	1	1		1
797	安东卫二中	51162181	淮河	2018	基本站	日照	岚山	安东卫二中	安东卫二中	119.310 3	35.100 8	9	潜水	1	1		1
798	解放桥水源地 1	S-38	淮河	2016	基本站	济南	历下	历山路	解放桥水源地	117.033 3	36.666 7	100	承压水		1		
799	清源水务	S-39	淮河	2016	基本站	济南	历下	泉城路	清源水务	117.016 7	36.650 0	150	承压水		1		
800	科院路社区	S-40	淮河	2016	基本站	济南	历下	文东街道	科院路社区	117.033 3	36.633 3	260	承压水		1		
801	解放桥水源地 2	S-117	淮河	2016	基本站	济南	历下	历山路	解放桥水源地	117.033 3	36.666 7	150	承压水		1		
802	南八里村	S-7	淮河	1998	基本站	济南	槐荫	段店北路街道	南八里村	116.833 3	36.633 3	280	承压水		1		

续附表 7

序号	测站名称	测站编码	流域	设站年份	测站属性	测站地址				经度（°E）	纬度（°N）	原井深（m）	监测层位	专用井	监测项目		
						市	县（区）	乡（镇）	村（街道）						水位	水质	水温
803	筐李村	S-8	淮河	1999	基本站	济南	槐荫	段店北路街道	筐李村	116.833 3	36.650 0	280	承压水		1		
804	大杨庄村	S-28	淮河	2016	基本站	济南	槐荫	段店北路街道	大杨庄村	116.866 7	36.633 3	320	承压水		1		
805	担山屯村	S-34	淮河	2016	基本站	济南	槐荫	段店北路街道	担山屯村	116.866 7	36.650 0	300	承压水		1		
806	筐里庄村	S-35	淮河	2016	基本站	济南	槐荫	段店北路街道	筐里庄村	116.816 7	36.633 3	350	承压水		1		
807	小庄村	S-9	淮河	2000	基本站	济南	市中	陡沟街道	小庄村	116.916 7	36.600 0	197	承压水		1		
808	杜家庙村	S-46	淮河	1999	基本站	济南	市中	党家街道	杜家庙村	116.833 3	36.633 3	380	承压水		1		
809	催马村	S-48	淮河	1999	基本站	济南	市中	党家街道	催马村	116.883 3	36.550 0	280	承压水		1		
810	尹陈村	S-31	淮河	1980	基本站	济南	历城	鲍山街道	尹陈村	117.166 7	36.700 0	200	承压水		1		
811	镁碳砖厂	S-38	淮河	1989	基本站	济南	历城	郭店街道	镁碳砖厂	117.233 3	36.733 3	160	承压水		1		
812	北侯村	S-39	淮河	1991	基本站	济南	历城	仲宫街道	北侯村	117.016 7	36.533 3	230	承压水		1		
813	赵仙村	S-49	淮河	1999	基本站	济南	历城	王舍人街道	赵仙村	117.133 3	36.733 3	280	承压水		1		
814	李东村	S-50	淮河	1999	基本站	济南	历城	郭店街道	李东村	117.216 7	36.733 3	250	承压水		1		

续附表 7

序号	测站名称	测站编码	流域	设站年份	测站属性	测站地址				经度（°E）	纬度（°N）	原井深（m）	监测层位	专用井	监测项目		
						市	县(区)	乡(镇)	村(街道)						水位	水质	水温
815	北滩水厂	S-53	淮河	1999	基本站	济南	历城	鲍山街道	北滩水厂	117. 150 0	36. 750 0	300	承压水		1		
816	两河村	S-55	淮河	2007	基本站	济南	历城	港沟街道	两河村	117. 200 0	36. 600 0	387	承压水		1		
817	小康村	S-169	淮河	2005	基本站	济南	章丘	相公庄街道	小康村	117. 583 3	36. 750 0	150	承压水		1		
818	南皋埠村	S-175	淮河	2014	基本站	济南	章丘	枣园街道	南皋埠村	117. 466 7	36. 716 7	170	承压水		1		
819	北石屋村	S-176	淮河	2015	基本站	济南	章丘	垛庄	北石屋村	117. 450 0	36. 550 0	260	承压水		1		
820	文昌街道东王村	9A	黄河	2014	基本站	济南	长清	文昌街道	东王村	116. 766 7	36. 583 3	140	承压水		1		
821	崮云湖街道范庄村	53A	黄河	1996	基本站	济南	长清	崮云湖街道	范庄村	116. 850 0	36. 516 7	80	承压水		1		
822	归德街道坟台村	S-84	黄河	1999	基本站	济南	长清	归德街道	坟台村	116. 683 3	36. 500 0	300	承压水		1		
823	段家店村	85	黄河	1999	基本站	济南	长清	双泉	段家店村	116. 716 7	36. 350 0	90	承压水		1		
824	窑头村	S-86	黄河	2006	基本站	济南	长清	文昌街道	窑头村	116. 733 3	36. 550 0	300	承压水		1		
825	北汝饲料	S-82A	黄河	1994	基本站	济南	长清	平安街道	北汝饲料	116. 783 3	36. 583 3	300	承压水		1		
826	孔村镇王屯村	S-78	黄河	1999	基本站	济南	平阴	孔村	王屯村	116. 466 7	36. 150 0	240	承压水		1		

续附表 7

序号	测站名称	测站编码	流域	设站年份	测站属性	测站地址				经度（°E）	纬度（°N）	原井深（m）	监测层位	专用井	监测项目		
						市	县（区）	乡（镇）	村（街道）						水位	水质	水温
827	孔村水利站	S-79	黄河	1999	基本站	济南	平阴	孔村	孔村水利站	116.466 7	36.166 7	130	承压水		1		
828	西三里村	S-81	黄河	2009	基本站	济南	平阴	锦水街道	西三里村	116.416 7	36.266 7	224	承压水		1		
829	前牛官屯村	74	淮河	2006	基本站	济宁	嘉祥	卧龙山	前牛官屯村	116.233 3	35.400 0	180	承压水		1		
830	东许村	S-79	淮河	1977	基本站	济宁	梁山	大路口	东许村	116.000 0	35.900 0	196	承压水		1		
831	后朱山村	S-1	黄河	2013	基本站	济南	钢城	里辛街道	后朱山村	117.866 7	36.150 0	198	承压水		1		
832	东泉北	2	黄河	1999	基本站	济南	钢城	颜庄	东泉北	117.783 3	36.116 7	82	承压水		1		
833	野虎沟村	S-3	黄河	2013	基本站	济南	钢城	颜庄	野虎沟村	117.733 3	36.116 7	180	承压水		1		
834	东辛庄	S-6	黄河	2013	基本站	济南	钢城	辛庄	东辛庄	117.800 0	36.166 7	276	承压水		1		
835	北石湾子村	S-1	黄河	2013	基本站	济南	莱城	苗山	北石湾子村	117.833 3	36.333 3	180	承压水		1		
836	崔家庄	S-9	黄河	2013	基本站	济南	莱城	口	崔家庄	117.666 7	36.350 0	120	承压水		1		
837	中土屋村	S-14	黄河	2013	基本站	济南	莱城	羊里	中土屋村	117.550 0	36.366 7	148	承压水		1		
838	孤山村	S-16	黄河	2013	基本站	济南	莱城	大王庄	孤山村	117.483 3	36.366 7	190	承压水		1		
839	大鱼池村	S-17	黄河	2013	基本站	济南	莱城	寨里	大鱼池村	117.466 7	36.316 7	260	承压水		1		
840	周王许村	S-19	黄河	2013	基本站	济南	莱城	寨里	周王许村	117.450 0	36.300 0	160	承压水		1		
841	将山后村	S-24	黄河	2013	基本站	济南	莱城	牛泉	将山后村	117.483 3	36.150 0	100	承压水		1		

续附表 7

序号	测站名称	测站编码	流域	设站年份	测站属性	测站地址				经度(°E)	纬度(°N)	原井深(m)	监测层位	专用井	监测项目		
						市	县(区)	乡(镇)	村(街道)						水位	水质	水温
842	刘省庄	S-25	黄河	2013	基本站	济南	莱城	牛泉	刘省庄	117.483 3	36.116 7	160	承压水		1		
843	华丰车站	S-5B	淮河	2003	基本站	临沂	临沂	银雀山	华丰车站	118.316 7	35.050 0	251	承压水		1		
844	汤屯村	S-22	淮河	2012	基本站	临沂	临沂	南坊街道	汤屯村	118.333 3	35.150 0	500	承压水		1		
845	齐家庄村	S-23	淮河	2012	基本站	临沂	临沂	盛庄街道	齐家庄村	118.233 3	35.066 7	300	承压水		1		
846	密家庄村	S-24	淮河	2012	基本站	临沂	临沂	义堂	密家庄村	118.233 3	35.100 0	151	承压水		1		
847	田家红埠寺村	S-25	淮河	2012	基本站	临沂	临沂	银雀山街道	田家红埠寺村	118.266 7	35.066 7	156	承压水		1		
848	南沙埠庄村	S-26	淮河	2012	基本站	临沂	临沂	银雀山街道	南沙埠庄村	118.250 0	35.083 3	200	承压水		1		
849	李戈庄镇	40	淮河	1975	基本站	青岛	胶州	李戈庄	矫戈庄	120.150 0	36.433 3	12	承压水		1		
850	小刘家疃	50A	淮河	2011	基本站	青岛	胶州	胶西	小刘家疃	119.850 0	36.266 7	21	承压水		1		
851	王新村	87	淮河	1987	基本站	青岛	胶州	李戈庄	王新村	120.150 0	36.350 0	11	承压水		1		
852	石梁杨村	5	淮河	1975	基本站	青岛	黄岛	王台	石梁杨村	120.000 0	36.083 3	15	承压水		1		
853	秋七园村	40	淮河	1975	基本站	青岛	黄岛	张家楼	秋七园村	119.900 0	35.783 3	12	承压水		1		
854	崔家集镇	144	淮河	1986	基本站	青岛	平度	崔家集	张家坊	119.816 7	36.583 3	20	承压水		1		
855	明村镇前楼	147	淮河	1988	基本站	青岛	平度	明村	前楼	119.650 0	36.683 3	22	承压水		1		
856	崔家集	148	淮河	1988	基本站	青岛	平度	崔家集	水利站	119.716 7	36.633 3	18	承压水		1		

续附表 7

序号	测站名称	测站编码	流域	设站年份	测站属性	测站地址				经度(°E)	纬度(°N)	原井深(m)	监测层位	专用井	监测项目		
						市	县(区)	乡(镇)	村(街道)						水位	水质	水温
857	原中庄水利站	149A	淮河	1992	基本站	青岛	平度	白埠	原中庄水利站	119.783 3	36.666 7	28	承压水		1		
858	麻兰镇水利站	151A	淮河	2017	基本站	青岛	平度	麻兰	水利站	120.083 3	36.750 0	25	承压水		1		
859	徐家官庄	S-104	黄河	1999	基本站	泰安	岱岳	北集坡	徐家官庄	117.150 0	36.083 3	110	承压水		1		
860	篦子店村	S-105	黄河	1999	基本站	泰安	岱岳	北集坡	篦子店村	117.166 7	36.133 3	186	承压水		1		
861	东武村	S-106	黄河	1999	基本站	泰安	岱岳	大汶口	东武村	117.066 7	35.966 7	120	承压水		1		
862	泰安市第一人民医院	S-26	黄河	1991	基本站	泰安	泰山	泰安市第一人民医院	泰安市第一人民医院	117.133 3	36.183 3	150	承压水		1		
863	訾家灌庄	S-27	黄河	1999	基本站	泰安	泰山	上高街道	訾家灌庄	117.150 0	36.183 3	170	承压水		1		
864	七里村	S-28	黄河	1999	基本站	泰安	泰山	财源办事处	七里村	117.083 3	36.183 3	158	承压水		1		
865	埠阳庄	S-29	黄河	1999	基本站	泰安	泰山	邱家店	埠阳庄	117.283 3	36.150 0	150	承压水		1		
866	旧县	30	黄河	1999	基本站	泰安	泰山	邱家店	旧县	117.200 0	36.116 7	81	承压水		1		
867	八十八医院	S-40	黄河	2011	基本站	泰安	泰山	八十八医院	八十八医院	117.133 3	36.200 0	300	承压水		1		
868	西羊楼村	93	黄河	1999	基本站	泰安	泰山	省庄	西羊楼村	117.200 0	36.150 0	82	承压水		1		
869	东都镇	S-122	黄河	1990	基本站	泰安	新泰	东都	东都镇镇政府	117.716 7	35.850 0	200	承压水		1		

续附表 7

序号	测站名称	测站编码	流域	设站年份	测站属性	测站地址				经度(°E)	纬度(°N)	原井深(m)	监测层位	专用井	监测项目		
						市	县(区)	乡(镇)	村(街道)						水位	水质	水温
870	新汶电缆厂	S-131	黄河	1999	基本站	泰安	新泰	新汶电缆厂	新汶电缆厂	117.666 7	35.866 7	154	承压水		1		
871	徐家庄	S-133	黄河	1999	基本站	泰安	新泰	谷里	徐家庄	117.533 3	35.900 0	107	承压水		1		
872	宫里村	134	黄河	1999	基本站	泰安	新泰	宫里	宫里村	117.450 0	35.916 7	69	承压水		1		
873	西村	S-135	黄河	1999	基本站	泰安	新泰	楼德	西村	117.283 3	35.866 7	132	承压水		1		
874	泗皋村	S-24	黄河	1975	基本站	泰安	宁阳	鹤山	泗皋村	116.666 7	35.883 3	150	承压水		1		
875	所里村	26	黄河	1982	基本站	泰安	宁阳	堽城	所里村	116.866 7	35.883 3	60	承压水		1		
876	蒋集村	S-73	黄河	1980	基本站	泰安	宁阳	蒋集	蒋集村	116.966 7	35.916 7	115	承压水		1		
877	伏山村	S-84	黄河	1999	基本站	泰安	宁阳	伏山	伏山村	116.783 3	35.850 0	105	承压水		1		
878	西太平村	S-86	黄河	2000	基本站	泰安	宁阳	磁窑	西太平村	117.083 3	35.916 7	120	承压水		1		
879	华丰镇	S-87	黄河	1999	基本站	泰安	宁阳	华丰	华丰镇镇政府	117.166 7	35.883 3	131	承压水		1		
880	席桥村	S-114	黄河	1999	基本站	泰安	东平	接山	席桥村	116.583 3	35.950 0	170	承压水		1		
881	张河桥村	S-115	黄河	1999	基本站	泰安	东平	接山	张河桥村	116.600 0	36.016 7	120	承压水		1		
882	冯大羊村	S-116	黄河	1999	基本站	泰安	东平	大羊	冯大羊村	116.500 0	36.033 3	152	承压水		1		
883	海子村	S-117	黄河	1999	基本站	泰安	东平	梯门	海子村	116.383 3	36.000 0	110	承压水		1		
884	刘范村	S-118	黄河	1999	基本站	泰安	东平	东平街道	刘范村	116.466 7	35.916 7	116	承压水		1		

续附表 7

序号	测站名称	测站编码	流域	设站年份	测站属性	测站地址				经度(°E)	纬度(°N)	原井深(m)	监测层位	专用井	监测项目		
						市	县(区)	乡(镇)	村(街道)						水位	水质	水温
885	白屯村	33A	黄河	1986	基本站	泰安	肥城	王庄	白屯村	116.566 7	36.066 7	104	承压水		1		
886	东赵庄	S-67	黄河	1999	基本站	泰安	肥城	安驾庄	东赵庄	116.750 0	35.950 0	148	承压水		1		
887	东湖村	105A	黄河	1985	基本站	泰安	肥城	湖屯	东湖村	116.600 0	36.200 0	180	承压水		1		
888	石横水利站	S-109	黄河	1995	基本站	泰安	肥城	石横	石横水利站	116.516 7	36.200 0	135	承压水		1		
889	潮泉镇	S-113	黄河	1999	基本站	泰安	肥城	潮泉	潮泉镇镇政府	116.816 7	36.216 7	180	承压水		1		
890	王瓜店水利站	S-115	黄河	1999	基本站	泰安	肥城	王瓜店水利站	王瓜店水利站	116.683 3	36.200 0	180	承压水		1		
891	后韩村	S-120	黄河	2011	基本站	泰安	肥城	桃园	后韩村	116.616 7	36.150 0	135	承压水		1		
892	二十里堡村	42A	淮河	1988	基本站	烟台	莱州	城港路街道	二十里堡村	119.983 3	37.233 3	30	承压水		1		
893	龙化村	4B	淮河	2009	基本站	烟台	龙口	龙港街道	龙化村	120.383 3	37.666 7	40	承压水		1		
894	冯高村	5B	淮河	2009	基本站	烟台	龙口	徐福	冯高村	120.450 0	37.700 0	30	承压水		1		
895	黄山馆镇	13C	淮河	2009	基本站	烟台	龙口	黄山馆	黄山馆镇镇政府	120.283 3	37.550 0	25	承压水		1		
896	市气象局	29	淮河	1986	基本站	烟台	龙口	龙口市气象局	龙口市气象局	120.350 0	37.666 7	55	承压水		1		
897	逄鲍村	32A	淮河	2009	基本站	烟台	龙口	兰高	逄鲍村	120.566 7	37.650 0	28	承压水		1		
898	铁路编组站	35A	淮河	2008	基本站	烟台	龙口	海岱	铁路编组站	120.316 7	37.583 3	30	承压水		1		
899	唐家泊村	38	淮河	2008	基本站	烟台	龙口	北马	唐家泊村	120.433 3	37.616 7	58	承压水		1		

续附表 7

序号	测站名称	测站编码	流域	设站年份	测站属性	测站地址				经度(°E)	纬度(°N)	原井深(m)	监测层位	专用井	监测项目		
						市	县(区)	乡(镇)	村(街道)						水位	水质	水温
900	东羔村	39	淮河	2008	基本站	烟台	龙口	诸由观	东羔村	120.516 7	37.733 3	22	承压水		1		
901	洼西村	40	淮河	2008	基本站	烟台	龙口	徐福	洼西村	120.416 7	37.666 7	24	承压水		1		
902	河南孙家村	42	淮河	2008	基本站	烟台	龙口	开发区	河南孙家村	120.350 0	37.616 7	28	承压水		1		
903	东莱街	43	淮河	2009	基本站	烟台	龙口	东莱街	东莱街	120.516 7	37.650 0	19	承压水		1		
904	洽泊村	44	淮河	2009	基本站	烟台	龙口	兰高	洽泊村	120.583 3	37.650 0	30	承压水		1		
905	沙村	45	淮河	2009	基本站	烟台	龙口	兰高	沙村	120.566 7	37.666 7	30	承压水		1		
906	水利塑料厂	46	淮河	2009	基本站	烟台	龙口	水利塑料厂	水利塑料厂	120.566 7	37.683 3	30	承压水		1		
907	镇政府院	47	淮河	2009	基本站	烟台	龙口	诸由	镇政府院	120.583 3	37.683 3	25	承压水		1		
908	薛家村	13A	淮河	1990	基本站	烟台	招远	开发区	薛家村	120.416 7	37.400 0	21	承压水		1		
909	寨子村	14B	淮河	1990	基本站	烟台	招远	开发区	寨子村	120.450 0	37.383 3	20	承压水		1		
910	道西村	25A	淮河	1990	基本站	烟台	招远	齐山	道西村	120.350 0	37.233 3	8	承压水		1		
911	留仙庄村	30A	淮河	1990	基本站	烟台	招远	夏甸	留仙庄村	120.350 0	37.133 3	8	承压水		1		
912	九老庄村	74A	淮河	1990	基本站	枣庄	山亭	冯卯	九老庄村	117.316 7	35.183 3	78	承压水		1		
913	宋岭	3	淮河	1984	基本站	枣庄	市中	永安	宋岭	117.516 7	34.833 3	85	承压水		1		
914	石羊试区	59	淮河	1983	基本站	枣庄	市中	西王庄	石羊试区	117.600 0	34.816 7	50	承压水		1		

续附表 7

序号	测站名称	测站编码	流域	设站年份	测站属性	测站地址				经度(°E)	纬度(°N)	原井深(m)	监测层位	专用井	监测项目		
						市	县(区)	乡(镇)	村(街道)						水位	水质	水温
915	东王庄村	61	淮河	1990	基本站	枣庄	市中	西王庄	东王庄村	117.633 3	34.816 7	110	承压水		1		
916	黄楼村	62	淮河	1993	基本站	枣庄	市中	西王庄	黄楼村	117.616 7	34.833 3	146	承压水		1		
917	十里泉村	90	淮河	2000	基本站	枣庄	市中	光明办事处	十里泉村	117.550 0	34.816 7	80	承压水		1		
918	北王庄村	58	淮河	1975	基本站	枣庄	滕州	羊庄	北王庄村	117.333 3	35.033 3	18	承压水		1		
919	前台村	60	淮河	1975	基本站	枣庄	滕州	羊庄	前台村	117.350 0	34.966 7	10	承压水		1		
920	西曹村西	137	淮河	1991	基本站	枣庄	滕州	界河	西曹村西	117.000 0	35.200 0	120	承压水		1		
921	北界河村	138	淮河	1991	基本站	枣庄	滕州	界河	北界河村	117.066 7	35.216 7	135	承压水		1		
922	羊庄水利站	145	淮河	2016	基本站	枣庄	滕州	羊庄	水利站	117.316 7	34.950 0	116	承压水		1		
923	王杭村	146	淮河	2016	基本站	枣庄	滕州	羊庄	王杭村	117.316 7	34.983 3	120	承压水		1		
924	常庄镇薛庄	23	淮河	1974	基本站	枣庄	薛城	常庄	薛庄村	117.200 0	34.800 0	9	承压水		1		
925	前光庄村	3	淮河	1975	基本站	枣庄	峄城	榴园	前光庄村	117.500 0	34.750 0	13	承压水		1		
926	左庄村	15	淮河	1974	基本站	枣庄	峄城	峨山	左庄村	117.666 7	34.783 3	57	承压水		1		
927	后峪村	S-2	淮河	1980	基本站	淄博	博山	夏家庄	后峪村	117.866 7	36.516 7	175	承压水		1		
928	北博山村	13	淮河	1980	基本站	淄博	博山	博山	北博山村	117.950 0	36.383 3	35	承压水		1		
929	齐陵水利站	S-27B	淮河	1998	基本站	淄博	临淄	齐陵办事处	水利站	118.366 7	36.800 0	260	承压水		1		

续附表 7

序号	测站名称	测站编码	流域	设站年份	测站属性	测站地址				经度(°E)	纬度(°N)	原井深(m)	监测层位	专用井	监测项目		
						市	县(区)	乡(镇)	村(街道)						水位	水质	水温
930	泉头村	S-19	淮河	1979	基本站	淄博	淄川	龙泉	泉头村	117.950 0	36.550 0	256	承压水		1		
931	堤口村	1	海河	1975	基本站	滨州	无棣	海丰办事处	堤口村	117.550 0	37.733 3	13	潜水		1		
932	刘家柳堡	22	海河	1975	基本站	滨州	无棣	柳堡	刘家柳堡	117.750 0	37.966 7	5	潜水		1		
933	白鹤观	56A	海河	2016	基本站	滨州	无棣	车王	白鹤观	117.616 7	37.900 0	15	潜水		1		
934	刘郑王村	58	海河	1984	基本站	滨州	无棣	小泊头	刘郑王村	117.633 3	38.033 3	5	潜水		1		
935	宋家	59	海河	1984	基本站	滨州	无棣	柳堡	宋家	117.750 0	37.900 0	4	潜水		1		
936	埕口村	63	海河	1984	基本站	滨州	无棣	埕口	埕口村	117.733 3	38.100 0	4	潜水		1		
937	河沟村	64	海河	1991	基本站	滨州	无棣	棣丰办事处	河沟村	117.650 0	37.716 7	13	潜水		1		
938	商家	65	海河	1992	基本站	滨州	无棣	佘家	商家	117.850 0	37.816 7	13	潜水		1		
939	工交院	68	海河	1991	基本站	滨州	无棣	信阳	工交院	117.633 3	37.800 0	13	潜水		1		
940	河北张	7	海河	1975	基本站	滨州	阳信	水落坡	河北张	117.733 3	37.566 7	20	潜水		1		
941	北极店村	12A	海河	1991	基本站	滨州	阳信	翟王	北极店村	117.450 0	37.600 0	12	潜水		1		
942	北商	34A	海河	2003	基本站	滨州	阳信	翟王	北商	117.516 7	37.616 7	20	潜水		1		
943	马家	37A	海河	2005	基本站	滨州	阳信	洋湖	马家	117.400 0	37.533 3	14	潜水		1		
944	南商村	58A	海河	2013	基本站	滨州	阳信	翟王	南商村	117.516 7	37.583 3	25	潜水		1		

续附表 7

序号	测站名称	测站编码	流域	设站年份	测站属性	测站地址				经度(°E)	纬度(°N)	原井深(m)	监测层位	专用井	监测项目		
						市	县(区)	乡(镇)	村(街道)						水位	水质	水温
945	水务局院	59	海河	1986	基本站	滨州	阳信	水务局院	水务局院	117.583 3	37.650 0	10	潜水		1		
946	洋湖乡小王村	62A	海河	1991	基本站	滨州	阳信	洋湖	小王村	117.300 0	37.533 3	12	潜水		1		
947	丁家村	63	海河	1988	基本站	滨州	阳信	金阳办事处	丁家村	117.500 0	37.650 0	9	潜水		1		
948	宋家村	65A	海河	1998	基本站	滨州	阳信	劳店	宋家村	117.683 3	37.650 0	6	潜水		1		
949	东商村	66	海河	1991	基本站	滨州	阳信	流坡坞	东商村	117.416 7	37.650 0	12	潜水		1		
950	蒋家村	67	海河	1991	基本站	滨州	阳信	商店	蒋家村	117.666 7	37.550 0	12	潜水		1		
951	大司村	69	海河	1991	基本站	滨州	阳信	商店	大司村	117.683 3	37.500 0	12	潜水		1		
952	大姜	70A	海河	2003	基本站	滨州	阳信	温店	大姜	117.333 3	37.666 7	6	潜水		1		
953	史张村	71A	海河	1998	基本站	滨州	阳信	洋湖	史张村	117.350 0	37.550 0	18	潜水		1		
954	东大宅村	73	海河	1999	基本站	滨州	阳信	金阳办事处	东大宅村	117.566 7	37.700 0	11	潜水		1		
955	温店镇	74	海河	2013	基本站	滨州	阳信	温店	温店镇镇政府	117.366 7	37.600 0	30	潜水		1		
956	孔家	22	海河	1975	基本站	滨州	惠民	辛店	孔家	117.550 0	37.383 3	8	潜水		1		
957	史家	29	海河	1975	基本站	滨州	惠民	石庙	史家	117.400 0	37.450 0	6	潜水		1		
958	姜楼镇	73	海河	1976	基本站	滨州	惠民	姜楼	姜楼镇镇政府	117.433 3	37.233 3	6	潜水		1		
959	归仁	84	海河	1981	基本站	滨州	惠民	李庄	归仁	117.600 0	37.216 7	18	潜水		1		

续附表 7

序号	测站名称	测站编码	流域	设站年份	测站属性	测站地址				经度(°E)	纬度(°N)	原井深(m)	监测层位	专用井	监测项目		
						市	县(区)	乡(镇)	村(街道)						水位	水质	水温
960	小杨家	89	海河	1981	基本站	滨州	惠民	孙武办事处	小杨家	117.483 3	37.433 3	6	潜水		1		
961	香翟家	95	海河	1984	基本站	滨州	惠民	何坊办事处	香翟家	117.583 3	37.483 3	4	潜水		1		
962	桑北街村	98A	海河	2017	基本站	滨州	惠民	桑落墅	桑北街村	117.733 3	37.516 7	5	潜水		1		
963	水利站	101A	海河	1997	基本站	滨州	惠民	李庄	水利站	117.583 3	37.266 7	12	潜水		1		
964	石庙水利站	102A	海河	1997	基本站	滨州	惠民	石庙	水利站	117.383 3	37.450 0	12	潜水		1		
965	杜家	105	海河	1987	基本站	滨州	惠民	清河	杜家	117.666 7	37.283 3	4	潜水		1		
966	魏集水利站	111A	海河	1997	基本站	滨州	惠民	魏集	水利站	117.750 0	37.300 0	12	潜水		1		
967	马龙池村	113	海河	1992	基本站	滨州	惠民	孙武办事处	马龙池村	117.516 7	37.466 7	6	潜水		1		
968	斗子李	114	海河	1992	基本站	滨州	惠民	何坊办事处	斗子李	117.566 7	37.516 7	4	潜水		1		
969	淄角镇	118A	海河	2013	基本站	滨州	惠民	淄角	淄角镇镇政府	117.450 0	37.333 3	5	潜水		1		
970	申桥村	119A	海河	2017	基本站	滨州	惠民	李庄	申桥村	117.600 0	37.283 3	25	潜水		1		
971	水利站	120	海河	1998	基本站	滨州	惠民	姜楼	水利站	117.516 7	37.216 7	27	潜水		1		
972	万家	122	海河	2005	基本站	滨州	惠民	麻店	万家	117.666 7	37.400 0	5	潜水		1		
973	张文台村	123	海河	2009	基本站	滨州	惠民	大年陈	张文台村	117.533 3	37.166 7	12	潜水		1		
974	朱老虎村	124	海河	2014	基本站	滨州	惠民	孙武办事处	朱老虎村	117.483 3	37.466 7	5	潜水		1		

续附表 7

序号	测站名称	测站编码	流域	设站年份	测站属性	测站地址				经度(°E)	纬度(°N)	原井深(m)	监测层位	专用井	监测项目		
						市	县(区)	乡(镇)	村(街道)						水位	水质	水温
975	火把李	Z1	海河	1975	基本站	滨州	惠民	皂户李	火把李	117.400 0	37.400 0	5	潜水		1		
976	皂户李镇任家	Z43	海河	1975	基本站	滨州	惠民	皂户李	任家	117.416 7	37.366 7	3	潜水		1		
977	前屯	Z70	海河	1982	基本站	滨州	惠民	皂户李	前屯	117.466 7	37.400 0	6	潜水		1		
978	后尹村	1	海河	1975	基本站	滨州	滨城	三河湖	后尹村	117.816 7	37.550 0	5	潜水		1		
979	赵集	26	海河	1975	基本站	滨州	滨城	滨北办事处	赵集	117.933 3	37.500 0	4	潜水		1		
980	梁才办事处	70A	海河	2005	基本站	滨州	滨城	梁才办事处	梁才办事处	118.083 3	37.400 0	15	潜水		1		
981	水文站	81A	海河	1997	基本站	滨州	滨城	三河湖	水文站	117.850 0	37.500 0	12	潜水		1		
982	杨柳雪镇杨集	88A	海河	1997	基本站	滨州	滨城	杨柳雪	杨集	117.950 0	37.433 3	12	潜水		1		
983	陈西村	91A	海河	1997	基本站	滨州	滨城	里则办事处	陈西村	117.833 3	37.383 3	12	潜水		1		
984	孟家	94	海河	1985	基本站	滨州	滨城	小营	孟家	118.050 0	37.283 3	8	潜水		1		
985	台李村	1	海河	1975	基本站	滨州	沾化	古城	台李村	117.766 7	37.683 3	5	潜水		1		
986	程井村	14	海河	1975	基本站	滨州	沾化	黄升	程井村	117.950 0	37.616 7	5	潜水		1		
987	泊头村	39	海河	1981	基本站	滨州	沾化	泊头	泊头村	118.066 7	37.633 3	4	潜水		1		
988	下洼村	40	海河	1981	基本站	滨州	沾化	下洼	下洼村	117.900 0	37.700 0	5	潜水		1		
989	下河村	47A	海河	2014	基本站	滨州	沾化	下河	下河村	118.283 3	37.833 3	5	潜水		1		

续附表 7

序号	测站名称	测站编码	流域	设站年份	测站属性	测站地址				经度(°E)	纬度(°N)	原井深(m)	监测层位	专用井	监测项目		
						市	县(区)	乡(镇)	村(街道)						水位	水质	水温
990	利国五村	49	海河	1985	基本站	滨州	沾化	利国	利国五村	118.283 3	37.733 3	10	潜水		1		
991	水务局	51	海河	1997	基本站	滨州	沾化	水务局	水务局	118.116 7	37.700 0	12	潜水		1		
992	大高村	52	海河	2000	基本站	滨州	沾化	大高	大高村	117.816 7	37.633 3	6	潜水		1		
993	西庵	1	淮河	1975	基本站	滨州	邹平	西董办事处	西庵	117.733 3	36.783 3	10	潜水		1		
994	大里	7	淮河	1975	基本站	滨州	邹平	孙	大里	117.700 0	37.050 0	12	潜水		1		
995	朱套	12	淮河	1975	基本站	滨州	邹平	焦桥	朱套	117.766 7	36.983 3	38	潜水		1		
996	好生	16	淮河	1975	基本站	滨州	邹平	好生办事处	好生	117.783 3	36.816 7	29	潜水		1		
997	黛溪办十里铺	19	淮河	1975	基本站	滨州	邹平	黛溪办事处	十里铺	117.683 3	36.900 0	30	潜水		1		
998	韩店	20	淮河	1975	基本站	滨州	邹平	韩店	韩店	117.700 0	36.950 0	32	潜水		1		
999	曹家	22	淮河	1975	基本站	滨州	邹平	韩店	曹家	117.766 7	36.933 3	35	潜水		1		
1000	魏桥镇周家	36	淮河	1975	基本站	滨州	邹平	魏桥	周家	117.483 3	36.983 3	35	潜水		1		
1001	赵家	39	淮河	1975	基本站	滨州	邹平	台子	赵家	117.483 3	37.083 3	32	潜水		1		
1002	焦桥镇	49	淮河	1975	基本站	滨州	邹平	焦桥	焦桥	117.816 7	37.000 0	40	潜水		1		
1003	官庄	57	淮河	1975	基本站	滨州	邹平	长山	官庄	117.883 3	36.900 0	40	潜水		1		
1004	韩家	58	淮河	1975	基本站	滨州	邹平	长山	韩家	117.950 0	36.916 7	18	潜水		1		

续附表 7

序号	测站名称	测站编码	流域	设站年份	测站属性	测站地址				经度(°E)	纬度(°N)	原井深(m)	监测层位	专用井	监测项目		
						市	县(区)	乡(镇)	村(街道)						水位	水质	水温
1005	里八田村	78	淮河	1983	基本站	滨州	邹平	魏桥	里八田村	117.550 0	36.966 7	17	潜水		1		
1006	杨家	82	淮河	1985	基本站	滨州	邹平	长山	杨家	117.833 3	36.916 7	26	潜水		1		
1007	唐刘	83	淮河	1985	基本站	滨州	邹平	码头	唐刘	117.416 7	36.983 3	16	潜水		1		
1008	大郑村	84A	淮河	2013	基本站	滨州	邹平	九户	大郑村	117.633 3	37.033 3	20	潜水		1		
1009	水利站	86	淮河	1987	基本站	滨州	邹平	明集	水利站	117.633 3	36.933 3	32	潜水		1		
1010	窝村	87	淮河	1987	基本站	滨州	邹平	明集	窝村	117.633 3	36.966 7	15	潜水		1		
1011	麻姑堂	88	淮河	1987	基本站	滨州	邹平	魏桥	麻姑堂	117.500 0	37.033 3	16	潜水		1		
1012	县气象局	93	淮河	1992	基本站	滨州	邹平	县气象局	县气象局	117.733 3	36.900 0	52	潜水		1		
1013	水利站	96	淮河	2012	基本站	滨州	邹平	青阳	水利站	117.600 0	36.866 7	29	潜水		1		
1014	王浩村	81A	淮河	1991	基本站	滨州	博兴	吕艺	王浩村	118.350 0	37.216 7	12	潜水		1		
1015	吕艺水利站	118A	淮河	1993	基本站	滨州	博兴	吕艺	水利站	118.283 3	37.200 0	8	潜水		1		
1016	纯化村	134A	淮河	1993	基本站	滨州	博兴	纯化	纯化村	118.266 7	37.266 7	8	潜水		1		
1017	康坊村	136A	淮河	1991	基本站	滨州	博兴	吕艺	康坊村	118.250 0	37.216 7	12	潜水		1		
1018	蔡寨村	137	淮河	1984	基本站	滨州	博兴	乔庄	蔡寨村	118.133 3	37.333 3	20	潜水		1		
1019	乔庄镇位庄	147	淮河	1990	基本站	滨州	博兴	乔庄	位庄	118.283 3	37.333 3	12	潜水		1		

续附表 7

序号	测站名称	测站编码	流域	设站年份	测站属性	测站地址				经度(°E)	纬度(°N)	原井深(m)	监测层位	专用井	监测项目		
						市	县(区)	乡(镇)	村(街道)						水位	水质	水温
1020	西小村	148	淮河	1990	基本站	滨州	博兴	乔庄	西小村	118.216 7	37.333 3	12	潜水		1		
1021	湾头村	149	淮河	1990	基本站	滨州	博兴	锦秋办事处	湾头村	118.133 3	37.100 0	12	潜水		1		
1022	寨高村	150A	淮河	1993	基本站	滨州	博兴	湖滨	寨高村	118.233 3	37.083 3	10	潜水		1		
1023	吴家村	152	淮河	1992	基本站	滨州	博兴	吴家村	吴家村	118.100 0	37.250 0	8	潜水		1		
1024	王海村	153	淮河	1992	基本站	滨州	博兴	曹王	王海村	118.200 0	36.983 3	44	潜水		1		
1025	赵赵村	154	淮河	1992	基本站	滨州	博兴	兴福	赵赵村	118.233 3	36.983 3	41	潜水		1		
1026	店子镇马庄村	156	淮河	1992	基本站	滨州	博兴	店子	马庄村	118.316 7	37.066 7	47	潜水		1		
1027	曹王水利站	157	淮河	1992	基本站	滨州	博兴	曹王	水利站	118.150 0	37.016 7	46	潜水		1		
1028	鲁崔村	158	淮河	1992	基本站	滨州	博兴	湖滨	鲁崔村	118.166 7	37.050 0	26	潜水		1		
1029	王村店	4A	海河	1989	基本站	德州	德城	黄河崖	王村店	116.333 3	37.333 3	21	潜水		1		
1030	坡芦村	20	海河	1975	基本站	德州	德城	天衢工业园	坡芦村	116.316 7	37.483 3	29	潜水		1		
1031	闫屯村	29	海河	1979	基本站	德州	德城	黄河崖	闫屯村	116.333 3	37.366 7	30	潜水		1		
1032	黄河崖镇二十里铺	33A	海河	1987	基本站	德州	德城	黄河崖	二十里铺	116.300 0	37.400 0	12	潜水		1		
1033	十二里庄	35A	海河	1985	基本站	德州	德城	宋官屯	十二里庄	116.366 7	37.450 0	15	潜水		1		

续附表 7

序号	测站名称	测站编码	流域	设站年份	测站属性	测站地址				经度(°E)	纬度(°N)	原井深(m)	监测层位	专用井	监测项目		
						市	县(区)	乡(镇)	村(街道)						水位	水质	水温
1034	赵虎镇抬头寺	40	海河	1993	基本站	德州	德城	赵虎	抬头寺	116.383 3	37.383 3	17	潜水		1		
1035	王明盘村	15	海河	1975	基本站	德州	乐陵	朱集	王明盘村	117.283 3	37.816 7	13	潜水		1		
1036	西楼庄村	50	海河	1975	基本站	德州	乐陵	孔	西楼庄村	117.016 7	37.650 0	14	潜水		1		
1037	大刘村	68	海河	1975	基本站	德州	乐陵	杨安	大刘村	117.133 3	37.600 0	21	潜水		1		
1038	安子杨村	77	海河	1979	基本站	德州	乐陵	黄夹	安子杨村	117.083 3	37.750 0	14	潜水		1		
1039	井姜村	84	海河	1979	基本站	德州	乐陵	孔	井姜村	116.800 0	37.550 0	25	潜水		1		
1040	朱集镇林家村	89	海河	1981	基本站	德州	乐陵	朱集	林家村	117.266 7	37.766 7	33	潜水		1		
1041	耿家村	92A	海河	1988	基本站	德州	乐陵	市中街道	耿家村	117.200 0	37.733 3	15	潜水		1		
1042	堤口杜村	97	海河	1981	基本站	德州	乐陵	寨头堡	堤口杜村	117.166 7	37.650 0	20	潜水		1		
1043	王忠良村	98A	海河	1987	基本站	德州	乐陵	黄夹	王忠良村	117.083 3	37.816 7	14	潜水		1		
1044	丁坞西街	101	海河	1981	基本站	德州	乐陵	丁坞	丁坞西街	117.083 3	37.700 0	14	潜水		1		
1045	铧刘村	104	海河	1981	基本站	德州	乐陵	大孙	铧刘村	116.983 3	37.800 0	19	潜水		1		
1046	朱寨子村	106	海河	1981	基本站	德州	乐陵	孔	朱寨子村	117.016 7	37.600 0	8	潜水		1		

续附表 7

序号	测站名称	测站编码	流域	设站年份	测站属性	测站地址				经度(°E)	纬度(°N)	原井深(m)	监测层位	专用井	监测项目		
						市	县(区)	乡(镇)	村(街道)						水位	水质	水温
1047	后张村	109	海河	1990	基本站	德州	乐陵	郑店	后张村	117.050 0	37.483 3	9	潜水		1		
1048	郭家办杜家村	110	海河	1993	基本站	德州	乐陵	郭家办事处	杜家村	117.150 0	37.716 7	11	潜水		1		
1049	孙王村	24A	海河	1997	基本站	德州	临邑	临邑	孙王村	116.950 0	37.233 3	10	潜水		1		
1050	国寨村	25	海河	1975	基本站	德州	临邑	临邑	国寨村	116.883 3	37.266 7	16	潜水		1		
1051	刘友村	48	海河	1975	基本站	德州	临邑	兴隆	刘友村	116.733 3	37.100 0	28	潜水		1		
1052	郭集村	49A	海河	1986	基本站	德州	临邑	兴隆	郭集村	116.800 0	37.083 3	17	潜水		1		
1053	兴隆镇西寨村	59A	海河	2001	基本站	德州	临邑	兴隆	西寨村	116.766 7	37.050 0	20	潜水		1		
1054	西小鲍村	63	海河	1981	基本站	德州	临邑	德平	西小鲍村	117.000 0	37.450 0	20	潜水		1		
1055	耿刘村	69A	海河	2001	基本站	德州	临邑	孟寺	耿刘村	116.933 3	37.133 3	26	潜水		1		
1056	南孙村	70B	海河	2002	基本站	德州	临邑	临盘	南孙村	116.8000	37.1500	15	潜水		1		
1057	王楼村	71A	海河	2002	基本站	德州	临邑	临南	王楼村	116.866 7	37.066 7	19	潜水		1		
1058	小王村	73A	海河	1986	基本站	德州	临邑	临邑	小王村	116.866 7	37.216 7	17	潜水		1		
1059	临盘镇辛集村	78A	海河	1997	基本站	德州	临邑	临盘	辛集村	116.733 3	37.166 7	7	潜水		1		

续附表 7

序号	测站名称	测站编码	流域	设站年份	测站属性	测站地址				经度(°E)	纬度(°N)	原井深(m)	监测层位	专用井	监测项目		
						市	县(区)	乡(镇)	村(街道)						水位	水质	水温
1060	扎子李村	79	海河	1997	基本站	德州	临邑	翟家	扎子李村	116.933 3	37.400 0	15	潜水		1		
1061	肖营村	80	海河	2001	基本站	德州	临邑	宿安	肖营村	116.950 0	37.333 3	40	潜水		1		
1062	后陈家村	81	海河	2001	基本站	德州	临邑	临盘	后陈家村	116.833 3	37.250 0	24	潜水		1		
1063	大刘村	82	海河	2005	基本站	德州	临邑	德平	大刘村	116.950 0	37.516 7	15	潜水		1		
1064	新庄村	7A	海河	1988	基本站	德州	陵城	宋家	新庄村	116.850 0	37.566 7	12	潜水		1		
1065	前许村	22A	海河	1985	基本站	德州	陵城	滋	前许村	116.800 0	37.383 3	10	潜水		1		
1066	栾家村	25	海河	1975	基本站	德州	陵城	郑寨	栾家村	116.750 0	37.266 7	28	潜水		1		
1067	凤凰店村	31A	海河	1987	基本站	德州	陵城	城关	凤凰店村	116.650 0	37.300 0	12	潜水		1		
1068	怀李村	38	海河	1975	基本站	德州	陵城	神头	怀李村	116.683 3	37.366 7	33	潜水		1		
1069	张乃村	45	海河	1975	基本站	德州	陵城	义渡口	张乃村	116.783 3	37.533 3	31	潜水		1		
1070	大扬店村	103	海河	1979	基本站	德州	陵城	城关	大扬店村	116.683 3	37.316 7	13	潜水		1		
1071	李官屯村	119A	海河	1985	基本站	德州	陵城	縻	李官屯村	116.850 0	37.483 3	14	潜水		1		
1072	牟家村	120	海河	1981	基本站	德州	陵城	郑寨	牟家村	116.750 0	37.316 7	15	潜水		1		
1073	西庞村	127	海河	1983	基本站	德州	陵城	徽王	西庞村	116.683 3	37.500 0	10	潜水		1		
1074	高道仁村	130	海河	1985	基本站	德州	陵城	边临	高道仁村	116.500 0	37.433 3	14	潜水		1		

续附表 7

序号	测站名称	测站编码	流域	设站年份	测站属性	测站地址				经度(°E)	纬度(°N)	原井深(m)	监测层位	专用井	监测项目		
						市	县(区)	乡(镇)	村(街道)						水位	水质	水温
1075	王尔马村	132	海河	1985	基本站	德州	陵城	城关	王尔马村	116.550 0	37.300 0	8	潜水		1		
1076	大于集村	134	海河	1984	基本站	德州	陵城	于集	大于集村	116.616 7	37.383 3	8	潜水		1		
1077	张龙村	135	海河	1985	基本站	德州	陵城	徽王	张龙村	116.650 0	37.433 3	8	潜水		1		
1078	堤后刘村	137	海河	1985	基本站	德州	陵城	义渡口	堤后刘村	116.766 7	37.483 3	8	潜水		1		
1079	陵城糜镇	140	海河	1992	基本站	德州	陵城	糜	糜镇镇政府	116.850 0	37.433 3	12	潜水		1		
1080	前乔村	13	海河	1975	基本站	德州	宁津	保店	前乔村	116.716 7	37.633 3	26	潜水		1		
1081	西刘村	30	海河	1975	基本站	德州	宁津	柴胡店	西刘村	116.850 0	37.683 3	40	潜水		1		
1082	仉庄村	53	海河	1976	基本站	德州	宁津	长官	仉庄村	116.933 3	37.833 3	31	潜水		1		
1083	杜集镇丁庄村	66	海河	1980	基本站	德州	宁津	杜集	丁庄村	116.950 0	37.766 7	33	潜水		1		
1084	牛庄村	67	海河	1981	基本站	德州	宁津	杜集	牛庄村	116.950 0	37.716 7	29	潜水		1		
1085	朝阳孙	68A	海河	1988	基本站	德州	宁津	杜集	朝阳孙	116.950 0	37.683 3	17	潜水		1		
1086	柴胡店镇位庄	69	海河	1980	基本站	德州	宁津	柴胡店	位庄	117.000 0	37.666 7	15	潜水		1		
1087	小安庄村	70A	海河	1985	基本站	德州	宁津	柴胡店	小安庄村	116.933 3	37.633 3	16	潜水		1		
1088	路庄村	71	海河	1980	基本站	德州	宁津	长官	路庄村	116.866 7	37.833 3	31	潜水		1		

续附表 7

序号	测站名称	测站编码	流域	设站年份	测站属性	测站地址				经度(°E)	纬度(°N)	原井深(m)	监测层位	专用井	监测项目		
						市	县(区)	乡(镇)	村(街道)						水位	水质	水温
1089	李满村	72A	海河	1985	基本站	德州	宁津	大柳	李满村	116.850 0	37.766 7	34	潜水		1		
1090	后水村	73	海河	1980	基本站	德州	宁津	杜集	后水村	116.883 3	37.700 0	28	潜水		1		
1091	白菜位村	74	海河	1980	基本站	德州	宁津	张大庄	白菜位村	116.816 7	37.816 7	30	潜水		1		
1092	刘营伍村	75	海河	1980	基本站	德州	宁津	刘营伍	刘营伍村	116.800 0	37.750 0	33	潜水		1		
1093	大柳镇郑庄村	76	海河	1980	基本站	德州	宁津	大柳	郑庄村	116.816 7	37.716 7	32	潜水		1		
1094	五胡同村	77	海河	1980	基本站	德州	宁津	城关	五胡同村	116.783 3	37.683 3	16	潜水		1		
1095	八里堂村	78	海河	1980	基本站	德州	宁津	城关	八里堂村	116.783 3	37.600 0	14	潜水		1		
1096	钟绍寺刘庄村	79A	海河	1985	基本站	德州	宁津	张大庄	钟绍寺刘庄村	116.766 7	37.800 0	15	潜水		1		
1097	后焦村	80	海河	1980	基本站	德州	宁津	时集	后焦村	116.766 7	37.700 0	41	潜水		1		
1098	前姜村	81	海河	1981	基本站	德州	宁津	城关	前姜村	116.733 3	37.600 0	14	潜水		1		
1099	门道口村	82	海河	1980	基本站	德州	宁津	相衙	门道口村	116.683 3	37.716 7	24	潜水		1		
1100	撤庄村	83	海河	1980	基本站	德州	宁津	相衙	撤庄村	116.700 0	37.666 7	16	潜水		1		
1101	方庄村	84	海河	1980	基本站	德州	宁津	保店	方庄村	116.650 0	37.616 7	28	潜水		1		
1102	东良村	86	海河	1980	基本站	德州	宁津	大曹	东良村	116.583 3	37.566 7	28	潜水		1		

续附表 7

序号	测站名称	测站编码	流域	设站年份	测站属性	测站地址				经度(°E)	纬度(°N)	原井深(m)	监测层位	专用井	监测项目		
						市	县(区)	乡(镇)	村(街道)						水位	水质	水温
1103	小杨庄村	87	海河	1980	基本站	德州	宁津	长官	小杨庄村	116.916 7	37.800 0	13	潜水		1		
1104	大曹镇	88	海河	1985	基本站	德州	宁津	大曹	大曹村	116.600 0	37.633 3	40	潜水		1		
1105	张秀村	89	海河	1985	基本站	德州	宁津	城关	张秀村	116.783 3	37.666 7	16	潜水		1		
1106	王杲铺镇双庙村	10	海河	1975	基本站	德州	平原	王杲铺	双庙村	116.300 0	37.233 3	31	潜水		1		
1107	唐楼村	11	海河	1975	基本站	德州	平原	三唐	唐楼村	116.433 3	37.216 7	29	潜水		1		
1108	王付堂村	26	海河	1975	基本站	德州	平原	前曹	王付堂村	116.500 0	37.183 3	28	潜水		1		
1109	大辛村	31	海河	1975	基本站	德州	平原	王大挂	大辛村	116.316 7	37.166 7	32	潜水		1		
1110	隋庄村	32	海河	1975	基本站	德州	平原	城关	隋庄村	116.400 0	37.150 0	28	潜水		1		
1111	小张庄村	42	海河	1975	基本站	德州	平原	前曹	小张庄村	116.583 3	37.150 0	25	潜水		1		
1112	尹屯村	44A	海河	1988	基本站	德州	平原	前曹	尹屯村	116.550 0	37.133 3	20	潜水		1		
1113	大营张村	50B	海河	2008	基本站	德州	平原	桃园办事处	大营张村	116.433 3	37.116 7	38	潜水		1		
1114	小李寨村	58A	海河	1997	基本站	德州	平原	王庙	小李寨村	116.400 0	37.066 7	33	潜水		1		
1115	盆吴村	66B	海河	2006	基本站	德州	平原	张华	盆吴村	116.316 7	37.033 3	12	潜水		1		
1116	东街村	67A	海河	1992	基本站	德州	平原	腰站	东街村	116.266 7	37.033 3	25	潜水		1		
1117	闫坊村	74	海河	1975	基本站	德州	平原	王庙	闫坊村	116.450 0	37.016 7	23	潜水		1		

续附表 7

序号	测站名称	测站编码	流域	设站年份	测站属性	测站地址				经度（°E）	纬度（°N）	原井深（m）	监测层位	专用井	监测项目		
						市	县（区）	乡（镇）	村（街道）						水位	水质	水温
1118	十里铺	122	海河	1981	基本站	德州	平原	恩城	十里铺	116.266 7	37.116 7	22	潜水		1		
1119	七里屯村	134	海河	1985	基本站	德州	平原	城关	七里屯村	116.433 3	37.133 3	12	潜水		1		
1120	平原县水利局	137	海河	1989	基本站	德州	平原	平原县水利局	平原县水利局	116.433 3	37.183 3	31	潜水		1		
1121	恩城镇赵庄村	141	海河	2001	基本站	德州	平原	恩城	赵庄村	116.266 7	37.183 3	39	潜水		1		
1122	大黄村	17	海河	1975	基本站	德州	齐河	大黄	大黄村	116.766 7	36.983 3	49	潜水		1		
1123	大林郭村	36B	海河	1991	基本站	德州	齐河	祝阿	大林郭村	116.816 7	36.750 0	9	潜水		1		
1124	晏城镇东辛村	40B	海河	2002	基本站	德州	齐河	晏城	东辛村	116.700 0	36.800 0	8	潜水		1		
1125	桑元刘村	54A	海河	1985	基本站	德州	齐河	刘桥	桑元刘村	116.583 3	36.783 3	10	潜水		1		
1126	刘桥乡朱庄村	62	海河	1975	基本站	德州	齐河	刘桥	朱庄村	116.566 7	36.733 3	6	潜水		1		
1127	孔官村	73B	海河	2003	基本站	德州	齐河	胡官	孔官村	116.633 3	36.583 3	10	潜水		1		
1128	潘店乡胡楼村	76A	海河	2007	基本站	德州	齐河	潘店	胡楼村	116.433 3	36.666 7	8	潜水		1		
1129	柴洼村	83B	海河	2003	基本站	德州	齐河	仁里	柴洼村	116.516 7	36.583 3	8	潜水		1		

续附表 7

序号	测站名称	测站编码	流域	设站年份	测站属性	测站地址				经度(°E)	纬度(°N)	原井深(m)	监测层位	专用井	监测项目		
						市	县(区)	乡(镇)	村(街道)						水位	水质	水温
1130	辛店屯村	84A	海河	1985	基本站	德州	齐河	仁里	辛店屯村	116.533 3	36.583 3	7	潜水		1		
1131	仁里乡李庄村	91A	海河	2003	基本站	德州	齐河	仁里	李庄村	116.416 7	36.600 0	10	潜水		1		
1132	东郑村	98	海河	1975	基本站	德州	齐河	马集	东郑村	116.483 3	36.466 7	6	潜水		1		
1133	马集村	99A	海河	1986	基本站	德州	齐河	马集	马集村	116.533 3	36.466 7	9	潜水		1		
1134	西高村	104B	海河	1986	基本站	德州	齐河	仁里	西高村	116.433 3	36.533 3	10	潜水		1		
1135	后孙村	106	海河	1981	基本站	德州	齐河	表白寺	后孙村	116.916 7	36.916 7	5	潜水		1		
1136	陈蔡村	108	海河	1983	基本站	德州	齐河	晏城	陈蔡村	116.866 7	36.833 3	6	潜水		1		
1137	北方寺村	109	海河	1981	基本站	德州	齐河	马集	北方寺村	116.583 3	36.483 3	7	潜水		1		
1138	王洲潘村	114	海河	1984	基本站	德州	齐河	潘店	王洲潘村	116.483 3	36.633 3	11	潜水		1		
1139	齐河县水利局家属院	117	海河	1990	基本站	德州	齐河	齐河县水利局家属院	齐河县水利局家属院	116.750 0	36.816 7	10	潜水		1		
1140	焦庙镇杜庄村	119	海河	2002	基本站	德州	齐河	焦庙	杜庄村	116.583 3	36.666 7	10	潜水		1		
1141	徐屯村	120	海河	2003	基本站	德州	齐河	晏城	徐屯村	116.733 3	36.900 0	10	潜水		1		
1142	付庄村	121	海河	2003	基本站	德州	齐河	华店	付庄村	116.666 7	36.833 3	10	潜水		1		

续附表 7

序号	测站名称	测站编码	流域	设站年份	测站属性	测站地址				经度(°E)	纬度(°N)	原井深(m)	监测层位	专用井	监测项目		
						市	县(区)	乡(镇)	村(街道)						水位	水质	水温
1143	新世纪花园	1B	海河	2005	基本站	德州	庆云	庆云	新世纪花园	117.383 3	37.766 7	20	潜水		1		
1144	汾水王村	7	海河	1975	基本站	德州	庆云	庆云	汾水王村	117.350 0	37.816 7	19	潜水		1		
1145	姚迁村	25	海河	1975	基本站	德州	庆云	尚堂	姚迁村	117.366 7	37.683 3	20	潜水		1		
1146	簸箕徐村	35	海河	1975	基本站	德州	庆云	常家	簸箕徐村	117.516 7	37.800 0	18	潜水		1		
1147	大郝村	37	海河	1976	基本站	德州	庆云	尚堂	大郝村	117.450 0	37.750 0	7	潜水		1		
1148	西安务村	38	海河	1976	基本站	德州	庆云	徐园子	西安务村	117.533 3	37.850 0	6	潜水		1		
1149	大范村	46	海河	1981	基本站	德州	庆云	东辛店	大范村	117.333 3	37.750 0	19	潜水		1		
1150	板营试验站	49B	海河	1991	基本站	德州	庆云	常家	板营试验站	117.433 3	37.783 3	6	潜水		1		
1151	高坟台村	17A	海河	1985	基本站	德州	武城	甲马营	高坟台村	116.033 3	37.233 3	20	潜水		1		
1152	魏庄村	33A	海河	1985	基本站	德州	武城	鲁权屯	魏庄村	116.100 0	37.266 7	12	潜水		1		
1153	大屯水利站	43A	海河	1985	基本站	德州	武城	武城	大屯水利站	116.166 7	37.233 3	14	潜水		1		
1154	见马庄村	66A	海河	1998	基本站	德州	武城	武城	见马庄村	116.183 3	37.200 0	25	潜水		1		
1155	郝王庄水利站	83A	海河	1987	基本站	德州	武城	郝王庄	水利站	116.233 3	37.266 7	19	潜水		1		
1156	水利局农水股	92	海河	1984	基本站	德州	武城	武城	水利局农水股	115.900 0	37.150 0	20	潜水		1		

续附表 7

序号	测站名称	测站编码	流域	设站年份	测站属性	测站地址				经度(°E)	纬度(°N)	原井深(m)	监测层位	专用井	监测项目		
						市	县(区)	乡(镇)	村(街道)						水位	水质	水温
1157	田庄村	98A	海河	1989	基本站	德州	武城	甲马营	田庄村	115.950 0	37.200 0	30	潜水		1		
1158	滕庄镇李庄	99	海河	1999	基本站	德州	武城	滕庄	李庄	116.200 0	37.333 3	30	潜水		1		
1159	韩庄村	1A	海河	1987	基本站	德州	夏津	新盛店	韩庄村	116.000 0	37.116 7	15	潜水		1		
1160	侯庄村	2	海河	1975	基本站	德州	夏津	新盛店	侯庄村	116.050 0	37.050 0	25	潜水		1		
1161	新金庄村	4A	海河	1987	基本站	德州	夏津	苏留庄	新金庄村	116.100 0	37.100 0	16	潜水		1		
1162	东张庄村	13A	海河	1987	基本站	德州	夏津	田庄	东张庄村	115.933 3	37.000 0	16	潜水		1		
1163	夏津镇梁庄	16A	海河	1986	基本站	德州	夏津	夏津	梁庄村	115.983 3	36.966 7	21	潜水		1		
1164	小石庄村	25	海河	1975	基本站	德州	夏津	雷集	小石庄村	116.183 3	37.116 7	36	潜水		1		
1165	南邢庄村	30A	海河	1986	基本站	德州	夏津	香赵庄	南邢庄村	116.116 7	36.916 7	20	潜水		1		
1166	双庙镇	54	海河	1975	基本站	德州	夏津	双庙	双庙村	115.883 3	36.983 3	31	潜水		1		
1167	于桥村	56	海河	1985	基本站	德州	夏津	东李官屯	于桥村	116.166 7	37.000 0	26	潜水		1		
1168	柳元庄村	57	海河	1984	基本站	德州	夏津	郑保屯	柳元庄村	115.833 3	37.016 7	22	潜水		1		
1169	十五里铺村	59	海河	1985	基本站	德州	夏津	夏津	十五里铺村	116.083 3	36.983 3	17	潜水		1		
1170	燕寨子村	18A	海河	1991	基本站	德州	禹城	伦	燕寨子村	116.566 7	36.816 7	25	潜水		1		
1171	安仁村	23	海河	1975	基本站	德州	禹城	安仁	安仁村	116.516 7	36.866 7	30	潜水		1		

续附表 7

序号	测站名称	测站编码	流域	设站年份	测站属性	测站地址				经度(°E)	纬度(°N)	原井深(m)	监测层位	专用井	监测项目		
						市	县(区)	乡(镇)	村(街道)						水位	水质	水温
1172	大程村	46B	海河	1995	基本站	德州	禹城	房寺	大程村	116.516 7	36.983 3	8	潜水		1		
1173	前邢村	89A	海河	1985	基本站	德州	禹城	十里望	前邢村	116.616 7	36.950 0	11	潜水		1		
1174	莒镇村	97B	海河	1995	基本站	德州	禹城	莒镇	莒镇村	116.466 7	36.733 3	8	潜水		1		
1175	梁庄乡	99A	海河	1987	基本站	德州	禹城	梁庄	梁庄村	116.650 0	37.033 3	11	潜水		1		
1176	任庄村	100	海河	1983	基本站	德州	禹城	辛店	任庄村	116.700 0	37.183 3	5	潜水		1		
1177	苏家	3A	淮河	1989	基本站	东营	广饶	李鹊	苏家	118.333 3	36.983 3	61	潜水		1		
1178	大王镇耿集	14B	淮河	1993	基本站	东营	广饶	大王	耿集	118.450 0	37.000 0	50	潜水		1		
1179	李据村	15	淮河	1975	基本站	东营	广饶	大王	李据村	118.400 0	36.950 0	51	潜水		1		
1180	稻庄镇邢家	30A	淮河	1990	基本站	东营	广饶	稻庄	邢家村	118.450 0	37.016 7	44	潜水		1		
1181	古东村	59	淮河	1976	基本站	东营	广饶	花官	古东村	118.400 0	37.183 3	4	潜水		1		
1182	杨斗村	64	淮河	1976	基本站	东营	广饶	陈官	杨斗村	118.433 3	37.216 7	5	潜水		1		
1183	三岔村	79A	淮河	1989	基本站	东营	广饶	丁庄	三岔村	118.616 7	37.216 7	4	潜水		1		
1184	西雷埠村	108	淮河	1985	基本站	东营	广饶	稻庄	西雷埠村	118.566 7	37.083 3	10	潜水		1		
1185	甄庙村	110	海河	1992	基本站	东营	广饶	石村	甄庙村	118.366 7	37.116 7	33	潜水		1		
1186	南张	3	海河	1974	基本站	东营	垦利	郝家	南张	118.316 7	37.416 7	9	潜水		1		

续附表 7

序号	测站名称	测站编码	流域	设站年份	测站属性	测站地址				经度(°E)	纬度(°N)	原井深(m)	监测层位	专用井	监测项目		
						市	县(区)	乡(镇)	村(街道)						水位	水质	水温
1187	东王村	24	海河	1975	基本站	东营	垦利	胜坨	东王村	118.383 3	37.500 0	5	潜水		1		
1188	南宋村	1	海河	1974	基本站	东营	利津	北宋	南宋村	118.183 3	37.383 3	18	潜水		1		
1189	胥家村	3	海河	1974	基本站	东营	利津	凤凰城街道	胥家村	118.216 7	37.450 0	5	潜水		1		
1190	明集中学	5	海河	1985	基本站	东营	利津	明集	明集中学	118.216 7	37.583 3	10	潜水		1		
1191	北坝	7	海河	1974	基本站	东营	利津	盐窝	北坝	118.383 3	37.616 7	29	潜水		1		
1192	西虎村	38B	海河	1998	基本站	东营	利津	盐窝	西虎村	118.350 0	37.750 0	5	潜水		1		
1193	王相庄村	10B	淮河	1991	基本站	菏泽	曹	常乐集	王相庄村	115.250 0	34.950 0	18	潜水		1		
1194	青岗集乡赵庄	19A	淮河	1991	基本站	菏泽	曹	青岗集	赵庄村	115.466 7	34.983 3	18	潜水		1		
1195	林庄村	22A	淮河	1993	基本站	菏泽	曹	魏湾	林庄村	115.366 7	34.883 3	20	潜水		1		
1196	王吕集	34	淮河	1974	基本站	菏泽	曹	倪集	王吕集	115.466 7	34.833 3	24	潜水		1		
1197	赵油坊	57	淮河	1974	基本站	菏泽	曹	阎店楼	赵油坊	115.583 3	34.750 0	20	潜水		1		
1198	袁楼村	61A	淮河	1993	基本站	菏泽	曹	苏集	袁楼村	115.750 0	34.850 0	20	潜水		1		
1199	陈立楼	73A	淮河	1988	基本站	菏泽	曹	安蔡楼	陈立楼	115.700 0	34.666 7	28	潜水		1		
1200	徐菜园村	82A	淮河	1991	基本站	菏泽	曹	孙老家	徐菜园村	115.666 7	34.783 3	18	潜水		1		
1201	梁堤头镇	90	淮河	1982	基本站	菏泽	曹	梁堤头	梁堤头镇镇政府	115.583 3	34.633 3	20	潜水		1		

续附表 7

序号	测站名称	测站编码	流域	设站年份	测站属性	测站地址				经度(°E)	纬度(°N)	原井深(m)	监测层位	专用井	监测项目		
						市	县(区)	乡(镇)	村(街道)						水位	水质	水温
1202	西洪庄	96	淮河	1984	基本站	菏泽	曹	古营集	西洪庄	115.666 7	34.916 7	20	潜水		1		
1203	马坊村	100A	淮河	1991	基本站	菏泽	曹	庄寨	马坊村	115.183 3	35.033 3	20	潜水		1		
1204	李庙水文站	Su-102	淮河	1969	基本站	菏泽	曹	李庙水文站	李庙水文站	115.450 0	34.916 7	12	潜水		1		
1205	钟口	103	淮河	1989	基本站	菏泽	曹	普连集	钟口	115.550 0	34.916 7	30	潜水		1		
1206	南李集水利站	104	淮河	1989	基本站	菏泽	曹	南李集	水利站	115.750 0	34.616 7	60	潜水		1		
1207	袁庄村	107	淮河	1991	基本站	菏泽	曹	城关	袁庄村	115.583 3	34.833 3	20	潜水		1		
1208	八里河	4	淮河	1974	基本站	菏泽	成武	永昌街道	八里河	115.866 7	34.916 7	47	潜水		1		
1209	岳翟楼	12A	淮河	1999	基本站	菏泽	成武	天宫	岳翟楼	115.783 3	34.866 7	30	潜水		1		
1210	前常桥村	26B	淮河	2015	基本站	菏泽	成武	成武工业园区	前常桥村	115.916 7	34.950 0	20	潜水		1		
1211	于桥	34	淮河	1974	基本站	菏泽	成武	白浮	于桥	116.066 7	34.983 3	44	潜水		1		
1212	常王庄村	39B	淮河	2017	基本站	菏泽	成武	田集	常王庄村	116.100 0	35.066 7	35	潜水		1		
1213	盐场	50A	淮河	1988	基本站	菏泽	成武	党集	盐场	115.966 7	35.050 0	21	潜水		1		
1214	大马楼	65	淮河	1974	基本站	菏泽	成武	伯乐	大马楼	115.866 7	35.016 7	15	潜水		1		
1215	王楼	70A	淮河	2002	基本站	菏泽	成武	伯乐	王楼	115.800 0	35.000 0	18	潜水		1		

续附表 7

序号	测站名称	测站编码	流域	设站年份	测站属性	测站地址				经度(°E)	纬度(°N)	原井深(m)	监测层位	专用井	监测项目		
						市	县(区)	乡(镇)	村(街道)						水位	水质	水温
1216	侯楼	75	淮河	1984	基本站	菏泽	成武	九女	侯楼	115.783 3	34.933 3	20	潜水		1		
1217	孙寺乡	81A	淮河	2004	基本站	菏泽	成武	孙寺	孙寺乡	115.950 0	34.866 7	27	潜水		1		
1218	温庄村	6A	淮河	1999	基本站	菏泽	单	终兴	温庄村	116.366 7	34.800 0	35	潜水		1		
1219	后崔庄	17	淮河	1974	基本站	菏泽	单	李田楼	后崔庄	116.183 3	34.783 3	28	潜水		1		
1220	盖六村	27	淮河	1974	基本站	菏泽	单	终兴	盖六村	116.350 0	34.700 0	34	潜水		1		
1221	高楼村	33	淮河	1974	基本站	菏泽	单	高老家	高楼村	115.883 3	34.733 3	58	潜水		1		
1222	李油坊	43A	淮河	2017	基本站	菏泽	单	浮岗	李油坊	115.966 7	34.650 0	30	潜水		1		
1223	位堂村	49	淮河	1974	基本站	菏泽	单	郭村	位堂村	115.916 7	34.716 7	20	潜水		1		
1224	周辛庄村	52A	淮河	1984	基本站	菏泽	单	郭村	周辛庄村	115.950 0	34.816 7	21	潜水		1		
1225	孟庄村	55A	淮河	2003	基本站	菏泽	单	东城街道	孟庄村	116.116 7	34.733 3	40	潜水		1		
1226	莱河镇袁堂	67C	淮河	2017	基本站	菏泽	单	莱河	袁堂	116.016 7	34.766 7	30	潜水		1		
1227	八岔口村	100	淮河	1974	基本站	菏泽	单	黄岗	八岔口村	116.033 3	34.666 7	48	潜水		1		
1228	北城街办单庄	111A	淮河	1988	基本站	菏泽	单	北城街道	单庄村	116.050 0	34.816 7	30	潜水		1		
1229	陈庙村	115	淮河	1984	基本站	菏泽	单	终兴	陈庙村	116.266 7	34.766 7	25	潜水		1		
1230	杨楼乡	116	淮河	1984	基本站	菏泽	单	杨楼	杨楼乡	116.183 3	34.616 7	25	潜水		1		

续附表 7

序号	测站名称	测站编码	流域	设站年份	测站属性	测站地址				经度(°E)	纬度(°N)	原井深(m)	监测层位	专用井	监测项目		
						市	县(区)	乡(镇)	村(街道)						水位	水质	水温
1231	张集乡李林村	122	淮河	1984	基本站	菏泽	单	张集	李林村	116.300 0	34.800 0	20	潜水		1		
1232	老龙窝村	124	淮河	1984	基本站	菏泽	单	李田楼	老龙窝村	116.200 0	34.750 0	20	潜水		1		
1233	黄寺水文站	Su-127	淮河	1958	基本站	菏泽	单	黄寺水文站	黄寺水文站	116.083 3	34.866 7	16	潜水		1		
1234	黄岗镇刘庄	128	淮河	1988	基本站	菏泽	单	黄岗	刘庄村	116.033 3	34.616 7	34	潜水		1		
1235	黄楼	130A	淮河	2017	基本站	菏泽	单	园艺办事处	黄楼	116.116 7	34.783 3	20	潜水		1		
1236	赵双楼	131A	淮河	2017	基本站	菏泽	单	谢集	赵双楼	116.016 7	34.816 7	35	潜水		1		
1237	陈庄村	132	淮河	2003	基本站	菏泽	单	徐寨	陈庄村	116.200 0	34.883 3	40	潜水		1		
1238	邓集试验场	10B	淮河	1987	基本站	菏泽	定陶	仿山	邓集试验场	115.516 7	35.116 7	23	潜水		1		
1239	王楼南	15	淮河	1974	基本站	菏泽	定陶	南王店	王楼南	115.566 7	35.016 7	26	潜水		1		
1240	保宁西水利站	24A	淮河	1985	基本站	菏泽	定陶	陈集	保宁西水利站	115.550 0	35.183 3	37	潜水		1		
1241	观堂寨村	29A	淮河	1989	基本站	菏泽	定陶	天中街道	观堂寨村	115.666 7	35.066 7	20	潜水		1		
1242	孟庄	61	淮河	1974	基本站	菏泽	定陶	黄店	孟庄	115.700 0	35.100 0	47	潜水		1		
1243	琉璃庙	91	淮河	1983	基本站	菏泽	定陶	孟海	琉璃庙	115.766 7	35.233 3	45	潜水		1		
1244	李海	95A	淮河	2003	基本站	菏泽	定陶	冉固	李海	115.750 0	35.016 7	20	潜水		1		

续附表 7

序号	测站名称	测站编码	流域	设站年份	测站属性	测站地址				经度(°E)	纬度(°N)	原井深(m)	监测层位	专用井	监测项目		
						市	县(区)	乡(镇)	村(街道)						水位	水质	水温
1245	牛屯村	96	淮河	1984	基本站	菏泽	定陶	孟海	牛屯村	115.766 7	35.166 7	20	潜水		1		
1246	陈集镇徐庄	99	淮河	1985	基本站	菏泽	定陶	陈集	徐庄村	115.633 3	35.200 0	18	潜水		1		
1247	王古堆	103	淮河	2001	基本站	菏泽	定陶	冉固	王古堆	115.650 0	35.016 7	25	潜水		1		
1248	老河张	104	淮河	2003	基本站	菏泽	定陶	张湾	老河张	115.400 0	35.066 7	34	潜水		1		
1249	王屯村	6A	淮河	1989	基本站	菏泽	东明	大屯	王屯村	115.216 7	35.100 0	22	潜水		1		
1250	龚庙	20	淮河	1974	基本站	菏泽	东明	三春集	龚庙	115.000 0	35.050 0	40	潜水		1		
1251	东明集镇	31C	淮河	1990	基本站	菏泽	东明	东明集	东明集镇	115.133 3	35.183 3	20	潜水		1		
1252	刘士宽寨	36	淮河	1974	基本站	菏泽	东明	陆圈	刘士宽寨	115.233 3	35.250 0	30	潜水		1		
1253	管寨村	39A	淮河	1989	基本站	菏泽	东明	武胜桥	管寨村	115.233 3	35.316 7	19	潜水		1		
1254	于州集村	44C	淮河	2008	基本站	菏泽	东明	城关	于州集村	115.100 0	35.233 3	18	潜水		1		
1255	朱口村	64A	淮河	1989	基本站	菏泽	东明	沙沃	朱口村	115.033 3	35.233 3	21	潜水		1		
1256	刘岗村	92A	淮河	1990	基本站	菏泽	东明	大屯	刘岗村	115.166 7	35.066 7	20	潜水		1		
1257	程庄村	94B	淮河	2004	基本站	菏泽	东明	刘楼	程庄村	114.966 7	35.166 7	20	潜水		1		
1258	东明县水利局	96	淮河	1982	基本站	菏泽	东明	东明县水利局	东明县水利局	115.100 0	35.300 0	20	潜水		1		
1259	大屯乡	103B	淮河	2003	基本站	菏泽	东明	大屯	大屯	115.216 7	35.133 3	40	潜水		1		

续附表 7

序号	测站名称	测站编码	流域	设站年份	测站属性	测站地址				经度(°E)	纬度(°N)	原井深(m)	监测层位	专用井	监测项目		
						市	县(区)	乡(镇)	村(街道)						水位	水质	水温
1260	马头水管所	107	淮河	2008	基本站	菏泽	东明	马头	水管所	115.100 0	35.033 3	20	潜水		1		
1261	栾官屯	7A	淮河	2017	基本站	菏泽	巨野	田庄	栾官屯	116.083 3	35.466 7	20	潜水		1		
1262	郚官屯	15	淮河	1977	基本站	菏泽	巨野	田桥	郚官屯	115.933 3	35.350 0	12	潜水		1		
1263	陆海村	26A	淮河	2017	基本站	菏泽	巨野	龙堌	陆海村	115.800 0	35.300 0	30	潜水		1		
1264	营里	57B	淮河	2000	基本站	菏泽	巨野	营里	营里	116.033 3	35.150 0	25	潜水		1		
1265	王胡同	63B	淮河	1993	基本站	菏泽	巨野	谢集	王胡同	116.116 7	35.183 3	25	潜水		1		
1266	赵楼	67	淮河	1974	基本站	菏泽	巨野	谢集	赵楼	116.133 3	35.150 0	35	潜水		1		
1267	姚楼	70A	淮河	2000	基本站	菏泽	巨野	独山	姚楼	116.166 7	35.283 3	25	潜水		1		
1268	官李庄	88A	淮河	2012	基本站	菏泽	巨野	董官屯	官李庄	115.983 3	35.266 7	20	潜水		1		
1269	柳林村	101	淮河	1987	基本站	菏泽	巨野	柳林	柳林村	115.850 0	35.166 7	18	潜水		1		
1270	李登楼	102	淮河	1975	基本站	菏泽	巨野	核桃园	李登楼	116.266 7	35.216 7	10	潜水		1		
1271	巨野水厂	103	淮河	2003	基本站	菏泽	巨野	巨野水厂	巨野水厂	116.033 3	35.400 0	40	潜水		1		
1272	后高河涯村	15B	淮河	1996	基本站	菏泽	鄄城	箕山	后高河涯村	115.633 3	35.566 7	19	潜水		1		
1273	吉山村	19C	淮河	1988	基本站	菏泽	鄄城	箕山	吉山村	115.650 0	35.633 3	20	潜水		1		
1274	左营乡	31A	淮河	1996	基本站	菏泽	鄄城	左营	左营乡	115.616 7	35.700 0	20	潜水		1		

续附表 7

序号	测站名称	测站编码	流域	设站年份	测站属性	测站地址				经度(°E)	纬度(°N)	原井深(m)	监测层位	专用井	监测项目		
						市	县(区)	乡(镇)	村(街道)						水位	水质	水温
1275	葛楼	32A	淮河	1984	基本站	菏泽	鄄城	旧城	葛楼	115.533 3	35.650 0	20	潜水		1		
1276	宋楼	33	淮河	1974	基本站	菏泽	鄄城	李进士堂	宋楼	115.550 0	35.716 7	55	潜水		1		
1277	崔泗庄	47	淮河	1975	基本站	菏泽	鄄城	董口	崔泗庄	115.383 3	35.500 0	45	潜水		1		
1278	祝楼村	54D	淮河	2011	基本站	菏泽	鄄城	什集	祝楼村	115.483 3	35.433 3	52	潜水		1		
1279	闫什口	56B	淮河	2010	基本站	菏泽	鄄城	闫什	闫什口	115.633 3	35.450 0	50	潜水		1		
1280	富春	77	淮河	1997	基本站	菏泽	鄄城	富春	富春	115.483 3	35.500 0	20	潜水		1		
1281	郑窑村	5A	淮河	2010	基本站	菏泽	牡丹	高庄	郑窑村	115.366 7	35.383 3	28	潜水		1		
1282	金堤村	63A	淮河	1988	基本站	菏泽	牡丹	何楼办事处	金堤村	115.416 7	35.183 3	20	潜水		1		
1283	东伊集	77	淮河	1974	基本站	菏泽	牡丹	胡集	东伊集	115.716 7	35.400 0	38	潜水		1		
1284	沙土刘	79B	淮河	1995	基本站	菏泽	牡丹	安兴	沙土刘	115.700 0	35.350 0	40	潜水		1		
1285	辛集村	82	淮河	1975	基本站	菏泽	牡丹	岳程庄	辛集村	115.583 3	35.266 7	31	潜水		1		
1286	水管所	95	淮河	1975	基本站	菏泽	牡丹	马岭岗	水管所	115.333 3	35.183 3	54	潜水		1		
1287	西城水管站	104A	淮河	1992	基本站	菏泽	牡丹	西城办事处	水管站	115.433 3	35.233 3	20	潜水		1		
1288	付堂村	120A	淮河	1986	基本站	菏泽	牡丹	万福办事处	付堂村	115.366 7	35.283 3	20	潜水		1		
1289	水管所	126A	淮河	2011	基本站	菏泽	牡丹	李村	水管所	115.250 0	35.383 3	20	潜水		1		

续附表 7

序号	测站名称	测站编码	流域	设站年份	测站属性	测站地址				经度(°E)	纬度(°N)	原井深(m)	监测层位	专用井	监测项目		
						市	县(区)	乡(镇)	村(街道)						水位	水质	水温
1290	宋庄	131A	淮河	1988	基本站	菏泽	牡丹	沙土	宋庄	115.733 3	35.283 3	20	潜水		1		
1291	袁张村	132A	淮河	2006	基本站	菏泽	牡丹	王浩屯	袁张村	115.300 0	35.100 0	38	潜水		1		
1292	肖老家	134A	淮河	2006	基本站	菏泽	牡丹	吕陵	肖老家	115.316 7	35.300 0	40	潜水		1		
1293	庞楼南	138B	淮河	2004	基本站	菏泽	牡丹	皇镇	庞楼南 150 m	115.650 0	35.266 7	40	潜水		1		
1294	水管站	139	淮河	1990	基本站	菏泽	牡丹	岳程庄	水管站	115.550 0	35.266 7	40	潜水		1		
1295	西黄口	140	淮河	1990	基本站	菏泽	牡丹	南城办事处	西黄口	115.450 0	35.216 7	30	潜水		1		
1296	张堂东	145	淮河	1999	基本站	菏泽	牡丹	万福办事处	张堂东	115.350 0	35.283 3	30	潜水		1		
1297	张良店	146	淮河	2001	基本站	菏泽	牡丹	马岭岗	张良店	115.283 3	35.216 7	30	潜水		1		
1298	东城中学	149	淮河	2003	基本站	菏泽	牡丹	东城中学	东城中学	115.450 0	35.250 0	32	潜水		1		
1299	黄堽东南	151	淮河	2007	基本站	菏泽	牡丹	黄堽	黄堽东南 400 m	115.483 3	35.3500	50	潜水		1		
1300	双桥乡郭庄	8	淮河	1974	基本站	菏泽	郓城	双桥	郭庄村	115.816 7	35.566 7	12	潜水		1		
1301	黎桥	13	淮河	1977	基本站	菏泽	郓城	陈坡	黎桥	115.700 0	35.566 7	44	潜水		1		
1302	唐庙乡马庄	18	淮河	1975	基本站	菏泽	郓城	唐庙	马庄	115.783 3	35.466 7	40	潜水		1		

续附表 7

序号	测站名称	测站编码	流域	设站年份	测站属性	测站地址				经度(°E)	纬度(°N)	原井深(m)	监测层位	专用井	监测项目		
						市	县(区)	乡(镇)	村(街道)						水位	水质	水温
1303	西付庄	27	淮河	1974	基本站	菏泽	郓城	唐庙	西付庄	115.900 0	35.466 7	12	潜水		1		
1304	李店村	29	淮河	1974	基本站	菏泽	郓城	随官屯	李店村	115.950 0	35.433 3	10	潜水		1		
1305	丁里长乡张庄	45A	淮河	1988	基本站	菏泽	郓城	丁里长	张庄	115.983 3	35.550 0	35	潜水		1		
1306	随西村	46A	淮河	1999	基本站	菏泽	郓城	随官屯	随西村	116.016 7	35.483 3	20	潜水		1		
1307	同老家村	72A	淮河	1999	基本站	菏泽	郓城	潘渡	同老家村	115.966 7	35.700 0	20	潜水		1		
1308	黄集乡王庄	85	淮河	1974	基本站	菏泽	郓城	黄集	王庄村	115.900 0	35.783 3	50	潜水		1		
1309	杨河涯	91	淮河	1974	基本站	菏泽	郓城	李集	杨河涯	115.750 0	35.800 0	40	潜水		1		
1310	东代庄	132	淮河	1982	基本站	菏泽	郓城	城关	东代庄	115.916 7	35.616 7	20	潜水		1		
1311	大人村	133	淮河	1984	基本站	菏泽	郓城	张营	大人村	116.100 0	35.616 7	45	潜水		1		
1312	窦寺村	137	淮河	1984	基本站	菏泽	郓城	武安	窦寺村	115.766 7	35.483 3	20	潜水		1		
1313	代庄村	138	淮河	1984	基本站	菏泽	郓城	程屯	代庄村	115.966 7	35.750 0	20	潜水		1		
1314	黄堆集乡	140A	淮河	1999	基本站	菏泽	郓城	黄堆集	黄堆集	116.083 3	35.550 0	20	潜水		1		
1315	曾庄村	141A	淮河	2008	基本站	菏泽	郓城	玉皇庙	曾庄村	115.850 0	35.633 3	50	潜水		1		
1316	侯咽集镇梁庄	143	淮河	1986	基本站	菏泽	郓城	侯咽集	梁庄村	115.850 0	35.700 0	20	潜水		1		

续附表 7

序号	测站名称	测站编码	流域	设站年份	测站属性	测站地址				经度(°E)	纬度(°N)	原井深(m)	监测层位	专用井	监测项目		
						市	县(区)	乡(镇)	村(街道)						水位	水质	水温
1317	洛口村	4	淮河	1999	基本站	济南	天桥	泺口街道	洛口村	116.983 3	36.716 7	28	潜水		1		
1318	田家村	52	淮河	1999	基本站	济南	天桥	桑梓店	田家村	116.883 3	36.816 7	33	潜水		1		
1319	裴庄村	3	淮河	1981	基本站	济南	槐荫	吴家堡街道	裴庄村	116.866 7	36.716 7	20	潜水		1		
1320	中赵村	4A	淮河	1999	基本站	济南	槐荫	吴家堡街道	中赵村	116.883 3	36.700 0	26	潜水		1		
1321	朱庄村	6	淮河	1989	基本站	济南	槐荫	段店北路街道	朱庄村	116.833 3	36.633 3	29	潜水		1		
1322	张而村	14A	淮河	2007	基本站	济南	历城	董家街道	张而村	117.250 0	36.766 7	30	潜水		1		
1323	王辛村	15	淮河	1986	基本站	济南	历城	董家街道	王辛村	117.250 0	36.766 7	35	潜水		1		
1324	东张村	17	淮河	1986	基本站	济南	历城	唐王	东张村	117.283 3	36.783 3	50	潜水		1		
1325	杨北村	36A	淮河	1995	基本站	济南	历城	王舍人街道	杨北村	117.133 3	36.733 3	30	潜水		1		
1326	岳家寨村	54A	淮河	2009	基本站	济南	历城	唐王	岳家寨村	117.266 7	36.816 7	43	潜水		1		
1327	相五村	18A	淮河	2001	基本站	济南	章丘	相公庄街道	相五村	117.550 0	36.766 7	17	潜水		1		
1328	石北村	38A	淮河	1987	基本站	济南	章丘	白云湖	石北村	117.366 7	36.833 3	13	潜水		1		
1329	苏码村	39	淮河	1976	基本站	济南	章丘	白云湖	苏码村	117.416 7	36.850 0	19	潜水		1		
1330	回北村	41A	淮河	1986	基本站	济南	章丘	绣惠街道	回北村	117.483 3	36.850 0	6	潜水		1		
1331	徐家寨村	48A	淮河	2016	基本站	济南	章丘	高官寨	徐家寨村	117.266 7	36.866 7	40	潜水		1		

续附表 7

序号	测站名称	测站编码	流域	设站年份	测站属性	测站地址				经度(°E)	纬度(°N)	原井深(m)	监测层位	专用井	监测项目		
						市	县(区)	乡(镇)	村(街道)						水位	水质	水温
1332	高官寨镇付家	51B	淮河	2016	基本站	济南	章丘	高官寨	付家村	117.333 3	36.900 0	40	潜水		1		
1333	吕寨村	66A	淮河	1987	基本站	济南	章丘	黄河	吕寨村	117.300 0	36.983 3	15	潜水		1		
1334	查旧村	77	淮河	1976	基本站	济南	章丘	明水街道	查旧村	117.550 0	36.733 3	12	潜水		1		
1335	绣惠街道南河村	104A	淮河	1991	基本站	济南	章丘	绣惠街道	南河村	117.483 3	36.783 3	26	潜水		1		
1336	西酒头村	105	淮河	1976	基本站	济南	章丘	双山街道	西酒头村	117.483 3	36.633 3	41	潜水		1		
1337	李码村	151	淮河	1982	基本站	济南	章丘	白云湖	李码村	117.333 3	36.866 7	7	潜水		1		
1338	水南村	156B	淮河	1991	基本站	济南	章丘	水寨	水南村	117.433 3	36.883 3	22	潜水		1		
1339	郑码村	162	淮河	1985	基本站	济南	章丘	白云湖	郑码村	117.400 0	36.883 3	24	潜水		1		
1340	沙罗村	167	淮河	2005	基本站	济南	章丘	辛寨	沙罗村	117.466 7	36.950 0	15	潜水		1		
1341	罗家村	168	淮河	2005	基本站	济南	章丘	高官寨	罗家村	117.233 3	36.916 7	10	潜水		1		
1342	前刘村	171	淮河	2007	基本站	济南	章丘	刁	前刘村	117.516 7	36.850 0	17	潜水		1		
1343	刘官庄村	172	淮河	2008	基本站	济南	章丘	枣园街道	刘官庄村	117.450 0	36.716 7	20	潜水		1		
1344	陈家	173	淮河	2011	基本站	济南	章丘	枣园街道	陈家	117.366 7	36.666 7	30	潜水		1		
1345	闫家	174	淮河	2011	基本站	济南	章丘	龙山街道	闫家	117.383 3	36.733 3	37	潜水		1		

续附表 7

序号	测站名称	测站编码	流域	设站年份	测站属性	测站地址				经度(°E)	纬度(°N)	原井深(m)	监测层位	专用井	监测项目		
						市	县(区)	乡(镇)	村(街道)						水位	水质	水温
1346	名庄村	3	黄河	1975	基本站	济南	长清	平安街道	名庄村	116.800 0	36.600 0	21	潜水		1		
1347	车箱峪	65	黄河	1982	基本站	济南	长清	张夏街道	车箱峪	116.916 7	36.466 7	21	潜水		1		
1348	坟台村	76A	黄河	2004	基本站	济南	长清	归德街道	坟台村	116.683 3	36.500 0	23	潜水		1		
1349	藤屯村	78	黄河	1988	基本站	济南	长清	平安街道	藤屯村	116.800 0	36.616 7	10	潜水		1		
1350	袁堂	67C	黄河	2017	基本站	济南	长清	莱河	袁堂	116.016 7	34.766 7	30	潜水		1		
1351	孝直村	59A	黄河	1988	基本站	济南	平阴	孝直	孝直村	116.450 0	36.116 7	19	潜水		1		
1352	俄庄村	75	黄河	1988	基本站	济南	平阴	玫瑰	俄庄村	116.333 3	36.283 3	17	潜水		1		
1353	西南坝村	76	海河	1988	基本站	济南	平阴	东阿	西南坝村	116.250 0	36.166 7	19	潜水		1		
1354	何家村	20A	海河	2005	基本站	济南	济阳	曲堤	何家村	117.233 3	37.133 3	16	潜水		1		
1355	姚家村	25A	海河	1985	基本站	济南	济阳	仁风	姚家村	117.383 3	37.166 7	17	潜水		1		
1356	济阳太平村	88A	海河	1986	基本站	济南	济阳	太平	太平村	116.966 7	36.983 3	20	潜水		1		
1357	小官庄村	105A	海河	2004	基本站	济南	济阳	济阳街道	小官庄村	117.166 7	37.016 7	25	潜水		1		
1358	高家村	106A	海河	1991	基本站	济南	济阳	孙耿	高家村	117.016 7	36.883 3	30	潜水		1		
1359	大安村	107A	海河	2001	基本站	济南	济阳	回河	大安村	117.083 3	36.933 3	27	潜水		1		
1360	魏家村	110	海河	1985	基本站	济南	济阳	新市	魏家村	116.966 7	37.083 3	18	潜水		1		

续附表 7

序号	测站名称	测站编码	流域	设站年份	测站属性	测站地址				经度(°E)	纬度(°N)	原井深(m)	监测层位	专用井	监测项目		
						市	县(区)	乡(镇)	村(街道)						水位	水质	水温
1361	东屯村	114	海河	1985	基本站	济南	济阳	垛石	东屯村	117.100 0	37.050 0	18	潜水		1		
1362	北吴村	115	海河	2000	基本站	济南	济阳	回河	北吴村	117.166 7	36.900 0	40	潜水		1		
1363	杨家村	6A	海河	1985	基本站	济南	商河	怀仁	杨家村	117.050 0	37.383 3	24	潜水		1		
1364	水务局	7	海河	1975	基本站	济南	商河	水务局	水务局	117.150 0	37.300 0	10	潜水		1		
1365	双庙村	11	海河	1975	基本站	济南	商河	许商街道	双庙村	117.183 3	37.266 7	26	潜水		1		
1366	高坊村	46	海河	1975	基本站	济南	商河	殷巷	高坊村	117.166 7	37.400 0	26	潜水		1		
1367	刘山林	51	海河	1975	基本站	济南	商河	龙桑寺	刘山林	117.316 7	37.400 0	18	潜水		1		
1368	王坡村	60	海河	1975	基本站	济南	商河	郑路	王坡村	117.350 0	37.300 0	34	潜水		1		
1369	韩庙镇	78	海河	1977	基本站	济南	商河	韩庙	韩庙镇	117.233 3	37.500 0	14	潜水		1		
1370	燕家村	80A	海河	1985	基本站	济南	商河	贾庄	燕家村	117.066 7	37.316 7	13	潜水		1		
1371	郑路镇	88	海河	1981	基本站	济南	商河	郑路	郑路镇	117.333 3	37.283 3	20	潜水		1		
1372	苏家村	94	海河	1990	基本站	济南	商河	许商街道	苏家村	117.133 3	37.283 3	8	潜水		1		
1373	许家	96	海河	2008	基本站	济南	商河	玉皇庙	许家	117.066 7	37.183 3	20	潜水		1		
1374	梁家码头庄	2	淮河	1993	基本站	济南	高新	遥墙街道	梁家码头庄	117.166 7	36.816 7	30	潜水		1		
1375	金屯水利站	Su-3A	淮河	1989	基本站	济宁	嘉祥	金屯	水利站	116.450 0	35.266 7	25	潜水		1		

续附表 7

序号	测站名称	测站编码	流域	设站年份	测站属性	测站地址				经度(°E)	纬度(°N)	原井深(m)	监测层位	专用井	监测项目		
						市	县(区)	乡(镇)	村(街道)						水位	水质	水温
1376	张垓村	13	淮河	1976	基本站	济宁	嘉祥	黄垓	张垓村	116.116 7	35.616 7	37	潜水		1		
1377	大曹村	32	淮河	1974	基本站	济宁	嘉祥	老僧堂	大曹村	116.133 3	35.500 0	46	潜水		1		
1378	秦庄	33	淮河	1975	基本站	济宁	嘉祥	老僧堂	秦庄	116.116 7	35.566 7	45	潜水		1		
1379	老僧堂村	38A	淮河	1992	基本站	济宁	嘉祥	老僧堂	老僧堂村	116.166 7	35.533 3	40	潜水		1		
1380	路庄	44	淮河	1981	基本站	济宁	嘉祥	大张楼	路庄	116.283 3	35.533 3	50	潜水		1		
1381	大张楼镇王庄	45A	淮河	1988	基本站	济宁	嘉祥	大张楼	王庄	116.233 3	35.550 0	25	潜水		1		
1382	苏庄	54	淮河	1982	基本站	济宁	嘉祥	孟姑集	苏庄	116.200 0	35.483 3	32	潜水		1		
1383	西陈楼村	63	淮河	1975	基本站	济宁	嘉祥	马村	西陈楼村	116.233 3	35.483 3	54	潜水		1		
1384	梁垓村	81	淮河	1975	基本站	济宁	嘉祥	万张	梁垓村	116.283 3	35.450 0	47	潜水		1		
1385	郭庄	84A	淮河	1995	基本站	济宁	嘉祥	万张	郭庄	116.350 0	35.450 0	45	潜水		1		
1386	町里镇王集	94	淮河	1988	基本站	济宁	嘉祥	町里	王集	116.433 3	35.433 3	28	潜水		1		
1387	高庄村	164A	淮河	1988	基本站	济宁	嘉祥	金屯	高庄村	116.366 7	35.283 3	25	潜水		1		
1388	运中管区	171	淮河	1983	基本站	济宁	嘉祥	大张楼	运中管区	116.366 7	35.533 3	32	潜水		1		
1389	香子庙村	12A	淮河	2010	基本站	济宁	金乡	马庙	香子庙村	116.200 0	35.116 7	20	潜水		1		
1390	后台子村	22	淮河	1975	基本站	济宁	金乡	金乡	后台子村	116.333 3	35.066 7	35	潜水		1		

续附表 7

序号	测站名称	测站编码	流域	设站年份	测站属性	测站地址				经度（°E）	纬度（°N）	原井深（m）	监测层位	专用井	监测项目		
						市	县（区）	乡（镇）	村（街道）						水位	水质	水温
1391	苏庄村	23	淮河	1975	基本站	济宁	金乡	金乡	苏庄村	116.250 0	35.050 0	16	潜水		1		
1392	土楼村	26	淮河	1975	基本站	济宁	金乡	王丕	土楼村	116.316 7	35.033 3	17	潜水		1		
1393	鲍楼村	33	淮河	1975	基本站	济宁	金乡	霄云	鲍楼村	116.333 3	34.866 7	31	潜水		1		
1394	李林村	50	淮河	1976	基本站	济宁	金乡	王丕	李林村	116.333 3	35.016 7	20	潜水		1		
1395	董庄村	52	淮河	1979	基本站	济宁	金乡	胡集	董庄村	116.350 0	35.200 0	15	潜水		1		
1396	杜楼	53	淮河	1979	基本站	济宁	金乡	羊山	杜楼	116.233 3	35.133 3	30	潜水		1		
1397	赵楼村	58	淮河	1979	基本站	济宁	金乡	鱼山	赵楼村	116.216 7	35.050 0	35	潜水		1		
1398	魏店村	62	淮河	1979	基本站	济宁	金乡	兴隆	魏店村	116.300 0	34.966 7	35	潜水		1		
1399	周庙村	65A	淮河	1996	基本站	济宁	金乡	司马	周庙村	116.283 3	34.883 3	11	潜水		1		
1400	姜楼村	67A	淮河	1996	基本站	济宁	金乡	化雨	姜楼村	116.383 3	34.966 7	40	潜水		1		
1401	张楼村	68	淮河	1982	基本站	济宁	金乡	化雨	张楼村	116.350 0	34.983 3	21	潜水		1		
1402	安五王村	69	淮河	1983	基本站	济宁	金乡	胡集	安五王村	116.283 3	35.183 3	35	潜水		1		
1403	孙庄村	Su-70A	淮河	2002	基本站	济宁	金乡	高河	孙庄村	116.350 0	35.116 7	9	潜水		1		
1404	吉术中学	Su-72	淮河	1986	基本站	济宁	金乡	吉术	吉术中学	116.183 3	34.950 0	25	潜水		1		
1405	卜集乡李堂村	76	淮河	1987	基本站	济宁	金乡	卜集	李堂村	116.383 3	35.133 3	18	潜水		1		

续附表 7

序号	测站名称	测站编码	流域	设站年份	测站属性	测站地址				经度(°E)	纬度(°N)	原井深(m)	监测层位	专用井	监测项目		
						市	县(区)	乡(镇)	村(街道)						水位	水质	水温
1406	魏门楼村	77	淮河	1987	基本站	济宁	金乡	司马	魏门楼村	116.316 7	34.900 0	20	潜水		1		
1407	任楼村	78	淮河	1987	基本站	济宁	金乡	金乡	任楼村	116.283 3	35.016 7	20	潜水		1		
1408	李坊村	79	淮河	1987	基本站	济宁	金乡	马庙	李坊村	116.183 3	35.083 3	21	潜水		1		
1409	潘各村	80	淮河	1987	基本站	济宁	金乡	兴隆	潘各村	116.266 7	34.966 7	20	潜水		1		
1410	于楼村	81	淮河	1987	基本站	济宁	金乡	高河	于楼村	116.383 3	35.100 0	18	潜水		1		
1411	小安山镇范庄	12	淮河	1975	基本站	济宁	梁山	小安山	范庄村	116.133 3	35.883 3	65	潜水		1		
1412	曹庄村	13	淮河	1975	基本站	济宁	梁山	小安山	曹庄村	116.133 3	35.816 7	50	潜水		1		
1413	张博村	25	淮河	1975	基本站	济宁	梁山	大路口	张博村	116.033 3	35.916 7	39	潜水		1		
1414	葛集村	26	淮河	1976	基本站	济宁	梁山	小路口	葛集村	115.966 7	35.933 3	44	潜水		1		
1415	丁那里村	27	淮河	1976	基本站	济宁	梁山	赵固堆	丁那里村	115.916 7	35.900 0	48	潜水		1		
1416	崔庄	39A	淮河	1989	基本站	济宁	梁山	韩岗	崔庄村	116.300 0	35.733 3	29	潜水		1		
1417	油坊村	45A	淮河	1989	基本站	济宁	梁山	韩垓	油坊村	116.300 0	35.683 3	30	潜水		1		
1418	李堂村	47A	淮河	1988	基本站	济宁	梁山	韩垓	李堂村	116.283 3	35.650 0	20	潜水		1		
1419	黄庄村	55B	淮河	2004	基本站	济宁	梁山	拳铺	黄庄村	116.133 3	35.716 7	20	潜水		1		
1420	信楼管区	90	淮河	1982	基本站	济宁	梁山	徐集	信楼管区	116.200 0	35.650 0	20	潜水		1		

续附表 7

序号	测站名称	测站编码	流域	设站年份	测站属性	测站地址				经度(°E)	纬度(°N)	原井深(m)	监测层位	专用井	监测项目		
						市	县(区)	乡(镇)	村(街道)						水位	水质	水温
1421	小安山镇郭庄	92	淮河	1983	基本站	济宁	梁山	小安山	郭庄村	116.200 0	35.900 0	8	潜水		1		
1422	馆驿村	95C	淮河	2003	基本站	济宁	梁山	馆驿	馆驿村	116.233 3	35.800 0	55	潜水		1		
1423	寿张集水利站	97	淮河	1984	基本站	济宁	梁山	寿张集	水利站	116.050 0	35.866 7	20	潜水		1		
1424	前集管区	99	淮河	1985	基本站	济宁	梁山	梁山	前集管区	116.083 3	35.766 7	20	潜水		1		
1425	拳铺镇张庄	101A	淮河	2002	基本站	济宁	梁山	拳铺	张庄村	116.116 7	35.650 0	20	潜水		1		
1426	歇马亭	7	淮河	1974	基本站	济宁	曲阜	石门山	歇马亭	117.066 7	35.783 3	8	潜水		1		
1427	从庄	21	淮河	1977	基本站	济宁	曲阜	吴村	从庄	117.016 7	35.733 3	9	潜水		1		
1428	屈村	25	淮河	1974	基本站	济宁	曲阜	石门山	屈村	117.050 0	35.733 3	14	潜水		1		
1429	姚西村	51A	淮河	1988	基本站	济宁	曲阜	姚村	姚西村	116.916 7	35.666 7	15	潜水		1		
1430	李庄	54A	淮河	1988	基本站	济宁	曲阜	王庄	李庄	117.016 7	35.666 7	12	潜水		1		
1431	后瓦	63	淮河	1976	基本站	济宁	曲阜	书院办事处	后瓦	117.066 7	35.616 7	12	潜水		1		
1432	大庄村	86B	淮河	2009	基本站	济宁	曲阜	鲁城办事处	大庄村	116.966 7	35.600 0	30	潜水		1		
1433	单家村	92B	淮河	2004	基本站	济宁	曲阜	时庄办事处	单家村	116.866 7	35.600 0	20	潜水		1		
1434	防山镇马庄	115	淮河	1975	基本站	济宁	曲阜	防山	马庄	117.116 7	35.566 7	9	潜水		1		

续附表 7

序号	测站名称	测站编码	流域	设站年份	测站属性	测站地址				经度(°E)	纬度(°N)	原井深(m)	监测层位	专用井	监测项目		
						市	县(区)	乡(镇)	村(街道)						水位	水质	水温
1435	西郭中学	143	淮河	1975	基本站	济宁	曲阜	陵城	西郭中学	116.866 7	35.566 7	27	潜水		1		
1436	姜家村	154	淮河	1975	基本站	济宁	曲阜	小雪办事处	姜家村	117.000 0	35.550 0	28	潜水		1		
1437	王家庄村	164A	淮河	1987	基本站	济宁	曲阜	尼山	王家庄村	117.133 3	35.516 7	20	潜水		1		
1438	东位庄	169	淮河	1979	基本站	济宁	曲阜	尼山	东位庄	117.100 0	35.500 0	24	潜水		1		
1439	武家村	187	淮河	1974	基本站	济宁	曲阜	小雪办事处	武家村	117.000 0	35.500 0	30	潜水		1		
1440	小南庄	200	淮河	1976	基本站	济宁	曲阜	陵城	小南庄	116.900 0	35.516 7	23	潜水		1		
1441	秦家村	214A	淮河	1988	基本站	济宁	曲阜	吴村	秦家村	116.950 0	35.733 3	20	潜水		1		
1442	西鲁贤	215A	淮河	1988	基本站	济宁	曲阜	小雪办事处	西鲁贤	117.000 0	35.516 7	20	潜水		1		
1443	段街村	6A	淮河	2009	基本站	济宁	任城	二十里铺	段街村	116.516 7	35.516 7	35	潜水		1		
1444	千户村	9A	淮河	2009	基本站	济宁	任城	二十里铺	千户村	116.566 7	35.516 7	30	潜水		1		
1445	刘门口村	18A	淮河	2009	基本站	济宁	任城	二十里铺	刘门口村	116.550 0	35.483 3	35	潜水		1		
1446	军南村	33A	淮河	2009	基本站	济宁	任城	南张	军南村	116.483 3	35.450 0	35	潜水		1		
1447	南张乡靳庄	47	淮河	1975	基本站	济宁	任城	南张	靳庄村	116.550 0	35.450 0	68	潜水		1		
1448	柏行村	128	淮河	2014	基本站	济宁	任城	李营	柏行村	116.616 7	35.450 0	55	潜水		1		
1449	南苑办事处	14B	淮河	1995	基本站	济宁	市中	南苑办事处	南苑办事处	116.583 3	35.383 3	58	潜水		1		

续附表 7

序号	测站名称	测站编码	流域	设站年份	测站属性	测站地址				经度(°E)	纬度(°N)	原井深(m)	监测层位	专用井	监测项目		
						市	县(区)	乡(镇)	村(街道)						水位	水质	水温
1450	恒辰贸易公司	21C	淮河	2011	基本站	济宁	市中	济阳办事处	恒辰贸易公司	116.550 0	35.400 0	75	潜水		1		
1451	大张庄村	94	淮河	1975	基本站	济宁	市中	唐口	大张庄村	116.550 0	35.333 3	18	潜水		1		
1452	西王庄村	95B	淮河	1989	基本站	济宁	市中	唐口	西王庄村	116.516 7	35.333 3	60	潜水		1		
1453	喻屯镇	104	淮河	1974	基本站	济宁	市中	喻屯	喻屯镇镇政府	116.500 0	35.233 3	81	潜水		1		
1454	卞庄村	105B	淮河	2011	基本站	济宁	市中	喻屯	卞庄村	116.500 0	35.166 7	45	潜水		1		
1455	唐口水利站	110B	淮河	1988	基本站	济宁	市中	唐口	水利站	116.483 3	35.300 0	25	潜水		1		
1456	居北村	126	淮河	1987	基本站	济宁	市中	安居	居北村	116.483 3	35.383 3	45	潜水		1		
1457	儿童服装厂	127	淮河	2010	基本站	济宁	市中	济阳办事处	儿童服装厂	116.566 7	35.400 0	80	潜水		1		
1458	柘沟镇李家	1	淮河	1975	基本站	济宁	泗水	柘沟	李家村	117.166 7	35.716 7	10	潜水		1		
1459	西里仁村	4	淮河	1975	基本站	济宁	泗水	杨柳	西里仁村	117.133 3	35.650 0	8	潜水		1		
1460	狂家村	8	淮河	1974	基本站	济宁	泗水	中册	狂家村	117.250 0	35.716 7	10	潜水		1		
1461	杨家桥村	10	淮河	1974	基本站	济宁	泗水	高峪	杨家桥村	117.333 3	35.750 0	25	潜水		1		
1462	张家庄村	14A	淮河	1992	基本站	济宁	泗水	星村	张家庄村	117.366 7	35.716 7	8	潜水		1		
1463	林泉村	15A	淮河	1992	基本站	济宁	泗水	星村	林泉村	117.366 7	35.666 7	7	潜水		1		
1464	北泽沟村	20	淮河	1975	基本站	济宁	泗水	泉林	北泽沟村	117.550 0	35.566 7	30	潜水		1		

续附表 7

序号	测站名称	测站编码	流域	设站年份	测站属性	测站地址				经度(°E)	纬度(°N)	原井深(m)	监测层位	专用井	监测项目		
						市	县(区)	乡(镇)	村(街道)						水位	水质	水温
1465	付马井村	21	淮河	1975	基本站	济宁	泗水	泉林	付马井村	117.550 0	35.600 0	35	潜水		1		
1466	临湖村	22	淮河	1975	基本站	济宁	泗水	泉林	临湖村	117.566 7	35.600 0	28	潜水		1		
1467	马前庄村	26	淮河	1975	基本站	济宁	泗水	泉林	马前庄村	117.466 7	35.616 7	20	潜水		1		
1468	苗馆乡	27	淮河	1974	基本站	济宁	泗水	苗馆	苗馆乡政府	117.400 0	35.633 3	30	潜水		1		
1469	小徐庄村	34	淮河	1975	基本站	济宁	泗水	济河办事处	小徐庄村	117.350 0	35.616 7	24	潜水		1		
1470	辛庄村	35	淮河	1975	基本站	济宁	泗水	金庄	辛庄村	117.183 3	35.616 7	18	潜水		1		
1471	永兴庄村	36	淮河	1975	基本站	济宁	泗水	金庄	永兴庄村	117.233 3	35.600 0	7	潜水		1		
1472	石井庄村	37	淮河	1975	基本站	济宁	泗水	金庄	石井庄村	117.133 3	35.633 3	20	潜水		1		
1473	房家庄村	42	淮河	1975	基本站	济宁	泗水	圣水峪	房家庄村	117.283 3	35.583 3	10	潜水		1		
1474	大李庄村	48	淮河	1976	基本站	济宁	泗水	苗馆	大李庄村	117.466 7	35.600 0	17	潜水		1		
1475	水利局家属院	50	淮河	2009	基本站	济宁	泗水	泗河办事处	水利局家属院	117.283 3	35.650 0	30	潜水		1		
1476	南王后村	6	淮河	1975	基本站	济宁	微山	鲁桥	南王后村	116.683 3	35.283 3	8	潜水		1		
1477	马坡前村	11A	淮河	1989	基本站	济宁	微山	马坡	马坡前村	116.733 3	35.233 3	26	潜水		1		
1478	三村	14	淮河	1975	基本站	济宁	微山	鲁桥	三村	116.700 0	35.183 3	7	潜水		1		
1479	前塘子村	25	淮河	1975	基本站	济宁	微山	留庄	前塘子村	116.950 0	34.950 0	22	潜水		1		

续附表 7

序号	测站名称	测站编码	流域	设站年份	测站属性	测站地址				经度(°E)	纬度(°N)	原井深(m)	监测层位	专用井	监测项目		
						市	县(区)	乡(镇)	村(街道)						水位	水质	水温
1480	淹子口	33	淮河	1975	基本站	济宁	微山	欢城	淹子口	117.016 7	34.900 0	25	潜水		1		
1481	东辛村	35A	淮河	1989	基本站	济宁	微山	欢城	东辛村	117.116 7	34.883 3	24	潜水		1		
1482	前寨村	40	淮河	1975	基本站	济宁	微山	付村	前寨村	117.083 3	34.866 7	30	潜水		1		
1483	程园村	41	淮河	1975	基本站	济宁	微山	付村	程园村	117.033 3	34.850 0	20	潜水		1		
1484	韩庄镇曹村	58	淮河	1975	基本站	济宁	微山	韩庄	曹村	117.266 7	34.716 7	6	潜水		1		
1485	西张阿村	62	淮河	1975	基本站	济宁	微山	微山岛西	西张阿村	117.283 3	34.683 3	6	潜水		1		
1486	朱庙村	63A	淮河	1989	基本站	济宁	微山	韩庄	朱庙村	117.316 7	34.683 3	8	潜水		1		
1487	华桥村	67	淮河	1976	基本站	济宁	微山	韩庄	华桥村	117.350 0	34.650 0	7	潜水		1		
1488	后王村	69A	淮河	1989	基本站	济宁	微山	韩庄	后王村	117.383 3	34.516 7	11	潜水		1		
1489	南村	75	淮河	1981	基本站	济宁	微山	欢城	南村	117.066 7	34.883 3	30	潜水		1		
1490	夏镇刘庄村	76	淮河	1985	基本站	济宁	微山	夏	刘庄村	117.100 0	34.816 7	16	潜水		1		
1491	后八里屯村	77A	淮河	1989	基本站	济宁	微山	夏	后八里屯村	117.166 7	34.816 7	27	潜水		1		
1492	昭阳四新村	78	淮河	1989	基本站	济宁	微山	昭阳四新村	昭阳四新村	117.200 0	34.766 7	14	潜水		1		
1493	小宋楼	79	淮河	1989	基本站	济宁	微山	欢城	小宋楼	117.033 3	34.916 7	26	潜水		1		
1494	任庄	3	淮河	1974	基本站	济宁	汶上	军屯	任庄	116.583 3	35.883 3	13	潜水		1		

续附表 7

序号	测站名称	测站编码	流域	设站年份	测站属性	测站地址				经度(°E)	纬度(°N)	原井深(m)	监测层位	专用井	监测项目		
						市	县(区)	乡(镇)	村(街道)						水位	水质	水温
1495	庙口村	6A	淮河	2009	基本站	济宁	汶上	杨店	庙口村	116.516 7	35.816 7	15	潜水		1		
1496	大屯	7	淮河	1974	基本站	济宁	汶上	杨店	大屯	116.550 0	35.800 0	13	潜水		1		
1497	褚庄	9	淮河	1975	基本站	济宁	汶上	白石	褚庄	116.633 3	35.833 3	26	潜水		1		
1498	苑庄中学	11A	淮河	1991	基本站	济宁	汶上	苑庄	苑庄中学	116.600 0	35.750 0	50	潜水		1		
1499	后小秦村	17A	淮河	1989	基本站	济宁	汶上	苑庄	后小秦村	116.550 0	35.716 7	27	潜水		1		
1500	柳杭头	22	淮河	1975	基本站	济宁	汶上	义桥	柳杭头	116.516 7	35.683 3	33	潜水		1		
1501	南旺镇宋庄	42A	淮河	1989	基本站	济宁	汶上	南旺	宋庄	116.366 7	35.600 0	42	潜水		1		
1502	后岗村	45	淮河	1974	基本站	济宁	汶上	刘楼	后岗村	116.433 3	35.600 0	47	潜水		1		
1503	次邱镇徐村	53A	淮河	2006	基本站	济宁	汶上	次邱	徐村	116.433 3	35.683 3	46	潜水		1		
1504	宋辛庄	57	淮河	1975	基本站	济宁	汶上	寅寺	宋辛庄	116.416 7	35.733 3	49	潜水		1		
1505	小古墩	62	淮河	1975	基本站	济宁	汶上	郭楼	小古墩	116.350 0	35.783 3	38	潜水		1		
1506	路毛坦	67	淮河	1975	基本站	济宁	汶上	郭仓	路毛坦	116.483 3	35.816 7	28	潜水		1		
1507	干河头	69	淮河	1975	基本站	济宁	汶上	郭仓	干河头	116.483 3	35.783 3	37	潜水		1		
1508	关帝庙	75	淮河	1975	基本站	济宁	汶上	汶上	关帝庙	116.483 3	35.683 3	32	潜水		1		
1509	钱村	79	淮河	1975	基本站	济宁	汶上	杨店	钱村	116.566 7	35.850 0	12	潜水		1		

续附表 7

序号	测站名称	测站编码	流域	设站年份	测站属性	测站地址				经度(°E)	纬度(°N)	原井深(m)	监测层位	专用井	监测项目		
						市	县(区)	乡(镇)	村(街道)						水位	水质	水温
1510	西温口	85	淮河	1975	基本站	济宁	汶上	次邱	西温口	116.366 7	35.666 7	51	潜水		1		
1511	侯村	86	淮河	1980	基本站	济宁	汶上	苑庄	侯村	116.533 3	35.750 0	38	潜水		1		
1512	后李尹村	89	淮河	1981	基本站	济宁	汶上	南站	后李尹村	116.550 0	35.616 7	30	潜水		1		
1513	孙汪村	90A	淮河	2007	基本站	济宁	汶上	义桥	孙汪村	116.550 0	35.666 7	41	潜水		1		
1514	水利站	92	淮河	1985	基本站	济宁	汶上	康驿	水利站	116.516 7	35.566 7	26	潜水		1		
1515	汶上县水利局	93A	淮河	2002	基本站	济宁	汶上	汶上县水利局	汶上县水利局	116.483 3	35.733 3	25	潜水		1		
1516	王海	15	淮河	1975	基本站	济宁	兖州	小孟	王海	116.716 7	35.666 7	37	潜水		1		
1517	前谢	26	淮河	1975	基本站	济宁	兖州	漕河	前谢	116.750 0	35.650 0	36	潜水		1		
1518	蔡桥	30	淮河	1984	基本站	济宁	兖州	漕河	蔡桥	116.783 3	35.666 7	27	潜水		1		
1519	新驿镇蔡庄	33	淮河	1975	基本站	济宁	兖州	新驿	蔡庄	116.633 3	35.650 0	40	潜水		1		
1520	皇林村	41	淮河	1975	基本站	济宁	兖州	新驿	皇林村	116.700 0	35.633 3	40	潜水		1		
1521	二十里铺	51B	淮河	2005	基本站	济宁	兖州	大安	二十里铺	116.800 0	35.616 7	50	潜水		1		
1522	夏村	59	淮河	1975	基本站	济宁	兖州	大安	夏村	116.766 7	35.583 3	25	潜水		1		
1523	前官庄	65	淮河	1975	基本站	济宁	兖州	大安	前官庄	116.850 0	35.666 7	25	潜水		1		
1524	李宫	77	淮河	1975	基本站	济宁	兖州	颜店	李宫	116.616 7	35.600 0	44	潜水		1		

续附表 7

序号	测站名称	测站编码	流域	设站年份	测站属性	测站地址				经度(°E)	纬度(°N)	原井深(m)	监测层位	专用井	监测项目		
						市	县(区)	乡(镇)	村(街道)						水位	水质	水温
1525	颜店镇高庄	86	淮河	1975	基本站	济宁	兖州	颜店	高庄	116.616 7	35.550 0	44	潜水		1		
1526	袁庄	89	淮河	1975	基本站	济宁	兖州	颜店	袁庄	116.683 3	35.566 7	32	潜水		1		
1527	坊村	92	淮河	1975	基本站	济宁	兖州	颜店	坊村	116.700 0	35.550 0	39	潜水		1		
1528	八里铺	116A	淮河	2002	基本站	济宁	兖州	新兖	八里铺	116.783 3	35.516 7	40	潜水		1		
1529	吴营	130	淮河	1975	基本站	济宁	兖州	黄屯	吴营	116.733 3	35.466 7	14	潜水		1		
1530	巨王林	155	淮河	1975	基本站	济宁	兖州	兴隆庄	巨王林	116.866 7	35.500 0	40	潜水		1		
1531	魏庙	165	淮河	1981	基本站	济宁	兖州	王因	魏庙	116.783 3	35.466 7	35	潜水		1		
1532	沙河村	166	淮河	1981	基本站	济宁	兖州	王因	沙河村	116.783 3	35.416 7	28	潜水		1		
1533	卜楼村	1	淮河	1975	基本站	济宁	鱼台	鱼城	卜楼村	116.433 3	34.916 7	24	潜水		1		
1534	李集村	3	淮河	1975	基本站	济宁	鱼台	李阁	李集村	116.416 7	34.983 3	25	潜水		1		
1535	南徐村	6	淮河	1975	基本站	济宁	鱼台	王庙	南徐村	116.516 7	34.916 7	24	潜水		1		
1536	梁海村	7	淮河	1976	基本站	济宁	鱼台	王庙	梁海村	116.550 0	34.933 3	22	潜水		1		
1537	大李村	8	淮河	1974	基本站	济宁	鱼台	王庙	大李村	116.533 3	34.950 0	23	潜水		1		
1538	王庙镇林庄	9	淮河	1975	基本站	济宁	鱼台	王庙	林庄村	116.583 3	34.950 0	7	潜水		1		
1539	王庄村	11	淮河	1975	基本站	济宁	鱼台	王庙	王庄村	116.566 7	34.983 3	7	潜水		1		

续附表 7

序号	测站名称	测站编码	流域	设站年份	测站属性	测站地址				经度(°E)	纬度(°N)	原井深(m)	监测层位	专用井	监测项目		
						市	县(区)	乡(镇)	村(街道)						水位	水质	水温
1540	张平村	12A	淮河	1989	基本站	济宁	鱼台	李阁	张平村	116.466 7	35.033 3	26	潜水		1		
1541	李阁镇史庄	13	淮河	1975	基本站	济宁	鱼台	李阁	史庄村	116.516 7	35.033 3	6	潜水		1		
1542	郭河村	14	淮河	1976	基本站	济宁	鱼台	罗屯	郭河村	116.416 7	35.016 7	24	潜水		1		
1543	罗屯乡马庄	15A	淮河	1989	基本站	济宁	鱼台	罗屯	马庄村	116.433 3	35.066 7	22	潜水		1		
1544	石集村	17	淮河	1975	基本站	济宁	鱼台	清河	石集村	116.516 7	35.066 7	17	潜水		1		
1545	清河镇巩庄	18	淮河	1975	基本站	济宁	鱼台	清河	巩庄村	116.516 7	35.100 0	8	潜水		1		
1546	米滩村	24	淮河	1975	基本站	济宁	鱼台	谷亭	米滩村	116.650 0	35.016 7	6	潜水		1		
1547	套楼村	25	淮河	1975	基本站	济宁	鱼台	谷亭	套楼村	116.633 3	34.983 3	8	潜水		1		
1548	殷王村	54	淮河	1976	基本站	济宁	鱼台	张黄	殷王村	116.566 7	35.133 3	7	潜水		1		
1549	前六屯村	67	淮河	1981	基本站	济宁	鱼台	老砦	前六屯村	116.766 7	34.933 3	7	潜水		1		
1550	屯头村	1	淮河	1975	基本站	济宁	邹城	中心店	屯头村	116.950 0	35.466 7	26	潜水		1		
1551	来付村	10A	淮河	1988	基本站	济宁	邹城	大束	来付村	117.066 7	35.466 7	30	潜水		1		
1552	北亢村	44	淮河	1975	基本站	济宁	邹城	太平	北亢村	116.833 3	35.300 0	28	潜水		1		
1553	赵桥村	47	淮河	1980	基本站	济宁	邹城	太平	赵桥村	116.766 7	35.333 3	35	潜水		1		
1554	邱楼村	51A	淮河	1988	基本站	济宁	邹城	太平	邱楼村	116.800 0	35.366 7	30	潜水		1		

续附表 7

序号	测站名称	测站编码	流域	设站年份	测站属性	测站地址				经度（°E）	纬度（°N）	原井深（m）	监测层位	专用井	监测项目		
						市	县（区）	乡（镇）	村（街道）						水位	水质	水温
1555	香城镇	53A	淮河	1991	基本站	济宁	邹城	香城	香城	117.116 7	35.283 3	9	潜水		1		
1556	望云三村	56A	淮河	1990	基本站	济宁	邹城	石墙	望云三村	116.933 3	35.300 0	11	潜水		1		
1557	旺山村	82	淮河	1975	基本站	济宁	邹城	郭里	旺山村	116.833 3	35.233 3	15	潜水		1		
1558	骑岭村	96	淮河	1975	基本站	济宁	邹城	平阳寺	骑岭村	116.816 7	35.383 3	23	潜水		1		
1559	北王村	114A	淮河	2011	基本站	济宁	邹城	香城	北王村	117.216 7	35.283 3	24	潜水		1		
1560	南屯村	132D	淮河	2002	基本站	济宁	邹城	北宿	南屯村	116.883 3	35.383 3	45	潜水		1		
1561	大束镇	134	淮河	1987	基本站	济宁	邹城	大束	大束镇镇政府	117.083 3	35.450 0	26	潜水		1		
1562	于家庄	6	黄河	2013	基本站	济南	莱城	张家洼街办	于家庄	117.700 0	36.283 3	60	潜水		1		
1563	羊里镇朱家庄	15	黄河	1999	基本站	济南	莱城	羊里	朱家庄	117.566 7	36.300 0	30	潜水		1		
1564	孔家埠村	18	黄河	2013	基本站	济南	莱城	寨里	孔家埠村	117.416 7	36.300 0	24	潜水		1		
1565	张里村	21	黄河	1999	基本站	济南	莱城	杨庄	张里村	117.450 0	36.266 7	12	潜水		1		
1566	韩海村	7A	海河	1993	基本站	聊城	阳谷	阿城	韩海村	116.033 3	36.150 0	18	潜水		1		
1567	张大庙村	16B	海河	2002	基本站	聊城	阳谷	定水	张大庙村	115.850 0	36.266 7	27	潜水		1		
1568	刘文堂村	56A	海河	1993	基本站	聊城	阳谷	七级	刘文堂村	116.066 7	36.233 3	18	潜水		1		
1569	李杨中学	66B	海河	2015	基本站	聊城	阳谷	李台	李杨中学	115.733 3	35.966 7	30	潜水		1		

续附表 7

序号	测站名称	测站编码	流域	设站年份	测站属性	测站地址				经度(°E)	纬度(°N)	原井深(m)	监测层位	专用井	监测项目		
						市	县(区)	乡(镇)	村(街道)						水位	水质	水温
1570	乔楼村	73A	海河	2002	基本站	聊城	阳谷	阿城	乔楼村	116.000 0	36.150 0	24	潜水		1		
1571	柴庄村	103A	海河	1993	基本站	聊城	阳谷	高庙王	柴庄村	115.700 0	36.033 3	23	潜水		1		
1572	冯营村	107B	海河	2002	基本站	聊城	阳谷	石佛	冯营村	115.816 7	36.233 3	22	潜水		1		
1573	赵庙村	133A	海河	2002	基本站	聊城	阳谷	博济桥	赵庙村	115.783 3	36.066 7	26	潜水		1		
1574	张岩寨村	135A	海河	2002	基本站	聊城	阳谷	阎楼	张岩寨村	115.866 7	36.166 7	27	潜水		1		
1575	大雷村	137A	海河	1991	基本站	聊城	阳谷	寿张	大雷村	115.833 3	36.050 0	24	潜水		1		
1576	贾庄村	138	海河	1984	基本站	聊城	阳谷	狮子楼	贾庄村	115.733 3	36.133 3	15	潜水		1		
1577	杨庄村	139	海河	1983	基本站	聊城	阳谷	寿张	杨庄村	115.850 0	36.033 3	14	潜水		1		
1578	十五里园	142A	海河	2006	基本站	聊城	阳谷	十五里园	十五里园	115.933 3	36.050 0	40	潜水		1		
1579	苗庄村	143	海河	1984	基本站	聊城	阳谷	高庙王	苗庄村	115.733 3	36.066 7	16	潜水		1		
1580	簸箕柳	144A	海河	2002	基本站	聊城	阳谷	七级	簸箕柳	115.983 3	36.266 7	24	潜水		1		
1581	张秋镇王营村	147A	海河	1993	基本站	聊城	阳谷	张秋	王营村	116.033 3	36.116 7	19	潜水		1		
1582	石狮子村	152	海河	1985	基本站	聊城	阳谷	阎楼	石狮子村	115.900 0	36.166 7	20	潜水		1		
1583	柿子园村	153A	海河	1992	基本站	聊城	阳谷	阎楼	柿子园村	115.850 0	36.116 7	23	潜水		1		
1584	土围村西	158	海河	1987	基本站	聊城	阳谷	阎楼	土围村西	115.916 7	36.150 0	24	潜水		1		

续附表 7

序号	测站名称	测站编码	流域	设站年份	测站属性	测站地址				经度(°E)	纬度(°N)	原井深(m)	监测层位	专用井	监测项目		
						市	县(区)	乡(镇)	村(街道)						水位	水质	水温
1585	十里井村	160A	海河	2002	基本站	聊城	阳谷	十五里园	十里井村	115.933 3	36.083 3	16	潜水		1		
1586	西关	164	海河	1991	基本站	聊城	阳谷	狮子楼	西关	115.766 7	36.116 7	24	潜水		1		
1587	东南园	165	海河	1991	基本站	聊城	阳谷	博济桥	东南园	115.783 3	36.116 7	24	潜水		1		
1588	郭屯村	167B	海河	2015	基本站	聊城	阳谷	郭屯	郭屯村	115.900 0	36.283 3	30	潜水		1		
1589	前孟楼村	168A	海河	1993	基本站	聊城	阳谷	李台	前孟楼村	115.733 3	36.000 0	22	潜水		1		
1590	阎楼镇赵庄	169	海河	2002	基本站	聊城	阳谷	阎楼	赵庄村	115.900 0	36.116 7	26	潜水		1		
1591	汤庄村	170	海河	2002	基本站	聊城	阳谷	阿城	汤庄村	116.033 3	36.166 7	30	潜水		1		
1592	赵升白村	171	海河	2002	基本站	聊城	阳谷	寿张	赵升白村	115.800 0	36.016 7	24	潜水		1		
1593	石佛镇刘庄	172	海河	2002	基本站	聊城	阳谷	石佛	刘庄村	115.900 0	36.250 0	25	潜水		1		
1594	苏王董村	173	海河	2002	基本站	聊城	阳谷	西湖	苏王董村	115.683 3	36.116 7	21	潜水		1		
1595	后布村	174	海河	2002	基本站	聊城	阳谷	大布	后布村	115.766 7	36.166 7	29	潜水		1		
1596	碧桃园村	175A	海河	2006	基本站	聊城	阳谷	张秋	碧桃园村	116.000 0	36.083 3	40	潜水		1		
1597	阎堤村	176	海河	2002	基本站	聊城	阳谷	金斗营	阎堤村	115.700 0	35.966 7	27	潜水		1		
1598	县制修厂	177	海河	2006	基本站	聊城	阳谷	西城墙南路	县制修厂	115.783 3	36.116 7	40	潜水		1		
1599	左洼村	178	海河	2010	基本站	聊城	阳谷	安乐	左洼村	115.966 7	36.200 0	24	潜水		1		

续附表 7

序号	测站名称	测站编码	流域	设站年份	测站属性	测站地址				经度(°E)	纬度(°N)	原井深(m)	监测层位	专用井	监测项目		
						市	县(区)	乡(镇)	村(街道)						水位	水质	水温
1600	李炉村	179	海河	2010	基本站	聊城	阳谷	阿城	李炉村	116.000 0	36.133 3	24	潜水		1		
1601	钟海村	180	海河	2015	基本站	聊城	阳谷	狮子楼	钟海村	115.750 0	36.083 3	30	潜水		1		
1602	五里庙村	181	海河	2017	基本站	聊城	阳谷	侨润办事处	五里庙村	115.800 0	36.183 3	30	潜水		1		
1603	武庙村	14A	海河	2002	基本站	聊城	莘	观城	武庙村	115.366 7	35.950 0	33	潜水		1		
1604	南杨村	21B	海河	2002	基本站	聊城	莘	张寨	南杨村	115.500 0	36.066 7	36	潜水		1		
1605	销金寺村	69A	海河	1990	基本站	聊城	莘	河店	销金寺村	115.633 3	36.350 0	24	潜水		1		
1606	宋王店村	79A	海河	2002	基本站	聊城	莘	王庄集	宋王店村	115.433 3	35.983 3	33	潜水		1		
1607	吕村	97B	海河	2002	基本站	聊城	莘	大王寨	吕村	115.500 0	36.300 0	39	潜水		1		
1608	毕屯村	110B	海河	2012	基本站	聊城	莘	董杜庄	毕屯村	115.483 3	36.133 3	20	潜水		1		
1609	前大里村	112A	海河	2002	基本站	聊城	莘	莘亭办事处	前大里村	115.666 7	36.266 7	43	潜水		1		
1610	前侯庄村	125A	海河	2006	基本站	聊城	莘	王庄集	前侯庄村	115.466 7	35.983 3	40	潜水		1		
1611	董杜庄镇张庄	130	海河	1988	基本站	聊城	莘	董杜庄	张庄村	115.500 0	36.233 3	24	潜水		1		
1612	黄河村	135	海河	1989	基本站	聊城	莘	东鲁办事处	黄河村	115.683 3	36.216 7	23	潜水		1		
1613	杜家村	137A	海河	2002	基本站	聊城	莘	莘亭办事处	杜家村	115.666 7	36.300 0	36	潜水		1		
1614	元庄村	140A	海河	2002	基本站	聊城	莘	王奉	元庄村	115.450 0	36.333 3	43	潜水		1		

续附表 7

序号	测站名称	测站编码	流域	设站年份	测站属性	测站地址				经度(°E)	纬度(°N)	原井深(m)	监测层位	专用井	监测项目		
						市	县(区)	乡(镇)	村(街道)						水位	水质	水温
1615	葛庄村	148	海河	2002	基本站	聊城	莘	徐庄	葛庄村	115.666 7	36.033 3	35	潜水		1		
1616	古云镇刘庄	149	海河	2002	基本站	聊城	莘	古云	刘庄村	115.350 0	35.850 0	34	潜水		1		
1617	舍利寺村	150	海河	2002	基本站	聊城	莘	古城	舍利寺村	115.633 3	35.983 3	32	潜水		1		
1618	古城镇丁庄	151A	海河	2012	基本站	聊城	莘	古城	丁庄村	115.600 0	35.950 0	55	潜水		1		
1619	百巷村	152	海河	2002	基本站	聊城	莘	燕店	百巷村	115.616 7	36.283 3	39	潜水		1		
1620	姬庄村	153	海河	2002	基本站	聊城	莘	徐庄	姬庄村	115.616 7	36.066 7	32	潜水		1		
1621	邹巷村	155	海河	2002	基本站	聊城	莘	魏庄	邹巷村	115.616 7	36.383 3	43	潜水		1		
1622	东町村	156	海河	2002	基本站	聊城	莘	王奉	东町村	115.350 0	36.383 3	35	潜水		1		
1623	小刘庄村	157	海河	2006	基本站	聊城	莘	燕塔办事处	小刘庄村	115.616 7	36.216 7	38	潜水		1		
1624	后毛湾村	158	海河	2008	基本站	聊城	莘	妹冢	后毛湾村	115.550 0	36.100 0	55	潜水		1		
1625	水利站	161	海河	2008	基本站	聊城	莘	朝城	水利站	115.583 3	36.050 0	55	潜水		1		
1626	五屯村	162	海河	2010	基本站	聊城	莘	燕店	五屯村	115.600 0	36.333 3	55	潜水		1		
1627	王奉镇	164	海河	2010	基本站	聊城	莘	王奉	王奉镇	115.400 0	36.350 0	50	潜水		1		
1628	曹村	165	海河	2010	基本站	聊城	莘	俎店	曹村	115.533 3	36.216 7	50	潜水		1		
1629	常庄村	166	海河	2012	基本站	聊城	莘	大张家	常庄村	115.383 3	35.883 3	55	潜水		1		

续附表 7

序号	测站名称	测站编码	流域	设站年份	测站属性	测站地址				经度(°E)	纬度(°N)	原井深(m)	监测层位	专用井	监测项目		
						市	县(区)	乡(镇)	村(街道)						水位	水质	水温
1630	靳庄村	149	海河	1988	基本站	聊城	冠	柳林	靳庄村	115. 716 7	36. 666 7	30	潜水		1		
1631	务头村	166	海河	1984	基本站	聊城	冠	桑阿	务头村	115. 583 3	36. 416 7	45	潜水		1		
1632	孙町村	167A	海河	1990	基本站	聊城	冠	崇文办事处	孙町村	115. 383 3	36. 500 0	40	潜水		1		
1633	东庄村	168A	海河	2006	基本站	聊城	冠	贾	东庄村	115. 616 7	36. 516 7	20	潜水		1		
1634	董安堤村	171A	海河	1998	基本站	聊城	冠	东古城	董安堤村	115. 300 0	36. 466 7	40	潜水		1		
1635	孔里庄村	173	海河	1983	基本站	聊城	冠	范寨	孔里庄村	115. 666 7	36. 583 3	35	潜水		1		
1636	林庄村	174A	海河	2013	基本站	聊城	冠	北陶	林庄村	115. 416 7	36. 633 3	40	潜水		1		
1637	前万善村	175A	海河	2008	基本站	聊城	冠	万善	前万善村	115. 433 3	36. 566 7	40	潜水		1		
1638	李草村	178B	海河	2012	基本站	聊城	冠	东古城	李草村	115. 316 7	36. 500 0	40	潜水		1		
1639	位庄村	180	海河	1984	基本站	聊城	冠	定远寨	位庄村	115. 683 3	36. 466 7	16	潜水		1		
1640	张八寨村	181A	海河	2006	基本站	聊城	冠	甘屯	张八寨村	115. 600 0	36. 600 0	30	潜水		1		
1641	宋小屯村	182A	海河	2008	基本站	聊城	冠	范寨	宋小屯村	115. 733 3	36. 566 7	40	潜水		1		
1642	曲屯村	184B	海河	1988	基本站	聊城	冠	兰沃	曲屯村	115. 533 3	36. 583 3	25	潜水		1		
1643	董当铺村	189A	海河	1998	基本站	聊城	冠	店子	董当铺村	115. 483 3	36. 550 0	40	潜水		1		
1644	郭庄村	190A	海河	2006	基本站	聊城	冠	斜店	郭庄村	115. 333 3	36. 433 3	30	潜水		1		

续附表 7

序号	测站名称	测站编码	流域	设站年份	测站属性	测站地址				经度(°E)	纬度(°N)	原井深(m)	监测层位	专用井	监测项目		
						市	县(区)	乡(镇)	村(街道)						水位	水质	水温
1645	清泉办事处	191	海河	1986	基本站	聊城	冠	清泉办事处	清泉办事处	115.450 0	36.483 3	30	潜水		1		
1646	柳邵村	193A	海河	2008	基本站	聊城	冠	兰沃	柳邵村	115.583 3	36.566 7	40	潜水		1		
1647	杜庄	195	海河	1988	基本站	聊城	冠	柳林	杜庄	115.683 3	36.633 3	19	潜水		1		
1648	于林头	196A	海河	1998	基本站	聊城	冠	梁堂	于林头村	115.416 7	36.416 7	80	潜水		1		
1649	王六庄村	197	海河	1988	基本站	聊城	冠	桑阿	王六庄村	115.566 7	36.433 3	30	潜水		1		
1650	徐刘村	198A	海河	1998	基本站	聊城	冠	清泉办事处	徐刘村	115.400 0	36.466 7	54	潜水		1		
1651	杜行村	199	海河	1988	基本站	聊城	冠	清水	杜行村	115.550 0	36.650 0	25	潜水		1		
1652	阎村	200	海河	1988	基本站	聊城	冠	清水	阎村	115.483 3	36.600 0	25	潜水		1		
1653	申小屯	205	海河	1990	基本站	聊城	冠	桑阿	申小屯	115.566 7	36.450 0	27	潜水		1		
1654	五岔路村	206	海河	1990	基本站	聊城	冠	烟庄办事处	五岔路村	115.516 7	36.466 7	30	潜水		1		
1655	东宋村	208	海河	1998	基本站	聊城	冠	烟庄办事处	东宋村	115.516 7	36.516 7	40	潜水		1		
1656	轧庄院	209	海河	1998	基本站	聊城	冠	桑阿	轧庄院	115.600 0	36.433 3	40	潜水		1		
1657	杨召村	210A	海河	2015	基本站	聊城	冠	东古城	杨召村	115.366 7	36.583 3	50	潜水		1		
1658	西范庄村	211A	海河	2013	基本站	聊城	冠	崇文办事处	西范庄村	115.433 3	36.500 0	45	潜水		1		
1659	后辛庄村	212	海河	2006	基本站	聊城	冠	东古城	后辛庄村	115.350 0	36.533 3	30	潜水		1		

续附表 7

序号	测站名称	测站编码	流域	设站年份	测站属性	测站地址				经度(°E)	纬度(°N)	原井深(m)	监测层位	专用井	监测项目		
						市	县(区)	乡(镇)	村(街道)						水位	水质	水温
1660	耿儿庄村	213	海河	2006	基本站	聊城	冠	清泉办事处	耿儿庄村	115.433 3	36.450 0	30	潜水		1		
1661	任洼村	214	海河	2007	基本站	聊城	冠	定远寨	任洼村	115.683 3	36.500 0	35	潜水		1		
1662	王二庄村	215	海河	2007	基本站	聊城	冠	甘屯	王二庄村	115.616 7	36.633 3	35	潜水		1		
1663	前十里铺	217	海河	2010	基本站	聊城	冠	烟庄办事处	前十里铺	115.500 0	36.483 3	44	潜水		1		
1664	东杏庄	218	海河	2012	基本站	聊城	冠	甘屯	东杏庄	115.600 0	36.650 0	44	潜水		1		
1665	于林头村	219	海河	2012	基本站	聊城	冠	贾	于林头村	115.566 7	36.500 0	44	潜水		1		
1666	百果庄园	220	海河	2012	基本站	聊城	冠	烟庄办事处	百果庄园	115.466 7	36.483 3	50	潜水		1		
1667	种子公司	221	海河	2012	基本站	聊城	冠	崇文办事处	种子公司	115.450 0	36.466 7	50	潜水		1		
1668	冠县火车站	222	海河	2012	基本站	聊城	冠	冠	冠县火车站	115.450 0	36.500 0	50	潜水		1		
1669	佳和苑	223	海河	2012	基本站	聊城	冠	清泉办事处	佳和苑	115.433 3	36.500 0	50	潜水		1		
1670	白官屯村	224	海河	2012	基本站	聊城	冠	辛集	白官屯村	115.666 7	36.550 0	37	潜水		1		
1671	孙丰村	64A	海河	1990	基本站	聊城	东昌府	沙	孙丰村	115.800 0	36.300 0	20	潜水		1		
1672	郑庄村	128A	海河	2003	基本站	聊城	东昌府	侯营	郑庄村	115.900 0	36.383 3	30	潜水		1		
1673	斗虎屯村	160A	海河	2003	基本站	聊城	东昌府	斗虎屯	斗虎屯村	115.833 3	36.666 7	33	潜水		1		
1674	秦庄村	172	海河	1983	基本站	聊城	东昌府	斗虎屯	秦庄村	115.816 7	36.633 3	22	潜水		1		

续附表 7

序号	测站名称	测站编码	流域	设站年份	测站属性	测站地址				经度(°E)	纬度(°N)	原井深(m)	监测层位	专用井	监测项目		
						市	县(区)	乡(镇)	村(街道)						水位	水质	水温
1675	孙开胜村	176A	海河	2008	基本站	聊城	东昌府	侯营	孙开胜村	115.833 3	36.383 3	15	潜水		1		
1676	大杨村	179A	海河	2004	基本站	聊城	东昌府	梁水	大杨村	115.850 0	36.550 0	30	潜水		1		
1677	后高楼村	180	海河	1984	基本站	聊城	东昌府	沙	后高楼村	115.833 3	36.333 3	17	潜水		1		
1678	大张村	181A	海河	2008	基本站	聊城	东昌府	沙	大张村	115.750 0	36.316 7	40	潜水		1		
1679	五圣村	182	海河	1990	基本站	聊城	东昌府	郑家	五圣村	115.683 3	36.366 7	24	潜水		1		
1680	张炉集村	183	海河	1984	基本站	聊城	东昌府	张炉集	张炉集村	115.800 0	36.433 3	15	潜水		1		
1681	殷堂村	184	海河	1984	基本站	聊城	东昌府	张炉集	殷堂村	115.766 7	36.400 0	21	潜水		1		
1682	郑家水利站	186B	海河	2008	基本站	聊城	东昌府	郑家	水利站	115.716 7	36.416 7	40	潜水		1		
1683	白堂村	187	海河	1984	基本站	聊城	东昌府	郑家	白堂村	115.716 7	36.366 7	21	潜水		1		
1684	大吕村	188A	海河	2008	基本站	聊城	东昌府	沙	大吕村	115.750 0	36.366 7	43	潜水		1		
1685	顾庄村	189A	海河	2007	基本站	聊城	东昌府	侯营	顾庄村	115.866 7	36.400 0	35	潜水		1		
1686	范庄村	199	海河	1988	基本站	聊城	东昌府	沙	范庄村	115.783 3	36.350 0	20	潜水		1		
1687	路湾村	200	海河	1988	基本站	聊城	东昌府	郑家	路湾村	115.683 3	36.400 0	25	潜水		1		
1688	南铁庄村	201	海河	1989	基本站	聊城	东昌府	阎寺	南铁庄村	115.900 0	36.483 3	16	潜水		1		
1689	岳庄村	202	海河	1989	基本站	聊城	东昌府	梁水	岳庄村	115.883 3	36.616 7	16	潜水		1		

续附表 7

序号	测站名称	测站编码	流域	设站年份	测站属性	测站地址				经度(°E)	纬度(°N)	原井深(m)	监测层位	专用井	监测项目		
						市	县(区)	乡(镇)	村(街道)						水位	水质	水温
1690	孙路口村	203A	海河	2004	基本站	聊城	东昌府	梁水	孙路口村	115.766 7	36.616 7	20	潜水		1		
1691	细马村	208	海河	2008	基本站	聊城	东昌府	张炉集	细马村	115.800 0	36.400 0	59	潜水		1		
1692	艾山村 1	1	海河	1986	基本站	聊城	东阿	铜城办事处	艾山村	116.266 7	36.250 0	25	潜水		1		
1693	艾山村 2	6A	海河	2006	基本站	聊城	东阿	铜城办事处	艾山村	116.266 7	36.250 0	30	潜水		1		
1694	艾山村 3	7	海河	2009	基本站	聊城	东阿	铜城办事处	艾山村	116.266 7	36.250 0	30	潜水		1		
1695	洼李村	10A	海河	2006	基本站	聊城	东阿	铜城办事处	洼李村	116.250 0	36.300 0	31	潜水		1		
1696	四合屯村	31	海河	1974	基本站	聊城	东阿	刘集	四合屯村	116.116 7	36.166 7	30	潜水		1		
1697	朱旺山村	45A	海河	1992	基本站	聊城	东阿	陈集	朱旺山村	116.283 3	36.333 3	20	潜水		1		
1698	牛角店镇前曹村	56A	海河	2006	基本站	聊城	东阿	牛角店	前曹村	116.433 3	36.433 3	25	潜水		1		
1699	大成村	67A	海河	2006	基本站	聊城	东阿	姚寨	大成村	116.350 0	36.400 0	25	潜水		1		
1700	李家营村	78A	海河	2006	基本站	聊城	东阿	牛角店	李家营村	116.516 7	36.416 7	31	潜水		1		
1701	孙清村	85A	海河	2006	基本站	聊城	东阿	刘集	孙清村	116.083 3	36.166 7	31	潜水		1		
1702	邓庙村	100A	海河	2006	基本站	聊城	东阿	姜楼	邓庙村	116.150 0	36.250 0	30	潜水		1		
1703	傅寨村	105	海河	1984	基本站	聊城	东阿	牛角店	傅寨村	116.450 0	36.366 7	15	潜水		1		
1704	大尧村	115A	海河	2006	基本站	聊城	东阿	姚寨	大尧村	116.316 7	36.400 0	25	潜水		1		

续附表 7

序号	测站名称	测站编码	流域	设站年份	测站属性	测站地址				经度(°E)	纬度(°N)	原井深(m)	监测层位	专用井	监测项目		
						市	县(区)	乡(镇)	村(街道)						水位	水质	水温
1705	北关村	117	海河	2006	基本站	聊城	东阿	铜城办事处	北关村	116.250 0	36.350 0	25	潜水		1		
1706	刁李村	118	海河	2006	基本站	聊城	东阿	高集	刁李村	116.366 7	36.450 0	34	潜水		1		
1707	史圈村	119	海河	2006	基本站	聊城	东阿	牛角店	史圈村	116.450 0	36.350 0	34	潜水		1		
1708	南张村	120	海河	2006	基本站	聊城	东阿	铜城办事处	南张村	116.216 7	36.316 7	32	潜水		1		
1709	毕庄村	121	海河	2006	基本站	聊城	东阿	大桥	毕庄村	116.366 7	36.333 3	31	潜水		1		
1710	后殷村	122	海河	2006	基本站	聊城	东阿	鱼山	后殷村	116.216 7	36.200 0	32	潜水		1		
1711	崔庄村	123	海河	2006	基本站	聊城	东阿	鱼山	崔庄村	116.150 0	36.200 0	34	潜水		1		
1712	西崔村	127	海河	2006	基本站	聊城	东阿	刘集	西崔村	116.066 7	36.216 7	20	潜水		1		
1713	王小楼	128	海河	2008	基本站	聊城	东阿	姜楼	王小楼	116.166 7	36.266 7	31	潜水		1		
1714	东侯村	131	海河	2009	基本站	聊城	东阿	铜城办事处	东侯村	116.250 0	36.333 3	29	潜水		1		
1715	东唐村	132	海河	2009	基本站	聊城	东阿	牛角店	东唐村	116.416 7	36.383 3	30	潜水		1		
1716	东新庄村	133	海河	2011	基本站	聊城	东阿	姚寨	东新庄村	116.416 7	36.366 7	30	潜水		1		
1717	大李	134	海河	2011	基本站	聊城	东阿	牛角店	大李	116.483 3	36.383 3	30	潜水		1		
1718	菜屯村	1A	海河	1989	基本站	聊城	茌平	菜屯	菜屯村	116.000 0	36.733 3	20	潜水		1		
1719	西寨村	3A	海河	1990	基本站	聊城	茌平	贾寨	西寨村	115.916 7	36.666 7	24	潜水		1		

续附表 7

序号	测站名称	测站编码	流域	设站年份	测站属性	测站地址				经度(°E)	纬度(°N)	原井深(m)	监测层位	专用井	监测项目		
						市	县(区)	乡(镇)	村(街道)						水位	水质	水温
1720	洪官屯村	5C	海河	2002	基本站	聊城	茌平	洪官屯	洪官屯村	115.966 7	36.566 7	30	潜水		1		
1721	张岳村	11A	海河	2002	基本站	聊城	茌平	博平	张岳村	116.100 0	36.583 3	30	潜水		1		
1722	米庄村	12A	海河	1993	基本站	聊城	茌平	韩屯	米庄村	116.133 3	36.666 7	15	潜水		1		
1723	单庄村	31A	海河	2002	基本站	聊城	茌平	振兴办事处	单庄村	116.250 0	36.533 3	30	潜水		1		
1724	刘集村	35A	海河	2002	基本站	聊城	茌平	冯官屯	刘集村	116.383 3	36.616 7	30	潜水		1		
1725	落角园村	55A	海河	1989	基本站	聊城	茌平	肖家庄	落角园村	116.016 7	36.633 3	20	潜水		1		
1726	成庄村	56A	海河	2002	基本站	聊城	茌平	博平	成庄村	116.083 3	36.600 0	30	潜水		1		
1727	北孟村	58A	海河	2002	基本站	聊城	茌平	韩屯	北孟村	116.116 7	36.700 0	30	潜水		1		
1728	王提灵村	59B	海河	2002	基本站	聊城	茌平	韩屯	王提灵村	116.083 3	36.683 3	30	潜水		1		
1729	宋庄村	72A	海河	2002	基本站	聊城	茌平	乐平	宋庄村	116.250 0	36.433 3	30	潜水		1		
1730	王久村	87A	海河	2002	基本站	聊城	茌平	胡屯	王久村	116.233 3	36.650 0	30	潜水		1		
1731	林辛村	109A	海河	2002	基本站	聊城	茌平	冯官屯	林辛村	116.266 7	36.633 3	30	潜水		1		
1732	朱官屯	118B	海河	2002	基本站	聊城	茌平	洪官屯	朱官屯	115.916 7	36.583 3	30	潜水		1		
1733	杜郎口镇北街	127A	海河	2002	基本站	聊城	茌平	杜郎口	北街	116.383 3	36.550 0	30	潜水		1		
1734	大赵村	130	海河	1983	基本站	聊城	茌平	乐平	大赵村	116.233 3	36.483 3	25	潜水		1		

续附表 7

序号	测站名称	测站编码	流域	设站年份	测站属性	测站地址				经度(°E)	纬度(°N)	原井深(m)	监测层位	专用井	监测项目		
						市	县(区)	乡(镇)	村(街道)						水位	水质	水温
1735	纸房头	131	海河	1984	基本站	聊城	茌平	贾寨	纸房头村	115.983 3	36.683 3	19	潜水		1		
1736	郝庄	132	海河	1984	基本站	聊城	茌平	温陈办事处	郝庄	116.133 3	36.550 0	30	潜水		1		
1737	北关村	133	海河	1983	基本站	聊城	茌平	博平	北关村	116.116 7	36.616 7	24	潜水		1		
1738	高营村	134	海河	1984	基本站	聊城	茌平	肖家庄	高营村	116.050 0	36.650 0	16	潜水		1		
1739	李双西村	135C	海河	2002	基本站	聊城	茌平	胡屯	李双西村	116.216 7	36.700 0	30	潜水		1		
1740	清凉寺村	136	海河	1984	基本站	聊城	茌平	韩屯	清凉寺村	116.133 3	36.716 7	17	潜水		1		
1741	小刘村	138A	海河	1990	基本站	聊城	茌平	乐平	小刘村	116.316 7	36.466 7	20	潜水		1		
1742	乐平镇大崔庄	139	海河	1984	基本站	聊城	茌平	乐平	大崔庄	116.250 0	36.450 0	30	潜水		1		
1743	菜屯镇	140	海河	1984	基本站	聊城	茌平	菜屯	菜屯镇	116.033 3	36.700 0	17	潜水		1		
1744	史庄村	141A	海河	2002	基本站	聊城	茌平	温陈办事处	史庄村	116.166 7	36.566 7	30	潜水		1		
1745	佛堂村	149	海河	1985	基本站	聊城	茌平	乐平	佛堂村	116.266 7	36.483 3	19	潜水		1		
1746	西八里村	150	海河	1985	基本站	聊城	茌平	博平	西八里村	116.133 3	36.616 7	15	潜水		1		
1747	后曹村	152A	海河	2002	基本站	聊城	茌平	振兴办事处	后曹村	116.300 0	36.583 3	40	潜水		1		
1748	后寨村	153	海河	1989	基本站	聊城	茌平	冯官屯	后寨村	116.283 3	36.666 7	40	潜水		1		
1749	杨官屯村	155	海河	2002	基本站	聊城	茌平	杨官屯	杨官屯村	116.000 0	36.583 3	30	潜水		1		

续附表 7

序号	测站名称	测站编码	流域	设站年份	测站属性	测站地址				经度(°E)	纬度(°N)	原井深(m)	监测层位	专用井	监测项目		
						市	县(区)	乡(镇)	村(街道)						水位	水质	水温
1750	菜刘村	156	海河	2002	基本站	聊城	茌平	冯官屯	菜刘村	116.333 3	36.633 3	30	潜水		1		
1751	丁楼村	157	海河	2002	基本站	聊城	茌平	杜郎口	丁楼村	116.333 3	36.566 7	30	潜水		1		
1752	茌平泉林纸业	161	海河	2008	基本站	聊城	茌平	茌平	茌平泉林纸业	116.250 0	36.583 3	60	潜水		1		
1753	尹阁村	14A	海河	1989	基本站	聊城	临清	刘垓子	尹阁村	115.783 3	36.766 7	40	潜水		1		
1754	魏湾镇刘庄	23A	海河	1989	基本站	聊城	临清	魏湾	刘庄村	115.950 0	36.700 0	17	潜水		1		
1755	前营村	24A	海河	1989	基本站	聊城	临清	魏湾	前营村	115.850 0	36.716 7	21	潜水		1		
1756	石槽村	33B	海河	2003	基本站	聊城	临清	先锋办事处	石槽村	115.783 3	36.900 0	39	潜水		1		
1757	孙吾营村	50A	海河	1988	基本站	聊城	临清	老赵庄	孙吾营村	115.866 7	36.866 7	15	潜水		1		
1758	贾牌村	60A	海河	1989	基本站	聊城	临清	尚店	贾牌村	115.683 3	36.683 3	20	潜水		1		
1759	杨二庄村	143	海河	1984	基本站	聊城	临清	八岔路	杨二庄村	115.566 7	36.700 0	20	潜水		1		
1760	国塔头村	145A	海河	2002	基本站	聊城	临清	八岔路	国塔头村	115.633 3	36.666 7	40	潜水		1		
1761	中周店村	146	海河	1984	基本站	聊城	临清	大辛庄办事处	中周店村	115.683 3	36.750 0	25	潜水		1		
1762	里官庄村	149A	海河	2003	基本站	聊城	临清	青年办事处	里官庄村	115.650 0	36.733 3	41	潜水		1		
1763	范尔庄村	151	海河	1984	基本站	聊城	临清	先锋办事处	范尔庄村	115.816 7	36.866 7	20	潜水		1		

续附表 7

序号	测站名称	测站编码	流域	设站年份	测站属性	测站地址				经度(°E)	纬度(°N)	原井深(m)	监测层位	专用井	监测项目		
						市	县(区)	乡(镇)	村(街道)						水位	水质	水温
1764	大辛庄村	152	海河	1984	基本站	聊城	临清	大辛庄办事处	大辛庄村	115.733 3	36.783 3	25	潜水		1		
1765	毛寨村	162B	海河	2003	基本站	聊城	临清	唐园	毛寨村	115.516 7	36.733 3	42	潜水		1		
1766	梁庄村	163A	海河	2002	基本站	聊城	临清	刘垓子	梁庄村	115.750 0	36.733 3	39	潜水		1		
1767	樊庄村	165A	海河	2002	基本站	聊城	临清	烟店	樊庄村	115.466 7	36.683 3	40	潜水		1		
1768	大陈村	168	海河	1988	基本站	聊城	临清	康庄	大陈村	115.950 0	36.716 7	15	潜水		1		
1769	李营子村	172	海河	1989	基本站	聊城	临清	金郝庄	李营子村	115.983 3	36.800 0	16	潜水		1		
1770	由庄	176	海河	2002	基本站	聊城	临清	老赵庄	由庄	115.916 7	36.833 3	40	潜水		1		
1771	大相庄村	177	海河	2002	基本站	聊城	临清	老赵庄	大相庄村	115.850 0	36.833 3	20	潜水		1		
1772	牛张寨	179	海河	2002	基本站	聊城	临清	烟店	牛张寨	115.483 3	36.700 0	40	潜水		1		
1773	临清十二里屯	181	海河	2002	基本站	聊城	临清	新华办事处	十二里屯	115.766 7	36.850 0	39	潜水		1		
1774	陈庄	182	海河	2002	基本站	聊城	临清	新华办事处	陈庄	115.766 7	36.866 7	40	潜水		1		
1775	下堤村	183	海河	2002	基本站	聊城	临清	先锋办事处	下堤村	115.833 3	36.900 0	37	潜水		1		
1776	胡八里村	184	海河	2002	基本站	聊城	临清	先锋办事处	胡八里村	115.766 7	36.900 0	40	潜水		1		
1777	临清马庄村	185	海河	2002	基本站	聊城	临清	青年办事处	马庄村	115.700 0	36.850 0	39	潜水		1		

续附表 7

序号	测站名称	测站编码	流域	设站年份	测站属性	测站地址				经度(°E)	纬度(°N)	原井深(m)	监测层位	专用井	监测项目		
						市	县(区)	乡(镇)	村(街道)						水位	水质	水温
1778	北关	186A	海河	2011	基本站	聊城	临清	青年办事处	北关	115.716 7	36.866 7	40	潜水		1		
1779	畈町村	187	海河	2002	基本站	聊城	临清	唐园	畈町村	115.600 0	36.783 3	41	潜水		1		
1780	新集村	188	海河	2002	基本站	聊城	临清	金郝庄	新集村	115.950 0	36.866 7	40	潜水		1		
1781	崔楼村	190	海河	2003	基本站	聊城	临清	康庄	崔楼村	115.933 3	36.766 7	40	潜水		1		
1782	东段屯村	191	海河	2003	基本站	聊城	临清	尚店	东段屯村	115.683 3	36.716 7	41	潜水		1		
1783	大万村	192	海河	2003	基本站	聊城	临清	康庄	大万村	116.000 0	36.766 7	41	潜水		1		
1784	景庞庄村	193	海河	2003	基本站	聊城	临清	戴湾	景庞庄村	115.850 0	36.783 3	41	潜水		1		
1785	前杨坟村	194	海河	2006	基本站	聊城	临清	八岔路	前杨坟村	115.650 0	36.700 0	40	潜水		1		
1786	管五里村	41A	海河	2002	基本站	聊城	高唐	鱼邱湖办事处	管五里村	116.250 0	36.850 0	20	潜水		1		
1787	李官屯村	47A	海河	2002	基本站	聊城	高唐	杨屯	李官屯村	116.300 0	36.766 7	20	潜水		1		
1788	大王庄村	56A	海河	2006	基本站	聊城	高唐	固河	大王庄村	116.366 7	36.850 0	20	潜水		1		
1789	巩庄村	59A	海河	2002	基本站	聊城	高唐	固河	巩庄村	116.383 3	36.950 0	20	潜水		1		
1790	纸房头村	73A	海河	2002	基本站	聊城	高唐	赵寨子	纸房头村	116.200 0	36.750 0	20	潜水		1		
1791	叶官屯村	80A	海河	2006	基本站	聊城	高唐	尹集	叶官屯村	116.333 3	36.866 7	20	潜水		1		
1792	钟庄村	125A	海河	2006	基本站	聊城	高唐	姜店	钟庄村	116.283 3	36.750 0	20	潜水		1		

续附表 7

序号	测站名称	测站编码	流域	设站年份	测站属性	测站地址				经度(°E)	纬度(°N)	原井深(m)	监测层位	专用井	监测项目		
						市	县(区)	乡(镇)	村(街道)						水位	水质	水温
1793	朱小吴村	126	海河	1984	基本站	聊城	高唐	清平	朱小吴村	116.066 7	36.766 7	22	潜水		1		
1794	阚牌村	127	海河	1984	基本站	聊城	高唐	卅里铺	阚牌村	116.050 0	36.883 3	14	潜水		1		
1795	西小官屯村	135	海河	1984	基本站	聊城	高唐	清平	西小官屯村	116.133 3	36.766 7	16	潜水		1		
1796	打渔李村	136	海河	1984	基本站	聊城	高唐	梁村	打渔李村	116.183 3	36.950 0	13	潜水		1		
1797	杓子刘村	140	海河	1986	基本站	聊城	高唐	卅里铺	杓子刘村	116.100 0	36.883 3	20	潜水		1		
1798	西铺村	142A	海河	2002	基本站	聊城	高唐	汇鑫办事处	西铺村	116.216 7	36.883 3	20	潜水		1		
1799	徐庙村	145A	海河	2002	基本站	聊城	高唐	琉璃寺	徐庙村	116.366 7	36.683 3	20	潜水		1		
1800	董集村	153A	海河	2015	基本站	聊城	高唐	卅里铺	董集村	116.050 0	36.833 3	30	潜水		1		
1801	张庄村	156	海河	2002	基本站	聊城	高唐	人和办事处	张庄村	116.283 3	36.866 7	20	潜水		1		
1802	疗王村	157	海河	2002	基本站	聊城	高唐	姜店	疗王村	116.200 0	36.766 7	20	潜水		1		
1803	梁屯村	158	海河	2002	基本站	聊城	高唐	梁村	梁屯村	116.233 3	37.000 0	20	潜水		1		
1804	县林场水源地	160	海河	2004	基本站	聊城	高唐	县林场水源地	县林场水源地	116.133 3	36.816 7	40	潜水		1		
1805	王架子水源地	161	海河	2004	基本站	聊城	高唐	王架子水源地	王架子水源地	116.083 3	36.800 0	45	潜水		1		
1806	丁庄村	162	海河	2005	基本站	聊城	高唐	尹集	丁庄村	116.300 0	36.900 0	30	潜水		1		

续附表 7

序号	测站名称	测站编码	流域	设站年份	测站属性	测站地址				经度(°E)	纬度(°N)	原井深(m)	监测层位	专用井	监测项目		
						市	县(区)	乡(镇)	村(街道)						水位	水质	水温
1807	茄子王村	163	海河	2006	基本站	聊城	高唐	琉璃寺	茄子王村	116.333 3	36.700 0	20	潜水		1		
1808	吴庄村	164	海河	2009	基本站	聊城	高唐	杨屯	吴庄村	116.316 7	36.816 7	30	潜水		1		
1809	华家务村	165	海河	2009	基本站	聊城	高唐	尹集	华家务村	116.333 3	36.900 0	30	潜水		1		
1810	赵庄村	166	海河	2009	基本站	聊城	高唐	汇鑫办事处	赵庄村	116.250 0	36.900 0	30	潜水		1		
1811	邹阁村	167	海河	2009	基本站	聊城	高唐	汇鑫办事处	邹阁村	116.216 7	36.900 0	30	潜水		1		
1812	周官屯村	168	海河	2009	基本站	聊城	高唐	鱼邱湖	周官屯村	116.250 0	36.833 3	20	潜水		1		
1813	三官庙村	169	海河	2012	基本站	聊城	高唐	杨屯	三官庙村	116.350 0	36.833 3	30	潜水		1		
1814	东崔村	170	海河	2012	基本站	聊城	高唐	梁村	东崔村	116.250 0	36.916 7	30	潜水		1		
1815	涸河村	171	海河	2012	基本站	聊城	高唐	固河	涸河村	116.416 7	36.900 0	30	潜水		1		
1816	大李官屯村	192	海河	1984	基本站	聊城	开发区	蒋官屯	大李官屯村	116.083 3	36.450 0	14	潜水		1		
1817	李皮匠村	193	海河	2003	基本站	聊城	开发区	蒋官屯	李皮匠村	116.100 0	36.483 3	45	潜水		1		
1818	李太屯村	194	海河	2007	基本站	聊城	开发区	东城办事处	李太屯村	116.016 7	36.466 7	30	潜水		1		
1819	东鲁村	205	海河	2007	基本站	聊城	开发区	北城办事处	东鲁村	115.966 7	36.500 0	35	潜水		1		
1820	季古棚村	1	海河	1973	基本站	聊城	高新区	韩集	季古棚村	116.133 3	36.416 7	30	潜水		1		
1821	西贾庄村	3	海河	2006	基本站	聊城	高新区	顾官屯	西贾庄村	116.100 0	36.333 3	31	潜水		1		

续附表 7

序号	测站名称	测站编码	流域	设站年份	测站属性	测站地址				经度(°E)	纬度(°N)	原井深(m)	监测层位	专用井	监测项目		
						市	县(区)	乡(镇)	村(街道)						水位	水质	水温
1822	祁庄	4	海河	2006	基本站	聊城	高新区	顾官屯	祁庄	116.133 3	36.316 7	31	潜水		1		
1823	老鸦陈南	5	海河	2006	基本站	聊城	高新区	顾官屯	老鸦陈南	116.133 3	36.333 3	31	潜水		1		
1824	迟桥村	6	海河	1983	基本站	聊城	高新区	韩集	迟桥村	116.216 7	36.416 7	30	潜水		1		
1825	大石槽村	7	海河	1979	基本站	聊城	高新区	许营	大石槽村	116.050 0	36.400 0	30	潜水		1		
1826	于集镇	1	海河	1973	基本站	聊城	度假区	于集	于集镇镇政府	116.050 0	36.333 3	30	潜水		1		
1827	姚集村	2	海河	1984	基本站	聊城	度假区	于集	姚集村	116.050 0	36.366 7	40	潜水		1		
1828	倪官张村	3	海河	1984	基本站	聊城	度假区	凤凰办事处	倪官张村	115.966 7	36.316 7	40	潜水		1		
1829	李庄村	4	海河	1984	基本站	聊城	度假区	凤凰办事处	李庄村	116.033 3	36.350 0	40	潜水		1		
1830	徐堂村	5	海河	2005	基本站	聊城	度假区	朱老庄	徐堂村	115.933 3	36.333 3	30	潜水		1		
1831	孙堂村	6	海河	2003	基本站	聊城	度假区	于集	孙堂村	116.033 3	36.316 7	28	潜水		1		
1832	韩塘村	5	海河	1987	基本站	临沂	兰陵区	兰陵	韩塘村	117.866 7	34.683 3	4	潜水		1		
1833	尚岩镇	16	海河	2012	基本站	临沂	兰陵	尚岩	尚岩镇镇政府	117.883 3	34.850 0	130	潜水		1		
1834	长城镇	S-17	海河	2012	基本站	临沂	兰陵	长城	长城镇镇政府	118.083 3	34.716 7	185	潜水		1		
1835	向城中学	S-18	海河	2012	基本站	临沂	兰陵	向城	向城中学	117.933 3	34.850 0	160	潜水		1		
1836	许山套	S-19	海河	2012	基本站	临沂	兰陵	车辋	许山套	117.833 3	34.933 3	171	潜水		1		

续附表 7

序号	测站名称	测站编码	流域	设站年份	测站属性	测站地址				经度（°E）	纬度（°N）	原井深（m）	监测层位	专用井	监测项目		
						市	县（区）	乡（镇）	村（街道）						水位	水质	水温
1837	西刘庄	S-20	海河	2012	基本站	临沂	兰陵	新兴	西刘庄	117.800 0	34.800 0	192	潜水		1		
1838	河西村	S-21	海河	2012	基本站	临沂	兰陵	庄坞	河西村	118.250 0	34.750 0	180	潜水		1		
1839	六合店	22	海河	2012	基本站	临沂	兰陵	神山	六合店	118.133 3	34.866 7	140	潜水		1		
1840	大仲村镇涝坡村	23	海河	2012	基本站	临沂	兰陵	大仲村	涝坡村	118.050 0	34.966 7	130	潜水		1		
1841	东苑高级中学	24	海河	2015	基本站	临沂	兰陵	卞庄	东苑高级中学	118.050 0	34.850 0	148	潜水		1		
1842	石拉渊灌区管理所	6B	海河	2016	基本站	临沂	临沂	汤河	石拉渊灌区管理所	118.550 0	35.083 3	8	潜水		1		
1843	西双湖村	10A	海河	1992	基本站	临沂	临沂	白沙埠	西双湖村	118.383 3	35.200 0	5	潜水		1		
1844	小王家湖村	19	海河	2012	基本站	临沂	临沂	梅埠街道	小王家湖村	118.466 7	34.983 3	21	潜水		1		
1845	苑庄村	20	海河	2012	基本站	临沂	临沂	罗庄街道	苑庄村	118.233 3	35.000 0	121	潜水		1		
1846	陈白庄村	S-21	海河	2012	基本站	临沂	临沂	盛庄街道	陈白庄村	118.316 7	35.016 7	154	潜水		1		
1847	永立液压机械厂	27	海河	2014	基本站	临沂	临沂	义堂	永立液压机械厂	118.250 0	35.133 3	27	潜水		1		
1848	月亮湾社区	28A	海河	2016	基本站	临沂	临沂	梅埠街道	月亮湾社区	118.733 3	34.950 0	28	潜水		1		

续附表 7

序号	测站名称	测站编码	流域	设站年份	测站属性	测站地址				经度(°E)	纬度(°N)	原井深(m)	监测层位	专用井	监测项目		
						市	县(区)	乡(镇)	村(街道)						水位	水质	水温
1849	沙墩村	5A	海河	2012	基本站	临沂	郯城	李庄	沙墩村	118.366 7	34.800 0	5	潜水		1		
1850	泉源村	12	海河	1986	基本站	临沂	郯城	泉源	泉源村	118.433 3	34.733 3	4	潜水		1		
1851	李庄三村	14	海河	1986	基本站	临沂	郯城	李庄	李庄三村	118.400 0	34.883 3	7	潜水		1		
1852	新村	15	海河	2012	基本站	临沂	郯城	重坊	新村	118.133 3	34.566 7	90	潜水		1		
1853	重坊镇	16	海河	2012	基本站	临沂	郯城	重坊	重坊镇镇政府	118.133 3	34.600 0	37	潜水		1		
1854	华埠村	S-17	海河	2012	基本站	临沂	郯城	李庄	华埠村	118.350 0	34.816 7	250	潜水		1		
1855	岭红埠村	18	海河	2012	基本站	临沂	郯城	李庄	岭红埠村	118.466 7	34.833 3	130	潜水		1		
1856	县政府家属院	20	海河	2012	基本站	临沂	郯城	县政府家属院	县政府家属院	118.350 0	34.616 7	114	潜水		1		
1857	联五小学	21	海河	2012	基本站	临沂	郯城	红花	联五小学	118.383 3	34.450 0	65	潜水		1		
1858	原实验中学	23	海河	2017	基本站	临沂	郯城	郯城街道	原实验中学	118.366 7	34.616 7	45	潜水		1		
1859	刘家下河村	4A	海河	1991	基本站	青岛	崂山	九水路街道	刘家下河村	120.400 0	36.133 3	16	潜水		1		
1860	乌衣巷水文站	33	海河	1992	基本站	青岛	崂山	北宅	乌衣巷水文站	120.550 0	36.250 0	9	潜水		1		
1861	37031 部队	34A	海河	1999	基本站	青岛	崂山	沙子口	37031 部队	120.566 7	36.116 7	12	潜水		1		
1862	大院村	36B	海河	2011	基本站	青岛	崂山	王戈庄	大院村	120.666 7	36.233 3	7	潜水		1		

续附表 7

序号	测站名称	测站编码	流域	设站年份	测站属性	测站地址				经度(°E)	纬度(°N)	原井深(m)	监测层位	专用井	监测项目		
						市	县(区)	乡(镇)	村(街道)						水位	水质	水温
1863	秦家土寨	54A	海河	2011	基本站	青岛	崂山	王戈庄	秦家土寨	120.616 7	36.316 7	18	潜水		1		
1864	中韩镇	55A	海河	2011	基本站	青岛	崂山	中韩	中韩镇镇政府	120.433 3	36.133 3	13	潜水		1		
1865	段家埠村	58	海河	2011	基本站	青岛	崂山	沙子口	段家埠村	120.533 3	36.133 3	17	潜水		1		
1866	古庙村	20	海河	1976	基本站	青岛	城阳	城阳	古庙村	120.383 3	36.316 7	10	潜水		1		
1867	小周村	21C	海河	2011	基本站	青岛	城阳	城阳	小周村	120.416 7	36.333 3	13	潜水		1		
1868	韩洼村	23A	海河	2011	基本站	青岛	城阳	棘洪滩	韩洼村	120.300 0	36.333 3	14	潜水		1		
1869	铁路新村	45A	海河	2011	基本站	青岛	城阳	流亭街道	铁路新村	120.350 0	36.266 7	15	潜水		1		
1870	小北曲村	59A	海河	2015	基本站	青岛	城阳	城阳	小北曲村	120.383 3	36.300 0	25	潜水		1		
1871	北程村	63	海河	2011	基本站	青岛	城阳	上马	北程村	120.266 7	36.283 3	10	潜水		1		
1872	惜福镇村	64	海河	2011	基本站	青岛	城阳	惜福	惜福镇村	120.466 7	36.316 7	13	潜水		1		
1873	上马镇供水站	65	海河	2011	基本站	青岛	城阳	上马	供水站	120.216 7	36.266 7	24	潜水		1		
1874	赫家营村	66	海河	2011	基本站	青岛	城阳	夏庄街道	赫家营村	120.450 0	36.283 3	25	潜水		1		
1875	外贸化工库	67	海河	2011	基本站	青岛	城阳	流亭街道	外贸化工库	120.333 3	36.233 3	11	潜水		1		
1876	小庙头村	68	海河	2011	基本站	青岛	城阳	流亭街道	小庙头村	120.383 3	36.283 3	21	潜水		1		
1877	前海西村	69	海河	2011	基本站	青岛	城阳	棘洪滩	前海西村	120.316 7	36.300 0	11	潜水		1		

续附表 7

序号	测站名称	测站编码	流域	设站年份	测站属性	测站地址				经度(°E)	纬度(°N)	原井深(m)	监测层位	专用井	监测项目		
						市	县(区)	乡(镇)	村(街道)						水位	水质	水温
1878	高家台村	70	海河	2011	基本站	青岛	城阳	流亭街道	高家台村	120.383 3	36.266 7	14	潜水		1		
1879	建材厂	71	海河	2011	基本站	青岛	城阳	流亭街道	建材厂	120.416 7	36.250 0	20	潜水		1		
1880	大胡埠村	72	海河	2011	基本站	青岛	城阳	棘洪滩	大胡埠村	120.233 3	36.350 0	14	潜水		1		
1881	周疃小学	3A	海河	2011	基本站	青岛	即墨	金口	周疃小学	120.716 7	36.533 3	12	潜水		1		
1882	西瓦村委	5A	海河	2011	基本站	青岛	即墨	段泊岚	西瓦村委	120.383 3	36.583 3	25	潜水		1		
1883	西障水文站	9A	海河	2011	基本站	青岛	即墨	经济开发区	西障水文站	120.466 7	36.383 3	12	潜水		1		
1884	岚西头村	10A	海河	2011	基本站	青岛	即墨	段泊岚	岚西头村	120.383 3	36.600 0	15	潜水		1		
1885	北安供水站	11A	海河	2011	基本站	青岛	即墨	北安办事处	供水站	120.450 0	36.433 3	13	潜水		1		
1886	职业高中	22	海河	2011	基本站	青岛	即墨	普东	职业高中	120.300 0	36.433 3	12	潜水		1		
1887	西辛城村	23	海河	2011	基本站	青岛	即墨	南泉	西辛城村	120.233 3	36.416 7	18	潜水		1		
1888	任家	25	海河	2011	基本站	青岛	即墨	丰城	任家	120.866 7	36.550 0	12	潜水		1		
1889	吞山卫镇	26	海河	2011	基本站	青岛	即墨	吞山卫	吞山卫镇镇政府	120.666 7	36.366 7	7	潜水		1		
1890	付家村	27	海河	2011	基本站	青岛	即墨	移风店	付家村	120.183 3	36.566 7	12	潜水		1		
1891	丰隆屯村	31A	海河	2011	基本站	青岛	胶州	胶东	丰隆屯村	120.050 0	36.350 0	10	潜水		1		
1892	东小埠	42	海河	1975	基本站	青岛	胶州	李戈庄	东小埠	120.133 3	36.416 7	13	潜水		1		

续附表 7

序号	测站名称	测站编码	流域	设站年份	测站属性	测站地址				经度(°E)	纬度(°N)	原井深(m)	监测层位	专用井	监测项目		
						市	县(区)	乡(镇)	村(街道)						水位	水质	水温
1893	小窑村	43	海河	1975	基本站	青岛	胶州	李戈庄	小窑村	120.133 3	36.383 3	15	潜水		1		
1894	战家村	69	海河	1975	基本站	青岛	胶州	洋河	战家村	119.916 7	36.133 3	8	潜水		1		
1895	高家庄	73	海河	1975	基本站	青岛	胶州	里岔	高家庄	119.733 3	36.066 7	11	潜水		1		
1896	袁家小庄	75A	海河	2011	基本站	青岛	胶州	洋河	袁家小庄	120.000 0	36.100 0	13	潜水		1		
1897	北关办事处	93A	海河	2011	基本站	青岛	胶州	北关办事处	北关办事处	120.000 0	36.283 3	45	潜水		1		
1898	河西郭村	97	海河	1993	基本站	青岛	胶州	洋河	河西郭村	119.933 3	36.066 7	10	潜水		1		
1899	辅读小学	99	海河	1994	基本站	青岛	胶州	南关办事处	辅读小学	120.033 3	36.266 7	12	潜水		1		
1900	胶东镇朱家庄	100	海河	2011	基本站	青岛	胶州	胶东	朱家庄	120.050 0	36.300 0	9	潜水		1		
1901	大王疃村	101	海河	2016	基本站	青岛	胶州	胶莱	大王疃村	120.150 0	36.466 7	15	潜水		1		
1902	西北庄村	102	海河	2016	基本站	青岛	胶州	胶莱	西北庄村	120.133 3	36.450 0	18	潜水		1		
1903	徐村	10	海河	1975	基本站	青岛	黄岛	黄山经济区	徐村	120.033 3	36.050 0	16	潜水		1		
1904	南门里村	22A	海河	1991	基本站	青岛	黄岛	灵山卫	南门里村	120.150 0	35.933 3	15	潜水		1		
1905	小泥沟头村	36	海河	1975	基本站	青岛	黄岛	张家楼	小泥沟头村	119.900 0	35.816 7	19	潜水		1		
1906	大潘村	42A	海河	1980	基本站	青岛	黄岛	张家楼	大潘村	119.900 0	35.766 7	18	潜水		1		
1907	夏家村	52A	海河	1992	基本站	青岛	黄岛	琅琊	夏家村	119.866 7	35.666 7	12	潜水		1		

续附表 7

序号	测站名称	测站编码	流域	设站年份	测站属性	测站地址				经度(°E)	纬度(°N)	原井深(m)	监测层位	专用井	监测项目		
						市	县(区)	乡(镇)	村(街道)						水位	水质	水温
1908	西灰村	86	海河	1989	基本站	青岛	黄岛	黄山经济区	西灰村	119.983 3	36.033 3	7	潜水		1		
1909	逄孟孙村	87	海河	2011	基本站	青岛	黄岛	王台	逄孟孙村	120.016 7	36.100 0	14	潜水		1		
1910	南村镇	Su-2	海河	2001	基本站	青岛	平度	南村	南村水文站	120.133 3	36.516 7	9	潜水		1		
1911	大郑家村	10	海河	1975	基本站	青岛	平度	明村	大郑家村	119.616 7	36.716 7	24	潜水		1		
1912	大孙家村	13	海河	1975	基本站	青岛	平度	长乐	大孙家村	119.800 0	36.933 3	14	潜水		1		
1913	老胡家村	32A	海河	1991	基本站	青岛	平度	白埠	老胡家村	119.766 7	36.733 3	27	潜水		1		
1914	大宝山村	44	海河	1975	基本站	青岛	平度	崔召	大宝山村	120.050 0	36.816 7	14	潜水		1		
1915	李家屯	91	海河	1975	基本站	青岛	平度	仁兆	李家屯	120.150 0	36.650 0	12	潜水		1		
1916	大窑村	122A	海河	2011	基本站	青岛	平度	城关	大窑村	119.950 0	36.766 7	19	潜水		1		
1917	王家站	142	海河	1986	基本站	青岛	平度	同和办事处	王家站	119.933 3	36.733 3	17	潜水		1		
1918	张戈庄水利站	146A	海河	1991	基本站	青岛	平度	张戈庄	水利站	120.066 7	36.716 7	22	潜水		1		
1919	万家水利站	150B	海河	1991	基本站	青岛	平度	万家	水利站	119.866 7	36.583 3	15	潜水		1		
1920	水泥管厂	152A	海河	1991	基本站	青岛	平度	郭庄	水泥管厂	120.083 3	36.633 3	16	潜水		1		
1921	仁里家	156	海河	1991	基本站	青岛	平度	万家	仁里家	119.900 0	36.633 3	20	潜水		1		
1922	香店水利站	158	海河	1992	基本站	青岛	平度	香店	水利站	120.016 7	36.750 0	12	潜水		1		

续附表 7

序号	测站名称	测站编码	流域	设站年份	测站属性	测站地址				经度(°E)	纬度(°N)	原井深(m)	监测层位	专用井	监测项目		
						市	县(区)	乡(镇)	村(街道)						水位	水质	水温
1923	蓼兰水利站	159	海河	1992	基本站	青岛	平度	蓼兰	水利站	119.716 7	36.683 3	29	潜水		1		
1924	南村水利站	161	海河	1993	基本站	青岛	平度	南村	水利站	120.133 3	36.550 0	10	潜水		1		
1925	郭刘村	162	海河	2001	基本站	青岛	平度	新河	郭刘村	119.616 7	36.933 3	20	潜水		1		
1926	西八甲村	163	海河	2008	基本站	青岛	平度	灰埠	西八甲村	119.716 7	36.916 7	11	潜水		1		
1927	东李村	11C	海河	2011	基本站	青岛	莱西	李权庄	东李村	120.583 3	36.666 7	18	潜水		1		
1928	前车村	13	海河	1975	基本站	青岛	莱西	韶存庄	前车村	120.500 0	36.933 3	8	潜水		1		
1929	岱墅村	17B	海河	2011	基本站	青岛	莱西	日庄	岱墅村	120.316 7	36.950 0	16	潜水		1		
1930	代家院村	24B	海河	2011	基本站	青岛	莱西	马连庄	代家院村	120.433 3	37.066 7	13	潜水		1		
1931	街东村	28B	海河	2011	基本站	青岛	莱西	周格庄	街东村	120.533 3	36.900 0	13	潜水		1		
1932	前疃村	29A	海河	2011	基本站	青岛	莱西	水集	前疃村	120.516 7	36.850 0	11	潜水		1		
1933	张家疃村	37A	海河	1993	基本站	青岛	莱西	夏格庄	张家疃村	120.450 0	36.650 0	4	潜水		1		
1934	寨里村	42A	海河	2011	基本站	青岛	莱西	日庄	寨里村	120.300 0	36.916 7	13	潜水		1		
1935	东虎埠岭村	43A	海河	2011	基本站	青岛	莱西	李权庄	东虎埠岭村	120.583 3	36.683 3	16	潜水		1		
1936	邹家许村	44A	海河	2011	基本站	青岛	莱西	院上	邹家许村	120.383 3	36.766 7	10	潜水		1		
1937	店埠村	46A	海河	2011	基本站	青岛	莱西	店埠	店埠村	120.350 0	36.700 0	11	潜水		1		

续附表 7

序号	测站名称	测站编码	流域	设站年份	测站属性	测站地址				经度(°E)	纬度(°N)	原井深(m)	监测层位	专用井	监测项目		
						市	县(区)	乡(镇)	村(街道)						水位	水质	水温
1938	灌区管理所	51	海河	2011	基本站	青岛	莱西	江家庄	灌区管理所	120.366 7	36.733 3	7	潜水		1		
1939	姜山村	52	海河	2011	基本站	青岛	莱西	姜山	姜山村	120.516 7	36.683 3	8	潜水		1		
1940	道李村	2A	海河	1993	基本站	日照	东港	奎山街道	李村	119.400 0	35.383 3	14	潜水		1		
1941	安家村	3	海河	1990	基本站	日照	东港	两城	安家村	119.600 0	35.583 3	14	潜水		1		
1942	安家代疃村	11A	海河	1998	基本站	日照	东港	南湖	安家代疃村	119.350 0	35.433 3	8	潜水		1		
1943	后娥庄村	12	海河	1990	基本站	日照	东港	日照街道	后娥庄村	119.383 3	35.416 7	11	潜水		1		
1944	西碌磷沟村	13	海河	1990	基本站	日照	东港	秦楼街道	西碌磷沟村	119.516 7	35.433 3	13	潜水		1		
1945	涛雒水利站	19	海河	1998	基本站	日照	东港	涛雒	水利站	119.333 3	35.250 0	6	潜水		1		
1946	获水村	4	海河	1990	基本站	日照	岚山	安东卫街道	获水村	119.300 0	35.100 0	18	潜水		1		
1947	碑廓二中	5A	海河	1996	基本站	日照	岚山	碑廓	碑廓二中	119.183 3	35.166 7	17	潜水		1		
1948	八里庄	40	黄河	1999	基本站	泰安	岱岳	良庄	八里庄	117.266 7	35.916 7	11	潜水		1		
1949	房村乡	42A	黄河	1986	基本站	泰安	岱岳	房村	房村乡	117.183 3	35.966 7	16	潜水		1		
1950	山口村	49B	黄河	1999	基本站	泰安	岱岳	山口	山口村	117.283 3	36.200 0	14	潜水		1		
1951	范西村	52B	黄河	1999	基本站	泰安	岱岳	范	范西村	117.366 7	36.200 0	14	潜水		1		
1952	泉林庄村	95	黄河	1999	基本站	泰安	岱岳	北集坡	泉林庄村	117.166 7	36.066 7	12	潜水		1		
1953	桥沟村	96	黄河	1999	基本站	泰安	岱岳	徂徕	桥沟村	117.200 0	36.083 3	12	潜水		1		
1954	南寨村	98	黄河	2001	基本站	泰安	岱岳	夏张	南寨村	116.950 0	36.083 3	9	潜水		1		

续附表 7

序号	测站名称	测站编码	流域	设站年份	测站属性	测站地址				经度(°E)	纬度(°N)	原井深(m)	监测层位	专用井	监测项目		
						市	县(区)	乡(镇)	村(街道)						水位	水质	水温
1955	送驾庄	99	黄河	2002	基本站	泰安	岱岳	大汶口	送驾庄	117.033 3	35.950 0	13	潜水		1		
1956	茅茨村	103	黄河	1999	基本站	泰安	岱岳	良庄	茅茨村	117.216 7	35.983 3	9	潜水		1		
1957	北迎村	107	黄河	2011	基本站	泰安	岱岳	满庄	北迎村	117.083 3	36.050 0	10	潜水		1		
1958	北李村	C-1-94	黄河	1981	基本站	泰安	岱岳	马庄	北李村	116.966 7	35.966 7	12	潜水		1		
1959	南十里河西村	9A	黄河	1986	基本站	泰安	泰山	省庄	南十里河西村	117.183 3	36.166 7	18	潜水		1		
1960	水文局	97	黄河	1999	基本站	泰安	泰山	岱宗大街	水文局	117.133 3	36.200 0	9	潜水		1		
1961	果都村	14B	黄河	1999	基本站	泰安	新泰	果都	果都村	117.500 0	35.950 0	12	潜水		1		
1962	东韩庄	18A	黄河	1987	基本站	泰安	新泰	西张庄	东韩庄村	117.583 3	35.933 3	12	潜水		1		
1963	羊流镇	24B	黄河	1995	基本站	泰安	新泰	羊流	羊流镇镇政府	117.533 3	36.000 0	15	潜水		1		
1964	下坦村	62	黄河	1981	基本站	泰安	新泰	天宝	下坦村	117.366 7	35.950 0	12	潜水		1		
1965	泉里村	84A	黄河	1999	基本站	泰安	新泰	宫里	泉里村	117.433 3	35.933 3	10	潜水		1		
1966	市政府干休所	99A	黄河	1987	基本站	泰安	新泰	市政府干休所	市政府干休所	117.766 7	35.916 7	14	潜水		1		
1967	茅庄	27	黄河	1975	基本站	泰安	宁阳	堽城	茅庄	116.833 3	35.816 7	15	潜水		1		
1968	古城村	67	黄河	1980	基本站	泰安	宁阳	泗店	古城村	116.766 7	35.716 7	16	潜水		1		
1969	邢庄	76A	黄河	1993	基本站	泰安	宁阳	八仙桥街道	邢庄	116.783 3	35.766 7	25	潜水		1		

续附表 7

序号	测站名称	测站编码	流域	设站年份	测站属性	测站地址				经度(°E)	纬度(°N)	原井深(m)	监测层位	专用井	监测项目		
						市	县(区)	乡(镇)	村(街道)						水位	水质	水温
1970	大伯集村	80	黄河	1982	基本站	泰安	宁阳	东疏	大伯集村	116.716 7	35.783 3	18	潜水		1		
1971	邱庄	81	黄河	1999	基本站	泰安	宁阳	乡饮	邱庄	116.850 0	35.733 3	20	潜水		1		
1972	义和庄	83	黄河	1999	基本站	泰安	宁阳	东疏	义和庄	116.683 3	35.733 3	30	潜水		1		
1973	沙河站镇	11A	黄河	1986	基本站	泰安	东平	沙河站	沙河站镇镇政府	116.400 0	35.816 7	14	潜水		1		
1974	银山村	66	黄河	1999	基本站	泰安	东平	银山	银山村	116.133 3	36.066 7	50	潜水		1		
1975	大东门村	77	黄河	1981	基本站	泰安	东平	州城街道	大东门村	116.316 7	35.916 7	27	潜水		1		
1976	大刘庄	80A	黄河	1986	基本站	泰安	东平	沙河站	大刘庄	116.450 0	35.850 0	16	潜水		1		
1977	宿城村	92	黄河	1986	基本站	泰安	东平	东平街道	宿城村	116.416 7	35.933 3	13	潜水		1		
1978	陈流泽村	Su-93	黄河	1986	基本站	泰安	东平	彭集	陈流泽村	116.466 7	35.883 3	16	潜水		1		
1979	商老庄村	102	黄河	2011	基本站	泰安	东平	商老庄	商老庄村	116.100 0	35.916 7	16	潜水		1		
1980	张家楼村	82A	黄河	1987	基本站	泰安	肥城	汶阳	张家楼村	116.816 7	35.900 0	11	潜水		1		
1981	后营村	103A	黄河	1987	基本站	泰安	肥城	边院	后营村	116.883 3	36.000 0	15	潜水		1		
1982	孙家庄	110	黄河	2001	基本站	泰安	肥城	新城办事处	孙家庄	116.750 0	36.216 7	24	潜水		1		
1983	北石沟村	119	黄河	2006	基本站	泰安	肥城	安驾庄	北石沟村	116.766 7	35.966 7	12	潜水		1		
1984	草庙子镇	13	淮河	2007	基本站	威海	环翠	草庙子	草庙子镇镇政府	122.116 7	37.316 7	19	潜水		1		
1985	曹家房村	14	淮河	2007	基本站	威海	环翠	汪疃	曹家房村	121.966 7	37.300 0	18	潜水		1		

续附表 7

序号	测站名称	测站编码	流域	设站年份	测站属性	测站地址				经度(°E)	纬度(°N)	原井深(m)	监测层位	专用井	监测项目		
						市	县(区)	乡(镇)	村(街道)						水位	水质	水温
1986	崮山镇河东村	JH19	淮河	2007	基本站	威海	环翠	崮山	河东村	122.250 0	37.400 0	15	潜水		1		
1987	泊于镇	JH20	淮河	2007	基本站	威海	环翠	泊于	泊于镇镇政府	122.350 0	37.383 3	15	潜水		1		
1988	港头村	JH21	淮河	2007	基本站	威海	环翠	羊亭	港头村	122.016 7	37.416 7	15	潜水		1		
1989	初村	H28	淮河	2007	基本站	威海	环翠	初村	初村镇镇政府	121.933 3	37.416 7	15	潜水		1		
1990	山大	H29	淮河	2007	基本站	威海	环翠	德州中路	山东大学威海校区宿舍	122.350 0	37.533 3	11	潜水		1		
1991	环翠区利群超市	H30	淮河	2007	基本站	威海	环翠	开发区	威达香和苑小区	122.066 7	37.533 3	17	潜水		1		
1992	怡海园	H31	淮河	2007	基本站	威海	环翠	沈阳路	怡海园	122.050 0	37.516 7	17	潜水		1		
1993	鲸洋纺织	H33	淮河	2007	基本站	威海	环翠	文化西路	鲸洋纺织	122.050 0	37.500 0	10	潜水		1		
1994	三毛厂	H34	淮河	2007	基本站	威海	环翠	老里川	三毛厂	122.133 3	37.450 0	8	潜水		1		
1995	金元电线	H36	淮河	2007	基本站	威海	环翠	九龙路	金元电线	122.166 7	37.416 7	8	潜水		1		
1996	一光电子	H37	淮河	2007	基本站	威海	环翠	羊亭	一光电子	122.166 7	37.416 7	12	潜水		1		
1997	张村纺织	H39	淮河	2007	基本站	威海	环翠	环翠路	张村纺织	122.016 7	37.483 3	11	潜水		1		
1998	初村镇	H41	淮河	2007	基本站	威海	环翠	初村	初村镇镇政府	121.933 3	37.416 7	11	潜水		1		
1999	东墩村	31	淮河	2007	基本站	威海	荣成	宁津街道	东墩村	122.500 0	36.966 7	5	潜水		1		
2000	花园村	33	淮河	2007	基本站	威海	荣成	滕家	花园村	122.350 0	37.033 3	6	潜水		1		

续附表 7

序号	测站名称	测站编码	流域	设站年份	测站属性	测站地址				经度(°E)	纬度(°N)	原井深(m)	监测层位	专用井	监测项目		
						市	县(区)	乡(镇)	村(街道)						水位	水质	水温
2001	滕家镇卫生院	34	淮河	2007	基本站	威海	荣成	滕家	中心卫生院	122.350 0	37.050 0	9	潜水		1		
2002	寨东完	35	淮河	2007	基本站	威海	荣成	人和	寨东完	122.233 3	36.866 7	13	潜水		1		
2003	大疃镇政府	37	淮河	2007	基本站	威海	荣成	大疃	大疃镇镇政府	122.300 0	37.116 7	9	潜水		1		
2004	二十一中学	38	淮河	2007	基本站	威海	荣成	崂山街道	二十一中学	122.416 7	37.100 0	12	潜水		1		
2005	埠柳镇	42	淮河	2007	基本站	威海	荣成	埠柳	埠柳镇镇政府	122.416 7	37.333 3	9	潜水		1		
2006	龙家村	43	淮河	2007	基本站	威海	荣成	港西	龙家村	122.466 7	37.383 3	12	潜水		1		
2007	自来水站	44	淮河	2007	基本站	威海	荣成	成山	自来水站	122.566 7	37.366 7	10	潜水		1		
2008	西乔家村	45	淮河	2015	基本站	威海	荣成	王连街道	西乔家村	122.350 0	36.983 3	7	潜水		1		
2009	蒲家泊村	JH50	淮河	2007	基本站	威海	荣成	成山	蒲家泊村	122.616 7	37.383 3	11	潜水		1		
2010	双利建筑公司	H56A	淮河	2015	基本站	威海	荣成	斥山办事处	双利建筑公司	122.383 3	36.916 7	20	潜水		1		
2011	蜊江中学	H57	淮河	2007	基本站	威海	荣成	崖头街道	蜊江中学	122.483 3	37.150 0	32	潜水		1		
2012	道南于家村	H58	淮河	2007	基本站	威海	荣成	崖头街道	道南于家村	122.466 7	37.166 7	10	潜水		1		
2013	俚岛镇自来水公司	H59	淮河	2007	基本站	威海	荣成	俚岛	自来水公司	122.550 0	37.250 0	10	潜水		1		

续附表 7

序号	测站名称	测站编码	流域	设站年份	测站属性	测站地址				经度(°E)	纬度(°N)	原井深(m)	监测层位	专用井	监测项目		
						市	县(区)	乡(镇)	村(街道)						水位	水质	水温
2014	河南村西	31	淮河	2007	基本站	威海	乳山	下初	河南村西	121.600 0	37.100 0	19	潜水		1		
2015	下初村	32	淮河	2007	基本站	威海	乳山	下初	下初村	121.600 0	37.033 3	11	潜水		1		
2016	冯家村	33	淮河	2007	基本站	威海	乳山	冯家	冯家村	121.666 7	37.033 3	14	潜水		1		
2017	吕格庄村	34	淮河	2007	基本站	威海	乳山	冯家	吕格庄村	121.650 0	37.016 7	24	潜水		1		
2018	庄子园村	35	淮河	2007	基本站	威海	乳山	南黄	庄子园村	121.716 7	36.983 3	15	潜水		1		
2019	俞介庄村	36	淮河	2007	基本站	威海	乳山	大孤山	俞介庄村	121.600 0	36.916 7	29	潜水		1		
2020	六甲庄村	38	淮河	2007	基本站	威海	乳山	夏村	六甲庄村	121.550 0	36.983 3	10	潜水		1		
2021	午极镇房家	41	淮河	2007	基本站	威海	乳山	午极	房家村	121.516 7	37.066 7	24	潜水		1		
2022	北地口村	42	淮河	2007	基本站	威海	乳山	崖子	北地口村	121.333 3	37.066 7	15	潜水		1		
2023	小皓村	JH49	淮河	2007	基本站	威海	乳山	徐家	小皓村	121.733 3	36.916 7	13	潜水		1		
2024	堡上村	JH50	淮河	2007	基本站	威海	乳山	白沙滩	堡上村	121.650 0	36.850 0	27	潜水		1		
2025	镇政府宿舍	JH51	淮河	2007	基本站	威海	乳山	乳山寨	镇政府宿舍	121.450 0	36.883 3	15	潜水		1		
2026	兰家村	JH52	淮河	2007	基本站	威海	乳山	乳山口	兰家村	121.566 7	36.866 7	14	潜水		1		
2027	芦头村	H58	淮河	2007	基本站	威海	乳山	海阳所	芦头村	121.583 3	36.783 3	15	潜水		1		
2028	小英村	21	淮河	2007	基本站	威海	文登	葛家	小英村	121.866 7	37.100 0	16	潜水		1		

续附表 7

序号	测站名称	测站编码	流域	设站年份	测站属性	测站地址				经度(°E)	纬度(°N)	原井深(m)	监测层位	专用井	监测项目		
						市	县(区)	乡(镇)	村(街道)						水位	水质	水温
2029	文登区水利局	22	淮河	2007	基本站	威海	文登	市水利局	市水利局	122.033 3	37.200 0	19	潜水		1		
2030	中心卫生院	24	淮河	2007	基本站	威海	文登	高村	中心卫生院	122.183 3	37.083 3	15	潜水		1		
2031	泽头兽医站	25	淮河	2007	基本站	威海	文登	泽头	兽医站	121.883 3	37.050 0	20	潜水		1		
2032	粮食所	26	淮河	2007	基本站	威海	文登	葛家	粮食所	121.850 0	37.150 0	15	潜水		1		
2033	铺集固恒机械厂	27	淮河	2007	基本站	威海	文登	葛家	铺集固恒机械厂	121.816 7	37.083 3	20	潜水		1		
2034	镇政府	28	淮河	2007	基本站	威海	文登	大水泊	镇政府	122.250 0	37.183 3	18	潜水		1		
2035	二马村	JH34	淮河	2007	基本站	威海	文登	侯家	二马村	121.016 7	37.050 0	15	潜水		1		
2036	东浪暖村	JH35	淮河	2007	基本站	威海	文登	小观	东浪暖村	121.866 7	36.950 0	19	潜水		1		
2037	西泊村	H41	淮河	2007	基本站	威海	文登	泽库	西泊村	122.066 7	37.000 0	19	潜水		1		
2038	南鱼池村	H42	淮河	2007	基本站	威海	文登	侯家	南鱼池村	122.116 7	37.016 7	18	潜水		1		
2039	泽头镇南桥村	H43	淮河	2007	基本站	威海	文登	泽头	南桥村	121.916 7	37.050 0	17	潜水		1		
2040	郭家店村	H44	淮河	2007	基本站	威海	文登	宋村	郭家店村	121.983 3	37.066 7	15	潜水		1		
2041	南廒村	H45	淮河	2015	基本站	威海	文登	侯家	南廒村	122.033 3	37.016 7	23	潜水		1		

续附表 7

序号	测站名称	测站编码	流域	设站年份	测站属性	测站地址				经度(°E)	纬度(°N)	原井深(m)	监测层位	专用井	监测项目		
						市	县(区)	乡(镇)	村(街道)						水位	水质	水温
2042	西海庄村	H46	淮河	2015	基本站	威海	文登	宋村	西海庄村	122.000 0	37.016 7	28	潜水		1		
2043	硝滩二村	H47	淮河	2015	基本站	威海	文登	宋村	硝滩二村	121.950 0	37.050 0	22	潜水		1		
2044	道口村	H48	淮河	2015	基本站	威海	文登	泽头	道口村	121.916 7	37.066 7	15	潜水		1		
2045	于家河村	H49	淮河	2015	基本站	威海	文登	泽头	于家河村	121.933 3	37.033 3	22	潜水		1		
2046	崔家庄村	H50	淮河	2015	基本站	威海	文登	泽头	崔家庄村	121.916 7	37.000 0	16	潜水		1		
2047	周家楼子村	70B	淮河	2009	基本站	潍坊	安丘	关王	周家楼子村	119.166 7	36.450 0	25	潜水		1		
2048	市第三中学	78D	淮河	2009	基本站	潍坊	安丘	景芝	市第三中学	119.383 3	36.300 0	28	潜水		1		
2049	贾戈水利站	80A	淮河	2009	基本站	潍坊	安丘	贾戈街道	水利站	119.233 3	36.450 0	10	潜水		1		
2050	黄旗堡水利站	88A	淮河	2009	基本站	潍坊	安丘	黄旗堡	水利站	119.350 0	36.566 7	22	潜水		1		
2051	双沟头村	94	淮河	2008	基本站	潍坊	安丘	赵戈	双沟头村	119.366 7	36.500 0	28	潜水		1		
2052	韩吉粮站	96	淮河	2008	基本站	潍坊	安丘	赵戈	韩吉粮站	119.283 3	36.500 0	24	潜水		1		
2053	业乐官庄	60A	淮河	2009	基本站	潍坊	昌乐	南郝	业乐官庄	118.783 3	36.650 0	35	潜水		1		
2054	尧沟镇	62	淮河	2008	基本站	潍坊	昌乐	尧沟	尧沟镇镇政府	118.750 0	36.700 0	39	潜水		1		
2055	潍坊振兴焦化公司	64	淮河	2008	基本站	潍坊	昌乐	潍坊振兴焦化公司	潍坊振兴焦化公司	118.916 7	36.716 7	150	潜水		1		

续附表 7

序号	测站名称	测站编码	流域	设站年份	测站属性	测站地址				经度（°E）	纬度（°N）	原井深（m）	监测层位	专用井	监测项目		
						市	县（区）	乡（镇）	村（街道）						水位	水质	水温
2056	三和新村	67	淮河	2008	基本站	潍坊	昌乐	城关街道	三和新村	118.800 0	36.700 0	94	潜水		1		
2057	白衣庙村	41B	淮河	2009	基本站	潍坊	昌邑	卜庄	白衣庙村	119.566 7	36.900 0	33	潜水		1		
2058	黄辛庄村	114B	淮河	2009	基本站	潍坊	昌邑	奎聚街道	黄辛庄村	119.416 7	36.883 3	46	潜水		1		
2059	水利站供水站	122C	淮河	2009	基本站	潍坊	昌邑	石埠	水利站供水站	119.516 7	36.733 3	25	潜水		1		
2060	远东村	140A	淮河	2009	基本站	潍坊	昌邑	双台	远东村	119.283 3	36.883 3	22	潜水		1		
2061	孟洼村	141A	淮河	2009	基本站	潍坊	昌邑	都昌街道	孟洼村	119.366 7	36.800 0	33	潜水		1		
2062	乔家村	147	淮河	2008	基本站	潍坊	昌邑	宋庄	乔家村	119.516 7	36.783 3	20	潜水		1		
2063	仓街村	148	淮河	2008	基本站	潍坊	昌邑	围子	仓街村	119.516 7	36.850 0	27	潜水		1		
2064	南店村	149	淮河	2008	基本站	潍坊	昌邑	都昌街道	南店村	119.383 3	36.833 3	57	潜水		1		
2065	双台水利站	152	淮河	2008	基本站	潍坊	昌邑	双台	水利站	119.283 3	36.833 3	32	潜水		1		
2066	饮马水利站	153	淮河	2008	基本站	潍坊	昌邑	饮马	水利站	119.466 7	36.650 0	19	潜水		1		
2067	区政府	10B	淮河	2009	基本站	潍坊	坊子	区政府	区政府	119.166 7	36.650 0	25	潜水		1		
2068	红卫村	12	淮河	2008	基本站	潍坊	坊子	眉村	红卫村	119.350 0	36.700 0	27	潜水		1		
2069	前车留庄村	13	淮河	2008	基本站	潍坊	坊子	钢城街道	前车留庄村	119.250 0	36.633 3	30	潜水		1		

续附表 7

序号	测站名称	测站编码	流域	设站年份	测站属性	测站地址				经度(°E)	纬度(°N)	原井深(m)	监测层位	专用井	监测项目		
						市	县(区)	乡(镇)	村(街道)						水位	水质	水温
2070	大牟家自来水公司	17B	淮河	2009	基本站	潍坊	高密	大牟家	自来水公司	119.666 7	36.566 7	25	潜水		1		
2071	安家屯村	97B	淮河	2009	基本站	潍坊	高密	呼家庄	安家屯村	119.666 7	36.316 7	25	潜水		1		
2072	郭家南直村	114B	淮河	2009	基本站	潍坊	高密	夏庄	郭家南直村	119.833 3	36.416 7	30	潜水		1		
2073	康四村	119	淮河	2008	基本站	潍坊	高密	康庄	康四村	119.650 0	36.416 7	30	潜水		1		
2074	河崖自来水公司	120	淮河	2008	基本站	潍坊	高密	河崖	自来水公司	119.916 7	36.466 7	25	潜水		1		
2075	张氏水利站	101	淮河	2008	基本站	潍坊	寒亭	张氏	水利站	119.133 3	36.783 3	77	潜水		1		
2076	固堤水利站	102	淮河	2008	基本站	潍坊	寒亭	固堤	水利站	119.166 7	36.850 0	93	潜水		1		
2077	汇鑫水利公司	105	淮河	2008	基本站	潍坊	寒亭	开元街办	汇鑫水利公司	119.166 7	36.766 7	92	潜水		1		
2078	南孙水利站	106	淮河	2008	基本站	潍坊	寒亭	南孙	水利站	119.066 7	36.900 0	92	潜水		1		
2079	徐庄村	108	淮河	2008	基本站	潍坊	寒亭	寒亭街道	徐庄村	119.183 3	36.816 7	88	潜水		1		
2080	交通局宿舍	37	淮河	2008	基本站	潍坊	奎文	市交通局	交通局宿舍	119.150 0	36.700 0	45	潜水		1		
2081	市水利局	38	淮河	2008	基本站	潍坊	奎文	水利局	市水利局	119.116 7	36.716 7	45	潜水		1		
2082	志远小学	40	淮河	2008	基本站	潍坊	奎文	金马庄	志远小学	119.183 3	36.716 7	45	潜水		1		

续附表 7

序号	测站名称	测站编码	流域	设站年份	测站属性	测站地址				经度（°E）	纬度（°N）	原井深（m）	监测层位	专用井	监测项目		
						市	县（区）	乡（镇）	村（街道）						水位	水质	水温
2083	临朐镇教场村	70B	淮河	2009	基本站	潍坊	临朐	临朐	教场村	118.550 0	36.533 3	25	潜水		1		
2084	王家营子村	71B	淮河	2009	基本站	潍坊	临朐	杨善	王家营子村	118.500 0	36.450 0	25	潜水		1		
2085	下石埠村	86	淮河	2008	基本站	潍坊	临朐	临朐	下石埠村	118.500 0	36.516 7	30	潜水		1		
2086	芦李村	52B	淮河	2009	基本站	潍坊	青州	黄楼	芦李村	118.600 0	36.633 3	29	潜水		1		
2087	庄家村	110B	淮河	2009	基本站	潍坊	青州	谭坊	庄家村	118.683 3	36.700 0	32	潜水		1		
2088	朱良水利站	150A	淮河	2009	基本站	潍坊	青州	朱良	水利站	118.516 7	36.883 3	108	潜水		1		
2089	天桥宋村	151	淮河	2008	基本站	潍坊	青州	高柳	天桥宋村	118.483 3	36.800 0	61	潜水		1		
2090	王小村	152	淮河	2008	基本站	潍坊	青州	东夏	王小村	118.583 3	36.750 0	51	潜水		1		
2091	口埠镇吕家村	154	淮河	2008	基本站	潍坊	青州	口埠	吕家村	118.550 0	36.816 7	60	潜水		1		
2092	姜家庄村	155	淮河	2008	基本站	潍坊	青州	何官	姜家庄村	118.600 0	36.883 3	62	潜水		1		
2093	老刘村	158	淮河	2008	基本站	潍坊	青州	东夏	老刘村	118.666 7	36.750 0	50	潜水		1		
2094	自来水公司	159	淮河	2008	基本站	潍坊	青州	普通	自来水公司	118.433 3	36.700 0	60	潜水		1		
2095	云门山坡子村	162	淮河	2008	基本站	潍坊	青州	云门山办事处	坡子村	118.516 7	36.683 3	51	潜水		1		

续附表 7

序号	测站名称	测站编码	流域	设站年份	测站属性	测站地址				经度（°E）	纬度（°N）	原井深（m）	监测层位	专用井	监测项目		
						市	县（区）	乡（镇）	村（街道）						水位	水质	水温
2096	西北柴村	6A	淮河	2009	基本站	潍坊	寿光	化龙	西北柴村	118.616 7	36.983 3	40	潜水		1		
2097	广昊水利工程公司	138B	淮河	2009	基本站	潍坊	寿光	广昊水利工程公司	广昊水利工程公司	118.733 3	36.850 0	62	潜水		1		
2098	管委会	178A	淮河	2009	基本站	潍坊	寿光	孙集	管委会	118.666 7	36.816 7	70	潜水		1		
2099	鲁丽集团机械厂	184	淮河	2008	基本站	潍坊	寿光	候	鲁丽集团机械厂	118.950 0	36.950 0	55	潜水		1		
2100	汇鑫面粉厂	185	淮河	2008	基本站	潍坊	寿光	化龙	汇鑫面粉厂	118.633 3	36.933 3	40	潜水		1		
2101	金马寨村	188	淮河	2008	基本站	潍坊	寿光	圣城街办	金马寨村	118.750 0	36.850 0	55	潜水		1		
2102	稻田水利站	189	淮河	2008	基本站	潍坊	寿光	稻田	水利站	118.933 3	36.816 7	51	潜水		1		
2103	海化集团供水站	190	淮河	2008	基本站	潍坊	寿光	洛城街办	海化集团供水站	118.850 0	36.900 0	45	潜水		1		
2104	曹官庄	191	淮河	2008	基本站	潍坊	寿光	纪台	曹官庄	118.783 3	36.800 0	43	潜水		1		
2105	嘉信棉纺织公司	194	淮河	2008	基本站	潍坊	寿光	留吕	嘉信棉纺织公司	118.933 3	36.883 3	55	潜水		1		
2106	崔家	195	淮河	2008	基本站	潍坊	寿光	崔家	崔家	118.766 7	36.866 7	51	潜水		1		
2107	上口水利站	196	淮河	2008	基本站	潍坊	寿光	上口	水利站	118.866 7	36.966 7	40	潜水		1		

续附表 7

序号	测站名称	测站编码	流域	设站年份	测站属性	测站地址				经度(°E)	纬度(°N)	原井深(m)	监测层位	专用井	监测项目		
						市	县(区)	乡(镇)	村(街道)						水位	水质	水温
2108	晨鸣集团一厂	197	淮河	2008	基本站	潍坊	寿光	晨鸣集团一厂	晨鸣集团一厂	118.716 7	36.866 7	80	潜水		1		
2109	北小于河村	45	淮河	2008	基本站	潍坊	潍城	经济开发区	北小于河村	119.033 3	36.716 7	46	潜水		1		
2110	望留屯村	48	淮河	2008	基本站	潍坊	潍城	望留	望留屯村	119.033 3	36.650 0	51	潜水		1		
2111	圩河镇东毕村	49	淮河	2008	基本站	潍坊	潍城	圩河	东毕村	118.983 3	36.783 3	45	潜水		1		
2112	朱家文庄村	50	淮河	2008	基本站	潍坊	潍城	军埠口	朱家文庄村	119.083 3	36.650 0	30	潜水		1		
2113	联盛木业有限公司	34A	淮河	2009	基本站	潍坊	诸城	昌城	联盛木业有限公司	119.466 7	36.100 0	26	潜水		1		
2114	管家庄子村	77	淮河	2008	基本站	潍坊	诸城	百尺河	管家庄子村	119.533 3	36.083 3	22	潜水		1		
2115	南双庙村	79	淮河	2008	基本站	潍坊	诸城	相州	南双庙村	119.450 0	36.266 7	25	潜水		1		
2116	相州水利站	81	淮河	2008	基本站	潍坊	诸城	相州	水利站	119.400 0	36.166 7	25	潜水		1		
2117	旺远柳村	12A	淮河	1993	基本站	烟台	福山	回里	旺远柳村	121.333 3	37.383 3	26	潜水		1		
2118	西埠庄村	32	淮河	1992	基本站	烟台	福山	门楼	西埠庄村	121.233 3	37.433 3	14	潜水		1		
2119	供水公司	36	淮河	2008	基本站	烟台	福山	北五路	供水公司	121.266 7	37.516 7	20	潜水		1		
2120	卫家疃村	38	淮河	2008	基本站	烟台	福山	外夹河	卫家疃村	121.250 0	37.433 3	21	潜水		1		

续附表 7

序号	测站名称	测站编码	流域	设站年份	测站属性	测站地址				经度(°E)	纬度(°N)	原井深(m)	监测层位	专用井	监测项目		
						市	县(区)	乡(镇)	村(街道)						水位	水质	水温
2121	隆口村	39	淮河	2008	基本站	烟台	福山	高疃	隆口村	121.150 0	37.483 3	20	潜水		1		
2122	大屋村	40	淮河	2008	基本站	烟台	福山	福桃路	大屋村	121.233 3	37.450 0	21	潜水		1		
2123	永福园村	41	淮河	2008	基本站	烟台	福山	河滨路	永福园村	121.266 7	37.533 3	20	潜水		1		
2124	潘格庄村	12B	淮河	2008	基本站	烟台	海阳	留格庄	潘格庄村	121.350 0	36.766 7	15	潜水		1		
2125	北洼村	32	淮河	2008	基本站	烟台	海阳	凤城街道	北洼村	121.283 3	36.750 0	21	潜水		1		
2126	路疃村	34	淮河	2008	基本站	烟台	海阳	大阎家	路疃村	121.066 7	36.683 3	17	潜水		1		
2127	二王家村	35	淮河	2008	基本站	烟台	海阳	朱吴	二王家村	121.233 3	36.933 3	18	潜水		1		
2128	房家村	5	淮河	2008	基本站	烟台	开发区	大季家	房家村	121.033 3	37.666 7	25	潜水		1		
2129	八角办侯家村	6	淮河	2008	基本站	烟台	开发区	八角办事处	侯家村	121.100 0	37.650 0	19	潜水		1		
2130	河北村	8	淮河	2008	基本站	烟台	开发区	古现办事处	河北村	121.133 3	37.583 3	26	潜水		1		
2131	昆仑山路	9	淮河	2008	基本站	烟台	开发区	长江办事处	昆仑山路	121.216 7	37.550 0	25	潜水		1		
2132	花岩村	10	淮河	2008	基本站	烟台	开发区	古现办事处	花岩村	121.100 0	37.600 0	26	潜水		1		
2133	马山村	1	淮河	2009	基本站	烟台	莱山	马山村	马山村	121.516 7	37.416 7	70	潜水		1		
2134	经济开发区	4	淮河	2008	基本站	烟台	莱山	经济开发区	经济开发区	121.400 0	37.416 7	70	潜水		1		
2135	大河口村	16A	淮河	2008	基本站	烟台	莱阳	万第	大河口村	120.850 0	36.900 0	15	潜水		1		

续附表 7

序号	测站名称	测站编码	流域	设站年份	测站属性	测站地址				经度(°E)	纬度(°N)	原井深(m)	监测层位	专用井	监测项目		
						市	县(区)	乡(镇)	村(街道)						水位	水质	水温
2136	大陶漳小学	40	淮河	2008	基本站	烟台	莱阳	照旺庄	大陶漳小学	120.766 7	36.950 0	15	潜水		1		
2137	前淳于农机站	41	淮河	2008	基本站	烟台	莱阳	照旺庄	前淳于农机站	120.766 7	36.866 7	15	潜水		1		
2138	崔疃村	42	淮河	2008	基本站	烟台	莱阳	团旺	崔疃村	120.666 7	36.750 0	16	潜水		1		
2139	东富山小学	43	淮河	2008	基本站	烟台	莱阳	穴坊	东富山小学	120.700 0	36.700 0	16	潜水		1		
2140	柳沟村委	45	淮河	2008	基本站	烟台	莱阳	古柳街办	柳沟村委	120.683 3	36.933 3	15	潜水		1		
2141	东关村	25A	淮河	1988	基本站	烟台	莱州	文昌路街办	东关村	119.950 0	37.183 3	27	潜水		1		
2142	石埠村	27A	淮河	2008	基本站	烟台	莱州	沙河	石埠村	119.816 7	37.050 0	30	潜水		1		
2143	三间房村	38A	淮河	1987	基本站	烟台	莱州	城港路街办	三间房村	119.950 0	37.250 0	32	潜水		1		
2144	徐家院村	46A	淮河	1991	基本站	烟台	莱州	朱桥	徐家院村	120.116 7	37.350 0	19	潜水		1		
2145	保旺王家村	47A	淮河	1989	基本站	烟台	莱州	朱桥	保旺王家村	120.116 7	37.300 0	30	潜水		1		
2146	宁家村	50A	淮河	2008	基本站	烟台	莱州	虎头崖	宁家村	119.883 3	37.150 0	25	潜水		1		
2147	汪里村	56B	淮河	2008	基本站	烟台	莱州	三山岛街办	汪里村	119.866 7	37.350 0	12	潜水		1		
2148	诸冯村	57	淮河	1989	基本站	烟台	莱州	三山岛街办	诸冯村	120.016 7	37.316 7	30	潜水		1		
2149	后杨村	63	淮河	1985	基本站	烟台	莱州	朱桥	后杨村	120.066 7	37.383 3	35	潜水		1		
2150	后桥村	64	淮河	1985	基本站	烟台	莱州	虎头崖	后桥村	119.783 3	37.116 7	31	潜水		1		

续附表 7

序号	测站名称	测站编码	流域	设站年份	测站属性	测站地址				经度(°E)	纬度(°N)	原井深(m)	监测层位	专用井	监测项目		
						市	县(区)	乡(镇)	村(街道)						水位	水质	水温
2151	朱旺村	71	淮河	1988	基本站	烟台	莱州	城港路街办	朱旺村	119.916 7	37.266 7	25	潜水		1		
2152	过西水利站	73	淮河	1989	基本站	烟台	莱州	三山岛街办	过西水利站	119.950 0	37.333 3	32	潜水		1		
2153	三岔口村	76	淮河	2010	基本站	烟台	莱州	驿道	三岔口村	120.166 7	37.183 3	30	潜水		1		
2154	土山镇	77	淮河	2008	基本站	烟台	莱州	土山	土山镇镇政府	119.683 3	37.066 7	15	潜水		1		
2155	后苏村	78	淮河	2008	基本站	烟台	莱州	程郭	后苏村	120.000 0	37.250 0	30	潜水		1		
2156	坡子村	79	淮河	2008	基本站	烟台	莱州	柞村	坡子村	119.950 0	37.100 0	18	潜水		1		
2157	三山岛街道	80	淮河	2008	基本站	烟台	莱州	三山岛街道	三山岛街道办事处	120.000 0	37.366 7	20	潜水		1		
2158	永安里村	29	淮河	1985	基本站	烟台	牟平	宁海	永安里村	121.600 0	37.383 3	19	潜水		1		
2159	官庄村	41	淮河	2008	基本站	烟台	牟平	武宁	官庄村	121.566 7	37.383 3	30	潜水		1		
2160	尹宋周村	42	淮河	2008	基本站	烟台	牟平	大窑	尹宋周村	121.633 3	37.416 7	28	潜水		1		
2161	莒城村	43	淮河	2008	基本站	烟台	牟平	大窑	莒城村	121.666 7	37.433 3	44	潜水		1		
2162	金海湾饲料厂	44	淮河	2008	基本站	烟台	牟平	姜格庄	金海湾饲料厂	121.916 7	37.466 7	26	潜水		1		
2163	星石泊村	45	淮河	2008	基本站	烟台	牟平	龙泉	星石泊村	121.766 7	37.383 3	15	潜水		1		
2164	供水站	47	淮河	2008	基本站	烟台	牟平	武宁	供水站	121.550 0	37.350 0	11	潜水		1		
2165	辛安村	48	淮河	2008	基本站	烟台	牟平	武宁	辛安村	121.550 0	37.400 0	19	潜水		1		

续附表 7

序号	测站名称	测站编码	流域	设站年份	测站属性	测站地址				经度(°E)	纬度(°N)	原井深(m)	监测层位	专用井	监测项目		
						市	县(区)	乡(镇)	村(街道)						水位	水质	水温
2166	龙山店村	10D	淮河	2008	基本站	烟台	蓬莱	大辛店	龙山店村	120.850 0	37.700 0	14	潜水		1		
2167	易三小学	22	淮河	2008	基本站	烟台	蓬莱	城区钟楼北路	易三小学	120.750 0	37.816 7	19	潜水		1		
2168	小门家镇	24	淮河	2008	基本站	烟台	蓬莱	小门家	小门家镇镇政府	120.800 0	37.616 7	12	潜水		1		
2169	陈家沟村	25	淮河	2008	基本站	烟台	蓬莱	村里集	陈家沟村	120.783 3	37.533 3	14	潜水		1		
2170	大柳行镇	26	淮河	2008	基本站	烟台	蓬莱	大柳行	大柳行镇镇政府	121.050 0	37.600 0	15	潜水		1		
2171	崖下村	27	淮河	2008	基本站	烟台	蓬莱	潮水	崖下村	120.950 0	37.650 0	22	潜水		1		
2172	庄院街道	32	淮河	2008	基本站	烟台	栖霞	庄院街道	庄院街道办事处	120.850 0	37.316 7	35	潜水		1		
2173	荆子埠村	35	淮河	2008	基本站	烟台	栖霞	铁口	荆子埠村	121.200 0	37.250 0	34	潜水		1		
2174	前铺村	36	淮河	2008	基本站	烟台	栖霞	松山	前铺村	120.900 0	37.433 3	29	潜水		1		
2175	山前村	1	淮河	1990	基本站	烟台	长岛	南长山	山前村	120.750 0	37.900 0	100	潜水		1		
2176	乐园村	2	淮河	1990	基本站	烟台	长岛	南长山	乐园村	120.733 3	37.916 7	100	潜水		1		
2177	王沟村	S-4	淮河	1990	基本站	烟台	长岛	南长山	王沟村	120.750 0	37.933 3	105	潜水		1		
2178	鹊嘴村	5A	淮河	1993	基本站	烟台	长岛	南长山	鹊嘴村	120.733 3	37.916 7	35	潜水		1		
2179	获沟村	6	淮河	1990	基本站	烟台	长岛	南长山	获沟村	120.733 3	37.933 3	15	潜水		1		
2180	连城村	S-9	淮河	1990	基本站	烟台	长岛	南长山	连城村	120.733 3	37.950 0	107	潜水		1		

续附表 7

序号	测站名称	测站编码	流域	设站年份	测站属性	测站地址				经度(°E)	纬度(°N)	原井深(m)	监测层位	专用井	监测项目		
						市	县(区)	乡(镇)	村(街道)						水位	水质	水温
2181	北城村	S-10	淮河	1990	基本站	烟台	长岛	北长山	北城村	120.716 7	37.966 7	110	潜水		1		
2182	嵩前村	S-11	淮河	1990	基本站	烟台	长岛	北长山	嵩前村	120.716 7	37.983 3	120	潜水		1		
2183	店子村	12	淮河	1990	基本站	烟台	长岛	北长山	店子村	120.700 0	37.983 3	85	潜水		1		
2184	后沟村	S-13	淮河	1995	基本站	烟台	长岛	南长山	后沟村	120.750 0	37.916 7	110	潜水		1		
2185	小宋家村	3A	淮河	1990	基本站	烟台	招远	辛庄	小宋家村	120.216 7	37.500 0	47	潜水		1		
2186	北坞党村	21C	淮河	1999	基本站	烟台	招远	泉山办事处	北坞党村	120.400 0	37.333 3	6	潜水		1		
2187	考家村	22A	淮河	1990	基本站	烟台	招远	梦芝办事处	考家村	120.400 0	37.383 3	11	潜水		1		
2188	阎家村	23A	淮河	1990	基本站	烟台	招远	阜山	阎家村	120.500 0	37.266 7	7	潜水		1		
2189	下林庄	24B	淮河	1990	基本站	烟台	招远	齐山	下林庄	120.466 7	37.216 7	4	潜水		1		
2190	朱家庄村	26A	淮河	1990	基本站	烟台	招远	毕郭	朱家庄村	120.500 0	37.200 0	8	潜水		1		
2191	庙子夼村	28A	淮河	1990	基本站	烟台	招远	毕郭	庙子夼村	120.450 0	37.133 3	7	潜水		1		
2192	年头宋家村	31A	淮河	1998	基本站	烟台	招远	张星	年头宋家村	120.383 3	37.466 7	18	潜水		1		
2193	小疃村	32A	淮河	1990	基本站	烟台	招远	张星	小疃村	120.350 0	37.433 3	15	潜水		1		
2194	轻工学校	31A	淮河	2008	基本站	烟台	芝罘	幸福	轻工学校	121.316 7	37.566 7	30	潜水		1		
2195	东托村	18	淮河	1974	基本站	枣庄	高新	兴仁办事处	东托村	117.300 0	34.800 0	6	潜水		1		
2196	东曲柏村	22A	淮河	2008	基本站	枣庄	高新	兴仁办事处	东曲柏村	117.300 0	34.850 0	10	潜水		1		

续附表 7

序号	测站名称	测站编码	流域	设站年份	测站属性	测站地址				经度(°E)	纬度(°N)	原井深(m)	监测层位	专用井	监测项目		
						市	县(区)	乡(镇)	村(街道)						水位	水质	水温
2197	西石沟	52	淮河	1981	基本站	枣庄	高新	兴城办事处	西石沟	117.316 7	34.850 0	9	潜水		1		
2198	李时村	47A	淮河	2016	基本站	枣庄	山亭	城头	李时村	117.266 7	35.116 7	80	潜水		1		
2199	东城头村	48B	淮河	2017	基本站	枣庄	山亭	城头	东城头村	117.300 0	35.150 0	19	潜水		1		
2200	石龙口村	63	淮河	1974	基本站	枣庄	山亭	山城办事处	石龙口村	117.466 7	35.083 3	34	潜水		1		
2201	徐庄镇徐庄村	66	淮河	1974	基本站	枣庄	山亭	徐庄	徐庄村	117.583 3	35.050 0	7	潜水		1		
2202	东庄新村	90A	淮河	2016	基本站	枣庄	山亭	西集	东庄新村	117.433 3	34.966 7	42	潜水		1		
2203	下庄村	1	淮河	1984	基本站	枣庄	市中	永安	下庄村	117.483 3	34.833 3	130	潜水		1		
2204	蔡庄村	2	淮河	1984	基本站	枣庄	市中	永安	蔡庄村	117.466 7	34.833 3	100	潜水		1		
2205	遗棠村	53A	淮河	1998	基本站	枣庄	市中	永安	遗棠村	117.483 3	34.850 0	110	潜水		1		
2206	前马家村	9	淮河	1975	基本站	枣庄	台儿庄	涧头集	前马家村	117.566 7	34.483 3	19	潜水		1		
2207	鹿家荒村	14	淮河	1975	基本站	枣庄	台儿庄	张山子	鹿家荒村	117.500 0	34.483 3	21	潜水		1		
2208	侯孟村	15	淮河	1975	基本站	枣庄	台儿庄	张山子	侯孟村	117.483 3	34.516 7	10	潜水		1		
2209	张山子村	20	淮河	1975	基本站	枣庄	台儿庄	张山子	张山子村	117.433 3	34.550 0	8	潜水		1		
2210	荀庄村	27A	淮河	1985	基本站	枣庄	台儿庄	邳庄	荀庄村	117.783 3	34.616 7	4	潜水		1		
2211	南洛村	32	淮河	1975	基本站	枣庄	台儿庄	马兰屯	南洛村	117.700 0	34.616 7	7	潜水		1		

续附表 7

序号	测站名称	测站编码	流域	设站年份	测站属性	测站地址				经度（°E）	纬度（°N）	原井深（m）	监测层位	专用井	监测项目		
						市	县（区）	乡（镇）	村（街道）						水位	水质	水温
2212	彭楼村	33C	淮河	2011	基本站	枣庄	台儿庄	马兰屯	彭楼村	117.700 0	34.583 3	25	潜水		1		
2213	西兰城村	42B	淮河	2004	基本站	枣庄	台儿庄	泥沟	西兰城村	117.716 7	34.650 0	20	潜水		1		
2214	薛庄村	51A	淮河	2013	基本站	枣庄	台儿庄	涧头集	薛庄村	117.650 0	34.533 3	21	潜水		1		
2215	红东村	53	淮河	1988	基本站	枣庄	台儿庄	泥沟	红东村	117.716 7	34.700 0	23	潜水		1		
2216	泥沟水利站	54A	淮河	2009	基本站	枣庄	台儿庄	泥沟	泥沟水利站	117.666 7	34.666 7	28	潜水		1		
2217	马兰村	55A	淮河	2006	基本站	枣庄	台儿庄	马兰屯	马兰村	117.650 0	34.616 7	22	潜水		1		
2218	水利局	56	淮河	1991	基本站	枣庄	台儿庄	台儿庄	水利局	117.733 3	34.566 7	20	潜水		1		
2219	颜庄村	57	淮河	2000	基本站	枣庄	台儿庄	涧头集	颜庄村	117.566 7	34.533 3	58	潜水		1		
2220	民生庄	3A	淮河	1986	基本站	枣庄	滕州	滨湖	民生庄	116.950 0	35.133 3	32	潜水		1		
2221	胡楼村	4B	淮河	2014	基本站	枣庄	滕州	大坞	胡楼村	117.000 0	35.166 7	28	潜水		1		
2222	杜庄村	8B	淮河	1990	基本站	枣庄	滕州	界河	杜庄村	117.066 7	35.166 7	28	潜水		1		
2223	庄里东村	12	淮河	1975	基本站	枣庄	滕州	姜屯	庄里东村	117.066 7	35.050 0	30	潜水		1		
2224	严村	17A	淮河	1986	基本站	枣庄	滕州	滨湖	严村	116.933 3	35.083 3	22	潜水		1		
2225	后王晁村	18B	淮河	1994	基本站	枣庄	滕州	级索	后王晁村	116.950 0	35.033 3	24	潜水		1		
2226	西岗水利站	20B	淮河	1997	基本站	枣庄	滕州	西岗	水利站	117.033 3	34.983 3	29	潜水		1		
2227	李庄村	21	淮河	1975	基本站	枣庄	滕州	西岗	李庄村	116.966 7	34.983 3	24	潜水		1		

续附表 7

序号	测站名称	测站编码	流域	设站年份	测站属性	测站地址				经度（°E）	纬度（°N）	原井深（m）	监测层位	专用井	监测项目		
						市	县(区)	乡(镇)	村(街道)						水位	水质	水温
2228	东祝陈村	24A	淮河	1991	基本站	枣庄	滕州	西岗	东祝陈村	117.083 3	34.966 7	27	潜水		1		
2229	高庙村	25	淮河	1975	基本站	枣庄	滕州	西岗	高庙村	117.066 7	35.000 0	27	潜水		1		
2230	南彭庄村	30	淮河	1975	基本站	枣庄	滕州	张汪	南彭庄村	117.116 7	34.933 3	29	潜水		1		
2231	沙岗村	33A	淮河	2016	基本站	枣庄	滕州	柴胡店	沙岗村	117.216 7	34.866 7	15	潜水		1		
2232	上徐村	36	淮河	1975	基本站	枣庄	滕州	南沙河	上徐村	117.200 0	35.000 0	11	潜水		1		
2233	张街村	38A	淮河	1986	基本站	枣庄	滕州	东沙河	张街村	117.216 7	35.066 7	9	潜水		1		
2234	俞寨村	41A	淮河	1991	基本站	枣庄	滕州	北辛办事处	俞寨村	117.216 7	35.116 7	17	潜水		1		
2235	龙阳村	43A	淮河	1990	基本站	枣庄	滕州	龙阳	龙阳村	117.166 7	35.166 7	30	潜水		1		
2236	邵疃村	46B	淮河	2015	基本站	枣庄	滕州	东郭	邵疃村	117.266 7	35.150 0	85	潜水		1		
2237	小赵庄后村	59A	淮河	2015	基本站	枣庄	滕州	羊庄	小赵庄后村	117.366 7	35.000 0	90	潜水		1		
2238	西万院村	78A	淮河	1986	基本站	枣庄	滕州	界河	西万院村	117.083 3	35.216 7	28	潜水		1		
2239	彭庄村	80	淮河	1980	基本站	枣庄	滕州	级索	彭庄村	117.016 7	35.050 0	25	潜水		1		
2240	小坞村	81	淮河	1980	基本站	枣庄	滕州	大坞	小坞村	116.966 7	35.116 7	45	潜水		1		
2241	前皇甫村	84	淮河	1980	基本站	枣庄	滕州	鲍沟	前皇甫村	117.150 0	35.000 0	19	潜水		1		
2242	西明村	85	淮河	1980	基本站	枣庄	滕州	东郭	西明村	117.216 7	35.200 0	19	潜水		1		
2243	邵庄村	91	淮河	1981	基本站	枣庄	滕州	大坞	邵庄村	117.000 0	35.083 3	29	潜水		1		

续附表 7

序号	测站名称	测站编码	流域	设站年份	测站属性	测站地址				经度（°E）	纬度（°N）	原井深（m）	监测层位	专用井	监测项目		
						市	县（区）	乡（镇）	村（街道）						水位	水质	水温
2244	洪绪水利站	92A	淮河	1986	基本站	枣庄	滕州	洪绪	水利站	117.116 7	35.050 0	30	潜水		1		
2245	王开村	94	淮河	1981	基本站	枣庄	滕州	善南办事处	王开村	117.183 3	35.033 3	21	潜水		1		
2246	后十里岗村	95	淮河	1981	基本站	枣庄	滕州	荆河办事处	后十里岗村	117.116 7	35.116 7	20	潜水		1		
2247	和福村	96	淮河	1984	基本站	枣庄	滕州	大坞	和福村	117.000 0	35.133 3	28	潜水		1		
2248	涝坡村	100	淮河	1991	基本站	枣庄	滕州	木石	涝坡村	117.266 7	35.000 0	28	潜水		1		
2249	姜屯水利站	133	淮河	1986	基本站	枣庄	滕州	姜屯	水利站	117.066 7	35.100 0	25	潜水		1		
2250	张汪	134B	淮河	2015	基本站	枣庄	滕州	张汪	张汪	117.166 7	34.883 3	25	潜水		1		
2251	马王村	136	淮河	1990	基本站	枣庄	滕州	北辛办事处	马王村	117.166 7	35.133 3	15	潜水		1		
2252	下王庄村	139	淮河	1991	基本站	枣庄	滕州	滨湖	下王庄村	116.883 3	35.116 7	30	潜水		1		
2253	夏楼村	140	淮河	1992	基本站	枣庄	滕州	张汪	夏楼村	117.166 7	34.916 7	23	潜水		1		
2254	峄庄村	141	淮河	1994	基本站	枣庄	滕州	大坞	峄庄村	117.016 7	35.133 3	41	潜水		1		
2255	大彦东村	142	淮河	1995	基本站	枣庄	滕州	姜屯	大彦东村	117.100 0	35.083 3	31	潜水		1		
2256	马庄村	5	淮河	1975	基本站	枣庄	薛城	邹坞	马庄村	117.400 0	34.883 3	8	潜水		1		
2257	中金马村	12	淮河	1975	基本站	枣庄	薛城	周营	中金马村	117.350 0	34.700 0	6	潜水		1		
2258	南于村	13	淮河	1974	基本站	枣庄	薛城	张范	南于村	117.450 0	34.816 7	42	潜水		1		
2259	陶庄镇夏庄	26A	淮河	2002	基本站	枣庄	薛城	陶庄	夏庄村	117.283 3	34.866 7	15	潜水		1		

续附表 7

序号	测站名称	测站编码	流域	设站年份	测站属性	测站地址				经度(°E)	纬度(°N)	原井深(m)	监测层位	专用井	监测项目		
						市	县(区)	乡(镇)	村(街道)						水位	水质	水温
2260	西仓村	27	淮河	1974	基本站	枣庄	薛城	陶庄	西仓村	117.233 3	34.833 3	20	潜水		1		
2261	西五村	28	淮河	1975	基本站	枣庄	薛城	沙沟	西五村	117.283 3	34.733 3	6	潜水		1		
2262	沙沟镇	30A	淮河	1989	基本站	枣庄	薛城	沙沟	沙沟镇镇政府	117.333 3	34.750 0	6	潜水		1		
2263	小甘林村	58	淮河	1981	基本站	枣庄	薛城	邹坞	小甘林村	117.450 0	34.866 7	11	潜水		1		
2264	东邹坞村	62	淮河	1984	基本站	枣庄	薛城	邹坞	东邹坞村	117.433 3	34.850 0	6	潜水		1		
2265	东李庄村	63	淮河	1988	基本站	枣庄	薛城	周营	东李庄村	117.416 7	34.683 3	5	潜水		1		
2266	大明官庄村	1	淮河	1975	基本站	枣庄	峄城	榴园	大明官庄村	117.450 0	34.750 0	12	潜水		1		
2267	七里店村	8	淮河	1975	基本站	枣庄	峄城	吴林办事处	七里店村	117.633 3	34.766 7	12	潜水		1		
2268	天柱山村	11	淮河	1975	基本站	枣庄	峄城	吴林办事处	天柱山村	117.633 3	34.700 0	8	潜水		1		
2269	上屯村	13	淮河	1977	基本站	枣庄	峄城	阴平	上屯村	117.500 0	34.666 7	12	潜水		1		
2270	曹庄粮所	18B	淮河	2013	基本站	枣庄	峄城	古邵	曹庄粮所	117.450 0	34.600 0	7	潜水		1		
2271	小南庄村	20	淮河	1976	基本站	枣庄	峄城	阴平	小南庄村	117.550 0	34.666 7	27	潜水		1		
2272	八里屯村	25B	淮河	2001	基本站	枣庄	峄城	榴园	八里屯村	117.533 3	34.750 0	26	潜水		1		
2273	侯流井村	33	淮河	1975	基本站	枣庄	峄城	峨山	侯流井村	117.733 3	34.800 0	12	潜水		1		
2274	朱村	35	淮河	1975	基本站	枣庄	峄城	榴园	朱村	117.483 3	34.766 7	14	潜水		1		
2275	后虎里埠村	36	淮河	1978	基本站	枣庄	峄城	古邵	后虎里埠村	117.566 7	34.616 7	7	潜水		1		

续附表 7

序号	测站名称	测站编码	流域	设站年份	测站属性	测站地址				经度(°E)	纬度(°N)	原井深(m)	监测层位	专用井	监测项目		
						市	县(区)	乡(镇)	村(街道)						水位	水质	水温
2276	底阁村	40	淮河	1981	基本站	枣庄	峄城	底阁	底阁村	117.800 0	34.700 0	4	潜水		1		
2277	西匡谈村	41	淮河	1981	基本站	枣庄	峄城	榴园	西匡谈村	117.516 7	34.733 3	9	潜水		1		
2278	青城镇码头	2	淮河	1975	基本站	淄博	高青	青城	码头	117.616 7	37.200 0	6	潜水		1		
2279	王矮子	6	淮河	1975	基本站	淄博	高青	黑里寨	王矮子	117.650 0	37.116 7	5	潜水		1		
2280	堤下孟南	10B	淮河	2005	基本站	淄博	高青	常家	堤下孟南	117.783 3	37.233 3	27	潜水		1		
2281	田镇乔家	13	淮河	1975	基本站	淄博	高青	田	乔家	117.833 3	37.133 3	7	潜水		1		
2282	新庄	17	淮河	1975	基本站	淄博	高青	高城	新庄	118.000 0	37.116 7	15	潜水		1		
2283	河沟张	24B	淮河	2005	基本站	淄博	高青	木李	河沟张	117.666 7	37.233 3	12	潜水		1		
2284	西段	29	淮河	1975	基本站	淄博	高青	黑里寨	西段	117.666 7	37.083 3	7	潜水		1		
2285	岳家	32	淮河	1975	基本站	淄博	高青	花沟	岳家	117.750 0	37.150 0	8	潜水		1		
2286	宁家	36A	淮河	2005	基本站	淄博	高青	田	宁家	117.800 0	37.183 3	16	潜水		1		
2287	西高家	44	淮河	1975	基本站	淄博	高青	唐坊	西高家	118.000 0	37.233 3	4	潜水		1		
2288	新沙李	61B	淮河	2005	基本站	淄博	高青	常家	新沙李	117.866 7	37.250 0	7	潜水		1		
2289	前展	74A	淮河	2000	基本站	淄博	高青	唐坊	前展	118.016 7	37.166 7	15	潜水		1		
2290	信家	90	淮河	1981	基本站	淄博	高青	高城	信家	117.850 0	37.116 7	26	潜水		1		

续附表 7

序号	测站名称	测站编码	流域	设站年份	测站属性	测站地址				经度(°E)	纬度(°N)	原井深(m)	监测层位	专用井	监测项目		
						市	县(区)	乡(镇)	村(街道)						水位	水质	水温
2291	前石门	92B	淮河	1993	基本站	淄博	高青	花沟	前石门	117.733 3	37.083 3	18	潜水		1		
2292	孟君寺	93A	淮河	1997	基本站	淄博	高青	唐坊	孟君寺	118.050 0	37.183 3	7	潜水		1		
2293	贾庄	94	淮河	1984	基本站	淄博	高青	黑里寨	贾庄	117.733 3	37.083 3	6	潜水		1		
2294	唐坊中学	96	淮河	1985	基本站	淄博	高青	唐坊中学	唐坊中学	118.000 0	37.183 3	16	潜水		1		
2295	官西村	2A	淮河	2000	基本站	淄博	桓台	果里	官西村	118.116 7	36.900 0	35	潜水		1		
2296	东果里村	5	淮河	1975	基本站	淄博	桓台	果里	东果里村	118.083 3	36.900 0	30	潜水		1		
2297	前毕村	26	淮河	1975	基本站	淄博	桓台	索	前毕村	118.133 3	36.950 0	50	潜水		1		
2298	小庞村	39	淮河	1975	基本站	淄博	桓台	田庄	小庞村	117.983 3	36.966 7	38	潜水		1		
2299	冯马村	48	淮河	1975	基本站	淄博	桓台	马桥	冯马村	117.833 3	37.033 3	40	潜水		1		
2300	付庙村	60	淮河	1975	基本站	淄博	桓台	起凤	付庙村	118.033 3	37.066 7	44	潜水		1		
2301	陈庄水利站	64A	淮河	1994	基本站	淄博	桓台	陈庄	水利站	117.916 7	37.016 7	35	潜水		1		
2302	夏一村	70	淮河	1978	基本站	淄博	桓台	起凤	夏一村	118.116 7	37.066 7	44	潜水		1		
2303	侯庄	75A	淮河	1993	基本站	淄博	桓台	果里	侯庄	118.133 3	36.900 0	35	潜水		1		
2304	索镇水利站	79A	淮河	1990	基本站	淄博	桓台	索	水利站	118.116 7	36.966 7	32	潜水		1		
2305	木合村	80	淮河	1982	基本站	淄博	桓台	索	木合村	118.100 0	36.983 3	35	潜水		1		

续附表 7

序号	测站名称	测站编码	流域	设站年份	测站属性	测站地址				经度(°E)	纬度(°N)	原井深(m)	监测层位	专用井	监测项目		
						市	县(区)	乡(镇)	村(街道)						水位	水质	水温
2306	中薛村	82	淮河	1982	基本站	淄博	桓台	陈庄	中薛村	117.883 3	37.016 7	20	潜水		1		
2307	里仁村	83A	淮河	1992	基本站	淄博	桓台	荆家	里仁村	117.950 0	37.066 7	30	潜水		1		
2308	岔河水文站	86A	淮河	1993	基本站	淄博	桓台	马桥	岔河水文站	117.916 7	37.066 7	13	潜水		1		
2309	西贾村	90	淮河	1990	基本站	淄博	桓台	新城	西贾村	117.916 7	36.966 7	30	潜水		1		
2310	槐务村	2A	淮河	1990	基本站	淄博	临淄	朱台	槐务村	118.183 3	36.950 0	70	潜水		1		
2311	李家村	4	淮河	1975	基本站	淄博	临淄	敬仲	李家村	118.316 7	36.966 7	100	潜水		1		
2312	朱台水利站	6A	淮河	1990	基本站	淄博	临淄	朱台	水利站	118.250 0	36.950 0	55	潜水		1		
2313	水利站	10A	淮河	1994	基本站	淄博	临淄	凤凰	水利站	118.233 3	36.883 3	98	潜水		1		
2314	前孔村	13A	淮河	1993	基本站	淄博	临淄	皇城	前孔村	118.416 7	36.916 7	90	潜水		1		
2315	东上村	14	淮河	1975	基本站	淄博	临淄	皇城	东上村	118.483 3	36.916 7	98	潜水		1		
2316	耿王村	16	淮河	1975	基本站	淄博	临淄	稷下办事处	耿王村	118.283 3	36.850 0	59	潜水		1		
2317	兽医站	17	淮河	1975	基本站	淄博	临淄	齐都	兽医站	118.350 0	36.850 0	59	潜水		1		
2318	灯笼村	18A	淮河	1993	基本站	淄博	临淄	皇城	灯笼村	118.400 0	36.866 7	39	潜水		1		
2319	王桥村	29B	淮河	1990	基本站	淄博	临淄	凤凰	王桥村	118.233 3	36.833 3	80	潜水		1		
2320	位家村	41	淮河	1991	基本站	淄博	临淄	稷下办事处	位家村	118.350 0	36.833 3	85	潜水		1		

续附表 7

序号	测站名称	测站编码	流域	设站年份	测站属性	测站地址				经度(°E)	纬度(°N)	原井深(m)	监测层位	专用井	监测项目		
						市	县(区)	乡(镇)	村(街道)						水位	水质	水温
2321	院上村	1	淮河	1975	基本站	淄博	张店	房	院上村	117.950 0	36.866 7	23	潜水		1		
2322	钟家村	6A	淮河	1992	基本站	淄博	张店	房	钟家村	117.950 0	36.833 3	45	潜水		1		
2323	下湖村	13	淮河	1976	基本站	淄博	张店	湖田	下湖村	118.116 7	36.783 3	29	潜水		1		
2324	九级村	49	淮河	2004	基本站	淄博	张店	马尚	九级村	118.016 7	36.816 7	60	潜水		1		
2325	营子村	50	淮河	2004	基本站	淄博	张店	付家	营子村	118.000 0	36.783 3	25	潜水		1		
2326	大姜水利站	6A	淮河	1991	基本站	淄博	周村	北郊	大姜水利站	117.916 7	36.866 7	30	潜水		1		
2327	义和村	10B	淮河	1996	基本站	淄博	周村	城北办事处	义和村	117.833 3	36.833 3	50	潜水		1		
2328	太平村	12A	淮河	1992	基本站	淄博	周村	北郊	太平村	117.900 0	36.833 3	35	潜水		1		
2329	南营村	13	淮河	1980	基本站	淄博	周村	北郊	南营村	117.916 7	36.816 7	15	潜水		1		
2330	石庙村	21C	淮河	1994	基本站	淄博	周村	城北办事处	石庙村	117.850 0	36.816 7	32	潜水		1		
2331	小房村	23A	淮河	1994	基本站	淄博	周村	城北办事处	小房村	117.866 7	36.833 3	50	潜水		1		
2332	北旺村	24	淮河	1992	基本站	淄博	周村	北郊	北旺村	117.900 0	36.800 0	19	潜水		1		
2333	夏庄村	7	淮河	1979	基本站	淄博	淄川	黄家铺	夏庄村	117.966 7	36.666 7	11	潜水		1		
2334	法家村	9	淮河	1979	基本站	淄博	淄川	双杨	法家村	117.966 7	36.716 7	14	潜水		1		
2335	大邢村	12	淮河	1979	基本站	淄博	淄川	商家	大邢村	117.866 7	36.650 0	6	潜水		1		
2336	羊栏村	14	淮河	1979	基本站	淄博	淄川	双杨	羊栏村	118.000 0	36.700 0	30	潜水		1		

附表8　山东省墒情站基本情况一览

序号	测站名称	测站编码	设站年份	测站地址				经度(°E)	纬度(°N)	墒情监测方式	所在区域
				市	县(区)	乡(镇)	村(街道)				
1	白鹤观闸上	31102701	1971	滨州	无棣	车王	杨家邢王	117.620 3	37.895 8	人工监测	内陆河
2	堡集闸上	31104101	1971	滨州	滨城	三河湖	正杨后	117.856 4	37.504 2	人工监测	内陆河
3	惠民	31127088	1972	滨州	惠民	孙武	大崔家	117.496 7	37.471 1	人工监测	内陆河
4	阳信	31127450	1962	滨州	阳信	信城	大刘	117.569 4	37.636 9	人工监测	内陆河
5	富国	31127550	1955	滨州	沾化	富国	富国	118.122 2	37.694 7	人工监测	内陆河
6	北镇	31127950	1962	滨州	滨城	市西	康家	118.011 0	37.379 2	人工监测	内陆河
7	博兴	41820450	1953	滨州	博兴	锦秋	西关	118.150 0	37.150 0	人工监测	内陆河
8	九户	41822100	1965	滨州	邹平	九户	九户	117.624 7	37.038 9	人工监测	内陆河
9	陵城	31122100	1960	德州	陵城	安德	芦坊	116.566 7	37.333 3	人工监测	内陆河
10	宁津	31122350	1954	德州	宁津	宁城	安业	116.786 3	37.652 5	人工监测	内陆河
11	化家	31122400	1982	德州	乐陵	化楼	王桥	117.009 1	37.556 6	人工监测	内陆河
12	李家桥闸上	31101201	1972	德州	德城	黄河涯	李家桥	116.358 5	37.281 1	人工监测	内陆河
13	大道王闸上	31101901	1970	德州	庆云	常家	大道王	117.451 2	37.801 5	人工监测	内陆河
14	郑店闸上	31102601	1972	德州	乐陵	郑店	郑店	117.160 1	37.484 9	人工监测	内陆河
15	禹城	31103601	1957	德州	禹城	市中	泺清	116.616 7	36.933 3	人工监测	内陆河
16	宫家闸上	31103801	1970	德州	临邑	临南	宫家	116.816 8	36.996 5	人工监测	内陆河
17	四女寺闸上	31000301	1930	德州	武城	四女寺	四女寺	116.235 8	37.361 9	人工监测	内陆河
18	老武城	31031850	1952	德州	武城	老城	三义	115.893 3	37.145 7	人工监测	内陆河
19	夏津	31121500	1950	德州	夏津	银城	泰和	115.995 3	36.948 4	人工监测	内陆河

续附表 8

序号	测站名称	测站编码	设站年份	测站地址				经度(°E)	纬度(°N)	墒情监测方式	所在区域
				市	县(区)	乡(镇)	村(街道)				
20	晏城	31126350	1973	德州	齐河	晏城	东宋	116.765 8	36.800 4	人工监测	内陆河
21	王营	41800101	1967	东营	东营	牛庄	王营	118.479 2	37.311 5	人工监测	内陆河
22	石村	41801501	1954	东营	广饶	石村	三合	118.446 5	37.139 8	人工监测	内陆河
23	利津	31128050	2008	东营	利津	盐窝	西盖家庄	118.437 2	37.697 9	人工监测	内陆河
24	义和庄	31128200	1963	东营	河口	义和	胜利	118.319 4	37.895 4	人工监测	内陆河
25	永安镇	41820100	1965	东营	垦利	永安	五村	118.743 4	37.565 0	人工监测	内陆河
26	魏楼闸	51211801	1971	菏泽	牡丹	安兴	魏楼	115.683 3	35.366 7	人工监测	内陆河
27	马庄闸	51213301	1972	菏泽	牡丹	佃户屯	马庄	115.500 0	35.183 3	人工监测	内陆河
28	张庄闸	51213701	1972	菏泽	成武	苟村	蜜蜂刘	116.000 0	34.966 7	人工监测	内陆河
29	李庙闸	51213901	1971	菏泽	曹县	砖庙	李庙	115.450 0	34.916 7	人工监测	内陆河
30	黄寺	51214001	1968	菏泽	单县	李新庄	黄寺	116.066 7	34.866 7	人工监测	内陆河
31	郓城	51229650	1953	菏泽	郓城	郓城	东代庄	115.933 3	35.600 0	人工监测	内陆河
32	箕山	51229900	1964	菏泽	鄄城	箕山	箕山集	115.650 0	35.633 3	人工监测	内陆河
33	东明	51230150	1954	菏泽	东明	东明	黄军营	115.099 7	35.296 6	人工监测	内陆河
34	三春集	51231900	1963	菏泽	东明	三春集	刘庄	114.983 3	35.050 0	人工监测	内陆河
35	梁堤头	51232550	1963	菏泽	曹县	梁堤头	镇梁堤头	115.579 7	34.630 7	人工监测	内陆河
36	小辛庄	41822250	1972	济南	章丘	宁家埠	小辛庄	117.451 2	36.859 3	人工监测	内陆河
37	卧虎山	41403800	1960	济南	历城	仲宫	崔家庄	116.979 6	36.499 1	人工监测	黄河流域
38	平阴	41428400	1951	济南	平阴	榆山	东关	116.469 8	36.299 7	人工监测	黄河流域

续附表 8

序号	测站名称	测站编码	设站年份	测站地址				经度(°E)	纬度(°N)	墒情监测方式	所在区域
				市	县(区)	乡(镇)	村(街道)				
39	长清	41429100	1953	济南	长清	崮云湖	凤凰庄	116. 748 4	36. 563 2	人工监测	黄河流域
40	莱芜	41500101	1960	济南	莱芜	高庄	南疃	117. 666 4	36. 191 5	人工监测	黄河流域
41	黄台桥	41800701	1931	济南	历城	全福	烟厂	117. 066 3	36. 713 3	人工监测	内陆河
42	北凤	41802701	1977	济南	章丘	埠村	南凤	117. 474 8	36. 672 9	人工监测	内陆河
43	济阳	31126650	1951	济南	济阳	济阳	三里井	117. 178 0	36. 983 1	人工监测	内陆河
44	雪野	41502500	1952	济南	莱芜	雪野	冬暖	117. 580 8	36. 404 0	人工监测	黄河流域
45	韩垓	51220100	1986	济宁	梁山	韩垓	韩垓	116. 283 3	35. 666 7	人工监测	内陆河
46	汶上	51220400	1951	济宁	汶上	汶上	南市街	116. 483 3	35. 733 3	人工监测	内陆河
47	兖州	51222450	1961	济宁	兖州	龙桥	刘官庄	116. 833 3	35. 550 0	人工监测	内陆河
48	鱼台	51213801	2005	济宁	鱼台	唐马	赵庄	116. 633 3	34. 983 3	人工监测	内陆河
49	孙庄(二)	51213201	1957	济宁	金乡	金乡	十里铺	116. 350 0	35. 116 7	人工监测	内陆河
50	梁山闸(闸上)	51211501	1974	济宁	嘉祥	纸坊	梁山	116. 350 0	35. 283 3	人工监测	内陆河
51	后营	51200301	1960	济宁	任城	济阳	后营	116. 533 3	35. 383 3	人工监测	内陆河
52	韩庄(微)	51203501	1961	济宁	微山	韩庄	五街	117. 366 7	34. 600 0	人工监测	内陆河
53	贺庄水库	51206900	1955	济宁	泗水	泉林	义和	117. 534 1	35. 637 2	人工监测	内陆河
54	书院	51207201	1955	济宁	曲阜	书院	书院	117. 000 0	35. 633 3	人工监测	内陆河
55	尼山水库	51207800	1960	济宁	曲阜	尼山	刘楼	117. 183 3	35. 483 3	人工监测	内陆河
56	西苇水库	51208300	1960	济宁	邹城	千泉	崇义	117. 016 7	35. 400 0	人工监测	内陆河
57	临清	31000101	1917	聊城	临清	河西	教场	115. 692 0	36. 853 1	人工监测	内陆河

续附表 8

序号	测站名称	测站编码	设站年份	测站地址				经度(°E)	纬度(°N)	墒情监测方式	所在区域
				市	县(区)	乡(镇)	村(街道)				
58	高唐	31121550	1953	聊城	高唐	高唐	祁寨	116.216 7	36.866 7	人工监测	内陆河
59	观城	31123500	1953	聊城	莘县	观城	西场	115.383 3	35.933 3	人工监测	内陆河
60	阳谷	31123950	1953	聊城	阳谷	侨润	亓庄	115.750 0	36.116 7	人工监测	内陆河
61	茌平	31124950	1953	聊城	茌平	茌平	石庄	116.250 0	36.583 3	人工监测	内陆河
62	东阿	31125350	1953	聊城	东阿	铜城	大秦	116.233 3	36.333 3	人工监测	内陆河
63	王铺闸上	31100501	1971	聊城	东昌府	堂邑	王铺	115.782 1	36.538 7	人工监测	内陆河
64	南陶	31004601	1952	聊城	冠县	东古城	东陶	115.302 6	36.530 8	人工监测	内陆河
65	莘县	31102901	1953	聊城	莘县	燕塔	惠庄新	115.666 7	36.250 0	人工监测	内陆河
66	聊城	31103211	1999	聊城	东昌府	东城	大胡	116.010 7	36.455 9	人工监测	内陆河
67	刘桥闸上	31103501	1971	聊城	高唐	杨屯	刘东	116.302 0	36.807 6	人工监测	内陆河
68	冠县	31120600	1929	聊城	冠县	清泉	许盘	115.433 3	36.466 7	人工监测	内陆河
69	柳林	31120900	1963	聊城	冠县	柳林	杜庄	115.683 3	36.683 3	人工监测	内陆河
70	旧城	31121250	1963	聊城	高唐	清平	小屯	116.066 7	36.750 0	人工监测	内陆河
71	会宝岭(南)	51209900	1960	临沂	兰陵	尚岩	东南岭	117.826 3	34.914 4	人工监测	内陆河
72	相邸	51300400	1960	临沂	莒南	相邸	王家峪	118.916 7	35.183 3	人工监测	内陆河
73	跋山	51100300	1960	临沂	沂水	沂城	河奎	118.550 2	35.894 3	人工监测	内陆河
74	葛沟	51100801	1951	临沂	河东	汤头	葛沟	118.482 8	35.352 8	人工监测	内陆河
75	临沂	51101101	1950	临沂	河东	罗庄	高都	118.391 4	35.020 2	人工监测	内陆河

续附表 8

序号	测站名称	测站编码	设站年份	测站地址				经度(°E)	纬度(°N)	墒情监测方式	所在区域
				市	县(区)	乡(镇)	村(街道)				
76	刘家道口(闸上)	51101201	1974	临沂	郯城	李庄	刘家道口	118.425 4	34.929 7	人工监测	内陆河
77	岸堤	51103400	1960	临沂	蒙阴	垛庄	圈里	118.120 8	35.684 4	人工监测	内陆河
78	付旺庄	51103601	1951	临沂	沂南	依汶	龙汪圈	118.356 0	35.596 4	人工监测	内陆河
79	姜庄湖	51104201	1951	临沂	费县	探沂	许由城	118.150 0	35.216 7	人工监测	内陆河
80	角沂	51104501	1954	临沂	兰山	兰山	沟上	118.300 5	35.119 1	人工监测	内陆河
81	唐村	51104700	1959	临沂	平邑	流峪	邵家岭	117.556 2	35.429 0	人工监测	内陆河
82	许家崖	51105200	1959	临沂	费县	费城	许家崖	117.879 0	35.193 3	人工监测	内陆河
83	沙沟	51110700	1960	临沂	沂水	沙沟	沙沟	118.634 8	36.045 4	人工监测	内陆河
84	大官庄闸(新)(闸上)	51111911	1952	临沂	临沭	石门	大官庄	118.554 0	34.801 4	人工监测	内陆河
85	陡山	51114800	1959	临沂	莒南	大店	前车峪	118.853 0	35.327 4	人工监测	内陆河
86	蔡庄	51122850	1951	临沂	蒙阴	高都	蔡庄	118.000 0	35.816 7	人工监测	内陆河
87	杨庄	51124400	1960	临沂	平邑	卞桥	杨庄	117.883 3	35.466 7	人工监测	内陆河
88	墨河	51132050	1964	临沂	郯城	杨集	杨集	118.250 0	34.433 3	人工监测	内陆河
89	郑家	41810001	1966	青岛	平度	新河	西八甲	119.718 1	36.920 3	人工监测	内陆河
90	张家院	41810101	1974	青岛	莱西	马连庄	张家院	120.439 2	37.063 7	人工监测	内陆河

续附表 8

序号	测站名称	测站编码	设站年份	测站地址				经度（°E）	纬度（°N）	墒情监测方式	所在区域
				市	县(区)	乡(镇)	村(街道)				
91	产芝水库	41810200	1959	青岛	莱西	水集	产芝	120. 452 9	36. 930 3	人工监测	内陆河
92	南村	41810401	1951	青岛	平度	南村	东北街	120. 148 2	36. 530 3	人工监测	内陆河
93	葛家埠	41810801	1955	青岛	莱西	院上	葛家埠	120. 275 3	36. 731 1	人工监测	内陆河
94	尹府水库	41811000	1960	青岛	平度	云山	尹府	120. 162 1	36. 860 7	人工监测	内陆河
95	岚西头	41811101	1977	青岛	即墨	段泊岚	岚西头	120. 394 3	36. 609 0	人工监测	内陆河
96	红旗	41811601	1958	青岛	胶州	铺集	皇姑庵	119. 703 6	36. 077 4	人工监测	内陆河
97	胶南	41812111	1977	青岛	黄岛	隐珠	双凤山	119. 995 9	35. 863 3	人工监测	内陆河
98	即墨	41812401	1951	青岛	即墨	潮海	西障	120. 479 3	36. 385 2	人工监测	内陆河
99	崂山水库	41812900	1955	青岛	城阳	夏庄	夏庄	120. 475 0	36. 261 3	人工监测	内陆河
100	青峰岭	51111000	1960	日照	莒县	洛河	新村	118. 864 2	35. 789 6	人工监测	内陆河
101	莒县	51111301	1951	日照	莒县	店子集	袁家疃	118. 869 6	35. 579 5	人工监测	内陆河
102	日照水库	51300100	1959	日照	东港	南湖	土谷洞	119. 319 4	35. 431 4	人工监测	内陆河
103	宁阳	51220650	1952	泰安	宁阳	泗店	岳家庄	116. 770 0	35. 750 0	人工监测	内陆河
104	黄前	41502800	1962	泰安	岱岳	黄前	大岭子	117. 230 0	36. 300 0	人工监测	黄河流域
105	东周	41503000	1977	泰安	新泰	汶南	借庄	117. 800 0	35. 900 0	人工监测	黄河流域
106	楼德	41503201	1987	泰安	新泰	楼德	苗庄	117. 280 0	35. 880 0	人工监测	黄河流域
107	白楼	41504001	1977	泰安	肥城	桃园	白楼	116. 620 0	36. 170 0	人工监测	黄河流域

续附表 8

序号	测站名称	测站编码	设站年份	测站地址				经度(°E)	纬度(°N)	墒情监测方式	所在区域
				市	县(区)	乡(镇)	村(街道)				
108	肥城	41523450	1931	泰安	肥城	老城	孙家小庄	116.770 0	36.180 0	人工监测	黄河流域
109	北望	41500301	1952	泰安	岱岳	北集坡	泉林庄	117.180 0	36.070 0	人工监测	黄河流域
110	大汶口	41500691	1954	泰安	岱岳	大汶口	卫驾庄	117.080 0	35.950 0	人工监测	黄河流域
111	戴村坝	41501601	1935	泰安	东平	彭集	陈流泽	116.470 0	35.900 0	人工监测	黄河流域
112	鲍村	41815501	1958	威海	荣成	大疃	鲍村	122.355 7	37.130 0	人工监测	内陆河
113	米山	41815700	1959	威海	文登	米山	中古场	121.925 4	37.175 4	人工监测	内陆河
114	龙角山	41816000	1960	威海	乳山	育黎	育黎	121.379 9	37.030 9	人工监测	内陆河
115	益都	41826100	1951	潍坊	青州	昭德	丁店	118.480 6	36.704 2	人工监测	内陆河
116	昌乐	41826350	1953	潍坊	昌乐	昌乐	青年路	118.825 0	36.705 6	人工监测	内陆河
117	潍北农场	41827150	1961	潍坊	寒亭	固堤	走马岭	119.233 3	36.966 7	人工监测	内陆河
118	五莲	41827550	1951	日照	五莲	洪凝	却坡	119.200 0	35.750 0	人工监测	内陆河
119	高密	41830400	1953	潍坊	高密	醴泉	皋头	119.747 2	36.392 8	人工监测	内陆河
120	周戈庄	41830700	1983	潍坊	高密	大牟家	周戈庄	119.621 7	36.631 9	人工监测	内陆河
121	冶源水库	41805400	1959	潍坊	临朐	冶源	瞿家圈	118.526 9	36.404 4	人工监测	内陆河
122	谭家坊	41805701	1976	潍坊	青州	谭坊	李家庄	118.661 1	36.714 7	人工监测	内陆河
123	寒桥	41805801	1951	潍坊	寿光	洛城	北齐疃	118.822 2	36.880 6	人工监测	内陆河
124	白浪河水库	41806200	1960	潍坊	潍城	军埠口	姚官庄	119.078 9	36.620 8	人工监测	内陆河

续附表 8

序号	测站名称	测站编码	设站年份	测站地址				经度(°E)	纬度(°N)	墒情监测方式	所在区域
				市	县(区)	乡(镇)	村(街道)				
125	墙夼水库(东库)	41806800	1960	潍坊	诸城	枳沟	河北	119.138 9	35.892 8	人工监测	内陆河
126	诸城(闸上)	41806850	2010	潍坊	诸城	舜王	横五路	119.383 3	36.016 7	人工监测	内陆河
127	峡山水库	41807100	1960	潍坊	坊子	太保庄	峡山	119.408 9	36.505 6	人工监测	内陆河
128	夏营	41807701	1975	潍坊	昌邑	下营	下营港	119.466 1	37.043 3	人工监测	内陆河
129	石埠子	41808301	1958	潍坊	安丘	石埠子	石埠子	119.100 0	36.127 8	人工监测	内陆河
130	郭家屯	41808351	2004	潍坊	诸城	景芝	葛家彭旺	119.396 4	36.252 8	人工监测	内陆河
131	高崖水库	41808800	1960	潍坊	昌乐	鄌郚	东窝铺	118.799 4	36.355 0	人工监测	内陆河
132	牟山水库	41809000	1960	潍坊	安丘	兴安	拥翠	119.146 1	36.392 8	人工监测	内陆河
133	流河	41809491	1959	潍坊	昌邑	饮马	于家流河	119.519 2	36.735 8	人工监测	内陆河
134	羊角沟	41801801	1951	潍坊	寿光	羊口	羊角沟	118.866 9	37.267 2	人工监测	内陆河
135	招远	41813601	1982	烟台	招远	泉山	汤前	120.406 7	37.358 1	人工监测	内陆河
136	王屋水库	41814100	1959	烟台	龙口	石良	山西头	120.662 5	37.537 2	人工监测	内陆河
137	福山	41814701	1966	烟台	福山	清洋	大沙埠	121.283 3	37.500 0	人工监测	内陆河
138	臧格庄	41814801	1953	烟台	栖霞	臧家庄	臧家庄	120.983 1	37.466 7	人工监测	内陆河
139	门楼水库	41814900	1960	烟台	福山	门楼	西马疃	121.233 3	37.416 7	人工监测	内陆河
140	牟平	41815301	1981	烟台	牟平	宁海	芷坊	121.620 3	37.397 2	人工监测	内陆河

续附表 8

序号	测站名称	测站编码	设站年份	测站地址				经度(°E)	纬度(°N)	墒情监测方式	所在区域
				市	县(区)	乡(镇)	村(街道)				
141	饮马池	41836250	1951	烟台	莱州	文昌	饮马池	119.986 4	37.166 4	人工监测	内陆河
142	海阳	41816201	1951	烟台	海阳	方圆	新兴	121.168 7	36.800 5	人工监测	内陆河
143	团旺	41816401	1951	烟台	莱阳	团旺	崔疃	120.685 0	36.772 3	人工监测	内陆河
144	沐浴水库	41816500	1959	烟台	莱阳	沐浴	青岚头	120.756 5	37.062 5	人工监测	内陆河
145	岩马	51208600	1960	枣庄	山亭	冯卯	东赵庄	117.366 7	35.183 3	人工监测	内陆河
146	滕州	51208701	1951	枣庄	滕州	龙泉	荆河桥	117.171 3	35.080 4	人工监测	内陆河
147	薛城	51209101	1960	枣庄	薛城	常庄	傅庄	117.233 3	34.800 0	人工监测	内陆河
148	峄城	51209301	1951	枣庄	峄城	榴园	林桥	117.583 3	34.750 0	人工监测	内陆河
149	田庄	51100100	1960	淄博	沂源	南麻	田庄	118.110 3	36.167 5	人工监测	内陆河
150	东里店	51100201	1950	淄博	沂源	东里	东里店	118.350 3	36.016 1	人工监测	内陆河
151	岔河	41801301	1967	淄博	桓台	马桥	岔河	117.916 9	37.071 6	人工监测	内陆河
152	马尚	41803701	1961	淄博	张店	马尚	张兑	117.967 8	36.800 6	人工监测	内陆河
153	源泉	41804550	2018	淄博	博山	源泉	郑家	118.060 0	36.450 0	人工监测	内陆河
154	太河(淄博)	41804700	1971	淄博	淄川	太河	南下册	118.136 4	36.537 5	人工监测	内陆河
155	白兔丘	41804801	1951	淄博	临淄	敬仲	白兔丘	118.371 4	36.929 2	人工监测	内陆河